"모아교육그룹이 함께 만들어갑니다!"

소방기술사 / 소방시설관리사 / 소방설비기사 / 소방설비산업기사 / 소방실무 / 소방안전관리자 / 화재감식평가(산업)기사

전기안전기술사 / 건축전기설비기술사 / 발송배전기술사 / 전기응용기술사 / 정보통신기술사 / 전기기능장 / 전기기사 / 전기산업기사 / 전기기능사

화공안전기술사 / 산업안전기사 / 에너지관리기사 / 에너지관리산업기사 / 에너지관리기능사 / 공조냉동기계기사 / 공조냉동기계산업기사 / 공조냉동기계기능사

건축기계설비기술사 / 건축설비기사 / 건축설비산업기사 / 가스기사 / 가스산업기사 / 가스기능사 / 위험물기능장 / 위험물산업기사 / 위험물기능사

건설안전기사 / 대기환경기사 / 식품안전기사 / 산업위생관리기사 / 승강기기능사 / 설비보전기능사

NEXT 모아 합격자 FESTIVAL
그 영광의 주인공은 바로 당신입니다!

업계 최대 규모 합격자 모임 실제 현장
(서울 마곡 코엑스)

기술자격증은 모아바 에서 시작하세요!

기록적인 성장
1648%
*2017년 vs 2024년 매출 기준

경이로운 수강생 증가
760%
*2018년 vs 2025년 1, 2월 수강인원 기준

강의 만족도
99%
*2024년, 2025년 모아바 합격수기 평가 점수 변환 기준

압도적인 합격률
79%
*2024년 소방시설관리사 2차 합격률

수강상담 & 학습문의

모아바 고객센터
02.2068.2852

평일 10:00~19:00
(점심 12:00~13:00)
(주말/공휴일 휴무)

모아소방전기학원 × 모아바

소방기술사, 소방시설관리사, 소방설비기사 시험대비

뇌박힘 화재안전기술(성능)기준(NF*C)

개정3판 모아바 강의교재

김정희
소방기술사 · 소방시설관리사

화재안전기준
최신 개정사항을
모아바에서 확인하세요.

- 그림과 **스토리**를 통한 **연상암기법**
- 지각과 **감정**을 활용한 **우뇌암기법**
- 두음자 **조합**을 통한 **키워드암기법**

뇌박힘 화재안전기술(성능)기준(NF*C)
100% 활용하기

🚒 **화재안전성능기준**
화재안전기술기준과 성능기준을 비교할 수 있도록 중요한 성능기준 표기 사례

🚒 **스토리텔링**
지각과 감정을 담은 이야기로 상황을 묘사하여 해당 장면을 쉽고 또렷하게 떠올릴 수 있는 (스토리)연상암기법과 우뇌암기법의 사례

🚒 **그림 또는 이미지**
다양한 그림을 수록하여 해당 기준을 쉽게 이해하고, 이미지 형태로 기억할 수 있는 (이미지)연상암기법의 사례

2.3.3 급수배관

급수배관은 전용으로 해야 한다. 다만 옥내소화전의 기동장치의 조작과 동시에 다른 설비의 용도에 사용하는 배관의 송수를 차단할 수 있거나, 옥내소화전설비의 성능에 지장이 없는 경우에는 다른 설비와 겸용할 수 있다.

2.3.4 펌프의 흡입 측 배관의 설치기준

2.3.4.1) 공기고임이 생기지 않는 구조로 하고 여과장치를 설치할 것

2.3.4.2) 수조가 펌프보다 낮게 설치된 경우에는 각 펌프(충압펌프를 포함한다)마다 수조로부터 별도로 설치할 것

2.3.5 배관의 구경

펌프의 토출 측 주배관의 구경은 유속이 4m/s 이하가 될 수 있는 크기 이상으로 할 것

구분	토출 측 주배관 중 수직배관 구경	방수구와 연결되는 가지배관의 구경
호스릴 방식	32mm 이상	25mm 이상
소화전 방식	50mm 이상	40mm 이상

2.3.6 연결송수관설비의 배관과 겸용하는 경우

구분	주배관의 구경	방수구로 연결되는 배관의 구경
연결송수관설비의 배관과 겸용	100mm 이상	65mm 이상

2.3.7 펌프의 성능시험배관 적합기준 9월, 19점, 25점응용

펌프의 성능시험배관은 다음의 기준에 적합하도록 설치해야 한다.

2.3.7.1) 성능시험배관은 펌프의 토출 측에 설치된 개폐밸브 이전에서 분기하여 직선으로 설치하고, 유량측정장치를 기준으로 전단 직관부에는 개폐밸브를 후단 직관부에는 유량조절밸브를 설치할 것. 이 경우 개폐밸브와 유량측정장치 사이의 직관부 거리 및 유량측정장치와 유량조절밸브 사이의 직관부 거리는 해당 유량측정장치 제조사의 설치사양에 따르고, 성능시험배관의 호칭지름은 유량측정장치의 호칭지름에 따른다.

🚒 **흡입 측 배관**

암기 공여 수팸 각별
(공여한 수패와 각별한 관계이다)

🚒 **옥내소화전 주배관 유속**

암기 소화전 토 주4
(소화가 안 되서 토주사 맞음)

🚒 **배관의 구경**

암기 릴가주 가주 송가주
    23 45 65 100
※ 가: 가지배관, 주: 주배관

🚒 **성능시험배관**

암기 토개전분 전직개 후유조,
개유직, 유유직, 해제설사,
호호, 175성능

옥내소화전설비 (NFTC 102) • **33**

▶ 🚒 **실제 기준 목차번호**
화재안전기술기준에 표기된 실제 목차번호를 기재하여 그 맥락과 논리를 그대로 학습하고, 원문을 쉽게 확인할 수 있도록 정리한 사례

▶ 🚒 **기출 회차 및 과목**
수험 목적에 보다 부합하도록 실제 시험에서 출제된 항목이나 내용에 시험 회차와 과목을 표기하여 꼭 챙겨볼 수 있는 포인트를 제시한 사례

▶ 🚒 **두음자 키워드**
복잡하고 방대한 내용을 주요 두음자의 조합을 통해 쉽고 간단하게 암기할 수 있는 방법을 제시한 키워드암기법의 사례

머리말

"국가화재안전기준"은 특정소방대상물에 설치되는 소방시설의 기술적 사항을 규정한 소방청 고시입니다. 소방시설의 설계, 시공, 감리, 점검을 수행함에 있어 반드시 지켜야 하는 법적 기준이기 때문에 이를 준수하지 않으면 처벌 받을 수 있는 기준이 되기도 합니다.

"화재안전기준"은 소방 관련 자격증에 있어 반드시 숙지하여야 할 사항으로 모든 소방 관련 시험 교재에 그 내용이 포함되어 있습니다. 특히 소방시설관리사 시험에서는 "화재안전기술(성능)기준"의 주요 기준을 똑같이 쓸 수 있어야 하고 "화재안전기준"의 내용을 정확히 알고 있어야만 풀 수 있는 고난도 응용문제 형태로 출제됩니다. 따라서 소방시설관리사 시험을 준비한다면 "화재안전기준"의 전체 내용을 빠짐없이 숙지하고 있어야 합니다.

그러나 "화재안전기술(성능)기준"의 내용은 너무 방대하고 복잡하여, 이를 암기하는 것이 쉽지 않습니다. 이에 본 책에서는 "화재안전기술(성능)기준"의 원문과 더불어 효과적으로 암기할 수 있는 방법을 함께 제시하였으며, 특히 다음 주요 암기법 중 각각의 기준에 가장 적합한 것을 선별하여 학습자들이 최대한 쉽고 빠르게 암기할 수 있도록 구성하였습니다.

- **핵심 키워드와 두문자 활용**: 기준의 내용 중 핵심 키워드를 추출하여 정리하거나 주요 단어의 두문자(앞글자)를 조합하여 의미 있는 문장이 되게 하였습니다.
- **연상, 스토리 암기법**: 단순한 단어의 나열이 아니라 스토리를 활용하여 자연스럽게 연상될 수 있도록 하였습니다.
- **기억의 궁전법**: 뇌는 시각적인 것을 가장 잘 기억해낸다고 합니다. 암기해야 할 것들을 규칙에 맞추어 장면 속에 배치하는 시각적 암기법을 제시하였습니다.
- **메이저시스템**: 화재안전기준에는 많은 숫자가 있을 뿐만 아니라 비슷한 숫자가 많아 혼돈되기 쉽습니다. 이를 정확히 암기하기 위하여 기억력스포츠 대회 선수들이 사용하는 숫자 암기법 중 가장 단순한 방법인 메이저시스템을 적용하였습니다. 조금만 연습하면 쉽게 따라할 수 있으니 적극적으로 활용하길 추천합니다.

22년 12월 1일부터 국가화재안전기준이 "화재안전성능기준"과 "화재안전기술기준"으로 구분되었고 매년 개정되거나 새로이 제정되고 있습니다.

본 교재는 25년 9월 소방시설관리사 2차 시험 직후에 출판되어 26년 9월 소방시설관리사 2차 시험까지 사용됩니다. 개정될 때마다 새로이 출판하기에는 무리가 있어 출판 이후 개정된 사항은 모아바 홈페이지 또는 뇌박힘화재안전기술(성능)기준 강의(밴드)를 통해 정오표와 강의 형태로 제공될 예정입니다. 정오표는 가능하면 개정된 부분이 수정된 페이지 형태로 제공하여 해당 페이지에 붙일 수 있도록 하고 있습니다. 개정이 많더라도 한번 구입하신 교재는 적어도 1년은 사용할 수 있으실 것입니다.

따라서 본 교재를 구입하신 후에도 수시로 모아바 홈페이지, 강의, 밴드 또는 국가법령정보센터를 활용하여 개정사항이 없는지 수시로 확인하고 교재에 직접 수정하면서 학습하여야 합니다. 최근 해당 년도에 개정된 사항이 해당 년도 시험에 바로 출제되는 경향을 보이고 있으므로 개정된 사항을 필수적으로 확인하길 당부드립니다.

당신의 합격은 모아의 보람입니다.

감사합니다.

저자 드림

목차

01 소화기구 및 자동소화장치의 화재안전기술(성능)기준(NFT(P)C 101) (개정시행 24.7.25)   9
02 옥내소화전설비의 화재안전기술(성능)기준(NFT(P)C 102) (시행일 22.12.1)   23
03 옥외소화전설비의 화재안전기술(성능)기준(NFT(P)C 109) (시행일 22.12.1)   45
04 스프링클러설비의 화재안전기술(성능)기준(NFT(P)C 103) (시행일 24.7.1)   59
05 간이스프링클러설비의 화재안전기술(성능)기준(NFT(P)C 103A) (시행일 24.12.1)   97
06 화재조기진압용 스프링클러설비의 화재안전기술(성능)기준(NFT(P)C 103B) (시행일 24.7.1)   119
07 물분무소화설비의 화재안전기술(성능)기준(NFT(P)C 104) (시행일 24.7.1)   145
08 미분무소화설비의 화재안전기술(성능)기준(NFT(P)C 104A) (시행일 23.2.10)   165
09 포소화설비의 화재안전기술(성능)기준(NFT(P)C 105) (시행일 24.7.1)   185
10 이산화탄소소화설비의 화재안전기술(성능)기준(NFT(P)C 106) (시행일 24.8.1)   213
11 할론소화설비의 화재안전기술(성능)기준(NFT(P)C 107) (시행일 23.2.10)   229
12 할로겐화합물 및 불활성기체소화설비의 화재안전기술(성능)기준(NFT(P)C 107A) (시행일 24.8.1)   243
13 분말소화설비의 화재안전기술(성능)기준(NFT(P)C 108) (시행일 23.2.10)   259
14 고체에어로졸소화설비의 화재안전기술(성능)기준(NFT(P)C 110) (시행일 22.12.1)   271
15 비상경보설비 및 단독경보형감지기의 화재안전기술(성능)기준(NFT(P)C 201) (시행일 22.12.1)   281
16 비상방송설비의 화재안전기술(성능)기준(NFT(P)C 202) (시행일 23.2.10)   287
17 자동화재탐지설비 및 시각경보장치의 화재안전기술(성능)기준(NFT(P)C 203) (시행 22.12.1, 정정 24.12.2.)   293
18 자동화재속보설비의 화재안전기술(성능)기준(NFT(P)C 204) (시행일 22.12.1)   315
19 누전경보기의 화재안전기술(성능)기준(NFT(P)C 205) (시행일 22.12.1)   319
20 가스누설경보기의 화재안전기술(성능)기준(NFT(P)C 206) (시행일 22.12.1)   323
21 화재알림설비의 화재안전기술(성능)기준(NFT(P)C 207) (시행일 23.12.12)   329
22 피난기구의 화재안전기술(성능)기준(NFT(P)C 301) (시행일 24.1.1, 정정 24.12.2)   337
23 인명구조기구의 화재안전기술(성능)기준(NFT(P)C 302) (시행일 22.12.1)   349
24 유도등 및 유도표지의 화재안전기술(성능)기준(NFT(P)C 303) (시행일 24.7.1)   353
25 비상조명등의 화재안전기술(성능)기준(NFT(P)C 304) (시행일 22.12.1)   365
26 상수도소화용수설비의 화재안전기술(성능)기준(NFT(P)C 401) (시행일 24.7.1)   369

27 소화수조 및 저수조의 화재안전기술(성능)기준(NFT(P)C 402) (시행일 22.12.1)   373
28 제연설비의 화재안전기술(성능)기준(NFT(P)C 501) (시행일 24.10.1)   379
29 특별피난계단의 계단실 및 부속실 제연설비의 화재안전기술(성능)기준(NFT(P)C 501A)
     (시행일 24.7.1)   393
30 연결송수관설비의 화재안전기술(성능)기준(NFT(P)C 502) (시행일 24.7.1, 정정 24.12.2.)   413
31 연결살수설비의 화재안전기술(성능)기준(NFT(P)C 503) (시행일 24.7.1)   425
32 비상콘센트설비의 화재안전기술(성능)기준(NFT(P)C 504) (시행일 24.1.1, 정정 24.12.2.)   437
33 무선통신보조설비의 화재안전기술(성능)기준(NFT(P)C 505) (시행일 22.12.1)   443
34 소방시설용 비상전원수전설비의 화재안전기술(성능)기준(NFT(P)C 602) (시행일 22.12.1)   449
35 도로터널의 화재안전기술(성능)기준(NFT(P)C 603) (시행일 22.12.1)   457
36 고층건축물의 화재안전기술(성능)기준(NFT(P)C 604) (시행일 23.12.20)   467
37 지하구의 화재안전기술(성능)기준(NFT(P)C 605) (시행일 22.12.1)   477
38 건설현장의 화재안전기술(성능)기준(NFT(P)C 606) (시행일 23.7.1)   489
39 전기저장시설의 화재안전기술(성능)기준(NFT(P)C 607) (시행일 24.7.1)   501
40 공동주택의 화재안전기술(성능)기준(NFT(P)C 608) (시행 2024.1.1.)   507
41 창고시설의 화재안전기술(성능)기준(NFT(P)C 609) (시행 2024.1.1.)   517
42 소방시설의 내진설계기준 (시행일 22.12.1)   525

부 록   549
설치대상 암기법 (옥내소화전설비, 자동화재탐지설비, 시각경보기, 스프링클러소화설비)
주요 화재안전성능기준 (기술기준과 다른 내용 중 암기할 부분)

※ 일러두기 – 예시

20점 응용 : 20회 2차 점검실무 응용
20설 응용 : 20회 2차 설계 및 시공 응용
20점 : 20회 2차 점검실무
20설 : 20회 2차 설계 및 시공

설치대상: 소방시설법 시행령 별표4(25.8.28)
암기 : 암기 키워드

 : 그림 해설
〈비확관형 분기배관〉

01

소화기구 및 자동소화장치의 화재안전기술(성능)기준 (NFT(P)C 101)

세부 목차

소화기구의 종류
자동소화장치의 종류
설치대상
1.7 정의
2.1 설치기준
2.2 소화기의 감소

01 소화기구 및 자동소화장치의 화재안전기술(성능)기준 (NFT(P)C 101)

🔔 **법률의 약칭**
소방시설 설치 및 관리에 관한 법률
⇒ 소방시설법

소화기구의 종류(소방시설법 시행령 별표1)

1) 소화기
2) 간이소화용구: 에어로졸식 소화용구, 투척용 소화용구, 소공간용 소화용구 및 소화약제 외의 것을 이용한 간이소화용구
3) 자동확산소화기

자동소화장치의 종류(소방시설법 시행령 별표1)

1) <u>주</u>거용 주방자동소화장치
2) <u>상</u>업용 주방자동소화장치
3) <u>캐</u>비닛형 자동소화장치
4) <u>가</u>스자동소화장치
5) <u>고</u>체에어로졸자동소화장치
6) <u>분</u>말자동소화장치

🔔 **자동소화장치의 종류**
암기 주상 캐가 고분
(주상의 개가 고분고분하다)

설치대상(소방시설법 시행령 별표4) [20점 응용]

소화기구

1) 연면적 <u>33</u>m² 이상인 것
  (다만 노유자시설의 경우에는 투척용 소화용구 등을 화재안전기준에 따라 산정된 소화기 수량의 2분의 1 이상으로 설치할 수 있다)
2) 1)에 해당하지 않는 시설로서 <u>가</u>스시설, 발전시설 중 <u>전</u>기저장시설 및 <u>국</u>가유산
3) <u>터</u>널
4) <u>지</u>하구

🔔 **소화기구**
암기 33 가전국 터지구
(삼성 가전국 터지구)

자동소화장치

1) 주거용 주방자동소화장치:
  <u>아파트 등</u> 및 오피스텔의 <u>모든 층</u>
2) 상업용 주방자동소화장치 〈시행 23.12.1.〉
  가) <u>판매</u>시설 중 <u>대</u>규모점포에 <u>입</u>점해 있는 <u>일</u>반음식점
  나) <u>집단급식소</u>
3) 캐비닛형·가스·분말·고체에어로졸 자동소화장치:
  화재안전기준에서 정하는 장소

🔔 **주거용 주방자동소화장치**
암기 아파트등 피아노 모든 층
(아파트 등에서 피아노 치면 모든 층에 다 들린다.)
※ 아파트 등 : 주택으로 쓰이는 층수가 5층 이상인 주택

🔔 **상업용 주방자동소화장치**
암기 판매 중 대입일, 집단급식소

1.7 용어의 정의

1.7.1.1 소화약제
소화기구 및 자동소화장치에 사용되는 소화성능이 있는 고체·액체 및 기체의 물질을 말한다.

1.7.1.2 소화기
소화약제를 압력에 따라 방사하는 기구로서 사람이 수동으로 조작하여 소화하는 다음의 소화기를 말한다.

(1) 소형소화기

능력단위가 1단위 이상이고, 대형소화기의 능력단위 미만인 소화기를 말한다.

(2) 대형소화기

화재 시 사람이 운반할 수 있도록 운반대와 바퀴가 설치되어 있고, **능력단위**가 A급 10단위 이상, B급 20단위 이상인 소화기를 말한다.

1.7.1.3 자동확산소화기 [23점]
화재를 감지하여 자동으로 소화약제를 **방출 확산**시켜 국소적으로 소화하는 다음 각 소화기를 말한다.

(1) 일반화재용자동확산소화기

보일러실, 건조실, 세탁소, 대량화기취급소 등에 설치되는 자동확산소화기를 말한다.

(2) 주방화재용자동확산소화기

음식점, 다중이용업소, 호텔, 기숙사, 의료시설, 업무시설, 공장 등의 주방에 설치되는 자동확산소화기를 말한다.

(3) 전기설비용자동확산소화기

변전실, 송전실, 변압기실, 배전반실, 제어반, 분전반 등에 설치되는 자동확산소화기를 말한다.

1.7.1.4 자동소화장치
소화약제를 **자동**으로 **방사**하는 **고정**된 소화장치로서 법 제37조 또는 제40조에 따라 형식승인이나 성능인증을 받은 유효설치 범위(설계방호체적, 최대설치높이, 방호면적 등) 이내에 설치하여 소화하는 다음 각 소화장치를 말한다.

⚜ **소형소화기의 능력단위**

[암기] 능1 대미

⚜ **대형소화기의 능력단위**

[암기]
A ···· 구멍(이) 1개
       10
B ···· 구멍(이) 2개
       20

※(1.7.1.3)의 성능기준
제3조제3호
"자동확산소화기"란 화재를 감지하여 자동으로 소화약제를 방출 확산시켜 국소적으로 소화하는 소화기를 말한다.

⚜ **자동확산소화기**

[암기] 화자 방확국 일주전
(1) **일반**화재용 : 보건세대
(2) **주방**화재용 : 다음 기호의 공업 등
(3) **전기**설비용 : 변소 변 배분제 등

🔔 **주거용/상업용**

[암기] OO주방 화재 차단 방출

🔔 **자동소화장치**

[암기] 열연 불감 OO약방 소장
(열연을 펼쳐야 하는데 배가 아파 불안한 감정에 약방에서 소장약을 샀다)

🔔 **분말자동소화장치 예**

※ 가스·분말 자동소화장치의 형식승인 및 제품검사의 기술기준이 2024. 7.25. 개정되면서 "패키지용 자동소화장치" 및 "등급용 자동소화장치"의 용어가 신설되었다. "패키지용 자동소화장치"는 다시 단독형, 일체형, 분리형 자동소화장치로 분류된다.

🔔 **거실**

[암기] 거집작집오
(거주하는 집이 작지요)

(1) **주거용 주방자동소화장치**

　　<u>주</u>거용 <u>주</u>방에 설치된 <u>열</u> 발생 <u>조</u>리기구의 <u>사</u>용으로 인한 <u>화</u>재 <u>발</u>생 시 <u>열</u>원(전기 또는 가스)을 <u>자</u>동으로 <u>차</u>단하며 <u>소</u>화약제를 <u>방</u>출하는 소화<u>장</u>치를 말한다.

(2) **상업용 주방자동소화장치**

　　상업용 <u>주</u>방에 설치된 <u>열</u>발생 <u>조</u>리기구의 <u>사</u>용으로 인한 <u>화</u>재 <u>발</u>생 시 <u>열</u>원(전기 또는 가스)을 <u>자</u>동으로 <u>차</u>단하며 <u>소</u>화약제를 <u>방</u>출하는 소화<u>장</u>치를 말한다.

(3) **캐비닛형 자동소화장치**

　　<u>열</u>, <u>연</u>기 또는 <u>불</u>꽃 등을 <u>감</u>지하여 소화약제를 <u>방</u>사하여 <u>소</u>화하는 캐비닛형태의 소화<u>장</u>치를 말한다.

(4) **가스자동소화장치**

　　<u>열</u>, <u>연</u>기 또는 <u>불</u>꽃 등을 <u>감</u>지하여 <u>가스계</u> 소화<u>약</u>제를 <u>방</u>사하여 <u>소</u>화하는 소화<u>장</u>치를 말한다.

(5) **분말자동소화장치**

　　<u>열</u>, <u>연</u>기 또는 <u>불</u>꽃 등을 <u>감</u>지하여 <u>분말</u>의 소화<u>약</u>제를 <u>방</u>사하여 <u>소</u>화하는 소화<u>장</u>치를 말한다.

(6) **고체에어로졸자동소화장치**

　　<u>열</u>, <u>연</u>기 또는 <u>불</u>꽃 등을 <u>감</u>지하여 <u>에어로졸</u>의 소화약제를 <u>방</u>사하여 <u>소</u>화하는 소화<u>장</u>치를 말한다.

「가스·분말 자동소화장치의 형식승인 및 제품검사의 기술기준」
제2조(용어의 정의)
2. "패키지용 자동소화장치"란 감지부 또는 제어부의 화재신호를 받아 소화약제를 압축가스 등의 압력에 의해 방호공간($100m^3$이하) 내에 자동방출하는 것(이하 "분사식"이라 한다)으로 단독형, 일체형, 분리형으로 구분한다.
　　가. "단독형 자동소화장치"란 다른 자동소화장치와 연동하지 않고 자동소화장치 1개만 단독으로 사용하는 것
　　나. "일체형 자동소화장치"란 2개 이상의 동일한 자동소화장치를 연동하여 사용하는 구조로 용기와 용기간 방출구와 방출구간의 거리가 고정되어 있는 구조로 되어 있는 것
　　다. "분리형 자동소화장치"란 2개 이상의 동일한 자동소화장치를 연동하여 사용하는 구조로 용기와 용기간 방출구와 방출구간의 거리를 승인받은 거리 내에서 수직 또는 수평방향으로 조정이 가능한 구조로 되어 있는 것
3. "등급용 자동소화장치"란 제2호에서 규정한 분사식 구조이거나 소화약제를 충전한 용기가 내부의 압력상승에 의해서 파열되면서 방출하는 구조의 것(이하 "파열식"이라 한다)으로 별표 4의 시험에 따라 소화시험등급으로 구분한 것을 말한다.

1.7.1.5 거실

<u>거</u>주·<u>집</u>무·<u>작</u>업·<u>집</u>회·<u>오</u>락 그밖에 이와 유사한 목적을 위하여 사용하는 방을 말한다.

1.7.1.6 능력단위

소화기 및 소화약제에 따른 간이소화용구에 있어서는 법 제37조제1항에 따라 형식승인된 수치를 말하며, 소화약제 외의 것을 이용한 간이소화용구에 있어서는 표 1.7.1.6에 따른 수치를 말한다.

[표 1.7.1.6] 소화약제 외의 것을 이용한 간이소화용구의 능력단위

간이소화용구		능력단위
마른 모래	삽을 상비한 50L 이상의 것 1포	0.5단위
팽창질석 또는 팽창진주암	삽을 상비한 80L 이상의 것 1포	0.5단위

🚒 간이소화용구 능력단위
암기 마5 팽8 0.5
(마오가 펜팔을 영어로 했다)

1.7.1.7 일반화재(A급 화재)

나무, 섬유, 종이, 고무, 플라스틱류와 같은 일반 가연물이 타고 나서 **재가 남는** 화재를 말한다. 일반화재에 대한 소화기의 적응 화재별 표시는 'A'로 표시한다.

1.7.1.8 유류화재(B급 화재)

인화성 액체, 가연성 액체, 석유 그리스, 타르, 오일, 유성도료, 솔벤트, 래커, 알코올 및 인화성 가스와 같은 **유류**가 타고 나서 **재가 남지 않는** 화재를 말한다. 유류화재에 대한 소화기의 적응 화재별 표시는 'B'로 표시한다.

1.7.1.9 전기화재(C급 화재)

전류가 흐르고 있는 전기기기, 배선과 관련된 화재를 말한다. 전기화재에 대한 소화기의 적응 화재별 표시는 'C'로 표시한다.

1.7.1.10 주방화재(K급 화재)

주방에서 **동식물유**를 취급하는 조리기구에서 일어나는 화재를 말한다. 주방화재에 대한 소화기의 적응 화재별 표시는 'K'로 표시한다.

1.7.1.11 금속화재(D급 화재)

마그네슘 합금 등 가연성 금속에서 일어나는 화재를 말한다. 금속화재에 대한 소화기의 적응 화재별 표시는 'D'로 표시한다.〈신설 2024.7.25.〉

※ 성능기준에는 (1.7.1.7~1.7.1.11)에 해당되는 내용이 없다.

🚒 화재별 표시 키워드
A 재가 남는
B 재가 남지 않는
C 전기가 흐르는
K 동식물유
D 마그 합가금

2.1 설치기준

2.1.1 소화기구의 설치기준

2.1.1.1) 특정소방대상물의 설치장소에 따라 [표 2.1.1.1]에 적합한 종류의 것으로 할 것

[표 2.1.1.1] 소화기구의 소화약제별 적응성 〈개정 2024.7.25〉

17설

소화약제 구분		적응대상 일반화재 (A급)	유류화재 (B급)	전기화재 (C급)	주방화재 (K급)	금속화재 (D급)
가스	이산화탄소소화약제	-	○	○	-	-
	할론소화약제	○	○	○	-	-
	할로겐화합물 및 불활성기체소화약제	○	○	○	-	-
분말	인산염류소화약제	○	○	○	-	-
	중탄산염류소화약제	-	○	○	*	*
액체	산알칼리소화약제	○	○	*	-	-
	강화액소화약제	○	○	*	*	-
	포소화약제	○	○	*	*	-
	물·침윤소화약제	○	○	*	*	-
기타	고체에어로졸화합물	○	○	○	-	-
	마른모래	○	○	-	-	○
	팽창질석·팽창진주암	○	○	-	-	○
	그 밖의 것	-	-	-	*	*

비고) "*"의 소화약제별 적응성은 「소방시설 설치 및 관리에 관한 법률」 제37조에 의한 형식승인 및 제품검사의 기술기준에 따라 화재 종류별 적응성에 적합한 것으로 인정되는 경우에 한한다.

※(2.1.1.1)의 성능기준
제4조제1항제1호
1. 특정소방대상물의 설치장소에 따라 화재 종류별 적응성 있는 소화약제의 것으로 할 것 (※ 표 없음)

🔥 소화약제별 적응성

암기 [소화약제구분]
가스 - 이할할불
분말 - 인중
액체 - 산강, 포, 물침
기타 - 고마팽그

암기 [적응성]
• 일반인은 이중생활하면 안 됨
• K는 중강쯤의 포근한 물침대 밖에 있다.(K는 알파벳26자 중에 중간쯤에...)
• 금속 마모 팽팽 그분중 D

2.1.1.2) 특정소방대상물에 따른 소화기구의 능력단위는 [표 2.1.1.2]의 기준에 따를 것

[표 2.1.1.2] 특정소방대상물 별 소화기구의 능력단위

12설 응용, 14설 응용, 17설 응용, 19설 응용

특정소방대상물	소화기구의 능력단위
1. 위락시설	해당 용도의 바닥면적 30m²마다 능력단위 1단위 이상
2. 공연장, 집회장, 관람장※, 문화재, 장례식장 및 의료시설	해당 용도의 바닥면적 50m²마다 능력단위 1단위 이상
3. 근린생활시설, 판매시설, 운수시설, 숙박시설, 노유자시설, 전시장, 공동주택, 업무시설, 방송통신시설, 공장, 창고시설, 항공기 및 자동차 관련 시설 및 관광 휴게시설	해당 용도의 바닥면적 100m²마다 능력단위 1단위 이상
4. 그 밖의 것	해당 용도의 바닥면적 200m²마다 능력단위 1단위 이상

[비고] 소화기구의 능력단위를 산출함에 있어서 건축물의 주요구조부가 내화구조이고, 벽 및 반자의 실내에 면하는 부분이 불연재료·준불연재료 또는 난연재료로 된 특정소방대상물에 있어서는 위 표의 바닥면적의 2배를 해당 특정소방대상물의 기준 면적으로 한다.

※ (2.1.1.2)의 성능기준

제4조(설치기준) 제1항제2호

2. 특정소방대상물별 소화기구의 능력단위는 다음 각 목에 따른 바닥면적마다 1단위 이상으로 한다.
가. 위락시설: 30제곱미터
나. <u>문화 및 집회시설(전시장 및 동·식물원은 제외한다.)</u>※·의료시설·장례시설 중 장례식장 및 문화재: 50제곱미터
다. 공동주택·근린생활시설·문화 및 집회시설 중 전시장·판매시설·운수시설·노유자시설·업무시설·숙박시설·공장·창고시설·항공기 및 자동차 관련 시설·방송통신시설 및 관광휴게시설: 100제곱미터
라. 가목 내지 다목에 해당하지 않는 것: 200제곱미터

소화기의 능력단위기준

암기 30대는 위락시설에서 논다
(무도학원에서 춤 배우고 카지노에서 돈벌어 위락시설로 간다)
〈위락시설〉
· 단란주점(150m² 이상)
· 유흥주점
· 테마파크업의 시설(근생이 아닌 것)
· 무도장 및 무도학원
· 카지노영업소

암기 50대는 집회하러 경복궁앞에...
(50대가 집회장에 갔더니 공연을 해서 관람을 했다. 경복궁(문화재)를 바라보며 왕이 아프면 궁이 의료시설이요, 장례식장이었겠구나 생각했다)

암기 100세 할아버지가 자식 셋에게 건물을 물려준 상황으로 암기한다.

[첫째건물] [둘째건물]

[셋째건물]

(첫째에게 **운수판매**건물을 물려주니 **노유자** 업고 근무했고,
둘째인 **공주**같은 딸에게 숙박업소를 물려주고,
셋째에게 **항공기 전시장**을 물려주니 전시물건을 **공장**, **창고**에 저장하고는, **방관** 하였다)

암기 그 밖의 것 200
암기 내화+난연은 2배 적용, ㄴㄴ2

※(2.1.1.3)의 성능기준
제3조 제1항제3호
3. 제2호에 따른 능력단위 외에 부속용도별로 사용되는 부분에 대하여는 소화기구 및 자동소화장치를 추가하여 설치할 것 (※ 표 없음)

🧯 **부속용도 추가 1**

암기 [용도] 보건세대, 주방, 곤란
가. 보건세대
나. 다음 노교장 호기 교군(롭군) 무료(업무, 무료)로 공장에서 공동취사한다더군
다. 변소 변 배불리 먹으면 곤란

암기 [능력단위] 25 1단 주방 K 확10
(이오 1단을 먹은 건 주방의 K가 확실! 보조 변방 배치)

🧯 **부속용도 추가 2**

암기 발송전 배변통변 50소 캐
(발송전에 배변통변하고 오십쇼. 상캐하게!)

🧯 **부속용도 추가 3**

암기 위험물 1/5 2단위 캐고
(위험물을 잃어버려 투다리(2단위)에서... 캐고다님)

🧯 **부속용도 추가 4**

암기 특수 50 배 1단 500 대 1
(특수부대 출신 50대 배나온 분이 태권도 1단인데 500대 1로 싸워 이겼다고 함)

2.1.1.3) 2.1.1.2에 따른 능력단위 외에 [표2.1.1.3]에 따라 부속용도별로 사용되는 부분에 대하여는 소화기구 및 자동소화장치를 추가하여 설치할 것

[표 2.1.1.3] 부속용도별로 추가해야 할 소화기구 및 자동소화장치

용도별	소화기구의 능력단위
1. 다음 각목의 시설. 다만 스프링클러설비·간이스프링클러설비·물분무등소화설비 또는 상업용 주방자동소화장치가 설치된 경우에는 자동확산소화기를 설치하지 않을 수 있다. 가. 보일러실·건조실·세탁소·대량화기취급소 나. 음식점(지하가의 음식점 포함)·다중이용업소·호텔·기숙사·노유자시설·의료시설·업무시설·공장·장례식장·교육연구시설·교정 및 군사시설 주방 다만, 의료시설·업무시설·공장의 주방은 공동취사를 위한 것에 한한다. 다. 관리자의 출입이 곤란한 변전실·송전실·변압기실 및 배전반실(불연재료의 상자 안에 장치된 것을 제외한다)	1. 해당 용도의 바닥면적 $25m^2$ 마다 능력단위 1단위 이상의 소화기로 할 것. 이 경우 나목의 주방에 설치하는 소화기 중 1개 이상은 주방화재용 소화기(K급)를 설치해야 한다. 2. 자동확산소화기는 해당 용도의 바닥면적을 기준으로 $10m^2$ 이하는 1개, $10m^2$ 초과는 2개 이상을 설치하되, 보일러, 조리기구, 변전설비 등 방호대상에 유효하게 분사될 수 있는 위치에 배치될 수 있는 수량으로 설치할 것
2. 발전실·변전실·송전실·변압기실·배전반실·통신기기실·전산기기실·기타 이와 유사한 시설이 있는 장소. 다만 제1호 다목의 장소를 제외한다.	해당 용도의 바닥면적 $50m^2$ 마다 적응성이 있는 소화기 1개 이상 또는 유효설치방호체적 이내의 가스·분말·고체에어로졸 자동소화장치, 캐비닛형자동소화장치(다만 통신기기실·전자기기실을 제외한 장소에 있어서는 교류 600V 또는 직류 750V 이상의 것에 한한다)
3. 지정수량의 1/5 이상 지정수량 미만의 위험물을 저장 또는 취급하는 장소	능력단위 2단위 이상 또는 유효설치방호체적 이내의 가스·분말·고체에어로졸 자동소화장치, 캐비닛형자동소화장치
4. 특수가연물을 저장 또는 취급하는 장소 (화재예방법 별표2) / 기준수량 이상	기준수량의 50배 이상마다 능력단위 1단위 이상
4. 특수가연물을 저장 또는 취급하는 장소 (화재예방법 별표2) / 기준수량의 500배 이상	대형소화기 1개 이상

5.「고압가스안전관리법」·「액화석유가스의 안전관리 및 사업법」 또는 「도시가스사업법」에서 규정하는 가연성가스를 연료로 사용하는 장소	연소기기가 있는 장소	각 연소기로부터 보행거리 10m 이내에 능력단위 3단위 이상의 소화기 1개 이상 다만 상업용 주방자동소화장치가 설치된 장소는 제외한다.	
	연료 저장실 (저장량 300kg 미만 제외)	능력단위 5단위 이상의 소화기 2개 이상 및 대형소화기 1개 이상	
6.「고압가스 안전관리법」·「액화석유가스의 안전관리 및 사업법」 또는 「도시가스사업법」에서 규정하는 가연성가스를 제조하거나 연료 외의 용도로 저장·사용하는 장소 24설	저장하고 있는 양 또는 1개월 동안 제조·사용하는 양	200kg 미만	저장하는 장소	능력단위 3단위 이상의 소화기 2개 이상
			제조·사용하는 장소	능력단위 3단위 이상의 소화기 2개 이상
		200kg 이상 300kg 미만	저장하는 장소	능력단위 5단위 이상의 소화기 2개 이상
			제조·사용하는 장소	바닥면적 50m² 마다 능력단위 5단위 이상의 소화기 1개 이상
		300kg 이상	저장하는 장소	대형소화기 2개 이상
			제조·사용하는 장소	바닥면적 50m² 마다 능력단위 5단위 이상의 소화기 1개 이상
7. 마그네슘합금칩을 저장 또는 취급하는 장소		금속화재용 소화기(D급) 1개 이상을 금속재료로부터 보행거리 20m 이내로 설치할 것	

[비고] 액화석유가스·기타 가연성가스를 제조하거나 연료 외의 용도로 사용하는 장소에 소화기를 설치하는 때에는 해당 장소 바닥면적 50m² 이하인 경우에도 해당 소화기를 2개 이상 비치해야 한다.

2.1.1.4) 소화기는 다음의 기준에 따라 설치할 것

2.1.1.4.1. 특정소방대상물의 각 층마다 설치하되, 각 층이 2 이상의 거실로 구획된 경우에는 각 층마다 설치하는 것 외에 바닥면적이 33m² 이상으로 구획된 각 거실에도 배치할 것〈개정24.1.1〉

2.1.1.4.2. 특정소방대상물의 각 부분으로부터 1개의 소화기까지의 보행거리가 소형소화기의 경우에는 20m 이내, 대형소화기의 경우에는 30m 이내

부속용도 추가 5
암기 기기 보행 10, 3, 상주자
(기기가 있으면 보행이 쉽 상. 만든사람 상주자)

암기 3만 저학년 5단위 대 개 쉬워

부속용도 추가 6
암기 가스1개월 23, 3232, 550,대50

부속용도 추가 7
암기 마그합칩 금소 1개 보2 내
(마그합치면 금소 1개 보이네)

소화기의 설치기준
암기 각층2거 상상 보행 소2대3 가작
(각 층의 이거를 상상으로 그린 보행 소이가 대상과 가작을 받았다)

※ (2.1.1.4)의 성능기준
4. 소화기는 다음 각 목의 기준에 따라 설치할 것
가. 특정소방대상물의 각 층마다 설치하되, 각 층이 둘 이상의 거실로 구획된 경우에는 각 층마다 설치하는 것 외에 바닥면적이 33제곱미터 이상으로 구획된 각 거실에도 배치할 것
나. 특정소방대상물의 각 부분으로부터 1개의 소화기까지의 보행거리가 소형소화기의 경우에는 20미터 이내, 대형소화기의 경우에는 30미터 이내가 되도록 배치할 것

※ (2.1.1.5)의 성능기준은 밑줄친 부분이 없다.

※ (2.1.1.6)의 성능기준
6. 소화기구(자동확산소화기를 제외한다)는 거주자 등이 손쉽게 사용할 수 있는 장소에 바닥으로부터 높이 1.5미터 이하의 곳에 비치하고, 소화기구의 종류를 표시한 표지를 보기 쉬운 곳에 부착할 것. 다만 소화기 및 투척용소화용구의 표지는 「축광표지의 성능인증 및 제품검사의 기술기준」에 적합한 축광식표지로 설치하고, 주차장의 경우 표지를 바닥으로부터 1.5미터 이상의 높이에 설치할 것

🧯 **소화기구 설치기준**
암기 거주자손 바닥1.5, 표지, 소주표 1.5 상높
(거주자손으로 바닥에 일어 표지를 붙였는데, 다 소주표를 일어로 쓴 상놈)

🧯 **자동확산소화기**

🧯 **주거용 주방자동소화장치**

암기 방감차 탐수
(방금 끓인 감차의 탐스러운 수증기)

가 되도록 배치할 것. 다만, 가연성물질이 없는 작업장의 경우에는 작업장의 실정에 맞게 보행거리를 완화하여 배치할 수 있다.※

2.1.1.5) 능력단위가 2단위 이상이 되도록 소화기를 설치해야 할 특정소방대상물 또는 그 부분에 있어서는 간이소화용구의 능력단위가 전체 능력단위의 2분의 1을 초과하지 않게 할 것. 다만, 노유자시설의 경우에는 그렇지 않다.※

2.1.1.6) 소화기구(자동확산소화기를 제외한다)는 거주자 등이 손쉽게 사용할 수 있는 장소에 바닥으로부터 높이 1.5m 이하의 곳에 비치하고, 소화기에 있어서는 "소화기", 투척용소화용구에 있어서는 "투척용소화용구", 마른모래에 있어서는 "소화용모래", 팽창질석 및 팽창진주암에 있어서는 "소화질석"이라고 표시한 표지를 보기 쉬운 곳에 부착할 것.※ 다만 소화기 및 투척용소화용구의 표지는 「축광표지의 성능인증 및 제품검사의 기술기준」에 적합한 축광식표지로 설치하고, 주차장의 경우 표지를 바닥으로부터 1.5m 이상의 높이에 설치할 것

2.1.1.7) 자동확산소화기 설치기준
 2.1.1.7.1. 방호대상물에 소화약제가 유효하게 방출될 수 있도록 설치할 것
 2.1.1.7.2. 작동에 지장이 없도록 견고하게 고정할 것

2.1.2 자동소화장치의 설치기준

2.1.2.1 주거용 주방자동소화장치의 설치기준 12설, 21점

2.1.2.1.1. 소화약제 방출구는 환기구(주방에서 발생하는 열기류 등을 밖으로 배출하는 장치를 말한다. 이하 같다)※의 청소부분과 분리되어 있어야 하며, 형식승인을 받은 유효설치 높이 및 방호면적에 따라 설치할 것

2.1.2.1.2. 감지부는 형식승인 받은 유효한 높이 및 위치에 설치할 것

2.1.2.1.3. 차단장치(전기 또는 가스)는 상시 확인 및 점검이 가능하도록 설치할 것

2.1.2.1.4. 가스용 주방자동소화장치를 사용하는 경우 탐지부는 수신부와 분리하여 설치하되, 공기보다 가벼운 가스를 사용하는 경우에는 천장 면으로부터 30cm

이하의 위치에 설치하고, 공기보다 무거운 가스를 사용하는 장소에는 바닥 면으로부터 30cm 이하의 위치에 설치할 것※

2.1.2.1.5. 수신부는 주위의 열기류 또는 습기 등과 주위온도에 영향을 받지 않고 사용자가 상시 볼 수 있는 장소에 설치할 것

※ (2.1.2.1.4)의 성능기준
라. 가스용 주방자동소화장치를 사용하는 경우 탐지부는 수신부와 분리하여 설치하되, 공기와 비교한 가연성가스의 무거운 정도를 고려하여 적합한 위치에 설치할 것

2.1.2.2 상업용 주방자동소화장치의 설치기준(=성능기준)

2.1.2.2.1. 소화장치는 조리기구의 종류 별로 성능인증을 받은 설계 매뉴얼에 적합하게 설치할 것

2.1.2.2.2. 감지부는 성능인증을 받은 유효높이 및 위치에 설치할 것

2.1.2.2.3. 차단장치(전기 또는 가스)는 상시 확인 및 점검이 가능하도록 설치할 것

2.1.2.2.4. 후드에 설치되는 분사헤드는 후드의 가장 긴 변의 길이까지 방출될 수 있도록 소화약제의 방출 방향 및 거리를 고려하여 설치할 것

2.1.2.2.5. 덕트에 설치되는 분사헤드는 성능인증을 받은 길이 이내로 설치할 것

🧯 상업용 주방자동소화장치

암기 소감차 후덕
(상업주방에서 소화에 좋은 감차를 후덕한 주방장이 끓여 주셨다)

2.1.2.3 캐비닛형자동소화장치의 설치기준

2.1.2.3.1. 분사헤드(방출구)의 설치 높이는 방호구역의 바닥으로부터 형식승인을 받은 범위 내에서 유효하게 소화약제를 방출시킬 수 있는 높이에 설치할 것

2.1.2.3.2. 화재감지기는 방호구역 내의 천장 또는 옥내에 면하는 부분에 설치하되 「자동화재탐지설비 및 시각경보장치의 화재안전기술기준(NFTC 203)」 2.4(감지기)에 적합하도록 설치할 것

2.1.2.3.3. 방호구역 내의 화재감지기의 감지에 따라 작동되도록 할 것

2.1.2.3.4. 화재감지기의 회로는 교차회로방식으로 설치할 것. 다만, 화재감지기를 「자동화재탐지설비 및 시각경보장치의 화재안전기술기준(NFTC 203)」 2.4.1 단서의 각 감지기로 설치하는 경우에는 그렇지 않다.※

2.1.2.3.5. 교차회로 내의 각 화재감지기회로별로 설치된 화재감지기 1개가 담당하는 바닥면적은 「자동화재탐지설비 및 시각경보장치의 화재안전기술기준(NFTC

🧯 캐비닛형자동소화장치

암기 분높형, 감4, 개통, 작, 구
(분노형 감사해요(설치 작동 교차 바닥) (핸드폰)개통을 자꾸 해주셔서)

※ 성능기준에는 (2.1.2.3.4)의 밑줄 친 단서, (2.1.2.3.5)전체, (2.1.2.3.6)의 밑줄 친 단서가 없다.

203)」2.4.3.5, 2.4.3.8 및 2.4.3.10에 따른 바닥면적으로 할 것※

2.1.2.3.6. <u>개</u>구부 및 <u>통</u>기구(환기장치 포함)를 설치한 것에 있어서는 소화약제가 방출되기 전에 해당 개구부 및 통기구를 자동으로 폐쇄할 수 있도록 할 것. 다만 가스압에 의하여 폐쇄되는 것은 소화약제 방출과 동시에 폐쇄할 수 있다.※

2.1.2.3.7. 작동에 지장이 없도록 견고하게 고정할 것

2.1.2.3.8. <u>구</u>획된 장소의 방호체적 이상을 방호할 수 있는 소화성능이 있을 것

2.1.2.4 가스, 분말, 고체에어로졸 자동소화장치의 설치기준 14설

2.1.2.4.1. 소화약제 <u>방</u>출구는 형식승인을 받은 <u>유</u>효설치범위 내에 설치할 것

2.1.2.4.2. 자동소화장치는 방호구역 내에 <u>형</u>식승인된 1개의 제품을 설치할 것. 이 경우 연동방식으로서 하나의 형식으로 형식승인을 받은 경우에는 1개의 제품으로 본다.

2.1.2.4.3. <u>감</u>지부는 <u>형</u>식승인된 유효설치범위 내에 설치해야 하며 설치장소의 평상시 <u>최</u>고주위온도에 따라 <u>다</u>음 [표 2.1.2.4.3]에 따른 표시온도의 것으로 설치할 것. 다만 열감지선의 감지부는 형식승인을 받은 최고주위온도범위 내에 설치해야 한다.※

🚒 가스 분말 고체에어로졸
암기 방형 방형 일제 감형최고 감4

※ (2.1.2.4.3)의 성능기준
다. 감지부는 형식승인된 유효설치범위 내에 설치해야 하며 설치장소의 평상시 최고주위온도에 따라 적합한 표시온도의 것으로 설치할 것 (표 없음)

🚒 감지부 표시온도
암기 39 79, 64 121, 106 162 이미
(상구 친구 일하러 바로 가는 곳, 고추밭 가 보니 이미(이상,미만) 일이 끝났다)

※ 밑줄은 초성=숫자

1	2	3	4	5	6	7	8	9	0
ㄱ	ㄴ	ㄷ	ㄹ	ㅁ	ㅂ	ㅅ	ㅇ	ㅈ	ㅊ

[표 2.1.2.4.3] 설치장소의 평상시 최고주위온도에 따른 감지부의 표시온도

설치장소의 최고주위온도	표시온도
<u>39</u>℃ 미만	<u>79</u>℃ 미만
39℃ 이상 <u>64</u>℃ 미만	79℃ 이상 <u>121</u>℃ 미만
64℃ 이상 <u>106</u>℃ 미만	121℃ 이상 <u>162</u>℃ 미만
106℃ 이상	162℃ 이상

2.1.2.4.4. 2.1.2.4.3에도 불구하고 화재<u>감</u>지기를 감지부로 사용하는 경우에는 2.1.2.3의 2.1.2.3.2부터 2.1.2.3.5까지의 설치방법에 따를 것

2.1.3 소화기의 설치 제한

이산화탄소 또는 할로겐화합물을 방출하는 소화기구(자동확산소화기 제외)는 지하층이나 무창층 또는 밀폐된 거실로서 그 바닥면적이 20m² 미만의 장소에는 설치할 수 없다. 다만 배기를 위한 유효한 개구부가 있는 장소인 경우에는 그렇지 않다.

2.2 소화기의 감소

2.2.1 소형소화기의 감소 [17설]

소형소화기를 설치해야 할 특정소방대상물 또는 그 부분에 옥내소화전설비·스프링클러설비·물분무등소화설비·옥외소화전설비 또는 대형소화기를 설치한 경우에는 해당 설비의 유효범위의 부분에 대하여 2.1.1.2 및 2.1.1.3에 따른 <u>소형소화기의 3분의 2(대형소화기를 둔 경우에는 2분의 1)를 감소할 수 있다.</u>※

<u>다만, 층수가 11층 이상인 부분, 근린생활시설, 위락시설, 문화 및 집회시설, 운동시설, 판매시설, 운수시설, 숙박시설, 노유자시설, 의료시설, 업무시설(무인변전소를 제외한다), 방송통신시설, 교육연구시설, 항공기 및 자동차 관련 시설, 관광 휴게시설은 그렇지 않다.</u>※ (개정 24.1.1)

2.2.2 대형소화기의 설치 면제

대형소화기를 설치해야 할 특정소방대상물 또는 그 부분에 옥내소화전설비·스프링클러설비·물분무등소화설비 또는 옥외소화전설비를 설치한 경우에는 해당 설비의 유효범위 안의 부분에 대하여는 대형소화기를 설치하지 않을 수 있다.

🔔 **소화기의 설치 제한**

[암기] 이할방 지무밀 거실바닥 2미, 바닥 배개 제외
(이씨 할방이 무지밀어 거실 바닥이 2미 깨끗하다. 다만, 베개는 버렸다)

※ (2.2)의 성능기준
제5조(소화기의 감소)
① 소형소화기를 설치해야 할 특정소방대상물 또는 그 부분에 옥내소화전설비·스프링클러설비·물분무등소화설비·옥외소화전설비 또는 대형소화기를 설치한 경우에는 해당 설비의 유효범위의 부분에 대하여는 제4조 제1항제2호 및 제3호에 따른 소형소화기의 일부를 감소할 수 있다.
② 대형소화기를 설치해야 할 특정소방대상물 또는 그 부분에 옥내소화전설비·스프링클러설비·물분무등소화설비 또는 옥외소화전설비를 설치한 경우에는 해당 설비의 유효범위 안의 부분에 대하여는 대형소화기를 설치하지 않을 수 있다.

🔔 **소화기 감소**

구분	옥외스물등	대형
소형	2/3 감소	1/2 감소
대형	×(면제)	

[암기] 옥외스물등 대형면제 소형 2/3
(옥외 스물등이 있으면 대형은 면제되고 소형은 이상하게 감소한다)

🔔 **소형소화기 감소 불가 대상**

[암기] 운수 판매 노유자 업 근 운숙 관광 위락 교육 11 방문 항의
(운수 판매업을 노유자 업고 근무하던 첫째가 운숙이의 관광 위락시설이 교육에 안 좋다며 매일매일 방문하여 항의하였다)

02

옥내소화전설비의 화재안전기술(성능)기준 (NFT(P)C 102)

세부 목차

1.7 용어의 정의
1.5 경과조치
2.1 수원
2.2 가압송수장치
2.3 배관 등
2.4 함 및 방수구 등

2.5 전원
2.6 제어반
2.7 배선 등
2.8 방수구의 설치 제외
2.9 수원 및 가압송수장치의 펌프 등의 겸용

02 옥내소화전설비의 화재안전기술기준(NFT(P)C 102)

옥내소화전설비의 설치대상과 암기법은 교재 뒤쪽 부록에 수록되어 있습니다.

[계통도]   9점, 19점, 24점

수조/가압송수장치 종류

1.7 용어의 정의

1.7.1 이 기준에서 사용하는 용어의 정의는 다음과 같다.

1.7.1.1) "고가수조"란 구조물 또는 지형지물 등에 설치하여 자연낙차의 압력으로 급수하는 수조를 말한다.

1.7.1.2) "압력수조"란 소화용수와 공기를 채우고 일정압력 이상으로 가압하여 그 압력으로 급수하는 수조를 말한다.

1.7.1.3) "충압펌프"란 배관 내 압력손실에 따른 주펌프의 빈번한 기동을 방지하기 위하여 충압 역할을 하는 펌프를 말한다.

1.7.1.4) "정격토출량"이란 펌프의 정격부하운전 시 토출량으로서 정격토출압력에서의 펌프의 토출량을 말한다.

1.7.1.5) "정격토출압력"이란 펌프의 정격부하운전 시 토출압력으로서 정격토출량에서의 펌프의 토출 측 압력을 말한다.

1.7.1.6) "진공계"란 대기압 이하의 압력을 측정하는 계측기를 말한다.

1.7.1.7) "연성계"란 대기압 이상의 압력과 대기압 이하의 압력을 측정할 수 있는 계측기를 말한다.

1.7.1.8) "체절운전"이란 펌프의 성능시험을 목적으로 펌프 토출 측의 개폐밸브를 닫은 상태에서 펌프를 운전하는 것을 말한다.

1.7.1.9) "기동용수압개폐장치"란 소화설비의 배관 내 압력변동을 검지하여 자동적으로 펌프를 기동 및 정지시키는 것으로서 압력챔버 또는 기동용압력스위치 등을 말한다.

1.7.1.10) "급수배관"이란 수원 또는 송수구 등으로부터 소화설비에 급수하는 배관을 말한다.

1.7.1.11) "분기배관"이란 배관 측면에 구멍을 뚫어 둘 이상의 관로가 생기도록 가공한 배관으로서 다음의 분기배관을 말한다.

 (1) "확관형 분기배관"이란 배관의 측면에 조그만 구멍을 뚫고 소성가공으로 확관시켜 배관 용접이음자리를 만들거나 배관 용접이음자리에 배관이음쇠를 용접 이음한 배관을 말한다.

 (2) "비확관형 분기배관"이란 배관의 측면에 분기호칭내경 이상의 구멍을 뚫고 배관이음쇠를 용접 이음한 배관을 말한다.

1.7.1.12) "개폐표시형밸브"란 밸브의 개폐 여부를 외부에서 식별이 가능한 밸브를 말한다.

1.7.1.13) "가압수조"란 가압원인 압축공기 또는 불연성 기체의 압력으로 소화용수를 가압하여 그 압력으로 급수하는 수조를 말한다.

1.7.1.14) "주펌프"란 구동장치의 회전 또는 왕복운동으로 소화용수를 가압하여 그 압력으로 급수하는 주된 펌프를 말한다.

1.7.1.15) "예비펌프"란 주펌프와 동등 이상의 성능이 있는 별도의 펌프를 말한다.

※ 도시기호

〈진공계/연성계〉 〈압력계〉

※ 압력챔버

※ 급수배관(점선)

※ 확관형 분기배관

〈확관형 분기배관〉

※ 「분기배관의 성능인증 및 제품검사의 기술기준」에 적합한 것으로 설치하여야 한다.

※ 비확관형 분기배관

〈비확관형 분기배관〉

※ 「분기배관의 성능인증 및 제품검사의 기술기준」을 적용하지 않는다.

2.1 수원

<small>1, 2, 7, 12, 17, 18, 22설 응용</small>

2.1.1 수원의 저수량(호스릴옥내소화전설비 포함)

$$Q = N \times 2.6 \ [m^3] \ 이상$$
$$= N \times 130 \ [lpm] \times 시간$$

N: 가장 많은 층의 설치개수 (2개 이상은 2개)
 ※ 30층 이상(5개 이상은 5개)
시간: 20분 (30~49층: 40분, 50층 이상: 60분)

2.1.2 옥상수조

옥내소화전설비의 수원은 2.1.1에 따라 계산하여 나온 유효수량 외에 유효수량의 3분의 1 이상을 옥상(옥내소화전설비가 설치된 건축물의 주된 옥상을 말한다. 이하 같다)에 설치해야 한다. 다만 다음의 어느 하나에 해당하는 경우에는 그렇지 않다.

(1) **지**하층만 있는 건축물
(2) 2.2.2에 따른 **고**가수조를 가압송수장치로 설치한 경우
(3) 수원이 건축물의 **최**상층에 설치된 방수구보다 높은 위치에 설치된 경우
(4) 건축물의 높이가 지표면으로부터 **10**m 이하인 경우
(5) 주펌프와 동등 이상의 성능이 있는 **별**도의 펌프로서 내연기관의 기동과 연동하여 작동되거나 비상전원을 연결하여 설치한 경우
(6) **2.2.1.9의 단서**에 해당하는 경우
(7) 2.2.4에 따라 **가**압수조를 가압송수장치로 설치한 경우

2.1.3 옥상수조 겸용

옥상수조(2.1.1에 따라 계산하여 나온 유효수량의 1/3 이상을 옥상에 설치한 설비를 말한다. 이하 같다)는 이와 **연결된** 배관을 통하여 **상시 소화수를 공급할 수 있는 구조의** 특정소방대상물인 경우에는 둘 이상의 특정소방대상물이 있더라도 하나의 특정소방대상물에만 이를 설치할 수 있다.

🚒 수원의 저수량

방수량×시간×개수			
~29	130	20	최대2
30~49	130	40	최대5
50~	130	60	최대5

- 총 저수량 = 수원량(A) + 옥상(A/3)

암기 방수·시·개

🚒 옥상수조 제외

암기 [옥상] 최고지 별10 가수
(옥상에서 노래하는 게 최고지! 별10개 받는 가수가 될 거야)

🚒 2.2.1.9 단서

학교·공장·창고시설로서 동결의 우려가 있는 장소에 있어서는 기동스위치에 보호판을 부착하여 옥내소화전함 내에 설치할 수 있다. (수동방식)

암기 창공학교 동기 보호함

🚒 옥상수조 겸용의 예

2.1.4 수원을 수조로 설치하는 경우

옥내소화전설비의 수원을 수조로 설치하는 경우에는 소화설비의 전용수조로 해야 한다. 다만 다음의 어느 하나에 해당하는 경우에는 그렇지 않다.

2.1.4.1) 옥내소화전설비용 펌프의 풋밸브 또는 흡수배관의 흡수구(수직회전축펌프의 흡수구를 포함한다. 이하 같다)를 다른 설비(소화용 설비 외의 것을 말한다. 이하 같다)의 풋밸브 또는 흡수구보다 낮은 위치에 설치한 때

2.1.4.2) 2.2.2에 따른 고가수조로부터 옥내소화전설비의 수직배관에 물을 공급하는 급수구를 다른 설비의 급수구보다 낮은 위치에 설치한 때

2.1.5 유효수량

저수량을 산정함에 있어서 다른 설비와 겸용하여 옥내소화전설비용 수조를 설치하는 경우에는 옥내소화전설비의 **풋**밸브·**흡**수구 또는 수직배관의 **급**수구와 다른 설비의 **풋**밸브·**흡**수구 또는 수직배관의 **급**수구와의 사이의 수량을 그 **유효수량**으로 한다.

2.1.6 수조의 설치기준

2.1.6.1) **점**검에 편리한 곳에 설치할 것

2.1.6.2) **동**결방지조치를 하거나 동결의 우려가 없는 장소에 설치할 것

2.1.6.3) 수조 외측에 수위계를 설치할 것. 다만 구조상 불가피한 경우에는 수조의 맨홀 등을 통하여 수조 안의 물의 양을 쉽게 확인할 수 있도록 해야 한다.※

2.1.6.4) 수조의 상단이 바닥보다 높은 때에는 수조의 외측에 고정식 사다리를 설치할 것※

2.1.6.5) 수조가 실내에 설치된 때에는 그 실내에 조명설비를 설치할 것※

2.1.6.6) 수조의 밑 부분에는 청소용 배수밸브 또는 배수관을 설치할 것※

2.1.6.7) 수조 외측의 보기 쉬운 곳에 "옥내소화전설비용 수조"라고 표시한 **표**지를 할 것. 이 경우 그 수조를 다른 설비와 겸용하는 때에는 그 겸용되는 설비의 이름을 표시한 표지를 함께해야 한다.※

풋밸브(여과기능, 체크기능)

유효수량

암기 풋흡급 사이

수조 설치기준

암기 점동조 수고표 배표
(이미지 속 물건 위치를 기억하세요)

※ (2.1.6)의 성능기준
⑥ 옥내소화전설비용 수조는 다음 각 호의 기준에 따라 설치해야 한다.
1. 점검에 편리한 곳에 설치할 것
2. 동결방지조치를 하거나 동결의 우려가 없는 장소에 설치할 것
3. 수조에는 수위계, 고정식 사다리, 청소용 배수밸브(또는 배수관), 표지 및 실내 조명 등 수조의 유지관리에 필요한 설비를 설치할 것

2.1.6.8) 소화설비용 펌프의 흡수배관 또는 소화설비의 수직배관과 수조의 접속부분에는 "옥내소화전소화설비용 배관"이라고 표시한 **표지**할 것. 다만 수조와 가까운 장소에 소화설비용 펌프가 설치되고 해당 펌프에 2.2.1.15에 따른 표지를 설치한 때에는 그렇지 않다.

2.2 가압송수장치

2.2.1 전동기 또는 내연기관에 따른 펌프

전동기 또는 내연기관에 따른 펌프를 이용하는 가압송수장치는 다음의 기준에 따라 설치해야 한다. 다만 가압송수장치의 주펌프는 전동기에 따른 펌프로 설치해야 한다.

2.2.1.1) 쉽게 **접근**할 수 있고 점검하기에 **충분한** 공간이 있는 장소로서 **화재** 및 **침수** 등의 **재해**로 인한 **피해**를 받을 우려가 없는 곳에 설치할 것

2.2.1.2) **동결방지조치**를 하거나 **동결**의 우려가 없는 장소에 설치할 것

2.2.1.3) **방수압** `19점, 22설 응용`

> 노즐선단에서 0.17[MPa] 이상(호스릴 포함)
> 0.7[MPa] 초과 시 호스접결구의 인입 측에 감압장치를 설치할 것

2.2.1.4) **방수량 및 펌프 토출량** `2설 응용, 7설`

> 방수량: 130 [lpm] 이상(호스릴 포함)
> 펌프 토출량: $q = N \times 130\,[lpm]$

N: 가장 많은 층의 설치개수 (2개 이상은 **2개**)
※ 30층 이상(5개 이상은 5개)

2.2.1.5) 펌프는 **전용**으로 할 것. 다만 다른 소화설비와 겸용하는 경우 각각의 소화설비의 성능에 지장이 없을 때에는 그렇지 않다.

2.2.1.6) **압력계, 연성계, 진공계** `9점`

펌프의 토출 측에는 **압력계**를 체크밸브 이전에 펌프 토출 측 플랜지에서 가까운 곳에 설치하고, **흡입** 측에는 연성계 또는 진공계를 설치할 것. 다만 수원의 수위가 펌프의 위치보다 높거나 수직회전축 펌프의 경우에는 연성계 또는 진공계를 설치하지 않을 수 있다.

🚒 **방수량 방수압력 비교**

1. 옥외소화전 (20분, 2개)
  - 방수량: 350[lpm]
  - 방수압: 0.25[MPa] 이상
    0.7[MPa] 초과 시 감압장치
2. 터널 옥내소화전(40분, 2(3)개)
  - 방수량: 190[lpm]
  - 방수압: 0.35[MPa] 이상
    0.7[MPa]] 초과 시 감압장치

※ 방수압
  암기 옥내 → 옥외 → 터널옥내
  0.17 → 0.25 → 0.35

※ 방수량
  암기 옥내 → 옥외 → 터널옥내
  130(일상) 350(상어) 190(입구)

(방수량이므로 물의 양을 연상하여 옥내에서 일상적인 물, 옥외 연못에 상어가 살고 터널입구에 물 떨어지는 걸 상상한다)

2.2.1.7) 펌프의 성능은 체절운전 시 정격토출압력의 140 %를 초과하지 않고, 정격토출량의 150 %로 운전 시 정격토출압력의 65 % 이상이 되어야 하며, 펌프의 성능을 시험할 수 있는 성능시험배관을 설치할 것. 다만 충압펌프의 경우에는 그렇지 않다. 〔3설, 3점〕

2.2.1.8) 가압송수장치에는 체절운전 시 수온의 상승을 방지하기 위한 순환배관을 설치할 것. 다만 충압펌프의 경우에는 그렇지 않다. 〔3설, 9점〕

2.2.1.9) **기동장치**
기동장치로는 기동용수압개폐장치 또는 이와 동등 이상의 성능이 있는 것을 설치할 것
다만 **학**교 · **공**장 · **창**고시설(옥상수조를 설치한 대상은 제외)로서 **동**결의 우려가 있는 장소에 있어서는 **기**동스위치에 **보호**판을 부착하여 옥내소화전**함** 내에 설치할 수 있다.

2.2.1.10) 2.2.1.9 단서의 경우에는 주펌프와 동등 이상의 성능이 있는 **별도**의 **펌프**로서 **내**연기관의 기동과 연동하여 작동되거나 **비**상전원을 연결한 펌프를 추가 설치할 것. 다만 다음의 어느 하나에 해당하는 경우는 제외한다.
  (1) **지**하층만 있는 건축물
  (2) **고**가수조를 가압송수장치로 설치한 경우
  (3) **수**원이 건축물의 최상층에 설치된 방수구보다 높은 위치에 설치된 경우
  (4) **건**축물의 높이가 지표면으로부터 **10**m 이하인 경우
  (5) **가**압수조를 가압송수장치로 설치한 경우

2.2.1.11) **압력챔버**
기동용수압개폐장치 중 압력챔버를 사용할 경우 그 용적은 100L 이상의 것으로 할 것

2.2.1.12) **물올림장치** 〔1설, 9점〕
수원의 수위가 펌프보다 낮은 위치에 있는 가압송수장치에는 다음의 기준에 따른 물올림장치 설치할 것
  2.2.1.12.1. **물올림**장치에는 **전**용의 **수조**를 설치할 것
  2.2.1.12.2. 수조의 **유효수량**은 **100L** 이상으로 하되, 구경 **15mm** 이상의 **급수배관**에 따라 해당 수조에 물이 **계속** 보급되도록 할 것

🛠 **펌프의 성능 및 유량측정장치**
암기 1 1
     4 5 6 7
       5 5

🛠 **수동기동방식**
암기 창공학교 동기보호함 + 별도내비

🛠 **별도펌프 추가하지 않는 경우**
암기 지고가수건 또는 최고지별10가
※(최고지식가, 별 수 없지)

🛠 **압력챔버**

🛠 **물올림장치**

암기 물올림 수조 유일(1) 15 계속

🚩 충압펌프

최고위
호스접결구의
자연압
+0.2Mpa

🚩 내연기관

암기 내 기함적 제자수 상시충 246
(내가 기함에서 생활할 적에 제자 수가
상시충원해서 246명이었다)

🚩 펌프의 재질

① 임펠러
(청동, 스테인리스 등)
② 펌프축(스테인리스 등)
펌프 전동기

암기 임펠러 청스 축스 부강
(임펠러 청소를 축소하니 부강해짐)

2.2.1.13) 충압펌프

기동용수압개폐장치를 기동장치로 사용할 경우에는 다음의 기준에 따른 **충압펌프**를 설치할 것

2.2.1.13.1. 펌프의 토출압력은 그 설비의 **최고위 호스접결구**의 자연압보다 적어도 0.2MPa이 더 크도록 하거나 가압송수장치의 **정격토출압력**과 같게 할 것

2.2.1.13.2. 펌프의 정격토출량은 **정상적인 누설량**보다 적어서는 안 되며, 옥내소화전설비가 자동적으로 **작동할 수 있도록 충분한 토출량**을 유지할 것

2.2.1.14) 내연기관을 사용하는 경우의 적합 기준

2.2.1.14.1. **내**연기관의 **기**동은 2.2.1.9의 **기**동장치를 설치하거나 또는 소화전함의 위치에서 원격조작이 가능하고 기동을 명시하는 **적**색등을 설치할 것

2.2.1.14.2. **제**어반에 따라 내연기관의 **자**동기동 및 **수**동기동이 가능하고, **상시 충**전되어 있는 축전지설비를 갖출 것

2.2.1.14.3. 내연기관의 연료량은 펌프를 **20**분(층수가 30층 이상 49층 이하는 **40**분, 50층 이상은 **60**분) 이상 운전할 수 있는 용량일 것

2.2.1.15) 표지

가압송수장치에는 "옥내소화전소화펌프"라고 표시한 표지를 할 것. 이 경우 그 가압송수장치를 다른 설비와 겸용하는 때에는 그 겸용되는 설비의 이름을 표시한 표지를 함께해야 한다.

2.2.1.16) 자동정지 금지

가압송수장치가 기동이 된 경우에는 자동으로 정지되지 않도록 할 것. 다만 **충압펌프의 경우에는 그렇지 않다.**

2.2.1.17) 펌프의 재질

가압송수장치는 부식 등으로 인한 **펌프의 고착을 방**지할 수 있도록 다음의 기준에 적합한 것으로 할 것. 다만 충압펌프는 제외한다.

2.2.1.17.1. **임펠러는 청**동 또는 **스**테인리스 등 **부**식에 **강**한 재질을 사용할 것

2.2.1.17.2. 펌프**축**은 **스**테인리스 등 부식에 **강**한 재질을 사용할 것

2.2.2 고가수조의 자연낙차를 이용한 가압송수장치

2.2.2.1) 고가수조의 자연낙차수두(수조의 하단으로부터 최고층에 설치된 소화전 호스 접결구까지의 수직거리를 말한다) 계산식(호스릴 포함)

$$H = h_1 + h_2 + 17m$$

H: 필요한 낙차(m)
h_1: 소방용 호스 마찰손실수두(m)
h_2: 배관의 마찰손실수두(m)

2.2.2.2) 고가수조에는 **수**위계·**배**수관·**급**수관·**오**버플로우관 및 **맨**홀을 설치할 것

🔹 고가수조 방식

암기 수배급 오버맨

2.2.3 압력수조를 이용한 가압송수장치 설치기준

2.2.3.1) 압력수조의 압력 계산식(호스릴 포함)

$$P = P_1 + P_2 + P_3 + 0.17[MPa]$$

P: 필요한 압력(Mpa)
P_1: 호스의 마찰손실 수두압(MPa)
P_2: 배관의 마찰 손실 수두압(MPa)
P_3: 낙차의 환산 수두압(MPa)

2.2.3.2) 압력수조에는 **수**위계·**급**수관·**배**수관·**급**기관·**맨**홀·**압**력계·**안**전장치 및 압력**저**하 방지를 위한 **자**동식 공기압축기를 설치할 것 22설

🔹 압력수조 방식

암기 수급배급 맨압안자

2.2.4 가압수조를 이용한 가압송수장치 설치기준

2.2.4.1) 가압수조의 압력은 2.2.1.3에 따른 방수압 및 방수량이 **20**분 이상 유지되도록 할 것

2.2.4.2) 가압수조 및 가압원은 「건축법 시행령」 제46조에 따른 **방**화구획 된 장소에 설치할 것

2.2.4.3) 가압수조를 이용한 가압송수장치는 소방청장이 정하여 고시한 「가압수조식가압송수장치의 **성**능인증 및 제품검사의 기술기준」에 적합한 것으로 설치할 것

🔹 가압수조 방식

암기 [가] 2방성
(가시방석)

2.3 배관 등

2.3.1 사용압력에 따른 배관 및 배관이음쇠의 종류

배관과 배관이음쇠는 다음의 어느 하나에 해당하는 것 또는 동등 이상의 강도·내식성 및 내열성 등을 국내·외 공인기관으로부터 인정받은 것을 사용해야 하고, 배관용 스테인리스강관(KS D 3576)의 이음을 용접으로 할 경우에는 텅스텐 불활성 가스 아크 용접(Tungsten Inert gas Arc Welding) 방식에 따른다. 다만 2.3에서 정하지 않은 사항은 「건설기술 진흥법」 제44조제1항의 규정에 따른 "건설기준"에 따른다.※

사용압력	배관의 종류
1.2MPa 미만	• 배관용 탄소강관(KS D 3507) • 이음매 없는 구리 및 구리합금관(KS D 5301) (다만 습식의 배관에 한함) • 배관용 스테인리스강관(KS D 3576) 또는 일반배관용 스테인리스강관(KS D 3595) • 덕타일 주철관(KS D 4311)
1.2MPa 이상	• 압력배관용 탄소강관(KS D 3562) • 배관용 아크용접 탄소강 강관(KS D 3583)

2.3.2 소방용 합성수지배관으로 설치 가능한 경우 [21점]

2.3.1에도 불구하고 다음의 어느 하나에 해당하는 장소에는 소방청장이 정하여 고시한 「소방용합성수지배관의 성능인증 및 제품검사의 기술기준」에 적합한 소방용 합성수지배관으로 설치할 수 있다.

2.3.2.1) 배관을 지하에 매설하는 경우

2.3.2.2) 다른 부분과 내화구조로 구획된 덕트 또는 피트의 내부에 설치하는 경우

2.3.2.3) 천장(상층이 있는 경우에는 상층바닥의 하단을 포함한다. 이하 같다)과 반자를 불연재료 또는 준불연 재료로 설치하고 소화배관 내부에 항상 소화수가 채워진 상태로 설치하는 경우

※ (2.3.1)의 성능기준(=SP설비 및 간이 SP설비의 기준 동일)
배관과 배관이음쇠는 배관 내 사용압력에 따라 다음 각 호의 어느 하나에 해당하는 것을 사용해야 한다.
1. 배관 내 사용압력이 1.2메가파스칼 미만일 경우에는 다음 각 목의 어느 하나에 해당하는 것
   가. 배관용 탄소 강관(KS D 3507)
   나. 이음매 없는 구리 및 구리합금관(KS D 5301). 다만 습식의 배관에 한한다.
   다. 배관용 스테인리스 강관(KS D 3576) 또는 일반 배관용 스테인리스 강관(KS D 3595)
   라. 덕타일 주철관(KS D 4311)
2. 배관 내 사용압력이 1.2메가파스칼 이상일 경우에는 다음 각 목의 어느 하나에 해당하는 것
   가. 압력 배관용 탄소 강관(KS D 3562)
   나. 배관용 아크 용접 탄소강 강관(KS D 3583)

🚒 배관과 배관이음쇠

암기 [1.2MPa 미만]
(1월2일 전날 회사에서
KS D 35**(코스닥 배탄 삼오회)
공치(07)는 날!
날씨가 구리구리 오삼공일 습해서
스트레스 출력(76) 일 구요(95)!
덕분에 타격이 4311(사상일일)최고!)

암기 [1.2MPa 이상]
(1월2일 코스탁 배탄 삼오회 회사앞에
압,력이(62) 들어옴!
이크! 팔(8)아야 산(3)다)

🚒 소방용 합성수지배관

암기 지덕천 준수

2.3.3 급수배관

급수배관은 **전용**으로 해야 한다. 다만 옥내소화전의 기동장치의 조작과 동시에 다른 설비의 용도에 사용하는 배관의 송수를 차단할 수 있거나, 옥내소화전설비의 성능에 지장이 없는 경우에는 다른 설비와 겸용할 수 있다.

2.3.4 펌프의 흡입 측 배관의 설치기준

2.3.4.1) 공기고임이 생기지 않는 구조로 하고 **여과장치**를 설치할 것

2.3.4.2) **수조**가 **펌프**보다 낮게 설치된 경우에는 **각 펌프**(충압펌프를 포함한다)마다 수조로부터 **별도**로 설치할 것

2.3.5 배관의 구경 [7설]

펌프의 토출 측 **주배관**의 구경은 유속이 **4**m/s 이하가 될 수 있는 크기 이상으로 할 것

구분	토출 측 주배관 중 수직배관 구경	방수구와 연결되는 가지배관의 구경
호스릴 방식	**3**2mm 이상	**2**5mm 이상
소화전 방식	**5**0mm 이상	**4**0mm 이상

2.3.6 연결송수관설비의 배관과 겸용하는 경우

구분	주배관의 구경	방수구로 연결되는 배관의 구경
연결송수관설비의 배관과 겸용	**10**0mm 이상	**6**5mm 이상

2.3.7 펌프의 성능시험배관 적합기준 [9점, 19점, 25점응용]

펌프의 성능시험배관은 다음의 기준에 적합하도록 설치해야 한다.

2.3.7.1) 성능시험배관은 펌프의 **토출** 측에 설치된 **개폐밸브** 이**전**에서 **분기**하여 직선으로 설치하고, 유량측정장치를 기준으로 **전**단 **직**관부에는 **개**폐밸브를 **후**단 직관부에는 **유**량**조**절밸브를 설치할 것. 이 경우 **개**폐밸브와 **유**량측정장치 사이의 **직**관부 거리 및 유량측정장치와 유량조절밸브 사이의 **직**관부 거리는 **해**당 유량측정장치 **제**조사의 **설**치사양에 따르고, 성능시험배관의 호칭지름은 유량측정장치의 호칭지름에 따른다.

🔔 **흡입 측 배관**

암기 공여 수펌 각별
(공여한 수퍼와 각별한 관계이다)

🔔 **옥내소화전 주배관 유속**

암기 소화전 토 주4
(소화가 안 되서 토주사 맞음)

🔔 **배관의 구경**

암기 릴가주 가주 송가주
      23   45   65 100
※ 가: 가지배관, 주: 주배관

🔔 **성능시험배관**

암기 토개전분 전직개 후유조,
개유직, 유유직, 해제설사,
호호, 175성능

2.3.7.2) 유량측정장치는 펌프의 정격토출량의 175% 이상까지 측정할 수 있는 **성능**이 있을 것

2.3.8 릴리프밸브 [3설, 9점]

가압송수장치의 체절운전 시 수온의 상승을 방지하기 위하여 **체크밸브**와 **펌프 사이**에서 분기한 구경 20mm 이상의 배관에 체절압력 미만에서 개방되는 릴리프밸브를 설치할 것

2.3.9 배관의 동결방지

배관은 동결방지조치를 하거나 동결의 우려가 없는 장소에 설치해야 한다. 다만 보온재를 사용할 경우에는 **난연재료** 성능 이상의 것으로 해야 한다.

2.3.10 개폐표시형 밸브의 사용

급수배관에 설치되어 급수를 차단할 수 있는 개폐밸브(옥내소화전방수구를 제외한다)는 **개폐표시형**으로 해야 한다. 이 경우 펌프의 **흡입 측 배관**에는 **버터플라이 밸브** 외의 개폐표시형밸브를 설치해야 한다.

2.3.11 배관의 구분

배관은 다른 설비의 배관과 쉽게 구분이 될 수 있는 위치에 설치하거나, 그 배관표면 또는 배관 보온재 표면의 색상은 「한국산업표준(배관계의 식별 표시, KS A 0503)」 또는 적색으로 식별이 가능하도록 소방용설비의 배관임을 표시해야 한다.

2.3.12 송수구의 설치기준

2.3.12.1) 소방차가 쉽게 **접근**할 수 있고, 잘 보이는 장소에 설치하고, 화재층으로부터 지면으로 떨어지는 유리창 등이* 송수 및 그 밖의 소화작업에 지장을 주지 않는 장소에* 설치할 것

2.3.12.2) 송수구로부터 옥내소화전설비의* 주 배관에 이르는 연결배관에는 **개폐밸브**를 설치하지 않을 것. 다만 스프링클러설비·물분무소화설비·포소화설비 또는 연결송수관설비의 배관과 겸용하는 경우에는 그렇지 않다.*

2.3.12.3) 지면으로부터 **높이**가 0.5m 이상 1m 이하의 위치에 설치할 것

🔥 순환배관

릴리프밸브 20mm 이상

암기 체펌 사2

🔥 개폐표시형 밸브의 예

〈OS&Y밸브〉 〈버터플라이 밸브〉

※ (2.3.12)의 성능기준
⑫ 옥내소화전설비에는 소방자동차부터 그 설비에 송수할 수 있는 송수구를 다음 각 호의 기준에 따라 설치해야 한다.
1. 송수구는 송수 및 그 밖의 소화작업에 지장을 주지 않도록 설치할 것
2. 송수구로부터 주배관에 이르는 연결배관에는 개폐밸브를 설치하지 않을 것
3. 지면으로부터 높이가 0.5미터 이상 1미터 이하의 위치에 설치할 것
4. 구경 65밀리미터의 쌍구형 또는 단구형으로 할 것
5. 송수구의 가까운 부분에 자동배수밸브(또는 직경 5밀리미터의 배수공) 및 체크밸브를 설치할 것
6. 송수구에는 이물질을 막기 위한 마개를 씌울 것

2.3.12.4) <u>송수구는</u>※ 구경 65mm의 **쌍구형** 또는 **단구형**으로 할 것

2.3.12.5) 송수구의 <u>부근에는</u>※ 자동배수밸브(또는 직경 5mm의 배수공) 및 **체크밸브를** <u>다음의 기준에 따라</u>※ 설치할 것. <u>이 경우 자동배수밸브는 배관 안의 물이 잘 빠질 수 있는 위치에 설치하되, 배수로 인하여 다른 물건이나 장소에 피해를 주지 않아야 한다.</u>※

2.3.12.6) 송수구에는 이물질을 막기 위한 **마개**를 씌울 것

2.3.13 확관형 분기배관

확관형 분기배관을 사용할 경우에는 소방청장이 정하여 고시한 「분기배관의 성능인증 및 제품검사의 기술기준」에 적합한 것으로 설치해야 한다.

2.4 함 및 방수구 등

2.4.1 옥내소화전설비 함의 설치기준

2.4.1.1) **함**은 소방청장이 정하여 고시한 「소화전함의 **성능**인증 및 제품검사의 기술기준」에 적합한 것으로 설치하되 **밸브**의 조작, **호스**의 **수납** 및 **문**의 개방 등 옥내소화전의 사용에 장애가 없도록 설치할 것. 연결송수관의 방수구를 같이 설치하는 경우에도 또한 같다.

2.4.1.2) 2.4.1.1에도 불구하고 2.4.2.1의 기준을 초과하는 경우로서 **기**둥 또는 **벽**이 설치되지 않은 **대형공간**의 경우는 다음의 기준에 따라 설치할 수 있다.

2.4.1.2.1. 호스 및 관창은 방수구의 가장 **가까운** 장소의 벽 또는 기둥 등에 함을 설치하여 비치할 것

2.4.1.2.2. **방수구**의 <u>위치</u>표지는 표시등 또는 축광도료 등으로 상시 확인이 가능토록 할 것

🚒 옥내소화전 송수구

※ 송수구 겸용의 경우:
연결살수＜옥내소화전＜스프링클러

※ (2.4.1)의 성능기준
제7조(함 및 방수구 등) ① 옥내소화전설비의 함은 소방청장이 정하여 고시한 「소화전함의 성능인증 및 제품검사의 기술기준」에 적합한 것으로 설치하되 밸브의 조작, 호스의 수납 및 문의 개방 등 옥내소화전의 사용에 장애가 없도록 설치해야 한다.

🚒 함의 설치기준
암기 1. 함성밸 호수문
    2. 기벽대 : 가까운 방위치

※ (2.4.2)의 성능기준은 밑줄 친 단서가 없다.

🧯 방수구

①-(1) 층마다
①-(2) 25m
①-(3) 복층 공동주택

③ 40 25
② 높이 1.5
④ 개폐

암기 마2복 1.5 4개
(마이 복 잃어버려 4개 샀다)

※ (2.4.3)의 성능기준
옥내소화전설비의 함에는 옥내소화전설비의 위치를 표시하는 표시등과 가압송수장치의 기동을 표시하는 표시등을 설치해야 한다.

🧯 표시등

위치표시등 (상부, 성능인증)
기동표시등 (상부·직근, 적색)
소화전함

암기 위치 함상성, 기동 상직적

2.4.2 옥내소화전방수구의 설치기준   7설

2.4.2.1) 특정소방대상물의 **층마**다 설치하되, 해당 특정소방대상물의 각 부분으로부터 하나의 옥내소화전방수구까지의 수평거리가 25m(호스릴옥내소화전설비를 포함한다)이하가 되도록 할 것. 다만 **복층형 구조의 공동주택**의 경우에는 세대의 **출입구가 설치된 층에만 설치할 수 있다.**※

2.4.2.2) 바닥으로부터의 높이가 1.5m 이하가 되도록 할 것

2.4.2.3) 호스는 구경 40mm(호스릴옥내소화전의 경우에는 25mm) 이상의 것으로서 특정소방대상물의 각 부분에 물이 유효하게 뿌려질 수 있는 길이로 설치할 것

2.4.2.4) 호스릴옥내소화전설비의 경우 그 노즐에는 노즐을 쉽게 **개**폐할 수 있는 장치를 부착할 것

2.4.3 표시등의 설치기준

2.4.3.1) 옥내소화전설비의 위치를 표시하는 표시등은 함의 **상부**에 설치하되, 소방청장이 고시하는 「표시등의 성능인증 및 제품검사의 기술기준」에 적합한 것으로 할 것※

2.4.3.2) 가압송수장치의 기동을 표시하는 **표시등**은 옥내소화전함의 **상부** 또는 그 직근에 설치하되 **적색등**으로 할 것. 다만 자체소방대를 구성하여 운영하는 경우(「위험물 안전관리법 시행령」 별표8에서 정한 소방자동차와 자체소방대원의 규모를 말한다) 가압송수장치의 기동표시등을 설치하지 않을 수 있다.※

2.4.4 표지

옥내소화전설비의 함에는 그 표면에 "소화전"이라는 표지를 해야 한다.

2.4.5 사용요령 표지

옥내소화전설비의 함에는 함 가까이 보기 쉬운 곳에 그 **사용요령을 기재한 표지판**을 붙여야 하며, 표지판을 함의 문에 붙이는 경우에는 문의 내부 및 외부 모두에 붙여야 한다. 이 경우 사용요령은 외국어와 시각적인 그림을 포함하여 작성해야 한다.

2.5 전원

2.5.1 상용전원회로 배선의 설치기준 [2설]

옥내소화전설비에는 그 특정소방대상물의 수전 방식에 따라 다음의 기준에 따른 상용전원회로의 배선을 설치해야 한다. 다만 가압수조방식으로서 모든 기능이 20분 이상 유효하게 지속될 수 있는 경우에는 그렇지 않다.

2.5.1.1) **저**압수전인 경우에는 **인**입개폐기의 **직**후에서 분기하여 **전용**배선으로 해야 하며, **전용**의 **전선관**에 **보호**되도록 할 것

2.5.1.2) **특별**고압수전 또는 **고**압수전일 경우에는 **전력용 변**압기 **2**차 측의 **주차**단기 **1**차 측에서 **분**기하여 **전용**배선으로 하되, **상용전원의 상시공급에 지장이 없을 경우에는** 주차단기 2차 측에서 **분**기하여 **전용**배선으로 할 것. 다만 가압송수장치의 정격입력전압이 수전전압과 같은 경우에는 2.5.1.1의 기준에 따른다.

2.5.2 비상전원 [23설]

다음의 어느 하나에 해당하는 특정소방대상물의 옥내소화전설비에는 비상전원을 설치해야 한다. 다만, 2 이상의 변전소(「전기사업법」 제67조에 따른 변전소를 말한다. 이하 같다)에서 전력을 동시에 공급받을 수 있거나 하나의 변전소로부터 전력의 공급이 중단되는 때에는 **자동**으로 **다른 변**전소로부터 전원을 공급받을 수 있도록 상용전원을 설치한 경우와 가압수조방식에는 비상전원을 설치하지 않을 수 있다.※

2.5.2.1) 층수가 **7**층 이상으로서 연면적이 2,000㎡ 이상인 것

2.5.2.2) 2.5.2.1에 해당하지 않는 특정소방대상물로서 지하층의 **바닥면적 합계**가 3,000㎡ 이상인 것

2.5.3 비상전원의 설치기준 [23설]

2.5.2에 따른 비상전원은 자가**발**전설비, **축**전지설비(내연기관에 따른 펌프를 사용하는 경우에는 내연기관의 기동 및 제어용 축전지를 말한다) 또는 **전**기저장장치(외부 전기에너지를 저장해 두었다가 필요한 때 전기를 공급하는 장치)로서 다음의 기준에 따라 설치해야 한다.

※ (2.5.1)의 성능기준
제8조(전원) ① 옥내소화전설비에 설치하는 상용전원회로의 배선은 상용전원의 상시공급에 지장이 없도록 전용배선으로 해야 한다.

🔔 상용전원의 배선
[암기] 저인직 전용 전관보호
특고전변2 주차 1분전
상상 지장없게 2분전

🔔 비상전원의 제외
[암기] 2자가
(비상시엔 이자가 제외됨)

🔔 비상전원의 대상
[암기] 층7연2, 지바3
(충치년이 바지삼)

🔔 비상전원 종류
[암기] 축발전

🚒 비상전원 설치기준

암기 점2 자동방구실

※ (2.5.3.4)의 성능기준에는 밑줄 친 부분이 없다.

2.5.3.1) 점검에 편리하고 화재 및 침수 등의 재해로 인한 피해를 받을 우려가 없는 곳에 설치할 것

2.5.3.2) 옥내소화전설비를 유효하게 <u>20</u>분 이상 작동할 수 있어야 할 것

2.5.3.3) 상용전원으로부터 전력의 공급이 중단된 때에는 <u>자동</u>으로 비상전원으로부터 전력을 공급받을 수 있도록 할 것

2.5.3.4) 비상전원(내연기관의 기동 및 제어용 축전기를 제외한다)의 설치장소는 다른 장소와 <u>방화</u>구획할 것. 이 경우 그 장소에는 비상전원의 공급에 필요한 기구나 설비 외의 것(열병합발전설비에 필요한 기구나 설비는 제외한다)을 두어서는 안 된다.※

2.5.3.5) 비상전원을 <u>실내</u>에 설치하는 때에는 그 실내에 비상조명등을 설치할 것

2.6 제어반 ※

2.6.1 제어반

소화설비에는 제어반을 설치하되, 감시제어반과 동력제어반으로 구분하여 설치해야 한다.

다만 다음의 어느 하나에 해당하는 경우에는 감시제어반과 동력제어반으로 구분하여 설치하지 않을 수 있다.

2.6.1.1) 2.5.2의 각 기준의 어느 하나에 해당하지 않는 특정소방대상물에 설치되는 옥내소화전설비

2.6.1.2) 내연기관에 따른 가압송수장치를 사용하는 옥내소화전설비

🚒 제어반 구분 제외
암기 층7연2 지바3 않고 내고가
(충치년이 바지를 산것도 아닌데 돈 내고감)

2.6.1.3) 고가수조에 따른 가압송수장치를 사용하는 옥내소화전설비

2.6.1.4) 가압수조에 따른 가압송수장치를 사용하는 옥내소화전설비

2.6.2 감시제어반의 기능 적합기준 10점

2.6.2.1) 각 펌프의 작동 여부를 확인할 수 있는 표시등 및 음향경보기능이 있어야 할 것

🚒 감시제어반의 기능
암기 각각 비물예 확인(기수개그)
(각각 비용을 물자! 예~ 확인)

2.6.2.2) 각 펌프를 자동 및 수동으로 작동시키거나 중단시킬 수 있어야 할 것

2.6.2.3) **비**상전원을 설치한 경우에는 상용전원 및 비상전원의 공급 여부를 확인할 수 있어야 할 것

2.6.2.4) 수조 또는 물올림수조가 저수위로 될 때 표시등 및 음향으로 경보할 것

2.6.2.5) 다음의 각 **확인**회로마다 도통시험 및 작동시험을 할 수 있도록 할 것
　(1) 기동용수압개폐장치의 압력스위치회로
　(2) 수조 또는 물올림수조의 저수위감시회로
　(3) 2.3.10에 따른 개폐밸브의 폐쇄상태 확인회로
　(4) 그 밖의 이와 비슷한 회로

2.6.2.6) **예**비전원이 확보되고 예비전원의 적합 여부를 시험할 수 있어야 할 것

2.6.3 감시제어반의 설치기준

2.6.3.1) 화재 및 침수 등의 재해로 인한 피해를 받을 우려가 없는 곳에 설치할 것

2.6.3.2) 감시제어반은 옥내소화전설비의 전용으로 할 것. 다만 옥내소화전설비의 제어에 지장이 없는 경우에는 다른 설비와 겸용할 수 있다.

2.6.3.3) 감시제어반은 다음의 기준에 따른 **전용실** 안에 설치할 것. 다만 2.6.1의 단서에 따른 각 기준의 어느 하나에 해당하는 경우와 **공장**, **발전소** 등에서 **설비**를 **집중**제어·운전할 목적으로 설치하는 **중앙**제어실 내에 감시제어반을 설치하는 경우에는 그렇지 않다.

　2.6.3.3.1. 다른 부분과 **방화구획**을 할 것. 이 경우 **전용실**의 벽에는 기계실 또는 전기실 등의 감시를 위하여 두께 7mm 이상의 **망입유리**(두께 16.3mm 이상의 **접합유리** 또는 두께 28mm 이상의 **복층유리**를 포함한다)로 된 4m² 미만의 **붙박이창**을 설치할 수 있다.

　2.6.3.3.2. **피난층** 또는 **지하 1층**에 설치할 것. 다만 다음의 어느 하나에 해당하는 경우에는 **지상 2층**에 설치하거나 지하 1층 외의 지하층에 설치할 수 있다.
　　(1) 「건축법 시행령」 제35조에 따라 특별피난계단이 설치되고 그 계단(부속실을 포함한다) 출입구로부터 보행거리 5m 이내에 전용실의 출입구가 있는 경우

※ (2.6 제어반)의 성능기준
(=옥외소화전 제어반기준 동일)
① 옥내소화전설비에는 제어반을 설치하되, 감시제어반과 동력제어반으로 구분하여 설치해야 한다.
② 감시제어반은 가압송수장치, 상용전원, 비상전원, 수조, 물올림수조, 예비전원 등을 감시·제어 및 시험할 수 있는 기능을 갖추어야 한다.
③ 감시제어반은 다음 각 호의 기준에 따라 설치해야 한다.
　1. 화재 또는 침수 등의 재해로 인한 피해를 받을 우려가 없는 곳에 설치할 것
　2. 감시제어반은 옥내소화전설비의 전용으로 할 것
　3. 감시제어반은 다음 각 목의 기준에 따른 전용실 안에 설치하고, 전용실에는 특정소방대상물의 기계·기구 또는 시설 등의 제어 및 감시설비 외의 것을 두지 않을 것
　가. 다른 부분과 방화구획을 할 것
　나. 피난층 또는 지하 1층에 설치할 것
　다. 비상조명등 및 급·배기설비를 설치할 것
　라. 「무선통신보조설비의 화재안전성능기준(NFPC 505)」 제5조제3항에 따라 유효하게 통신이 가능할 것
　마. 바닥면적은 감시제어반의 설치에 필요한 면적 외에 화재 시 소방대원이 그 감시제어반의 조작에 필요한 최소면적 이상으로 할 것
④ 동력제어반은 앞면을 적색으로 하고, 동력제어반의 외함은 두께 1.5밀리미터 이상의 강판 또는 이와 동등 이상의 강도 및 내열성능이 있는 것으로 하며, 그 밖의 동력제어반의 설치에 관하여는 제3항제1호 및 제2호의 기준을 따라야 한다.

🚒 **전용실 제외**
암기 제어반 구분안한 공발설 집운 중앙감

🚒 **전용실의 붙박이창**
암기 그 집 망친(7)사(4)람, 공병대 접해있는 집, 내일 복구한대
(공병대=16.3, 내일=28)

🛎 감시제어반 전용실의 기준

암기 방망 피지 조급 무최

🛎 전용실에 두지 말아야 할 것
암기 기기 시제감 외

🛎 동력제어반

재해피해 X, 전용

암기 앞적표지 외 1.5
(앞적표지는 왜 잃어버렸니?).

🛎 내화배선

암기 비동가
(가동비)

(2) 아파트의 **관리동**(관리동이 없는 경우에는 **경비실**)에 설치하는 경우

2.6.3.3.3. **비상조명등** 및 **급·배기설비**를 설치할 것

2.6.3.3.4. 「**무선통신보조설비**의 화재안전기술기준(NFTC 505」 2.2.3에 따라 유효하게 통신이 가능할 것 (영 별표 4의 제5호 마목에 따른 무선통신보조설비가 설치된 특정소방대상물에 한한다)

2.6.3.3.5. 바닥면적은 감시제어반의 설치에 필요한 **면적 외**에 화재 시 소방대원이 그 감시제어반의 조작에 필요한 **최소면적** 이상으로 할 것

2.6.3.4) 2.6.3.3에 따른 전용실에는 특정소방대상물의 **기**계·**기**구 또는 **시**설 등의 **제**어 및 **감**시설비 외의 것을 두지 않을 것

2.6.4 동력제어반의 설치기준

2.6.4.1) **앞면**은 **적색**으로 하고 "옥내소화전소화설비용 동력제어반"이라고 표시한 **표지**를 설치할 것

2.6.4.2) **외함**은 두께 **1.5**mm 이상의 강판 또는 이와 동등 이상의 강도 및 내열성능이 있는 것으로 할 것

2.6.4.3) 그 밖의 동력제어반의 설치에 관하여는 2.6.3.1 및 2.6.3.2의 기준을 준용할 것

2.7 배선 등

2.7.1 옥내소화전설비의 배선

옥내소화전설비의 배선은 「전기사업법」 제67조에 따른 「전기설비기술기준」에서 정한 것 외에 다음의 기준에 따라 설치해야 한다.

2.7.1.1) 비상전원을 설치한 경우에는 **비**상전원으로부터 **동**력제어반 및 **가**압송수장치에 이르는 전원회로의 배선은 **내화배선**으로 할 것.
다만 자가발전설비와 동력제어반이 동일한 실에 설치된 경우에는 자가발전기로부터 그 제어반에 이르는 전원회로의 배선은 그렇지 않다.※

2.7.1.2) **상용전원**으로부터 **동력제어반**에 이르는 배선, 그 밖의 옥내소화전설비의 감시·조작 또는 표시등회로의 배선은 **내화배선** 또는 **내열배선**으로 할 것. 다만 감시

제어반 또는 동력제어반 안의 감시·조작 또는 표시등회로의 배선은 그렇지 아니하다.※

2.7.2 내화배선 및 내열배선에 사용되는 전선 및 설치방법

2.7.1에 따른 내화배선 및 내열배선에 사용되는 전선의 종류 및 설치방법은 [표 2.7.2]의 기준에 따른다.

[표 2.7.2] 배선에 사용되는 전선의 종류 및 공사방법

(1) 내화배선

사용전선의 종류 24설	공사방법 5설, 13설
1. 450/750V 저독성 난연 가교폴리올레핀 절연 전선 2. 0.6/1KV 가교 폴리에틸렌 절연 저독성 난연 폴리올레핀 시스 전력 케이블 3. 6/10kV 가교 폴리에틸렌 절연 저독성 난연 폴리올레핀 시스 전력용 케이블 4. 가교 폴리에틸렌 절연 비닐시스 트레이용 난연 전력 케이블 5. 0.6/1kV EP 고무절연 클로로프렌 시스 케이블 6. 300/500V 내열성 실리콘 고무 절연전선(180℃) 7. 내열성 에틸렌-비닐 아세테이트 고무 절연 케이블 8. 버스덕트(Bus Duct) 9. 기타 「전기용품 및 생활용품 안전관리법」 및 「전기설비기술기준」에 따라 동등 이상의 내화성능이 있다고 주무부장관이 인정하는 것	금속관·2종 금속제 가요전선관 또는 합성 수지관에 수납하여 내화구조로 된 벽 또는 바닥 등에 벽 또는 바닥의 표면으로부터 25mm 이상의 깊이로 매설하여야 한다. 다만 다음 각 목의 기준에 적합하게 설치하는 경우에는 그러하지 아니하다. 가. 배선을 내화성능을 갖는 배선전용실 또는 배선용 샤프트·피트·덕트 등에 설치하는 경우 나. 배선전용실 또는 배선용 샤프트·피트·덕트 등에 다른 설비의 배선이 있는 경우에는 이로 부터 15cm 이상 떨어지게 하거나 소화설비의 배선과 이웃하는 다른 설비의 배선사이에 배선지름(배선의 지름이 다른 경우에는 가장 큰 것 기준)의 1.5배 이상의 높이의 불연성 격벽을 설치하는 경우
내화전선	케이블공사의 방법에 따른다

※ 비고 20점
내화전선의 내화성능은 KS C IEC 60331-1과 2(온도 830℃ / 가열시간 120분) 표준 이상을 충족하고, 난연성능 확보를 위해 KS C IEC 60332-3-24 성능 이상을 충족할 것

※ (2.7.1)의 성능기준에는 밑줄 친 단서가 없다.

🔥 **공사방법**

암기 금2 합25

🔥 **예외**

1. 내화성능 전샤피덕에 설치

2. 다른 설비의 배선이 있는 경우

암기 가. 내 전샤피덕
나, 전사피덕 다른 배선15, 1.5불

🔥 **비고 암기**

암기 60331(60살생일) 1과2는 830(팥삶고)(2시간), 난 32(상의)해서 3과 이사갔다.

🔔 공사방법

[암기] 금금 덕케 불덕
(금을 더 캐! 불닭 사먹자)

🔔 예외(=내화배선)

1. 내화성능 전사피덕에 설치

2. 다른 설비의 배선이 있는 경우

🔔 표지

[암기] 과개 단표 양식

(2) 내열배선

사용전선의 종류	공사방법
1. 450/750V 저독성 난연 가교 폴리올레핀 절연 전선 2. 0.6/1KV 가교 폴리에틸렌 절연 저독성 난연 폴리올레핀 시스 전력 케이블 3. 6/10kV 가교 폴리에틸렌 절연 저독성 난연 폴리올레핀 시스 전력용 케이블 4. 가교 폴리에틸렌 절연 비닐시스 트레이용 난연 전력 케이블 5. 0.6/1kV EP 고무절연 클로로프렌 시스 케이블 6. 300/500V 내열성 실리콘 고무 절연전선(180℃) 7. 내열성 에틸렌-비닐 아세테이트 고무 절연 케이블 8. 버스덕트(Bus Duct) 9. 기타「전기용품 및 생활용품 안전관리법」및「전기설비기술기준」에 따라 동등 이상의 내열성능이 있다고 주무부장관이 인정하는 것	금속관·금속제 가요전선관·금속덕트 또는 케이블(불연성덕트에 설치하는 경우) 공사방법에 따라야 한다. 다만 다음 각 목의 기준에 적합하게 설치하는 경우에는 그러하지 아니하다. 가. 배선을 내화성능을 갖는 배선전용실 또는 배선용 샤프트·피트·덕트 등에 설치하는 경우 나. 배선전용실 또는 배선용 샤프트·피트·덕트 등에 다른 설비의 배선이 있는 경우에는 이로부터 15cm 이상 떨어지게 하거나 소화설비의 배선과 이웃하는 다른 설비의 배선사이에 배선지름(배선의 지름이 다른 경우에는 지름이 가장 큰 것을 기준으로 한다)의 1.5배 이상의 높이의 불연성 격벽을 설치하는 경우
내화전선	케이블공사의 방법에 따른다.

2.7.3 과전류차단기 및 개폐기의 표지

소화설비의 과전류차단기 및 개폐기에는 "옥내소화전설비용 과전류차단기 또는 개폐기"라고 표시한 표지를 해야 한다.

2.7.4 배선의 양단 및 접속단자의 표지

소화설비용 전기배선의 양단 및 접속단자에는 다음의 기준에 따라 표지해야 한다.

2.7.4.1) 단자에는 "옥내소화전설비단자"라고 표시한 표지를 부착할 것

2.7.4.2) 소화설비용 전기배선의 양단에는 다른 배선과 식별이 용이하도록 표시할 것

2.8 방수구의 설치 제외※ `12설, 23설`

불연재료로 된 특정소방대상물 또는 그 부분으로서 다음의 어느 하나에 해당하는 곳에는 옥내소화전 방수구를 설치하지 않을 수 있다.

2.8.1.1) **냉**장창고 중 온도가 **영하**인 **냉장**실 또는 냉동창고의 냉동실

2.8.1.2) **고**온의 노가 설치된 장소 또는 물과 격렬하게 반응하는 물품의 저장 또는 취급 장소

2.8.1.3) **발**전소·변전소 등으로서 전기시설이 설치된 장소

2.8.1.4) **식**물원·수족관·목욕실·수영장(관람석 부분을 제외한다) 또는 그 밖의 이와 비슷한 장소

2.8.1.5) **야**외음악당·야외극장 또는 그 밖의 이와 비슷한 장소

> ※ (2.8)의 성능기준
> 제11조(방수구의 설치 제외)
> 불연재료로 된 특정소방대상물 또는 그 부분으로서 옥내소화전설비 작동 시 소화효과를 기대할 수 없는 장소이거나 2차 피해가 예상되는 장소 또는 화재발생 위험이 적은 장소에는 옥내소화전 방수구를 설치하지 않을 수 있다
>
> 🔔 **방수구 제외**
> `암기` 냉고발 야식

2.9 수원 및 가압송수장치의 펌프 등의 겸용

2.9.1 옥내소화전설비의 수원을 스프링클러설비·간이스프링클러설비·화재조기진압용스프링클러설비·물분무소화설비·포소화설비 및 옥외소화전설비의 수원과 **겸용**하여 설치하는 경우의 저수량은 각 소화설비에 필요한 저수량을 **합한 양 이상**이 되도록 해야 한다. 다만 이들 소화설비 중 <u>고정식 소화설비(펌프·배관과 소화수 또는 소화약제를 최종 방출하는 방출구가 고정된 설비를 말한다. 이하 같다)가 2 이상 설치되어 있고, 그 소화설비가 설치된 부분이 **방화벽과 방화문**으로 **구획**되어 있는 경우에는 각 고정식 소화설비에 필요한 저수량 중 **최대의 것** 이상으로 할 수 있다.</u>※

2.9.2 옥내소화전설비의 가압송수장치로 사용하는 **펌프**를 스프링클러설비·간이스프링클러설비·화재조기진압용스프링클러설비·물분무소화설비·포소화설비 및 옥외소화전설비의 가압송수장치와 **겸용**하여 설치하는 경우의 **펌프의 토출량**은 각 소화설비에 해당하는 토출량을 **합한 양 이상**이 되도록 해야 한다. 다만 <u>이들 소화설비 중 고정식 소화설비가 2 이상 설치되어 있고, 그 소화설비가 설치된 부분이 **방화벽과 방화문**으로 **구획**되어 있으며, 각 소화설비에 지장이 없

> ※ (2.9)의 성능기준에는 밑줄 친 단서가 없다.
>
> 🔔 **겸용의 예**
> - [예 1]
>   건물 한 동에 스프링클러와 옥내소화전이 설치되면 수원량은 합한 양
> - [예 2]
>   건물 한 동에 층별 방화구획이 되어 있고, 지상층에는 스프링클러설비 지하주차장에 포소화설비가 있다면 둘 중 최대의 수원 양

는 경우에는 펌프의 토출량 중 **최대의 것** 이상으로 할 수 있다.※

2.9.3 옥내소화전설비·스프링클러설비·간이스프링클러설비·화재조기진압용스프링클러설비·물분무소화설비·포소화설비 및 옥외소화전설비의 가압송수장치에 있어서 각 토출 측 배관과 일반급수용의 가압송수장치의 토출 측 배관을 **상호 연결**하여 화재 시 사용할 수 있다. 이 경우 **연결배관**에는 **개폐표시형밸브**를 설치해야 하며, 각 소화설비의 **성능**에 지장이 없도록 해야 한다.

2.9.4 옥내소화전설비의 **송수구**를 스프링클러설비·간이스프링클러설비·화재조기진압용 스프링클러설비·물분무소화설비·포소화설비 또는 연결송수관설비의 송수구와 **겸용**으로 설치하는 경우에는 **스프링클러설비**의 송수구의 설치기준에 따르고, **연결살수설비**의 송수구와 **겸용**으로 설치하는 경우에는 옥내소화전설비의 송수구의 설치기준에 따르되 각각의 소화설비의 기능에 지장이 없도록 해야 한다.

※ 송수구 겸용의 경우
연결살수＜옥내소화전＜스프링클러

1.5 경과조치 (화재안전기술기준 공통사항)

1.5.1 이 기준 시행 전에 건축허가 등의 신청 또는 신고를 하거나 소방시설공사의 착공신고를 한 특정소방대상물에 대해서는 종전의 「옥내소화전설비의 화재안전기준(NFSC 102)」에 따른다.

1.5.2 이 기준 시행 전에 1.5.1에 따른 신청 또는 신고를 한 경우라도 제정 기준이 종전의 기준에 비하여 관계인에게 유리한 경우에는 제정 기준에 따를 수 있다.

03

옥외소화전설비의 화재안전기술(성능)기준 (NFT(P)C 109)

세부 목차

[옥외소화전설비 계통도]
[설치대상]
2.1 수원
2.2 가압송수장치
2.3 배관 등
2.4 소화전함 등
2.5 전원
2.6 제어반
2.7 배선 등

03 옥외소화전설비의 화재안전기술(성능)기준(NFT(P)C 109)

[옥외소화전설비 계통도]

🔥 옥외소화전의 설치 대상

암기 목 129 특수75(아가구터)
(목이 아파서 129를 타고
특수치료받으러 갔다가
옆의 아가가 구토를 해서 치움)

[설치 대상] (소방시설법 시행령 별표4)

아파트 등, 위험물 저장 및 처리 시설 중 가스시설, 지하구 및 터널은 제외한다.

1. 지상 1층 및 2층의 바닥면적의 합계가 9천m² 이상인 것. 이 경우 같은 구내의 둘 이상의 특정소방대상물이 행정안전부령으로 정하는 연소우려가 있는 구조인 경우에는 이를 하나의 특정소방대상물로 본다.
2. 문화유산 중 「문화유산의 보존 및 활용에 관한 법률」제23조에 따라 보물 또는 국보로 지정된 목조건축물
3. '1.'에 해당하지 않는 공장 또는 창고시설로서 「화재의 예방 및 안전관리에 관한 법률 시행령」별표 2에서 정하는 수량의 750배 이상의 특수가연물을 저장·취급하는 것

2.1 수원

2.1.1 수원의 저수량

$$Q = N \times 7 \ [m^3] \ 이상$$
$$= N \times 350 \ [lpm] \times 20[\min]$$

N: 옥외소화전의 설치개수(2개 이상은 2개)

2.1.2 수원을 수조로 설치하는 경우 (= 옥내소화전)

옥외소화전설비의 수원을 수조로 설치하는 경우에는 소화설비의 전용수조로 해야 한다. 다만 다음의 어느 하나에 해당하는 경우에는 그렇지 않다.

2.1.2.1) 옥외소화전설비용 펌프의 풋밸브 또는 흡수배관의 흡수구(수직회전축펌프의 흡수구를 포함한다. 이하 같다)를 다른 설비(소화용 설비 외의 것을 말한다. 이하 같다)의 풋밸브 또는 흡수구보다 낮은 위치에 설치한 때

2.1.2.2) 2.2.2에 따른 고가수조로부터 옥외소화전설비의 수직배관에 물을 공급하는 급수구를 다른 설비의 급수구보다 낮은 위치에 설치한 때

2.1.3 유효수량 (= 옥내소화전)

2.1.1에 따른 저수량을 산정함에 있어서 다른 설비와 겸용하여 옥외소화전설비용 수조를 설치하는 경우에는 옥외소화전설비의 **풋**밸브·**흡**수구 또는 수직배관의 **급**수구와 다른 설비의 **풋**밸브·**흡**수구 또는 수직배관의 **급**수구와의 사이의 수량을 그 유효수량으로 한다.

2.1.4 수조의 설치기준 (= 옥내소화전) 〔14점〕

2.1.4.1) **점**검에 편리한 곳에 설치할 것
2.1.4.2) **동**결방지조치를 하거나 동결우려 없는 장소에 설치할 것
2.1.4.3) 수조의 외측에 **수**위계를 설치할 것. 다만 구조상 불가피한 경우에는 수조의 맨홀 등을 통하여 수조 안의 물의 양을 쉽게 확인할 수 있도록 해야 한다.
2.1.4.4) 수조의 상단이 바닥보다 높은 때에는 수조의 외측에 **고**정식 사다리를 설치할 것

풋밸브(여과기능, 체크기능)

유효수량

암기 풋흡급 사이

수조

암기 점동조 수고표 배표

2.1.4.5) 수조를 실내에 설치된 때에는 그 실내에 조명설비를 설치할 것

2.1.4.6) 수조의 밑 부분에는 청소용 배수밸브 또는 배수관을 설치할 것

2.1.4.7) 수조 외측의 보기 쉬운 곳에 "옥외소화전설비용 수조"라고 표시한 표지를 설치할 것. 이 경우 그 수조를 다른 설비와 겸용하는 때에는 그 겸용되는 설비의 이름을 표시한 표지를 함께해야 한다.

2.1.4.8) 소화설비용 흡수배관 또는 소화설비의 수직배관과 수조의 접속부분에는 "옥외소화전설비용 배관"이라고 표시한 표지를 할 것. 다만 수조와 가까운 장소에 소화설비용 펌프가 설치되고 해당 펌프에 2.2.1.13에 따른 표지를 설치한 때에는 그렇지 않다.

2.2 가압송수장치

2.2.1 전동기 또는 내연기관에 따른 펌프

2.2.1.1) 쉽게 접근할 수 있고 점검하기에 충분한 공간이 있는 장소로서 화재 및 침수 등의 재해로 인한 피해를 받을 우려가 없는 곳에 설치할 것

2.2.1.2) 동결방지조치를 하거나 동결의 우려가 없는 장소에 설치할 것

2.2.1.3) 방수압력 및 방수량

> 방수압: 노즐선단에서 0.25[MPa] 이상
> 0.7[MPa] 초과 시 호스접결구의 인입 측에 감압장치를 설치할 것

> 방수량: 350 [lpm] 이상
> 펌프 토출량: $q = N \times 350\,[lpm]$

N: 옥외소화전의 설치개수 (2개 이상은 2개)

2.2.1.4) 펌프는 전용으로 할 것. 다만 다른 소화설비와 겸용하는 경우 각각의 소화설비의 성능에 지장이 없을 때에는 그렇지 않다.

2.2.1.5) 압력계, 연성계, 진공계

펌프의 토출 측에는 압력계를 체크밸브 이전에 펌프 토출 측 플랜지에서 가까운 곳에 설치하고, 흡입 측에

🔔 비교
1. 옥내소화전
   • 방수량: 130[lpm]
   • 방수압: 0.17[MPa] 이상
         0.7[MPa] 초과 시
         감압장치
2. 터널 옥내소화전(40분, 2(3)개)
   • 방수량: 190[lpm]
   • 방수압: 0.35[MPa] 이상
         0.7[MPa]] 초과 시
         감압장치

※ 방수압
   암기 옥내 → 옥외 → 터널옥내
        0.17 → 0.25 → 0.35

※ 방수량
   암기 옥내 → 옥외 → 터널옥내
   130(일상) 350(상어) 190(입구)

🔔 밸브의 순서
   암기 연가압 체성개
   연성계,진공계
   가압송수장치(펌프)
   압력계
   체크밸브
   성능시험배관
   개폐밸브

는 연성계 또는 진공계를 설치할 것. 다만 수원의 수위가 펌프의 위치보다 높거나 수직회전축 펌프의 경우에는 연성계 또는 진공계를 설치하지 않을 수 있다.

2.2.1.6) 펌프의 성능은 체절운전 시 정격토출압력의 140%를 초과하지 않고, 정격토출량의 150%로 운전 시 정격토출압력의 65% 이상이 되어야 하며, 펌프의 성능을 시험할 수 있는 성능시험배관을 설치할 것. 다만 충압펌프의 경우에는 그렇지 않다.

2.2.1.7) 가압송수장치에는 체절운전 시 수온의 상승을 방지하기 위한 순환배관을 설치할 것. 다만 충압펌프의 경우에는 그렇지 않다.

2.2.1.8) 기동장치
기동장치로는 기동용수압개폐장치 또는 이와 동등 이상의 성능이 있는 것을 설치할 것.
다만 아파트·업무시설·학교·전시시설·공장·창고시설 또는 종교시설 등으로서 동결의 우려가 있는 장소에 있어서는 기동스위치에 보호판을 부착하여 옥외소화전함 내에 설치할 수 있다.

2.2.1.9) 압력챔버
기동용수압개폐장치 중 압력챔버를 사용할 경우 그 용적은 100L 이상의 것으로 할 것

2.2.1.10) 물올림장치
수원의 수위가 펌프보다 낮은 위치에 있는 가압송수장치에는 다음의 기준에 따른 물올림장치 설치할 것

2.2.1.10.1. 물올림장치에는 전용의 수조를 설치할 것

2.2.1.10.2. 수조의 유효수량은 100L 이상으로 하되, 구경 15mm 이상의 급수배관에 따라 해당 수조에 물이 계속 보급되도록 할 것

2.2.1.11) 충압펌프
기동용수압개폐장치를 기동장치로 사용할 경우에는 다음의 기준에 따른 충압펌프를 설치할 것. 다만 옥외소화전이 1개 설치된 경우로서 소화용 급수펌프로도 상시 충압이 가능하고 2.2.1.11.1의 성능을 갖춘 경우에는 충압펌프를 별도로 설치하지 않을 수 있다.

🛡 펌프의 성능 및 유량측정장치

🛡 수동방식

암기 (업종전파) 창공학교 동기보호함
(창공학교 업종을 옥외로 전파하라)

🛡 압력챔버

🛡 물올림장치

암기 물올림 수조 유일(1) 15 계속

🛡 충압펌프

2.2.1.11.1. 펌프의 토출압력은 그 설비의 최고위 호스 접결구의 자연압보다 적어도 0.2MPa 이상 더 크도록 하거나 가압송수장치의 정격토출압력과 같게 할 것

2.2.1.11.2. 펌프의 정격토출량은 정상적인 누설량보다 적어서는 안되며, 옥외소화전설비가 자동적으로 작동할 수 있도록 충분한 토출량을 유지하여야 한다.

2.2.1.12) 내연기관을 사용하는 경우의 적합 기준

☘ 내연기관
암기 내 기함적 제자수 상시충

2.2.1.12.1. 내연기관의 기동은 2.2.1.8의 기동장치를 설치하거나 또는 소화전함의 위치에서 원격조작이 가능하고 기동을 명시하는 적색등을 설치할 것

2.2.1.12.2. 제어반에 따라 내연기관의 자동기동 및 수동기동이 가능하고, 상시 충전되어 있는 축전지설비를 갖출 것

2.2.1.13) 표지 **14점**

가압송수장치에는 "옥외소화전펌프"라고 표시한 표지를 할 것. 이 경우 그 가압송수장치를 다른 설비와 겸용하는 때에는 그 겸용되는 설비의 이름을 표시한 표지를 함께해야 한다.

2.2.1.14) 자동정지 금지

가압송수장치가 기동이 된 경우에는 자동으로 정지되지 않도록 할 것. 다만 충압펌프의 경우에는 그렇지 않다.

2.2.1.15) 펌프의 재질

가압송수장치는 부식 등으로 인한 펌프의 고착을 방지할 수 있도록 다음의 기준에 적합한 것으로 할 것. 다만 충압펌프는 제외한다.

☘ 펌프의 재질
암기 임펠러 청스 축스 부강
(임펠러 청소를 축소하니 부강해짐)

2.2.1.15.1. 임펠러는 청동 또는 스테인리스 등 부식에 강한 재질을 사용할 것

2.2.1.15.2. 펌프축은 스테인리스 등 부식에 강한 재질을 사용할 것

☘ 고가수조

2.2.2 고가수조의 자연낙차를 이용한 가압송수장치

2.2.2.1) 고가수조의 자연낙차수두(수조의 하단으로부터 최고층에 설치된 소화전 호스접결구까지의 수직거리를 말한다)는 다음의 식 (2.2.2.1)에 따라 산출한 수치 이상 유지되도록 할 것

$$H = h_1 + h_2 + 25 \quad \cdots (2.2.2.1)$$

여기에서 H: 필요한 낙차(m)
h_1: 소방용 호스 마찰손실수두(m)
h_2: 배관의 마찰손실수두(m)

2.2.2.2) 고가수조에는 <u>수</u>위계·<u>배</u>수관·<u>급</u>수관·<u>오</u>버플로우관 및 <u>맨</u>홀을 설치할 것

암기 수배급 오버맨

2.2.3 압력수조를 이용한 가압송수장치

2.2.3.1) 압력수조의 압력 산출식

$$P = P_1 + P_2 + P_3 + 0.25[MPa] \quad \cdots (2.2.3.1)$$

여기에서 P: 필요 압력(MPa)
P_1: 호스 마찰손실 수두압 (MPa)
P_2: 배관 마찰 손실 수두압(MPa)
P_3: 낙차 환산 수두압(MPa)

압력수조 방식

2.2.3.2) 압력수조에는 <u>수</u>위계·<u>급</u>수관·<u>배</u>수관·<u>급</u>기관·<u>맨</u>홀·<u>압</u>력계·<u>안</u>전장치 및 압력<u>저</u>하 방지를 위한 <u>자</u>동식 공기압축기를 설치할 것

암기 수급배급 맨압안자

2.2.4 가압수조를 이용한 가압송수장치 (= 옥내소화전)

2.2.4.1) 가압수조의 압력은 2.2.1.3에 따른 방수압 및 방수량을 <u>20</u>분 이상 유지되도록 할 것

2.2.4.2) 가압수조 및 가압원은 「건축법 시행령」 제46조에 따른 <u>방</u>화구획된 장소에 설치할 것

2.2.4.3) 가압수조를 이용한 가압송수장치는 소방청장이 정하여 고시한 「가압수조식가압송수장치의 <u>성능</u>인증 및 제품검사의 기술기준」에 적합한 것으로 설치할 것

가압수조 방식

암기 [가] 2방성
(가시방석)

2.3 배관 등

2.3.1 호스접결구의 설치기준

호스접결구는 지면으로부터의 높이가 0.5m 이상 1m 이하의 위치에 설치하고 특정소방대상물의 각 부분으로부터 하나의 호스접결구까지의 수평거리가 40m 이하가 되도록 설치해야 한다.

2.3.2 호스의 구경

호스는 구경 65mm의 것으로 해야 한다.

호스접결구

2.3.3 사용압력에 따른 배관의 종류 (= 옥내소화전)

배관과 배관이음쇠는 다음의 어느 하나에 해당하는 것 또는 동등 이상의 강도·내식성 및 내열성 등을 국내·외 공인기관으로부터 인정받은 것을 사용해야 하고, 배관용 스테인리스 강관(KS D 3576)의 이음을 용접으로 할 경우에는 텅스텐 불활성 가스 아크 용접(Tungsten Inertgas Arc Welding)방식에 따른다. 다만 2.3에서 정하지 않은 사항은 「건설기술 진흥법」 제44조제1항의 규정에 따른 "건설기준"에 따른다.

2.3.3.1) 배관 내 사용압력이 1.2MPa 미만일 경우에는 다음의 어느 하나에 해당하는 것
  (1) 배관용 탄소 강관(KS D 3507)
  (2) 이음매 없는 구리 및 구리합금관(KS D 5301). 다만 습식의 배관에 한한다.
  (3) 배관용 스테인리스 강관(KS D 3576) 또는 일반 배관용 스테인리스 강관(KS D 3595)
  (4) 덕타일 주철관(KS D 4311)

2.3.3.2) 배관 내 사용압력이 1.2MPa 이상일 경우에는 다음의 어느 하나에 해당하는 것
  (1) 압력 배관용 탄소 강관(KS D 3562)
  (2) 배관용 아크용접 탄소강 강관(KS D 3583)

2.3.4 소방용 합성수지배관 (= 옥내소화전)

2.3.3에도 불구하고 다음의 어느 하나에 해당하는 장소에는 소방청장이 정하여 고시한 「소방용합성수지배관의 성능인증 및 제품검사의 기술기준」에 적합한 소방용 합성수지배관으로 설치할 수 있다.

2.3.4.1) 배관을 지하에 매설하는 경우

2.3.4.2) 다른 부분과 내화구조로 구획된 덕트 또는 피트의 내부에 설치하는 경우

2.3.4.3) 천장(상층이 있는 경우에는 상층바닥의 하단을 포함한다. 이하 같다)과 반자를 불연재료 또는 준불연재료로 설치하고 소화배관 내부에 항상 소화수가 채워진 상태로 설치하는 경우

2.3.5 급수배관 (= 옥내소화전)

급수배관은 전용으로 해야 한다. 다만 옥외소화전의 기

🛎 **배관과 배관이음쇠**

암기 [1.2MPa 미만]
(1월2일 전날 회사에서
KS D 35**(코스닥 배탄 삼오회)
공치(07)는 날!
날씨가 구리구리 오삼공일 습해서
스트레스 출력(76) 일 구요(95)!
덕분에 타격이 4311(사상일일)최고!)

암기 [1.2MPa 이상]
(1월2일 코스탁 배탄 삼오회 회사앞에
압,력이(62) 들어옴!
이크! 팔(8)아야 산(3)다)

🛎 **소방용 합성수지배관**

암기 지덕천 준수

🛎 **급수배관(점선)**

동장치의 조작과 동시에 다른 설비의 용도에 사용하는 배관의 송수를 차단할 수 있거나, 옥외소화전설비의 성능에 지장이 없는 경우에는 다른 설비와 겸용할 수 있다.

2.3.6 펌프의 흡입 측 배관 설치기준 (= 옥내소화전)

2.3.6.1) 공기 고임이 생기지 않는 구조로 하고 여과장치를 설치할 것

2.3.6.2) 수조가 펌프보다 낮게 설치된 경우에는 각 펌프(충압펌프를 포함한다)마다 수조로부터 별도로 설치할 것

🔔 흡입 측 배관
[암기] 공여 수펌 각별
(공여한 수퍼와 각별한 관계이다)

2.3.7 펌프의 성능시험배관 적합기준 (= 옥내소화전)

펌프의 성능시험배관은 다음의 기준에 적합하도록 설치해야 한다.

2.3.7.1) 성능시험배관은 펌프의 토출 측에 설치된 개폐밸브 이전에서 분기하여 직선으로 설치하고, 유량측정장치를 기준으로 전단 직관부에는 개폐밸브를 후단 직관부에는 유량조절밸브를 설치할 것. 이 경우 개폐밸브와 유량측정장치 사이의 직관부 거리 및 유량측정장치와 유량조절밸브 사이의 직관부 거리는 해당 유량측정장치 제조사의 설치사양에 따르고, 성능시험배관의 호칭지름은 유량측정장치의 호칭지름에 따른다.

🔔 성능시험배관

[암기] 토개전분 전직개 후유조,
개유직, 유유직, 해제설사,
성호 유칭따, 175성능

2.3.7.2) 유량측정장치는 펌프의 정격토출량의 175% 이상까지 측정할 수 있는 성능이 있을 것

2.3.8 릴리프밸브 (= 옥내소화전)

가압송수장치의 체절운전 시 수온의 상승을 방지하기 위하여 체크밸브와 펌프 사이에서 분기한 구경 20mm 이상의 배관에 체절압력 미만에서 개방되는 릴리프밸브를 설치할 것

🔔 순환배관

[암기] 체펌 사2

2.3.9 동결방지 (= 옥내소화전)

배관은 동결방지조치를 하거나 동결의 우려가 없는 장소에 설치해야 한다. 다만 보온재를 사용할 경우에는 난연재료 성능 이상의 것으로 해야 한다.

2.3.10 개폐표시형 밸브의 사용 (= 옥내소화전)

급수배관에 설치되어 급수를 차단할 수 있는 개폐밸브

(옥외소화전방수구를 제외한다)는 개폐표시형으로 할 것. 이 경우 펌프의 흡입 측 배관에는 버터플라이밸브 외의 개폐표시형밸브를 설치해야 한다.

2.3.11 배관의 구분(옥내소화전설비 해당기준과 동일)
2.3.12 확관형 분기배관(옥내소화전설비 해당기준과 동일)

2.4 소화전함 등※

2.4.1 옥외소화전함의 설치기준

옥외소화전설비에는 옥외소화전마다 그로부터 5m 이내의 장소에 소화전함을 다음의 기준에 따라 설치해야 한다.

2.4.1.1) 옥외소화전이 10개 이하 설치된 때에는 옥외소화전마다 5m 이내의 장소에 1개 이상의 소화전함을 설치해야 한다.

2.4.1.2) 옥외소화전이 11개 이상 30개 이하 설치된 때에는 11개 이상의 소화전함을 각각 분산하여 설치해야 한다.

2.4.1.3) 옥외소화전이 31개 이상 설치된 때에는 옥외소화전 3개마다 1개 이상의 소화전함을 설치해야 한다.

2.4.2 옥외소화전설비의 함

옥외소화전설비의 함은 소방청장이 정하여 고시한 「소화전함의 성능인증 및 제품검사의 기술기준」에 적합한 것으로 설치하되 밸브의 조작, 호스의 수납 등에 충분한 여유를 가질 수 있도록 할 것. 이 경우 연결송수관의 방수구를 같이 설치하는 경우에도 또한 같다.

2.4.3 표지   [14점]

옥외소화전설비의 함에는 그 표면에 "옥외소화전"이라는 표시를 해야 한다.

2.4.4 표시등의 설치기준 (= 옥내소화전)

2.4.4.1) 옥외소화전설비의 위치를 표시하는 표시등은 함의 상부에 설치하되, 소방청장이 정하여 고시한 「표시등의 성능인증 및 제품검사의 기술기준」에 적합한 것으로 할 것

2.4.4.2) 가압송수장치의 기동을 표시하는 표시등은 옥외소화전함의 상부 또는 그 직근에 설치하되 적색등으로 할

※ (2.4)의 성능기준
제7조(소화전함 등)
① 옥외소화전설비에는 옥외소화전마다 그로부터 5미터 이내의 장소에 소화전함을 설치해야 한다.
② 옥외소화전설비의 함은 소방청장이 정하여 고시한 「소화전함의 성능인증 및 제품검사의 기술기준」에 적합한 것으로 설치하되 밸브의 조작, 호스의 수납 등에 충분한 여유를 가질 수 있도록 해야 한다.
③ 옥외소화전설비의 함에는 그 표면에 "옥외소화전"이라는 표시를 해야 한다.
④ 옥외소화전설비의 함에는 옥외소화전설비의 위치를 표시하는 표시등과 가압송수장치의 기동을 표시하는 표시등을 설치해야 한다.

소화전 – 소화전함의 거리

암기 10마5 1111 3131

표시등

것. 다만 자체소방대를 구성하여 운영하는 경우(「위험물안전관리법 시행령」 별표 8에서 정한 소방자동차와 자체소방대원의 규모를 말한다) 가압송수장치의 기동표시등을 설치하지 않을 수 있다.

2.5 전원※

2.5.1 상용전원회로의 배선 기준 (= 옥내소화전)

옥외소화전설비에는 그 특정소방대상물의 수전방식에 따라 다음의 기준에 따른 상용전원회로의 배선을 설치해야 한다. 다만 가압수조방식으로서 모든 기능이 20분 이상 유효하게 지속될 수 있는 경우에는 그렇지 않다.

2.5.1.1) 저압수전인 경우에는 인입개폐기의 직후에서 분기하여 전용배선으로 해야 하며, 전용의 전선관에 보호되도록 할 것

2.5.1.2) 특별고압수전 또는 고압수전일 경우에는 전력용 변압기 2차 측의 주차단기 1차 측에서 분기하여 전용배선으로 하되, 상용전원의 상시공급에 지장이 없을 경우에는 주차단기 2차 측에서 분기하여 전용배선으로 할 것. 다만 가압송수장치의 정격입력전압이 수전전압과 같은 경우에는 2.5.1.1의 기준에 따른다.

※ (2.5)의 성능기준
제8조(전원) 옥외소화전설비에 설치하는 상용전원회로의 배선은 상용전원의 상시공급에 지장이 없도록 전용배선으로 해야 한다.

🔔 상용전원 배선
암기 저인직 전용 전관보호
특고전변2 주차 1분전
상상 지장없게 2분전

2.6 제어반※

2.6.1 제어반

옥외소화전설비에는 제어반을 설치하되, 감시제어반과 동력제어반으로 구분하여 설치해야 한다. 다만 다음의 어느 하나에 해당하는 경우에는 감시제어반과 동력제어반으로 구분하여 설치하지 않을 수 있다.

2.6.1.1) 다음의 어느 하나에 해당하지 **않는** 특정소방대상물에 설치되는 옥외소화전설비

2.6.1.1.1. 지하층을 제외한 층수가 7층 이상으로서 연면적이 2,000㎡ 이상인 것

2.6.1.1.2. 2.6.1.1.1에 해당하지 않는 특정소방대상물로서 지하층의 바닥면적의 합계가 3,000㎡ 이상인 것. 다만 차고·주차장 또는 보일러실·기계실·

※ (2.6)의 성능기준
= 옥내소화전 제어반 성능기준과 동일

🔔 제어반 구분 제외
암기 층7연2 지바3 않는(차주보기전)
내고가
(외 칠칠년이 바지를 산 것도 아닌데 차주보기전 돈 내고감)

전기실 등 이와 유사한 장소의 면적은 제외한다.

2.6.1.2) 내연기관에 따른 가압송수장치를 사용하는 경우

2.6.1.3) 고가수조에 따른 가압송수장치를 사용하는 경우

2.6.1.4) 가압수조에 따른 가압송수장치를 사용하는 경우

2.6.2 감시제어반의 기능 적합기준

감시제어반의 기능은 다음의 기준에 적합해야 한다. 다만 2.6.1의 단서에 따른 각 기준의 어느 하나에 해당하는 경우에는 2.6.2.3와 2.6.2.6를 적용하지 않는다.

2.6.2.1) 각 펌프의 작동 여부를 확인할 수 있는 표시등 및 음향경보기능이 있어야 할 것

2.6.2.2) 각 펌프를 자동 및 수동으로 작동시키거나 중단시킬 수 있어야 한다.

2.6.2.3) 비상전원을 설치한 경우에는 상용전원 및 비상전원의 공급 여부를 확인할 수 있어야 할 것

2.6.2.4) 수조 또는 물올림수조가 저수위로 될 때 표시등 및 음향으로 경보할 것

2.6.2.5) 다음의 각 확인회로마다 도통시험 및 작동시험을 할 수 있도록 할 것
　(1) 기동용수압개폐장치의 압력스위치회로
　(2) 수조 또는 물올림수조의 저수위감시회로

2.6.2.6) 예비전원이 확보되고 예비전원의 적합 여부를 시험할 수 있어야 할 것

2.6.3 감시제어반의 설치기준 (= 옥내소화전)

2.6.3.1) 화재 및 침수 등의 재해로 인한 피해를 받을 우려가 없는 곳에 설치할 것

2.6.3.2) 감시제어반은 옥외소화전설비의 전용으로 할 것. 다만 옥외소화전설비의 제어에 지장이 없는 경우에는 다른 설비와 겸용할 수 있다.

2.6.3.3) 감시제어반은 다음의 기준에 따른 전용실 안에 설치할 것. 다만 2.6.1의 단서에 따른 각 기준의 어느 하나에 해당하는 경우와 공장, 발전소 등에서 설비를 집중 제어·운전할 목적으로 설치하는 중앙제어실 내에 감시제어반을 설치하는 경우에는 그렇지 않다.

2.6.3.3.1. 다른 부분과 **방화구획**을 할 것. 이 경우 전용실의 벽에는 기계실 또는 전기실 등의 감시를 위하여 두께 <u>7</u>mm 이상의 **망입유리**(두께 <u>16.3</u>mm 이상의 **접합유리** 또는 두께 <u>28</u>mm 이상의 **복층유리**를 포함한다)로 된 <u>4</u>m² 미만의 붙박이창을 설치할 수 있다.

2.6.3.3.2. **피난층** 또는 **지하 1층**에 설치할 것. 다만 다음의 어느 하나에 해당하는 경우에는 **지상 2층**에 설치하거나 **지하 1층 외의 지하층**에 설치할 수 있다.

　(1) 「건축법 시행령」 제35조에 따라 특별피난계단이 설치되고 **그 계단**(부속실을 포함한다) **출입구**로부터 보행거리 <u>5</u>m 이내에 전용실의 출입구가 있는 경우

　(2) 아파트의 **관리동**(관리동이 없는 경우에는 **경비실**)에 설치하는 경우

2.6.3.3.3. **비상조명등** 및 **급·배기**설비를 설치할 것

2.6.3.3.4. 「무선통신보조설비의 화재안전기술기준(NFTC 505)」 2.2.3에 따라 유효하게 통신이 가능할 것 (영 별표 4의 제5호마목에 따른 무선통신보조설비가 설치된 특정소방대상물에 한한다)

2.6.3.3.5. **바닥면적**은 감시제어반의 설치에 필요한 면적 외에 화재 시 소방대원이 그 감시제어반의 조작에 필요한 **최**소면적 이상으로 할 것

2.6.3.4) 2.6.3.3에 따른 전용실에는 특정소방대상물의 기계·기구 또는 시설 등의 제어 및 감시설비 외의 것을 두지 않을 것

2.6.4 동력제어반의 설치기준 (= 옥내소화전)   14점

2.6.4.1) **앞면**은 **적색**으로 하고 "옥외소화전설비용 동력제어반"이라고 표시한 **표지**를 설치할 것

2.6.4.2) **외함**은 두께 <u>1.5</u>mm 이상의 **강판** 또는 이와 동등 이상의 강도 및 **내열성능**이 있는 것으로 할 것

2.6.4.3) 그 밖의 동력제어반의 설치에 관하여는 2.6.3.1 및 2.6.3.2의 기준을 준용할 것

🔥 **전용실의 붙박이창**
암기 그 집 망친(7)사(4)람, 공병대 접해있는 집, 내일 복구한대
(공병대=16.3, 내일=28)

🔥 **감시제어반 전용실의 기준**

암기 방망 피지 조급 무최

🔥 **전용실에 두지 말아야 할 것**
암기 기기 시제감 외

🔥 **동력제어반**

재해피해X, 전용

암기 앞적표지 외 1.5
(앞적표지는 왜 잃어버렸니?)

2.7 배선 등※

2.7.1 옥외소화전설비의 배선 (= 옥내소화전)

옥외소화전설비의 배선은 「전기사업법」 제67조에 따른 「전기설비기술기준」에서 정한 것 외에 다음의 기준에 따라 설치해야 한다.

2.7.1.1) 비상전원을 설치한 경우에는 비상전원으로부터 동력제어반 및 가압송수장치에 이르는 전원회로의 배선은 내화배선으로 할 것. 다만 자가발전설비와 동력제어반이 동일한 실에 설치된 경우에는 자가발전기로부터 그 제어반에 이르는 전원회로의 배선은 그렇지 않다.

2.7.1.2) 상용전원으로부터 동력제어반에 이르는 배선, 그 밖의 옥외소화전설비의 감시·조작 또는 표시등회로의 배선은 내화배선 또는 내열배선으로 할 것. 다만 감시제어반 또는 동력제어반 안의 감시·조작 또는 표시등회로의 배선은 그렇지 않다.

2.7.2 내화배선 및 내열배선에 사용되는 전선 및 설치방법

「옥내소화전의 화재안전기술기준(NFTC 102)」 2.7.2의 [표2.7.2(1)] 및 [표2.7.2(2)]의 기준에 따른다.

2.7.3 과전류차단기 및 개폐기 표지   14점

소화설비의 과전류차단기 및 개폐기에는 "옥외소화전설비용"이라고 표시한 표지를 해야 한다.

2.7.4 전기배선의 양단 및 접속단자 표지 (= 옥내소화전)   14점

소화설비용 전기배선의 양단 및 접속단자에는 다음의 기준에 따라 표지해야 한다.

2.7.4.1) 단자에는 "옥외소화전단자"라고 표시한 표지를 부착할 것

2.7.4.2) 소화설비용 전기배선의 양단에는 다른 배선과 식별이 용이하도록 표시할 것

2.8 수원 및 가압송수장치의 펌프 등의 겸용

생략

04

스프링클러설비의
화재안전기술(성능)기준
(NFT(P)C 103)

세부 목차

1.7 용어의 정의
2.1 수원
2.2 가압송수장치
2.3 폐쇄형SP설비의 방호구역·유수검지장치
2.4 개방형SP설비의 방수구역 및 일제개방밸브
2.5 배관
2.6 음향장치 및 기동장치

2.7 헤드
2.8 송수구
2.9 전원
2.10 제어반
2.11 배선 등
2.12 헤드의 설치 제외
2.13 수원 및 가압송수장치의 펌프 등의 겸용

04 스프링클러설비의 화재안전기술(성능)기준(NFT(P)C 103)

스프링클러설비의 설치대상과 암기법은 교재 뒤쪽 부록에 수록되어 있습니다.

개방형 SP헤드

폐쇄형 SP헤드

측벽형 SP헤드

배관의 종류

1.7 용어의 정의

1.7.1 이 기준에서 사용하는 용어의 정의는 다음과 같다.

1.7.1.10) "개방형스프링클러헤드"란 감열체 없이 방수구가 항상 열려져 있는 헤드를 말한다.

1.7.1.11) "폐쇄형스프링클러헤드"란 정상상태에서 방수구를 막고 있는 감열체가 일정온도에서 자동적으로 파괴·용융 또는 이탈됨으로써 방수구가 개방되는 헤드를 말한다.

1.7.1.12) "조기반응형헤드"란 표준형스프링클러헤드 보다 기류온도 및 기류속도에 조기에 반응하는 것을 말한다.

1.7.1.13) "측벽형스프링클러헤드"란 가압된 물이 분사될 때 헤드의 축심을 중심으로 한 반원상에 균일하게 분산시키는 헤드를 말한다.

1.7.1.14) "건식스프링클러헤드"란 물과 오리피스가 분리되어 동파를 방지할 수 있는 스프링클러헤드를 말한다.

1.7.1.15) "유수검지장치"란 유수현상을 자동적으로 검지하여 신호 또는 경보를 발하는 장치를 말한다.

1.7.1.16) "일제개방밸브"란 일제살수식스프링클러설비에 설치되는 유수검지장치를 말한다.

1.7.1.17) "가지배관"이란 헤드가 설치되어 있는 배관을 말한다.

1.7.1.18) "교차배관"이란 가지배관에 급수하는 배관을 말한다.

1.7.1.19) "주배관"이란 가압송수장치 또는 송수구 등과 직접 연결되어 소화수를 이송하는 주된 배관을 말한다.

1.7.1.20) "신축배관"이란 가지배관과 스프링클러헤드를 연결하는 구부림이 용이하고 유연성을 가진 배관을 말한다.

🔸 신축배관

1.7.1.21) "급수배관"이란 수원 또는 송수구 등으로부터 소화설비에 급수하는 배관을 말한다.

1.7.1.22) "분기배관"이란 배관 측면에 구멍을 뚫어 둘 이상의 관로가 생기도록 가공한 배관으로서 다음 각 분기배관을 말한다.
   (1) "확관형 분기배관"이란 배관의 측면에 조그만 구멍을 뚫고 소성가공으로 확관시켜 배관 용접이음자리를 만들거나 배관 용접이음자리에 배관이음쇠를 용접 이음한 배관을 말한다.
   (2) "비확관형 분기배관"이란 배관의 측면에 분기호칭내경 이상의 구멍을 뚫고 배관이음쇠를 용접 이음한 배관을 말한다.

🔸 확관형 분기배관

〈확관형 분기배관〉

※「분기배관의 성능인증 및 제품검사의 기술기준」에 적합한 것으로 설치하여야 한다.

1.7.1.23) "습식스프링클러설비"란 가압송수장치에서 폐쇄형 스프링클러헤드까지 배관 내에 항상 물이 가압되어 있다가 화재로 인한 열로 폐쇄형스프링클러헤드가 개방되면 배관 내에 유수가 발생하여 습식유수검지장치가 작동하게 되는 스프링클러설비를 말한다.

🔸 습식스프링클러설비

1.7.1.24) "부압식스프링클러설비"란 가압송수장치에서 준비작동식유수검지장치의 1차 측까지는 항상 정압의 물이 가압되고, 2차 측 폐쇄형 스프링클러헤드까지는 소화수가 부압으로 되어 있다가 화재 시 감지기의 작동에 의해 정압으로 변하여 유수가 발생하면 작동하는 스프링클러설비를 말한다.

🔸 부압식스프링클러설비

1.7.1.25) "준비작동식스프링클러설비"란 가압송수장치에서 준비작동식유수검지장치 1차 측까지 배관 내에 항상 물이 가압되어 있고, 2차 측에서 폐쇄형스프링클러헤드까지 대기압 또는 저압으로 있다가 화재발생시 감지기의 작동으로 준비작동식밸브가 개방되면 폐쇄형스프링클러헤드까지 소화수가 송수되고, 폐쇄형스프링클러헤드가 열에 의해 개방되면 방수가 되는 방식의 스프링클러설비를 말한다.

🔸 준비작동식스프링클러설비

1.7.1.26) "건식스프링클러설비"란 건식유수검지장치 2차 측에 압축공기 또는 질소 등의 기체로 충전된 배관에 폐쇄형스프링클러헤드가 부착된 스프링클러설비로서, 폐쇄형스프링클러헤드가 개방되어 배관 내의 압축공기 등이 방출되면 건식유수검지장치 1차 측의 수압에 의하여 건식유수검지장치가 작동하게 되는 스프링클러설비를 말한다.

1.7.1.27) "일제살수식스프링클러설비"란 가압송수장치에서 일제개방밸브 1차 측까지 배관 내에 항상 물이 가압되어 있고 2차 측에서 개방형스프링클러헤드까지 대기압으로 있다가 화재 시 자동감지장치 또는 수동식 기동장치의 작동으로 일제개방밸브가 개방되면 스프링클러헤드까지 소화수가 송수되는 방식의 스프링클러설비를 말한다.

1.7.1.28) "반사판(디플렉터)"이란 스프링클러헤드의 방수구에서 유출되는 물을 세분시키는 작용을 하는 것을 말한다.

1.7.1.29) "개폐표시형밸브"란 밸브의 개폐 여부를 외부에서 식별이 가능한 밸브를 말한다.

1.7.1.30) "연소(할 우려가 있는 개구부)"란 각 방화구획을 관통하는 컨베이어·에스컬레이터 또는 이와 유사한 시설의 주위로서 방화구획을 할 수 없는 부분을 말한다.

1.7.1.31) "가압수조"란 가압원인 압축공기 또는 불연성 기체의 압력으로 소화용수를 가압하여 그 압력으로 급수하는 수조를 말한다.

1.7.1.32) "소방부하"란 법 제2조제1항제1호에 따른 소방시설 및 방화·피난·소화활동을 위한 시설의 전력부하를 말한다.

1.7.1.33) "소방전원 보존형 발전기"란 소방부하 및 소방부하 이외의 부하(이하 비상부하라 한다) 겸용의 비상발전기로서, 상용전원 중단 시에는 소방부하 및 비상부하에 비상전원이 동시에 공급되고, 화재 시 과부하에 접근될 경우 비상부하의 일부 또는 전부를 자동적으로 차단하는 제어장치를 구비하여, 소방부하에 비상전원을 연속 공급하는 자가발전설비를 말한다.

1.7.1.34) "건식유수검지장치"란 건식스프링클러설비에 설치되는 유수검지장치를 말한다.

1.7.1.35) "습식유수검지장치"란 습식스프링클러설비 또는 부압식스프링클러설비에 설치되는 유수검지장치를 말한다.

1.7.1.36) "준비작동식유수검지장치"란 준비작동식스프링클러설비에 설치되는 유수검지장치를 말한다.

1.7.1.37) "패들형유수검지장치"란 소화수의 흐름에 의하여 패들이 움직이고 접점이 형성되면 신호를 발하는 유수검지장치를 말한다.

1.7.1.38) "주펌프"란 구동장치의 회전 또는 왕복운동으로 소화수를 가압하여 그 압력으로 급수하는 주된 펌프를 말한다.

1.7.1.39) "예비펌프"란 주펌프와 동등 이상의 성능이 있는 별도의 펌프를 말한다.

2.1 수원

<small>4, 7, 8, 12, 18·25설 응용, 17점 응용</small>

2.1.1 수원의 저수량

스프링클러설비의 수원은 그 저수량이 다음의 기준에 적합하도록 해야 한다. 다만 수리계산에 의하는 경우에는 2.2.1.10 및 2.2.1.11에 따라 산출된 가압송수장치의 1분당 송수량에 20을 곱한 양 이상이 되도록 해야 한다.

2.1.1.1) **폐쇄형스프링클러헤드를 사용하는 경우**

> 수원의 양 = 헤드의 기준 개수[※] × 1.6m³
> - 30 ~ 49층: 기준개수 × 3.2m³
> - 50층 이상: 기준개수 × 4.8m³

※ 기준개수: 스프링클러헤드의 설치개수가 가장 많은 층(아파트의 경우에는 설치개수가 가장 많은 세대)에 설치된 스프링클러헤드의 개수가 기준개수보다 작은 경우에는 그 설치개수를 말한다. 이하 같다.

[표 2.1.1.1] 스프링클러설비의 설치장소별 스프링클러헤드의 기준개수 〈개정 24.1.1〉

스프링클러설비의 설치장소			기준 개수
지하층을 제외한 층수가 10층 이하인 특정 소방 대상물	공장	특수가연물을 저장·취급하는 것	30
		그 밖의 것	20
	근린생활시설, 판매시설, 운수시설 또는 복합건축물	판매시설 또는 복합건축물(판매시설이 설치되는 복합건축물을 말한다)	30
		그 밖의 것	20
	그 밖의 것	헤드의 부착 높이가 8m 이상인 것	20
		헤드의 부착 높이가 8m 미만인 것	10
지하층을 제외한 층수가 **11층** 이상인 특정대상물, **지**하가 또는 지하**역사**[※]			30

[비고] 하나의 소방대상물이 2 이상의 "스프링클러헤드의 기준개수"란에 해당하는 때에는 기준개수가 많은 것을 기준으로 한다. 다만, 각 기준개수에 해당하는 수원을 별도로 설치하는 경우에는 그렇지 않다.

🚒 **수원의 저수량**

방수량×시간×개수		
~29	80	20	기준개수
30~49	80	40	기준개수
50~	80	60	기준개수

- 총 저수량=수원량(A)+옥상(A/3)

암기 방수·시·개

※ [주의]
판매시설의 설치개수가 가장 많은 층의 헤드의 수가 30보다 작은 25개라면 기준개수는 25

🚒 **헤드 기준개수**

암기 기준개수 30개:
상(3)품을 일일(11)이 지역을 찾아다니며 특수판매했다.

암기 기준개수 10개:
열(10)나 팔(8) 아파해서 미안했다.

※ 성능기준
지하층을 제외한 층수가 11층 이상인 특정소방대상물(아파트를 제외한다)·지하가 또는 지하역사

2.1.1.2) 개방형스프링클러헤드를 사용하는 경우

수원은 최대 방수구역에 설치된 스프링클러헤드의 개수가 30개 이하일 경우 설치헤드수에 1.6m³을 곱한 양 이상으로 하고, 30개를 초과하는 경우에는 수리계산에 따를 것

2.1.2 옥상수조

스프링클러설비의 수원은 2.1.1에 따라 산출된 유효수량 외에 유효수량의 3분의 1 이상을 옥상(스프링클러설비가 설치된 건축물의 주된 옥상을 말한다. 이하 같다)에 설치해야 한다. 다만 다음의 어느 하나에 해당하는 경우에는 그렇지 않다.

(1) 지하층만 있는 건축물
(2) 2.2.2에 따른 고가수조를 가압송수장치로 설치한 경우
(3) 수원이 건축물의 최상층에 설치된 헤드보다 높은 위치에 설치된 경우
(4) 건축물의 높이가 지표면으로부터 10m 이하인 경우
(5) 주펌프와 동등 이상의 성능이 있는 별도의 펌프로서 내연기관의 기동과 연동하여 작동되거나 비상전원을 연결하여 설치한 경우
(6) 2.2.4에 따라 가압수조를 가압송수장치로 설치한 경우

2.1.3 옥상수조 겸용

옥상수조(2.1.1에 따라 산출된 유효수량의 3분의 1 이상을 옥상에 설치한 설비를 말한다. 이하 같다)는 이와 연결된 배관을 통하여 상시 소화수를 공급할 수 있는 구조의 특정소방대상물의 경우에는 2 이상의 특정소방대상물이 있더라도 하나의 특정소방대상물에만 이를 설치할 수 있다.

2.1.4 수원을 수조로 설치하는 경우

소화설비의 전용수조로 해야 한다. 다만 다음의 어느 하나에 해당하는 경우에는 그렇지 않다.

2.1.4.1) 스프링클러설비용 펌프의 풋밸브 또는 흡수배관의 흡수구(수직회전축펌프의 흡수구를 포함한다. 이하

🔔 **개방형헤드**
- 30개 이하: 개수×1.6m³
- 30개 초과: 펌프송수량×20분
- 총저수량=수원량(A)+옥상($\frac{A}{3}$)

🔔 **옥상수조 제외**
암기 [옥상] 최고지 별10 가※
(옥상에서 노래하는 게 최고! 별10개 받는 가수가 될 거야)

🔔 **옥상수조 겸용의 예**

🧯 유효수량

암기 풋흡급 사이

🧯 풋밸브(여과기능, 체크기능)

🧯 수조 설치기준

① 점 ② 동 ③ 조
④ 수 ⑤ 고 ⑥ 표 ⑧ 표
⑦ 배

암기 점동조 수고표 배표
(이미지 속 물건 위치를 기억하세요)

같다)를 다른 설비(소화용 설비 외의 것을 말한다. 이하 같다)의 풋밸브 또는 흡수구보다 낮은 위치에 설치한 때

2.1.4.2) 2.2.2에 따른 고가수조로부터 스프링클러설비의 수직배관에 물을 공급하는 급수구를 다른 설비의 급수구보다 낮은 위치에 설치한 때

2.1.5 유효수량

2.1.1 및 2.1.2에 따른 저수량을 산정함에 있어서 다른 설비와 겸용하여 스프링클러설비용 수조를 설치하는 경우에는 스프링클러설비의 **풋**밸브·**흡**수구 또는 수직배관의 **급**수구와 다른 설비의 **풋**밸브·**흡**수구 또는 수직배관의 **급**수구와의 사이의 수량을 그 <u>유효수량</u>으로 한다.

2.1.6 수조의 설치기준

2.1.6.1) **점**검에 편리한 곳에 설치할 것

2.1.6.2) **동**결방지조치를 하거나 동결의 우려가 없는 장소에 설치할 것

2.1.6.3) 수조의 외측에 **수**위계를 설치할 것. 다만 구조상 불가피한 경우에는 수조의 맨홀 등을 통하여 수조 안의 물의 양을 쉽게 확인할 수 있도록 해야 한다.

2.1.6.4) 수조의 상단이 바닥보다 높은 때에는 수조의 외측에 **고**정식 사다리를 설치할 것

2.1.6.5) 수조가 실내에 설치된 때에는 그 실내에 **조**명설비를 설치할 것

2.1.6.6) 수조의 밑 부분에는 청소용 **배**수밸브 또는 배수관을 설치할 것

2.1.6.7) 수조 외측의 보기 쉬운 곳에 "스프링클러소화설비용 수조"라고 표시한 표지를 할 것. 이 경우 그 수조를 다른 설비와 겸용하는 때에는 그 겸용되는 설비의 이름을 표시한 **표**지를 함께 해야 한다.

2.1.6.8) 소화설비용 펌프의 흡수배관 또는 소화설비의 수직배관과 수조의 접속부분에는 "스프링클러소화설비용 배관"이라고 표시한 **표**지를 할 것. 다만 수조와 가까운 장소에 소화설비용 펌프가 설치되고 해당 펌프에 2.2.1.16에 따른 표지를 설치한 때에는 그렇지 않다.

2.2 가압송수장치

2.2.1 펌프 방식

전동기 또는 내연기관에 따른 펌프를 이용하는 가압송수장치는 다음의 기준에 따라 설치해야 한다. 다만 가압송수장치의 주펌프는 전동기에 따른 펌프로 설치해야 한다.

2.2.1.1) 쉽게 접근할 수 있고 점검하기에 충분한 공간이 있는 장소로서 화재 및 침수 등의 재해로 인한 피해를 받을 우려가 없는 곳에 설치할 것

2.2.1.2) 동결방지조치를 하거나 동결의 우려가 없는 장소에 설치할 것

2.2.1.3) 펌프는 전용으로 할 것. 다만 다른 소화설비와 겸용하는 경우 각각의 소화설비의 성능에 지장이 없을 때에는 그렇지 않다.

2.2.1.4) 압력계, 연성계, 진공계

펌프의 토출 측에는 압력계를 체크밸브 이전에 펌프 토출 측 플랜지에서 가까운 곳에 설치하고, 흡입 측에는 연성계 또는 진공계를 설치할 것. 다만 수원의 수위가 펌프의 위치보다 높거나 수직회전축펌프의 경우에는 연성계 또는 진공계를 설치하지 않을 수 있다.

2.2.1.5) 펌프의 성능 `5점, 6설, 19설 응용`

펌프의 성능은 체절운전 시 정격토출압력의 140%를 초과하지 않고, 정격토출량의 150%로 운전 시 정격토출압력의 65% 이상이 되어야 하며, 펌프의 성능을 시험할 수 있는 성능시험배관을 설치할 것. 다만 충압펌프의 경우에는 그렇지 않다.

2.2.1.6) 순환배관

가압송수장치에는 체절운전 시 수온의 상승을 방지하기 위한 순환배관을 설치할 것. 다만 충압펌프의 경우에는 그렇지 않다.

2.2.1.7) 기동장치

기동장치로는 기동용수압개폐장치 또는 이와 동등 이상의 성능이 있는 것을 설치할 것

펌프 주변 배관

기동용수압개폐장치

- 압력챔버: 용적 100L

- 브르돈관 기동용 압력스위치

- 전자식 기동용 압력스위치

2.2.1.8) 압력챔버

기동용수압개폐장치 중 압력챔버를 사용할 경우 그 용적은 100L 이상의 것으로 할 것

🔔 물올림 장치

암기 물올림 수조 유일(1) 15 계속

2.2.1.9) 물올림장치

수원의 수위가 펌프보다 낮은 위치에 있는 가압송수장치에는 다음의 기준에 따른 물올림장치를 설치할 것

- 2.2.1.9.1. 물올림장치에는 **전용**의 수조를 설치할 것
- 2.2.1.9.2. 수조의 유효수량은 100L 이상으로 하되, 구경 15mm 이상의 급수배관에 따라 해당 수조에 물이 계속 보급되도록 할 것

2.2.1.10) 가압송수장치의 정격토출압력 [3설]

가압송수장치의 정격토출압력은 하나의 헤드선단에 0.1MPa 이상 1.2MPa 이하의 방수압력이 될 수 있게 하는 크기일 것

🔔 스프링클러 헤드

헤드의 방수량: 80 ℓ/min 이상
헤드의 방수압: 0.1MPa 이상
(1.2MPa 이상: 감압장치 설치)

2.2.1.11). 가압송수장치의 송수량(토출량) [3점, 5설 응용, 7설 응용]

가압송수장치의 송수량은 0.1MPa의 방수압력 기준으로 80 ℓ/min 이상의 방수성능을 가진 기준개수의 모든 헤드로부터의 방수량을 충족시킬 수 있는 양 이상의 것으로 할 것. 이 경우 속도수두는 계산에 포함하지 않을 수 있다.

2.2.1.12) 폐쇄형스프링클러 헤드를 사용하는 경우

> 헤드의 방수량: 80 $[lpm]$ 이상
> 펌프 분당송수량: $q = $ 기준 개수 $\times 80\ [lpm]$

2.2.1.13) 개방형스프링클러 헤드를 사용하는 경우

(1) 30개 이하인 경우: $q = $ 개수 $\times 80\ [lpm]$

(2) 30개 초과의 경우: 모든 헤드에서 규정 방수량 및 방수압이 충족되도록 수리계산에 의한다.

🔔 충압펌프

2.2.1.14) 충압펌프 [20설]

기동용수압개폐장치를 기동장치로 사용할 경우에는 다음의 기준에 따른 충압펌프를 설치할 것

- 2.2.1.14.1. 펌프의 토출압력은 그 설비의 최고위 살수장치(일제개방밸브의 경우는 그 밸브)의 자연압보다 적어도 0.2MPa이 더 크도록 하거나 가압송수장치의 정격토출압력과 같게 할 것

2.2.1.14.2. 펌프의 정격토출량은 정상적인 누설량보다 적어서는 안 되며, 스프링클러설비가 자동적으로 작동할 수 있도록 충분한 토출량을 유지할 것

2.2.1.15) 내연기관을 사용하는 경우의 적합기준

2.2.1.15.1. **제**어반에 따라 내연기관의 **자**동기동 및 **수**동기동이 가능하고, **상시 충**전되어 있는 축전지설비를 갖출 것

2.2.1.15.2. 내연기관의 연료량은 펌프를 20분 이상 운전할 수 있는 용량일 것

🚒 내연기관

암기 내 가함적 제자수 상시충

☆ 스프링클러에는 수동이 없다.
30층 이상 대상물의 내연기관의 연료량 기준은 고층건축물의 화재안전기술기준에서 규정한다.

🚒 내연기관의 비교

1. 옥내소화전
암기 내 기함적 제자수 상시충 246

2. 옥외소화전
암기 내 기함적 제자수 상시충 ~~246~~

2.2.1.16) 표지

가압송수장치에는 "스프링클러펌프"라고 표시한 표지를 할 것. 이 경우 그 가압송수장치를 다른 설비와 겸용하는 때에는 그 겸용되는 설비의 이름을 표시한 표지를 함께 해야 한다.

2.2.1.17) 자동정지 금지

가압송수장치가 기동이 된 경우에는 자동으로 정지되지 않도록 할 것. 다만 충압펌프의 경우에는 그렇지 않다.

2.2.1.18) 펌프의 재질

가압송수장치는 부식 등으로 인한 펌프의 고착을 방지할 수 있도록 다음의 기준에 적합한 것으로 할 것. 다만 충압펌프는 제외한다.

2.2.1.18.1. **임펠러**는 **청**동 또는 **스**테인리스 등 **부**식에 **강**한 재질을 사용할 것

2.2.1.18.2. 펌프**축**은 **스**테인리스 등 **부**식에 **강**한 재질을 사용할 것

🚒 펌프의 재질

암기 임펠러 청스 축스 부강
(임펠러 청소를 축소하니 부강해짐)

2.2.2 고가수조의 자연낙차를 이용한 가압송수장치

2.2.2.1) 고가수조의 자연낙차수두(수조의 하단으로부터 최고층에 설치된 헤드까지의 수직거리) 산출식

$$H = h_1 + 10m \quad \cdots (2.2.2.1)$$

H : 필요한 낙차(m)
h_1 : 배관의 마찰손실수두(m)

2.2.2.2) 고가수조에는 **수**위계·**배**수관·**급**수관·**오버**플로우관 및 **맨**홀을 설치할 것

3설

🚒 고가수조

암기 수배급 오버맨

🔸 압력수조 방식

암기 수급배급 맨압안자

🔸 가압수조 방식

암기 [가] 2방성
(가시방석)

🔸 방호구역·유수검지장치

암기 3 1 2 실물자조
(3:3000 / 1:하나1개 / 2:2개 층×
/ 실: 실내 / 물: 공급되는 물
/ 자:자연낙차)

🔸 1개 층 헤드 수 10개 이하 또는 복층형 공동주택 : 3개 층 가능

2.2.3 압력수조를 이용한 가압송수장치

2.2.3.1) 압력수조의 압력 산출식

$$P = P_1 + P_2 + 0.1[MPa] \quad \cdots(2.2.3.1)$$

P: 필요 압력
P_1: 낙차 환산 수두압
P_2: 배관 마찰 손실 수두압

2.2.3.2) 압력수조에는 수위계·급수관·배수관·급기관·맨홀·압력계·안전장치 및 압력저하 방지를 위한 자동식 공기압축기를 설치할 것 **3설**

2.2.4 가압수조를 이용한 가압송수장치

2.2.4.1) 가압수조의 압력은 2.2.1.10 및 2.2.1.11에 따른 방수압 및 방수량을 20분 이상 유지되도록 할 것

2.2.4.2) 가압수조 및 가압원은 「건축법 시행령」 제46조에 따른 방화구획된 장소에 설치할 것

2.2.4.3) 가압수조를 이용한 가압송수장치는 소방청장이 정하여 고시한 「가압수조식가압송수장치의 성능인증 및 제품검사의 기술기준」에 적합한 것으로 설치할 것

2.3 폐쇄형SP설비의 방호구역·유수검지장치 **13점, 19설**

2.3.1 폐쇄형스프링클러헤드를 사용하는 설비의 방호구역(스프링클러설비의 소화범위에 포함된 영역을 말한다. 이하 같다) 및 유수검지장치는 다음의 기준에 적합해야 한다.

2.3.1.1) 하나의 방호구역의 바닥면적은 3,000m²를 초과하지 않을 것. 다만 폐쇄형스프링클러설비에 격자형배관방식(2 이상의 수평주행배관 사이를 가지배관으로 연결하는 방식을 말한다)을 채택하는 때에는 3,700m² 범위 내에서 펌프용량, 배관의 구경 등을 수리학적으로 계산한 결과 헤드의 방수압 및 방수량이 방호구역 범위 내에서 소화목적을 달성하는 데 충분하도록 해야 한다.※

2.3.1.2) 하나의 방호구역에는 1개 이상의 유수검지장치를 설치하되, 화재 시 접근이 쉽고 점검하기 편리한 장소에 설치할 것

2.3.1.3) 하나의 방호구역은 <u>2개 층</u>에 미치지 않도록 할 것. 다만 1개 층에 설치되는 스프링클러헤드의 수가 <u>10개 이하</u>인 경우와 복층형구조의 공동주택에는 <u>3개 층</u> 이내로 할 수 있다.※

2.3.1.4) 유수검지장치를 <u>실내</u>에 설치하거나 <u>보호용</u> 철망 등으로 구획하여 바닥으로부터 <u>0.8m 이상 1.5m 이하</u>의 위치에 설치하되, 그 실 등에는 가로 <u>0.5m 이상 세로 1m</u> 이상의 개구부로서 그 개구부에는 출입문을 설치하고 그 출입문 상단에 "유수검지장치실"이라고 표시한 표지를 설치할 것. 다만 유수검지장치를 기계실(공조용기계실을 포함한다) 안에 설치하는 경우에는 <u>별도의 실 또는 보호용 철망을 설치하지 않고 기계실 출입문 상단에 "유수검지장치실"이라고 표시한 표지를 설치할 수 있다.</u>※

2.3.1.5) 스프링클러헤드에 공급되는 물은 <u>유수검지장치를 지나도록</u> 할 것. 다만 <u>송수구</u>를 통하여 공급되는 물은 그렇지 않다.

2.3.1.6) 자연낙차에 따른 압력수가 흐르는 배관상에 설치된 유수검지장치는 화재 시 물의 흐름을 검지할 수 있는 최소한의 압력이 얻어질 수 있도록 수조의 하단으로부터 <u>낙차를 두어</u> 설치할 것

2.3.1.7) <u>조기반응형 스프링클러헤드를 설치하는 경우에는 습식유수검지장치 또는 부압식스프링클러설비를 설치할 것</u>※

2.4 개방형SP설비의 방수구역 및 일제개방밸브

2.4.1 개방형스프링클러설비의 방수구역 및 일제개방밸브는 다음의 기준에 적합해야 한다.

2.4.1.1) 하나의 방수구역은 <u>2개</u> 층에 미치지 않아야 한다.

2.4.1.2) 방수구역마다 일제개방밸브를 설치해야 한다.

2.4.1.3) 하나의 방수구역을 담당하는 헤드의 개수는 <u>50개</u> 이하로 할 것. 다만 2개 이상의 방수구역으로 나눌 경우에는 하나의 방수구역을 담당하는 헤드의 개수는 <u>25</u>개 이상으로 해야 한다.

2.4.1.4) 일제개방밸브의 설치위치는 2.3.1.4의 기준에 따르고, 표지는 "일제개방밸브실"이라고 표시해야 한다.

🚒 실내, 보호용 철망 구획

⑥ 기계실에는 표지만

※ (2.3)의 성능기준
제6조(폐쇄형스프링클러설비의 방호구역 및 유수검지장치) 폐쇄형스프링클러헤드를 사용하는 설비의 방호구역(스프링클러설비의 소화범위에 포함된 영역을 말한다. 이하 같다) 및 유수검지장치는 다음 각 호의 기준에 적합해야 한다.
1. 하나의 방호구역의 바닥면적은 3,000제곱미터를 초과하지 않을 것
2. 하나의 방호구역에는 한 개 이상의 유수검지장치를 설치하되, 화재 시 접근이 쉽고 점검하기 편리한 장소에 설치할 것
3. 하나의 방호구역은 두 개 층에 미치지 않도록 할 것
4. 유수검지장치를 실내에 설치하거나 보호용 철망 등으로 구획하여 바닥으로부터 0.8미터 이상 1.5미터 이하의 위치에 설치하되, 그 실 등에는 개구부가 가로 0.5미터 이상 세로 1미터 이상의 출입문을 설치하고 그 출입문 상단에 "유수검지장치실"이라고 표시한 표지를 설치할 것
5. 스프링클러헤드에 공급되는 물은 유수검지장치를 지나도록 할 것
6. 자연낙차에 따른 압력수가 흐르는 배관 상에 설치된 유수검지장치는 화재 시 물의 흐름을 검지할 수 있는 최소한의 압력이 얻어질 수 있도록 수조의 하단으로부터 낙차를 두어 설치할 것
7. <u>조기반응형 스프링클러헤드를 설치하는 경우에는 습식유수검지장치를 설치할 것</u>※

🚒 방수구역 · 일제개방밸브
암기 2마 52표

2.5 배관

2.5.1 사용압력에 따른 배관 및 배관이음쇠의 종류

배관과 배관이음쇠는 다음의 어느 하나에 해당하는 것 또는 동등 이상의 강도·내식성 및 내열성 등을 국내·외 공인기관으로부터 인정받은 것을 사용해야 하고, 배관용 스테인리스 강관(KS D 3576)의 이음을 용접으로 할 경우에는 텅스텐 불활성 가스 아크 용접(Tungsten Inertgas Arc Welding)방식에 따른다. 다만 2.5에서 정하지 않은 사항은 「건설기술 진흥법」 제44조제1항의 규정에 따른 "건설기준"에 따른다.

2.5.1.1) 배관 내 사용압력이 1.2MPa 미만일 경우에는 다음의 어느 하나에 해당하는 것
    (1) 배관용 탄소 강관(KS D 3507)
    (2) 이음매 없는 구리 및 구리합금관(KS D 5301). 다만 습식의 배관에 한한다.
    (3) 배관용 스테인리스 강관(KS D 3576) 또는 일반 배관용 스테인리스 강관(KS D 3595)
    (4) 덕타일 주철관(KS D 4311)

2.5.1.2) 배관 내 사용압력이 1.2MPa 이상일 경우에는 다음의 어느 하나에 해당하는 것
    (1) 압력 배관용 탄소 강관(KS D 3562)
    (2) 배관용 아크용접 탄소강 강관(KS D 3583)

2.5.2 소방용 합성수지배관으로 설치 가능한 경우

2.5.1에도 불구하고 다음의 어느 하나에 해당하는 장소에는 소방청장이 정하여 고시한 「소방용합성수지배관의 성능인증 및 제품검사의 기술기준」에 적합한 소방용 합성수지배관으로 설치할 수 있다.

2.5.2.1) 배관을 지하에 매설하는 경우

2.5.2.2) 다른 부분과 내화구조로 구획된 덕트 또는 피트의 내부에 설치하는 경우

2.5.2.3) 천장(상층이 있는 경우에는 상층바닥의 하단을 포함한다. 이하 같다)과 반자를 불연재료 또는 준불연 재료로 설치하고 소화배관 내부에 항상 소화수가 채워진 상태로 설치하는 경우

🛱 배관과 배관이음쇠

[암기] [1.2MPa 미만]
(1월2일 전날 회사에서
KS D 35**(코스닥 배탄 삼오회)
공치(07)는 날!
날씨가 구리구리 오삼공일 습해서
스트레스 출력(76) 일 구요(95)!
덕분에 타격이 4311(사상일일)최고!)

[암기] [1.2MPa 이상]
(1월2일 코스탁 배탄 삼오회 회사앞에 압,력이(62) 들어옴!
이크! 팔(8)아야 산(3)다)

🛱 소방용 합성수지배관

[암기] 지덕천 준수

2.5.3 급수배관의 설치기준

2.5.3.1) 전용으로 할 것. 다만 스프링클러설비의 기동장치의 조작과 동시에 다른 설비의 용도에 사용하는 배관의 송수를 차단할 수 있거나, 스프링클러설비의 성능에 지장이 없는 경우에는 다른 설비와 겸용할 수 있다.

2.5.3.2) 급수배관에 설치되어 급수를 차단할 수 있는 개폐밸브는 개폐표시형으로 할 것. 이 경우 펌프의 흡입 측 배관에는 버터플라이밸브 외의 개폐표시형밸브를 설치해야 한다.

2.5.3.3) 배관의 구경은 2.2.1.10 및 2.2.1.11에 적합하도록 수리계산에 의하거나 [표 2.5.3.3]의 기준에 따라 설치할 것. 다만 수리계산에 따르는 경우 가지배관의 유속은 6m/s, 그 밖의 배관의 유속은 10m/s를 초과할 수 없다.

[표 2.5.3.3] 스프링클러헤드 수별 급수관의 구경 `1점, 8설응용, 25설`

(단위: mm)

관경 구분	25	32	40	50	65	80	90	100	125	150
가	2	3	5	10	30	60	80	100	160	161 이상
나	2	4	7	15	30	60	65	100	160	161 이상
다	1	2	5	8	15	27	40	55	90	91 이상

[비고]
1. **폐쇄형**스프링클러헤드를 사용하는 설비의 경우로서 1개 층에 하나의 급수배관(또는 밸브 등)이 담당하는 구역의 최대면적은 3,000m²를 초과하지 않을 것
2. **폐쇄형**스프링클러헤드를 설치하는 경우에는 "가"란의 헤드 수에 따를 것. 다만 100개 이상의 헤드를 담당하는 급수배관(또는 밸브)의 구경을 100mm로 할 경우에는 수리계산을 통하여 2.5.3.3의 단서에서 규정한 배관의 유속에 적합하도록 할 것
3. **폐쇄형**스프링클러헤드를 설치하고 **반자 아래**의 헤드와 반자속의 헤드를 동일 급수관의 가지관상에 **병**설하는 경우에는 "나"란의 헤드 수에 따를 것
4. 2.7.3.1의 경우로서 폐쇄형스프링클러헤드를 설치하는 설비의 배관구경은 "다"란에 따를 것
5. **개방형**스프링클러헤드를 설치하는 경우 하나의 방수구역이 담당하는 헤드의 개수가 30개 이하일 때는 "다"란의 헤드수에 의하고, 30개를 **초과**할 때는 **수리계산** 방법에 따를 것

※ 숫자를 문자(초성)으로 바꾸어 암기

1	2	3	4	5	6	7	8	9	0
ㄱ	ㄴ	ㄷ	ㄹ	ㅁ	ㅂ	ㅅ	ㅇ	ㅈ	ㅊ

예) 밑줄친 문자: (2)남(3)대(5)문

🔔 SP헤드수별 관경 (가)

`암기` 남대문 열개 다방이 백개 가봐!
가보구

🔔 SP헤드수별 관경 (나)

`암기` 나르샤 고모. 다방 방문 백번
김밥들고...

🔔 SP헤드수별 관경 (다)

`암기` 그냥 매일 고모 냄새 런치 맹물 쭉
(그냥 매일 고모가 냄새나는 런치랑 맹물을 쭉 먹었어)

🔔 폐쇄형헤드

1. 방호구역 3,000m² 이하
2. 폐쇄형 헤드의 관경기준: 가
3. 헤드를 반자속/아래 병설: 나
4. 2.7.3.1(무대부, 특수가연물): 다

🔔 개방형헤드

5. 개방형헤드 30개 이하: 다
   개방형헤드 30개 초과: 수리계산

`암기` 3000 폐병 (특수)무개

🔥 흡입 측 배관

암기 공여 수펌 각별
(공여한 수퍼와 각별한 관계이다)

🔥 성능시험배관

암기 토개전분 전직개 후유조,
개유직, 유직, 해제설사,
호호, 175성능

🔥 펌프의 성능 및 유량측정장치

암기
1　1
4　5　6　7
　　5　5

🔥 순환배관

암기 체펌 사2

2.5.4 펌프의 흡입 측 배관의 설치기준　[24점]

2.5.4.1) 공기고임이 생기지 않는 구조로 하고, **여과장치**를 설치할 것

2.5.4.2) 수조가 펌프보다 낮게 설치된 경우에는 **각 펌프**(충압펌프를 포함한다)마다 수조로부터 **별도**로 설치할 것

2.5.5 〈삭제 2024.7.1.〉

2.5.6 펌프의 성능시험배관　[5점, 6설, 19설 응용, 24점, 25점응용]

펌프의 성능시험배관은 다음의 기준에 적합하도록 설치해야 한다.

2.5.6.1) 성능시험배관은 펌프의 **토출** 측에 설치된 **개폐밸브** 이**전**에서 **분기**하여 직선으로 설치하고, 유량측정장치를 기준으로 **전**단 **직관부**에는 **개폐밸브**를 후단 직관부에는 **유량조절밸브**를 설치할 것. 이 경우 **개폐밸브**와 **유량측정장치 사이의 직관부** 거리 및 **유량측정장치**와 **유량조절밸브** 사이의 **직관부** 거리는 **해**당 유량측정장치 **제**조사의 **설치사양**에 따르고, 성능시험배관의 **호칭지름**은 유량측정장치의 **호칭지름**에 따른다.

2.5.6.2) 유량측정장치는 펌프의 정격토출량의 **175%** 이상 측정할 수 있는 성능이 있을 것

2.5.7 순환배관　[24점]

가압송수장치의 체절운전 시 수온의 상승을 방지하기 위하여 **체크밸브**와 **펌프 사**이에서 분기한 구경 **20**mm 이상의 배관에 체절압력 미만에서 개방되는 릴리프밸브를 설치해야 한다.

2.5.8 동결방지

배관은 동결방지조치를 하거나 동결의 우려가 없는 장소에 설치해야 한다. 다만 **보온재**를 사용할 경우에는 **난연재료** 성능 이상의 것으로 해야 한다.

2.5.9 가지배관의 배열기준

2.5.9.1) 토너먼트(Tournament) 배관방식이 아닐 것.

2.5.9.2) 교차배관에서 분기되는 지점을 기점으로 한쪽 가지배관에 설치되는 헤드의 개수(반자 아래와 반자 속의 헤드를 하나의 가지배관 상에 병설하는 경우에는 반자 아래에 설치하는 헤드의 개수)는 8개 이하로 할 것. 다만 다음 각 기준의 어느 하나에 해당하는 경우에는 그렇지 않다.※

    2.5.9.2.1. 기존의 방호구역 안에서 칸막이 등으로 구획하여 1개의 헤드를 증설하는 경우※

    2.5.9.2.2. 습식스프링클러설비 또는 부압식스프링클러설비에 격자형 배관방식(2 이상의 수평주행배관 사이를 가지배관으로 연결하는 방식을 말한다)을 채택하는 때에는 펌프의 용량, 배관의 구경 등을 수리학적으로 계산한 결과 헤드의 방수압 및 방수량이 소화목적을 달성하는 데 충분하다고 인정되는 경우※

2.5.9.3) 가지배관과 헤드 사이의 배관을 신축배관으로 하는 경우에는 소방청장이 정하여 고시한 「스프링클러설비신축배관의 성능인증 및 제품검사의 기술기준」에 적합한 것으로 설치할 것. 이 경우 신축배관의 설치길이는 2.7.3의 거리를 초과하지 않아야 한다.※

2.5.10 교차배관의 위치·청소구 및 가지배관의 헤드 설치

2.5.10.1) 교차배관은 가지배관과 수평으로 설치하거나 또는 가지배관 밑에 설치하고, 그 구경은 2.5.3.3에 따르되, 최소구경이 40mm 이상이 되도록 할 것. 다만 패들형유수검지장치를 사용하는 경우에는 교차배관의 구경과 동일하게 설치할 수 있다.※

2.5.10.2) 청소구는 교차배관 끝에 40mm 이상 크기의 개폐밸브를 설치하고, 호스접결이 가능한 나사식 또는 고정배수 배관식으로 할 것. 이 경우 나사식의 개폐밸브는 옥내소화전 호스접결용의 것으로 하고, 나사보호용의 캡으로 마감해야 한다.※

※ (2.5.9)의 성능기준
⑨ 가지배관의 배열은 다음 각 호의 기준에 따른다.
1. 토너먼트(tournament)방식이 아닐 것
2. 교차배관에서 분기되는 지점을 기점으로 한쪽 가지배관에 설치되는 간이헤드의 개수(반자 아래와 반자속의 헤드를 하나의 가지배관 상에 병설하는 경우에는 반자 아래에 설치하는 헤드의 개수)는 8개 이하로 할 것
3. 가지배관과 스프링클러헤드 사이의 배관을 신축배관으로 하는 경우에는 소방청장이 정하여 고시한 「스프링클러설비신축배관 성능인증 및 제품검사의 기술기준」에 적합한 것으로 설치할 것

🚩 가지배관 헤드의 수

🚩 가지배관 헤드의 수(병설 시)

천장

반자

8개 이하

암기 가지배관 한쪽 팔(8)

※ 2.7.3의 거리
스프링클러헤드의 수평거리

※ (2.5.10)의 성능기준
⑩ 교차배관의 위치·청소구 및 가지배관의 헤드설치는 다음 각 호의 기준에 따른다.
1. 교차배관은 가지배관과 수평으로 설치하거나 가지배관 밑에 설치하고, 그 구경은 제3항에 따르되 최소구경이 40밀리미터 이상이 되도록 할 것
2. 청소구는 교차배관 끝에 개폐밸브를 설치하고, 호스접결이 가능한 나사식 또는 고정배수 배관식으로 할 것
3. 하향식헤드를 설치하는 경우에 가지배관으로부터 헤드에 이르는 헤드접속배관은 가지배관 상부에서 분기할 것

🔔 교차배관, 청소구, 헤드

🔔 상부분기(회향식)

🔔 2차 측 배관 부대설비

🔔 시험장치

암기 연구물
내요리책은 건강이 완전한 1분 요리

※ 밑줄은 초성=숫자

1	2	3	4	5	6	7	8	9	0
ㄱ	ㄴ	ㄷ	ㄹ	ㅁ	ㅂ	ㅅ	ㅇ	ㅈ	ㅊ

(시험장치 구경 25mm 이상)

2.5.10.3) 하향식헤드를 설치하는 경우에 가지배관으로부터 헤드에 이르는 헤드접속배관은 가지배관 상부에서 분기할 것. 다만 소화설비용 수원의 수질이 「먹는물관리법」 제5조에 따라 먹는물의 수질기준에 적합하고 덮개가 있는 저수조로부터 물을 공급받는 경우에는 <u>가지배관의 측면 또는 하부에서 분기할 수 있다.</u>※

2.5.11 준비작동식유수검지장치 또는 일제개방밸브 사용의 경우 동밸브 2차 측 배관의 부대설비 기준 〔17설〕

2.5.11.1) **개폐표시형밸브**를 설치할 것

2.5.11.2) 2.5.11.1에 따른 밸브와 준비작동식유수검지장치 또는 일제개방밸브 사이의 배관은 다음의 기준과 같은 구조로 할 것

  2.5.11.2.1. **수직배수배관과 연결**하고 동 연결배관상에는 **개폐밸브**를 설치할 것

  2.5.11.2.2. **자동배수장치** 및 **압력스위치**를 설치할 것

  2.5.11.2.3. 2.5.11.2.2에 따른 압력스위치는 수신부에서 준비작동식유수검지장치 또는 일제개방밸브의 작동 여부를 확인할 수 있게 설치할 것

2.5.12 시험장치 〔25점〕

습식유수검지장치 또는 건식유수검지장치를 사용하는 스프링클러설비와 부압식스프링클러설비에는 동장치를 시험할 수 있는 시험 장치를 다음의 기준에 따라 설치해야 한다.

2.5.12.1) 습식스프링클러설비 및 부압식스프링클러설비에 있어서는 유수검지장치 2차 측 배관에 **연결**하여 설치하고, **건식스프링클러설비**인 경우 유수검지장치에서 **가장 먼 거리**에 위치한 가지배관의 끝으로부터 연결하여 설치할 것. 이 경우 유수검지장치 2차 측 설비의 **내용적**이 <u>2,840L</u>를 초과하는 <u>건식</u>스프링클러설비는 시험장치 개폐밸브를 <u>완전</u> 개방 후 <u>1분</u> 이내에 물이 방사되어야 한다.

2.5.12.2) 시험장치 배관의 **구경**은 25mm 이상으로 하고, 그 끝에 **개폐밸브** 및 **개방형헤드** 또는 스프링클러헤드와 동등한 방수성능을 가진 **오리피스**를 설치할 것. 이 경우 개방형헤드는 반사판 및 프레임을 제거한 오리피스만으로 설치할 수 있다.

2.5.12.3) 시험배관의 끝에는 **물받이 통** 및 **배수관**을 설치하여 시험 중 방사된 물이 바닥에 흘러내리지 않도록 할 것. 다만 목욕실·화장실 또는 그 밖의 곳으로서 배수처리가 쉬운 장소에 시험배관을 설치한 경우에는 그렇지 않다.

2.5.13 배관에 설치되는 행가의 설치기준

2.5.13.1) 가지배관에는 헤드의 설치지점 사이마다 1개 이상의 행거를 설치하되, 헤드 간의 거리가 3.5m를 초과하는 경우에는 3.5m 이내마다 1개 이상 설치할 것. 이 경우 상향식헤드와 행거 사이에는 8cm 이상의 간격을 두어야 한다.

2.5.13.2) **교차배관**에는 가지배관과 가지배관 **사이마다** 1개 이상의 행거를 설치하되, 가지배관 사이의 거리가 4.5m를 **초과**하는 경우에는 4.5m **이내마다** 1개 이상 설치할 것

2.5.13.3) 2.5.13.1 및 2.5.13.2의 수평주행배관에는 4.5m 이내마다 1개 이상 설치할 것

2.5.14 수직배수배관

수직배수배관의 구경은 50mm 이상으로 해야 한다. 다만 수직배관의 구경이 50mm 미만인 경우에는 수직배관과 동일한 구경으로 할 수 있다.

2.5.15 〈삭제 2024.4.1.〉

2.5.15.1) 〈삭제 2024.4.1.〉

2.5.15.2) 〈삭제 2024.4.1.〉

2.5.16 급수개폐밸브 작동표시 스위치(탬퍼스위치) [20설]

급수배관에 설치되어 급수를 차단할 수 있는 **개폐밸브**에는 그 밸브의 **개폐상태**를 감시제어반에서 **확인**할 수 있도록 급수개폐밸브 작동표시 스위치를 다음의 기준에 따라 설치해야 한다.

2.5.16.1) 급수개폐밸브가 잠길 경우 탬퍼스위치의 동작으로 인하여 감시제어반 또는 수신기에 **표**시되어야 하며 **경**보음을 발할 것

2.5.16.2) 탬퍼스위치는 감시제어반 또는 수신기에서 **동**작의 유무 확인과 **동**작시험, 도**통**시험을 할 수 있을 것

🚒 행가의 설치

암기 가지 삶어 팔팔, 교수 45
(교수가 사온 가지 삶어 팔팔)

🚒 수직배수배관

🚒 탬퍼스위치 설치기준

암기 급탬급, 표경 동동통 내내

🚒 배관의 기울기

〈습식, 부압식: 수평〉

〈건식, 준비작동식, 일제개방식〉

2.5.16.3) 급수개폐밸브의 작동표시 스위치에 사용되는 전기배선은 **내화전선** 또는 **내열전선**으로 설치할 것

2.5.17 배관의 기울기

스프링클러설비 배관의 배수를 위한 기울기는 다음의 기준에 따른다.

2.5.17.1) 습식스프링클러설비 또는 부압식 스프링클러설비의 배관을 수평으로 할 것. 다만 배관의 구조상 소화수가 남아 있는 곳에는 배수밸브를 설치해야 한다.

2.5.17.2) 습식스프링클러설비 또는 부압식 스프링클러설비 외의 설비에는 헤드를 향하여 상향으로 수평주행배관의 기울기를 500분의 1 이상, 가지배관의 기울기를 250분의 1 이상으로 할 것. 다만 배관의 구조상 기울기를 줄 수 없는 경우에는 배수를 원활하게 할 수 있도록 배수밸브를 설치해야 한다.

2.5.18 배관의 구분(옥내소화전설비 해당기준과 동일)

2.5.19 확관형 분기배관(옥내소화전설비 해당기준과 동일)

2.6 음향장치 및 기동장치

2.6.1 음향장치 및 기동장치의 설치기준

2.6.1.1) 습식유수검지장치 또는 건식유수검지장치를 사용하는 설비에 있어서는 헤드가 개방되면 유수검지장치가 화재신호를 발신하고 그에 따라 음향장치가 **경보**되도록 할 것

2.6.1.2) 준비작동식유수검지장치 또는 일제개방밸브를 사용하는 설비에는 화재감지기의 감지에 따라 음향장치가 경보되도록 할 것. <u>이 경우 화재감지기회로를 교차회로방식(하나의 준비작동식유수검지장치 또는 일제개방밸브의 담당구역 내에 2 이상의 화재감지기회로를 설치하고 인접한 2 이상의 화재감지기가 동시에 감지되는 때에 준비작동식유수검지장치 또는 일제개방밸브가 개방·작동되는 방식을 말한다)으로 하는 때에는 하나의 화재감지기회로가 화재를 감지하는 때에도 음향장치가 경보되도록 해야 한다.</u>※

※ (2.6.1.2)의 성능기준에는 밑줄 친 사항이 없다.

2.6.1.3) 음향장치는 유수검지장치 및 일제개방밸브 등의 담당구역마다 설치하되 그 구역의 각 부분으로부터 하

나의 음향장치까지의 수평거리는 25m 이하가 되도록 할 것

2.6.1.4) 음향장치는 경종 또는 사이렌(전자식 사이렌을 포함한다)으로 하되, 주위의 소음 및 다른 용도의 경보와 구별이 가능한 음색으로 할 것. 이 경우 경종 또는 사이렌은 자동화재탐지설비·비상벨설비 또는 자동식 사이렌설비의 음향장치와 겸용할 수 있다.※

2.6.1.5) 주 음향장치는 수신기의 내부 또는 그 직근에 설치할 것

2.6.1.6) 층수가 11층(공동주택의 경우 16층) 이상의 특정소방대상물은 다음의 기준에 따라 경보를 발할 수 있도록 해야 한다.※

  2.6.1.6.1. 2층 이상의 층에서 발화한 때에는 발화층 및 그 직상 4개 층에 경보를 발할 것

  2.6.1.6.2. 1층에서 발화한 때에는 발화층·그 직상 4개 층 및 지하층에 경보를 발할 것

  2.6.1.6.3. 지하층에서 발화한 때에는 발화층·그 직상층 및 기타의 지하층에 경보를 발할 것

2.6.1.7) 음향장치는 다음의 기준에 따른 구조 및 성능의 것으로 할 것

  2.6.1.7.1. 정격전압의 80% 전압에서 음향을 발할 수 있는 것으로 할 것

  2.6.1.6.2. 음향의 크기는 부착된 음향장치의 중심으로부터 1m 떨어진 위치에서 90dB 이상이 되는 것으로 할 것

2.6.2 펌프의 작동※

스프링클러설비의 가압송수장치로서 펌프가 설치되는 경우 그 펌프의 작동은 다음의 어느 하나에 적합해야 한다.

2.6.2.1) 습식유수검지장치 또는 건식유수검지장치를 사용하는 설비에 있어서는 유수검지장치의 발신이나 기동용수압개폐장치에 의하여 작동되거나 또는 이 두 가지의 혼용에 따라 작동될 수 있도록 할 것

2.6.2.2) 준비작동식유수검지장치 또는 일제개방밸브를 사용하는 설비에 있어서는 화재감지기의 화재감지나 기동용수압개폐장치에 따라 작동되거나 또는 이 두 가지의 혼용에 따라 작동할 수 있도록 할 것

※ (2.6.1.4)의 성능기준에는 밑줄 친 사항이 없다.

※ (2.6.1.6)의 성능기준
층수가 11층(공동주택의 경우에는 16층) 이상의 특정소방대상물은 발화층에 따라 경보하는 층을 달리하여 경보를 발할 수 있도록 할 것

🛑 **우선경보방식**

암기 114 (공주16)

🛑 **음향장치**
암기 음향 198
(응답하라 1988)

※ (2.6.2)의 성능기준
스프링클러설비의 가압송수장치로서 펌프가 설치되는 경우에는 그 펌프의 작동은 유수검지장치의 발신이나 화재감지기의 화재감지 또는 기동용수압개폐장치에 의하여 작동될 수 있도록 해야 한다.

※ (2.6.3)의 성능기준
준비작동식유수검지장치 또는 일제개방밸브의 작동은 다음 각 호의 기준에 적합해야 한다.
1. 담당구역 내의 화재감지기의 동작에 따라 개방 및 작동될 것
2. 화재감지회로는 교차회로방식으로 할 것
3. 준비작동식유수검지장치 또는 일제개방밸브의 인근에서 수동기동에 따라서도 개방 및 작동될 수 있게 할 것
4. 제1호 및 제2호에 따른 화재감지기의 설치기준에 관하여는 「자동화재탐지설비 및 시각경보장치의 화재안전성능기준(NFPC 203)」 제7조 및 제11조를 준용할 것
5. 화재감지기 회로에는 「자동화재탐지설비 및 시각경보장치의 화재안전성능기준(NFPC 203)」 제9조에 따른 발신기를 설치할 것

🚒 교차회로방식

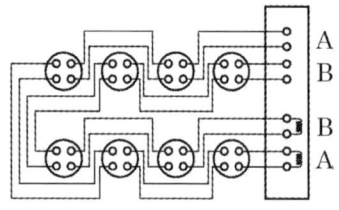

🚒 (NFTC 203) 2.4.1 단서의 각 감지기
축적방식의 감지기, 복합형감지기
불꽃감지기, 아날로그방식의 감지기
광전식분리형감지기
다신호방식의 감지기
정온식감지선형감지기
분포형감지기

암기 축복불아 광다정분
(축복 없이 불행했던 아이가
광적으로 다정한 분을 만났다)

🚒 발신기의 설치기준
암기 조스 특발 위

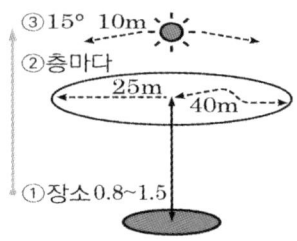

2.6.3 밸브의 작동※

준비작동식유수검지장치 또는 일제개방밸브의 작동은 다음의 기준에 적합해야 한다.

2.6.3.1) 담당구역 내의 **화재감지기의 동작**에 따라 개방 및 작동될 것

2.6.3.2) 화재감지회로는 **교차회로방식**으로 할 것. 다만 다음의 어느 하나에 해당하는 경우에는 그렇지 않다. **4설,24점**

  2.6.3.2.1. 스프링클러설비의 배관 또는 헤드에 누설경보용 물 또는 **압축공기**가 채워지거나 **부압식스프링클러설비**의 경우

  2.6.3.2.2. 화재감지기를 「자동화재탐지설비 및 시각경보장치의 화재안전기술기준(NFTC 203)」의 2.4.1 단서의 각 감지기로 설치한 때

2.6.3.3) 준비작동식유수검지장치 또는 일제개방밸브의 인근에서 **수동기동**(전기식 및 배수식)에 따라서도 개방 및 작동될 수 있도록 할 것

2.6.3.4) 2.6.3.1 및 2.6.3.2에 따른 화재감지기의 설치기준에 관하여는 「자동화재탐지설비 및 시각경보장치의 화재안전기술기준(NFTC 203)」 2.4(감지기) 및 2.8(배선)를 준용할 것. 이 경우 교차회로방식에 있어서의 화재감지기의 설치는 각 화재감지기 회로별로 설치하되, 각 화재감지기 회로별 화재감지기 1개가 담당하는 바닥면적은 「자동화재탐지설비 및 시각경보장치의 화재안전기술기준(NFTC 203)」의 2.4.3.5, 2.4.3.8부터 2.4.3.10에 따른 바닥면적으로 한다.
17설 응용, 19설 응용

2.6.3.5) 화재감지기 회로에는 다음의 기준에 따른 **발신기**를 설치할 것. 다만 자동화재탐지설비의 발신기가 설치된 경우에는 그렇지 않다.

  2.6.3.5.1. **조**작이 쉬운 장소에 설치하고, **스**위치는 바닥으로부터 **0.8m 이상 1.5m 이하**의 높이에 설치할 것

  2.6.3.5.2. **특**정소방대상물의 층마다 설치하되, 해당 특정소방대상물의 각 부분으로부터 하나의 **발**신기까지의 수평거리가 **25m 이하**가 되도록 할 것. 다만 복도 또는 별도로 구획된 실로서 보행거리가 **40m 이상**일 경우에는 추가로 설치해야 한다.

2.6.3.5.3. 발신기의 위치를 표시하는 표시등은 함의 상부에 설치하되, 그 불빛은 부착 면으로부터 15° 이상의 범위 안에서 부착지점으로부터 10m 이내의 어느 곳에서도 쉽게 식별할 수 있는 적색등으로 할 것

🛎 위치표시등
암기 함상 껌 씹어(15) 부착, 십적

2.7 헤드 `4설 응용`

2.7.1 헤드의 설치위치

스프링클러헤드는 특정소방대상물의 천장·반자·천장과 반자 사이·덕트·선반 기타 이와 유사한 부분(폭이 1.2m를 초과하는 것에 한한다)에 설치해야 한다. 다만 폭이 9m 이하인 실내에 있어서는 측벽에 설치할 수 있다.

🛎 헤드를 측벽에 설치
암기 측9

2.7.2 랙크식 창고의 헤드 설치 `8설 응용`

(삭제 24.1.1)

2.7.3 헤드의 수평거리 `8설 응용`

스프링클러헤드를 설치하는 천장·반자·천장과 반자 사이·덕트·선반 등의 각 부분으로부터 하나의 스프링클러헤드까지의 수평거리는 다음의 기준과 같이 해야 한다. 다만 성능이 별도로 인정된 스프링클러헤드를 수리계산에 따라 설치하는 경우에는 그렇지 않다.

2.7.3.1) 무대부·「화재의 예방 및 안전관리에 관한 법률 시행령」 별표 2의 특수가연물을 저장 또는 취급하는 장소에 있어서는 1.7m 이하

2.7.3.2) (삭제 24.1.1)

2.7.3.3) (삭제 24.1.1)

2.7.3.4) 2.7.3.1부터 2.7.3.3까지 규정 외의 특정소방대상물에 있어서는 2.1m 이하(내화구조로 된 경우에는 2.3m 이하)

2.7.4 개방형스프링클러헤드의 설치

영 별표 4 소화설비의 소방시설 적용기준란 제1호라목 3)에 따른 무대부 또는 연소할 우려가 있는 개구부에 있어서는 개방형스프링클러헤드를 설치해야 한다.

🛎 헤드의 수평거리

설치장소	수평거리(R)이하
무대부, 특수가연물 저장·취급 장소	1.7m
기타 구조	2.1m
내화구조	2.3m

암기 일치(1.7) 이일(2.1) 이상(2.3)
(무대부와 특수장치를 일치시켜라.
기타리스트에게 이일을 넘겨라.
내가 화내는 것이 이상한 일인가?)

🛎 개방형 헤드 설치장소
암기 무 연개 개방

🚒 **조기반응형 헤드 설치장소**

암기 공유 거실, 오박 침, 병의원 입원
(공유가 거실에서 오박 동안 침 맞고 병의원에 입원했다)

※ (2.7.6)의 성능기준
⑥ 폐쇄형스프링클러헤드는 그 설치장소의 평상시 최고 주위온도에 따라 적합한 표시온도의 것으로 설치해야 한다.

🚒 **헤드의 표시온도**

암기 4m 이상 공창랙 온도 관계없이 가는 곳(121)

암기 39 79, 64 121, 106 162 이미
(상구 친구 일하러 바로 가는 곳, 고추밭 가 보니 이미(이상,미만) 일이 끝났다)

※ (2.7.7)의 성능기준
⑦ 스프링클러헤드는 다음 각 호의 방법에 따라 설치해야 한다.
1. 스프링클러헤드는 살수 및 감열에 장애가 없도록 설치할 것
2. 연소할 우려가 있는 개구부에는 그 상하좌우에 2.5미터 간격으로(개구부의 폭이 2.5미터 이하인 경우에는 그 중앙에) 스프링클러헤드를 설치하되, 스프링클러헤드와 개구부의 내측 면으로부터 직선거리는 15센티미터 이하가 되도록 할 것
3. 습식스프링클러설비 및 부압식스프링클러설비 외의 설비에는 상향식스프링클러헤드를 설치할 것
4. 측벽형스프링클러헤드를 설치하는 경우 긴 변의 한쪽 벽에 일렬로 설치(폭이 4.5미터 이상 9미터 이하인 실에 있어서는 긴변의 양쪽에 각각 일렬로 설치하되 마주보는 스프링클러헤드가 나란히꼴이 되도록 설치)하고 3.6미터 이내마다 설치할 것
5. 상부에 설치된 헤드의 방출수에 따라 감열부가 영향을 받을 우려가 있는 헤드에는 방출수를 차단할 수 있는 유효한 차폐판을 설치할 것

2.7.5 조기반응형 헤드의 설치

다음의 어느 하나에 해당하는 장소에는 <u>조기</u>반응형 스프링클러헤드를 설치해야 한다. 〈개정 2024.4.1.〉
1) <u>공</u>동주택 · <u>노유</u>자시설의 거실
2) <u>오</u>피스텔 · <u>숙박</u>시설의 침실
3) <u>병</u>원 · 의원의 입원실

2.7.6 폐쇄형헤드의 표시온도※ [16설]

폐쇄형스프링클러헤드는 그 설치장소의 평상시 최고 주위온도에 따라 다음 [표 2.7.6]에 따른 표시온도의 것으로 설치해야 한다. 다만 높이가 <u>4m</u> 이상인 <u>공</u>장 및 <u>창</u>고(랙크식 창고를 포함한다)에 설치하는 스프링클러헤드는 그 설치장소의 평상시 최고 주위<u>온도</u>에 <u>관계없이</u> 표시온도 <u>121</u>℃ 이상의 것으로 할 수 있다.

[표 2.7.6] 설치장소의 평상시 최고 주위온도에 따른 폐쇄형 스프링클러헤드의 표시온도

설치장소의 최고주위온도	표시온도
<u>39</u>℃ 미만	<u>79</u>℃ 미만
39℃ 이상 <u>64</u>℃ 미만	79℃ 이상 <u>121</u>℃ 미만
64℃ 이상 <u>106</u>℃ 미만	121℃ 이상 <u>162</u>℃ 미만
106℃ 이상	162℃ 이상

2.7.7 스프링클러헤드의 설치기준※

2.7.7.1) 살수가 방해되지 않도록 스프링클러헤드로부터 반경 <u>60cm</u> 이상의 공간을 보유할 것. 다만 벽과 스프링클러헤드 간의 공간은 <u>10cm</u> 이상으로 한다.

2.7.7.2) 스프링클러헤드와 그 <u>부착면</u>(상향식헤드의 경우에는 그 헤드의 직상부의 천장 · 반자 또는 이와 비슷한 것을 말한다. 이하 같다)과의 거리는 <u>30cm</u> 이하로 할 것

2.7.7.3) 배관 · 행거 및 조명기구 등 <u>살수</u>를 <u>방해</u>하는 것이 있는 경우에는 2.7.7.1 및 2.7.7.2에도 불구하고 그로부터 아래에 설치하여 살수에 장애가 없도록 할 것. 다만 스프링클러헤드와 장애물과의 이격거리를 장애물 폭의 <u>3배</u> 이상 확보한 경우에는 그렇지 않다.

2.7.7.4) 스프링클러헤드의 **반사판**은 그 부착 면과 **평행**하게 설치할 것. 다만 측벽형헤드 또는 2.7.7.6에 따른 연소할 우려가 있는 개구부에 설치하는 스프링클러헤드의 경우에는 그렇지 않다.

2.7.7.5) **천**장의 기울기가 **10분의 1을 초과하는 경우**에는 가지관을 천장의 마루와 평행하게 설치하고, 스프링클러헤드는 다음의 어느 하나에 적합하게 설치할 것

    2.7.7.5.1. 천장의 **최상부**에 스프링클러헤드를 설치하는 경우에는 최상부에 설치하는 스프링클러헤드의 **반사판**을 **수평**으로 설치할 것

    2.7.7.5.2. 천장의 최상부를 중심으로 **가지관**을 서로 **마주 보게** 설치하는 경우에는 최상부의 가지관 상호 간의 거리가 가지관상의 스프링클러헤드 **상호 간의 거리의 2분의 1 이하(최소 1m 이상이 되어야 한다)**가 되게 스프링클러헤드를 설치하고, 가지관의 최상부에 설치하는 스프링클러헤드는 천장의 최상부로부터의 수직거리가 90cm **이하**가 되도록 할 것. **톱날지붕, 둥근지붕** 기타 이와 유사한 지붕의 경우에도 이에 준한다.

2.7.7.6) **연소할 우려가 있는 개구부**에는 그 **상하좌우**에 2.5m 간격으로(개구부의 폭이 2.5m 이하인 경우에는 그 중앙에) 스프링클러헤드를 설치하되, 스프링클러헤드와 개구부의 내측 면으로부터 직선거리는 15㎝ 이하가 되도록 할 것. 이 경우 사람이 상시 출입하는 개구부로서 **통행에 지장이 있는** 때에는 개구부의 **상부** 또는 **측면**(개구부의 폭이 9m 이하인 경우에 한한다)에 설치하되, 헤드 상호 간의 간격은 1.2m **이하**로 설치해야 한다.

2.7.7.7) 습식스프링클러설비 및 부압식스프링클러설비 외의 설비에는 **상향식스프링클러헤드**를 설치할 것. 다만, 다음의 어느 하나에 해당하는 경우에는 그렇지 않다.

    (1) **드**라이펜던트스프링클러헤드를 사용하는 경우
    (2) 스프링클러헤드의 설치장소가 **동**파의 우려가 없는 곳인 경우
    (3) **개**방형스프링클러헤드를 사용하는 경우

🔥 헤드의 설치
암기 6133 평행, 천연 상측차

🔥 경사지붕 헤드의 설치

🔥 연소할 우려가 있는 개구부

암기 상하좌우 = 네모 = 2.5

🔥 습식, 부압식 외의 설비에 하향식헤드를 설치하는 경우
암기 드동개
이가 드드드, 발을 동동, 개추워

측벽형헤드 설치

암기 측구 (36)상륙

(폭이 9m 이하일 때 측벽형 설치 가능)

폭 4.5m 미만 측벽형헤드

폭 4.5m~9m 측벽형헤드

※ (2.7.8)의 성능기준
⑧ 특정소방대상물의 보와 가장 가까운 스프링클러헤드는 헤드의 반사판 중심과 보의 수평거리를 고려하여, 살수에 장애가 없도록 설치해야 한다.

보와 헤드

암기 일만 영일만 일오 영일오
(일만 영원히 일만하면 잃어 영원히 잃어)

2.7.7.8) **측벽형스프링클러헤드**를 설치하는 경우 긴 변의 한쪽 벽에 일렬로 설치(폭이 4.5m 이상 **9m** 이하인 실에 있어서는 긴 변의 양쪽에 각각 일렬로 설치하되 마주보는 스프링클러헤드가 나란히꼴이 되도록 설치)하고, **3.6m** 이내마다 설치할 것

2.7.7.9) 상부에 설치된 헤드의 **방출수**에 따라 감열부에 영향을 받을 우려가 있는 헤드에는 **방출수**를 **차단**할 수 있는 유효한 **차폐판**을 설치할 것

2.7.8 보와 가까운 스프링클러헤드의 설치기준※ [25점]

2.7.7.2에도 불구하고 특정소방대상물의 보와 가장 가까운 스프링클러 헤드는 다음 [표 2.7.8]의 기준에 따라 설치해야 한다. 다만 천장 면에서 보의 하단까지의 길이가 55cm를 초과하고, 보의 하단 측면 끝부분으로부터 스프링클러헤드까지의 거리가 스프링클러헤드 상호 간 거리의 2분의 1 이하가 되는 경우에는 스프링클러헤드와 그 부착 면과의 거리를 55cm 이하로 할 수 있다.

[표 2.7.8] 보의 수평거리에 따른 스프링클러헤드의 수직거리

헤드의 반사판의 중심과 보의 수평거리	헤드의 반사판 높이와 보의 하단 높이의 수직거리
0.75m 미만	보의 하단보다 낮을 것
0.75m 이상 1m 미만	0.1m 미만일 것
1m 이상 1.5m 미만	0.15m 미만일 것
1.5m 이상	0.3m 미만일 것

2.8 송수구※

2.8.1 스프링클러설비에는 소방차로부터 그 설비에 송수할 수 있는 송수구를 다음의 기준에 따라 설치해야 한다.

2.8.1.1) 소방차가 쉽게 **접**근할 수 있고 잘 보이는 장소에 설치하고, **화**재 층으로부터 지면으로 떨어지는 유리창 등이 송수 및 그 밖의 소화작업에 지장을 주지 않는 장소에 설치할 것

2.8.1.2) 송수구로부터 스프링클러설비의 주배관에 이르는 연결배관에 **개폐**밸브를 설치한 때에는 그 개폐상태를 쉽게 확인 및 조작할 수 있는 옥외 또는 기계실 등의 장소에 설치할 것

2.8.1.3) 송수구는 구경 **65mm**의 **쌍구형**으로 할 것

2.8.1.4) 송수구에는 그 가까운 곳의 보기 쉬운 곳에 **송수압력**범위를 표시한 **표지**를 할 것

2.8.1.5) **폐쇄형스프링클러헤드**를 사용하는 스프링클러설비의 송수구는 하나의 층의 바닥면적이 $3,000m^2$를 넘을 때마다 **1개** 이상(5개를 넘을 경우에는 **5개**로 한다)을 설치할 것

2.8.1.6) 지면으로부터 **높이**가 0.5m 이상 1m 이하의 위치에 설치할 것

2.8.1.7) 송수구의 부근에는 **자**동배수밸브(또는 직경 5mm의 배수공) 및 **체**크밸브를 설치할 것. 이 경우 자동배수밸브는 배관 안의 물이 잘 빠질 수 있는 위치에 설치하되, 배수로 인하여 다른 물건이나 장소에 피해를 주지 않아야 한다.

2.8.1.8) 송수구에는 이물질을 막기 위한 **마개**를 씌울 것

※ (2.8)의 성능기준
제11조(송수구) 스프링클러설비에는 소방차로부터 그 설비에 송수할 수 있는 송수구를 다음 각 호의 기준에 따라 설치해야 한다.
1. 송수구는 송수 및 그 밖의 소화작업에 지장을 주지 않도록 설치할 것
2. 송수구로부터 주배관에 이르는 연결배관에는 개폐밸브를 설치하지 않을 것
3. 구경 65밀리미터의 쌍구형으로 할 것
4. 송수구에는 그 가까운 곳의 보기 쉬운 곳에 송수압력범위를 표시한 표지를 할 것
5. 폐쇄형스프링클러헤드를 사용하는 스프링클러설비의 송수구는 하나의 층의 바닥면적이 3,000제곱미터를 넘을 때마다 1개 이상(5개를 넘을 경우에는 5개로 한다)을 설치할 것
6. 지면으로부터 높이가 0.5미터 이상 1미터 이하의 위치에 설치할 것
7. 송수구의 가까운 부분에 자동배수밸브(또는 직경 5밀리미터의 배수공) 및 체크밸브를 설치할 것
8. 송수구에는 이물질을 막기 위한 마개를 씌울 것

🔴 스프링클러 송수구

①접화 ②개폐 ④65쌍구만
③높이 ⑤자체 ⑥마개
⑦송수압력 표지
⑧3,000마다(최대 5)

2.9 전원

2.9.1 상용전원회로 배선의 설치기준※

스프링클러설비에는 그 특정소방대상물의 수전방식에 따라 다음의 기준에 따른 상용전원회로의 배선을 설치해야 한다. 다만 가압수조방식으로서 모든 기능이 20분 이상 유효하게 지속될 수 있는 경우에는 그렇지 않다.

2.9.1.1) 저압수전인 경우에는 인입개폐기의 직후에서 분기하여 전용배선으로 해야 하며, 전용의 전선관에 보호되도록 할 것

2.9.1.2) 특별고압수전 또는 고압수전일 경우에는 전력용 변압기 2차 측의 주차단기 1차 측에서 분기하여 전용배선으로 하되, 상용전원의 상시공급에 지장이 없을 경우에는 주차단기 2차 측에서 분기하여 전용배선으로 할 것. 다만 가압송수장치의 정격입력전압이 수전전압과 같은 경우에는 2.9.1.1의 기준에 따른다.

2.9.2 비상전원의 종류※

스프링클러설비에는 자가발전설비, 축전지설비(내연기관에 따른 펌프를 설치한 경우에는 내연기관의 기동 및 제어용축전지를 말한다. 이하 같다) 또는 전기저장장치(외부 전기에너지를 저장해 두었다가 필요한 때 전기를 공급하는 장치. 이하 같다)에 따른 비상전원을 설치해야 한다.

다만 차고 · 주차장으로서 스프링클러설비가 설치된 부분의 바닥면적(「포소화설비의 화재안전기술기준(NFTC 105)」의 2.10.2.2에 따른 차고 · 주차장의 바닥면적을 포함한다)의 합계가 1,000m² 미만인 경우에는 비상전원수전설비로 설치할 수 있으며, 2 이상의 변전소(「전기사업법」 제67조에 따른 변전소를 말한다. 이하 같다)에서 전력을 동시에 공급받을 수 있거나 하나의 변전소로부터 전력의 공급이 중단되는 때에는 자동으로 다른 변전소로부터 전력을 공급받을 수 있도록 상용전원을 설치한 경우와 가압수조방식에는 비상전원을 설치하지 않을 수 있다.

※ (2.9.1)의 성능기준
① 스프링클러설비에 설치하는 상용전원회로의 배선은 전용배선으로 하고, 상용전원의 상시공급에 지장이 없도록 설치해야 한다.

🚒 상용전원의 배선
암기 저인직 전용 전관보호
특고전변2 주차 1분전
상상 지장없게 2분전

※ (2.9.2)의 성능기준
② 스프링클러설비에는 자가발전설비, 축전지설비 또는 전기저장장치에 따른 비상전원을 설치해야 한다.

🚒 비상전원의 종류
암기 축발전

🚒 비상전원수전설비 가능의 경우
암기 차주 스바 천미(비수)
(차주가 스바(욕)하면서 천미에게 비수를 꽂았다)

🚒 비상전원의 제외
암기 2자가
(비상시엔 이자가 제외됨)

2.9.3 비상전원의 설치기준

2.9.2에 따른 비상전원 중 자가발전설비, 축전지설비 또는 전기저장장치는 다음의 기준에 따라 설치하고, 비상전원수전설비는 「소방시설용 비상전원수전설비의 화재안전기술기준(NFTC 602)」에 따라 설치해야 한다. (개정 24.1.1)

2.9.3.1) 점검에 편리하고 화재 및 침수 등의 재해로 인한 피해를 받을 우려가 없는 곳에 설치할 것

2.9.3.2) 스프링클러설비를 유효하게 **20분** 이상 작동할 수 있어야 할 것

2.9.3.3) 상용전원으로부터 전력의 공급이 중단된 때에는 **자동**으로 비상전원으로부터 전력을 공급받을 수 있도록 할 것

2.9.3.4) 비상전원(내연기관의 기동 및 제어용 축전기를 제외한다)의 설치장소는 다른 장소와 **방화구획**할 것. 이 경우 그 장소에는 비상전원의 공급에 필요한 기구나 설비 외의 것(열병합발전설비에 필요한 기구나 설비는 제외한다)을 두어서는 안 된다.※

2.9.3.5) 비상전원을 실내에 설치하는 때에는 그 **실내**에 비상조명등을 설치할 것

2.9.3.6) 옥내에 설치하는 비상전원실에는 옥외로 직접 통하는 충분한 용량의 **급배기설비**를 설치할 것

2.9.3.7) 비상전원의 **출력용량**은 다음 각 기준을 충족할 것

　2.9.3.7.1. 비상전원 설비에 설치되어 **동시**에 운전될 수 있는 모든 부하의 합계 **입력용량**을 기준으로 **정격출력**을 선정할 것. 다만 소방전원 보존형발전기를 사용할 경우에는 그렇지 않다.※

　2.9.3.7.2. **기동전류**가 가장 큰 부하가 기동될 때에도 부하의 허용 **최저입력전압** 이상의 출력전압을 유지할 것

　2.9.3.7.3. **단시간** 과전류에 견디는 내력은 **입력용량**이 가장 큰 부하가 **최종 기동**할 경우에도 견딜 수 있을 것

2.9.3.8) ※자가발전설비는 부하의 용도와 조건에 따라 다음의 어느 하나를 설치하고 그 부하 용도별 표지를 부착해야 한다. 다만 자가발전설비의 정격출력용량은 <u>하나의 건축물에 있어서 소방부하의 설비용량을 기준으로 하고</u>, 2.9.3.8.2의 경우 비상부하는 국토해양부

🔔 **스프링클러 비상전원 종류**
암기 축발전 비수

🔔 **스프링클러 비상전원 설치기준**
암기 점2 자동방구실 급출발표

※ (2.9.3.4)의 성능기준에는 밑줄 친 내용이 없다.

※ (2.9.3.7)의 성능기준에는 밑줄 친 내용이 없다.

🔔 **비상전원 출력용량**
암기 (P V I) 동부 기류 단시간

🔔 **밑줄 부분 해설**
같은 부지 안에 여러 건축물이 있는 경우 건축물들이 상호 연결되어 있지 않거나, 방화구획된 경우에는 하나의 건축물에 대한 소방부하용량을 기준으로 계산한다.

> ※ (2.9.3.8)과 (2.9.3.9)의 성능기준
> 8. 자가발전설비는 부하의 용도와 조건에 적합한 것으로 설치하고, 비상전원실의 출입구 외부에는 실의 위치와 비상전원의 종류를 알아볼 수 있도록 표지판을 부착할 것

장관이 정한 「건축전기설비설계기준」의 수용률 범위 중 최댓값 이상을 적용한다.

2.9.3.8.1. **소방전용 발전기**: **소방부하용량**을 기준으로 정격출력용량을 산정하여 사용하는 발전기

2.9.3.8.2. **소방부하 겸용 발전기**: 소방 및 비상부하 겸용으로서 소방부하와 비상부하의 전원용량을 **합산**하여 정격출력용량을 산정하여 사용하는 발전기

2.9.3.8.3. **소방전원 보존형 발전기**: 소방 및 비상부하 겸용으로서 **소방부하**의 **전원용량**을 기준으로 정격출력용량을 산정하여 사용하는 발전기

2.9.3.9) ※비상전원실의 출입구 외부에는 실의 위치와 비상전원의 종류를 식별할 수 있도록※ 표지판을 부착할 것

2.10 제어반

2.10.1 제어반※ [12설]

스프링클러설비에는 제어반을 설치하되, 감시제어반과 동력제어반으로 구분하여 설치해야 한다. 다만 다음의 어느 하나에 해당하는 경우에는 감시제어반과 동력제어반으로 구분하여 설치하지 않을 수 있다.

> ※ (2.10.1)과 (2.10.2)의 성능기준
> 제13조(제어반) ① ~ ⑤
> ① 스프링클러설비에는 제어반을 설치하되, 감시제어반과 동력제어반으로 구분하여 설치해야 한다.
> ② 감시제어반은 가압송수장치, 상용전원, 비상전원, 수조, 물올림수조, 예비전원 등을 감시·제어 및 시험할 수 있는 기능을 갖추어야 한다.

2.10.1.1) 다음의 어느 하나에 해당하지 않는 특정소방대상물에 설치되는 경우

2.10.1.1.1. 지하층을 제외한 층수가 **7**층 이상으로서 연면적이 **2,000**m² 이상인 것

2.10.1.1.2. 2.10.1.1.1에 해당하지 않는 특정소방대상물로서 지하층의 바닥면적의 합계가 **3,000**m² 이상인 것

2.10.1.2) 내연기관에 따른 가압송수장치를 사용하는 경우

2.10.1.3) 고가수조에 따른 가압송수장치를 사용하는 경우

2.10.1.4) 가압수조에 따른 가압송수장치를 사용하는 경우

2.10.2 감시제어반 기능의 적합기준※ [7설 응용]

2.10.2.1) **각** 펌프의 작동 여부를 확인할 수 있는 표시등 및 음향경보기능이 있어야 할 것

2.10.2.2) **각** 펌프를 자동 및 수동으로 작동시키거나 중단시킬 수 있어야 할 것

2.10.2.3) **비**상전원을 설치한 경우에는 상용전원 및 비상전원의 공급 여부를 확인할 수 있어야 할 것

2.10.2.4) 수조 또는 물올림수조가 저수위로 될 때 표시등 및 음향으로 경보할 것

2.10.2.5) **예**비전원이 확보되고 예비전원의 적합 여부를 시험할 수 있어야 할 것

2.10.3 감시제어반의 설치기준※

2.10.3.1) 화재 및 침수 등의 재해로 인한 피해를 받을 우려가 없는 곳에 설치할 것

2.10.3.2) 감시제어반은 스프링클러설비의 전용으로 할 것. 다만 스프링클러설비의 제어에 지장이 없는 경우에는 다른 설비와 겸용할 수 있다.

2.10.3.3) 감시제어반은 다음의 기준에 따른 전용실안에 설치할 것. 다만 2.10.1의 단서에 따른 각 기준의 어느 하나에 해당하는 경우와 **공장**, **발전소** 등에서 **설비**를 집중 제어·운전할 목적으로 설치하는 **중앙제어실** 내에 **감시제어반**을 설치하는 경우에는 그렇지 않다.

2.10.3.3.1. 다른 부분과 **방화구획**을 할 것. 이 경우 **전용실**의 **벽**에는 기계실 또는 전기실 등의 감시를 위하여 두께 **7**mm 이상의 **망입유리**(두께 **16.3** mm 이상의 **접합유리** 또는 두께 **28**mm 이상의 **복층유리**를 포함한다)로 된 **4**m² 미만의 **붙박이창**을 설치할 수 있다.

2.10.3.3.2. **피난층** 또는 **지하 1층**에 설치할 것. 다만 다음의 어느 하나에 해당하는 경우에는 **지상 2층**에 설치하거나 **지하 1층 외의 지하층**에 설치할 수 있다.

(1) 「건축법 시행령」 제35조에 따라 특별피난계단이 설치되고 그 계단(부속실을 포함한다)출입구로부터 보행거리 5m 이내에 전용실의 출입구가 있는 경우

(2) 아파트의 **관리동**(관리동이 없는 경우에는 **경비실**)에 설치하는 경우

2.10.3.3.3. **비상조명등** 및 **급·배기설비**를 설치할 것

2.10.3.3.4. 「**무선통신보조설비**의 화재안전기술기준(NFTC 505)」 2.2.3에 따라 유효하게 통신이 가능할 것 (영 별표 4의 제5호마목에 따른 무선통신보조설비가 설치된 특정소방대상물에 한한다)

2.10.3.3.5. **바닥면적**은 감시제어반의 설치에 필요한 **면적**

※ (2.10.3)의 성능기준
③ 감시제어반은 다음 각 호의 기준에 따라 설치해야 한다.
1. 화재 및 침수 등의 재해로 인한 피해를 받을 우려가 없는 곳에 설치할 것
2. 감시제어반은 스프링클러설비의 전용으로 할 것
3. 감시제어반은 다음 각 목의 기준에 따른 전용실 안에 설치하고, 전용실에는 특정소방대상물의 기계·기구 또는 시설 등의 제어 및 감시설비 외의 것을 두지 않을 것
   가. 다른 부분과 방화구획을 할 것
   나. 피난층 또는 지하 1층에 설치할 것
   다. 비상조명등 및 급·배기설비를 설치할 것
   라. 「무선통신보조설비의 화재안전성능기준(NFPC 505)」 제5조제3항에 따라 유효하게 통신이 가능할 것
   마. 바닥면적은 감시제어반의 설치에 필요한 면적 외에 화재 시 소방대원이 그 감시제어반의 조작에 필요한 최소면적 이상으로 할 것
4. 각 유수검지장치 또는 일제개방밸브의 작동 여부를 확인할 수 있는 표시 및 경보기능이 있도록 할 것
5. 일제개방밸브를 사용하는 설비의 경우 화재감지는 각 경계회로별로 화재표시가 되도록 하고, 일제개방밸브를 개방시킬 수 있는 수동조작스위치를 설치할 것
6. 화재감지기, 압력스위치, 저수위, 개폐밸브 폐쇄상태 확인 등 확인회로마다 도통시험 및 작동시험을 할 수 있도록 할 것
7. 감시제어반과 자동화재탐지설비의 수신기를 별도의 장소에 설치하는 경우에는 이들 상호 간 연동하여 화재발생 및 제2항의 기능을 확인할 수 있도록 할 것

🚒 감시제어반 기준 비교
2.10.3.1 ~ 2.10.3.4: 옥내소화전의 해당 기준과 같다.

🚒 스프링클러 5~9번
암기 각 일 감 확인 연동
각 일감은 **확인**되고 연동되어야 한다.

🚒 확인회로
암기 기수 유일 개그
(기수의 유일 개그가 도통...)

※ [2.10.2.1], [2.10.2.3] 및 [2.10.2.4]
1) 각 펌프의 작동 여부를 확인할 수 있는 표시등 및 음향경보기능이 있어야 할 것
3) 비상전원을 설치한 경우에는 상용전원 및 비상전원의 공급 여부를 확인할 수 있어야 할 것
4) 수조 또는 물올림수조가 저수위로 될 때 표시등 및 음향으로 경보할 것

🚒 [2.10.3.1] 및 [2.10.3.2]의 기준
1) 화재 및 침수 등의 재해로 인한 피해를 받을 우려가 없는 곳에 설치할 것
2) 감시제어반은 스프링클러설비의 전용으로 할 것. 다만 스프링클러설비의 제어에 지장이 없는 경우에는 다른 설비와 겸용할 수 있다.

외에 화재 시 소방대원이 그 감시제어반의 조작에 필요한 **최소면적** 이상으로 할 것

2.10.3.4) 2.10.3.3에 따른 **전용**실에는 특정소방대상물의 기계·기구 또는 시설 등의 제어 및 감시설비 외의 것을 두지 않을 것

2.10.3.5) **각** 유수검지장치 또는 일제개방밸브의 경우에는 작동 여부를 확인할 수 있는 표시 및 경보기능이 있도록 할 것

2.10.3.6) 일제개방밸브의 경우에는 밸브를 개방시킬 수 있는 **수동조작스위치**를 설치할 것

2.10.3.7) 일제개방밸브를 사용하는 경우에는 설비의 화재**감**지는 각 경계회로별로 화재표시가 되도록 할 것

2.10.3.8) 다음의 각 **확인**회로마다 **도통**시험 및 작동시험을 할 수 있도록 할 것 **11점**
(1) **기**동용수압개폐장치의 압력스위치회로
(2) **수**조 또는 물올림수조의 저수위감시회로
(3) **유**수검지장치 또는 일제개방밸브의 압력스위치회로
(4) **일**제개방밸브를 사용하는 설비의 화재감지기회로
(5) 2.5.16에 따른 **개**폐밸브의 폐쇄상태 확인회로
(6) **그** 밖의 이와 비슷한 회로

2.10.3.9) 감시제어반과 자동화재탐지설비의 수신기를 별도의 장소에 설치하는 경우에는 이들 상호 간 **연동**하여 화재 발생 및 [2.10.2.1], [2.10.2.3] 및 [2.10.2.4]의 기능을 확인할 수 있도록 할 것

2.10.4 동력제어반의 설치기준

2.10.4.1) **앞**면은 **적**색으로 하고 "스프링클러소화설비용 동력제어반"이라고 표시한 **표지**를 설치할 것

2.10.4.2) **외**함은 두께 1.5mm 이상의 강판 또는 이와 동등 이상의 강도 및 내열성능이 있는 것으로 할 것

2.10.4.3) 그 밖의 동력제어반의 설치에 관하여는 [2.10.3.1] 및 [2.10.3.2]의 기준을 준용할 것

2.10.5 자가발전설비의 제어장치

자가발전설비 제어반의 제어장치는 비영리 공인기관의 시험을 필한 것으로 설치해야 한다.

다만 소방전원 보존형 발전기의 제어장치는 다음이 포함되어야 한다.

2.10.5.1) <u>소</u>방전원 보존형임을 <u>식</u>별할 수 있도록 <u>표</u>기할 것

2.10.5.2) 발전기 <u>운</u>전 시 소방부하 및 <u>비</u>상부하에 전원이 <u>동</u>시 공급되고, 그 <u>상</u>태를 확인할 수 있는 <u>표</u>시가 되도록 할 것

2.10.5.3) 발전기가 <u>정격용량</u>을 <u>초과</u>할 경우 <u>비</u>상부하는 자동적으로 <u>차</u>단되고, 소방부하만 공급되는 <u>상</u>태를 확인할 수 있는 <u>표</u>시가 되도록 할 것

🚒 소방전원보존형발전기 제어장치
암기 소식 운동 정량초과
(소식 운동은 정량을 초과해야 표시가 난다)

2.11 배선 등

2.11.1 스프링클러설비의 배선

스프링클러설비의 배선은 「전기사업법」 제67조에 따른 「전기설비기술기준」에서 정한 것 외에 다음의 기준에 따라 설치해야 한다.

2.11.1.1) 비상전원을 설치한 경우에는 <u>비</u>상전원으로부터 <u>동</u>력제어반 및 <u>가</u>압송수장치에 이르는 전원회로의 배선은 <u>내</u>화배선으로 할 것. 다만 자가발전설비와 동력제어반이 동일한 실에 설치된 경우에는 자가발전기로부터 그 제어반에 이르는 전원회로배선은 그렇지 않다.※

2.11.1.2) <u>상</u>용전원으로부터 <u>동</u>력제어반에 이르는 배선, 그 밖의 스프링클러설비의 감시·조작 또는 <u>표</u>시등회로의 배선은 <u>내</u>화배선 또는 <u>내</u>열배선으로 할 것. 다만 감시제어반 또는 동력제어반 안의 감시·조작 또는 표시등회로의 배선은 그렇지 않다.※

※ (2.11.1)의 성능기준에는 밑줄 친 부분이 없다.

🚒 내화배선

암기 비동가

2.11.2 내화배선, 내열배선의 전선 및 설치방법

2.11.1에 따른 내화배선 및 내열배선에 사용되는 전선의 종류 및 설치방법은 「옥내소화전설비의 화재안전기술기준(NFTC 102)」 2.7.2의 [표 2.7.2(1)] 및 [표 2.7.2(2)]의 기준에 따른다.

2.11.3 과전류차단기 및 개폐기의 표지

소화설비의 과전류차단기 및 개폐기에는 "스프링클러소화설비용 과전류차단기 또는 개폐기"라고 표시한 표지를 해야 한다.

🚒 표지(= 옥내소화전)

암기 과개 단표 양식

※ (2.12)의 성능기준
제15조(헤드의 설치제외)
① 스프링클러설비를 설치해야 할 특정소방대상물에 있어서 스프링클러설비 작동 시 소화효과를 기대할 수 없는 장소이거나 2차 피해가 예상되는 장소 또는 화재 발생 위험이 적은 장소에는 스프링클러헤드를 설치하지 않을 수 있다.
② 제10조제7항제2호의 연소할 우려가 있는 개구부에 드렌처설비를 적합하게 설치한 경우에는 해당 개구부에 한하여 스프링클러헤드를 설치하지 않을 수 있다.

🚒 헤드 제외 장소(스토리)

암기 주인공: 운동 많이 하는 정비원

1) 피트 정비, 수영(월)
① 경사로를 지나
② 계단(부속실)을 지나
③ 승강기를 타고 승강로를 올라감
④ 비상용 승강장에서 내려
⑤ 외기에 개방되어 있는 복도에서
⑥ 파이프덕트를 살펴보았다
⑦ 일이 끝나고 목욕을 간단히 하고
⑧ 수영장에서 운동을 하다가
⑨ 갑자기 배가 아파 화장실로 뛰어감

2) 3) 발전실, 병원(화)
통전중인
발전실, 변전실에서 변압하다가
사고가 나서……

4) 병원에서 응급처치를 받고
수술을 했다

5) 6) 7) (수)
병원에 누워 천장만 바라보다 심심해.
침대 양쪽에 불이 있는데
양불2, (양쪽불을 2개를 다켰다가)
한불1, (한쪽불 1개만 켰다가)
양불외 0.5 (그 외의 반불만 켰다)

8) 퇴원한 날(목)
일하던 회사에서 연락이 왔다
펌프·물탱크 청소랑
엘리베이터 권상기 점검
해야 한다고……

9) 퇴원날
현관의 로비를 지나는데
바닥에서 보니 이(2)렇게 높을 수가!!

2.11.4 전기배선의 양단 및 접속단자 표지

소화설비용 전기배선의 양단 및 접속단자에는 다음의 기준에 따라 표지해야 한다.

2.11.4.1) 단자에는 "스프링클러소화설비 단자"라고 표시한 표지를 부착할 것

2.11.4.2) 소화설비용 전기배선의 양단에는 다른 배선과 식별이 용이하도록 표시할 것

2.12 헤드의 설치 제외※

2.12.1 헤드의 설치 제외 장소

스프링클러설비를 설치해야 할 특정소방대상물에 있어서 다음의 어느 하나에 해당하는 장소에는 스프링클러헤드를 설치하지 않을 수 있다.

2.12.1.1) **계단실**(특별피난계단의 부속실 포함)·**경사로**·승강기의 승강로·비상용승강기의 승강장·파이프덕트 및 덕트피트(파이프·덕트를 통과시키기 위한 구획된 구멍에 한한다)·**목욕실**·**수영장**(관람석부분 제외)·**화장실**·직접 외기에 개방되어 있는 복도·기타 이와 유사한 장소

2.12.1.2) **통신기기실**·**전자기기실**·기타 이와 유사한 장소

2.12.1.3) **발전실**·**변전실**·**변압기**·기타 이와 유사한 전기설비가 설치되어 있는 장소

2.12.1.4) 병원의 수술실·응급처치실·기타 이와 유사한 장소

2.12.1.5) **천장과 반자 양쪽이 불연재료**로 되어 있는 경우로서 그 사이의 거리 및 구조가 다음의 어느 하나에 해당하는 부분 **17점 응용**

2.12.1.5.1. 천장과 반자 사이의 거리가 2m 미만인 부분

2.12.1.5.2. 천장과 반자 사이의 벽이 불연재료이고, 천장과 반자 사이의 거리가 2m 이상으로서 그 사이에 가연물이 존재하지 않는 부분

2.12.1.6) 천장·반자 중 **한쪽**이 불연재료로 되어 있고, 천장과 반자 사이의 거리가 1m 미만인 부분

2.12.1.7) 천장 및 반자가 불연재료 **외**의 것으로 되어 있고 천장과 반자 사이의 거리가 0.5m 미만인 부분

2.12.1.8) **펌프실·물탱크실** 엘리베이터 **권상기실** 그 밖의 이와 비슷한 장소

2.12.1.9) **현관** 또는 **로비** 등으로서 바닥으로부터 높이가 20m 이상인 장소

2.12.1.10) **영하**의 냉장창고의 **냉장실** 또는 냉동창고의 **냉동실**

2.12.1.11) **고온**의 노가 설치된 장소 또는 물과 **격렬**하게 반응하는 물품의 저장 또는 취급장소

2.12.1.12) **불연재료**로 된 특정소방대상물 또는 그 부분으로서 다음의 어느 하나에 해당하는 장소 `25설`

   2.12.1.12.1. **정수장·오물처리장** 그 밖의 이와 비슷한 장소

   2.12.1.12.2. **펄프공장**의 **작업장·음료수공장**의 세정 또는 충전하는 작업장 그 밖의 이와 비슷한 장소

   2.12.1.12.3. **불연성**의 **금속·석재** 등의 가공공장으로서 가연성물질을 저장 또는 취급하지 않는 장소

   2.12.1.12.4. 가연성 물질이 존재하지 않는「건축물의 에너지절약설계기준」에 따른 **방풍실**

2.12.1.13) 실내에 설치된 **테니스장·게이트볼장·정구장** 또는 이와 비슷한 장소로서 **실내 바닥·벽·천장**이 **불연재료** 또는 **준불연재료**로 구성되어 있고 가연물이 존재하지 않는 장소로서 **관람석**이 **없는** 운동시설 (지하층은 제외한다)

2.12.1.14) (삭제 24.1.1)

2.12.2 드렌처설비 `7설`

2.7.7.6의 연소할 우려가 있는 개구부에 다음의 기준에 따른 드렌처설비를 설치한 경우에는 해당 개구부에 한하여 스프링클러헤드를 설치하지 않을 수 있다.

2.12.2.1) 드렌처헤드는 개구부 위 측에 2.5m 이내마다 1개를 설치할 것

2.12.2.2) **제어밸브**(일제개방밸브·개폐표시형밸브 및 수동조작부를 합한 것을 말한다. 이하 같다)는 특정소방대상물 층마다에 바닥 면으로부터 0.8m 이상 1.5m 이하의 위치에 설치할 것

2.12.2.3) 수원의 수량은 드렌처헤드가 가장 **많이** 설치된 제어밸브의 드렌처헤드의 설치개수에 1.6m³을 곱하여 얻은 수치 이상이 되도록 할 것

10) 11)
바깥은 **영하**라서
냉장실·냉동실처럼 추운데
자동차 안은 온도를 고온으로 했더니
따뜻해서 격렬하게 졸음이 온다.

12) 퇴원 후 출근하는 날(금)
불만을 가지고 출근해서
(1) 내가 일하는 곳의 정수기의 오물을 처리하고
(2) 오늘 작업장에서 일하시는 분들에게 펄펄 끓는 물(라면용)과 음료수를 가져다 드린다.
(3) 그들은 불연의 금속 석재 작업을 하고 있었는데
(4) 쉴 곳이 없어 방풍실에서 라면과 음료수를 먹었다.

13) 게임(토)
바닥, 벽, 천장에 불이 있는 실내에서
게이트볼과 테니스로
정식게임을 하는데
관람석이 없어
좀 불만(준불)이었다.

드렌처설비의 설치기준

① 2.5m 이내마다 / 드렌처헤드
② 층마다 0.8~1.5
③ 수원=N×1.6m³
④ 0.1MPa 80L/m 이상
⑤ 장소: 점화

`암기` 드제 수많장

2.12.2.4) 드렌처설비는 드렌처헤드가 가장 많이 설치된 제어밸브에 설치된 드렌처헤드를 동시에 사용하는 경우에 각각의 헤드선단에 방수압력이 0.1MPa 이상, 방수량이 80L/min 이상이 되도록 할 것

2.12.2.5) 수원에 연결하는 가압송수장치는 점검이 쉽고, 화재 등의 재해로 인한 피해 우려가 없는 장소에 설치할 것

2.13 수원 및 가압송수장치의 펌프 등의 겸용

2.13.1 수원 겸용

스프링클러설비의 수원을 옥내소화전설비·간이스프링클러설비·화재조기진압용 스프링클러설비·물분무소화설비·포소화설비 및 옥외소화전설비의 수원을 겸용하여 설치하는 경우의 저수량은 각 소화설비에 필요한 저수량을 합한 양 이상이 되도록 해야 한다. 다만 이들 소화설비 중 고정식 소화설비(펌프·배관과 소화수 또는 소화약제를 최종 방출하는 방출구가 고정된 설비를 말한다. 이하 같다)가 2 이상 설치되어 있고, 그 소화설비가 설치된 부분이 방화벽과 방화문으로 구획되어 있는 경우에는 각 고정식 소화설비에 필요한 저수량 중 최대의 것 이상으로 할 수 있다.※

2.13.2 펌프 겸용

스프링클러설비의 가압송수장치로 사용하는 펌프를 옥내소화전설비·간이스프링클러설비·화재조기진압용 스프링클러설비·물분무소화설비·포소화설비 및 옥외소화전설비의 가압송수장치와 겸용하여 설치하는 경우의 펌프의 토출량은 각 소화설비에 해당하는 토출량을 합한 양 이상이 되도록 해야 한다. 다만 이들 소화설비 중 고정식 소화설비가 2 이상 설치되어 있고, 그 소화설비가 설치된 부분이 방화벽과 방화문으로 구획되어 있으며 각 소화설비에 지장이 없는 경우에는 펌프의 토출량 중 최대의 것 이상으로 할 수 있다.※

> ※ (2.13)의 성능기준에는 밑줄 친 부분이 없다.

2.13.3 배관 겸용

옥내소화전설비 · 스프링클러설비 · 간이스프링클러설비 · 화재조기진압용 스프링클러설비 · 물분무소화설비 · 포소화설비 및 옥외소화전설비의 가압송수장치에 있어서 각 토출 측 배관과 일반급수용의 가압송수장치의 토출 측 배관을 상호 연결하여 화재 시 사용할 수 있다. 이 경우 연결배관에는 개폐표시형밸브를 설치해야 하며, 각 소화설비의 성능에 지장이 없도록 해야 한다.

2.13.4 송수구 겸용

스프링클러설비의 송수구를 옥내소화전설비 · 간이스프링클러설비 · 화재조기진압용 스프링클러설비 · 물분무소화설비 · 포소화설비 또는 연결살수설비의 송수구와 겸용으로 설치하는 경우에는 스프링클러설비의 송수구의 설치기준에 따르되 각각의 소화설비의 기능에 지장이 없도록 해야 한다. 〈개정 2024.7.1.〉

05

간이스프링클러설비의 화재안전기술(성능)기준 (NFT(P)C 103A)

세부 목차

[설치대상]
1.7 용어의 정의
2.1 수원
2.2 가압송수장치
2.3 방호구역·유수검지장치
2.4 제어반 설치기준
2.5 배관 및 밸브
2.6 간이헤드
2.7 음향장치 및 기동장치
2.8 송수구
2.9 비상전원
2.10 수원 및 가압송수장치의 펌프 등의 겸용
2.11 주택전용 간이스프링클러설비

05 간이스프링클러설비의 화재안전기술(성능)기준(NFT(P)C103A)

🏠 설치대상(시설법)

연립주택 및 다세대주택이 특정소방대상물에 해당하여 소방시설을 설치해야 하는 시행일: 24.12.1

암기 공연 다세, 근교의노, 건숙복
1. 공연 다세(간이 공연을 보는데 비가 다 센다)-이사(24.12.1)가야 한다.

[근교]
2. (근생)근면성실한 학생의 성적이
   가. 부분적으로 바닥이었는데 합계가 천천히(1000) 오르더니 모든 시험을 잘 쳐서
   나. 의·치·한에 입학한 신입생됨
   다. 육(6)체 단련을 위해 미끄러운 (미만)산을 조깅했다.
3. 이상하게도 교내합숙만 하면 연중 백점을 모든 과목에서 받았다.

[의료]
4. 가. (의로운) 치한이 요양하는 병원인 종합병원에서 일하다 욕(6) 망(미만)이 생겨
   나. 정신, 재활약을 팔았는데 쌍욕(36)만 듣게 됨
   다. "정신 재활!!" 3창함

[노유자]
5. 가. 노후 생활을 위해
   나. 쌍욕 듣고 번 돈으로
   다. 산만한 창이 있는 집을 삼

[건숙복] 그 건물에서 조폭들이
⑥ 숙박하면서 바닥에 침 뱉고 쌍욕(36)하며 미친 짓을 하니
⑦ 건물 임차인이 출입구에 보호시설을 설치하고,
⑧ 복합적으로 연중 근무자로 판박위로 문신을 그린 사람을 고용하여 천천히 왔다 갔다 하게 하였다. (근무판박위+주)

[설치대상] (소방시설법 시행령 별표4)   20설

1 소방시설법 시행령 별표4

1. 공동주택 중 연립주택 및 다세대주택(연립주택 및 다세대 주택에 설치하는 간이스프링클러설비는 화재안전기준에 따른 주택전용 간이스프링클러설비를 설치한다)
2. 근린생활시설 중 다음의 어느 하나에 해당하는 것
   가. 근린생활시설로 사용하는 부분의 **바닥면적 합계**가 **1천**m^2 이상인 것은 모든 층
   나. **의원**, **치과의원** 및 **한의원**으로서 입원실 또는 인공신장실이 있는 시설
   다. 조산원 및 산후조리원으로서 연면적 $600m^2$ 미만인 시설
3. **교육연구시설** 내에 **합숙소**로서 **연면적** $100m^2$ 이상인 경우에는 모든 층
4. 의료시설 중 다음의 어느 하나에 해당하는 시설
   가. **종합병원, 병원**, 치과병원, 한방병원 및 **요양병원**(의료재활시설은 제외한다)으로 사용되는 바닥면적의 합계가 $600m^2$ 미만인 시설
   나. **정신의료기관** 또는 **의료재활시설**로 사용되는 바닥면적의 합계가 $300m^2$ 이상, $600m^2$ 미만인 시설
   다. 정신의료기관 또는 의료재활시설로 사용되는 바닥면적의 합계가 $300m^2$ 미만이고, **창살**(철재·플라스틱 또는 목재 등으로 사람의 탈출 등을 막기 위하여 설치한 것을 말하며, 화재 시 자동으로 열리는 구조로 되어 있는 창살은 제외한다)이 설치된 시설
5. **노유자시설**로서 다음의 어느 하나에 해당하는 시설
   가. **노유자 생활시설**(소방시설법 제7조제1항제7호 각 목에 따른 시설[같은 호 가목2) 및 같은 호 나목부터 바목까지의 시설 중 단독주택 또는 공동주택에 설치되는 시설은 제외])

나. 가)에 해당하지 않는 **노유자시설**로 해당 시설로 사용하는 바닥면적의 합계가 300m² 이상, 600m² 미만인 시설

다. 가)에 해당하지 않는 노유자시설로 해당시설로사용하는 바닥면적의 합계가 300m² 미만이고, 창살(철재·플라스틱 또는 목재 등으로 사람의 탈출 등을 막기 위하여 설치한 것을 말하며, 화재 시 자동으로 열리는 구조로 되어 있는 창살은 제외한다)이 설치된 시설

6. 숙박시설로 사용되는 바닥면적의 합계가 300m² 이상 600m² 미만인 시설
7. 건물을 임차하여 「출입국관리법」 제52조제2항에 따른 보호시설로 사용하는 부분
8. **복합건축물**(별표2 제30호나목의 복합건축물만 해당한다)로서 연면적 1천m² 이상인 것은 모든 층

2 **다중이용업소의 안전관리에 관한 특별법**

1. 지하층에 설치된 영업장
2. 숙박을 제공하는 형태의 다중이용업소의 영업장 중 다음에 해당하는 영업장. 다만 지상 1층에 있거나 지상과 직접 맞닿아 있는 층(영업장의 주된 출입구가 건축물 외부의 지면과 직접 연결된 경우를 포함한다)에 설치된 영업장은 제외한다.
   (1) 산후조리업의 영업장
   (2) 고시원업의 영업장
3. 밀폐구조의 영업장
4. 권총사격장의 영업장(실내사격장에 한정하며, 종합사격장에 설치된 경우를 포함한다)

🚒 영 별표4 제1호마목의 2)가 또는 6)과 8) = 근숙복

🚒 별표2 제30호 나목
하나의 건축물이 근린생활시설, 판매시설, 업무시설, 숙박시설 또는 위락시설의 용도와 주택의 용도로 함께 사용되는 것
(근무판박위)+주택

🚒 설치대상(다중법)
암기 지하 숙박(산고) 밀실, 제외: 1직 영주건 외지직
(지하 숙박하면서 산고의 고통을 겪으며 밀실에서 쓴 다중인격책. 일찍 온 영주건 왜 지직 찢어져 제외되었나?)

1.7 용어의 정의

1.7.1 이 기준에서 사용하는 용어의 정의는 다음과 같다.

1.7.1.1) "간이헤드"란 폐쇄형스프링클러헤드의 일종으로 간이스프링클러설비를 설치해야 하는 특정소방대상물의 화재에 적합한 감도·방수량 및 살수분포를 갖는 헤드를 말한다.

1.7.1.19) "캐비닛형 간이스프링클러설비"란 가압송수장치, 수조(「캐비닛형 간이스프링클러설비 성능인증 및 제품검사의 기술기준」에서 정하는 바에 따라 분리형으로 할 수 있다) 및 유수검지장치 등을 집적화하여 캐비닛 형태로 구성시킨 간이 형태의 스프링클러설비를 말한다.

1.7.1.20) "상수도직결형 간이스프링클러설비"란 수조를 사용하지 않고 상수도에 직접 연결하여 항상 기준 방수압 및 방수량 이상을 확보할 수 있는 설비를 말한다.

1.7.1.23) "주택전용 간이스프링클러설비"란 「소방시설 설치 및 관리에 관한 법률 시행령」 별표4 제1호마목에 따라 연립주택 및 다세대주택에 설치하는 간이스프링클러설비를 말한다.

2.1 수원

2.1.1 수원과 저수량

2.1.1.1) 상수도직결형의 경우에는 수돗물

2.1.1.2) 수조("캐비닛형"을 포함한다)를 사용하고자 하는 경우에는 적어도 1개 이상의 자동급수장치를 갖추어야 하며, 2개의 간이헤드에서 최소 10분[**영 별표 4 제1호마목2)가) 또는 6)과 8)에 해당하는 경우**에는 5개의 간이헤드에서 최소 20분] 이상 방수할 수 있는 양 이상을 수조에 확보할 것

2.1.2 수원을 수조로 설치하는 경우

간이스프링클러설비의 수원을 수조로 설치하는 경우에는 소화설비의 전용수조로 해야 한다. 다만 다음의 어느 하나에 해당하는 경우에는 그렇지 않다.

2.1.2.1) 간이스프링클러설비용 펌프의 풋밸브 또는 흡수배관의 흡수구(수직회전축펌프의 흡수구를 포함한다. 이하 같다)를 다른 설비(소화용 설비 외의 것을 말한다. 이하 같다)의 풋밸브 또는 흡수구보다 낮은 위치에 설치한 때

📌 성능기준 개정(시행 24.12.1)
23. "주택전용 간이스프링클러설비"란 「소방시설 설치 및 관리에 관한 법률 시행령」 별표4 제1호마목에 따라 연립주택 및 다세대주택에 설치하는 간이스프링클러설비를 말한다.

🚒 수원 저수량

구분	방수량	× 시간	× 개수
일반	50	10	2
주차장	80	10	2
근숙복	50	20	5
근숙복주차장	80	20	5

암기 방수 · 시 · 개(오이씨)

🚒 영 별표 4 제1호마목
2)가 또는 6)과 8)

2)가
근린생활시설로 사용하는 부분의 바닥면적 합계가 1천m² 이상인 것은 모든 층
6) 숙박시설로 사용되는 바닥면적의 합계가 300m² 이상 600m² 미만인 시설
8) 복합건축물(별표2제30호나목의 복합건축물만 해당한다)로서 연면적 1천m² 이상인 것은 모든 층

암기 근숙복 천36천 바합모 바합 연모

🚒 별표 2 제30호나목
하나의 건축물이 근린생활시설, 판매시설, 업무시설, 숙박시설 또는 위락시설의 용도와 주택의 용도로 함께 사용되는 것

암기 근무판박위 + 주택

2.1.2.2) 2.2.3에 따른 고가수조로부터 소화설비의 수직배관에 물을 공급하는 급수구를 다른 설비의 급수구보다 낮은 위치에 설치한 때

2.1.3 유효수량

2.1.1.2에 따른 저수량을 산정함에 있어서 다른 설비와 겸용하여 간이스프링클러설비용 수조를 설치하는 경우에는 간이스프링클러설비의 풋밸브·흡수구 또는 수직배관의 급수구와 다른 설비의 풋밸브·흡수구 또는 수직배관의 급수구와의 사이의 수량을 그 유효수량으로 한다.

2.1.4 수조의 설치기준

2.1.4.1) 점검에 편리한 곳에 설치할 것

2.1.4.2) 동결방지 조치하거나 동결의 우려가 없는 장소에 설치할 것

2.1.4.3) 수조의 외측에 수위계를 설치할 것. 다만 구조상 불가피한 경우에는 수조의 맨홀 등을 통하여 수조 안의 물의 양을 쉽게 확인할 수 있도록 해야 한다.

2.1.4.4) 수조의 상단이 바닥보다 높은 때에는 수조의 외측에 고정식 사다리를 설치할 것

2.1.4.5) 수조가 실내에 설치된 때에는 그 실내에 조명설비를 설치할 것

2.1.4.6) 수조의 밑 부분에는 청소용 배수밸브 또는 배수관을 설치할 것

2.1.4.7) 수조 외측의 보기 쉬운 곳에 "간이스프링클러설비용 수조"라고 표시한 표지를 할 것. 이 경우 그 수조를 다른 설비와 겸용하는 때에는 그 겸용되는 설비의 이름을 표시한 표지를 함께 해야 한다.

2.1.4.8) 소화설비용 펌프의 흡수배관 또는 소화설비의 수직배관과 수조의 접속부분에는 "간이스프링클러설비용 배관"이라고 표시한 표지를 할 것. 다만 수조와 가까운 장소에 소화설비용 펌프가 설치되고 해당 펌프에 2.2.2.11 따른 표지를 설치한 때에는 그렇지 않다.

※ (2.1.4)의 성능기준
④ 간이스프링클러설비용 수조는 다음 각 호의 기준에 따라 설치해야 한다.
1. 점검에 편리한 곳에 설치할 것
2. 동결방지조치를 하거나 동결의 우려가 없는 장소에 설치할 것
3. 수조에는 수위계, 고정식 사다리, 청소용 배수밸브(또는 배수관), 표지 및 실내조명 등 수조의 유지관리에 필요한 설비를 설치할 것

2.2 가압송수장치

2.2.1 방수압력, 방수량

1. 방수압력(상수도직결형의 상수도압력)은 가장 먼 가지배관에서 <u>2개</u>의 간이헤드를 동시에 개방할 경우
   1) 각각의 간이헤드 선단
      - 방수압력: 0.1MPa 이상
      - 방수량: 50L/min 이상
   2) 2.3.1.7에 따른 주차장에 **표준반응형스프링클러헤드**를 사용할 경우
      - 헤드 1개의 방수량: 80L/min 이상
2. 영 별표 4 제1호마목2)가 또는 6)과 8): <u>5개</u>

2.2.2 전동기 또는 내연기관에 따른 펌프 방식

2.2.2.1) 쉽게 접근할 수 있고 점검하기에 충분한 공간이 있는 장소로서 화재 및 침수 등의 재해로 인한 피해를 받을 우려가 없는 곳에 설치할 것

2.2.2.2) 동결방지조치를 하거나 동결의 우려가 없는 장소에 설치할 것

2.2.2.3) 펌프는 전용으로 할 것. 다만 다른 소화설비와 겸용하는 경우 각각의 소화설비의 성능에 지장이 없을 때에는 그렇지 않다.

2.2.2.4) **압력계, 연성계, 진공계**

펌프의 토출 측에는 압력계를 체크밸브 이전에 펌프 토출 측 플랜지에서 가까운 곳에 설치하고, 흡입 측에는 연성계 또는 진공계를 설치할 것. 다만 수원의 수위가 펌프의 위치보다 높거나 수직회전축펌프의 경우에는 연성계 또는 진공계를 설치하지 않을 수 있다.

2.2.2.5) **펌프의 성능**

펌프의 성능은 체절운전 시 정격토출압력의 140%를 초과하지 않고, 정격토출량의 150%로 운전 시 정격토출압력의 65% 이상이 되어야 하며, 펌프의 성능을 시험할 수 있는 성능시험배관을 설치할 것. 다만 충압펌프의 경우에는 그렇지 않다.

2.2.2.6) 가압송수장치에는 체절운전 시 수온의 상승을 방지하기 위한 순환배관을 설치할 것

🚰 **방수량**

방수량 × N = 펌프토출량(L/min)		
일반	50×2=100	10분
주차장	80×2=160	10분
근숙복	50×5=250	20분
근숙복주차장	80×5=400	20분

🚰 영 별표 4 제1호마목
  2)가 또는 6)과 8) = 근숙복

🚰 펌프의 성능 및 유량측정장치

암기
4 5 6 7
  1 1
    5 5

2.2.2.7) 기동장치로는 기동용수압개폐장치 또는 이와 동등 이상의 성능이 있는 것을 설치할 것

2.2.2.8) **충압펌프**

기동용수압개폐장치를 기동장치로 사용할 경우에는 다음의 기준에 따른 충압펌프를 설치할 것. 다만 캐비닛형 간이스프링클러설비의 경우에는 그렇지 않다.

2.2.2.8.1. 펌프의 토출압력은 그 설비의 최고위 살수장치의 자연압보다 적어도 0.2MPa이 더 크도록 하거나 가압송수장치의 정격토출압력과 같게 할 것

2.2.2.8.2. 펌프의 정격토출량은 정상적인 누설량보다 적어서는 안 되며, 간이스프링클러설비가 자동적으로 작동할 수 있도록 충분한 토출량을 유지할 것

충압펌프(※ 캐비닛형 제외)

최고위 살수장치의 자연압 +0.2MPa

2.2.2.9) **물올림장치**

수원의 수위가 펌프보다 낮은 위치에 있는 가압송수장치에는 다음의 기준에 따른 물올림장치를 설치할 것. 다만 캐비닛형 간이스프링클러설비의 경우에는 그렇지 않다.

2.2.2.9.1. 물올림장치에는 전용의 수조를 설치할 것

2.2.2.9.2. 수조의 유효수량은 100L 이상으로 하되, 구경 15mm 이상의 급수배관에 따라 해당 수조에 물이 계속 보급되도록 할 것

물올림장치(※ 캐비닛형 제외)

15mm 이상 물올림 탱크(전용)
100ℓ

암기 물올림 수조 유일(1) 15mm

2.2.2.10) 내연기관을 사용하는 경우에는 제어반에 따라 내연기관의 자동기동 및 수동기동이 가능하고, 상시 충전되어 있는 축전지설비를 갖출 것

2.2.2.11) **표지**

가압송수장치에는 "간이스프링클러소화펌프"라고 표시한 표지를 할 것. 이 경우 그 가압송수장치를 다른 설비와 겸용하는 때에는 그 겸용되는 설비의 이름을 표시한 표지를 함께 해야 한다.

2.2.2.12) **펌프의 재질**

가압송수장치는 부식 등으로 인한 펌프의 고착을 방지할 수 있도록 다음의 기준에 적합한 것으로 할 것. 다만 충압펌프는 제외한다.

2.2.2.12.1. 임펠러는 청동 또는 스테인리스 등 부식에 강한 재질을 사용할 것

2.2.2.12.2. 펌프축은 스테인리스 등 부식에 강한 재질을 사용할 것

펌프의 재질

암기 임펠러 청스 축스 부강
(임펠러 청소를 축소하니 부강해짐)

🚒 고가수조

암기 수배급 오버맨

🚒 압력수조 방식

암기 수급배급 맨압안자

🚒 설치 제한

영 별표4 제1호마목2)가) 또는 6)과 8)
= 근숙복
암기 근숙복이 상캐하지 않아!

2.2.3 고가수조의 자연낙차를 이용한 가압송수장치

2.2.3.1) 고가수조의 자연낙차수두(수조의 하단으로부터 최고층에 설치된 헤드까지의 수직거리) 산출식

$$H = h_1 + 10m \quad \cdots (2.2.3.1)$$

H : 필요한 낙차(m)
h_1 : 배관의 마찰손실수두(m)

2.2.3.2) 고가수조에는 **수**위계·**배**수관·**급**수관·**오버**플로우관 및 **맨**홀을 설치할 것

2.2.4 압력수조를 이용한 가압송수장치

2.2.4.1) 압력수조의 압력 산출식

$$P = P_1 + P_2 + 0.1 [MPa] \quad \cdots (2.2.4.1)$$

P : 필요한 압력(MPa)
P_1 : 낙차의 환산 수두압(MPa)
P_2 : 배관의 마찰 손실 수두압(MPa)

2.2.4.2) 압력수조에는 **수**위계·**급**수관·**배**수관·**급**기관·**맨**홀·**압**력계·**안**전장치 및 압력저하 방지를 위한 **자**동식 공기압축기를 설치할 것

2.2.5 가압수조를 이용한 가압송수장치 설치기준

2.2.5.1) 가압수조의 압력은 간이헤드 2개를 동시에 개방할 때 적정방수량 및 방수압이 10분[영 별표4 제1호마목2)가) 또는 6)과 8)에 해당하는 경우에는 5개의 간이헤드에서 최소 20분] 이상 유지되도록 할 것

2.2.5.2) 가압수조를 이용한 가압송수장치는 소방청장이 정하여 고시한 「가압수조식가압송수장치의 성능인증 및 제품검사의 기술기준」에 적합한 것으로 설치할 것

2.2.6 캐비닛형 간이스프링클러

캐비닛형 간이스프링클러설비를 사용할 경우 소방청장이 정하여 고시한 「캐비닛형 간이스프링클러설비의 성능인증 및 제품검사의 기술기준」에 적합한 것으로 설치해야 한다.

2.2.7 상수도직결형, 캐비닛형 설치제한 [20설]

영 별표 4 제1호마목2)가) 또는 6)과 8)에 해당하는 특정소방대상물의 경우에는 상수도직결형 및 캐비닛형 간이스프링클러설비를 제외한 가압송수장치를 설치해야 한다.

2.3 방호구역·유수검지장치

2.3.1 간이스프링클러설비의 방호구역(간이스프링클러설비의 소화범위에 포함된 영역을 말한다. 이하 같다) 및 유수검지장치는 다음의 기준에 적합해야 한다. 다만 캐비닛형의 경우에는 2.3.1.3의 기준에 적합해야 한다.

2.3.1.1) 하나의 **방호구역**의 바닥면적은 1,000m²를 초과하지 않을 것

2.3.1.2) **하나의 방호구역에는 1개 이상**의 유수검지장치를 설치하되, 화재 시 접근이 쉽고 점검하기 편리한 장소에 설치할 것

2.3.1.3) 하나의 방호구역은 **2개 층에 미치지 않도록 할 것**. 다만, 1개 층에 설치되는 간이헤드의 수가 10개 이하인 경우에는 3개 층 이내로 할 수 있다.※

2.3.1.4) 유수검지장치는 **실내**에 설치하거나 보호용 철망 등으로 **구획**하여 바닥으로부터 0.8m 이상 1.5m 이하의 위치에 설치하되, 그 실 등에는 가로 0.5m **이상** 세로 1m **이상의 개구부**로서 그 개구부에는 **출입문을** 설치하고 그 출입문 상단에 "유수검지장치실"이라고 표시한 **표지**를 설치할 것. 다만 유수검지장치를 기계실(공조용기계실을 포함한다) 안에 설치하는 경우에는 별도의 실 또는 보호용 철망을 설치하지 않고 기계실 출입문 상단에 "유수검지장치실"이라고 표시한 표지를 설치할 수 있다.※

2.3.1.5) 간이헤드에 공급되는 물은 유수검지장치를 지나도록 할 것. 다만 송수구를 통하여 공급되는 물은 그렇지 않다.※

2.3.1.6) 자연낙차에 따른 압력수가 흐르는 배관상에 설치된 유수검지장치는 화재 시 물의 흐름을 검지할 수 있는 최소한의 압력이 얻어질 수 있도록 수조의 하단으로부터 낙차를 두어 설치할 것

2.3.1.7) 간이스프링클러설비가 설치되는 특정소방대상물에 부설된 주차장부분(**영 별표4 제1호바목에 해당하지 않는 부분**에 한한다)에는 **습식 외의 방식**으로 해야 한다. 다만 동결의 우려가 없거나 동결을 방지할 수 있는 구조 또는 장치가 된 곳은 그렇지 않다.※

※ (2.3.1)의 성능기준에는 밑줄 친 부분 없다.

🚒 **방호구역·유수검지장치**
암기 112 실물자(주)

1. 하나 1000

2. 하나에 1개 이상

3. 2개 층에 미치지 말 것
   1개 층 10개 이하 ⇒ 3개 층 이내
   암기

4. 실내보호 815 개0.5×1 표지

⑥ 기계실에는 표지만

5. 물은 유수검지장치 지나, 송수구 X

6. 자연낙차는 낙차 두어

7. 주차장은 습식 외의 방식

🚒 영 별표4 제1호바목에 해당하지 않는 부분 = 물분무등소화설비 설치대상이 아닌 부분

2.4 제어반 설치기준

2.4.1 간이스프링클러설비에는 다음의 어느 하나의 기준에 따른 제어반을 설치해야 한다. 다만 캐비닛형 간이스프링클러설비의 경우에는 그렇지 않다.※

※ (2.4.1)의 성능기준에는 밑줄 친 부분 없다.

2.4.1.1) 상수도 직결형의 경우에는 급수배관에 설치되어 급수를 차단할 수 있는 개폐밸브(2.5.16.1.2의 급수차단장치를 포함한다)※ 및 유수검지장치의 작동상태를 확인할 수 있어야 하며, 예비전원이 확보되고 예비전원의 적합 여부를 시험할 수 있어야 할 것

2.4.1.2) 상수도 직결형을 제외한 방식의 것에 있어서는 「스프링클러설비의 화재안전기술기준(NFTC 103)」 2.10(제어반)을 준용할 것

2.5 배관 및 밸브

2.5.1 사용압력에 따른 배관 및 배관이음쇠

배관과 배관이음쇠는 다음의 어느 하나에 해당하는 것 또는 동등 이상의 강도·내식성 및 내열성 등을 국내·외 공인기관으로부터 인정받은 것을 사용해야 하고, 배관용 스테인리스 강관(KS D 3576)의 이음을 용접으로 할 경우에는 텅스텐 불활성 가스 아크 용접(Tungsten Inertgas Arc Welding)방식에 따른다. 다만 상수도직결형 간이스프링클러설비에 사용하는 배관 및 밸브는 「수도법」 제14조(수도용 자재와 제품의 인증 등)에 적합한 제품을 사용해야 한다. 또한 2.5에서 정하지 않은 사항은 「건설기술 진흥법」 제44조제1항의 규정에 따른 "건설기준"에 따른다.

🚒 배관과 배관이음쇠
암기 [1.2MPa 미만]
(1월2일 전날 회사에서
KS D 35**(코스닥 배탄 삼오회)
공치(07)는 날!
날씨가 구리구리 오삼공일 습해서
스트레스 출력(76) 일 구요(95)!
덕분에 타격이 4311(사상일일)최고!)

암기 [1.2MPa 이상]
(1월2일 코스탁 배탄 삼오회 회사앞에
압,력이(62) 들어옴!
이크! 팔(8)아야 산(3)다)

2.5.1.1) 배관 내 사용압력이 1.2MPa 미만일 경우에는 다음의 어느 하나에 해당하는 것
 (1) 배관용 탄소 강관(KS D 3507)
 (2) 이음매 없는 구리 및 구리합금관(KS D 5301). 다만 습식의 배관에 한한다.
 (3) 배관용 스테인리스 강관(KS D 3576) 또는 일반 배관용 스테인리스 강관(KS D 3595)
 (4) 덕타일 주철관(KS D 4311)

2.5.1.2) 배관 내 사용압력이 1.2MPa 이상일 경우에는 다음의 어느 하나에 해당하는 것
　(1) **압**력 배관용 탄소 강관(KS D 35**62**)
　(2) 배관용 **아**크용접 탄소강 강관(KS D 35**83**)

2.5.2 소방용 합성수지배관으로 설치 가능한 경우

2.5.2.1) 배관을 **지**하에 매설하는 경우

2.5.2.2) 다른 부분과 내화구조로 구획된 **덕**트 또는 피트의 내부에 설치하는 경우

2.5.2.3) **천**장(상층이 있는 경우에는 상층바닥의 하단을 포함한다. 이하 같다)과 반자를 불연재료 또는 **준**불연 재료로 설치하고 소화배관 내부에 항상 소화**수**가 채워진 상태로 설치하는 경우

🔥 소방용 합성수지배관
③ 천장, 반자 준불연 이상+습식
② 내화구조 덕트, 피트
① 지하매설

암기 지덕천 준수

2.5.3 급수배관의 설치기준

2.5.3.1) 전용으로 할 것. 다만 상수도직결형의 경우에는 수도배관 호칭지름 32mm 이상의 배관이어야 하고, 간이헤드가 개방될 경우에는 유수신호 작동과 동시에 다른 용도로 사용하는 배관의 송수를 자동 차단할 수 있도록 해야 하며, 배관과 연결되는 이음쇠 등의 부속품은 물이 고이는 현상을 방지하는 조치를 해야 한다.

2.5.3.2) 급수배관에 설치되어 급수를 차단할 수 있는 개폐밸브는 개폐표시형으로 할 것. 이 경우 펌프의 흡입측배관에는 버터플라이밸브 외의 개폐표시형밸브를 설치해야 한다.

2.5.3.3) 배관의 구경은 2.2.1에 적합하도록 수리계산에 의하거나 [표 2.5.3.3]의 기준에 따라 설치할 것. 다만 수리계산에 따르는 경우 가지배관의 유속은 6m/s, 그 밖의 배관의 유속은 10m/s를 초과할 수 없다.

🔥 급수배관(점선)
6m/s
10m/s
0.1MPa 80LPM
주펌프
버터플라이밸브

※ 숫자를 문자(초성)으로 바꾸어 암기

1	2	3	4	5	6	7	8	9	0
ㄱ	ㄴ	ㄷ	ㄹ	ㅁ	ㅂ	ㅅ	ㅇ	ㅈ	ㅊ

예) 밑줄친 문자: (2)남(3)대(5)문

🔥 SP헤드수별 관경 (가)
암기 남대문 열개 다방이 백개 가봐! 가보구

🔥 SP헤드수별 관경 (나)
암기 나르샤 고모. 다방 방문 백번 김밥들고...

[표 2.5.3.3] 간이헤드 수별 급수관의 구경

관경 구분	25	32	40	50	65	80	100	125	150
가	2	3	5	10	30	60	100	160	161 이상
나	2	4	7	15	30	60	100	160	161 이상

폐쇄형헤드

폐쇄형헤드
1. 구역 1,000m² 이하
2. 폐쇄형 헤드의 관경기준 : 가
3. 헤드를 반자속/아래 병설 : 나
4. 캐비닛형, 상수도직결형:
   - 주배관 32
   - 수평주행배관 32
   - 가지배관 25 이상
   - 최장배관 성능 인정 길이
   - 하나의 가지배관에 헤드3개

암기 주32 가25 인정 헤3
(주상이 가지고 인정한 해삼)

흡입 측 배관

암기 공여 수펌 각별
(공여한 수퍼와 각별한 관계이다)

성능시험배관

암기 토개전분 전직개 후유조,
개유직, 유유직, 해제설사,
호호, 175성능

펌프의 성능 및 유량측정장치

암기
```
    1   1
   4 5 6 7
       5 5
```

[비고]
1. **폐쇄형스프링클러헤드**를 사용하는 설비의 경우로서 1개 층에 하나의 **급수배관**(또는 밸브 등)이 담당하는 구역의 최대면적은 1,000m²를 초과하지 않을 것
2. **폐쇄형간이헤드**를 설치하는 경우에는 "가"란의 헤드 수에 따를 것
3. 폐쇄형간이헤드를 설치하고 **반자 아래**의 헤드와 **반자 속**의 헤드를 동일 급수관의 가지관상에 **병설**하는 경우에는 "나"란의 헤드 수에 따를 것
4. "**캐비닛형**" 및 "**상수도직결형**"을 사용하는 경우 주배관은 32mm, 수평주행배관은 32mm, 가지배관은 25mm 이상으로 할 것. 이 경우 **최장배관**은 2.2.6에 따라 인정받은 길이로 하며, 하나의 가지배관에는 간이헤드를 3개 이내로 설치해야 한다. **20설**

2.5.4 펌프의 흡입 측 배관의 설치기준

2.5.4.1) **공**기고임이 생기지 않는 구조로 하고, **여**과장치를 설치할 것

2.5.4.2) **수**조가 **펌**프보다 낮게 설치된 경우에는 **각** 펌프(충압펌프 포함)마다 수조로부터 **별**도로 설치할 것

2.5.5 〈삭제 2024.7.1.〉

2.5.6 펌프의 성능

펌프의 성능시험배관은 다음의 기준에 적합하도록 설치해야 한다.

2.5.6.1) 성능시험배관은 펌프의 **토**출 측에 설치된 **개폐밸브** 이**전**에서 **분**기하여 직선으로 설치하고, 유량측정장치를 기준으로 **전**단 **직**관부에는 **개**폐밸브를 **후**단 직관부에는 **유**량조절밸브를 설치할 것. 이 경우 개폐밸브와 유량측정장치 사이의 직관부 거리 및 유량측정장치와 유량조절밸브 사이의 직관부 거리는 해당 유량측정장치 제조사의 설치사양에 따르고, 성능시험배관의 호칭지름은 유량측정장치의 호칭지름에 따른다.

2.5.6.2) 유량측정장치는 펌프의 정격토출량의 175% 이상까지 측정할 수 있는 성능이 있을 것

2.5.7 순환배관

가압송수장치의 체절운전 시 수온의 상승을 방지하기 위하여 **체크밸브**와 **펌프 사**이에서 분기한 구경 20mm 이상의 배관에 체절압력 미만에서 개방되는 릴리프밸브를 설치할 것

🔑 순환배관

암기 체펌 사2

2.5.8 동결방지

배관은 동결방지조치를 하거나 동결의 우려가 없는 장소에 설치해야 한다. 다만 보온재를 사용할 경우에는 난연재료 성능 이상의 것으로 해야 한다.

2.5.9 가지배관의 배열 기준

2.5.9.1) 토너먼트(Tournament) 배관방식이 아닐 것

2.5.9.2) 교차배관에서 분기되는 지점을 기점으로 한쪽 가지배관에 설치되는 헤드의 개수(반자 아래와 반자 속의 헤드를 하나의 가지배관상에 병설하는 경우에는 반자 아래에 설치하는 헤드의 개수)는 8개 이하로 할 것. 다만 다음의 어느 하나에 해당하는 경우에는 그렇지 않다.※

2.5.9.2.1. <u>기존의 방호구역 안에서 칸막이 등으로 구획하여 1개의 헤드를 증설하는 경우</u>※

2.5.9.2.2. <u>격자형 배관방식(2 이상의 수평주행배관 사이를 가지배관으로 연결하는 방식을 말한다)을 채택하는 때에는 펌프의 용량, 배관의 구경 등을 수리학적으로 계산한 결과 헤드의 방수압 및 방수량이 소화목적을 달성하는 데 충분하다고 인정되는 경우</u>※

2.5.9.3) 가지배관과 헤드 사이의 배관을 신축배관으로 하는 경우에는 소방청장이 정하여 고시한 「스프링클러설비신축배관의 성능인증 및 제품검사의 기술기준」에 적합한 것으로 설치할 것. 이 경우 <u>신축배관의 설치길이는 「스프링클러설비의 화재안전기술기준(NFTC 103)」의 2.7.3의 거리를 초과하지 않아야 한다.</u>※

※ (2.5.9)의 성능기준에는 밑줄 친 부분 없다(=SP 가지배관 성능기준)

🔑 토너먼트 방식이 아닐 것

🔑 가지배관 헤드의 수

🔑 가지배관 헤드의 수(병설 시)

암기 가지배관 한쪽 팔(8)

🔑 신축배관의 길이 제한

「스프링클러설비의 화재안전기술기준」 제10조제3항의 거리 = 헤드의 수평거리

🔔 상부분기(회향식)

🔔 2차 측 배관 부대설비

🔔 시험장치 연결 위치
- 펌프방식: 유수검지장치 2차 측
- 기타: 가장 먼 거리 가지배관 끝

🔔 시험장치 기준

<mark>암기</mark> 연구물

(시험장치 구경 25mm 이상)

2.5.10 헤드의 설치

가지배관에 하향식간이헤드를 설치하는 경우에 가지배관으로부터 간이헤드에 이르는 헤드접속배관은 가지배관 상부에서 분기해야 한다. 다만 소화설비용 수원의 수질이 「먹는물관리법」 제5조에 따라 먹는물의 수질기준에 적합하고 덮개가 있는 저수조로부터 물을 공급받는 경우에는 가지배관의 측면 또는 하부에서 분기할 수 있다.

2.5.11 준비작동식유수검지장치 2차 측 배관의 부대설비

2.5.11.1) 개폐표시형밸브를 설치할 것

2.5.11.2) 2.5.11.1에 따른 밸브와 준비작동식유수검지장치 사이의 배관은 다음의 기준과 같은 구조로 할 것

    2.5.11.2.1. 수직배수배관과 연결하고 동 연결배관상에는 개폐밸브를 설치할 것

    2.5.11.2.2. 자동배수장치 및 압력스위치를 설치할 것

    2.5.11.2.3. 2.5.11.2.2 에 따른 압력스위치는 수신부에서 준비작동식유수검지장치의 개방 여부를 확인할 수 있게 설치할 것

2.5.12 시험장치

간이스프링클러설비에는 유수검지장치를 시험할 수 있는 시험장치를 다음의 기준에 따라 설치해야 한다. 다만 준비작동식유수검지장치를 설치하는 경우에는 그렇지 않다.

2.5.12.1) 펌프(캐비닛형 제외)를 가압송수장치로 사용하는 경우 유수검지장치 2차 측 배관에 **연**결하여 설치하고, 펌프 외의 가압송수장치를 사용하는 경우 유수검지장치에서 가장 먼 거리에 위치한 가지배관의 끝으로부터 **연**결하여 설치할 것

2.5.12.2) 시험장치배관의 **구**경은 25mm 이상으로 하고, 그 끝에 개폐밸브 및 개방형간이헤드 또는 간이스프링클러헤드와 동등한 방수성능을 가진 오리피스를 설치할 것. 이 경우 개방형간이헤드는 반사판 및 프레임을 제거한 오리피스만으로 설치할 수 있다.

2.5.12.3) 시험배관의 끝에는 물받이 통 및 배수관을 설치하여 시험 중 방사된 물이 바닥에 흘러내리지 않도록 할

것. 다만 목욕실·화장실 또는 그 밖의 곳으로서 배수처리가 쉬운 장소에 시험배관을 설치한 경우에는 그렇지 않다.

2.5.13 배관에 설치되는 행가의 설치기준

2.5.13.1) 가지배관에는 헤드의 설치지점 사이마다 1개 이상의 행거를 설치하되, 헤드 간의 거리가 3.5m를 초과하는 경우에는 3.5m 이내마다 1개 이상 설치할 것. 이 경우 상향식헤드와 행거 사이에는 8cm 이상의 간격을 두어야 한다.

2.5.13.2) 교차배관에는 가지배관과 가지배관 사이마다 1개 이상의 행거를 설치하되, 가지배관 사이의 거리가 4.5m를 초과하는 경우에는 4.5m 이내마다 1개 이상 설치할 것

2.5.13.3) 2.5.13.1 및 2.5.13.2의 수평주행배관에는 4.5m 이내마다 1개 이상 설치할 것

2.5.14 급수개폐밸브 작동표시스위치(탬퍼스위치)

급수배관에 설치되어 급수를 차단할 수 있는 개폐밸브에는 그 밸브의 개폐상태를 감시제어반에서 확인할 수 있도록 급수개폐밸브 작동표시 스위치를 다음의 기준에 따라 설치해야 한다.

2.5.14.1) **급**수개폐밸브가 잠길 경우 탬퍼스위치의 동작으로 인하여 감시제어반 또는 수신기에 **표**시되어야 하며, **경**보음을 발할 것

2.5.14.2) **탬**퍼스위치는 감시제어반 또는 수신기에서 **동**작의 유무 확인과 **동**작시험, 도**통**시험을 할 수 있을 것

2.5.14.3) 급수개폐밸브의 작동표시 스위치에 사용되는 전기배선은 **내**화전선 또는 **내**열전선으로 설치할 것

2.5.15 배수를 위한 배관의 기울기

간이스프링클러설비 배관의 배수를 위한 기울기는 수평으로 할 것. 다만 배관의 구조상 소화수가 남아 있는 곳에는 배수밸브를 설치해야 한다.

행가의 설치

암기 가지 삶어 팔팔, 교수 45
(교수가 사온 가지 삶어 팔팔)

탬퍼스위치의 설치기준

암기 급탬급, 표경 동동통 내내

간이스프링클러 배관: 수평

🚰 배관, 밸브 등의 순서
1. 상수도직결형

| 계 | 급 |⋈⫯●⋈⋈⋊

암기 (상)계급 개체력 유2시, 외차

2. 펌프 등

| 수원 |○⌀⋈⩔⫯●⋈⋊

암기 수연 펌압력 체성개 유험
(수연이네 펌프 압력은
최대 성능일 때 개방하면 위험하다)

3. 가압수조

| 수원 | 가압수조 |⋈⫯⩔●⋈⋈⋊

암기 (가)수가압 체성개 유2시

4. 캐비닛형

| 수원 |○⌀⋈⫯⩔⋈⋊⋊

암기 (캐비닛)수연 펌압력 체개둘시
(캐비닛에 들어 있는 수연이네 펌프의
압력은 체계적으로 돌 시 나온다)

2.5.16 배관 및 밸브 등의 순서 〔16설, 20설〕

2.5.16.1) 상수도직결형은 다음의 기준에 따라 설치할 것

   2.5.16.1.1. 수도용**계**량기, **급**수차단장치, **개**폐표시형밸브, **체**크밸브, 압**력**계, **유**수검지장치(압력스위치 등 유수검지장치와 동등 이상의 기능과 성능이 있는 것을 포함한다. 이하 같다), **2**개의 **시**험밸브의 순으로 설치할 것

   2.5.16.1.2. 간이스프링클러설비 **이외의 배관**에는 화재 시 배관을 차단할 수 있는 **급수차단장치**를 설치할 것

2.5.16.2) 펌프 등의 가압송수장치를 이용하여 배관 및 밸브 등을 설치하는 경우에는 **수**원, **연**성계 또는 진공계(수원이 펌프보다 높은 경우를 제외한다. 이하 같다), **펌**프 또는 **압**력수조, 압**력**계, **체**크밸브, **성**능시험배관, **개**폐표시형밸브, **유**수검지장치, **시험**밸브의 순으로 설치할 것

2.5.16.3) 가압수조를 가압송수장치로 이용하여 배관 및 밸브 등을 설치하는 경우에는 **수**원, **가**압수조, 압**력**계, **체**크밸브, **성**능시험배관, **개**폐표시형밸브, 유수검지장치, **2**개의 **시**험밸브의 순으로 설치할 것

2.5.16.4) 캐비닛형의 가압송수장치에 배관 및 밸브 등을 설치하는 경우에는 **수**원, **연**성계 또는 진공계(수원이 펌프보다 높은 경우를 제외한다. 이하 같다), **펌**프 또는 **압**력수조, 압**력**계, **체**크밸브, **개**폐표시형밸브, **2**개의 **시**험밸브의 순으로 설치할 것. 다만 소화용수의 공급은 상수도와 직결된 바이패스관 또는 펌프에서 공급받아야 한다.

2.5.17 배관의 구분(옥내소화전설비 해당기준과 동일)

2.5.18 확관형 분기배관(옥내소화전설비 해당기준과 동일)

2.6 간이헤드

2.6.1 간이헤드는 다음의 기준에 적합한 것을 사용해야 한다.

2.6.1.1) 폐쇄형간이헤드를 사용할 것

2.6.1.2) 간이헤드의 작동온도는 실내의 최대 주위 천장온도가 0℃ 이상 38℃ 이하인 경우 공칭작동온도가 57℃에서 77℃의 것을 사용하고, 39℃ 이상 66℃ 이하인 경우에는 공칭작동온도가 79℃에서 109℃의 것을 사용할 것 **19점**

2.6.1.3) 간이헤드를 설치하는 천장·반자·천장과 반자 사이·덕트·선반 등의 각 부분으로부터 간이헤드까지의 수평거리는 2.3m(「스프링클러헤드의 형식승인 및 제품검사의 기술기준」에 따른 유효살수반경의 것으로 한다) 이하가 되도록 해야 한다. 다만 성능이 별도로 인정된 간이헤드를 수리계산에 따라 설치하는 경우에는 그렇지 않다.

2.6.1.4) 간이헤드 디플렉터에서 천장 또는 반자까지의 거리

헤드의 종류	천장 또는 반자까지의 거리
상향식 또는 하향식 간이헤드	25mm에서 102mm 이내
측벽형 간이헤드	102mm에서 152mm 사이
플러쉬 스프링클러헤드	102mm 이하 가능

2.6.1.5) 간이헤드는 천장 또는 반자의 경사·보·조명장치 등에 따라 살수장애의 영향을 받지 않도록 설치할 것

2.6.1.6) 2.6.1.4의 규정에도 불구하고 특정소방대상물의 보와 가장 가까운 간이헤드는 다음 [표 2.6.1.6]의 기준에 따라 설치할 것. 다만 천장면에서 보의 하단까지의 길이가 55cm를 초과하고 보의 하단 측면 끝부분으로부터 간이헤드까지의 거리가 간이헤드 상호 간 거리의 2분의 1 이하가 되는 경우에는 간이헤드와 그 부착면과의 거리를 55cm 이하로 할 수 있다.

[표 2.6.1.6] 보의 수평거리에 따른 간이스프링클러헤드의 수직거리

헤드의 반사판의 중심과 보의 수평거리	헤드의 반사판 높이와 보의 하단 높이의 수직거리
0.75m 미만	보의 하단보다 낮을 것
0.75m 이상 1m 미만	0.1m 미만일 것
1m 이상 1.5m 미만	0.15m 미만일 것
1.5m 이상	0.3m 미만일 것

🔔 **폐쇄형 간이헤드의 작동온도**

실내 최대 주위천장온도	공칭작동온도
0℃ ~38℃	57℃에서 77℃
39℃~66℃	79℃에서 109℃

암기 38 57 77, 39 66 79 109
(38선 이하는 옷이 철철
39이상은 ㅠㅠ 옷이 없어 치구박구)

🔔 **디플렉터의 거리**

암기 간이 25 102 152

(간이역 나무(25)옆의 큰 청년(102)이 굿모닝(152)한다)

🔔 **보와 가까운 간이헤드**

🚒 차폐판의 설치

2.6.1.7) 상향식간이헤드 아래에 설치되는 하향식간이헤드에는 상향식간이헤드의 방출수를 차단할 수 있는 유효한 차폐판을 설치할 것

2.6.1.8) 간이스프링클러설비를 설치해야 할 특정소방대상물에 있어서는 간이헤드 설치 제외에 관한 사항은 「스프링클러설비의 화재안전기술기준(NFTC 103)」 2.12.1을 준용한다.

2.6.1.9) 2.3.1.7에 따른 주차장에는 표준반응형스프링클러헤드를 설치해야 하며, 설치기준은 「스프링클러설비의 화재안전기술기준(NFTC 103)」 2.7(헤드)을 준용한다.

2.7 음향장치 및 기동장치

2.7.1 음향장치

2.7.1.1) 습식유수검지장치를 사용하는 설비에 있어서는 간이헤드가 개방되면 유수검지장치가 화재신호를 발신하고 그에 따라 음향장치가 경보되도록 할 것

2.7.1.2) 음향장치는 습식유수검지장치의 담당구역마다 설치하되 그 구역의 각 부분으로부터 하나의 음향장치까지의 수평거리는 25m 이하가 되도록 할 것

※ (2.7.1)의 성능기준은 밑줄 친 부분이 다르다.

🚒 우선경보방식
암기 114(공동주택 16)

2.7.1.3) 음향장치는 경종 또는 사이렌(전자식 사이렌을 포함한다)으로 하되, 주위의 소음 및 다른 용도의 경보와 구별이 가능한 음색으로 할 것. <u>이 경우 경종 또는 사이렌은 자동화재탐지설비·비상벨설비 또는 자동식 사이렌설비의 음향장치와 겸용할 수 있다.</u>※

2.7.1.4) 주음향장치는 수신기의 내부 또는 그 직근에 설치할 것

2.7.1.5) 층수가 11층(공동주택의 경우에는 16층) 이상의 특정소방대상물 <u>또는 그 부분에 있어서는 2층 이상의 층에서 발화한 때에는 발화층 및 그 직상 4개 층에 한하여, 1층에서 발화한 때에는 발화층·그 직상 4개 층 및 지하층에 한하여, 지하층에서 발화한 때에는 발화층·그 직상층 및 기타의 지하층에 한하여</u>※ 경보를 발할 수 있도록 할 것

※ (2.7.1.5)의 성능기준
5. 층수가 11층(공동주택의 경우에는 16층) 이상의 특정소방대상물은 발화층에 따라 경보하는 층을 달리하여 경보를 발할 수 있도록 할 것

2.7.1.6) 음향장치는 다음의 기준에 따른 구조 및 성능의 것으로 할 것

   2.7.1.6.1. 정격전압의 80 % 전압에서 음향을 발할 수 있는 것으로 할 것

   2.7.1.6.2. 음향의 크기는 부착된 음향장치의 중심으로부터 1m 떨어진 위치에서 90dB 이상이 되는 것으로 할 것

2.7.2 펌프의 작동※

간이스프링클러설비의 가압송수장치로서 펌프가 설치되는 경우에는 그 펌프의 작동은 다음의 어느 하나의 기준에 적합해야 한다.

2.7.2.1) 습식유수검지장치를 사용하는 설비에 있어서는 동장치의 발신이나 기동용수압개폐장치에 따라 작동되거나 또는 이 두 가지의 혼용에 따라 작동될 수 있도록 할 것

2.7.2.2) 준비작동식유수검지장치를 사용하는 설비에 있어서는 화재감지기의 화재감지나 기동용수압개폐장치에 따라 작동되거나 또는 이 두 가지의 혼용에 따라 작동될 수 있도록 할 것

2.7.3 준비작동식유수검지장치의 작동

준비작동식유수검지장치의 작동기준은 「스프링클러설비의 화재안전기술기준(NFTC 103)」 2.6.3을 준용한다.

2.7.4 배선

2.7.1부터 2.7.3의 배선(감지기 상호 간의 배선은 제외한다)은 내화배선 또는 내열배선으로 하며, 사용되는 전선은 내화전선으로 하고, 전선의 종류 및 설치방법은 「옥내소화전설비의 화재안전기술기준(NFTC 102)」 2.7.2의 [표 2.7.2(1)] 또는 [표 2.7.2(2)]에 따르되, 다른 배선과 공유하는 회로방식이 되지 않도록 해야 한다. 다만 음향장치의 작동에 지장을 주지 않는 회로방식의 경우에는 그렇지 않다.

음향장치
암기 918
(응답하라 1988)

※ (2.7.2)의 성능기준
② 간이스프링클러설비의 가압송수장치로서 펌프가 설치되는 경우에는 그 펌프의 작동은 습식유수검지장치의 발신이나 화재감지기의 화재감지 또는 기동용수압개폐장치에 따라 작동될 수 있도록 해야 한다.

2.8 송수구※

2.8.1 간이스프링클러설비에는 소방차로부터 그 설비에 송수할 수 있는 송수구를 다음의 기준에 따라 설치해야 한다. 다만 다중이용업소의 안전관리에 관한 특별법 제9조제1항 및 특별법령 제9조에 해당하는 영업장(건축물 전체가 하나의 영업장일 경우는 제외)에 설치되는 상수도직결형 또는 캐비닛형의 경우에는 송수구를 설치하지 않을 수 있다.

2.8.1.1) 소방차가 쉽게 접근할 수 있고, 잘 보이는 장소에 설치하고, 화재층으로부터 지면으로 떨어지는 유리창 등이※ 송수 및 그 밖의 소화작업에 지장을 주지 않는 장소에 설치할 것

2.8.1.2) 송수구로부터 간이스프링클러설비의 주배관에 이르는 연결배관에 개폐밸브를 설치한 때에는 그 개폐상태를 쉽게 확인 및 조작할 수 있는 옥외 또는 기계실 등의 장소에 설치할 것※

2.8.1.3) 송수구는 구경 65mm의 쌍구형 또는 단구형으로 할 것. 이 경우 송수배관의 안지름은 40mm 이상으로 해야 한다.

2.8.1.4) 지면으로부터 높이가 0.5m 이상 1m 이하의 위치에 설치할 것

2.8.1.5) 송수구의 부근에는 자동배수밸브(또는 직경 5mm의 배수공) 및 체크밸브를 다음의 기준에 따라 설치할 것. 이 경우 자동배수밸브는 배관 안의 물이 잘 빠질 수 있는 위치에 설치하되, 배수로 인하여 다른 물건이나 장소에 피해를 주지 않아야 한다.※

2.8.1.6) 송수구에는 이물질을 막기 위한 마개를 씌울 것

2.9 비상전원 ※

2.9.1 간이스프링클러설비에는 다음의 기준에 적합한 비상전원 또는 「소방시설용 비상전원수전설비의 화재안전기술기준(NFTC 602)」의 규정에 따른 비상전원수전설비를 설치해야 한다. 다만 무전원으로 작동되는 간이스프링클러설비의 경우에는 모든 기능이 10분 [영 별표 4 제1호마목2)가) 또는 6)과 8)에 해당하는 경우에는 20분] 이상 유효하게 지속될 수 있는 구조

※ (2.8)의 성능기준
제11조(송수구) 간이스프링클러설비에는 소방차로부터 그 설비에 송수할 수 있는 송수구를 다음 각 호의 기준에 따라 설치해야 한다.
1. 송수구는 송수 및 그 밖의 소화작업에 지장을 주지 않도록 설치할 것
2. 송수구로부터 주배관에 이르는 연결배관에는 개폐밸브를 설치하지 않을 것
3. 구경 65밀리미터의 단구형 또는 쌍구형으로 해야 하며, 송수배관의 안지름은 40밀리미터 이상으로 할 것
4. 지면으로부터 높이가 0.5미터 이상 1미터 이하의 위치에 설치할 것
5. 송수구의 가까운 부분에 자동배수밸브(또는 직경 5밀리미터의 배수공) 및 체크밸브를 설치할 것
6. 송수구에는 이물질을 막기 위한 마개를 씌울 것

🚒 간이스프링클러 송수구

암기 간이는 옥내 개폐 안4
(간이SP의 송수구가 옥내소화전과 다른 점은 개폐밸브와 안지름이다.
가니? 옥내개폐기 안사?
다중이용업소의 일부 송수구는 상캐하지 않아!)

※ 비교(옥내소화전 송수구)

🚒 영 별표4 제1호마목2)가, 6), 8)
=근숙복 천36천 바합모 바합 연모

2.9.1.1) 간이스프링클러설비를 유효하게 10분[영 별표 4 제1호마목2)가) 또는 6)과 8)에 해당하는 경우에는 20분] 이상 작동할 수 있도록 할 것

2.9.1.2) 상용전원으로부터 전력의 공급이 중단된 때에는 자동으로 비상전원으로부터 전원을 공급받을 수 있는 구조로 할 것

※ (2.9)의 성능기준
제12조(비상전원) 간이스프링클러설비에는 비상전원 또는 「소방시설용 비상전원수전설비의 화재안전성능기준(NFPC 602)」의 규정에 따른 비상전원수전설비를 간이스프링클러설비를 유효하게 10분[영 별표 4 제1호마목1)가) 또는 6)과 7)에 해당하는 경우에는 20분] 이상 작동할 수 있도록 설치해야 한다.

2.10 수원 및 가압송수장치의 펌프 등의 겸용

2.10.1. 간이스프링클러설비의 수원을 옥내소화전설비·스프링클러설비·화재조기진압용 스프링클러설비·물분무소화설비·포소화전설비 및 옥외소화전설비의 수원을 겸용하여 설치하는 경우의 저수량은 각 소화설비에 필요한 저수량을 합한 양 이상이 되도록 해야 한다. 다만, 이들 소화설비 중 고정식 소화설비(펌프·배관과 소화수 또는 소화약제를 최종 방출하는 방출구가 고정된 설비를 말한다. 이하 같다)가 2 이상 설치되어 있고, 그 소화설비가 설치된 부분이 방화벽과 방화문으로 구획되어 있는 경우에는 각 고정식 소화설비에 필요한 저수량 중 최대의 것 이상으로 할 수 있다.

2.10.2. 간이스프링클러설비의 가압송수장치로 사용하는 펌프를 옥내소화전설비·스프링클러설비·화재조기진압용 스프링클러설비·물분무소화설비·포소화설비 및 옥외소화전설비의 가압송수장치와 겸용하여 설치하는 경우의 펌프의 토출량은 각 소화설비에 해당하는 토출량을 합한 양 이상이 되도록 해야 한다. 다만, 이들 소화설비 중 고정식 소화설비가 2 이상 설치되어 있고, 그 소화설비가 설치된 부분이 방화벽과 방화문으로 구획되어 있으며 각 소화설비에 지장이 없는 경우에는 펌프의 토출량 중 최대의 것 이상으로 할 수 있다.

2.10.3. 옥내소화전설비·스프링클러설비·간이스프링클러설비·화재조기진압용 스프링클러설비·물분무소화설비·포소화설비 및 옥외소화전설비의 가압송수장치에 있어서 각 토출측 배관과 일반급수용의 가압송수장치의 토출측 배관을 상호 연결하여 화재 시 사용할 수 있다. 이 경우 연결배관에는 개폐표시형밸브를 설

치해야 하며, 각 소화설비의 성능에 지장이 없도록 해야 한다.

2.10.4. 간이스프링클러설비의 송수구를 옥내소화전설비·스프링클러설비·화재조기진압용 스프링클러설비·물분무소화설비·포소화설비 또는 연결살수설비의 송수구와 겸용으로 설치하는 경우에는 스프링클러설비의 송수구의 설치기준에 따르되 각각의 소화설비의 기능에 지장이 없도록 해야 한다. 〈개정 2024.7.1.〉

2.11 주택전용 간이스프링클러설비 〈시행 24.12.1〉

※ 기술기준 (2.11)과 성능기준 제14조 (주택전용 간이스프링클러설비)는 내용이 같다.

2.11.1 주택전용 간이스프링클러설비는 다음 기준에 따라 설치한다. 다만, 본 공고에 따른 주택전용간이스프링클러설비가 아닌 간이스프링클러설비를 설치하는 경우에는 그렇지 않다.

2.11.1.1) 상수도에 직접 연결하는 방식으로 수도용 계량기 이후에서 분기하여 수도용 역류방지밸브, 개폐표시형밸브, 세대별 개폐밸브 및 간이헤드의 순으로 설치할 것. 이 경우 개폐표시형밸브와 세대별 개폐밸브는 그 설치위치를 쉽게 식별할 수 있는 표시를 해야 한다.

2.11.1.2) 방수압력과 방수량은 2.2.1에 따를 것

2.11.1.3) 배관은 2.5에 따라 설치할 것. 다만, 세대 내 배관은 2.5.2에 따른 소방용 합성수지배관으로 설치할 수 있다.

2.11.1.4) 간이헤드와 송수구는 2.6 및 2.8에 따라 설치할 것

2.11.1.5) 주택전용 간이스프링클러설비에는 가압송수장치, 유수검지장치, 제어반, 음향장치, 기동장치 및 비상전원은 적용하지 않을 수 있다

06

화재조기진압용 스프링클러설비의 화재안전기술(성능)기준 (NFT(P)C 103B)

세부 목차

[설치대상]
1.7 용어의 정의
2.1 설치장소의 구조
2.2 수원
2.3 가압송수장치
2.4 방호구역·유수검지장치
2.5 배관
2.6 음향장치 및 기동장치
2.7 헤드

2.8 저장물의 간격
2.9 환기구
2.10 송수구
2.11 전원
2.12 제어반
2.13 배선 등
2.14 설치 제외
2.15 수원 및 가압송수장치의 펌프 등의 겸용

06 화재조기진압용 스프링클러설비의 화재안전기술(성능)기준 (NFT(P)C 103B)

설치 대상 〈키워드〉

랙식 창고 10m초, 바합1,500m²
지외 불내아닌 랙형창고 바합750m²

암기 랙식창고에 식(10m)초를 랙에 쳐넣어(1500), 불연 내화가 아닌 랙형창고는 화재위험이 높아서 바닥 치워요(750).

[설치 대상] (소방시설법 시행령 별표4)

1. **랙식 창고**(Rack Warehouse): 랙(물건을 수납할 수 있는 선반이나 이와 비슷한 것을 말한다)을 갖춘 것으로서 천장 또는 반자(반자가 없는 경우에는 지붕의 옥내에 면하는 부분을 말한다)의 높이가 10m를 초과하고, 랙이 설치된 층의 바닥면적의 합계가 1천 5백m² 이상인 경우에는 모든 층
2. 지붕 또는 외벽이 불연재료가 아니거나 내화구조가 아닌 **랙식 창고** 중 1.에 해당하지 않는 것으로서 바닥면적의 합계가 750m² 이상인 경우에는 모든 층

1.7 용어의 정의

1.7.1.1) "화재조기진압용 스프링클러헤드"란 특정한 높은 장소의 화재위험에 대하여 조기에 진화할 수 있도록 설계된 헤드를 말한다.

2.1 설치장소의 구조※ `21설`

※ (2.1)의 성능기준
제4조(설치장소의 구조) 화재조기진압용 스프링클러설비를 설치할 장소의 구조는 화재조기진압용 스프링클러헤드가 화재를 조기에 감지하여 개방되는데 적합하고, 선반 등의 형태는 하부로 물이 침투되는 구조로 해야 한다.

2.1.1 화재조기진압용 SP설비 설치 장소의 구조 적합기준

2.1.1.1) 해당 층의 높이가 <u>13.7</u>m 이하일 것. 다만 <u>2</u>층 이상일 경우에는 해당 층의 바닥을 <u>내화</u>구조로 하고, 다른 부분과 <u>방화</u>구획할 것

2.1.1.2) 천장의 기울기가 <u>1,000분의 168</u>을 초과하지 않아야 하고, 이를 초과하는 경우에는 반자를 지면과 수평으로 설치할 것

2.1.1.3) <u>천장</u>은 <u>평평</u>해야 하며, <u>철재</u>나 <u>목재트러스</u> 구조인 경우 철재나 목재의 돌출 부분이 <u>102</u>mm를 초과하지 않을 것

2.1.1.4) 보로 사용되는 목재·콘크리트 및 철재 사이의 간격이 <u>0.9</u>m 이상 <u>2.3</u>m 이하일 것. 다만 보의 간격이 2.3m

ESFR 설치장소의 구조

암기
1. 사장님인 고두심(13.7) 이 2명의 안내인과 랙크식 창고를 방문하였다.
2. 천(1000) 가방을(168) 메고 왔다.
3. 천장의 평평한 곳에서 돌출된 철목 빼기(102)작업이 진행 중이었는데
4. 거기에 영구(0.9)가 있었고 이상(2.3)하게 웃으며 이빨(28)을 보였다.
5. 영구의 땀방울이 선반하부로 떨어졌다.(침투)

이상인 경우에는 화재조기진압용 스프링클러헤드의 동작을 원활히 하기 위해 보로 구획된 부분의 천장 및 반자의 넓이가 28m² 를 초과하지 않을 것

2.1.1.5) 창고 내의 선반 등의 형태는 하부로 물이 침투되는 구조로 할 것

2.2 수원

2.2.1 화재조기진압용 스프링클러설비의 수원 [23점응용]

수리학적으로 가장 먼 가지배관 3개에 각각 4개의 스프링클러헤드가 동시에 개방되었을 때 헤드선단의 압력이 [표 2.2.1]에 따른 값 이상으로 60분간 방사할 수 있는 양 이상으로 계산식은 식 (2.2.1)과 같다.

[표 2.2.1] 화재조기진압용 스프링클러헤드의 최소방사압력(MPa)

최대 층고 [m]	최대 저장 높이 [m]	헤드의 최소방사압력(Mpa)				
		K=360 하향식	K=320 하향식	K=240 하향식	K=240 상향식	K=200 하향식
13.7	12.2	0.28	0.28	-	-	-
13.7	10.7	0.28	0.28	-	-	-
12.2	10.7	0.17	0.28	0.36	0.36	0.52
10.7	9.1	0.14	0.24	0.36	0.36	0.52
9.1	7.6	0.10	0.17	0.24	0.24	0.34

$$Q = 12 \times 60 \times K\sqrt{10P} \quad \cdots (2.2.1)$$

Q : 수원의 양(ℓ)
K : 상수(ℓ/min/MPa$^{\frac{1}{2}}$)
P : 헤드선단 압력(MPa)
12개 헤드 = 가지배관 3개 × 헤드수 4개

🌀 가장 먼 가지배관의 12개 헤드

암기 $Q = 12 \times 60 \times K\sqrt{10P}$
(하루에 4끼 먹는 아기돼지 3형제 식사시간 60분! 밥그릇이 k커서 식비 (10P)가 많이 든다)

2.2.2 옥상수조

화재조기진압용 스프링클러설비의 수원은 2.2.1에 따라 산출된 유효수량 외에 유효수량의 3분의 1 이상을 옥상(화재조기진압용 스프링클러설비가 설치된 건축물의 주된 옥상을 말한다. 이하 같다)에 설치해야 한다. 다만 다음의 어느 하나에 해당하는 경우에는 그렇지 않다.

(1) 옥상이 없는 건축물 또는 공작물
(2) 지하층만 있는 건축물

🌀 ESFR 옥상수조의 제외
암기 옥고가 높지 별10
(조기진압할 곳은 옥고가 높지 별10)

(3) 2.3.2에 따른 고가수조를 가압송수장치로 설치한 경우
(4) 수원이 건축물의 최상층에 설치된 헤드보다 높은 위치에 설치된 경우
(5) 건축물의 높이가 지표면으로부터 10m 이하인 경우
(6) 주펌프와 동등 이상의 성능이 있는 별도의 펌프로서 내연기관의 기동과 연동하여 작동되거나 비상전원을 연결하여 설치한 경우
(7) 2.3.4에 따라 가압수조를 가압송수장치로 설치한 경우

2.2.3 옥상수조 겸용

옥상수조 겸용

옥상수조(2.2.1에 따라 산출된 유효수량의 3분의 1 이상을 옥상에 설치한 설비를 말한다. 이하 같다)는 이와 연결된 배관을 통하여 상시 소화수를 공급할 수 있는 구조의 특정소방대상물의 경우에는 2 이상의 특정소방대상물이 있더라도 하나의 특정소방대상물에만 이를 설치할 수 있다.

2.2.4 수원을 수조로 설치하는 경우

화재조기진압용 스프링클러설비의 수원을 수조로 설치하는 경우에는 소화설비의 전용수조로 해야 한다. 다만 다음의 어느 하나에 해당하는 경우에는 그렇지 않다.

2.2.4.1) 화재조기진압용 스프링클러설비용 펌프의 풋밸브 또는 흡수배관의 흡수구(수직회전축펌프의 흡수구를 포함한다. 이하 같다)를 다른 설비(소화용 설비 외의 것을 말한다. 이하 같다)의 풋밸브 또는 흡수구보다 낮은 위치에 설치한 때

2.2.4.2) 2.3.2에 따른 고가수조로부터 화재조기진압용 스프링클러설비의 수직배관에 물을 공급하는 급수구를 다른 설비의 급수구보다 낮은 위치에 설치한 때

2.2.5 유효수량

유효수량
암기 풋흡급 사이

2.2.1 및 2.2.2에 따른 저수량을 산정함에 있어서 다른 설비와 겸용하여 화재조기진압용 스프링클러설비용 수조를 설치하는 경우에는 화재조기진압용 스프링클러설비의 풋밸브·흡수구 또는 수직배관의 급수구와 다른 설비의 풋밸브·흡수구 또는 수직배관의 급수구와의 사이의 수량을 그 유효수량으로 한다.

2.2.6 수조의 설치기준

2.2.6.1) 점검에 편리한 곳에 설치할 것

2.2.6.2) 동결방지조치를 하거나 동결의 우려가 없는 장소에 설치할 것

2.2.6.3) 수조의 외측에 수위계를 설치할 것. 다만 구조상 불가피한 경우에는 수조의 맨홀 등을 통하여 수조 안의 물의 양을 쉽게 확인할 수 있도록 해야 한다.

2.2.6.4) 수조의 상단이 바닥보다 높은 때에는 수조의 외측에 고정식 사다리를 설치할 것

2.2.6.5) 수조가 실내에 설치된 때에는 그 실내에 조명설비를 설치할 것

2.2.6.6) 수조의 밑 부분에는 청소용 배수밸브 또는 배수관을 설치할 것

2.2.6.7) 수조 외측의 보기 쉬운 곳에 "화재조기진압용 스프링클러설비용 수조"라고 표시한 표지를 할 것. 이 경우 그 수조를 다른 설비와 겸용하는 때에는 그 겸용되는 설비의 이름을 표시한 표지를 함께 해야 한다.

2.2.6.8) 소화설비용 펌프의 흡수배관 또는 소화설비의 수직배관과 수조의 접속부분에는 "화재조기진압용 스프링클러설비용 배관"이라고 표시한 표지를 할 것. 다만 수조와 가까운 장소에 소화설비용 펌프가 설치되고 해당 펌프에 2.3.1.13에 따른 표지를 설치한 때에는 그렇지 않다.

🔔 수조

암기 점동조 수고표 배표
(이미지 속 물건 위치를 기억하세요)

2.3 가압송수장치

2.3.1 펌프 방식

전동기 또는 내연기관에 따른 펌프를 이용하는 가압송수장치는 다음의 기준에 따라 설치해야 한다.

2.3.1.1) 쉽게 접근할 수 있고, 점검하기에 충분한 공간이 있는 장소로서 화재 및 침수 등의 재해로 인한 피해를 받을 우려가 없는 곳에 설치할 것

2.3.1.2) 동결방지조치를 하거나 동결의 우려가 없는 장소에 설치할 것

2.3.1.3) 펌프는 전용으로 할 것. 다만 다른 소화설비와 겸용하는 경우 각각의 소화설비의 성능에 지장이 없을 때에는 그렇지 않다

🔔 펌프 주변 배관

펌프의 성능 및 유량측정장치

압력챔버

물올림 장치

암기 물올림 수조 유일(1) 15 계속

2.3.1.4) 펌프의 토출 측에는 압력계를 체크밸브 이전에 펌프 토출 측 플랜지에서 가까운 곳에 설치하고, 흡입 측에는 연성계 또는 진공계를 설치할 것. 다만 수원의 수위가 펌프의 위치보다 높거나 수직회전축펌프의 경우에는 연성계 또는 진공계를 설치하지 않을 수 있다.

2.3.1.5) **펌프의 성능**
펌프의 성능은 체절운전 시 정격토출압력의 <u>140%</u>를 초과하지 않고, 정격토출량의 <u>150%</u>로 운전 시 정격토출압력의 <u>65%</u> 이상이 되어야 하며, 펌프의 성능을 시험할 수 있는 성능시험배관을 설치할 것. 다만 충압펌프의 경우에는 그렇지 않다.

2.3.1.6) **순환배관**
가압송수장치에는 체절운전 시 수온의 상승을 방지하기 위한 순환배관을 설치할 것. 다만 충압펌프의 경우에는 그렇지 않다.

2.3.1.7) **기동장치**
기동장치로는 기동용수압개폐장치 또는 이와 동등 이상의 성능이 있는 것을 설치할 것

2.3.1.8) **압력챔버**
기동용수압개폐장치 중 압력챔버를 사용할 경우 그 용적은 100L 이상의 것으로 할 것

2.3.1.9) **물올림장치**
수원의 수위가 펌프보다 낮은 위치에 있는 가압송수장치에는 다음의 기준에 따른 물올림장치를 설치할 것
2.3.1.9.1. **물올림**장치에는 **전용**의 **수조**를 설치할 것
2.3.1.9.2. 수조의 **유효**수량은 <u>100</u>L 이상으로 하되, 구경 <u>15</u>mm 이상의 급수배관에 따라 해당 수조에 물이 계속 보급되도록 할 것

2.3.1.10) **성능**
2.2.1의 방수량 및 헤드선단의 압력을 충족할 것

2.3.1.11) **충압펌프**
기동용수압개폐장치를 기동장치로 사용할 경우에는 다음의 기준에 따른 충압펌프를 설치할 것
2.3.1.11.1. 펌프의 토출압력은 그 설비의 최고위 살수장치의 자연압보다 적어도 0.2MPa이 더 크도록 하거나 가압송수장치의 정격토출압력과 같게 할 것

2.3.1.11.2. 펌프의 정격토출량은 정상적인 누설량보다 적어서는 안 되며, 화재조기진압용 스프링클러설비가 자동적으로 작동할 수 있도록 충분한 토출량을 유지할 것

2.3.1.12) 내연기관을 사용하는 경우의 적합 기준
내연기관을 사용하는 경우에는 제어반에 따라 내연기관의 자동기동 및 수동기동이 가능하고, 상시 충전되어 있는 축전지설비를 갖출 것

2.3.1.13) 표지
가압송수장치에는 "화재조기진압용 스프링클러펌프"라고 표시한 표지를 할 것. 이 경우 그 가압송수장치를 다른 설비와 겸용하는 때에는 그 겸용되는 설비의 이름을 표시한 표지를 함께 해야 한다.

2.3.1.14) 자동정지 금지
가압송수장치가 기동이 된 경우에는 자동으로 정지되지 않도록 할 것. 다만 충압펌프의 경우에는 그렇지 않다.

2.3.1.15) 펌프의 재질
가압송수장치는 부식 등으로 인한 펌프의 고착을 방지할 수 있도록 다음의 기준에 적합한 것으로 할 것. 다만 충압펌프는 제외한다.

2.3.1.15.1. **임펠러**는 **청**동 또는 **스**테인리스 등 **부**식에 **강**한 재질을 사용할 것

2.3.1.15.2. 펌프**축**은 **스**테인리스 등 **부**식에 **강**한 재질을 사용할 것

2.3.2 고가수조의 자연낙차를 이용한 가압송수장치

2.3.2.1) 고가수조의 자연낙차수두(수조의 하단으로부터 최고층에 설치된 헤드까지의 수직거리) 산출식

$$H = h_1 + h_2 \quad \cdots (2.3.2.1)$$

여기에서 H : 필요한 낙차(m)
h_1 : 배관의 마찰손실수두(m)
h_2 : 표2.2.1에 따른 최소방사압력의 환산수두(m)

2.3.2.2) 고가수조에는 **수**위계·**배**수관·**급**수관·**오**버플로우관 및 **맨**홀을 설치할 것

충압펌프

내연기관
암기 제자수 상시충

고가수조
암기 수배급 오버맨

🚒 압력수조 방식

암기 수급배급 맨압안자

🚒 가압수조 방식

암기 [가] 2방성
(가시방석)

※ (2.4)의 성능기준에는 밑줄 친 부분이 없다.

🚒 방호구역 · 유수검지장치
암기 3 1 2 실물자

3. 2개 층에 미치지 말 것,
10개 이하: 3개 층

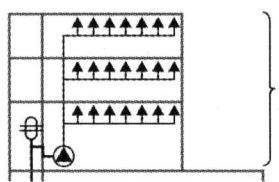

2.3.3 압력수조를 이용한 가압송수장치 설치기준

2.3.3.1) 압력수조의 압력 산출식

$$P = P_1 + P_2 + P_3 \, [MPa] \quad \cdots (2.3.3.1)$$

여기에서 P : 필요한 압력(MPa)
P_1 : 낙차의 환산 수두압(MPa)
P_2 : 배관의 마찰 손실 수두압(MPa)
P_3 : 표2.2.1에 의한 최소방사압력(MPa)

2.3.3.2) 압력수조에는 <u>수위계·급수관·배수관·급기관·맨홀·압력계·안전장치</u> 및 압력저하 방지를 위한 <u>자동식 공기압축기</u>를 설치할 것

2.3.4 가압수조를 이용한 가압송수장치 설치기준

2.3.4.1) 가압수조의 압력은 2.3.1.10에 따른 방수압 및 방수량을 20분 이상 유지되도록 할 것

2.3.4.2) 가압수조 및 가압원은 「건축법 시행령」 제46조에 따른 방화구획된 장소에 설치할 것

2.3.4.3) 가압수조를 이용한 가압송수장치는 소방청장이 정하여 고시한 「가압수조식가압송수장치의 성능인증 및 제품검사의 기술기준」에 적합한 것으로 설치할 것

2.4 방호구역 · 유수검지장치

2.4.1 화재조기진압용 스프링클러설비의 **방호구역**(화재조기진압용 스프링클러설비의 소화범위에 포함된 영역을 말한다. 이하 같다) 및 유수검지장치는 다음 각 호의 기준에 적합해야 한다.

2.4.1.1) 하나의 방호구역의 바닥면적은 3,000m²를 초과하지 않을 것

2.4.1.2) 하나의 방호구역에는 1개 이상의 유수검지장치를 설치하되, 화재 시 접근이 쉽고 점검하기 편리한 장소에 설치할 것

2.4.1.3) 하나의 방호구역은 2개 층에 미치지 않도록 할 것. 다만 <u>1개 층에 설치되는 화재조기진압용 스프링클러헤드의 수가 10개 이하인 경우에는 3개 층 이내로 할 수 있다.</u>※

2.4.1.4) 유수검지장치를 실내에 설치하거나 보호용 철망 등으로 구획하여 바닥으로부터 0.8m 이상 1.5m 이하

의 위치에 설치하되, 그 실 등에는 가로 0.5m 이상 세로 1m 이상의 개구부로서 그 개구부에는 출입문을 설치하고, 그 출입문 상단에 "유수검지장치실"이라고 표시한 표지를 설치할 것. <u>다만 유수검지장치를 기계실(공조용기계실을 포함한다) 안에 설치하는 경우에는 별도의 실 또는 보호용 철망을 설치하지 않고 기계실 출입문 상단에 "유수검지장치실"이라고 표시한 표지를 설치할 수 있다.</u>※

4. 실내보호 815 개0.5×1 표지
⑥ 기계실에는 표지만

2.4.1.5) 화재조기진압용 스프링클러헤드에 공급되는 물은 유수검지장치를 지나도록 할 것. <u>다만 송수구를 통하여 공급되는 물은 그렇지 않다.</u>※

2.4.1.6) 자연낙차에 따른 압력수가 흐르는 배관 상에 설치된 유수검지장치는 소화수의 방수 시 물의 흐름을 검지할 수 있는 최소한의 압력이 얻어질 수 있도록 수조의 하단으로부터 낙차를 두어 설치할 것

2.5 배관

2.5.1 습식 사용

화재조기진압용 스프링클러설비의 배관은 습식으로 해야 한다.

2.5.2 사용압력에 따른 배관 및 배관이음쇠의 종류

배관과 배관이음쇠는 다음의 어느 하나에 해당하는 것 또는 동등 이상의 강도·내식성 및 내열성 등을 국내·외 공인기관으로부터 인정받은 것을 사용해야 하고, 배관용 스테인리스 강관(KS D 3576)의 이음을 용접으로 할 경우에는 텅스텐 불활성 가스 아크 용접(Tungsten Inertgas Arc Welding)방식에 따른다. 다만 2.5에서 정하지 않은 사항은 「건설기술 진흥법」 제44조제1항의 규정에 따른 "건설기준"에 따른다.

2.5.2.1. 배관 내 사용압력이 1.2MPa 미만일 경우에는 다음의 어느 하나에 해당하는 것

 (1) 배관용 탄소 강관(KS D 3507)
 (2) 이음매 없는 구리 및 구리합금관(KS D 5301). 다만 습식의 배관에 한한다.
 (3) 배관용 스테인리스 강관(KS D 3576) 또는 일반 배관용 스테인리스 강관(KS D 3595)

🚒 배관과 배관이음쇠
암기 [1.2MPa 미만]
(1월2일 전날 회사에서
KS D 35**(코스닥 배탄 삼오회)
공치(07)는 날!
날씨가 구리구리 오삼공일 습해서
스트레스 출력(76) 일 구요(95)!
덕분에 타격이 4311(사상일일)최고!)

암기 [1.2MPa 이상]
(1월2일 코스탁 배탄 삼오회 회사앞에
압,력이(62) 들어옴!
이크! 팔(8)아야 산(3)다)

🧯 소방용 합성수지배관

암기 지덕천 준수

🧯 급수배관(점선)

🧯 흡입 측 배관

암기 공여 수펌 각별
(공여한 수퍼와 각별한 관계이다)

(4) 덕타일 주철관(KS D 4311)

2.5.2.2. 배관 내 사용압력이 1.2MPa 이상일 경우에는 다음의 어느 하나에 해당하는 것
(1) 압력 배관용 탄소 강관(KS D 3562)
(2) 배관용 아크용접 탄소강 강관(KS D 3583)

2.5.3 소방용 합성수지배관으로 설치 가능한 장소

2.5.3.1) 배관을 지하에 매설하는 경우

2.5.3.2) 다른 부분과 내화구조로 구획된 덕트 또는 피트의 내부에 설치하는 경우

2.5.3.3) 천장(상층이 있는 경우에는 상층바닥의 하단을 포함한다. 이하 같다)과 반자를 불연재료 또는 준불연 재료로 설치하고 소화배관 내부에 항상 소화수가 채워진 상태로 설치하는 경우

2.5.4 급수배관의 설치기준

2.5.4.1) 전용으로 할 것. 다만 화재조기진압용 스프링클러설비의 기동장치의 조작과 동시에 다른 설비의 용도에 사용하는 배관의 송수를 차단할 수 있거나 화재조기진압용 스프링클러설비의 성능에 지장이 없는 경우에는 다른 설비와 겸용할 수 있다.

2.5.4.2) 급수배관에 설치되어 급수를 차단할 수 있는 개폐밸브는 개폐표시형으로 할 것. 이 경우 펌프의 흡입 측 배관에는 버터플라이밸브 외의 개폐표시형밸브를 설치해야 한다.

2.5.4.3) 배관의 구경은 2.2.1에 적합하도록 수리계산에 따라 설치할 것. 다만 수리계산에 따르는 경우 가지배관의 유속은 6m/s, 그 밖의 배관의 유속은 10m/s를 초과할 수 없다.

2.5.5 펌프의 흡입 측 배관의 설치기준

2.5.5.1) 공기고임이 생기지 않는 구조로 하고 여과장치를 설치할 것

2.5.5.2) 수조가 펌프보다 낮게 설치된 경우에는 각 펌프(충압펌프를 포함한다)마다 수조로부터 별도로 설치할 것

2.5.6 〈삭제 2024.7.1.〉

2.5.7 펌프의 성능시험배관 적합기준

펌프의 성능시험배관은 다음의 기준에 적합하도록 설치해야 한다.

2.5.7.1) 성능시험배관은 펌프의 토출 측에 설치된 개폐밸브 이전에서 분기하여 직선으로 설치하고, 유량측정장치를 기준으로 전단 직관부에는 개폐밸브를 후단 직관부에는 유량조절밸브를 설치할 것. 이 경우 개폐밸브와 유량측정장치 사이의 직관부 거리 및 유량측정장치와 유량조절밸브 사이의 직관부 거리는 해당 유량측정장치 제조사의 설치사양에 따르고, 성능시험배관의 호칭지름은 유량측정장치의 호칭지름에 따른다.

2.5.7.2) 유량측정장치는 펌프의 정격토출량의 175% 이상까지 측정할 수 있는 성능이 있을 것

성능시험배관

암기 토개전분 전직개 후유조, 개유직, 유유직, 해제설사, 호호, 175성능

2.5.8 순환배관

가압송수장치의 체절운전 시 수온의 상승을 방지하기 위하여 체크밸브와 펌프 사이에서 분기한 구경 20mm 이상의 배관에 체절압력 미만에서 개방되는 릴리프밸브를 설치할 것

2.5.9 동결방지

배관은 동결방지조치를 하거나 동결의 우려가 없는 장소에 설치해야 한다. 다만 보온재를 사용할 경우에는 난연재료 성능 이상의 것으로 해야 한다.

2.5.10 가지배관의 배열기준※ [21설]

2.5.10.1) 토너먼트(Tournament) 배관방식이 아닐 것.

2.5.10.2) 가지배관 사이의 거리는 2.4m 이상 3.7m 이하로 할 것. 다만 천장의 높이가 9.1m 이상 13.7m 이하인 경우에는 2.4m 이상 3.1m 이하로 한다.

2.5.10.3) 교차배관에서 분기되는 지점을 기점으로 한쪽 가지배관에 설치되는 헤드의 개수(반자 아래와 반자 속의 헤드를 하나의 가지배관상에 병설하는 경우에는 반자 아래에 설치하는 헤드의 개수)는 8개 이하로 할 것. 다만 다음의 어느 하나에 해당하는 경우에는 그렇지 않다.

가지배관 사이의 거리

암기 고두심(13.7)과 계약이 31일에 끝나서 9.1일에 삼촌(3.7)이 이사(2.4) 간다.

2.5.10.3.1. 기존의 방호구역 안에서 칸막이 등으로 구획하여 1개의 헤드를 증설하는 경우

2.5.10.3.2. 격자형 배관방식(2 이상의 수평주행배관 사이를 가지배관으로 연결하는 방식을 말한다)을 채택하는 때에는 펌프의 용량, 배관의 구경 등을 수리학적으로 계산한 결과 헤드의 방수압 및 방수량이 소화목적을 달성하는 데 충분하다고 인정되는 경우. 다만 중앙소방기술심의위원회 또는 지방소방기술심의위원회의 심의를 거친 경우에 한정한다.

2.5.10.4) 가지배관과 헤드 사이의 배관을 신축배관으로 하는 경우에는 소방청장이 정하여 고시한 「스프링클러설비 신축배관의 성능인증 및 제품검사의 기술기준」에 적합한 것으로 설치할 것. 이 경우 신축배관의 설치 길이는 「스프링클러설비의 화재안전기술기준(NFTC 103)」의 2.7.3의 거리를 초과하지 않을 것

2.5.11 교차배관의 위치·청소구 및 가지배관의 헤드 설치※

2.5.11.1) 교차배관은 가지배관과 수평으로 설치하거나 또는 가지배관 밑에 설치하고, 그 구경은 2.5.4.3에 따르되, 최소구경이 40mm 이상이 되도록 할 것

2.5.11.2) 청소구는 교차배관 끝에 40mm 이상 크기의 개폐밸브를 설치하고, 호스접결이 가능한 나사식 또는 고정배수 배관식으로 할 것. 이 경우 나사식의 개폐밸브는 옥내소화전 호스접결용의 것으로 하고, 나사보호용의 캡으로 마감해야 한다.

2.5.11.3) 하향식헤드를 설치하는 경우에 가지배관으로부터 헤드에 이르는 헤드접속배관은 가지배관 상부에서 분기할 것. 다만 소화설비용 수원의 수질이 「먹는물관리법」 제5조에 따라 먹는물의 수질기준에 적합하고 덮개가 있는 저수조로부터 물을 공급받는 경우에는 가지배관의 측면 또는 하부에서 분기할 수 있다.

2.5.12 유수검지장치를 시험할 수 있는 시험장치

2.5.12.1) 유수검지장치 2차 측 배관에 연결하여 설치할 것

2.5.12.2) 시험장치 배관의 구경은 32mm 이상으로 하고, 그 끝에 개폐밸브 및 개방형헤드 또는 화재조기진압용 스프링클러헤드와 동등한 방수성능을 가진 오리피

※ (2.5.10)의 성능기준
⑩ 가지배관의 배열은 다음 각 호의 기준에 따른다.
1. 토너먼트(tournament)방식이 아닐 것
2. 가지배관 사이의 거리는 2.4미터 이상 3.7미터 이하로 할 것
3. 교차배관에서 분기되는 지점을 기점으로 한쪽 가지배관에 설치되는 헤드의 개수(반자 아래와 반자속의 헤드를 하나의 가지배관 상에 병설하는 경우에는 반자 아래에 설치하는 헤드의 개수)는 8개 이하로 할 것
4. 가지배관과 화재조기진압용 스프링클러헤드 사이의 배관을 신축배관으로 하는 경우에는 소방청장이 정하여 고시한 「스프링클러설비신축배관의 성능인증 및 제품검사의 기술기준」에 적합한 것으로 설치할 것

🚰 교차배관, 청소구, 헤드

※ (2.5.11)의 성능기준
⑪ 교차배관의 위치·청소구 및 가지배관의 헤드설치는 다음 각 호의 기준에 따른다.
1. 교차배관은 가지배관과 수평으로 설치하거나 가지배관 밑에 설치하고, 그 구경은 제4항에 따르되 최소구경이 40밀리미터 이상이 되도록 할 것
2. 청소구는 교차배관 끝에 개폐밸브를 설치하고, 호스접결이 가능한 나사식 또는 고정배수 배관식으로 할 것
3. 하향식헤드를 설치하는 경우에 가지배관으로부터 헤드에 이르는 헤드접속배관은 가지배관 상부에서 분기할 것

스를 설치할 것. 이 경우 개방형헤드는 반사판 및 프레임을 제거한 오리피스만으로 설치할 수 있다.

2.5.12.3) 시험배관의 끝에는 물받이 통 및 배수관을 설치하여 시험 중 방사된 물이 바닥에 흘러내리지 않도록 할 것. 다만 목욕실·화장실 또는 그 밖의 곳으로서 배수처리가 쉬운 장소에 시험배관을 설치한 경우에는 그렇지 않다.

2.5.13 배관에 설치되는 행가의 설치기준

2.5.13.1) 가지배관에는 헤드의 설치지점 사이마다 1개 이상의 행거를 설치하되, 헤드 간의 거리가 3.5m를 초과하는 경우에는 3.5m 이내마다 1개 이상 설치할 것. 이 경우 상향식헤드와 행거 사이에는 8 cm 이상의 간격을 두어야 한다.

2.5.13.2) 교차배관에는 가지배관과 가지배관 사이마다 1개 이상의 행거를 설치하되, 가지배관 사이의 거리가 4.5m를 초과하는 경우에는 4.5m 이내마다 1개 이상 설치할 것

2.5.13.3) 2.5.13.1 및 2.5.13.2의 수평주행배관에는 4.5m 이내마다 1개 이상 설치할 것

2.5.14 수직배수배관

수직배수배관의 구경은 50mm 이상으로 해야 한다.

2.5.15 급수개폐밸브 작동표시 스위치 (탬퍼스위치)

급수배관에 설치되어 급수를 차단할 수 있는 개폐밸브에는 그 밸브의 개폐상태를 감시제어반에서 확인할 수 있도록 급수개폐밸브 작동표시 스위치를 다음의 기준에 따라 설치해야 한다.

2.5.15.1) **급**수개폐밸브가 잠길 경우 탬퍼스위치의 동작으로 인하여 감시제어반 또는 수신기에 **표**시되어야 하며, **경**보음을 발할 것

2.5.15.2) **탬**퍼스위치는 감시제어반 또는 수신기에서 **동**작의 유무 확인과 **동**작시험, 도**통**시험을 할 수 있을 것

2.5.15.3) **급**수개폐밸브의 작동표시 스위치에 사용되는 전기배선은 **내**화전선 또는 **내**열전선으로 설치할 것

🎇 시험장치

암기 연구물

〈시험장치 구경 32mm 이상〉

🎇 행가의 설치

암기 가지 삶어 팔팔, 교수 45
(교수가 사온 가지 삶어 팔팔)

🎇 탬퍼스위치의 설치기준

암기 급탬급, 표경 동동통 내내

2.5.16 배관의 기울기

화재조기진압용 스프링클러설비의 배관은 수평으로 해야 한다. 다만 배관의 구조상 소화수가 남아 있는 곳에는 배수밸브를 설치할 수 있다.

2.5.17 배관의 구분

배관은 다른 설비의 배관과 쉽게 구분이 될 수 있는 위치에 설치하거나 그 배관표면 또는 배관 보온재표면의 색상은 「한국산업표준(배관계의 식별 표시, KS A 0503)」 또는 적색으로 식별이 가능하도록 소방용설비의 배관임을 표시해야 한다.

2.5.18 확관형 분기배관

확관형 분기배관을 사용할 경우에는 소방청장이 정하여 고시한 「분기배관의 성능인증 및 제품검사의 기술기준」에 적합한 것으로 설치해야 한다.

2.6 음향장치 및 기동장치

2.6.1 음향장치 및 기동장치의 설치기준

2.6.1.1) 유수검지장치를 사용하는 설비는 헤드가 개방되면 유수검지장치가 화재신호를 발신하고, 그에 따라 음향장치가 경보되도록 할 것

2.6.1.2) 음향장치는 유수검지장치의 담당구역마다 설치하되 그 구역의 각 부분으로부터 하나의 음향장치까지의 수평거리는 25m 이하가 되도록 할 것

2.6.1.3) 음향장치는 경종 또는 사이렌(전자식 사이렌을 포함한다)으로 하되, 주위의 소음 및 다른 용도의 경보와 구별이 가능한 음색으로 할 것. <u>이 경우 경종 또는 사이렌은 자동화재탐지설비·비상벨설비 또는 자동식 사이렌설비의 음향장치와 겸용할 수 있다.</u>*

2.6.1.4) 주음향장치는 수신기의 내부 또는 그 직근에 설치할 것

2.6.1.5)*층수가 11층(공동주택의 경우 16층) 이상의 특정소방대상물은 다음의 기준에 따라 경보를 발할 수 있도록 해야 한다.

    2.6.1.5.1. 2층 이상의 층에서 발화한 때에는 발화층 및 그 직상 4개 층에 경보를 발할 수 있도록 할 것

※ (2.6.1.3)의 성능기준에는 밑줄 친 부분이 없다.

※ (2.6.1.5)의 성능기준
5. 층수가 11층(공동주택의 경우에는 16층) 이상의 특정소방대상물은 발화층에 따라 경보하는 층을 달리하여 경보를 발할 수 있도록 할 것

2.6.1.5.2. 1층에서 발화한 때에는 발화층·그 직상 4개 층 및 지하층에 경보를 발할 수 있도록 할 것

2.6.1.5.3. 지하층에서 발화한 때에는 발화층·그 직상층 및 기타의 지하층에 경보를 발할 수 있도록 할 것

2.6.1.6) 음향장치는 다음의 기준에 따른 구조 및 성능의 것으로 할 것

2.6.1.6.1. 정격전압의 80% 전압에서 음향을 발할 수 있는 것으로 할 것

2.6.1.6.2. 음향의 크기는 부착된 음향장치의 중심으로부터 1m 떨어진 위치에서 90dB 이상이 되는 것으로 할 것

2.6.2 펌프의 작동

화재조기진압용 스프링클러설비의 가압송수장치로서 펌프가 설치되는 경우에는 그 펌프의 작동은 유수검지장치의 발신이나 기동용수압개폐장치에 따라 작동되거나 또는 이 두 가지의 혼용에 따라 작동될 수 있도록 해야 한다.

2.7 헤드

2.7.1 화재조기진압용 스프링클러헤드의 적합 기준

2.7.1.1) 헤드 하나의 **방호면적**은 $6.0m^2$ 이상 $9.3m^2$ 이하로 할 것

2.7.1.2) 가지배관의 **헤드 사이의 거리**는 천장의 높이가 $9.1m$ 미만인 경우에는 $2.4m$ 이상 $3.7m$ 이하로, $9.1m$ 이상 $13.7m$ 이하인 경우에는 $3.1m$ 이하로 할 것

2.7.1.3) 헤드의 **반사판**은 천장 또는 반자와 **평행**하게 설치하고 **저장물**의 최상부와 $914mm$ 이상 확보되도록 할 것

2.7.1.4) **하향식** 헤드의 **반사판**의 위치는 천장이나 반자 아래 $125mm$ 이상 $355mm$ 이하일 것

2.7.1.5) 상향식 헤드의 감지부 **중앙**은 천장 또는 반자와 $101mm$ 이상 $152mm$ 이하이어야 하며, **반사판**의 위치는 스프링클러**배관**의 윗부분에서 최소 $178mm$ 상부에 설치되도록 할 것

🚒 **우선경보방식**

암기 114 (공주16)

🚒 **헤드의 설치기준**

암기 1. 헤드가 있는 작은 면적의 방 (6)에 자두(9.3)가 있다

암기 2. 고두심(13.7)과 계약이 31일 끝나서 9.1일에 삼촌(3.7)이 이사(2.4)간다.

암기 3. 평생 자기랑(914)
암기 4. 하향 귤나무(125) 도매몰(355)

암기 5. 상향한 중앙 경찰관(101)~굿모닝(152) 말하자 반사회적인 최씨가 가시요(178) 했다.

암기 6. 벽에 서있던 경찰님(102)에게 반(1/2)했네

암기 7. 작은 사람(74)들이 주위에서 "상판(38)을 보니 공시출신이구먼"

※ (2.7.1.7)의 성능기준에는 밑줄 친 부분이 없다.

2.7.1.6) 헤드와 **벽과의 거리**는 헤드 상호 간 거리의 <u>**2분의 1**</u>을 초과하지 않아야 하며, 최소 <u>102</u>mm 이상일 것

2.7.1.7) 헤드의 **작동온도**는 <u>74</u>℃ 이하일 것. <u>다만 헤드 주위의 온도가 38℃ 이상의 경우에는 그 온도에서의 화재시험 등에서 헤드작동에 관하여 공인기관의 시험을 거친 것을 사용할 것</u> ※

2.7.1.8) 헤드의 살수분포에 장애를 주는 **장애물**이 있는 경우에는 다음의 어느 하나에 적합할 것

[그림 2.7.1.8(1)] 보 또는 기타 장애물 위에 헤드가 설치된 경우의 반사판 위치 ([그림 2.7.1.8(3)] 또는 [표 2.7.1.8(1)]을 함께 사용할 것)

[그림 2.7.1.8(2)] 장애물이 헤드 아래에 연속적으로 설치된 경우의 반사판 위치 ([그림 2.7.1.8(3)] 또는 [표 2.7.1.8(1)]을 함께 사용할 것)

[그림 2.7.1.8(3)] 장애물 아래에 설치되는 헤드 반사판의 위치

[표 2.7.1.8(1)] 보 또는 기타 장애물 아래에 헤드가 설치된 경우의 반사판 위치

장애물과 헤드 사이의 수평거리	장애물의 하단과 헤드의 반사판 사이의 수직거리
0.3m 미만	0mm
0.3m 이상 ~ 0.5m 미만	40mm
0.5m 이상 ~ 0.7m 미만	75mm
0.7m 이상 ~ 0.8m 미만	140mm
0.8m 이상 ~ 0.9m 미만	200mm
1.0m 이상 ~ 1.1m 미만	250mm
1.1m 이상 ~ 1.2m 미만	300mm
1.2m 이상 ~ 1.4m 미만	380mm
1.4m 이상 ~ 1.5m 미만	460mm
1.5m 이상 ~ 1.7m 미만	560mm
1.7m 이상 ~ 1.8m 미만	660mm
1.8m 이상	790mm

[표 2.7.1.8(2)] 저장물 위에 장애물이 있는 경우의 헤드의 설치기준

장애물의 류(폭)		조건
돌출 장애물	0.6m 이하	1. 표 2.7.1.8(1) 또는 그림 2.7.1.8(2)에 적합하거나 2. 장애물의 끝부근에서 헤드 반사판까지의 수평거리가 0.3m 이하로 설치할 것
	0.6m 초과	표 2.7.1.8(1) 또는 그림 2.7.1.8(3)에 적합할 것
연속 장애물	5cm 이하	1. 표 2.7.1.8(1) 또는 그림 2.7.1.8(3)에 적합하거나 2. 장애물이 헤드 반사판 아래 0.6m 이하로 설치된 경우는 허용한다.
	5cm 초과 ~ 0.3m 이하	1. 표 2.7.1.8(1) 또는 그림 2.7.1.8(3)에 적합하거나 2. 장애물의 끝부근에서 헤드 반사판까지의 수평거리가 0.3m 이하로 설치할 것
	0.3m 초과 ~ 0.6m 이하	1. 표 2.7.1.8(1) 또는 그림 2.7.1.8(3)에 적합하거나 2. 장애물이 끝부근에서 헤드 반사판까지의 수평거리가 0.6m 이하로 설치할 것
	0.6m 초과	1. 표 2.7.1.8(1) 또는 그림 2.7.1.8(3)에 적합하거나 2. 장애물이 평편하고 견고하며 수평적인 경우에는 저장물의 최상단과 헤드반사판의 간격이 0.9m 이하로 설치할 것 3. 장애물이 평편하지 않거나 비연속적인 경우에는 저장물 아래에 평편한 판을 설치한 후 헤드를 설치할 것

2.7.1.8.1. 천장 또는 천장근처에 있는 장애물과 반사판의 위치는 그림 2.7.1.8(1) 또는 그림 2.7.1.8(2)와 같이 하며, 천장 또는 천장근처에 보·덕트·기둥·난방기구·조명기구·전선관 및 배관 등의 기타 장애물이 있는 경우에는 장애물과 헤드 사이의 수평거리에 따른 장애물의 하단과 그보다 윗부분에 설치되는 헤드 반사판 사이의 수직거리는 [표 2.7.1.8(1)] 또는 그림 2.7.1.8(3)에 따를 것

2.7.1.8.2. 헤드 아래에 덕트·전선관·난방용배관 등이 설치되어 헤드의 살수를 방해하는 경우에는 [표 2.7.1.8(1)] 또는 그림 2.7.1.8(3)에 따를 것. 다만 2개 이상의 헤드의 살수를 방해하는 경우에는 [표 2.7.1.8(2)]를 참고로 한다.

2.7.1.9) 상부에 설치된 헤드의 방출수에 따라 감열부에 영향을 받을 우려가 있는 헤드에는 방출수를 차단할 수 있는 유효한 차폐판을 설치할 것

2.8 저장물의 간격

2.8.1 저장물품 사이의 간격은 모든 방향에서 152mm 이상의 간격을 유지해야 한다.

2.9 환기구※

2.9.1 화재조기진압용 스프링클러설비의 환기구는 다음의 기준에 적합해야 한다.

2.9.1.1) 공기의 유동으로 인하여 헤드의 작동온도에 영향을 주지 않는 구조 및 위치일 것

2.9.1.2) 화재감지기와 연동하여 동작하는 자동식 환기장치를 설치하지 않을 것. 다만 자동식 환기장치를 설치할 경우에는 최소작동온도가 180℃ 이상일 것

2.10 송수구※

2.10.1 화재조기진압용 스프링클러설비에는 소방차로부터 그 설비에 송수할 수 있는 송수구를 다음의 기준에 따라 설치해야 한다.

🚰 2.7.1.8 [장애물과 반사판]
① 천장, 천장근처의 장애물과 반사판의 위치:
그림 2.7.1.8(1) 또는
그림 2.7.1.8(2)

② 천장, 천장 근처 장애물 하단과 헤드 반사판과 수평거리, 수직거리:
표 2.7.1.8(1) 또는
그림 2.7.1.8(3)

③ 헤드 아래의 덕트, 전선관, 배관등:
표 2.7.1.8(1) 또는
그림 2.7.1.8(3)

④ 2개 이상의 헤드의 살수방해:
표 2.7.1.8(2)

🚰 저장물의 간격
암기 가마니
(저장물 사이에 ㄱㅁㄴ(152) 깔기)

※ (2.9)의 성능기준
화재조기진압용 스프링클러설비의 환기구는 공기의 유동으로 인하여 헤드의 작동온도에 영향을 주지 않는 구조 및 위치에 설치해야 한다.

🚰 환기구
암기 공기화재(공유헤 작온 영향구위, 화연 자동환기X 18)

※ (2.10)의 성능기준
(= 스프링클러설비의 송수구 성능기준)
제13조(송수구) 화재조기진압용 스프링클러설비에는 소방차로부터 그 설비에 송수할 수 있는 송수구를 다음 각 호의 기준에 따라 설치해야 한다.
1. 송수구는 송수 및 그 밖의 소화작업에 지장을 주지 않도록 설치할 것
2. 송수구로부터 주배관에 이르는 연결배관에는 개폐밸브를 설치하지 않을 것
3. 구경 65밀리미터의 쌍구형으로 할 것
4. 송수구에는 그 가까운 곳의 보기 쉬운 곳에 송수압력범위를 표시한 표지를 할 것
5. 송수구는 하나의 층의 바닥면적이 3,000제곱미터를 넘을 때마다 1개(5개를 넘을 경우에는 5개로 한다) 이상을 설치할 것
6. 지면으로부터 높이가 0.5미터 이상 1미터 이하의 위치에 설치할 것
7. 송수구의 가까운 부분에 자동배수밸브(또는 직경 5밀리미터의 배수공) 및 체크밸브를 설치할 것
8. 송수구에는 이물질을 막기 위한 마개를 씌울 것

🛑 스프링클러 송수구

암기

①접화 ②개폐 ④65쌍구만
③높이 ⑤자체 ⑥마개
⑦송수압력 표지
⑧3,000마다(최대 5)

2.10.1.1) 소방차가 쉽게 접근할 수 있고 잘 보이는 장소에 설치하고, 화재층으로부터 지면으로 떨어지는 유리창 등이 송수 및 그 밖의 소화작업에 지장을 주지 않는 장소에 설치할 것※

2.10.1.2) 송수구로부터 화재조기진압용 스프링클러설비의 주배관에 이르는 연결배관에 개폐밸브를 설치한 때에는 그 개폐상태를 쉽게 확인 및 조작할 수 있는 옥외 또는 기계실 등의 장소에 설치할 것※

2.10.1.3) 송수구는 구경 65mm의 쌍구형으로 할 것

2.10.1.4) 송수구에는 그 가까운 곳의 보기 쉬운 곳에 송수압력 범위를 표시한 표지를 할 것

2.10.1.5) 송수구는 하나의 층의 바닥면적이 3,000m²를 넘을 때마다 1개 이상(5개를 넘을 경우에는 5개로 한다)을 설치할 것

2.10.1.6) 지면으로부터 높이가 0.5m 이상 1m 이하의 위치에 설치할 것

2.10.1.7) 송수구의 부근에는 자동배수밸브(또는 직경 5mm의 배수공) 및 체크밸브를 다음의 기준에 따라 설치할 것. 이 경우 자동배수밸브는 배관 안의 물이 잘 빠질 수 있는 위치에 설치하되, 배수로 인하여 다른 물건이나 장소에 피해를 주지 않아야 한다.※

2.10.1.8) 송수구에는 이물질을 막기 위한 마개를 씌울 것

2.11 전원※

2.11.1 상용전원회로 배선의 설치기준

화재조기진압용 스프링클러설비에는 다음의 기준에 따른 상용전원회로의 배선을 설치해야 한다. 다만 가압수조방식으로서 모든 기능이 20분 이상 유효하게 지속될 수 있는 경우에는 그렇지 않다.

2.11.1.1) 저압수전인 경우에는 인입개폐기의 직후에서 분기하여 전용배선으로 해야 하며, 전용의 전선관에 보호되도록 할 것

2.11.1.2) 특별고압수전 또는 고압수전일 경우에는 전력용 변압기 2차 측의 주차단기 1차 측에서 분기하여 전용배선으로 하되, 상용전원의 상시 공급에 지장이 없

을 경우에는 **주차단기 2**차 측에서 **분기**하여 **전용**배선으로 할 것. 다만 가압송수장치의 정격입력전압이 수전전압과 같은 경우에는 2.11.1.1의 기준에 따른다.

2.11.2 비상전원의 종류

화재조기진압용 스프링클러설비에는 **자가발전설비**, **축전지설비**(내연기관에 따른 펌프를 설치한 경우에는 내연기관의 기동 및 제어용축전지를 말한다. 이하 같다) 또는 **전기저장장치**(외부 전기에너지를 저장해두었다가 필요한 때 전기를 공급하는 장치. 이하 같다)에 따른 비상전원을 설치해야 한다. 다만 **2 이상의 변전소**(「전기사업법」 제67조에 따른 변전소를 말한다. 이하 같다)에서 전력을 동시에 공급받을 수 있거나 하나의 변전소로부터 전력의 공급이 중단되는 때에는 **자동으로 다른 변전소**로부터 전력을 공급받을 수 있도록 상용전원을 설치한 경우와 **가압수조방식**에는 비상전원을 설치하지 않을 수 있다.

2.11.3 비상전원의 설치기준

2.11.2에 따른 비상전원 중 자가발전설비, 축전기설비 또는 전기저장장치는 다음의 기준에 따라 설치해야 한다.

2.11.3.1) **점**검에 편리하고 화재 및 침수 등의 재해로 인한 피해를 받을 우려가 없는 곳에 설치할 것

2.11.3.2) 화재조기진압용 스프링클러설비를 유효하게 **20분** 이상 작동할 수 있어야 할 것

2.11.3.3) 상용전원으로부터 전력의 공급이 중단된 때에는 **자동**으로 비상전원으로부터 전력을 공급받을 수 있도록 할 것

2.11.3.4) 비상전원(내연기관의 기동 및 제어용 축전기를 제외한다)의 설치장소는 다른 장소와 **방화구획**할 것. 이 경우 그 장소에는 비상전원의 공급에 필요한 기구나 설비 외의 것(열병합발전설비에 필요한 기구나 설비 제외한다)을 두어서는 안 된다.

2.11.3.5) 비상전원을 **실내**에 설치하는 때에는 그 실내에 비상조명등을 설치할 것

※ (2.11)의 성능기준
제14조(전원)
① 화재조기진압용 스프링클러설비에 설치하는 상용전원회로의 배선은 상용전원의 상시공급에 지장이 없도록 전용배선으로 해야 한다.
② 화재조기진압용 스프링클러설비에는 자가발전설비, 축전지설비 또는 전기저장장치에 따른 비상전원을 설치해야 한다.
③ 제2항에 따른 비상전원 중 자가발전설비, 축전기설비 또는 전기저장장치는 다음 각 호의 기준에 따라 설치해야 한다.
 1. 점검에 편리하고 화재 및 침수 등의 재해로 인한 피해를 받을 우려가 없는 곳에 설치할 것
 2. 화재조기진압용 스프링클러설비를 유효하게 20분 이상 작동할 수 있어야 할 것
 3. 상용전원으로부터 전력의 공급이 중단된 때에는 자동으로 비상전원으로부터 전력을 공급받을 수 있도록 할 것
 4. 비상전원(내연기관의 기동 및 제어용 축전기를 제외한다)의 설치장소는 다른 장소와 방화구획할 것
 5. 비상전원을 실내에 설치하는 때에는 그 실내에 비상조명등을 설치할 것

2.12 제어반

2.12.1 제어반※

화재조기진압용 스프링클러설비에는 제어반을 설치하되, 감시제어반과 동력제어반으로 구분하여 설치해야 한다. 다만 다음의 어느 하나에 해당하는 경우에는 감시제어반과 동력제어반으로 구분하여 설치하지 않을 수 있다.

2.12.1.1) 다음의 기준의 어느 하나에 해당하지 않는 특정소방대상물에 설치되는 경우

2.12.1.1.1. 지하층을 제외한 층수가 7층 이상으로서 연면적 2,000m² 이상인 것

2.12.1.1.2. 2.12.1.1.1에 해당하지 않는 특정소방대상물로서 지하층의 바닥면적의 합계가 3,000m² 이상인 것. 다만 차고·주차장 또는 보일러실·기계실·전기실 등 이와 유사한 장소의 면적은 제외한다.

2.12.1.2) 내연기관에 따른 가압송수장치를 사용하는 경우

2.12.1.3) 고가수조에 따른 가압송수장치를 사용하는 경우

2.12.1.4) 가압수조에 따른 가압송수장치를 사용하는 경우

2.12.2 감시제어반의 기능 적합기준※

감시제어반의 기능은 다음의 기준에 적합해야 한다. 다만 2.12.1의 단서에 따른 각 기준의 어느 하나에 해당하는 경우에는 2.12.2.3와 2.12.2.5를 적용하지 않는다.

2.12.2.1) 각 펌프의 작동 여부를 확인할 수 있는 표시등 및 음향경보기능이 있어야 할 것

2.12.2.2) 각 펌프를 자동 및 수동으로 작동시키거나 중단시킬 수 있어야 할 것

2.12.2.3) 비상전원을 설치한 경우에는 상용전원 및 비상전원의 공급 여부를 확인할 수 있어야 할 것

2.12.2.4) 수조 또는 물올림수조가 저수위로 될 때 표시등 및 음향으로 경보할 것

2.12.2.5) 예비전원이 확보되고 예비전원의 적합 여부를 시험할 수 있어야 할 것

※ (2.12.1)의 성능기준
① 화재조기진압용 스프링클러설비에는 제어반을 설치하되, 감시제어반과 동력제어반으로 구분하여 설치해야 한다.

🚒 제어반 구분 제외
암기 층7연2 지바3 않는(차주보기전) 내고가
(외 칠칠년이 바지를 산 것도 아닌데 차주보기전 돈 내고감)

※ (2.12.2)의 성능기준
② 감시제어반은 가압송수장치, 상용전원, 비상전원, 수조, 물올림수조, 예비전원 등을 감시·제어 및 시험 할 수 있는 기능을 갖추어야 한다.

🚒 감시제어반의 기능
암기 각각 비물! 예~
(각각 비용을 물자! 예~)

2.12.3 감시제어반의 설치기준※

2.12.3.1) 화재 및 침수 등의 재해로 인한 피해를 받을 우려가 없는 곳에 설치할 것

2.12.3.2) 감시제어반은 화재조기진압용 스프링클러설비의 전용으로 할 것. 다만 화재조기진압용 스프링클러설비의 제어에 지장이 없는 경우에는 다른 설비와 겸용할 수 있다.※

2.12.3.3)※ 감시제어반은 다음의 기준에 따른 전용실 안에 설치할 것. 다만 2.12.1의 단서에 따른 각 기준의 어느 하나에 해당하는 경우와 공장, 발전소 등에서 설비를 집중 제어·운전할 목적으로 설치하는 중앙제어실 내에 감시제어반을 설치하는 경우에는 그렇지 않다.

2.12.3.3.1. 다른 부분과 방화구획을 할 것. 이 경우 전용실의 벽에는 기계실 또는 전기실 등의 감시를 위하여 두께 7mm 이상의 망입유리(두께 16.3mm 이상의 접합유리 또는 두께 28mm 이상의 복층유리를 포함한다)로 된 4m² 미만의 붙박이창을 설치할 수 있다.

2.12.3.3.2. 피난층 또는 지하 1층에 설치할 것. 다만 다음의 어느 하나에 해당하는 경우에는 지상 2층에 설치하거나 지하 1층 외의 지하층에 설치할 수 있다.
   (1) 「건축법 시행령」 제35조에 따라 특별피난계단이 설치되고 그 계단(부속실을 포함한다) 출입구로부터 보행거리 5m 이내에 전용실의 출입구가 있는 경우
   (2) 아파트의 관리동(관리동이 없는 경우에는 경비실)에 설치하는 경우

2.12.3.3.3. 비상조명등 및 급·배기설비를 설치할 것

2.12.3.3.4. 「무선통신보조설비의 화재안전기술기준(NFTC 505)」 2.2.3에 따라 유효하게 통신이 가능할 것 (영 별표 4의 제5호마목에 따른 무선통신보조설비가 설치된 특정소방대상물에 한한다)

2.12.3.3.5. 바닥면적은 감시제어반의 설치에 필요한 면적 외에 화재 시 소방대원이 그 감시제어반의 조작에 필요한 최소면적 이상으로 할 것

※ (2.12.3.3), (2.12.3.4)의 성능기준
3. 감시제어반은 다음 각 목의 기준에 따른 전용실 안에 설치하고, 전용실에는 특정소방대상물의 기계·기구 또는 시설 등의 제어 및 감시설비 외의 것을 두지 않을 것
  가. 다른 부분과 방화구획을 할 것
  나. 피난층 또는 지하 1층에 설치할 것
  다. 비상조명등 및 급·배기설비를 설치할 것
  라. 「무선통신보조설비의 화재안전성능기준(NFPC 505)」 제5조제3항에 따라 유효하게 통신이 가능할 것
  마. 바닥면적은 감시제어반의 설치에 필요한 면적 외에 화재 시 소방대원이 그 감시제어반의 조작에 필요한 최소면적 이상으로 할 것

🔸 **전용실 제외**
암기 제어반 구분안한 공발설 집운 중앙감

🔸 **전용실의 붙박이창**
암기 그 집 망친(7)사(4)람, 공병대 접해있는 집, 내일 복구한대
(공병대=16.3, 내일=28)

🔸 **감시제어반 전용실의 기준**

암기 방망 피지 조급 무최

※ (2.12.3.5)~(2.12.3.7)의 성능기준
4. 각 유수검지장치 또는 일제개방밸브의 작동 여부를 확인할 수 있는 표시 및 경보기능이 있도록 할 것
5. 화재감지기, 압력스위치, 저수위, 개폐밸브 폐쇄상태 확인 등 확인회로마다 도통시험 및 작동시험을 할 수 있도록 할 것
6. 감시제어반과 자동화재탐지설비의 수신기를 별도의 장소에 설치하는 경우에는 이들 상호 간 연동하여 화재발생 및 제2항의 기능을 확인할 수 있도록 할 것

🚒 확인회로
[암기] 기수 유윌 개그
(기수의 유윌 개그가 도통...)

🚒 동력제어반

재해피해X, 전용

[암기] 압적표지 외1.5
(앞적표지는 왜 잃어버렸니)

2.12.3.4) 2.12.3.3에 따른 전용실에는 특정소방대상물의 기계·기구 또는 시설 등의 제어 및 감시설비 외의 것을 두지 않을 것

2.12.3.5) 각 유수검지장치의 작동 여부를 확인할 수 있는 표시 및 경보기능이 있도록 할 것

2.12.3.6) 다음의 각 확인회로마다 도통시험 및 작동시험을 할 수 있도록 할 것
　(1) **기**동용수압개폐장치의 압력스위치회로
　(2) **수**조 또는 물올림수조의 저수위감시회로
　(3) **유**수검지장치 또는 압력스위치회로
　(4) 2.5.15에 따른 **개**폐밸브의 폐쇄상태 확인회로
　(5) **그** 밖의 이와 비슷한 회로

2.12.3.7) 감시제어반과 자동화재탐지설비의 수신기를 별도의 장소에 설치하는 경우에는 이들 상호 간 연동하여 화재 발생 및 2.12.2.1, 2.12.2.3 및 2.12.2.4의 기능을 확인할 수 있도록 할 것

2.12.4 동력제어반의 설치기준

2.12.4.1) **앞**면은 **적**색으로 하고 "화재조기진압용 스프링클러설비용 동력제어반"이라고 표시한 **표**지를 설치할 것

2.12.4.2) **외**함은 두께 **1.5mm** 이상의 강판 또는 이와 동등 이상의 강도 및 내열성능이 있는 것으로 할 것

2.12.4.3) 그 밖의 동력제어반의 설치에 관하여는 2.12.3.1 및 2.12.3.2의 기준을 준용할 것

2.13 배선 등

2.13.1 배선

화재조기진압용 스프링클러설비의 배선은 「전기사업법」 제67조에 따른 「전기설비기술기준」에서 정한 것 외에 다음의 기준에 따라 설치해야 한다.

2.13.1.1) 비상전원을 설치한 경우에는 **비**상전원으로부터 **동**력제어반 및 **가**압송수장치에 이르는 전원회로의 배선은 내화배선으로 할 것. 다만 자가발전설비와 동력제어반이 동일한 실에 설치된 경우에는 자가발전기로부터 그 제어반에 이르는 전원회로의 배선은 그렇지 않다.

2.13.1.2) 상용전원으로부터 동력제어반에 이르는 배선, 그 밖의 화재조기진압용 스프링클러설비의 감시·조작 또는 표시등회로의 배선은 내화배선 또는 내열배선으로 할 것. 다만 감시제어반 또는 동력제어반 안의 감시·조작 또는 표시등회로의 배선은 그렇지 않다.

2.13.2 내화배선, 내열배선의 전선 및 설치방법

2.13.1에 따른 내화배선 및 내열배선에 사용되는 전선의 종류 및 설치방법은 「옥내소화전설비의 화재안전기술기준(NFTC 102)」 2.7.2의 [표 2.7.2(1)] 및 [표 2.7.2(2)]의 기준에 따른다.

2.13.3 과전류차단기 및 개폐기 표지

소화설비의 <u>과</u>전류차단기 및 <u>개</u>폐기에는 "화재조기진압용 스프링클러설비용"이라고 표시한 표지를 해야 한다.

2.13.4 전기배선의 양단 및 접속단자 표지

소화설비용 전기배선의 양단 및 접속단자에는 다음의 기준에 따라 표지해야 한다.

2.13.4.1) <u>단</u>자에는 "화재조기진압용 스프링클러설비단자"라고 표시한 <u>표</u>지를 부착할 것

2.13.4.2) 소화설비용 전기배선의 <u>양</u>단에는 다른 배선과 <u>식</u>별이 용이하도록 표시할 것

2.14 설치 제외※ [17점]

2.14.1 다음의 기준에 해당하는 물품의 경우에는 화재조기진압용 스프링클러를 설치해서는 안 된다. 다만 물품에 대한 화재시험 등 공인기관의 시험을 받은 것은 제외한다.

(1) <u>제4류</u> 위험물
(2) <u>타</u>이어, <u>두</u>루마리 <u>종</u>이 및 <u>섬</u>유류, <u>섬</u>유제품 등 <u>연</u>소 시 화염의 속도가 빠르고 방사된 물이 <u>하</u>부까지에 도달하지 못하는 것

2.15 수원 및 가압송수장치의 펌프 등의 겸용

2.15.1 화재조기진압용 스프링클러설비의 수원을 옥내소화전설비·스프링클러설비·간이스프링클러설비·물분

🔔 내화배선

암기 비동가

암기 과개 단표 양식

※ (2.14)의 성능기준
제17조(설치제외) 제4류 위험물 또는 타이어, 두루마리 종이 및 섬유류, 섬유제품 등 연소 시 화염의 확산 속도가 빠르고 방사된 물이 하부까지에 도달하지 못하는 것에 해당하는 물품의 경우에는 화재조기진압용 스프링클러를 설치해서는 안 된다.

🔔 설치 제외
암기 사 탕(두종 섬섬 연하)
(조기 진압하여, 사탕 두종류와 섬섬한 연하장을 받았다)

무소화설비·포소화전설비 및 옥외소화전설비의 수원을 겸용하여 설치하는 경우의 저수량은 각 소화설비에 필요한 저수량을 합한 양 이상이 되도록 해야 한다. 다만, 이들 소화설비 중 고정식 소화설비(펌프·배관과 소화수 또는 소화약제를 최종 방출하는 방출구가 고정된 설비를 말한다. 이하 같다)가 2 이상 설치되어 있고, 그 소화설비가 설치된 부분이 방화벽과 방화문으로 구획되어 있는 경우에는 각 고정식 소화설비에 필요한 저수량 중 최대의 것 이상으로 할 수 있다.

2.15.2 화재조기진압용 스프링클러설비의 가압송수장치로 사용하는 펌프를 옥내소화전설비·스프링클러설비·간이스프링클러설비·물분무소화설비·포소화설비 및 옥외소화전설비의 가압송수장치와 겸용하여 설치하는 경우의 펌프의 토출량은 각 소화설비에 해당하는 토출량을 합한 양 이상이 되도록 해야 한다. 다만, 이들 소화설비 중 고정식 소화설비가 2 이상 설치되어 있고, 그 소화설비가 설치된 부분이 방화벽과 방화문으로 구획되어 있으며 각 소화설비에 지장이 없는 경우에는 펌프의 토출량 중 최대의 것 이상으로 할 수 있다.

2.15.3 옥내소화전설비·스프링클러설비·간이스프링클러설비·화재조기진압용 스프링클러설비·물분무소화설비·포소화설비 및 옥외소화전설비의 가압송수장치에 있어서 각 토출 측 배관과 일반급수용의 가압송수장치의 토출 측 배관을 상호 연결하여 화재 시 사용할 수 있다. 이 경우 연결배관에는 개폐표시형밸브를 설치해야 하며, 각 소화설비의 성능에 지장이 없도록 해야 한다.

2.15.4 화재조기진압용 스프링클러설비의 송수구를 옥내소화전설비·스프링클러설비·간이스프링클러설비·물분무소화설비·포소화설비 또는 연결살수설비의 송수구와 겸용으로 설치하는 경우에는 스프링클러설비의 송수구의 설치기준에 따르되 각각의 소화설비의 기능에 지장이 없도록 해야 한다. 〈개정 2024.7.1.〉

07

물분무소화설비의
화재안전기술(성능)기준
(NFT(P)C 104)

세부 목차

[물분무등소화설비의 종류]
[물분무등소화설비의 설치 대상]

물분무소화설비의 화재안전기술기준(NFTC 104)
[계통도]
1.7 용어의 정의
2.1 수원
2.2 가압송수장치
2.3 배관 등

2.4 송수구
2.5 기동장치
2.6 제어밸브 등
2.7 물분무헤드
2.8 배수설비
2.9 전원
2.10 제어반
2.11 배선 등
2.12 물분무헤드의 설치 제외
2.13 수원 및 가압송수장치의 펌프 등의 겸용

[물분무등소화설비의 종류]

1. 물분무소화설비
2. 미분무소화설비
3. 포소화설비
4. 이산화탄소소화설비
5. 할론소화설비
6. 할로겐화합물 및 불활성기체(다른 원소와 화학 반응을 일으키기 어려운 기체를 말한다. 이하 같다) 소화설비
7. 분말소화설비
8. 강화액소화설비
9. 고체에어로졸소화설비

[물분무등소화설비의 설치 대상] (소방시설법 시행령 별표4)

🚒 **물분무등소화설비의 설치 대상**

암기 항문 82 23 방터
(항문을 조이고 빨리
이상하게 걷는 것 보고 빵터짐)

1. 항공기격납고

2. 차고, 주차용 건축물
   철골 조립식 주차시설(연800)

3. 차고,주차장(바200)

4. 기계장치 주차시설(20대)

물분무등소화설비를 설치하여야 하는 특정소방대상물특정소방대상물[위험물 저장 및 처리시설 중 가스시설, 발전시설의 전기저장시설 중 무정전전원공급장치(UPS)의 시설 및 지하구는 제외한다]은 다음의 어느 하나에 해당하는 것으로 한다.

1. 항공기 및 자동차 관련 시설 중 **항공기격납고**
2. 차고, 주차용 건축물 또는 철골 조립식 주차시설. 이 경우 연면적 <u>800</u>m² 이상인 것만 해당한다.
3. 건축물의 내부에 설치된 차고·주차장으로서 차고 또는 주차의 용도로 사용되는 면적의 합계가 <u>200</u>m² 이상인 경우 해당 부분(50세대 미만 연립주택 및 다세대주택은 제외한다)
4. 기계장치에 의한 주차시설을 이용하여 <u>20</u>대 이상의 차량을 주차할 수 있는 시설
5. 특정소방대상물에 설치된 전기실·발전실·변전실(가연성 절연유를 사용하지 않는 변압기·전류차단기 등의 전기기기와 가연성 피복을 사용하지 않은 전선 및 케이블만을 설치한 전기실·발전실 및 변전실은 제외한다)·축전지실·통신기기실 또는 전산실, 그 밖에 이와 비슷한 것으로서 바닥면적이 <u>300</u>m² 이상인 것[하나의 방화구획 내에 둘 이상의 실이 설치되어 있는 경우에는 이를 하나의 실로 보아 바닥면적을 산정한다]. 다만 내화구조

로 된 공정제어실 내에 설치된 주조정실로서 양압시설(외부 오염 공기 침투를 차단하고 내부의 나쁜 공기가 자연스럽게 외부로 흐를 수 있도록 한 시설을 말한다)이 설치되고 전기기기에 220볼트 이하인 저전압이 사용되며, 종업원이 24시간 상주하는 곳은 제외한다.

6. 소화수를 수집·처리하는 설비가 설치되어 있지 않은 중·저준위**방사성**폐기물의 저장시설. 이 시설에는 이산화탄소소화설비, 할론소화설비 또는 할로겐화합물 및 불활성기체소화설비를 설치해야 한다.

7. 예상 교통량, 경사도 등 터널의 특성을 고려하여 행정안전부령으로 정하는 **터널**. 이 시설에는 물분무소화설비를 설치해야 한다.

8. 국가유산 중 「문화유산의 보존 및 활용에 관한 법률」에 따른 **지정문화유산**(문화유산자료를 제외한다) 또는 「자연유산의 보존 및 활용에 관한 법률」에 따른 **천연기념물 등**(자연유산자료를 제외한다)으로서 소방청장이 국가유산청장과 협의하여 정하는 것

물분무등소화설비의 설치 대상

구분	물	미포	이할할	분강고
항	○	○	○	○
문	○	○	○	○
8	○	○	○	○
2	○	○	○	○
2	○	○	○	○
3	○	○	○	○
방	×	×	○	×
터	○	×	×	×

07 물분무소화설비의 화재안전기술(성능)기준(NFT(P)C 104)

[계통도]

〈물분무소화설비의 구성〉

1.7 용어의 정의

1.7.1.1) "물분무헤드"란 화재 시 직선류 또는 나선류의 물을 충돌·확산시켜 미립상태로 분무함으로써 소화하는 헤드를 말한다.

2.1 수원

2.1.1 수원의 저수량 `11설 응용`

2.1.1.1) **특**수가연물 저장·취급 특정소방대상물 또는 그 부분
바닥면적(최소 50m²)[1] 1m²에 대하여 10ℓ/min로 20분간 방수할 수 있는 양 이상으로 할 것

2.1.1.2) **절**연유 봉입 변압기
바닥부분을 제외한 **표**면적을 합한 면적 1m²에 대하여 10ℓ/min로 20분간 방수할 수 있는 양 이상

2.1.1.3) 콘베이어 **벨**트 등
벨트부분의 **바**닥면적 1m²에 대하여 10ℓ/min로 20분간 방수할 수 있는 양 이상으로 할 것

2.1.1.4) **케**이블트레이, 케이블덕트 등
투영된 바닥면적 1m²에 대하여 12ℓ/min로 20분간 방수할 수 있는 양 이상으로 할 것

2.1.1.5) **차**고 또는 주차장
그 **바**닥면적[1](최소 50m²) 1m²에 대하여 20ℓ/min로 20분간 방수할 수 있는 양 이상으로 할 것

2.1.2 수원을 수조로 설치하는 경우

물분무소화설비의 수원을 수조로 설치하는 경우에는 소화설비의 전용수조로 해야 한다. 다만 다음의 어느 하나에 해당하는 경우에는 그렇지 않다.

2.1.2.1) 물분무소화설비용 펌프의 풋밸브 또는 흡수배관의 흡수구(수직회전축펌프의 흡수구를 포함한다. 이하 같다)를 다른 설비(소화용 설비 외의 것을 말한다. 이하 같다)의 풋밸브 또는 흡수구보다 낮은 위치에 설치한 때

2.1.2.2) 2.2.2에 따른 고가수조로부터 물분무소화설비의 수직배관에 물을 공급하는 급수구를 다른 설비의 급수구보다 낮은 위치에 설치한 때

2.1.3 다른 설비와 겸용 시 저수량 산정(유효수량)

물분무소화설비의 풋밸브, 흡수구, 급수구와 다른 설비의 풋밸브, 흡수구, 급수구 사이의 수량

---

1) 최대방수구역의 바닥면적을 기준으로 하며, 50m² 이하인 경우에는 50m²로 한다.

수원량

대상	수원량 산출식
특수	바m² × 10ℓ/min·m² × 20분
절연	표m² × 10ℓ/min·m² × 20분
벨트	벨바m² × 10ℓ/min·m² × 20분
케	투바m² × 12ℓ/min·m² × 20분
차	바m² × 20ℓ/min·m² × 20분

암기 특수 절연 벨트 케차(특절콘케차)
(특수절연벨트는 10들에게 인기.
차고에 주차할 수 있는 나이 20
케이블은 1과 2 모두)

유효수량

암기 풋흡급 사이

2.1.4 수조의 설치기준

2.1.4.1) 점검에 편리한 곳에 설치할 것

2.1.4.2) 동결방지조치를 하거나 동결의 우려가 없는 장소에 설치할 것

2.1.4.3) 수조의 외측에 수위계를 설치할 것. 다만 구조상 불가피한 경우에는 수조의 맨홀 등을 통하여 수조 안의 물의 양을 쉽게 확인할 수 있도록 해야 한다.

2.1.4.4) 수조의 상단이 바닥보다 높은 때에는 수조의 외측에 고정식 사다리를 설치할 것

2.1.4.5) 수조가 실내에 설치된 때에는 그 실내에 조명설비를 설치할 것

2.1.4.6) 수조의 밑 부분에는 청소용 배수밸브 또는 배수관을 설치할 것

2.1.4.7) 수조 외측의 보기 쉬운 곳에 "물분무소화설비용 수조"라고 표시한 표지를 할 것. 이 경우 그 수조를 다른 설비와 겸용하는 때에는 그 겸용되는 설비의 이름을 표시한 표지를 함께 해야 한다.

2.1.4.8) 소화설비용 펌프의 흡수배관 또는 소화설비의 수직배관과 수조의 접속부분에는 "물분무소화설비용 배관"이라고 표시한 표지를 할 것. 다만 수조와 가까운 장소에 소화설비용 펌프가 설치되고 해당 펌프에 2.2.1.13에 따른 표지를 설치한 때에는 그렇지 않다.

2.2 가압송수장치

2.2.1 펌프를 이용하는 가압송수장치

2.2.1.1) 쉽게 접근할 수 있고 점검하기에 충분한 공간이 있는 장소로서 화재 및 침수 등의 재해로 인한 피해를 받을 우려가 없는 곳에 설치할 것

2.2.1.2) 펌프의 1분당 토출량 **11설 응용**

  2.2.1.2.1. 특수가연물 저장·취급 특정소방대상물 또는 부분: 바닥면적 m^2 (최소 $50m^2$) × 10 ℓ/min·m^2

  2.2.1.2.2. 절연유 봉입 변압기
  바닥부분을 제외한 표면적을 합한 면적 m^2 × 10 ℓ/min·m^2

※ (2.1.4)의 성능기준
④ 물분무소화설비용 수조는 다음 각 호의 기준에 따라 설치해야 한다.
1. 점검에 편리한 곳에 설치할 것압용 스프링클러를 설치해서는 안 된다.
2. 동결방지조치를 하거나 동결의 우려가 없는 장소에 설치할 것
3. 수조에는 수위계, 고정식 사다리, 청소용 배수밸브(또는 배수관), 표지 및 실내 조명 등 수조의 유지관리에 필요한 설비를 설치할 것

🔥 수조

암기 점동조 수고표 배표
(이미지 속 물건 위치를 기억하세요)

🔥 펌프 토출량

대상	토출량 산출식
특수	바닥m^2 × 10 ℓ/min·m^2
절연	바제표m^2 × 10 ℓ/min·m^2
벨트	벨바닥m^2 × 10 ℓ/min·m^2
케	투바닥m^2 × 12 ℓ/min·m^2
차	바닥m^2 × 20 ℓ/min·m^2

2.2.1.2.3. 콘베이어 벨트 등
벨트부분의 바닥면적 $m^2 \times 10\,\ell/\min \cdot m^2$

2.2.1.2.4. 케이블트레이, 케이블덕트 등
투영된 바닥면적 $m^2 \times 12\,\ell/\min \cdot m^2$

2.2.1.2.5. 차고 또는 주차장
바닥면적 m^2(최소 $50m^2$)$\times 20\,\ell/\min \cdot m^2$

2.2.1.3) 펌프의 양정

$$H = h_1 + h_2 \quad \cdots (2.2.1.3)$$

여기에서 H : 펌프의 양정(m)
h_1 : 물분무헤드의 설계압력 환산수두(m)
h_2 : 배관의 마찰손실수두(m)

2.2.1.4) 동결방지조치를 하거나 동결의 우려가 없는 장소에 설치할 것

2.2.1.5) 펌프는 전용으로 할 것. 다만 다른 소화설비와 겸용하는 경우 각각의 소화설비의 성능에 지장이 없을 때에는 그렇지 않다.

2.2.1.6) 펌프의 토출 측에는 압력계를 체크밸브 이전에 펌프 토출 측 플랜지에서 가까운 곳에 설치하고, 흡입 측에는 연성계 또는 진공계를 설치할 것. 다만 수원의 수위가 펌프의 위치보다 높거나 수직회전축펌프의 경우에는 연성계 또는 진공계를 설치하지 않을 수 있다.

2.2.1.7) 성능시험배관
펌프의 성능은 체절운전 시 정격토출압력의 140%를 초과하지 않고, 정격토출량의 150%로 운전 시 정격토출압력의 65% 이상이 되어야 하며, 펌프의 성능을 시험할 수 있는 성능시험배관을 설치할 것. 다만 충압펌프의 경우에는 그렇지 않다.

2.2.1.8) 순환배관
가압송수장치에는 체절운전 시 수온의 상승을 방지하기 위한 순환배관을 설치할 것. 다만 충압펌프의 경우에는 그렇지 않다.

2.2.1.9) 기동장치
기동장치로는 기동용수압개폐장치 또는 이와 동등 이상의 성능이 있는 것을 설치하고, 기동용수압개폐장치 중 압력챔버를 사용할 경우 그 용적은 100L 이상의 것으로 할 것

펌프 주변 배관

펌프의 성능 및 유량측정장치

압력챔버

물올림장치

암기 물올림 수조 유일(1) 15 계속

충압펌프

펌프의 재질

암기 임펠러 청스 축스 부강
(임펠러 청소를 축소하니 부강해짐)

2.2.1.10) 물올림장치
수원의 수위가 펌프보다 낮은 위치에 있는 가압송수장치에는 다음의 기준에 따른 물올림장치를 설치할 것

- 2.2.1.10.1. **물올림**장치에는 **전용**의 **수조**를 설치할 것
- 2.2.1.10.2. 수조의 **유효수량**은 **100L** 이상으로 하되, 구경 **15mm** 이상의 급수배관에 따라 해당 수조에 물이 계속 보급되도록 할 것

2.2.1.11) 충압펌프
기동용수압개폐장치를 기동장치로 사용할 경우에는 다음의 기준에 따른 충압펌프를 설치할 것

- 2.2.1.11.1. 펌프의 토출압력은 그 설비의 최고위 살수장치의 자연압보다 적어도 0.2MPa이 더 크도록 하거나 가압송수장치의 정격토출압력과 같게 할 것
- 2.2.1.11.2. 펌프의 정격토출량은 정상적인 누설량보다 적어서는 안 되며, 물분무소화설비가 자동적으로 작동할 수 있도록 충분한 토출량을 유지할 것

2.2.1.12) 내연기관을 사용하는 경우의 적합 기준
제어반에 따라 내연기관의 자동기동 및 수동기동이 가능하고, 상시 충전되어 있는 축전지설비를 갖출 것

2.2.1.13) 표지
가압송수장치에는 "물분무소화설비소화펌프"라고 표시한 표지를 할 것. 이 경우 그 가압송수장치를 다른 설비와 겸용하는 때에는 그 겸용되는 설비의 이름을 표시한 표지를 함께 해야 한다.

2.2.1.14) 자동정지 금지
가압송수장치가 기동이 된 경우에는 자동으로 정지되지 않도록 할 것. 다만 충압펌프의 경우에는 그렇지 않다.

2.2.1.15) 펌프의 재질
가압송수장치는 부식 등으로 인한 펌프의 고착을 방지할 수 있도록 다음의 기준에 적합한 것으로 할 것. 다만 충압펌프는 제외한다.

- 2.2.1.15.1. **임펠러**는 **청동** 또는 **스**테인리스 등 **부**식에 **강**한 재질을 사용할 것
- 2.2.1.15.2. 펌프**축**은 **스**테인리스 등 **부**식에 **강**한 재질을 사용할 것

2.2.2 고가수조의 자연낙차를 이용한 가압송수장치

2.2.2.1) 고가수조의 자연낙차수두(수조의 하단으로부터 최고층에 설치된 헤드까지의 수직거리) 산출식

$$H = h_1 + h_2 \quad \cdots (2.2.2.1)$$

여기에서 H : 필요한 낙차(m)
h_1 : 물분무헤드의 설계압력 환산수두(m)
h_2 : 배관의 마찰손실수두(m)

2.2.2.2) 고가수조에는 **수**위계·**배**수관·**급**수관·**오버**플로우관 및 **맨**홀을 설치할 것

고가수조

암기 수배급 오버맨

2.2.3 압력수조를 이용한 가압송수장치 설치기준

2.2.3.1) 압력수조의 압력 산출식

$$P = P_1 + P_2 + P_3 \, [MPa] \quad \cdots (2.2.3.1)$$

여기에서 P : 필요 압력(MPa)
P_1 : 물분무헤드의 설계압력(MPa)
P_2 : 배관의 마찰손실수두압(MPa)
P_3 : 낙차의 환산수두압(MPa)

2.2.3.2) 압력수조에는 **수**위계·**급**수관·**배**수관·**급**기관·**맨**홀·**압**력계·**안**전장치 및 압력저하 방지를 위한 **자**동식 공기압축기를 설치할 것

압력수조 방식

암기 수급배급 맨압안자

2.2.4 가압수조를 이용한 가압송수장치 설치기준

2.2.4.1) 가압수조의 압력은 2.2.1.2에 따른 단위 면적당 방수량을 **20**분 이상 유지되도록 할 것

2.2.4.2) 가압수조 및 가압원은 「건축법 시행령」 제46조에 따른 **방화구획** 된 장소에 설치할 것

2.2.4.3) 가압수조를 이용한 가압송수장치는 소방청장이 정하여 고시한 「가압수조식가압송수장치의 **성**능인증 및 제품검사의 기술기준」에 적합한 것으로 설치할 것

가압수조 방식

암기 [가] 2방성
(가시방석)

2.3 배관 등

2.3.1 사용압력에 따른 배관 및 배관이음쇠의 종류

배관과 배관이음쇠는 다음의 어느 하나에 해당하는 것 또는 동등 이상의 강도·내식성 및 내열성 등을 국내·외 공인기관으로부터 인정받은 것을 사용해야 하고, 배관용 스테인리스 강관(KS D 3576)의 이음을 용접으로 할 경우에는 텅스텐 불활성 가스 아크 용접(Tungsten Inertgas Arc Welding)방식에 따른다. 다만 2.3에서 정하지 않은 사항은 「건설기술 진흥법」 제44조제1항의 규정에 따른 "건설기준"에 따른다.

2.3.1.1) 배관 내 사용압력이 1.2MPa 미만일 경우에는 다음의 어느 하나에 해당하는 것
  (1) **배**관용 **탄**소 강관(KS D **3507**)
  (2) 이음매 없는 **구리** 및 **구리**합금관(KS D **5301**). 다만 **습**식의 배관에 한한다.
  (3) 배관용 **스**테**인**리스 강관(KS D 35**76**) 또는 **일**반배관용 스테인리스 강관(KS D 35**95**)
  (4) **덕타**일 주철관(KS D **4311**)

2.3.1.2) 배관 내 사용압력이 1.2MPa 이상일 경우에는 다음의 어느 하나에 해당하는 것
  (1) **압**력 배관용 탄소 강관(KS D 35**62**)
  (2) 배관용 **아크**용접 탄소강 강관(KS D 358**3**)

2.3.2 소방용 합성수지배관

2.3.1에도 불구하고 다음의 어느 하나에 해당하는 장소에는 소방청장이 정하여 고시한 「소방용합성수지배관의 성능인증 및 제품검사의 기술기준」에 적합한 소방용 합성수지배관으로 설치할 수 있다.

2.3.2.1) 배관을 **지**하에 매설하는 경우

2.3.2.2) 다른 부분과 내화구조로 구획된 **덕**트 또는 피트의 내부에 설치하는 경우

2.3.2.3) **천**장(상층이 있는 경우에는 상층바닥의 하단을 포함한다. 이하 같다)과 반자를 불연재료 또는 준불연 재료로 설치하고 소화배관 내부에 항상 소화**수**가 채워진 상태로 설치하는 경우

🧯 배관과 배관이음쇠

암기 [1.2MPa 미만]
(1월2일 전날 회사에서
KS D 35**(코스닥 배탄 삼오회)
공치(07)는 날!
날씨가 구리구리 오삼공일 습해서
스트레스 출력(76) 일 구요(95)!
덕분에 타격이 4311(사상일일)최고!)

암기 [1.2MPa 이상]
(1월2일 코스탁 배탄 삼오회 회사앞에
압,력이(62) 들어옴!
이크! 팔(8)아야 산(3)다)

🧯 소방용 합성수지배관

암기 지덕천 준수

2.3.3 급수배관

급수배관은 전용으로 해야 한다. 다만 물분무소화설비의 기동장치의 조작과 동시에 다른 설비의 용도에 사용하는 배관의 송수를 차단할 수 있거나 물분무소화설비의 성능에 지장이 없는 경우에는 다른 설비와 겸용할 수 있다.

2.3.4 펌프의 흡입 측 배관의 설치기준

2.3.4.1) 공기고임이 생기지 않는 구조로 하고, 여과장치를 설치할 것

2.3.4.2) 수조가 펌프보다 낮게 설치된 경우에는 각 펌프(충압펌프를 포함한다)마다 수조로부터 별도로 설치할 것

2.3.5 〈삭제 2024.7.1.〉

🚰 흡입 측 배관

암기 공여 수펌 각별
(공여한 수퍼와 각별한 관계이다)

2.3.6 펌프의 성능시험배관 적합기준※

펌프의 성능시험배관은 다음의 기준에 적합하도록 설치해야 한다.

2.3.6.1) 성능시험배관은 펌프의 토출 측에 설치된 개폐밸브 이전에서 분기하여 직선으로 설치하고, 유량측정장치를 기준으로 전단 직관부에는 개폐밸브를 후단 직관부에는 유량조절밸브를 설치할 것. 이 경우 개폐밸브와 유량측정장치 사이의 직관부 거리 및 유량측정장치와 유량조절밸브 사이의 직관부 거리는 해당 유량측정장치 제조사의 설치사양에 따르고, 성능시험배관의 호칭지름은 유량측정장치의 호칭지름에 따른다.

2.3.6.2) 유량측정장치는 펌프의 정격토출량의 175% 이상까지 측정할 수 있는 성능이 있을 것

※ (2.3.6)의 성능기준
⑥ 성능시험배관에 설치하는 유량측정장치는 성능시험배관의 직관부에 설치하되, 펌프 정격토출량의 175퍼센트 이상을 측정할 수 있는 것으로 해야 한다.

🚰 성능시험배관

암기 토개전분 전직개 후유조,
개유직, 유유직, 해제설사,
성호 유칭따, 175성능

2.3.7 순환배관

가압송수장치의 체절운전 시 수온의 상승을 방지하기 위하여 체크밸브와 펌프 사이에서 분기한 구경 20mm 이상의 배관에 체절압력 이하에서 개방되는 릴리프밸브를 설치해야 한다.

🚰 순환배관
암기 체펌 사2

2.3.8 동결방지

배관은 동결방지조치를 하거나 동결의 우려가 없는 장소에 설치해야 한다. 다만 보온재를 사용할 경우에는 난연재료 성능 이상의 것으로 해야 한다.

2.3.9 급수배관의 개폐밸브

급수배관에 설치되어 급수를 차단할 수 있는 개폐밸브는 개폐표시형으로 해야 한다. 이 경우 펌프의 흡입 측 배관에는 버터플라이밸브 외의 개폐표시형밸브를 설치해야 한다.

2.3.10 탬퍼스위치

2.3.9에 따른 개폐밸브에는 그 밸브의 개폐상태를 감시제어반에서 확인할 수 있도록 급수개폐밸브 작동표시 스위치를 다음의 기준에 따라 설치해야 한다.

2.3.10.1) 급수개폐밸브가 잠길 경우 탬퍼스위치의 동작으로 인하여 감시제어반 또는 수신기에 표시되어야 하며, 경보음을 발할 것

2.3.10.2) 탬퍼스위치는 감시제어반 또는 수신기에서 동작의 유무 확인과 동작시험, 도통시험을 할 수 있을 것

2.3.10.3) 급수개폐밸브의 작동표시 스위치에 사용되는 전기배선은 내화전선 또는 내열전선으로 설치할 것

🚒 탬퍼스위치의 설치기준

암기 (급탬급) 표경 동동통 내내

2.3.11 배관의 구분

배관은 다른 설비의 배관과 쉽게 구분이 될 수 있는 위치에 설치하거나, 그 배관표면 또는 배관 보온재표면의 색상은 「한국산업표준(배관계의 식별 표시, KS A 0503)」 또는 적색으로 식별이 가능하도록 소방용설비의 배관임을 표시해야 한다.

2.3.12 확관형 분기배관

확관형 분기배관을 사용할 경우에는 소방청장이 정하여 고시한 「분기배관의 성능인증 및 제품검사의 기술기준」에 적합한 것으로 설치해야 한다.

2.4 송수구

2.4.1 물분무소화설비에는 소방차로부터 그 설비에 송수할 수 있는 송수구를 다음의 기준에 따라 설치해야 한다.

2.4.1.1) 송수구는 **화**재 층으로부터 **지**면으로 떨어지는 유리창 등이 송수 및 그 밖의 소화작업에 지장을 주지 않는 장소에 설치할 것. 이 경우 **가연성가스**의 저장·취급시설에 설치하는 송수구는 그 방호대상물로부터 **20m** 이상의 거리를 두거나, 방호대상물에 면하는 부분이 높이 1.5m 이상, 폭 2.5m 이상의 철근콘크리트 벽으로 가려진 장소에 설치해야 한다.

2.4.1.2) 송수구로부터 물분무소화설비의 주배관에 이르는 연결배관에 **개폐**밸브를 설치한 때에는 그 개폐상태를 쉽게 확인 및 조작할 수 있는 옥외 또는 기계실 등의 장소에 설치할 것

2.4.1.3) 송수구는 구경 **65mm의 쌍구형**으로 할 것

2.4.1.4) 송수구에는 그 가까운 곳의 보기 쉬운 곳에 송수압력범위를 표시한 **표지**를 할 것

2.4.1.5) 송수구는 하나의 층의 바닥면적이 **3,000**m²를 넘을 때마다 1개 이상(5개를 넘을 경우에는 5개로 한다)을 설치할 것

2.4.1.6) 지면으로부터 **높이**가 0.5m 이상, 1m 이하의 위치에 설치할 것

2.4.1.7) 송수구의 부근에는 **자**동배수밸브(또는 직경 5mm의 배수공) 및 **체**크밸브를 설치할 것. 이 경우 자동배수밸브는 배관 안의 물이 잘 빠질 수 있는 위치에 설치하되, 배수로 인하여 다른 물건이나 장소에 피해를 주지 않아야 한다.

2.4.1.8) 송수구에는 이물질을 막기 위한 **마개**를 씌울 것

※ (2.4)의 성능기준
(=스프링클러설비의 송수구 성능기준)
제7조(송수구) 물분무소화설비에는 소방차로부터 그 설비에 송수할 수 있는 송수구를 다음 각 호의 기준에 따라 설치해야 한다.
1. 송수구는 송수 및 그 밖의 소화작업에 지장을 주지 않도록 설치할 것
2. 송수구로부터 주배관에 이르는 연결배관에는 개폐밸브를 설치하지 않을 것
3. 구경 65밀리미터의 쌍구형으로 할 것
4. 송수구에는 그 가까운 곳의 보기 쉬운 곳에 송수압력범위를 표시한 표지를 할 것
5. 송수구는 하나의 층의 바닥면적이 3,000제곱미터를 넘을 때마다 1개 이상(5개를 넘을 경우에는 5개로 한다)을 설치할 것
6. 지면으로부터 높이가 0.5미터 이상 1미터 이하의 위치에 설치할 것
7. 송수구의 가까운 부분에 자동배수밸브(또는 직경 5밀리미터의 배수공) 및 체크밸브를 설치할 것
8. 송수구에는 이물질을 막기 위한 마개를 씌울 것

🚒 물분무소화설비 송수구
암기

⑦송수압력 표지
⑧3,000마다(최대 5)

2.5 기동장치※

2.5.1 수동식 기동장치 설치기준

2.5.1.1) 직접조작 또는 원격조작에 따라 각각의 가압송수장치 및 수동식 개방밸브 또는 가압송수장치 및 자동개방밸브를 개방할 수 있도록 설치할 것

2.5.1.2) 기동장치의 가까운 곳의 보기 쉬운 곳에 "기동장치"라고 표시한 표지를 할 것※

2.5.2 자동식 기동장치

자동식기동장치는 화재감지기의 작동 또는 폐쇄형스프링클러헤드의 개방과 연동하여 경보를 발하고, 가압송수장치 및 자동개방밸브를 기동할 수 있는 것으로 해야 한다. 다만 자동화재탐지설비의 수신기가 설치되어 있고, 수신기가 설치되어 있는 장소에 상시 사람이 근무하고 있으며, 화재 시 물분무소화설비를 즉시 작동시킬 수 있는 경우에는 그렇지 않다.※

2.6 제어밸브 등

2.6.1 제어밸브

물분무소화설비의 제어밸브는 방수구역마다 다음의 기준에 따라 설치해야 한다.

2.6.1.1) 제어밸브는 바닥으로부터 0.8m 이상, 1.5m 이하의 위치에 설치할 것

2.6.1.2) 제어밸브의 가까운 곳의 보기 쉬운 곳에 "제어밸브"라고 표시한 표지를 할 것

2.6.2 자동개방밸브 및 수동식 개방밸브 설치기준

2.6.2.1) 자동개방밸브의 기동조작부 및 수동식개방밸브는 화재 시 용이하게 접근할 수 있는 곳의 바닥으로부터 0.8m 이상 1.5m 이하의 위치에 설치할 것

2.6.2.2) 자동개방밸브 및 수동식개방밸브의 2차 측 배관 부분에는 해당 방수구역 외에 밸브의 작동을 시험할 수 있는 장치를 설치할 것. 다만 방수구역에서 직접 방수시험을 할 수 있는 경우에는 그렇지 않다.

※ (2.5)의 성능기준
제8조(기동장치)
① 물분무소화설비의 수동식기동장치는 직접 조작 또는 원격조작에 따라 각각의 가압송수장치 및 수동식 개방밸브 또는 가압송수장치 및 자동개방밸브를 개방할 수 있도록 설치해야 한다.
② 자동식 기동장치는 화재감지기의 작동 또는 폐쇄형스프링클러헤드의 개방과 연동하여 경보를 발하고, 가압송수장치 및 자동개방밸브를 기동할 수 있는 것으로 해야 한다.

🧯 수동식 개방밸브

〈수동식 개방밸브의 수동식기동장치〉

※ (2.6)의 성능기준
제9조(제어밸브 등)
① 물분무소화설비의 제어밸브 기타 밸브는 다음 각 호의 기준에 따라 설치해야 한다.
 1. 제어밸브는 바닥으로부터 0.8미터 이상 1.5미터 이하의 위치에 설치할 것
 2. 제어밸브의 가까운 곳의 보기 쉬운 곳에 "제어밸브"라고 표시한 표지를 할 것
② 자동 개방밸브 및 수동식 개방밸브는 화재 시 용이하게 접근할 수 있는 곳에 설치하고, 2차 측 배관 부분에는 해당 방수구역 외에 밸브의 작동을 시험할 수 있는 장치를 설치해야 한다.동할 수 있는 것으로 해야 한다.

2.7 물분무헤드

2.7.1 물분무헤드는 표준방사량으로 해당 방호대상물의 화재를 유효하게 소화하는 데 필요한 수를 적정한 위치에 설치해야 한다.

2.7.2 고압의 전기기기가 있는 장소는 전기의 절연을 위하여 전기기기와 물분무헤드 사이에 다음 [표 2.7.2]에 따른 거리를 두어야 한다. 〔11설〕

[표 2.7.2] 전기기기와 물분무헤드 사이의 거리

전압(kV)	거리(cm)
66 이하	70 이상
66 초과 77 이하	80 이상
77 초과 110 이하	110 이상
110 초과 154 이하	150 이상
154 초과 181 이하	180 이상
181 초과 220 이하	210 이상
220 초과 275 이하	260 이상

🔔 전기기기와 이격거리
암기
66 ~ 181까지: 반올림한 거리
220 이하: 반올림-10
275 이하: 반올림-20

🔔 배수설비
암기 차배차배
차빼차빼!
식(10)사(40)하실 때 집에서 소화를 위해 기름은 분리하세요.
그럼 배살 빼기(102)가 가능해져요.
최대능력을 보여주세요!

암기 물빼기(102) 좋은 기울기

2.8 배수설비 〔11설〕

2.8.1 차고·주차장의 배수설비

물분무소화설비를 설치하는 차고 또는 주차장에는 다음의 기준에 따라 배수설비를 해야 한다.

2.8.1.1) **차**량이 주차하는 장소의 적당한 곳에 높이 <u>10</u>cm 이상의 경계턱으로 배수구를 설치할 것

2.8.1.2) **배**수구에는 새어 나온 기름을 모아 소화할 수 있도록 길이 <u>40</u>m 이하마다 집수관·**소화핏트** 등 **기름분리**장치를 설치할 것

2.8.1.3) **차**량이 주차하는 바닥은 **배**수구를 향하여 <u>100분의 2</u> 이상의 기울기를 유지할 것

2.8.1.4) **배**수설비는 가압송수장치의 **최대송수능력**의 수량을 유효하게 배수할 수 있는 크기 및 기울기로 할 것

〈소화피트(예)〉

2.9 전원

2.9.1 상용전원회로 배선의 설치기준

물분무소화설비에는 그 특정소방대상물의 수전방식에 따라 다음의 기준에 따른 상용전원회로의 배선을 설치해야 한다. 다만 가압수조방식으로서 모든 기능이 20분 이상 유효하게 지속될 수 있는 경우에는 그렇지 않다.

2.9.1.1) 저압수전인 경우에는 인입개폐기의 직후에서 분기하여 전용배선으로 해야 하며, 전용의 전선관에 보호되도록 할 것

2.9.1.2) 특별고압수전 또는 고압수전일 경우에는 전력용 변압기 2차 측의 주차단기 1차 측에서 분기하여 전용배선으로 하되, 상용전원의 상시공급에 지장이 없을 경우에는 주차단기 2차 측에서 분기하여 전용배선으로 할 것. 다만 가압송수장치의 정격입력전압이 수전전압과 같은 경우에는 같은 경우에는 2.9.1.1의 기준에 따른다.

2.9.2 비상전원

물분무소화설비에는 자가발전설비, 축전지설비(내연기관에 따른 펌프를 설치한 경우에는 내연기관의 기동 및 제어용축전지를 말한다. 이하 같다)※ 또는 전기저장장치(외부 전기에너지를 저장해 두었다가 필요한 때 전기를 공급하는 장치. 이하 같다)※에 따른 비상전원을 다음의 기준에 따라 설치해야 한다. 다만 2 이상의 변전소(「전기사업법」 제67조에 따른 변전소를 말한다. 이하 같다)에서 전력을 동시에 공급받을 수 있거나 하나의 변전소로부터 전력의 공급이 중단되는 때에는 자동으로 다른 변전소로부터 전원을 공급받을 수 있도록 상용전원을 설치한 경우와 가압수조방식에는 비상전원을 설치하지 않을 수 있다.※

2.9.2.1) 점검에 편리하고 화재 및 침수 등의 재해로 인한 피해를 받을 우려가 없는 곳에 설치할 것

2.9.2.2) 물분무소화설비를 유효하게 20분 이상 작동할 수 있어야 할 것

2.9.2.3) 상용전원으로부터 전력의 공급이 중단된 때에는 자동으로 비상전원으로부터 전력을 공급받을 수 있도록 할 것

🔥 **상용전원의 배선**
암기 저압 인직분 전용 전관보호
특고 전변2 주차 1분기 전용
지장 없으면 주차 2분기 전용

※ (2.9.2)의 성능기준인 비상전원의 설치기준에는 밑줄 친 부분이 없다.

🔥 **비상전원 종류**
암기 축발전

🔥 **비상전원의 제외**
암기 2자가
(비상시엔 이자가 제외됨)

🔥 **비상전원의 설치기준**

암기 점2 자동방구실

2.9.2.4) 비상전원(내연기관의 기동 및 제어용 축전기를 제외한다)의 설치장소는 다른 장소와 **방화구획**할 것. 이 경우 그 장소에는 비상전원의 공급에 필요한 기구나 설비 외의 것(열병합발전설비에 필요한 기구나 설비는 제외한다)을 두어서는 안 된다.※

2.9.2.5) 비상전원을 실내에 설치하는 때에는 그 실내에 비상조명등을 설치할 것

2.10 제어반※

2.10.1 제어반

물분무소화설비에는 제어반을 설치하되, 감시제어반과 동력제어반으로 구분하여 설치해야 한다. 다만 다음의 어느 하나에 해당하는 경우에는 감시제어반과 동력제어반으로 구분하여 설치하지 않을 수 있다.

2.10.1.1) 다음의 어느 하나에 해당하지 않는 특정소방대상물에 설치되는 경우

2.10.1.1.1. 지하층을 제외한 층수가 <u>7</u>층 이상으로서 연면적이 <u>2,000</u>m² 이상인 것

2.10.1.1.2. 2.10.1.1.1에 해당하지 않는 특정소방대상물로서 지하층의 바닥면적의 합계가 <u>3,000</u>m² 이상인 것. 다만 차고·주차장 또는 보일러실·기계실·전기실 등 이와 유사한 장소의 면적은 제외한다.

2.10.1.2) <u>내</u>연기관에 따른 가압송수장치를 사용하는 경우

2.10.1.3) <u>고</u>가수조에 따른 가압송수장치를 사용하는 경우

2.10.1.4) <u>가</u>압수조에 따른 가압송수장치를 사용하는 경우

2.10.2 감시제어반의 기능 적합기준

감시제어반의 기능은 다음의 기준에 적합해야 한다. 다만 2.10.1의 단서에 따른 각 기준의 어느 하나에 해당하는 경우에는 2.10.2.3와 2.10.2.5를 적용하지 않는다.

2.10.2.1) 각 펌프의 작동 여부를 확인할 수 있는 표시등 및 음향경보기능이 있어야 할 것

2.10.2.2) 각 펌프를 자동 및 수동으로 작동시키거나 중단시킬 수 있어야 할 것

※ (2.10) 제어반의 성능기준은 옥내소화전설비의 제어반 성능기준과 같다.

🐟 제어반 구분 제외
암기 층7연2 지바3 않는(차주보기전) 내고가
(외 칠칠년이 바지를 산 것도 아닌데 차주보기전 돈 내고감)

🐟 감시제어반의 기능
암기 각각 비물예 확인(기수)
(각각 비용을 물자! 예~ 확인, 기수는 옥외로 감)
※ 감시3개, 시험3개

※ (2.10 제어반)의 성능기준
제13조(제어반)
① 물분무소화설비에는 제어반을 설치하되, 감시제어반과 동력제어반으로 구분하여 설치해야 한다.
② 감시제어반은 가압송수장치, 상용전원, 비상전원, 수조, 물올림수조, 예비전원 등을 감시·제어 및 시험할 수 있는 기능을 갖추어야 한다.
③ 감시제어반은 다음 각 호의 기준에 따라 설치해야 한다.
  1. 화재 및 침수 등의 재해로 인한 피해를 받을 우려가 없는 곳에 설치할 것
  2. 감시제어반은 물분무소화설비의 전용으로 할 것
  3. 감시제어반은 다음 각 목의 기준에 따른 전용실 안에 설치하고, 전용실에는 특정소방대상물의 기계·기구 또는 시설 등의 제어 및 감시설비 외의 것을 두지 않을 것
    가. 다른 부분과 방화구획을 할 것
    나. 피난층 또는 지하1층에 설치할 것
    다. 비상조명등 및 급·배기설비를 설치할 것
    라. 「무선통신보조설비의 화재안전성능기준(NFPC 505)」 제5조제3항에 따라 유효하게 통신이 가능할 것
    마. 바닥면적은 감시제어반의 설치에 필요한 면적 외에 화재 시 소방대원이 그 감시제어반의 조작에 필요한 최소면적 이상으로 할 것
④ 동력제어반은 앞면을 적색으로 하고, 외함은 두께 1.5밀리미터 이상의 강판 또는 이와 동등 이상의 강도 및 내열성능이 있는 것으로 하며, 그 밖의 동력제어반의 설치에 관하여는 제3항제1호 및 제2호의 기준을 준용할 것

🧯 **전용실의 붙박이창**
암기 그 집 망친(7)사(4)람, 공병대 접해있는 집, 내일 복구한대
(공병대=16.3, 내일=28)

2.10.2.3) **비**상전원을 설치한 경우에는 상용전원 및 비상전원의 공급 여부를 확인할 수 있어야 할 것

2.10.2.4) 수조 또는 **물**올림수조가 저수위로 될 때 표시등 및 음향으로 경보할 것

2.10.2.5) 다음의 각 **확**인회로마다 도통시험 및 작동시험을 할 수 있도록 할 것
  (1) 기동용수압개폐장치의 압력스위치회로
  (2) 수조 또는 물올림수조의 저수위감시회로

2.10.2.6) **예**비전원이 확보되고 예비전원의 적합 여부를 시험할 수 있어야 할 것

2.10.3 감시제어반의 설치기준

2.10.3.1) 화재 및 침수 등의 재해로 인한 피해를 받을 우려가 없는 곳에 설치할 것

2.10.3.2) 감시제어반은 물분무소화설비의 전용으로 할 것. 다만 물분무소화설비의 제어에 지장이 없는 경우에는 다른 설비와 겸용할 수 있다.

2.10.3.3) 감시제어반은 다음의 기준에 따른 전용실 안에 설치할 것. 다만 2.10.1의 단서에 따른 각 기준의 어느 하나에 해당하는 경우와 **공**장, **발**전소 등에서 **설**비를 집중 제어·운전할 목적으로 설치하는 **중앙**제어실 내에 감시제어반을 설치하는 경우에는 그렇지 않다.

2.10.3.3.1. 다른 부분과 방화구획을 할 것. 이 경우 전용실의 벽에는 기계실 또는 전기실 등의 감시를 위하여 두께 7mm 이상의 **망**입유리(두께 16.3mm 이상의 **접**합유리 또는 두께 28mm 이상의 **복**층유리를 포함한다)로 된 4m² 미만의 붙박이창을 설치할 수 있다.

2.10.3.3.2. 피난층 또는 지하 1층에 설치할 것. 다만 다음의 어느 하나에 해당하는 경우에는 지상 2층에 설치하거나 지하 1층 외의 지하층에 설치할 수 있다.
  (1) 「건축법 시행령」 제35조에 따라 특별피난계단이 설치되고 그 계단(부속실을 포함한다) 출입구로부터 보행거리 5m 이내에 전용실의 출입구가 있는 경우
  (2) 아파트의 관리동(관리동이 없는 경우에는 경비실)에 설치하는 경우

2.10.3.3.3. 비상조명등 및 급·배기설비를 설치할 것

2.10.3.3.4. 「무선통신보조설비의 화재안전기술기준(NFTC 505)」 2.2.3에 따라 유효하게 통신이 가능할 것 (영 별표 4의 제5호마목에 따른 무선통신보조설비가 설치된 특정소방대상물에 한한다)

2.10.3.3.5. 바닥면적은 감시제어반의 설치에 필요한 면적 외에 화재 시 소방대원이 그 감시제어반의 조작에 필요한 최소면적 이상으로 할 것

2.10.3.4) 2.10.3.3에 따른 전용실에는 특정소방대상물의 기계·기구 또는 시설 등의 제어 및 감시설비 외의 것을 두지 않을 것

2.10.4 동력제어반의 설치기준

2.10.4.1) 앞면은 적색으로 하고 "물분무소화설비용 동력제어반"이라고 표시한 표지를 설치할 것

2.10.4.2) 외함은 두께 1.5mm 이상의 강판 또는 이와 동등 이상의 강도 및 내열성능이 있는 것으로 할 것

2.10.4.3) 그 밖의 동력제어반의 설치에 관하여는 2.10.3.1 및 2.10.3.2의 기준을 준용할 것

2.11 배선 등

2.11.1 배선

물분무소화설비의 배선은 「전기사업법」 제67조에 따른 「전기설비기술기준」에서 정한 것 외에 다음의 기준에 따라 설치해야 한다.

2.11.1.1) 비상전원을 설치한 경우에는 비상전원으로부터 동력제어반 및 가압송수장치에 이르는 전원회로의 배선은 내화배선으로 할 것. 다만 자가발전설비와 동력제어반이 동일한 실에 설치된 경우에는 자가발전기로부터 그 제어반에 이르는 전원회로의 배선은 그렇지 않다.

2.11.1.2) 상용전원으로부터 동력제어반에 이르는 배선, 그 밖의 물분무소화설비의 감시·조작 또는 표시등회로의 배선은 내화배선 또는 내열배선으로 할 것. 다만 감시제어반 또는 동력제어반 안의 감시·조작 또는 표시등회로의 배선은 그렇지 않다.

🌲 동력제어반

재해피해X, 전용

암기 앞적표지 외 1.5
(앞적표지는 왜 잃어버렸니?)

※ (2.11) 배선 등의 성능기준
제14조(배선 등)
① 물분무소화설비의 배선은 「전기사업법」제67조에 따른 「전기설비기술기준」에서 정한 것 외에 다음 각 호의 기준에 따라 설치해야 한다.
 1. 비상전원으로부터 동력제어반 및 가압송수장치에 이르는 전원회로배선은 내화배선으로 할 것
 2. 상용전원으로부터 동력제어반에 이르는 배선, 그 밖의 물분무소화설비의 감시·조작 또는 표시등회로의 배선은 내화배선 또는 내열배선으로 할 것
② 제1항에 따른 내화배선 및 내열배선은 「옥내소화전설비의 화재안전성능기준(NFPC 102)」 제10조제2항에 따른다.
③ 물분무소화설비의 과전류차단기 및 개폐기에는 "물분무소화설비용"이라고 표시한 표지를 해야 한다.
④ 물분무소화설비용 전기배선의 양단 및 접속단자에는 식별이 용이하도록 표시 또는 표지를 해야 한다

2.11.2 내화배선, 내열배선의 전선 및 설치방법

2.11.1에 따른 내화배선 및 내열배선에 사용되는 전선의 종류 및 설치방법은 「옥내소화전설비의 화재안전기술기준(NFTC 102)」 2.7.2의 [표 2.7.2(1)] 및 [표 2.7.2(2)]의 기준에 따른다.

2.11.3 과전류차단기 및 개폐기 표지

소화설비의 과전류차단기 및 개폐기에는 "물분무소화설비용 과전류차단기 또는 개폐기"라고 표시한 표지를 해야 한다.

2.11.4 전기배선의 양단 및 접속단자 표지

소화설비용 전기배선의 양단 및 접속단자에는 다음의 기준에 따라 표지해야 한다.

2.11.4.1) 단자에는 "물분무소화설비단자"라고 표시한 표지를 부착할 것

2.11.4.2) 소화설비용 전기배선의 양단에는 다른 배선과 식별이 용이하도록 표시할 것

2.12 물분무헤드의 설치 제외※

2.12.1 물분무헤드 설치제외 장소

2.12.1.1) 물에 심하게 반응하는 물질 또는 물과 반응하여 위험한 물질을 생성하는 물질을 저장 또는 취급하는 장소

2.12.1.2) 고온의 물질 및 증류범위가 넓어 끓어 넘치는 위험이 있는 물질을 저장 또는 취급하는 장소

2.12.1.3) 운전 시에 표면의 온도가 260℃ 이상으로 되는 등 직접 분무를 하는 경우 그 부분에 손상을 입힐 우려가 있는 기계장치 등이 있는 장소

2.13 수원 및 가압송수장치의 펌프 등의 겸용

2.13.1~2.13.3 생략

2.13.4 물분무소화설비의 송수구를 옥내소화전설비·스프링클러설비·간이스프링클러설비·화재조기진압용 스프링클러설비·포소화설비 또는 연결살수설비의 송수구와 겸용으로 설치하는 경우에는 스프링클러설비의 송수구의 설치기준에 따르되 각각의 소화설비의 기능에 지장이 없도록 해야 한다. 〈개정 2024.7.1.〉

🚒 표지

과전류차단기/개폐기 ①　단자 ②　배선양단 ③

암기 과개 단표 양식

※ (2.12)의 성능기준
제15조(물분무헤드의 설치제외)
물에 심하게 반응하는 물질, 고온의 물질 또는 직접 분무를 하는 경우 그 부분에 손상을 입힐 우려가 있는 기계장치 등이 있는 장소에는 물분무헤드를 설치하지 않을 수 있다.

🚒 설치 제외

암기 물물 고증 운전 26 직접 기장
(물물 고증하러 가기 위해
운전 이륙(26)을 직접 기장처럼 했다)

08

미분무소화설비의 화재안전기술(성능)기준 (NFT(P)C 104A)

세부 목차

1.7 용어의 정의
2.1 설계도서 작성
2.2 설계도서의 검증
2.3 수원
2.4 수조
2.5 가압송수장치
2.6 폐쇄형 미분무소화설비의 방호구역
2.7 개방형 미분무소화설비의 방수구역
2.8 배관 등
2.9 음향장치 및 기동장치
2.10 헤드
2.11 전원
2.12 제어반
2.13 배선 등
2.14 청소·시험·유지 및 관리 등

08 미분무소화설비의 화재안전기술(성능)기준(NFT(P)C 104A)

1.7 정의

1.7.1 이 기준에서 사용하는 용어의 정의는 다음과 같다.

1.7.1.1) "미분무소화설비"란 가압된 물이 헤드 통과 후 미세한 입자로 분무됨으로써 소화성능을 가지는 설비로서, 소화력을 증가시키기 위해 강화액 등을 첨가할 수 있다.

1.7.1.2) "미분무"란 물만을 사용하여 소화하는 방식으로 최소설계압력에서 헤드로부터 방출되는 물입자 중 99%의 누적체적분포가 $400\mu m$ 이하로 분무되고 A, B, C급 화재에 적응성을 갖는 것을 말한다. `20점`

1.7.1.3) "미분무헤드"란 하나 이상의 오리피스를 가지고 미분무소화설비에 사용되는 헤드를 말한다.

1.7.1.4) "개방형 미분무헤드"란 감열체 없이 방수구가 항상 열려져 있는 헤드를 말한다.

1.7.1.5) "폐쇄형 미분무헤드"란 정상상태에서 방수구를 막고 있는 감열체가 일정온도에서 자동적으로 파괴·용융 또는 이탈됨으로써 방수구가 개방되는 헤드를 말한다.

1.7.1.6) "저압 미분무소화설비"란 최고사용압력이 1.2MPa이하인 미분무소화설비를 말한다. `20점`

1.7.1.7) "중압 미분무소화설비"란 사용압력이 1.2MPa을 초과하고, 3.5MPa 이하인 미분무소화설비를 말한다. `20점`

1.7.1.8) "고압 미분무소화설비"란 최저사용압력이 3.5MPa을 초과하는 미분무소화설비를 말한다. `20점`

1.7.1.9) "폐쇄형 미분무소화설비"란 배관 내에 항상 물 또는 공기 등이 가압되어 있다가 화재로 인한 열로 폐쇄형 미분무헤드가 개방되면서 소화수를 방출하는 방식의 미분무소화설비를 말한다.

1.7.1.10) "개방형 미분무소화설비"란 화재감지기의 신호를 받아 가압송수장치를 동작시켜 미분무수를 방출하는 방식의 미분무소화설비를 말한다.

🚒 **미분무($Dv_{0.99}=400\mu m$)**
암기 물만소화 최소 헤방물중 99 누적 4백마 ABC

🚒 **사용압력에 따른 분류**
- 저압: 최고사용압력 1.2MPa 이하
- 중압: 사용압력 1.2 초과 3.5 이하
- 고압: 최저사용압력 3.5MPa 초과

암기 저중고 1235 초이스
(중년의 삼오(35)님! 이리(12)와 초이스 하세요)

1.7.1.11) "유수검지장치(패들형을 포함한다)"란 유수현상을 자동적으로 검지하여 신호 또는 경보를 발하는 장치를 말한다.

1.7.1.12) "전역방출방식"이란 고정식 미분무소화설비에 배관 및 헤드를 고정 설치하여 구획된 방호구역 전체에 소화수를 방출하는 설비를 말한다.

1.7.1.13) "국소방출방식"이란 고정식 미분무소화설비에 배관 및 헤드를 설치하여 직접 화점에 소화수를 방출하는 설비로서 화재발생 부분에 집중적으로 소화수를 방출하도록 설치하는 방식을 말한다.

1.7.1.14) "호스릴방식"이란 소화수 또는 소화약제 저장용기 등에 연결된 호스릴을 이용하여 사람이 직접 화점에 소화수 또는 소화약제를 방출하는 방식을 말한다.

1.7.1.18) "연소할 우려가 있는 개구부"란 각 방화구획을 관통하는 컨베이어·에스컬레이터 또는 이와 유사한 시설의 주위로서 방화구획을 할 수 없는 부분을 말한다.

1.7.1.19) "설계도서"란 점화원, 연료의 특성과 형태 등에 따라서 건축물에서 발생할 수 있는 화재의 유형이 고려되어 작성된 것을 말한다.

🧯 **설계도서**
암기 점연형 건발화 유고작
(점 있는 점연형이 발로그린 유고작)

1.7.1.20) "호스릴"이란 원형의 소방호스를 원형의 수납장치에 감아 정리한 것을 말한다.

2.1 설계도서 작성※

2.1.1 설계도서의 고려사항 및 구분

미분무소화설비의 **성능을 확인**하기 위하여 **하나의 발화원을 가정**한 설계도서는 다음의 기준 및 그림 2.1.1을 고려하여 작성되어야 하며, 설계도서는 일반설계도서와 특별설계도서로 구분한다.

(1) **점**화원의 형태
(2) **초**기 점화되는 **연료** 유형
(3) **화**재 위치
(4) **문**과 창문의 초기상태(열림, 닫힘) 및 시간에 따른 **변화상태**
(5) **공**기조화설비, 자연형(문, 창문) 및 **기계**형 여부
(6) **시**공 유형과 내장재 유형

🧯 **설계도서 고려사항**
(하나의 발화원 가정)

암기 점초화 문공시

(점원형이 초연한 화재 위치는
문과 창문이 초기 열시 변화상태에서
공자 기계로 시냇물을 뿌린 유형이다)

※ (2.1) 설계도서 작성 성능기준
제4조(설계도서 작성)
① 미분무소화설비의 성능을 확인하기 위하여 하나의 발화원을 가정한 설계도서는 화재 시 건축물에서 발생 가능한 상황을 고려하여 작성되어야 하며, 설계도서는 일반설계도서와 특별설계도서로 구분한다.
② 일반설계도서는 유사한 특정소방대상물의 화재사례 등을 이용하여 작성하고, 특별설계도서는 일반설계도서에서 발화 장소 등을 변경하여 위험도를 높게 만들어 작성해야 한다.
③ 제1항 및 제2항에도 불구하고 검증된 기준에서 정하고 있는 것을 사용할 경우에는 적합한 도서로 인정할 수 있다.

♤ 설계도서 유형
일반 1개, 특별 6개

♤ 일반설계도서 필수 설명사항
[암기] 건사실 가연환최
(건물의 특성을 알려주는
사장 실 크기는
가구실내용 물의 최초발 위치와
환기조건에 따르고
연가들(영감들)은 그특성있는 발을 명확히 해줘야 한다)

[그림 2.1.1] 설계도서 작성기준

1. 공통사항
설계도서는 건축물에서 발생 가능한 상황을 선정하되, 건축물의 특성에 따라 제2호의 설계도서 유형 중 가목의 일반설계도서와 나목부터 사목까지의 특별설계도서 중 1개 이상을 작성한다.

2. 설계도서 유형

가. 일반설계도서
1) 건물용도, 사용자 중심의 일반적인 화재를 가상한다.
2) 설계도서에는 다음 사항이 필수적으로 명확히 설명되어야 한다.
   가) **건물**사용자 특성
   나) **사용**자의 수와 **장소**
   다) **실** 크기
   라) **가구**와 실내 내용물
   마) **연소** 가능한 물질들과 그 특성 및 발화원
   바) **환기**조건
   사) **최초** 발화물과 발화물의 위치
3) 설계자가 필요한 경우 기타 설계도서에 필요한 사항을 추가할 수 있다.

나. 특별설계도서 1
1) 내부 문들이 개방되어 있는 상황에서 피난로에 화재가 발생하여 급격한 화재 연소가 이루어지는 상황을 가상한다.
2) 화재 시 가능한 피난 방법의 수에 중심을 두고 작성한다.

다. 특별설계도서 2
1) 사람이 상주하지 않는 실에서 화재가 발생하지만, 잠재적으로 많은 재실자에게 위험이 되는 상황을 가상한다.
2) 건축물 내의 재실자가 없는 곳에서 화재가 발생하여 많은 재실자가 있는 공간으로 연소 확대되는 상황에 중심을 두고 작성한다.

라. **특별설계도서 3**
  1) 많은 사람이 있는 실에 인접한 벽이나 덕트 공간 등에서 화재가 발생한 상황을 가상한다.
  2) 화재감지기가 없는 곳이나 자동으로 작동하는 소화설비가 없는 장소에서 화재가 발생하여 많은 재실자가 있는 곳으로의 연소 확대가 가능한 상황에 중심을 두고 작성한다.

마. **특별설계도서 4**
  1) 많은 거주자가 있는 아주 인접한 장소 중 소방시설의 작동범위에 들어가지 않는 장소에서 아주 천천히 성장하는 화재를 가상한다.
  2) 작은 화재에서 시작하지만 큰 대형화재를 일으킬 수 있는 화재에 중심을 두고 작성한다.

바. **특별설계도서 5**
  1) 건축물의 일반적인 사용 특성과 관련, 화재하중이 가장 큰 장소에서 발생한 아주 심각한 화재를 가상한다.
  2) 재실자가 있는 공간에서 급격하게 연소 확대되는 화재를 중심으로 작성한다.

사. **특별설계도서 6**
  1) 외부에서 발생하여 본 건물로 화재가 확대되는 경우를 가상한다.
  2) 본 건물에서 떨어진 장소에서 화재가 발생하여 본 건물로 화재가 확대되거나 피난로를 막거나 거주가 불가능한 조건을 만드는 화재에 중심을 두고 작성한다.

2.1.2 일반설계도서와 특별설계도서의 작성

일반설계도서는 유사한 특정소방대상물의 화재사례 등을 이용하여 작성하고, 특별설계도서는 일반설계도서에서 발화 장소 등을 변경하여 위험도를 높게 만들어 작성해야 한다.

2.1.3 예외

2.1.1 및 2.1.2에도 불구하고 검증된 기준에서 정하고 있는 것을 사용할 경우에는 적합한 도서로 인정할 수 있다.

특별설계도서

	발화위치	확대(고려사항)
1	피난로	내부문들 개방 (피난방법 수)
2	상주 않는 실 (재실자X)	많은 재실자
3	인접 벽,덕트 (소방X)	많은 재실자
4	아주인접장소 (소방X, 천천히)	많은 거주자 (큰 대형화재)
5	화재하중 큰 (재실자O, 심각한 화재)	재실자 있는 공간 급격한 확대
6	외부 발생	본 건물 (화재확대/ 피난로막힘/ 거주불가능)

※ (2.3) 수원의 성능기준
제6조(수원)
① 미분무소화설비에 사용되는 소화용수는 「먹는물관리법」 제5조에 적합하고, 저수조 등에 충수할 경우 필터 또는 스트레이너를 통해야 하며, 사용되는 물에는 입자·용해고체 또는 염분이 없어야 한다.
② 배관의 연결부(용접부 제외) 또는 주배관의 유입측에는 필터 또는 스트레이너를 설치해야 하고, 사용되는 스트레이너에는 청소구가 있어야 하며, 검사·유지관리 및 보수 시에 배치 위치를 변경하지 않아야 한다.
③ 사용되는 필터 또는 스트레이너의 메쉬는 헤드 오리피스 지름의 80퍼센트 이하가 되어야 한다.
④ 수원의 양은 방호구역(방수구역) 내 헤드의 개수, 설계유량, 설계방수시간, 안전율 및 배관의 총체적을 고려하여 계산한 양 이상으로 해야 한다.
⑤ 첨가제의 양은 설계방수시간 내에 충분히 사용될 수 있는 양 이상으로 산정한다. 이 경우 첨가제가 소화약제인 경우 소방청장이 정하여 고시한 「소화약제의 형식승인 및 제품검사의 기술기준」에 적합한 것으로 사용해야 한다.

🚒 필터

<미분무 펌프 2차측 필터 시스템>

🚒 메쉬는 오리피스지름의 80%

2.2 설계도서의 검증

2.2.1 소방관서에 허가동의를 받기 전에 법 제46조제1항에 따라 성능시험기관으로 지정받은 기관에서 그 성능을 검증받아야 한다.

2.2.2 설계도서의 변경이 필요한 경우 2.2.1에 의해 재검증을 받아야 한다.

2.3 수원※

2.3.1 수원의 수질 등

미분무소화설비에 사용되는 소화용수는 「먹는물관리법」 제5조에 적합하고, 저수조 등에 충수할 경우 필터 또는 스트레이너를 통해야 하며, 사용되는 물에는 입자·용해고체 또는 염분이 없어야 한다.

2.3.2 필터 또는 스트레이너

배관의 연결부(용접부 제외) 또는 주배관의 유입 측에는 필터 또는 스트레이너를 설치해야 하고, 사용되는 스트레이너에는 청소구가 있어야 하며, 검사·유지관리 및 보수 시에 배치 위치를 변경하지 않아야 한다. 다만 노즐이 막힐 우려가 없는 경우에는 설치하지 않을 수 있다.

2.3.3 메쉬

사용되는 필터 또는 스트레이너의 메쉬는 헤드 오리피스 지름의 80% 이하가 되어야 한다.

2.3.4 수원의 양 산출식   `13설 응용`

$$Q = N \times D \times T \times S + V \quad \cdots(2.3.4)$$

여기에서
- Q: 수원의 양 [m³]
- N: 방호구역(방수구역) 내 헤드의 개수
- D: 설계유량 [m³/min]
- T: 설계방수시간 [min]
- S: 안전율 [1.2 이상]
- V: 배관의 총체적 [m³]

2.3.5 첨가제

첨가제의 양은 설계방수시간 내에 충분히 사용될 수 있는 양 이상으로 산정한다. 이 경우 첨가제가 소화약제인 경우 소방청장이 정하여 고시한 「소화약제의 형식승인 및 제품검사의 기술기준」에 적합한 것으로 사용해야 한다.

2.4 수조※

2.4.1 수조의 재료

수조의 재료는 냉간 압연 스테인리스 강판 및 강대(KS D 3698)의 STS304 또는 이와 동등 이상의 강도·내식성·내열성이 있는 것으로 해야 한다.

2.4.2 수조의 용접

수조를 용접할 경우 용접찌꺼기 등이 남아 있지 아니해야 하며, 부식의 우려가 없는 용접방식으로 해야 한다.

2.4.3 미분무 소화설비용 수조의 설치기준

2.4.3.1) **전용수조로 하고**, **점**검에 편리한 곳에 설치할 것

2.4.3.2) 동결방지조치를 하거나 **동**결의 우려가 없는 장소에 설치할 것

2.4.3.3) 수조의 외측에 **수**위계를 설치할 것. 다만 구조상 불가피한 경우에는 수조의 맨홀 등을 통하여 수조 안의 물의 양을 쉽게 확인할 수 있도록 해야 한다.

2.4.3.4) 수조의 상단이 바닥보다 높은 때에는 수조의 외측에 **고**정식 사다리를 설치할 것

2.4.3.5) 수조가 실내에 설치된 때에는 그 실내에 **조**명설비를 설치할 것

2.4.3.6) 수조의 밑 부분에는 청소용 **배**수밸브 또는 배수관을 설치할 것

2.4.3.7) 수조 외측의 보기 쉬운 곳에 "미분무소화설비용 수조"라고 표시한 **표지**를 할 것

2.4.3.8) 소화설비용 펌프의 흡수배관 또는 소화설비의 수직배관과 수조의 접속부분에는 "미분무소화설비용 배관"이라고 표시한 **표지**를 할 것. 다만 수조와 가까운 장소에 소화설비용 펌프가 설치되고 해당 펌프에 2.4.3.7에 따른 표지를 설치한 때에는 그렇지 않다.

※ (2.4) 수조의 성능기준
제7조(수조)
① 수조의 재료는 냉간 압연 스테인리스 강판 및 강대(KS D 3698)의 STS304 또는 이와 동등 이상의 강도·내식성·내열성이 있는 것으로 해야 한다.
② 수조를 용접할 경우 용접찌꺼기 등이 남아 있지 아니해야 하며, 부식의 우려가 없는 용접방식으로 해야 한다.
③ 미분무소화설비용 수조는 다음 각 호의 기준에 따라 설치해야 한다.
  1. 전용으로 하며 점검에 편리한 곳에 설치할 것
  2. 동결방지조치를 하거나 동결의 우려가 없는 장소에 설치할 것
  3. 수조에는 수위계, 고정식 사다리, 청소용 배수밸브(또는 배수관), 표지 및 실내 조명 등 수조의 유지관리에 필요한 설비를 설치할 것

🚒 수조 설치기준
2.4.3.1의 "전용수조로 하고"를 제외한 나머지 부분은 옥내소화전의 수조 설치기준과 같다.

2.5 가압송수장치

2.5.1 전동기 또는 내연기관에 따른 펌프를 이용하는 가압송수장치

2.5.1.1) 쉽게 접근할 수 있고 점검하기에 충분한 공간이 있는 장소로서 화재 및 침수 등의 재해로 인한 피해를 받을 우려가 없는 곳에 설치할 것

2.5.1.2) 동결방지조치를 하거나 동결의 우려가 없는 장소에 설치할 것

2.5.1.3) 펌프는 전용으로 할 것

2.5.1.4) 펌프의 토출 측에는 압력계를 체크밸브 이전에 펌프 토출 측 플랜지에서 가까운 곳에 설치할 것

2.5.1.5) 펌프의 성능은 체절운전 시 정격토출압력의 140%를 초과하지 않고, 정격토출량의 150%로 운전 시 정격토출압력의 65% 이상이 되어야 하며, 펌프의 성능을 시험할 수 있는 성능시험배관을 설치할 것

2.5.1.6) 가압송수장치의 송수량은 최저설계압력에서 설계유량(L/min) 이상의 방수성능을 가진 기준개수의 모든 헤드로부터의 방수량을 충족시킬 수 있는 양 이상의 것으로 할 것

2.5.1.7) 내연기관을 사용하는 경우에는 제어반에 따라 내연기관의 자동기동 및 수동기동이 가능하고, 상시 충전되어 있는 축전지설비를 갖출 것

2.5.1.8) 가압송수장치에는 "미분무펌프"라고 표시한 표지를 할 것. 다만 호스릴방식의 경우 "호스릴방식 미분무펌프"라고 표시한 표지를 할 것

2.5.1.9) 가압송수장치가 기동이 된 경우에는 자동으로 정지되지 아니하도록 할 것

2.5.1.10) 가압송수장치는 부식 등으로 인한 펌프의 고착을 방지할 수 있도록 다음의 각 기준에 적합한 것으로 할 것. 다만 충압펌프는 제외한다.

2.5.1.10.1. 임펠러는 청동 또는 스테인리스 등 부식에 강한 재질을 사용할 것

2.5.1.10.2. 펌프축은 스테인리스 등 부식에 강한 재질을 사용할 것

🚒 가압송수장치 점검항목과 비교

[펌프 방식] 점검항목
- ● 동결방지조치 상태 적정 여부
- ● 전용 펌프 사용 여부
- ○ 펌프 토출 측 압력계 등 부속장치의 변형·손상 유무
- ○ 성능시험배관을 통한 펌프 성능시험 적정 여부
- ○ 내연기관 방식의 펌프 설치 적정 (정상기동(기동장치 및 제어반) 여부, 축전지 상태, 연료량) 여부
- ○ 가압송수장치의 "미분무펌프" 등 표지설치 여부

2.5.2 압력수조를 이용하는 가압송수장치 설치기준

2.5.2.1) 압력수조는 배관용 스테인리스 강관(KS D 3676) 또는 이와 동등 이상의 강도·내식성, 내열성을 갖는 재료를 사용할 것

2.5.2.2) 용접한 압력수조를 사용할 경우 용접찌꺼기 등이 남아 있지 않아야 하며, 부식의 우려가 없는 용접방식으로 해야 한다.

2.5.2.3) 쉽게 접근할 수 있고 점검하기에 충분한 공간이 있는 장소로서 화재 및 침수 등의 재해로 인한 피해를 받을 우려가 없는 곳에 설치할 것

2.5.2.4) 동결방지조치를 하거나 동결의 우려가 없는 장소에 설치할 것

2.5.2.5) 압력수조는 전용으로 할 것

2.5.2.6) 압력수조에는 수위계·급수관·배수관·급기관·맨홀·압력계·안전장치 및 압력저하 방지를 위한 자동식 공기압축기를 설치할 것

2.5.2.7) 압력수조의 토출 측에는 사용압력의 1.5배 범위를 초과하는 압력계를 설치해야 한다.

2.5.2.8) 작동장치의 구조 및 기능은 다음의 기준에 적합해야 한다.

　2.5.2.8.1. 화재감지기의 신호에 의하여 자동적으로 밸브를 개방하고 소화수를 배관으로 송출할 것

　2.5.2.8.2. 수동으로 작동할 수 있게 하는 장치를 설치할 경우에는 부주의로 인한 작동을 방지하기 위한 보호 장치를 강구할 것

🔥 압력수조방식 점검항목
○ 동결방지조치 상태 적정 여부
● 전용 압력수조 사용 여부
○ 압력수조의 압력 적정 여부
○ 수위계·급수관·급기관·압력계·안전장치·공기압축기 등 부속장치의 변형·손상 유무
○ 압력수조 토출 측 압력계 설치 및 적정 범위 여부
○ 작동장치 구조 및 기능 적정 여부

2.5.3 가압수조를 이용하는 가압송수장치 설치기준

2.5.3.1) 가압수조의 압력은 설계 방수량 및 방수압이 설계방수시간 이상 유지되도록 할 것

2.5.3.2) 가압수조 및 가압원은 「건축법 시행령」 제46조에 따른 방화구획 된 장소에 설치 할 것

2.5.3.3) 가압수조를 이용한 가압송수장치는 소방청장이 정하여 고시한 「가압수조식 가압송수장치의 성능인증 및 제품검사의 기술기준」에 적합한 것으로 설치할 것

2.5.3.4) 가압수조는 전용으로 설치할 것

🔥 가압수조방식의 설치기준
암기 (미분무)전용 (가)시방성

🔥 가압수조방식 점검항목
● 전용 가압수조 사용 여부
● 가압수조 및 가압원 설치장소의 방화구획 여부
○ 수위계·급수관·배수관·급기관·압력계 등 구성품의 변형·손상 유무

2.6 폐쇄형 미분무소화설비의 방호구역

2.6.1 폐쇄형 미분무헤드를 사용하는 설비의 방호구역(미분무소화설비의 소화범위에 포함된 영역을 말한다. 이하 같다)은 다음의 기준에 적합해야 한다.

2.6.1.1) 하나의 방호구역의 바닥면적은 펌프용량, 배관의 구경 등을 수리학적으로 계산한 결과 헤드의 방수압 및 방수량이 방호구역 범위 내에서 소화 목적을 달성할 수 있도록 산정해야 한다.

2.6.1.2) 하나의 방호구역은 2개 층에 미치지 않을 것

2.7 개방형 미분무소화설비의 방수구역

> 🔥 **개방형 미분무 방수구역**
> 암기 하나 하나 터지접

2.7.1 개방형 미분무소화설비의 방수구역은 다음의 기준에 적합해야 한다.

2.7.1.1) <u>하나</u>의 방수구역은 2개 층에 미치지 않을 것

2.7.1.2) <u>하나</u>의 방수구역을 담당하는 헤드의 개수는 최대 설계개수 이하로 할 것. 다만 2 이상의 방수구역으로 나눌 경우에는 하나의 방수구역을 담당하는 헤드의 개수는 최대설계 개수의 2분의 1 이상으로 할 것

2.7.1.3) <u>터</u>널, <u>지</u>하가 등에 설치할 경우 동시에 방수되어야 하는 방수구역은 화재가 발생된 방수구역 및 <u>접</u>한 방수구역으로 할 것

2.8 배관 등

> 🔥 **구성요소의 재료**
> STS304

2.8.1 재료

설비에 사용되는 구성요소는 STS304 이상의 재료를 사용해야 한다.

> 🔥 **배관 종류**
> 스테인리스 강관(KS D 3576)…
> 용접찌꺼기 X, 부식 X

2.8.2 배관

배관은 배관용 스테인리스 강관(KS D 3576)이나 이와 동등 이상의 강도·내식성 및 내열성을 가진 것으로 해야 하고, 용접할 경우 용접찌꺼기 등이 남아 있지 아니해야 하며, 부식의 우려가 없는 용접방식으로 해야 한다.

2.8.3 급수배관의 설치기준

2.8.3.1) <u>전</u>용으로 할 것

2.8.3.2) 급수배관에 설치되어 급수를 차단할 수 있는 <u>개</u>폐밸브는 개폐표시형으로 할 것. 이 경우 펌프의 흡입 측 배관에는 버터플라이밸브 외의 개폐표시형밸브를 설치해야 한다.

※ 급수배관
암기 전개

2.8.4 펌프의 성능시험배관 및 순환배관

펌프의 성능시험배관은 다음의 기준에 적합하도록 설치해야 한다.

2.8.4.1) 성능시험배관은 펌프의 <u>토</u>출 측에 설치된 <u>개</u>폐밸브 이<u>전</u>에서 <u>분</u>기하여 <u>직</u>선으로 설치하고, 유량측정장치를 기준으로 <u>전</u>단 직관부에는 <u>개</u>폐밸브를 <u>후</u>단 직관부에는 <u>유</u>량<u>조</u>절밸브를 설치할 것. 이 경우 개폐밸브와 유량측정장치 사이의 직관부 거리 및 유량측정장치와 유량조절밸브 사이의 직관부 거리는 해당 유량측정장치 제조사의 설치사양에 따르고, 성능시험배관의 호칭지름은 유량측정장치의 호칭지름에 따른다.

2.8.4.2) 유입구에는 개폐밸브를 둘 것

2.8.4.3) 유량측정장치는 펌프의 정격토출량의 175% 이상 측정할 수 있는 성능이 있을 것

2.8.4.4) 가압송수장치의 체절운전 시 수온의 상승을 방지하기 위하여 체크밸브와 펌프 사이에서 분기한 구경 20mm 이상의 배관에 체절압력 이하에서 개방되는 릴리프밸브를 설치할 것

※ 펌프의 성능 및 유량측정장치

※ 성능시험배관

암기 토개전분 전직개 후유조, 개유직, 유유직, 해제설사, 호호, 175성능

2.8.5 동결방지

배관은 동결방지조치를 하거나 동결의 우려가 없는 장소에 설치해야 한다. 다만 보온재를 사용할 경우에는 난연재료 성능 이상의 것으로 해야 한다.

2.8.6 교차배관의 위치·청소구 및 가지배관의 헤드 설치

2.8.6.1) 교차배관은 가지배관과 수평으로 설치하거나 또는 가지배관 밑에 설치할 것

2.8.6.2) 청소구는 교차배관 끝에 개폐밸브를 설치하고, 호스 접결이 가능한 나사식 또는 고정배수 배관식으로 할 것. 이 경우 나사식의 개폐밸브는 나사보호용의 캡으로 마감할 것

🔔 시험장치

암기 연구물

2.8.7 시험장치 설치기준

미분무소화설비에는 동 장치를 시험할 수 있는 시험장치를 다음의 기준에 따라 설치해야 한다. 다만 개방형헤드를 설치하는 경우에는 그렇지 않다

2.8.7.1) 가압송수장치에서 가장 먼 가지배관의 끝으로부터 연결하여 설치할 것

2.8.7.2) 시험장치 배관의 구경은 가압장치에서 가장 먼 가지배관의 구경과 동일한 구경으로 하고, 그 끝에 개방형헤드를 설치할 것. 이 경우 개방형헤드는 동일 형태의 오리피스만으로 설치할 수 있다.

2.8.7.3) 시험배관의 끝에는 물받이 통 및 배수관을 설치하여 시험 중 방사된 물이 바닥에 흘러내리지 아니하도록 할 것. 다만 목욕실·화장실 또는 그 밖의 곳으로서 배수처리가 쉬운 장소에 시험배관을 설치한 경우에는 그렇지 않다.

2.8.8 배관에 설치되는 행가의 설치기준

2.8.8.1) 가지배관에는 헤드의 설치지점 사이마다 교차배관에는 가지배관과 가지배관 사이마다 1개 이상의 행거를 설치할 것

2.8.8.2) 2.8.8.1의 수평주행배관에는 4.5m 이내마다 1개 이상 설치할 것

2.8.9 수직배수배관

수직배수배관의 구경은 50mm 이상으로 해야 한다. 다만 수직배관의 구경이 50mm 미만인 경우에는 수직배관과 동일한 구경으로 할 수 있다.

2.8.10 주차장의 미분무소화설비

주차장의 미분무소화설비는 습식 외의 방식으로 해야 한다. 다만 주차장이 벽 등으로 차단되어 있고, 출입구가 자동으로 열리고 닫히는 구조인 것으로서 다음의 어느 하나에 해당하는 경우에는 그렇지 않다.

2.8.10.1) 동절기에 상시 난방이 되는 곳이거나 그 밖에 동결의 염려가 없는 곳

2.8.10.2) 미분무소화설비의 동결을 방지할 수 있는 구조 또는 장치가 된 것

🔔 주차장 습식방식이 가능한 경우
암기 주벽차출자 동상동염 미동방구장

2.8.11 탬퍼스위치

2.8.3.2에 따른 개폐밸브에는 그 밸브의 개폐상태를 감시제어반에서 확인할 수 있도록 급수개폐밸브 작동표시 스위치를 다음의 기준에 따라 설치해야 한다.

2.8.11.1) 급수개폐밸브가 잠길 경우 탬퍼스위치의 동작으로 인하여 감시제어반 또는 수신기에 표시되어야 하며 경보음을 발할 것

2.8.11.2) 탬퍼스위치는 감시제어반 또는 수신기에서 동작의 유무 확인과 동작시험, 도통시험을 할 수 있을 것

2.8.11.3) 급수개폐밸브의 작동표시 스위치에 사용되는 전기배선은 내화전선 또는 내열전선으로 설치할 것

2.8.12 배관의 배수를 위한 기울기

2.8.12.1) 폐쇄형 미분무소화설비의 배관을 수평으로 할 것. 다만 배관의 구조상 소화수가 남아 있는 곳에는 배수밸브를 설치해야 한다.

2.8.12.2) 개방형 미분무소화설비에는 헤드를 향하여 상향으로 수평주행배관의 기울기를 500분의 1 이상, 가지배관의 기울기를 250분의 1 이상으로 할 것. 다만 배관의 구조상 기울기를 줄 수 없는 경우에는 배수를 원활하게 할 수 있도록 배수밸브를 설치해야 한다.

2.8.13 배관의 구분

배관은 다른 설비의 배관과 쉽게 구분이 될 수 있는 위치에 설치하거나 그 배관표면 또는 배관 보온재표면의 색상은 「한국산업표준(배관계의 식별 표시, KS A 0503)」 또는 적색으로 식별이 가능하도록 소방용설비의 배관임을 표시해야 한다.

2.8.14 호스릴방식의 설치기준

2.8.14.1) 차고 또는 주차장 외의 장소에 설치하되 방호대상물의 각 부분으로부터 하나의 호스 접결구까지의 수평거리가 25m 이하가 되도록 할 것

2.8.14.2) 소화약제 저장용기의 개방밸브는 호스의 설치장소에서 수동으로 개폐할 수 있는 것으로 할 것

2.8.14.3) 소화약제 저장용기의 가장 가까운 곳의 보기 쉬운 곳에 표시등을 설치하고, "호스릴 미분무소화설비"라고 표시한 표지를 할 것

탬퍼스위치 설치기준

암기 급탬급, 표경 동동통 내내

배관 기울기

⟨폐쇄형 미분무⟩

⟨개방형 미분무⟩

호스릴방식 설치기준
암기 차주 개수 소표표 밖

호스릴 수평거리 비교

소화설비	수평거리
이산화탄소 분말 포호스릴	15m
할론	20m
포소화전 미분무 옥내호스릴 옥내소화전	25m

암기 이분포 싫어(15) 할인(2) 미리오(25)시오

2.8.14.4) 그 밖의 사항은 「옥내소화전설비의 화재안전기술기준(NFTC 102)」 2.4(함 및 방수구 등)에 적합할 것

2.9 음향장치 및 기동장치

2.9.1 미분무소화설비의 음향장치 및 기동장치는 다음의 기준에 따라 설치해야 한다.

2.9.1.1) 폐쇄형 미분무헤드가 개방되면 화재신호를 발신하고 그에 따라 음향장치가 경보되도록 할 것

2.9.1.2) 개방형 미분무소화설비는 화재감지기의 감지에 따라 음향장치가 경보되도록 할 것. 이 경우 화재감지기 회로를 교차회로방식으로 하는 때에는 하나의 화재감지기 회로가 화재를 감지하는 때에도 음향장치가 경보되도록 해야 한다.※

2.9.1.3) 음향장치는 방호구역 또는 방수구역마다 설치하되 그 구역의 각 부분으로부터 하나의 음향장치까지의 수평거리는 25m 이하가 되도록 할 것

2.9.1.4) 음향장치는 경종 또는 사이렌(전자식 사이렌을 포함한다)으로 하되, 주위의 소음 및 다른 용도의 경보와 구별이 가능한 음색으로 할 것. 이 경우 경종 또는 사이렌은 자동화재탐지설비·비상벨설비 또는 자동식 사이렌설비의 음향장치와 겸용할 수 있다.※

2.9.1.5) 주음향장치는 수신기의 내부 또는 그 직근에 설치할 것

2.9.1.6) 층수가 11층(공동주택의 경우 16층) 이상의 소방대상물 또는 그 부분에 있어서는 2층 이상의 층에서 발화한 때에는 발화층 및 그 직상 4개 층에 한하여, 1층에서 발화한 때에는 발화층과 그 직상 4개 층 및 지하층에 한하여, 지하층에서 발화한 때에는 발화층·그 직상층 및 기타의 지하층에 한하여 경보를 발할 수 있도록 할 것※

2.9.1.7) 음향장치는 다음의 기준에 따른 구조 및 성능의 것으로 할 것

2.9.1.7.1. 정격전압의 80% 전압에서 음향을 발할 수 있는 것으로 할 것

2.9.1.7.2. 음향의 크기는 부착된 음향장치의 중심으로부터 1m 떨어진 위치에서 90dB 이상이 되는 것으로 할 것

※ (2.9.1)의 성능기준은 밑줄친 부분이 없으며 2.9.1.6은 다음과 같다.
6. 층수가 11층(공동주택의 경우에는 16층) 이상의 소방대상물 또는 그 부분에 있어서는 발화층에 따라 경보하는 층을 달리하여 경보를 발할 수 있도록 할 것

🚒 우선경보방식

18층	18층	18층
17층	17층	17층
16층	16층	16층
15층	15층	15층
14층	14층	14층
13층	13층	13층(화재)
12층	12층	12층
11층	11층	11층
10층	10층	10층
9층	9층	9층
8층	8층	8층
7층	7층	7층
6층	6층	6층
5층	5층(화재)	5층
4층	4층	4층
3층	3층	3층
2층	2층	2층
1층(화재)	1층	1층
지하1층	지하1층	지하1층(화재)
지하2층	지하2층	지하2층

암기 114 (공주16)

🚒 음향장치
암기 음향 198

2.9.1.8) 화재감지기 회로에는 다음의 기준에 따른 발신기를 설치할 것. 다만 자동화재탐지설비의 발신기가 설치된 경우에는 그렇지 않다.

2.9.1.8.1. **조**작이 쉬운 장소에 설치하고, **스**위치는 바닥으로부터 0.8m 이상 1.5m 이하의 높이에 설치할 것

2.9.1.8.2. **소**방대상물의 층마다 설치하되, 당해 소방대상물의 각 부분으로부터 하나의 **발**신기까지의 수평거리가 25m 이하가 되도록 할 것. 다만 복도 또는 별도로 구획된 실로서 보행거리가 40m 이상일 경우에는 추가로 설치해야 한다.

2.9.1.8.3. 발신기의 **위**치를 표시하는 표시등은 함의 상부에 설치하되, 그 불빛은 부착면으로부터 15° 이상의 범위 안에서 부착지점으로부터 10m 이내의 어느 곳에서도 쉽게 식별할 수 있는 적색등으로 할 것

🛎 발신기의 설치기준
암기 조스 특발 위

암기 함상 껌 씹어(15) 부착, 십적

2.10 헤드　　　　　　　　　　　　　13설 응용

2.10.1) 미분무헤드는 소방대상물의 천장·반자·천장과 반자 사이·덕트·선반 기타 이와 유사한 부분에 설계자의 의도에 적합하도록 설치해야 한다.

2.10.2) 하나의 헤드까지의 수평거리 산정은 설계자가 제시해야 한다.

2.10.3) 미분무소화설비에 사용되는 헤드는 **조기반응형** 헤드를 설치해야 한다.

2.10.4) 폐쇄형 미분무헤드는 그 설치장소의 평상시 최고주위온도에 따라 다음 식 (2.10.4)에 따른 표시온도의 것으로 설치해야 한다.

$$T_a = 0.9\,T_m - 27.3°C \quad \cdots(2.10.4)$$

여기에서
T_a: 최고주위온도
T_m: 헤드의 표시온도

2.10.5) 미분무 헤드는 배관, 행거 등으로부터 살수가 방해되지 아니하도록 설치해야 한다.

2.10.6) 미분무 헤드는 설계도면과 동일하게 설치해야 한다.

🛎 폐쇄형 미분무헤드
암기 조기 최고 영구팀 뺑이쳤삼
[조기축구에서 최고는(=) 영구팀! 뺑이쳤삼(-27.3)]

2.10.7) 미분무 헤드는 '한국소방산업기술원' 또는 법 제46조 제1항의 규정에 따라 성능시험기관으로 지정받은 기관에서 검증받아야 한다.

2.11 전원

2.11.1) 미분무소화설비의 전원은 「스프링클러설비의 화재안전기술기준(NFPC 103)」 2.9(전원)를 준용한다

2.12 제어반

2.12.1 제어반

미분무 소화설비에는 제어반을 설치하되, 감시제어반과 동력제어반으로 구분하여 설치해야 한다. 다만 가압수조에 따른 가압송수장치를 사용하는 미분무소화설비의 경우와 별도의 시방서를 제시할 경우에는 그렇지 않을 수 있다.

2.12.2 감시제어반 기능의 적합기준

2.12.2.1) 각 펌프의 작동 여부를 확인할 수 있는 표시등 및 음향경보기능이 있어야 할 것

2.12.2.2) 각 펌프를 자동 및 수동으로 작동시키거나 중단시킬 수 있어야 할 것

2.12.2.3) 비상전원을 설치한 경우에는 상용전원 및 비상전원의 공급 여부를 확인할 수 있어야 할 것

2.12.2.4) 수조가 저수위로 될 때 표시등 및 음향으로 경보할 것

2.12.2.5) 예비전원이 확보되고 예비전원의 적합 여부를 시험할 수 있어야 할 것

2.12.3 감시제어반의 설치기준

2.12.3.1) 화재 및 침수 등의 재해로 인한 피해를 받을 우려가 없는 곳에 설치할 것

2.12.3.2) 감시제어반은 미분무소화설비의 전용으로 할 것

2.12.3.3) 감시제어반은 다음의 기준에 따른 전용실 안에 설치할 것

    2.12.3.3.1. 다른 부분과 방화구획을 할 것. 이 경우 전용실의 벽에는 기계실 또는 전기실 등의 감시를 위하여 두께 7mm 이상의 망입유리(두께 16.3

※ (2.12 제어반)의 성능기준
제13조(제어반)
① 미분무소화설비에는 제어반을 설치하되, 감시제어반과 동력제어반으로 구분하여 설치해야 한다.
② 감시제어반은 가압송수장치, 상용전원, 비상전원, 수조, 예비전원 등을 감시·제어 및 시험할 수 있는 기능을 갖추어야 한다.
③ 감시제어반은 다음 각 호의 기준에 따라 설치해야 한다.
  1. 화재 및 침수 등의 재해로 인한 피해를 받을 우려가 없는 곳에 설치할 것
  2. 감시제어반은 미분무소화설비의 전용으로 할 것
  3. 감시제어반은 다음 각 목의 기준에 따른 전용실 안에 설치하고, 전용실에는 특정소방대상물의 기계·기구 또는 시설 등의 제어 및 감시설비 외의 것을 두지 않을 것
    가. 다른 부분과 방화구획을 할 것
    나. 피난층 또는 지하1층에 설치할 것
    다. 「무선통신보조설비의 화재안전성능기준(NFPC 505)」 제5조제3항에 따라 유효하게 통신이 가능할 것
    라. 바닥면적은 감시제어반의 설치에 필요한 면적 외에 화재 시 소방대원이 그 감시제어반의 조작에 필요한 최소면적 이상으로 할 것
  4. 화재감지기, 저수위, 개폐밸브 폐쇄상태 확인 등 확인회로마다 도통시험 및 작동시험을 할 수 있도록 할 것
  5. 감시제어반과 자동화재탐지설비의 수신기를 별도의 장소에 설치하는 경우에는 이들 상호 간에 동시 통화가 가능하도록 할 것
④ 동력제어반은 앞면을 적색으로 하고, 외함은 두께 1.5밀리미터 이상의 강판 또는 이와 동등 이상의 강도 및 내열성능이 있는 것으로 하며, 그 밖의 동력제어반의 설치에 관하여는 제3항제1호 및 제2호의 기준을 준용할 것

mm 이상의 접합유리 또는 두께 28mm 이상의 복층유리를 포함한다)로 된 4m² 미만의 붙박이창을 설치할 수 있다.

2.12.3.3.2. 피난층 또는 지하 1층에 설치할 것

2.12.3.3.4. 「무선통신보조설비의 화재안전기술기준(NFTC 505)」 2.2.3에 따라 유효하게 통신이 가능할 것 (영 별표 4의 제5호마목에 따른 무선통신보조설비가 설치된 특정소방대상물에 한한다)

2.12.3.3.5. 바닥면적은 감시제어반의 설치에 필요한 면적 외에 화재 시 소방대원이 그 감시제어반의 조작에 필요한 최소면적 이상으로 할 것

2.12.3.4) 2.12.3.3에 따른 전용실에는 특정소방대상물의 기계·기구 또는 시설 등의 제어 및 감시설비 외의 것을 두지 않을 것

2.12.3.5) 다음의 각 확인회로마다 도통시험 및 작동시험을 할 수 있도록 할 것
  (1) **수**조의 저수위감시회로
  (2) **개**방형 미분무소화설비의 화재감지기회로
  (3) 2.8.11에 따른 **개**폐밸브의 폐쇄상태 확인회로
  (4) **그** 밖의 이와 비슷한 회로

2.12.3.6) 감시제어반과 자동화재탐지설비의 수신기를 별도의 장소에 설치하는 경우에는 이들 상호 간 연동하여 화재발생 및 2.12.2.1, 2.12.2.3 및 2.12.2.4의 기능을 확인할 수 있도록 할 것

2.12.4 동력제어반

2.12.4.1) 앞면은 적색으로 하고 "미분무소화설비용 동력제어반"이라고 표시한 표지를 설치할 것

2.12.4.2) 외함은 두께 1.5mm 이상의 강판 또는 이와 동등 이상의 강도 및 내열성능이 있는 것으로 할 것

2.12.4.3) 그 밖의 동력제어반의 설치에 관하여는 2.12.3.1 및 2.12.3.2의 기준을 준용할 것

2.12.5 발전기 제어반

자가발전설비 제어반은 「스프링클러설비의 화재안전기술기준(NFTC 103)」 2.10(제어반)을 준용한다.

🔔 **전용실의 붙박이창**
암기 망74 16.3 접 28 복
(그 집 망친(7)사(4)람
공병대(16.3) 접해있는 집
내일(28) 복구한대)

🔔 **확인회로**
암기 (미)확인 수개 개그

🔔 **동력제어반**

재해피해×, 전용

암기 앞적 표지 외 1.5
(앞적표지는 왜 잃어버렸니)

2.13 배선 등

2.13.1 미분무 소화설비의 배선

미분무소화설비의 배선은 「전기사업법」 제67조에 따른 「전기설비기술기준」에서 정한 것 외에 다음의 기준에 따라 설치해야 한다.

2.13.1.1) 비상전원을 설치한 경우에는 비상전원으로부터 동력제어반 및 가압송수장치에 이르는 전원회로의 배선은 내화배선으로 할 것. 다만 자가발전설비와 동력제어반이 동일한 실에 설치된 경우에는 자가발전기로부터 그 제어반에 이르는 전원회로의 배선은 그렇지 않다.

2.13.1.2) 상용전원으로부터 동력제어반에 이르는 배선, 그 밖의 미분무소화설비의 감시·조작 또는 표시등회로의 배선은 내화배선 또는 내열배선으로 할 것. 다만 감시제어반 또는 동력제어반 안의 감시·조작 또는 표시등회로의 배선은 그렇지 않다.

2.13.2 내화배선, 내열배선의 전선 및 설치방법

2.13.1에 따른 내화배선 및 내열배선에 사용되는 전선의 종류 및 설치방법은 「옥내소화전설비의 화재안전기술기준(NFTC 102)」 2.7.2의 [표 2.7.2(1)] 또는 [표 2.7.2(2)]의 기준에 따른다.

2.13.3 과전류차단기 및 개폐기 표지

소화설비의 과전류차단기 및 개폐기에는 "미분무소화설비용 과전류차단기 또는 개폐기"라고 표시한 표지를 해야 한다.

2.13.4 전기배선의 양단 및 접속단자 표지

소화설비용 전기배선의 양단 및 접속단자에는 다음의 기준에 따라 표지해야 한다.

2.13.4.1) 단자에는 "미분무 소화설비단자"라고 표시한 표지를 부착할 것

2.13.4.2) 소화설비용 전기배선의 양단에는 다른 배선과 식별이 용이하도록 표시할 것

※ (2.13) 배선 등의 성능기준
제14조(배선 등)
① 미분무소화설비의 배선은 「전기사업법」제67조에 따른 「전기설비기술기준」에서 정한 것 외에 다음 각 호의 기준에 따라 설치해야 한다.
 1. 비상전원으로부터 동력제어반 및 가압송수장치에 이르는 전원회로배선은 내화배선으로 할 것
 2. 상용전원으로부터 동력제어반에 이르는 배선, 그 밖의 물분무소화설비의 감시·조작 또는 표시등회로의 배선은 내화배선 또는 내열배선으로 할 것
② 제1항에 따른 내화배선 및 내열배선은 「옥내소화전설비의 화재안전성능기준(NFPC 102)」 제10조제2항에 따른다.
③ 미분무소화설비의 과전류차단기 및 개폐기에는 "미분무소화설비용"이라고 표시한 표지를 해야 한다.
④ 미분무소화설비용 전기배선의 양단 및 접속단자에는 식별이 용이하도록 표시 또는 표지를 해야 한다.

표지(= 옥내소화전)

암기 과개 단표 양식

2.14 청소·시험·유지 및 관리 등

2.14.1) 미분무소화설비의 청소·유지 및 관리 등은 건축물의 모든 부분(건축설비를 포함한다)을 완성한 시점부터 최소 연 1회 이상 실시하여 그 성능 등을 확인해야 한다.

2.14.2) 미분무소화설비의 배관 등의 청소는 배관의 수리계산 시 설계된 최대방출량으로 방출하여 배관 내 이물질이 제거될 수 있는 충분한 시간동안 실시해야 한다.

2.14.3) 미분무소화설비의 성능시험은 2.5에서 정한 기준에 따라 실시한다.

🚒 청소·시험·유지관리
〈키워드〉
- 시점, 연1회, 성능등 확인
- 청소, 최대방출량, 충분한 시간
- 성능시험은 가압송수장치 성능시험

09

포소화설비의 화재안전기술(성능)기준 (NFT(P)C 105)

세부 목차

1.7 용어의 정의
2.1 종류 및 적응성
2.2 수원
2.3 가압송수장치
2.4 배관 등
2.5 저장탱크 등
2.6 혼합장치

2.7 개방밸브
2.8 기동장치
2.9 포헤드 및 고정포방출구
2.10 전원
2.11 제어반
2.12 배선 등
2.13 수원 및 가압송수장치의 펌프 등의 겸용

09 포소화설비의 화재안전기술(성능)기준(NFT(P)C 105)

🧯 포소화설비의 적용

🧯 포 혼방방식 5종류
- 펌프 푸로포셔너방식
- 프레져 푸로포셔너방식
- 프레져사이드 푸로포셔너방식
- 라인 푸로포셔너방식
- 압축공기포 믹싱챔버방식

암기 펌프사라 압!

🧯 펌프 푸로포셔너방식

1.7 용어의 정의

1.7.1 이 기준에서 사용하는 용어의 정의는 다음과 같다.

1.7.1.8) "전역방출방식"이란 소화약제 공급장치에 배관 및 분사헤드 등을 고정 설치하여 밀폐 방호구역 내에 소화약제를 방출하는 방식을 말한다.

1.7.1.9) "국소방출방식"이란 소화약제 공급장치에 배관 및 분사헤드를 등을 설치하여 직접 화점에 소화약제를 방출하는 방식을 말한다.

1.7.1.10) "팽창비"란 최종 발생한 포 체적을 원래 포 수용액 체적으로 나눈 값을 말한다.

1.7.1.13) "포워터스프링클러설비"란 포워터스프링클러헤드를 사용하는 포소화설비를 말한다.

1.7.1.14) "포헤드설비"란 포헤드를 사용하는 포소화설비를 말한다.

1.7.1.15) "고정포방출설비"란 고정포방출구를 사용하는 설비를 말한다.

1.7.1.16) "호스릴포소화설비"란 호스릴포방수구·호스릴 및 이동식 포노즐을 사용하는 설비를 말한다.

1.7.1.17) "포소화전설비"란 포소화전방수구·호스 및 이동식 포노즐을 사용하는 설비를 말한다.

1.7.1.18) "송액관"이란 수원으로부터 포헤드·고정포방출구 또는 이동식포노즐 등에 급수하는 배관을 말한다.

1.7.1.19) "급수배관"이란 수원 및 옥외송수구로부터 포소화설비의 헤드 또는 방출구에 급수하는 배관을 말한다.

1.7.1.21) "펌프 프로포셔너방식"이란 펌프의 토출관과 흡입관 사이의 배관 도중에 설치한 흡입기에 펌프에서 토출된 물의 일부를 보내고, 농도 조정밸브에서 조정된 포 소화약제의 필요량을 포 소화약제 저장탱크에서 펌프 흡입 측으로 보내어 이를 혼합하는 방식을 말한다. **23점**

1.7.1.22) "프레셔 프로포셔너방식"이란 펌프와 발포기의 중간에 설치된 벤추리관의 벤추리작용과 펌프 가압수의 포 소화약제 저장탱크에 대한 압력에 따라 포 소화약제를 흡입·혼합하는 방식을 말한다. `23점`

1.7.1.23) "라인 프로포셔너방식"이란 펌프와 발포기의 중간에 설치된 벤추리관의 벤추리작용에 따라 포 소화약제를 흡입·혼합하는 방식을 말한다. `23점`

1.7.1.24) "프레셔사이드 프로포셔너방식"이란 펌프의 토출관에 압입기를 설치하여 포 소화약제 압입용펌프로 포 소화약제를 압입시켜 혼합하는 방식을 말한다.

1.7.1.26) "압축공기포소화설비"란 압축공기 또는 압축질소를 일정 비율로 포수용액에 강제 주입 혼합하는 방식을 말한다. `23점`

1.7.1.29) "압축공기포 믹싱챔버방식"이란 물, 포 소화약제 및 공기를 믹싱챔버로 강제주입시켜 챔버 내에서 포수용액을 생성한 후 포를 방사하는 방식을 말한다. `23점`

2.1 종류 및 적응성

2.1.1 특정소방대상물에 따라 적응하는 포소화설비는 다음의 기준과 같다.

2.1.1.1) 「화재의 예방 및 안전관리에 관한 법률 시행령」 별표 2의 특수가연물을 저장·취급하는 공장 또는 창고: 포워터스프링클러설비·포헤드설비 또는 고정포방출설비, 압축공기포소화설비

2.1.1.2) 차고 또는 주차장:
포워터스프링클러설비·포헤드설비 또는 고정포방출설비, 압축공기포소화설비. 다만 다음의 어느 하나에 해당하는 차고·주차장의 부분에는 호스릴포소화설비 또는 포소화전설비를 설치할 수 있다. `15설`

2.1.1.2.1. 완전 개방된 옥상주차장 또는 고가 밑의 주차장으로서 주된 벽이 없고, 기둥뿐이거나 주위가 위해방지용 철주 등으로 둘러싸인 부분

2.1.1.2.2. 지상 1층으로서 지붕이 없는 부분

	포SP	포헤드	고정포	압축공	소화전	호스릴
1특	○	○	○	○	×	×
2차	○	○	○	○	1,2	1,2
3항	○	○	○	○	×	한정된장소외
4발	×	×	×	○	×	×

- 압축공기포의 설치

  암기 발엔 변 케유 바합300미
  (발엔 변을 발라야 쾌유가 되유~
  치료비 합계는 300만 원이에유~
  미안해유~)

- 수원의 저수량

  암기 안(A,N) 껐(Q) 때(T)

※ 방수시간 비교
호스릴, 포소화전: 20분
그 외의 것: 10분

1) 포워터스프링클러설비 또는 포헤드설비의 경우에는 포워터스프링클러헤드 또는 포헤드(이하 "포헤드"라 한다)가 가장 많이 설치된 층의 포헤드(바닥면적이 200m²를 초과한 층은 바닥면적 200m² 이내에 설치된 포헤드를 말한다)에서 동시에 표준방사량으로 10분간 방사할 수 있는 양 이상으로, 고정포방출설비의 경우에는 고정포방출구가 가장 많이 설치된 방호구역 안의 고정포방출구에서 표준방사량으로 10분간 방사할 수 있는 양 이상으로 한다.

2) 호스릴포소화설비 또는 포소화전설비의 경우에는 방수구가 가장 많은 층의 설치개수(호스릴포방수구 또는 포소화전방수구가 5개 이상 설치된 경우에는 5개)에 6m³를 곱한 양 이상으로, 포워터스프링클러설비·포헤드설비 또는 고정포방출설비의 경우에는 2.2.1.1의 기준을 준용한다.

2.1.1.3) 항공기격납고:
포워터스프링클러설비·포헤드설비 또는 고정포방출설비, 압축공기포소화설비. 다만 바닥면적의 합계가 1,000m² 이상이고, 항공기의 격납위치가 한정되어 있는 경우에는 그 한정된 장소 외의 부분에 대하여는 호스릴포소화설비를 설치할 수 있다.

2.1.1.4) 발전기실, 엔진펌프실, 변압기, 전기케이블실, 유압설비: 바닥면적의 합계가 300m² 미만의 장소에는 고정식 압축공기포소화설비를 설치할 수 있다.

2.2 수원

2.2.1 수원의 저수량

$$토출량 = (A \text{ 또는 } N) \times Q$$
$$수원량 = (A \text{ 또는 } N) \times Q \times T$$
$$포약제량 = (A \text{ 또는 } N) \times Q \times T \times S$$

A: 면적(m²),
N: 개수(개)
Q: 방출밀도 또는 방사량
T: 방사시간(min)
S: 소화약제사용농도(%)

2.2.1.1 특수가연물을 저장·취급하는 공장 창고/차고, 주차장

1. A, N: 가장 많이 설치된 **층의 포헤드**
   (200m²를 초과한 층: 200m² 이내의 포헤드),
   가장 많이 설치된 방호구역의 **고정포방출구**[1)]

2. T: 10분

※ 이 경우 하나의 공장 또는 창고에 포워터스프링클러설비·포헤드설비 또는 고정포방출설비가 함께 설치된 때에는 각 설비별로 산출된 저수량 중 **최대의 것**을 그 특정소방대상물에 설치해야 할 수원의 양으로 한다.

2.2.1.2 차고·주차장의 호스릴포 및 포소화전

1. N: 가장 많은 층의 설치개수(5개 이상: 5개)
2. Q×T: 6m³(= 300L/min × 20분)[2)]

※ 이 경우 하나의 차고 또는 주차장에 호스릴포소화설비·포소화전설비·포워터스프링클러설비·포헤드

설비 또는 고정포방출설비가 함께 설치된 때에는 각 설비별로 산출된 저수량 중 **최대의 것**을 그 차고 또는 주차장에 설치해야 할 수원의 양으로 한다.

2.2.1.3 항공기 격납고

1. N: 가장 많이 설치된 항공기 격납고의 포헤드 또는 고정포방출구[1]
2. T: 10분
3. 호스릴포 소화설비를 함께 설치하는 경우
   - N: 방수구가 가장 많이 설치된 격납고의 방수구 수 (5개 이상: 5개)
   - Q×T: $6m^3$(= 300L/min × 20분)
4. 수원량은 (포헤드 또는 고정포방출구의 수원량)과 (호스릴포 수원량)을 합한 양

2.2.1.4 압축공기포소화설비

압축공기포소화설비를 설치하는 경우 방수량은 설계사양에 따라 방호구역에 최소 10분간 방사할 수 있어야 한다.

2.2.1.5 압축공기포소화설비

1. Q(설계방출밀도): 설계사양에 따름(다음 만족)
   - **일**반가연물, **탄**화수소류: $1.63L/min \cdot m^2$ 이상
   - **특**수가연물, 알**코**올류와 **케**톤류: $2.3L/min \cdot m^2$ 이상
2. T: 10분

2.2.2 수원을 수조로 설치하는 경우

포소화설비의 수원을 수조로 설치하는 경우에는 소화설비의 전용수조로 해야 한다. 다만 다음의 어느 하나에 해당하는 경우에는 그렇지 않다.

2.2.2 1) 포소화설비용 펌프의 풋밸브 또는 흡수배관의 흡수구(수직회전축펌프의 흡수구를 포함한다. 이하 같다)를 다른 설비(소화용 설비 외의 것을 말한다. 이하 같다)의 풋밸브 또는 흡수구보다 낮은 위치에 설치한 때

2.2.2 2) 2.3.2에 따른 고가수조로부터 포소화설비의 수직배관에 물을 공급하는 급수구를 다른 설비의 급수구보다 낮은 위치에 설치한 때

---

1) 포워터스프링클러설비·포헤드설비 또는 고정포방출설비의 경우에는 포헤드 또는 고정포방출구가 가장 많이 설치된 항공기격납고의 포헤드 또는 고정포방출구에서 동시에 표준방사량으로 10분간 방사할 수 있는 양 이상으로 하되, 호스릴포소화설비를 함께 설치한 경우에는 호스릴포방수구가 가장 많이 설치된 격납고의 호스릴방수구수(호스릴방수구가 5개 이상 설치된 경우에는 5개)에 $6m^3$를 곱한 양을 합한 양 이상으로 해야 한다.

🔔 **압축공기포**
암기 일탄 군부대, 특케알 넓다
[군부대(1.63), 넓다(2.3)]

🧯 유효수량
암기 풋흡급 사이

※(2.2.4)의 성능기준
포소화설비용 수조는 다음 각 호의 기준에 따라 설치해야 한다.
1. 점검에 편리한 곳에 설치할 것
2. 동결방지조치를 하거나 동결의 우려가 없는 장소에 설치할 것
3. 수조에는 수위계, 고정식 사다리, 청소용 배수밸브(또는 배수관), 표지 및 실내 조명 등 수조의 유지관리에 필요한 설비를 설치할 것

🧯 수조 설치기준
암기 점동조 수고표 배표

2.2.3 유효수량

2.2.1에 따른 저수량을 산정함에 있어서 다른 설비와 겸용하여 포소화설비용 수조를 설치하는 경우에는 포소화설비의 풋밸브·흡수구 또는 수직배관의 급수구와 다른 설비의 풋밸브·흡수구 또는 수직배관의 급수구와의 사이의 수량을 그 유효수량으로 한다.

2.2.4 수조의 설치기준

2.2.4.1) 점검에 편리한 곳에 설치할 것

2.2.4.2) 동결방지조치를 하거나 동결의 우려가 없는 장소에 설치할 것

2.2.4.3) 수조의 외측에 수위계를 설치할 것. 다만 구조상 불가피한 경우에는 수조의 맨홀 등을 통하여 수조 안의 물의 양을 쉽게 확인할 수 있도록 해야 한다.

2.2.4.4) 수조의 상단이 바닥보다 높은 때에는 수조의 외측에 고정식 사다리를 설치할 것

2.2.4.5) 수조가 실내에 설치된 때에는 그 실내에 조명설비를 설치할 것

2.2.4.6) 수조의 밑 부분에는 청소용 배수밸브 또는 배수관을 설치할 것

2.2.4.7) 수조 외측의 보기 쉬운 곳에 "포소화설비용 수조"라고 표시한 표지를 할 것. 이 경우 그 수조를 다른 설비와 겸용하는 때에는 그 겸용되는 설비의 이름을 표시한 표지를 함께 해야 한다.

2.2.4.8) 소화설비용 펌프의 흡수배관 또는 소화설비의 수직배관과 수조의 접속부분에는 "포소화설비용 배관"이라고 표시한 표지를 할 것. 다만 수조와 가까운 장소에 소화설비용 펌프가 설치되고 해당 펌프에 2.3.1.14에 따른 표지를 설치한 때에는 그렇지 않다.

2.3 가압송수장치

2.3.1 펌프 방식

전동기 또는 내연기관에 따른 펌프를 이용하는 가압송수장치는 다음의 기준에 따라 설치해야 한다. 다만 가압송수장치의 주펌프는 전동기에 따른 펌프로 설치해야 한다.

2.3.1.1) 쉽게 접근할 수 있고 점검하기에 충분한 공간이 있는 장소로서 화재 및 침수 등의 재해로 인한 피해를 받을 우려가 없는 곳에 설치할 것

2.3.1.2) 동결방지조치를 하거나 동결의 우려가 없는 장소에 설치할 것. 다만 포소화설비의 가압송수장치에 보온재를 사용할 경우에는 난연재료 성능 이상의 것으로 해야 한다.

2.3.1.3) 소화약제가 변질될 우려가 없는 곳에 설치할 것

2.3.1.4) 펌프의 토출량은 포헤드·고정포방출구 또는 이동식 포노즐의 설계압력 또는 노즐의 방사압력의 허용범위 안에서 포수용액을 방출 또는 방사할 수 있는 양 이상이 되도록 할 것

2.3.1.5) 펌프는 전용으로 할 것. 다만 다른 소화설비와 겸용하는 경우 각각의 소화설비의 성능에 지장이 없을 때에는 그렇지 않다.

2.3.1.6) **펌프의 양정**

$$H = h_1 + h_2 + h_3 + h_4 \cdots (2.3.1.6)$$

여기에서 H : 펌프의 양정(m)
h_1 : 방출구의 설계압력 환산수두 또는 노즐선단의 방사압력 환산수두
h_2 : 배관 마찰손실수두(m)
h_3 : 낙차(m)
h_4 : 소방용 호스의 마찰손실수두(m)

2.3.1.6) **압력계, 연성계, 진공계**

펌프의 토출 측에는 압력계를 체크밸브 이전에 펌프 토출 측 플랜지에서 가까운 곳에 설치하고, 흡입 측에는 연성계 또는 진공계를 설치할 것. 다만 수원의 수위가 펌프의 위치보다 높거나 수직회전축펌프의 경우에는 연성계 또는 진공계를 설치하지 않을 수 있다.

2.3.1.8) **성능시험배관**

펌프의 성능은 체절운전 시 정격토출압력의 140%를 초과하지 않고, 정격토출량의 150%로 운전 시 정격토출압력의 65% 이상이 되어야 하며, 펌프의 성능을 시험할 수 있는 성능시험배관을 설치할 것. 다만 충압펌프의 경우에는 그렇지 않다.

압력챔버

물올림장치

충압펌프

2.3.1.9) 순환배관

가압송수장치에는 체절운전 시 수온의 상승을 방지하기 위한 순환배관을 설치할 것. 다만 충압펌프의 경우에는 그렇지 않다.

2.3.1.10) 기동용수압개폐장치

기동장치로는 기동용수압개폐장치 또는 이와 동등 이상의 성능이 있는 것을 설치하고, 기동용수압개폐장치 중 압력챔버를 사용할 경우 그 용적은 100L 이상의 것으로 할 것

2.3.1.11) 물올림장치

수원의 수위가 펌프보다 낮은 위치에 있는 가압송수장치에는 다음의 기준에 따른 물올림장치를 설치할 것

2.3.1.11.1. 물올림장치에는 전용의 수조를 설치할 것

2.3.1.11.2. 수조의 유효수량은 100L 이상으로 하되, 구경 15mm 이상의 급수배관에 따라 해당 수조에 물이 계속 보급되도록 할 것

2.3.1.12) 충압펌프

기동용수압개폐장치를 기동장치로 사용할 경우에는 다음의 기준에 따른 충압펌프를 설치할 것. 다만 호스릴포소화설비 또는 포소화전설비를 설치한 경우 소화용 급수펌프로 상시 충압이 가능하고 1개의 호스릴포방수구 또는 포소화전방수구를 개방할 때에 급수펌프가 정지되는 시간 없이 지속적으로 작동될 수 있고 다음 2.3.1.12.1의 성능을 갖춘 경우에는 충압펌프를 별도로 설치하지 않을 수 있다.

2.3.1.12.1. 펌프의 토출압력은 그 설비의 최고위 일제개방밸브·포소화전 또는 호스릴포방수구의 자연압보다 적어도 0.2MPa이 더 크도록 하거나 가압송수장치의 정격토출압력과 같게 할 것

2.3.1.12.2. 펌프의 정격토출량은 정상적인 누설량보다 적어서는 안 되며, 포소화설비가 자동적으로 작동할 수 있도록 충분한 토출량을 유지할 것

2.3.1.13) 내연기관을 사용하는 경우의 적합 기준

내연기관을 사용하는 경우에는 제어반에 따라 내연기관의 자동기동 및 수동기동이 가능하고, 상시 충전되어 있는 축전지설비를 갖출 것

2.3.1.14) 표지

가압송수장치에는 "포소화설비펌프"라고 표시한 표지를 할 것. 이 경우 그 가압송수장치를 다른 설비와 겸용하는 때에는 그 겸용되는 설비의 이름을 표시한 표지를 함께 해야 한다.

2.3.1.15) 자동정지 금지

가압송수장치가 기동이 된 경우에는 자동으로 정지되지 않도록 할 것. 다만 충압펌프의 경우에는 그렇지 않다.

2.3.1.16) 압축공기포소화설비 펌프의 양정

압축공기포소화설비에 설치되는 펌프의 양정은 0.4 MPa 이상이 되어야 한다. 다만 자동으로 급수장치를 설치한 때에는 전용펌프를 설치하지 않을 수 있다.

🚒 **압축공기포 펌프의 양정**
암기 압축 0.4(공사)
Q: 군부대 넓다.
H: 압축 공사해야 한다.

2.3.1.17) 펌프의 재질

가압송수장치는 부식 등으로 인한 펌프의 고착을 방지할 수 있도록 다음의 기준에 적합한 것으로 할 것. 다만 충압펌프는 제외한다.

- 2.3.1.17.1. 임펠러는 청동 또는 스테인리스 등 부식에 강한 재질을 사용할 것
- 2.3.1.17.2. 펌프축은 스테인리스 등 부식에 강한 재질을 사용할 것

2.3.2 고가수조의 자연낙차를 이용한 가압송수장치

2.3.2.1) 고가수조의 자연낙차수두(수조의 하단으로부터 최고층에 설치된 포헤드까지의 수직거리를 말한다)는 다음의 식(2.3.2.1)에 따라 산출한 수치 이상 유지되도록 할 것

$$H = h_1 + h_2 + h_3 \quad \cdots(2.3.2.1)$$

여기에서 H: 필요한 낙차(m)
h_1: 방출구의 설계압력 환산수두 또는 노즐선단의 방사압력 환산수두
h_2: 배관 마찰손실수두(m)
h_3: 소방용 호스의 마찰손실수두(m)

🚒 **고가수조 방식**

암기 수배급 오버맨

2.3.2.2) 고가수조에는 **수**위계 · **배**수관 · **급**수관 · **오**버플로우관 및 **맨**홀을 설치할 것

🔥 압력수조 방식

암기 수급배급 맨압안자

2.3.3 압력수조를 이용한 가압송수장치

2.3.3.1) 압력수조의 압력 산출식

$$P = P_1 + P_2 + P_3 + P_4 [MPa] \quad \cdots (2.3.3.1)$$

여기에서 P : 필요 압력(MPa)
P_1 : 방출구의 설계압력 또는 노즐선단의 방사압력(MPa)
P_2 : 배관 마찰 손실 수두압(MPa)
P_3 : 낙차의 환산 수두압(MPa)
P_4 : 소방용호스의 마찰손실 수두압(MPa)

2.3.3.2. 압력수조에는 수위계·급수관·배수관·급기관·맨홀·압력계·안전장치 및 압력저하 방지를 위한 자동식 공기압축기를 설치할 것

2.3.4 감압장치

가압송수장치에는 포헤드·고정방출구 또는 이동식 포노즐의 방사압력이 설계압력 또는 방사압력의 허용범위를 넘지 않도록 감압장치를 설치해야 한다.

2.3.5 표준방사량

가압송수장치는 다음 [표 2.3.5]에 따른 표준방사량을 방사할 수 있도록 해야 한다.

[표 2.3.5] 가압송수장치의 표준방사량

구분	표준방사량
포워터스프링클러헤드	75 ℓ/min 이상
포헤드·고정포방출구 또는 이동식포노즐·압축공기포헤드	각 포헤드·고정포방출구 또는 이동식포노즐의 설계압력에 따라 방출되는 소화약제의 양

🔥 포워터SP 표준방사량

암기 거품 있는 스프는 치워(75)라

2.3.6 가압수조를 이용한 가압송수장치

2.3.6.1) 가압수조의 압력은 2.3.5에 따른 방사량 및 방사압이 20분 이상 유지되도록 할 것

2.3.6.2) 가압수조 및 가압원은 「건축법 시행령」 제46조에 따른 방화구획된 장소에 설치할 것

2.3.6.3) 가압수조를 이용한 가압송수장치는 소방청장이 정하여 고시한 「가압수조식가압송수장치의 성능인증 및 제품검사의 기술기준」에 적합한 것으로 설치할 것

🔥 가압수조 방식

암기 [가] 2방성
(가시방석)

2.4 배관 등

2.4.1 사용압력에 따른 배관 및 배관이음쇠의 종류

배관과 배관이음쇠는 다음의 어느 하나에 해당하는 것 또는 동등 이상의 강도·내식성 및 내열성 등을 국내·외 공인기관으로부터 인정받은 것을 사용해야 하고, 배관용 스테인리스 강관(KS D 3576)의 이음을 용접으로 할 경우에는 텅스텐 불활성 가스 아크 용접(Tungsten Inertgas Arc Welding)방식에 따른다. 다만 2.4에서 정하지 않은 사항은 「건설기술 진흥법」 제44조제1항의 규정에 따른 "건설기준"에 따른다.

2.4.1.1) 배관 내 사용압력이 1.2MPa 미만일 경우에는 다음의 어느 하나에 해당하는 것
  (1) 배관용 탄소 강관(KS D 3507)
  (2) 이음매 없는 구리 및 구리합금관(KS D 5301). 다만 습식의 배관에 한한다.
  (3) 배관용 스테인리스 강관(KS D 3576) 또는 일반 배관용 스테인리스 강관(KS D 3595)
  (4) 덕타일 주철관(KS D 4311)

2.4.1.2) 배관 내 사용압력이 1.2MPa 이상일 경우에는 다음의 어느 하나에 해당하는 것
  (1) 압력 배관용 탄소 강관(KS D 3562)
  (2) 배관용 아크용접 탄소강 강관(KS D 3583)

2.4.2 소방용 합성수지배관

2.4.1에도 불구하고 다음의 어느 하나에 해당하는 장소에는 소방청장이 정하여 고시한 「소방용합성수지배관의 성능인증 및 제품검사의 기술기준」에 적합한 소방용 합성수지배관으로 설치할 수 있다.

2.4.2.1) 배관을 지하에 매설하는 경우

2.4.2.2) 다른 부분과 내화구조로 구획된 덕트 또는 피트의 내부에 설치하는 경우

2.4.2.3) 천장(상층이 있는 경우에는 상층바닥의 하단을 포함한다. 이하 같다)과 반자를 불연재료 또는 준불연 재료로 설치하고 소화배관 내부에 항상 소화수가 채워진 상태로 설치하는 경우

🧯 배관과 배관이음쇠

암기 [1.2MPa 미만]
(1월2일 전날 회사에서
KS D 35**(코스닥 배탄 삼오회)
공치(07)는 날!
날씨가 구리구리 오삼공일 습해서
스트레스 출력(76) 일 구요(95)!
덕분에 타격이 4311(사상일일)최고!)

암기 [1.2MPa 이상]
(1월2일 코스탁 배탄 삼오회 회사앞에
압,력이(62) 들어옴!
이크! 팔(8)아야 산(3)다)

🧯 소방용 합성수지배관

암기 지덕천 준수

🔥 배액밸브

🔥 포워터SP, 포헤: 토너먼트 X

2.4.3 배액밸브

송액관은 포의 방출 종료 후 배관 안의 액을 배출하기 위하여 적당한 기울기를 유지하도록 하고 그 낮은 부분에 배액밸브를 설치해야 한다.

2.4.4 가지배관

포워터스프링클러설비 또는 포헤드설비의 가지배관의 배열은 토너먼트방식이 아니어야 하며, 교차배관에서 분기하는 지점을 기점으로 한쪽 가지배관에 설치하는 헤드의 수는 8개 이하로 한다.

2.4.5 송액관

송액관은 전용으로 해야 한다. 다만 포소화전의 기동장치의 조작과 동시에 다른 설비의 용도에 사용하는 배관의 송수를 차단할 수 있거나, 포소화설비의 성능에 지장이 없는 경우에는 다른 설비와 겸용할 수 있다.

🔥 흡입 측 배관

암기 공여 수펌 각별

2.4.6 펌프의 흡입 측 배관의 설치기준

2.4.6.1) 공기 고임이 생기지 않는 구조로 하고 여과장치를 설치할 것

2.4.6.2) 수조가 펌프보다 낮게 설치된 경우에는 각 펌프(충압펌프를 포함한다)마다 수조로부터 별도로 설치할 것

2.4.7 〈삭제 2024.7.1.〉

2.4.8 펌프의 성능시험 배관

펌프의 성능시험배관은 다음의 기준에 적합하도록 설치해야 한다.

2.4.8.1) 성능시험배관은 펌프의 토출 측에 설치된 개폐밸브 이전에서 분기하여 직선으로 설치하고, 유량측정장치를 기준으로 전단 직관부에는 개폐밸브를 후단 직관부에는 유량조절밸브를 설치할 것. 이 경우 개폐밸브와 유량측정장치 사이의 직관부 거리 및 유량측정장치와 유량조절밸브 사이의 직관부 거리는 해당 유량측정장치 제조사의 설치사양에 따르고, 성능시험배관의 호칭지름은 유량측정장치의 호칭지름에 따른다.

🔥 성능시험배관

암기 토개전분 전직개 후유조, 개유직, 유유직, 해제설사, 호호, 175성능

2.4.8.2) 유량측정장치는 펌프의 정격토출량의 175% 이상 측정할 수 있는 성능이 있을 것

2.4.9 순환배관

가압송수장치의 체절운전 시 수온의 상승을 방지하기 위하여 체크밸브와 펌프 사이에서 분기한 구경 20mm 이상의 배관에 체절압력 이하에서 개방되는 릴리프밸브를 설치할 것

2.4.10 동결방지

배관은 동결방지조치를 하거나 동결의 우려가 없는 장소에 설치해야 한다. 다만 보온재를 사용할 경우에는 난연재료 성능 이상의 것으로 해야 한다.

2.4.11 개폐표시형 밸브의 설치

급수배관에 설치되어 급수를 차단할 수 있는 개폐밸브(포헤드·고정포방출구 또는 이동식 포노즐은 제외한다)는 개폐표시형으로 해야 한다. 이 경우 펌프의 흡입 측 배관에는 버터플라이밸브 외의 개폐표시형밸브를 설치해야 한다.

2.4.12 탬퍼스위치

2.4.11에 따른 개폐밸브에는 그 밸브의 개폐상태를 감시제어반에서 확인할 수 있도록 급수개폐밸브 작동표시 스위치를 다음의 기준에 따라 설치해야 한다.

2.4.12.1) 급수개폐밸브가 잠길 경우 탬퍼스위치의 동작으로 인하여 감시제어반 또는 수신기에 표시되어야 하며 경보음을 발할 것

2.4.12.2) 탬퍼스위치는 감시제어반 또는 수신기에서 동작의 유무 확인과 동작시험, 도통시험을 할 수 있을 것

2.4.12.3) 급수개폐밸브의 작동표시 스위치에 사용되는 전기배선은 내화전선 또는 내열전선으로 설치할 것

2.4.13 배관의 표시

배관은 다른 설비의 배관과 쉽게 구분이 될 수 있는 위치에 설치하거나, 그 배관표면 또는 배관 보온재표면의 색상은 「한국산업표준(배관계의 식별 표시, KS A 0503)」 또는 적색으로 식별이 가능하도록 소방용설비의 배관임을 표시해야 한다.

🔸 **펌프의 성능 및 유량측정장치**

암기   1   1
            4   5   6   7
                    5   5

🔸 **순환배관**

릴리프밸브
20mm 이상

암기 체펌 사2

🔸 **탬퍼스위치의 설치기준**

암기 (급탬급) 표경 동동통 내내

2.4.14 송수구

포소화설비에는 소방차로부터 그 설비에 송수할 수 있는 송수구를 다음의 기준에 따라 설치해야 한다.

2.4.14.1) 송수구는 화재 층으로부터 지면으로 떨어지는 유리창 등이 송수 및 그 밖의 소화작업에 지장을 주지 않는 장소에 설치할 것

2.4.14.2) 송수구로부터 포소화설비의 주배관에 이르는 연결배관에 개폐밸브를 설치한 때에는 그 개폐상태를 쉽게 확인 및 조작할 수 있는 옥외 또는 기계실 등의 장소에 설치할 것

2.4.14.3) 송수구는 구경 65mm의 쌍구형으로 할 것

2.4.14.4) 송수구에는 그 가까운 곳의 보기 쉬운 곳에 송수압력범위를 표시한 표지를 할 것

2.4.14.5) 송수구는 하나의 층의 바닥면적이 3,000m²를 넘을 때마다 1개 이상(5개를 넘을 경우에는 5개로 한다)을 설치할 것

2.4.14.6) 지면으로부터 높이가 0.5m 이상, 1m 이하의 위치에 설치할 것

2.4.14.7) 송수구의 부근에는 자동배수밸브(또는 직경 5mm의 배수공) 및 체크밸브를 설치할 것. 이 경우 자동배수밸브는 배관 안의 물이 잘 빠질 수 있는 위치에 설치하되, 배수로 인하여 다른 물건이나 장소에 피해를 주지 않아야 한다.

2.4.14.8) 송수구에는 이물질을 막기 위한 마개를 씌울 것

2.4.14.9) 압축공기포소화설비를 스프링클러 보조설비로 설치하거나 압축공기포 소화설비에 자동으로 급수되는 장치를 설치한 때에는 송수구 설치를 설치하지 않을 수 있다.

2.4.15 압축공기포소화설비의 배관

압축공기포소화설비의 배관은 토너먼트방식으로 해야 하고 소화약제가 균일하게 방출되는 등거리 배관구조로 설치해야 한다.

2.4.16 확관형 분기배관(옥내소화전설비 해당기준과 동일)

확관형 분기배관을 사용할 경우에는 소방청장이 정하여 고시한「분기배관의 성능인증 및 제품검사의 기술기준」에 적합한 것으로 설치해야 한다.

※(2.4.14)의 성능기준
(=스프링클러설비의 송수구 성능기준)

🚒 ≒스프링클러 송수구의 기준

①X화 ②개폐 ④65쌍단
③높이 ⑤자체 ⑥마개
⑦ 3000m² 넘을 때 마다
⑧ 표지
⑨ 압축공기포(SP보조 or 자동급수) : 송수구 제외

🚒 압축공기포 송수구 제외 경우
• 스프링클러의 보조설비인 경우
• 자동 급수 장치를 설치한 경우

🚒 압축공기포: 토너먼트 방식

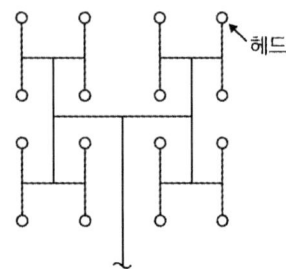

2.5 저장탱크 등

2.5.1 저장탱크

포 소화약제의 저장탱크(용기를 포함한다. 이하 같다)는 다음의 기준에 따라 설치하고, 2.6에 따른 혼합장치와 배관 등으로 연결해야 한다.

2.5.1.1) 화재 등의 재해로 인한 피해를 받을 우려가 없는 장소에 설치할 것

2.5.1.2) 기온의 변동으로 포의 발생에 장애를 주지 않는 장소에 설치할 것. 다만 기온의 변동에 영향을 받지 않는 포 소화약제의 경우에는 그렇지 않다.※

2.5.1.3) 포 소화약제가 변질될 우려가 없고 점검에 편리한 장소에 설치할 것

2.5.1.4) 가압송수장치 또는 포 소화약제 혼합장치의 기동에 따라 압력이 가해지는 것 또는 상시 가압된 상태로 사용되는 것은 압력계를 설치할 것

2.5.1.5) 포 소화약제 저장량의 확인이 쉽도록 액면계 또는 계량봉 등을 설치할 것

2.5.1.6) 가압식이 아닌 저장탱크는 글라스게이지를 설치하여 액량을 측정할 수 있는 구조로 할 것※

2.5.2 포 소화약제의 저장량

2.5.2.1) 고정포방출구 방식은 다음 각 목의 양을 합한 양 이상으로 할 것 Q′[L]= $Q_A + Q_B + Q_C$

2.5.2.1.1. 고정포방출구에서 방출하기 위하여 필요한 양

$$Q_A = A \times Q_1 \times T \times S \quad \cdots (2.5.2.1.1)$$

여기에서
Q_A 포 소화약제의 양(L)
A: **탱크의 액표면적** [m²]
Q_1: 단위 포소화수용액의 양[L/m²·min]
T: 방출시간[min]   S: 포 소화약제의 사용농도[%]

2.5.2.1.2. 보조 **소화전**에서 방출하기 위하여 필요한 양

$$Q_B = N \times S \times \underline{8000} \text{ L} \cdots (2.5.2.1.2)$$

여기에서, Q_B 포 소화약제의 양(L)
N: 호스접결구 개수(3개 이상인 경우는 3개)
S: 포소화약제의 사용농도[%]

저장탱크
그림과 위치를 기억한다.

암기 화기 포가 저가

※(2.5.1.2)의 성능기준에는 밑줄 친 단서가 없다.

※(2.5.1.6)의 성능기준
6. 저장탱크에는 압력계, 액면계(또는 계량봉) 또는 글라스게이지 등 점검 및 유지관리에 필요한 설비를 설치할 것

위험물탱크의 고정포방출구 포 소화약제 저장량
암기 Q′[L]= 탱크 + 소 + 송
         8375 1000
(탱크 소송에서 유도신문(8375)에 넘어가지 않게 천천(1000)히 대답해라.)

2.5.2.1.3. 가장 먼 탱크까지의 **송액관**(내경 <u>75</u>mm 이하의 송액관을 제외한다)에 충전하기 위하여 필요한 양

$$Q_C = V \times S \times 1000 L/m^3 \quad \cdots (2.5.2.1.3)$$

여기에서, Q_C 포 소화약제의 양(L)
V: 송액관 내부의 체적 [m^3]
S: 포소화약제의 사용농도[%]

★ 옥내포소화전, 호스릴의 소화약제 저장량
암기 전 200만 75 6
(전 이번만 치료 유!)

2.5.2.2) 옥내포소화전방식 또는 호스릴방식에 있어서는 다음의 식에 따라 산출한 양 이상으로 할 것. 다만 바닥면적이 <u>200</u>m^2 미만인 건축물에 있어서는 <u>75</u>%로 할 수 있다.

$$Q = N \times S \times 6000 \ L \quad \cdots (2.5.2.2)$$

여기에서 Q: 포소화약제의 양[L]
N: 호스접결구 개수(5개 이상인 경우는 5개)
S: 포 소화약제의 사용농도[%]

2.5.2.3) 포헤드방식 및 압축공기포소화설비에 있어서는 하나의 방사구역 안에 설치된 포헤드를 동시에 개방하여 표준방사량으로 10분간 방사할 수 있는 양 이상으로 할 것

2.6 혼합장치   1설, 7설

2.6.1 포 소화약제의 혼합장치는 포 소화약제의 사용농도에 적합한 수용액으로 혼합할 수 있도록 다음 어느 하나에 해당하는 방식에 따르되, 법 제40조에 따라 제품검사에 합격한 것으로 설치해야 한다.
(1) 펌프 프로포셔너방식
(2) 프레셔 프로포셔너방식
(3) 라인 프로포셔너방식
(4) 프레셔 사이드 프로포셔너방식
(5) 압축공기포 믹싱챔버방식

★ 포 혼합방식의 5종류
암기 펌프사라 압!

2.7 개방밸브

2.7.1 포소화설비의 개방밸브는 다음의 기준에 따라 설치해야 한다.

2.7.1.1) 자동 개방밸브는 화재감지장치기의 작동에 따라 자동으로 개방되는 것으로 할 것

2.7.1.2) 수동식 개방밸브는 화재 시 쉽게 접근할 수 있는 곳에 설치할 것

2.8 기동장치※

2.8.1 수동식 기동장치 설치기준

2.8.1.1) 직접조작 또는 원격조작에 따라 가압송수장치·수동식개방밸브 및 소화약제 혼합장치를 기동할 수 있는 것으로 할 것

2.8.1.2) 2 이상의 방사구역을 가진 포소화설비에는 방사구역을 선택할 수 있는 구조로 할 것

2.8.1.3) 기동장치의 조작부는 화재 시 쉽게 접근할 수 있는 곳에 설치하되, 바닥으로부터 0.8m 이상 1.5m 이하의 위치에 설치하고, 유효한 보호장치를 설치할 것

2.8.1.4) 기동장치의 조작부 및 호스 접결구에는 가까운 곳의 보기 쉬운 곳에 각각 "기동장치의 조작부" 및 "접결구"라고 표시한 표지를 설치할 것

2.8.1.5) 차고 또는 주차장에 설치하는 포소화설비의 수동식 기동장치는 방사구역마다 1개 이상 설치할 것

2.8.1.6) 항공기격납고에 설치하는 포소화설비의 수동식 기동장치는 각 방사구역마다 2개 이상을 설치하되, 그중 1개는 각 방사구역으로부터 가장 가까운 곳 또는 조작에 편리한 장소에 설치하고, 1개는 화재감지기의 수신기를 설치한 감시실 등에 설치할 것

2.8.2 자동식 기동장치

포소화설비의 자동식 기동장치는 화재감지기의 작동 또는 폐쇄형스프링클러헤드의 개방과 연동하여 가압송수장치·일제개방밸브 및 포 소화약제 혼합장치를 기동시킬 수 있도록 다음의 기준에 따라 설치해야 한다. 다만 자동화재탐지설비의 수신기가 설치되어 있고, 수신기가 설치된 장소에 상시 사람이 근무하고 있으며, 화재 시 즉시 해당 조작부를 작동시킬 수 있는 경우에는 그렇지 않다.

2.8.2.1) 폐쇄형스프링클러헤드를 사용하는 경우에는 다음의 기준에 따를 것

2.8.2.1.1. 표시온도가 79℃ 미만인 것을 사용하고, 1개의 스프링클러헤드의 경계면적은 20m² 이하로 할 것

2.8.2.1.2. 부착면의 높이는 바닥으로부터 5m 이하로 하고, 화재를 유효하게 감지할 수 있도록 할 것

※(2.8) 기동장치의 성능기준
제11조(기동장치)
① 포소화설비의 수동식 기동장치는 직접조작 또는 원격조작에 따라 가압송수장치·수동식개방밸브 및 소화약제 혼합장치를 기동할 수 있는 것으로 하고, 방사구역 및 특정소방대상물에 따라 적합하게 설치해야 한다.
② 포소화설비의 자동식 기동장치는 자동화재탐지설비의 감지기의 작동 또는 폐쇄형스프링클러헤드의 개방과 연동하여 가압송수장치·일제개방밸브 및 포 소화약제 혼합장치를 기동시킬 수 있도록 하되, 동결의 우려가 있는 장소의 포소화설비의 자동식 기동장치는 자동화재탐지설비와 연동되도록 해야 한다.
③ 포소화설비의 기동장치에 설치하는 자동경보장치에는 방사구역마다 일제개방밸브와 그 일제개방밸브의 작동여부를 발신하는 발신부를 설치하고, 수신기는 상시 사람이 근무하고 있는 장소에 설치해야 한다.

🚒 **수동식 기동장치**

암기 직원, 2, 쉽게(바보), 기차항
① 직원조작 가수에게 혼나서
② 2방 선택 구조
③ 기동조작 쉽게 바보
④ 기동조작 호접 표지
⑤ 차주 수동은 방마다 1개
⑥ 항공 수동 방마다 2개,
   1개 각 방 가까운, 1개 감시실

🚒 **자동식 기동장치**

🚒 **자동식 기동장치의 폐쇄형SP**

암기 표, 부착, 하나 (79 20 5 하나)

2.8.2.1.3. <u>하나</u>의 감지장치 경계구역은 <u>하나</u>의 층이 되도록 할 것

2.8.2.2) 화재감지기를 사용하는 경우에는 다음의 기준에 따를 것

2.8.2.2.1. 화재감지기는 「자동화재탐지설비 및 시각경보장치의 화재안전기술기준(NFTC 203)」 2.4(감지기)의 기준에 따라 설치할 것

2.8.2.2.2. 화재감지기 회로에는 다음의 기준에 따른 발신기를 설치할 것

(1) <u>조</u>작이 쉬운 장소에 설치하고, <u>스</u>위치는 바닥으로부터 0.8m 이상, 1.5m 이하의 높이에 설치할 것

(2) <u>특</u>정소방대상물의 층마다 설치하되, 해당 특정소방대상물의 각 부분으로부터 수평거리가 25m 이하가 되도록 할 것. 다만 복도 또는 별도로 구획된 실로서 보행거리가 40m 이상일 경우에는 추가로 설치해야 한다.

(3) 발신기의 <u>위</u>치를 표시하는 표시등은 함의 상부에 설치하되, 그 불빛은 부착 면으로부터 15° 이상의 범위 안에서 부착지점으로부터 10m 이내의 어느 곳에서도 쉽게 식별할 수 있는 적색등으로 할 것

2.8.2.3) 동결의 우려가 있는 장소의 포소화설비의 자동식 기동장치는 자동화재탐지설비와 연동되도록 할 것

2.8.3 기동장치에 설치하는 자동경보장치 [15설]

포소화설비의 기동장치에 설치하는 자동경보장치는 다음의 기준에 따라 설치해야 한다. 다만 자동화재탐지설비에 따라 경보를 발할 수 있는 경우에는 음향경보장치를 설치하지 않을 수 있다.

2.8.3.1) <u>방</u>사구역마다 <u>일</u>제개방밸브와 그 일제개방밸브의 작동여부를 발신하는 발신부를 설치할 것. 이 경우 각 일제개방밸브에 설치되는 발신부 대신 1개 층에 1개의 유수검지장치를 설치할 수 있다.

2.8.3.2) <u>상시</u> 사람이 근무하고 있는 장소에 수신기를 설치하되, 수신기에는 폐쇄형스프링클러헤드의 개방 또는 감지기의 작동 여부를 알 수 있는 표시장치를 설치할 것

🚒 발신기의 설치기준

암기 조스 특수(발) 위
(발신기는 조스의 특수한 발 위에)

암기 위치표시등 15 부착 10 적
껌을 씹어(15) 부착 쉽적?

🚒 자동경보장치

암기 방일 상시 하나(두통)

2.8.3.3) 하나의 소방대상물에 2 이상의 수신기를 설치하는 경우에는 수신기가 설치된 장소 상호 간에 동시 통화가 가능한 설비를 할 것

2.9 포헤드 및 고정포방출구

2.9.1 팽창비율에 따른 포방출구의 종류

포헤드(포워터스프링클러헤드·포헤드를 말한다. 이하 같다) 및 고정포방출구는 포의 팽창비율에 따라 다음 [표 2.9.1]에 따른 것으로 해야 한다.

[표 2.9.1] 팽창비율에 따른 포 및 포방출구의 종류

팽창비율에 따른 포의 종류	포방출구의 종류
팽창비가 20 이하인 것(저발포)	포헤드, 압축공기포헤드
팽창비가 80 이상 1,000 미만인 것 (고발포)	고발포용 고정포방출구

🔔 **팽창비**
암기 저20 하 고8 천미
(저 20살 때 하도 배가 고파(8) 천천히 미쳐갔습니다.)

2.9.2 포헤드의 설치기준

2.9.2.1) 포워터스프링클러헤드는 특정소방대상물의 천장 또는 반자에 설치하되, 바닥면적 8m²마다 1개 이상으로 하여 해당 방호대상물의 화재를 유효하게 소화할 수 있도록 할 것

2.9.2.2) 포헤드는 특정소방대상물의 천장 또는 반자에 설치하되, 바닥면적 9m²마다 1개 이상으로 하여 해당 방호대상물의 화재를 유효하게 소화할 수 있도록 할 것

2.9.2.3) 포헤드는 특정소방대상물별로 그에 사용되는 포 소화약제에 따라 1분당 방사량이 다음 [표 2.9.2.3]에 따른 양 이상이 되는 것으로 할 것

🔔 **포워터SP헤드개당 방호면적**
암기
$S \rightarrow 8\,m^2$

🔔 **포헤드 개당 방호면적**
암기 포헤 9
[포를 쏘는 해군(9)]

🔸 **소방대상물별 분당 방사량(밀도)**

암기 주차장 단합수 / 특수 6.5(육로)
[포병부대 대장(헤드)이 주차장에서 단합훈련(단합수)시켰다: 육로(6.5)로 가면서 팔(8)짝 뛰다가 상처(3.7)가 났다. 특수부대에게는 육로(6.5)가 쉬웠다. (ℓ/m²·min)]

[표 2.9.2.3] 소방대상물 및 포소화약제의 종류에 따른 포헤드의 방사량

소방대상물	포소화약제의 종류	바닥면적 1m²당 방사량
차고·주차장 및 항공기격납고	단백포	6.5ℓ 이상
	합성계면활성제포	8.0ℓ 이상
	수성막포	3.7ℓ 이상
특수가연물을 저장·취급	단백포 합성계면활성제포 수성막포	6.5ℓ 이상

2.9.2.4) 특정소방대상물의 보가 있는 부분의 포헤드는 다음 [표 2.9.2.4]의 기준에 따라 설치할 것

[표 2.9.2.4] 포헤드와 보의 하단 수직거리 및 수평거리

포헤드와 보 하단의 수직거리	포헤드와 보의 수평거리
0m	0.75m 미만
0.1m 미만	0.75m 이상 1m 미만
0.1m 이상 0.15m 미만	1m 이상 1.5m 미만
0.15m 이상 0.30m 미만	1.5m 이상

2.9.2.5) 포헤드 상호 간에는 다음의 기준에 따른 거리를 두도록 할 것

2.9.2.5.1. 정방형으로 배치한 경우에는 다음의 식 (2.9.2.5.1)에 따라 산정한 수치 이하가 되도록 할 것

$$S = 2 \times r \times \cos 45° \quad \cdots (2.9.2.5.1)$$

S: 포헤드 상호 간의 거리[m]
r: 유효반경(2.1m)

🔸 **포헤드의 유효반경**

암기 r = 2.1m
(해군에게 이일(2.1)을 맡겨라.)

2.9.2.5.2. 장방형으로 배치한 경우에는 그 대각선의 길이가 다음의 식 (2.9.2.5.2)에 따라 산정한 수치 이하가 되도록 할 것

$$pt = 2r \quad \cdots (2.9.2.5.2)$$

pt: 대각선의 길이[m]
r: 유효반경 (2.1m)

2.9.2.6) 포헤드와 벽 방호구역의 경계선과는 2.9.2.5에 따른 거리의 2분의 1 이하의 거리를 둘 것

2.9.2.7) 압축공기포소화설비의 분사헤드는 천장 또는 반자에 설치하되 방호대상물에 따라 측벽에 설치할 수 있으

며, 유류탱크 주위에는 바닥면적 13.9m²마다 1개 이상, 특수가연물저장소에는 바닥면적 9.3m²마다 1개 이상으로 당해 방호대상물의 화재를 유효하게 소화할 수 있도록 할 것

[표 2.9.2.7] 방호대상물별 압축공기포 분사헤드의 방출량

방호대상물	방호면적 1m²에 대한 1분당 방출량
특수가연물	2.3L
기타의 것	1.63L

2.9.3 차고·주차장의 호스릴포소화설비 또는 포소화전설비

2.9.3.1) 특정소방대상물의 어느 층에 있어서도 그 층에 설치된 호스릴포방수구 또는 포소화전방수구(호스릴포방수구 또는 포소화전방수구가 5개 이상 설치된 경우에는 5개)를 동시에 사용할 경우 각 이동식 포노즐 선단의 포수용액 방사압력이 0.35MPa 이상이고, 300L/min 이상(1개 층의 바닥면적이 200m² 이하인 경우에는 230L/min 이상)의 포수용액을 수평거리 15m 이상으로 방사할 수 있도록 할 것 15설

2.9.3.2) 저발포의 포소화약제를 사용할 수 있는 것으로 할 것

2.9.3.3) 호스릴 또는 호스를 호스릴포방수구 또는 포소화전방수구로 분리하여 비치하는 때에는 그로부터 3m 이내의 거리에 호스릴함 또는 호스함을 설치할 것

2.9.3.4) 호스릴함 또는 호스함은 바닥으로부터 높이 1.5m 이하의 위치에 설치하고, 그 표면에는 "포호스릴함(또는 포소화전함)"이라고 표시한 표지와 적색의 위치표시등을 설치할 것

2.9.3.5) 방호대상물의 각 부분으로부터 하나의 호스릴포방수구까지의 수평거리는 15m 이하(포소화전방수구의 경우에는 25m 이하)가 되도록 하고, 호스릴 또는 호스의 길이는 방호대상물의 각 부분에 포가 유효하게 뿌려질 수 있도록 할 것

2.9.4 고발포용포방출구 설치기준 17설 응용

2.9.4.1) 전역방출방식의 고발포용고정포방출구 기준

2.9.4.1.1. 개구부에 자동폐쇄장치(「건축법 시행령」 제64조제1항에 따른 방화문 또는 불연재료로 된 문으로 포수용

🦺 **압축공기포 분사헤드**

1. 개당 방호면적(A)
   • 유류탱크주위: 13.9m²
   • 특수가연물: 9.3m²

2. 방출량(Q)
   • 특수가연물: 2.3($\ell/m^2 \cdot min$)
   • 기타: 1.63($\ell/m^2 \cdot min$)

암기
유류탱크 주위에
금돼지(13.9)가 묻혀있다고 해서
특수 지도(9.3)를 들고
군부대(1.63)을 돌아다니는데
특케알 넓다(2.3)

🦺 **차고주차장 소화전 등 설치기준**

암기 어(5,3,3,2,23,15) 저 분 함 방
(너저분한 방, 오! 상상이 이상하게 일어!)

암기 포세이돈의 3지창(3m)
※ 화재안전기술기준에서 가까이 설치하여야 하는 것들은 모두 5m이지만 포의 경우만 3m이다.

🦺 **전역방출방식 고정포방출구**

액이 방출되기 직전에 개구부가 자동적으로 폐쇄될 수 있는 장치를 말한다)를 설치할 것. 다만 해당 방호구역에서 외부로 새는 양 이상의 포수용액을 유효하게 추가하여 방출하는 설비가 있는 경우에는 그렇지 않다.

2.9.4.1.2. 고정포방출구(포발생기가 분리되어 있는 것은 해당 포발생기를 포함한다)는 특정소방대상물 및 포의 팽창비에 따른 종별에 따라 해당 방호구역의 관포체적(**해당 바닥 면으로부터 방호대상물의 높이보다 0.5m 높은 위치까지의 체적을 말한다**) $1m^3$에 대하여 1분당 방출량이 다음 [표 2.9.4.1.2]에 따른 양 이상이 되도록 할 것

🔥 고발포 종별 팽창비
암기 이미 80 25, 천미
(이미 파리오, 배고파 천천히 미침)

🔥 종별 단위체적 분당방출량

암기
- 내(2) 취미(0.5)는 항공기를 타고 체납자(0.29)를 쫓는 것이다.
- 공과금(1.11) 체납액(0.28)의 최고봉(0.16)은 차주이다
- 그나마(1.25) 특수 차단기(0.31)가 없으면 첫걸음(0.18)이 쉽다

🔥 전역, 국소 비교
- 전역 55(500, 0.5)
- 국소 33(3배, 3ℓ)
암기 전국 55, 33

[표 2.9.4.1.2] 소방대상물 및 포의 팽창비에 따른 고정포방출구의 방출량(m^3/min)

소방대상물	포의 팽창비	Q ($L/m^3 \cdot min$)
항공기 격납고	팽창비 80 이상 250 미만의 것	2.00 L
	팽창비 250 이상 500 미만의 것	0.50 L
	팽창비 500 이상 1,000 미만의 것	0.29 L
차고 또는 주차장	팽창비 80 이상 250 미만의 것	1.11 L
	팽창비 250 이상 500 미만의 것	0.28 L
	팽창비 500 이상 1,000 미만의 것	0.16 L
특수가연물을 저장 또는 취급하는 소방대상물	팽창비 80 이상 250 미만의 것	1.25 L
	팽창비 250 이상 500 미만의 것	0.31 L
	팽창비 500 이상 1,000 미만의 것	0.18 L

2.9.4.1.3. 고정포방출구는 바닥면적 $500m^2$마다 1개 이상으로 하여 방호대상물의 화재를 유효하게 소화할 수 있도록 할 것

2.9.4.1.4. 고정포방출구는 방호대상물의 최고부분보다 높은 위치에 설치할 것. 다만 밀어 올리는 능력을 가진 것은 방호대상물과 같은 높이로 할 수 있다.

2.9.4.2) 국소방출방식의 고발포용고정포방출구 기준

2.9.4.2.1. 방호대상물이 서로 인접하여 불이 쉽게 붙을 우려가 있는 경우에는 불이 옮겨붙을 우려가 있는 범위 내의 방호대상물을 하나의 방호대상물로 하여 설치할 것

2.9.4.2.2. 고정포방출구(포발생기가 분리되어 있는 것에 있어서는 해당 포발생기를 포함한다)는 방호대상물의 구

분에 따라 당해 방호대상물의 높이의 3배(1m 미만의 경우에는 1m)의 거리를 수평으로 연장한 선으로 둘러싸인 부분의 면적 1m²에 대하여 1분당 방출량이 다음 [표 2.9.4.2.2]에 따른 양 이상이 되도록 할 것

[표 2.9.4.2.2] 방호대상물별 고정포방출구의 방출량

방호대상물	방호면적 1m²에 대한 1분당 방출량
특수가연물	3ℓ
기타의 것	2ℓ

🔔 국소방출방식 고정포방출구

• 1 > 3H일 때는 1m 적용

🔔 분당방출량
암기 특가 3, 기타
(특가로 산 기타)

2.10 전원

2.10.1 상용전원회로 배선의 설치기준

포소화설비에는 그 특정소방대상물의 수전방식에 따라 다음의 기준에 따른 상용전원회로의 배선을 설치해야 한다. 다만 가압수조방식으로서 모든 기능이 20분 이상 유효하게 지속될 수 있는 경우에는 그렇지 않다.

2.10.1.1) **저**압수전인 경우에는 **인**입개폐기의 **직**후에서 분기하여 **전용**배선으로 해야 하며, **전용**의 **전선관**에 **보호**되도록 할 것

2.10.1.2) **특별**고압수전 또는 **고**압수전일 경우에는 **전력용 변**압기 **2**차 측의 **주차**단기 **1**차 측에서 **분기**하여 **전용**배선으로 하되, **상용**전원의 **상시**공급에 **지장이 없을 경우에는** 주차단기 2차 측에서 **분기**하여 **전용**배선으로 할 것. 다만 가압송수장치의 정격입력전압이 수전전압과 같은 경우에는 2.10.1.1의 기준에 따른다.

🔔 상용전원 배선
암기 저인직 전용 전관보호
특고전변2 주차 1분전
상상 지장없게 2분전

2.10.2 비상전원의 종류

포소화설비에는 자가**발**전설비, **축**전지설비(내연기관에 따른 펌프를 설치한 경우에는 내연기관의 기동 및 제어용축전지를 말한다. 이하 같다) 또는 **전**기저장장치(외부 전기에너지를 저장해두었다가 필요한 때 전기를 공급하는 장치. 이하 같다)에 따른 비상전원을 설치하되, 다음 각 기준의 어느 하나에 해당하는 경우에는 비상전원수전설비로 설치할 수 있다.

다만 2 이상의 변전소(「전기사업법」 제67조에 따른 변

🔔 비상전원의 종류
암기 축발전, 비상전원수전설비

비상전원의 제외
암기 이자가
(이자가 비상시에는 제외)

비상전원수전설비대상
암기 호전차주 헤고천미(스차주바)

비상전원의 설치기준

암기 점2 자동 방구실

※(2.10.3.4)의 성능기준에는 밑줄 친 부분이 없다.

※(2.11)제어반의 성능기준 = 옥내소화전설비의 제어반 성능기준과 같다.

전소를 말한다. 이하 같다)로부터 동시에 전력을 공급받을 수 있거나 하나의 변전소로부터 전력의 공급이 중단되는 때에는 **자**동으로 다른 변전소로부터 전력을 공급받을 수 있도록 상용전원을 설치한 경우와 **가**압수조 방식에는 비상전원을 설치하지 않을 수 있다.

2.10.2.1) 2.1.1.2단서에 따라 **호**스릴포소화설비 또는 포소화**전**만을 설치한 **차**고·**주**차장

2.10.2.2) 포**헤**드설비 또는 **고**정포방출설비가 설치된 부분의 바닥면적(스프링클러설비가 설치된 차고·주차장의 바닥면적을 포함한다)의 합계가 1,000m2 **미**만인 것

2.10.3 비상전원의 설치기준

2.10.2에 따른 비상전원 중 자가발전설비, 축전지설비 또는 전기저장장치는 다음 각 기준에 따라 설치하고, 비상전원수전설비는 「소방시설용 비상전원수전설비의 화재안전기술기준(NFTC 602)」에 따라 설치해야 한다.

2.10.3.1) 점검에 편리하고 화재 및 침수 등의 재해로 인한 피해를 받을 우려가 없는 곳에 설치할 것

2.10.3.2) 포소화설비를 유효하게 20분 이상 작동할 수 있어야 할 것

2.10.3.3) 상용전원으로부터 전력의 공급이 중단된 때에는 자동으로 비상전원으로부터 전력을 공급받을 수 있도록 할 것

2.10.3.4) 비상전원(내연기관의 기동 및 제어용 축전기를 제외한다)의 설치장소는 다른 장소와 방화구획할 것. <u>이 경우 그 장소에는 비상전원의 공급에 필요한 기구나 설비 외의 것(열병합발전설비에 필요한 기구나 설비는 제외한다)을 두어서는 안 된다.</u>※

2.10.3.5) 비상전원을 실내에 설치하는 때에는 그 실내에 비상조명등을 설치할 것

2.11 제어반※

2.11.1 제어반

포소화설비에는 제어반을 설치하되, 감시제어반과 동력제어반으로 구분하여 설치해야 한다. 다만 다음의 어

느 하나에 해당하는 경우에는 감시제어반과 동력제어반으로 구분하여 설치하지 않을 수 있다.

2.11.1.1) 다음의 어느 하나에 해당하지 않는 특정소방대상물에 설치되는 경우

2.11.1.1.1. 지하층을 제외한 층수가 7층 이상으로서 연면적이 2,000m² 이상인 것

2.11.1.1.2. 2.11.1.1.1에 해당하지 않는 특정소방대상물로서 지하층의 바닥면적 합계가 3,000m² 이상인 것. 다만 차고·주차장 또는 보일러실·기계실·전기실 등 이와 유사한 장소의 면적은 제외한다.

2.11.1.2) 내연기관에 따른 가압송수장치를 사용하는 경우

2.11.1.3) 고가수조에 따른 가압송수장치를 사용하는 경우

2.11.1.4) 가압수조에 따른 가압송수장치를 사용하는 경우

2.11.2 감시제어반 기능의 적합기준

감시제어반의 기능은 다음의 기준에 적합해야 한다. 다만 2.11.1의 단서에 따른 각 기준의 어느 하나에 해당하는 경우에는 2.11.2.3와 2.11.2.6를 적용하지 않는다.

2.11.2.1) **각** 펌프의 작동 여부를 확인할 수 있는 표시등 및 음향경보기능이 있어야 할 것

2.11.2.2) **각** 펌프를 자동 및 수동으로 작동시키거나 중단시킬 수 있어야 할 것

2.11.2.3) **비**상전원을 설치한 경우에는 상용전원 및 비상전원의 공급 여부를 확인할 수 있어야 할 것

2.11.2.4) 수조 또는 **물**올림수조가 저수위로 될 때 표시등 및 음향으로 경보할 것

2.11.2.5) 다음의 각 **확**인회로마다 도통시험 및 작동시험을 할 수 있도록 할 것
　(1) **기**동용수압개폐장치의 압력스위치회로
　(2) **수**조 또는 물올림수조의 저수위감시회로
　(3) 2.4.12에 따른 **개**폐밸브의 폐쇄상태 확인회로
　(4) **그** 밖의 이와 비슷한 회로

2.11.2.6) **예**비전원이 확보되고 예비전원의 적합 여부를 시험할 수 있어야 할 것

제어반 구분의 제외
암기 723 내고가(차주보기전)

※차주보기전 적용 설비:
　옥외소화전설비
　화재조기진압용SP설비
　포소화설비
　물분무소화설비

암기 차주가 "왜 물퍼줘?"(외물포조)

감시제어반의 기능
= 옥내소화전 감시제어반의 기능
암기 각각비물 예~ 확인
(각각 비용을 물자! 예~ 확인)

확인회로(포소화설비)
암기 기수 개그(포)
(기수가 개그를 포기함)

2.11.3 감시제어반의 설치기준

2.11.3.1) 화재 및 침수 등의 재해로 인한 피해를 받을 우려가 없는 곳에 설치할 것

2.11.3.2) 감시제어반은 포소화설비의 전용으로 할 것. 다만 포소화설비의 제어에 지장이 없는 경우에는 다른 설비와 겸용할 수 있다.

2.11.3.3) 감시제어반은 다음의 기준에 따른 전용실 안에 설치할 것. 다만 <u>2.11.1의 단서</u>에 따른 각 기준의 어느 하나에 해당하는 경우와 <u>공</u>장, <u>발</u>전소 등에서 설비를 집중 제어·운전할 목적으로 설치하는 <u>중앙</u>제어실 내에 <u>감</u>시제어반을 설치하는 경우에는 그렇지 않다.

2.11.3.3.1. 다른 부분과 방화구획을 할 것. 이 경우 전용실의 벽에는 기계실 또는 전기실 등의 감시를 위하여 두께 7mm 이상의 망입유리(두께 16.3 mm 이상의 접합유리 또는 두께 28mm 이상의 복층유리를 포함한다)로 된 4m² 미만의 붙박이창을 설치할 수 있다.

2.11.3.3.2. 피난층 또는 지하 1층에 설치할 것. 다만 다음의 어느 하나에 해당하는 경우에는 지상 2층에 설치하거나 지하 1층 외의 지하층에 설치할 수 있다.

(1) 「건축법 시행령」 제35조에 따라 특별피난계단이 설치되고 그 계단(부속실을 포함한다) 출입구로부터 보행거리 5m 이내에 전용실의 출입구가 있는 경우

(2) 아파트의 관리동(관리동이 없는 경우에는 경비실)에 설치하는 경우

2.11.3.3.3. 비상조명등 및 급·배기설비를 설치할 것

2.11.3.3.4. 「무선통신보조설비 화재안전기술기준(NFTC 505)」 2.2.3에 따라 유효하게 통신이 가능할 것(영 별표 4의 제5호마목에 따른 무선통신보조설비가 설치된 특정소방대상물에 한한다)

2.11.3.3.5. 바닥면적은 감시제어반의 설치에 필요한 면적 외에 화재 시 소방대원이 그 감시제어반의 조작에 필요한 최소면적 이상으로 할 것

2.11.3.4) 2.11.3.3에 따른 전용실에는 특정소방대상물의 기계·기구 또는 시설 등의 제어 및 감시설비 외의 것을 두지 않을 것

🚒 전용실의 제외
암기 723내고가(차주보기전), 공발설 중앙감

🚒 전용실의 붙박이창
암기
그 집 망친(7)사(4)람
공병대 접해있는 집
내일 복구한대
(공병대 = 16.3, 내일 = 28)

🚒 감시제어반 전용실 기준
〈가 ~ 마〉

2.11.4 동력제어반의 설치기준

2.11.4.1) 앞면은 <u>적</u>색으로 하고 "포소화설비용 동력제어반"이라고 표시한 <u>표지</u>를 설치할 것

2.11.4.2) <u>외</u>함은 두께 <u>1.5</u>mm 이상의 강판 또는 이와 동등 이상의 강도 및 내열성능이 있는 것으로 할 것

2.11.4.3) 그 밖의 동력제어반의 설치에 관하여는 2.11.3.1 및 2.11.3.2의 기준을 준용할 것

2.12 배선 등※

2.12.1 포소화설비의 배선

포소화설비의 배선은 「전기사업법」 제67조에 따른 「전기설비기술기준」에서 정한 것 외에 다음의 기준에 따라 설치해야 한다.

2.12.1.1) 비상전원을 설치한 경우에는 **비상전원**으로부터 **동력제어반** 및 **가압송수장치**에 이르는 전원회로의 배선은 내화배선으로 할 것. 다만 자가발전설비와 동력제어반이 동일한 실에 설치된 경우에는 자가발전기로부터 그 제어반에 이르는 전원회로의 배선은 그렇지 않다.

2.12.1.2) 상용전원으로부터 동력제어반에 이르는 배선, 그 밖의 포소화설비의 감시·조작 또는 표시등회로의 배선은 내화배선 또는 내열배선으로 할 것. 다만 감시제어반 또는 동력제어반 안의 감시·조작 또는 표시등회로의 배선은 그렇지 않다.

2.12.2 내화배선 및 내열배선의 전선 및 설치방법

2.12.1에 따른 내화배선 및 내열배선에 사용되는 전선의 종류 및 설치방법은 「옥내소화전설비의 화재안전기술기준(NFTC 102)」 2.7.2의 [표 2.7.2(1)] 및 [표 2.7.2(2)]의 기준에 따른다.

2.12.3 과전류차단기 및 개폐기 표지

포소화설비의 <u>과</u>전류차단기 및 <u>개</u>폐기에는 "포소화설비용 과전류차단기 또는 개폐기"라고 표시한 표지를 해야 한다.

🚒 **동력제어반**

재해피해 X, 전용

암기 앞적표지 외 1.5
(앞적표지는 왜 잃어버렸니?)

※(2.12)배선 등의 성능기준 = 옥내소화전설비의 배선 등 성능기준과 같다.

🚒 **내화배선**

다만

——— 내화배선
------ 내화 또는 내열배선

🚒 **표지(= 옥내소화전)**

암기 과개 단표 양식

2.12.4 전기배선의 양단 및 접속단자 표지

포소화설비용 전기배선의 양단 및 접속단자에는 다음의 기준에 따라 표지해야 한다.

2.12.4.1) 단자에는 "포소화설비단자"라고 표시한 표지를 부착할 것

2.12.4.2) 소화설비용 전기배선의 양단에는 다른 배선과 식별이 용이하도록 표시할 것

2.13 수원 및 가압송수장치의 펌프 등의 겸용

2.13.1 ~ 2.13.3 생략

2.13.4 포소화설비의 송수구를 옥내소화전설비·스프링클러설비·간이스프링클러설비·화재조기진압용 스프링클러설비·물분무소화설비 또는 연결살수설비의 송수구와 겸용으로 설치하는 경우에는 스프링클러설비의 송수구의 설치기준에 따르되 각각의 소화설비의 기능에 지장이 없도록 해야 한다. 〈개정 2024.7.1.〉

10

이산화탄소소화설비의 화재안전기술(성능)기준 (NFT(P)C 106)

세부 목차

1.7 용어의 정의
2.1 소화약제의 저장용기 등
2.2 소화약제
2.3 기동장치
2.4 제어반 등
2.5 배관 등
2.6 선택밸브
2.7 분사헤드
2.8 분사헤드 설치 제외 장소

2.9 자동식 기동장치의 화재감지기
2.10 음향경보장치
2.11 자동폐쇄장치
2.12 비상전원
2.13 배출설비
2.14 과압배출구
2.15 설계프로그램
2.16 안전시설 등

10. 이산화탄소소화설비의 화재안전기술(성능)기준(NFT(P)C 106)

🚒 전역방출방식

🚒 국소방출방식

🚒 호스릴방식

🚒 충전비

$$충전비 = \frac{용기\ 내용적(l)}{약제의\ 중량(kg)}$$

🚒 교차회로방식

1.7 용어의 정의

1.7.1 이 기준에서 사용하는 용어의 정의는 다음과 같다.

1.7.1.1) "전역방출방식"이란 소화약제 공급장치에 배관 및 분사헤드 등을 설치하여 밀폐 방호구역 전체에 소화약제를 방출하는 방식을 말한다.

1.7.1.2) "국소방출방식"이란 소화약제 공급장치에 배관 및 분사헤드를 등을 설치하여 직접 화점에 소화약제를 방출하는 방식을 말한다.

1.7.1.3) "호스릴방식"이란 소화수 또는 소화약제 저장용기 등에 연결된 호스릴을 이용하여 사람이 직접 화점에 소화수 또는 소화약제를 방출하는 방식을 말한다.

1.7.1.4) "충전비"란 소화약제 저장용기의 내부 용적과 소화약제의 중량과의 비(용적/중량)를 말한다.

1.7.1.5) "심부화재"란 목재 또는 섬유류와 같은 고체가연물에서 발생하는 화재형태로서 가연물 내부에서 연소하는 화재를 말한다.

1.7.1.6) "표면화재"란 가연성물질의 표면에서 연소하는 화재를 말한다.

1.7.1.7) "교차회로방식"이란 하나의 방호구역 내에 2 이상의 화재감지기회로를 설치하고 인접한 2 이상의 화재감지기에 화재가 감지되는 때에 소화설비가 작동하는 방식을 말한다.

1.7.1.8) "방화문"이란 「건축법 시행령」 제64조의 규정에 따른 60분+ 방화문, 60분 방화문 또는 30분 방화문을 말한다.

1.7.1.9) "방호구역"이란 소화설비의 소화범위 내에 포함된 영역을 말한다.

1.7.1.10) "선택밸브"란 2 이상의 방호구역 또는 방호대상물이 있어 소화수 또는 소화약제를 해당하는 방호구역 또는 방호대상물에 선택적으로 방출되도록 제어하는 밸브를 말한다.

1.7.1.11) "설계농도"란 방호대상물 또는 방호구역의 소화약제 저장량을 산출하기 위한 농도로서 소화농도에 안전율을 고려하여 설정한 농도를 말한다.

1.7.1.12) "소화농도"란 규정된 실험 조건의 화재를 소화하는 데 필요한 소화약제의 농도(형식승인대상의 소화약제는 형식승인된 소화농도)를 말한다.

1.7.1.13) "호스릴"이란 원형의 소방호스를 원형의 수납장치에 감아 정리한 것을 말한다.

2.1 소화약제의 저장용기 등

2.1.1 저장용기 설치장소의 기준※   10점

2.1.1.1) **방**호구역 외의 장소에 설치할 것. 다만 방호구역 내에 설치할 경우에는 피난 및 조작이 용이하도록 피난구 부근에 설치해야 한다.

2.1.1.2) **온**도가 40℃ 이하이고, 온도 변화가 작은 곳에 설치할 것

2.1.1.3) **직**사광선 및 빗물이 침투할 우려가 없는 곳에 설치할 것

2.1.1.4) **방**화문으로 방화구획 된 실에 설치할 것

2.1.1.5) **용**기의 설치장소에는 해당 용기가 설치된 곳임을 표시하는 표지를 할 것

2.1.1.6) 용기 간의 간격은 점검에 지장이 없도록 3cm 이상의 간격을 유지할 것

2.1.1.7) 저장용기와 집합관을 연결하는 연결배관에는 체크밸브를 설치할 것. 다만 저장용기가 하나의 방호구역만을 담당하는 경우에는 그렇지 않다.

🔔 **저장용기 설치장소**
그림과 위치를 기억한다.

암기 방온 직방용 3체

저장용기의 설치기준

암기 충 저저저용

- 충전비
  고학력은 일없(1.5)어 일 구(1.9)하고
  저임금직은 매일매일(1.1) 일할 사람 (1.4) 없다
- 저압식 안전장치 : 안봉액 압경
  안전밸브: 내시압 0.64~0.8
  봉판: 내시압 0.8~내시압
  액면계, 압력계
  압력경보장치: 2.3~, ~1.9
- 저압식 자동냉동장치
  저온실 내부 영하에서 일하던 사람이 욕(18)하면서 이일(2.1)못 하겠다고 자동문 열고 가버림
- 저장용기
  저 용기를 고 의료(25) 저 삼오(3.5)님 이내셨어요.

※(2.1)의 성능기준 (2.1.1)~(2.1.4)
제4조 (소화약제의 저장용기 등)
① 이산화탄소 소화약제의 저장용기는 방호구역 외의 장소로서 방화구획 된 실에 설치해야 한다.
② 이산화탄소 소화약제의 저장용기는 다음 각 호의 기준에 적합해야 한다.
  1. 저장용기는 고압식은 25메가파스칼 이상, 저압식은 3.5메가파스칼 이상의 내압시험압력에 합격한 것으로 할 것
  2. 저압식 저장용기에는 안전밸브, 봉판, 액면계, 압력계, 압력경보장치 및 자동냉동장치 등의 안전장치를 설치할 것
  3. 저장용기의 충전비는 고압식은 1.5 이상 1.9 이하, 저압식은 1.1 이상 1.4 이하로 할 것
③ 이산화탄소 소화약제 저장용기의 개방밸브는 전기식·가스압력식 또는 기계식에 따라 자동으로 개방되고 수동으로도 개방되는 것으로서 안전장치가 부착된 것으로 해야 한다.
④ 이산화탄소 소화약제 저장용기와 집합관을 연결하는 연결배관에는 체크밸브를 설치하고, 선택밸브(또는 개폐밸브)와의 사이에는 과압방지를 위한 안전장치를 설치해야 한다. 이 경우 안전장치를 통하여 나온 소화가스는 전용의 배관 등을 통하여 건축물 외부로 배출될 수 있도록 해야 한다. 〈개정 2024.7.10.〉

2.1.2 저장용기의 설치기준※   7점, 13설, 23설

2.1.2.1) 저장용기의 충전비는 고압식은 1.5 이상 1.9 이하, 저압식은 1.1 이상 1.4 이하로 할 것

2.1.2.2) 저압식 저장용기에는 내압시험압력의 0.64배부터 0.8배의 압력에서 작동하는 안전밸브와 내압시험압력의 0.8배부터 내압시험압력에서 작동하는 봉판을 설치할 것

2.1.2.3) 저압식 저장용기에는 액면계 및 압력계와 2.3MPa 이상 1.9MPa 이하의 압력에서 작동하는 압력경보장치를 설치할 것

2.1.2.4) 저압식 저장용기에는 용기 내부의 온도가 섭씨 영하 18℃ 이하에서 2.1MPa의 압력을 유지할 수 있는 자동냉동장치를 설치할 것

2.1.2.5) 저장용기는 고압식은 25MPa 이상, 저압식은 3.5 MPa 이상의 내압시험압력에 합격한 것으로 할 것

2.1.3 저장용기의 개방밸브※

이산화탄소 소화약제 저장용기의 개방밸브는 전기식·가스압력식 또는 기계식에 따라 자동으로 개방되고 수동으로도 개방되는 것으로서 안전장치가 부착된 것으로 해야 한다.

2.1.4 안전장치※

이산화탄소 소화약제 저장용기와 선택밸브 또는 개폐밸브 사이에는 배관의 최소사용설계압력과 최대허용압력 사이의 압력에서 작동하는 안전장치를 설치해야 하며, 안전장치를 통하여 나온 소화가스는 전용의 배관 등을 통하여 건축물 외부로 배출될 수 있도록 해야 한다. 이 경우 안전장치로 용전식을 사용해서는 안 된다. 〈개정 2024.8.1.〉

2.2 소화약제   5·13·16·18·23·25설 응용

2.2.1 이산화탄소 소화약제 저장량은 다음의 기준에 따른 양으로 한다. 이 경우 동일한 특정소방대상물 또는 그 부분에 2 이상의 방호구역이나 방호대상물이 있는 경우에는 각 방호구역 또는 방호대상물에 대하여 다음 각 기준에 따라 산출한 저장량 중 최대의 것으로 할 수 있다.

2.2.1.1 전역방출방식의 소화약제 저장량(표면화재)

전역방출방식에 있어서 가연성액체 또는 가연성가스 등 표면화재 방호대상물의 경우에는 다음의 기준에 따른다.

2.2.1.1.1. 방호구역의 체적(불연재료나 내열성의 재료로 밀폐된 구조물이 있는 경우에는 그 체적을 감한 체적) 1m³에 대하여 다음 [표 2.2.1.1.1]에 따른 양. 다만 다음 [표 2.2.1.1.1]에 따라 산출한 양이 동표에 따른 저장량의 최저한도의 양 미만이 될 경우에는 그 최저한도의 양으로 한다.

[표 2.2.1.1.1] 방호구역 체적에 따른 소화약제 및 최저한도의 양

방호구역 체적	소요약제량	저장량의 최저한도의 양
45m³ 미만	1.00kg/m³	45kg
45m³ 이상 150m³ 미만	0.90kg/m³	45kg
150m³ 이상 1,450m³ 미만	0.80kg/m³	135kg
1,450m³ 이상	0.75kg/m³	1,125kg

2.2.1.1.2. [표 2.2.1.1.2]에 따른 설계농도가 34% 이상인 방호대상물의 소화약제량은 2.2.1.1.1의 기준에 따라 산출한 기본 소화약제량에 다음 [그림 2.2.1.1.2]에 따른 보정계수를 곱하여 산출한다.

[표 2.2.1.1.2] 가연성액체 또는 가연성가스의 소화에 필요한 설계농도

`18설, 21설`

방호대상물	CO₂ 설계농도(%)
수소(Hydrogen)	75
아세틸렌(Acetylene)	66
일산화탄소(Carbon Monoxide)	64
산화에틸렌(Ethylene Oxide)	53
에틸렌(Ethylene)	49
에탄(Ethane)	40
석탄가스, 천연가스(Coal gas, Natural gas)	37
사이크로 프로판(Cyclo Propane)	37
이소부탄(Iso Butane)	36
프로판(Propane)	36
부탄(Butane)	34
메탄(Methane)	34

🔥 전역방출방식(표면화재)

약제량 = (V×α)×h + (A×β)

V: 방호구역체적[m³]
α: 체적계수[kg/m³]
A: 개구부면적[m²]
β: 면적계수[5kg/m²]
　(자동폐쇄장치 미설치 시)
h: 보정계수(설계농도 34% 이상)
※ 개구부면적은 3% 이하일 것

🔥 표면화재

암기 사고(45)만 1번! 그러나 사고로(일자리를) 잃어(15) 영구히 이러고 있사오니 파리만 일삼고(135) 점차로(.75) 일일이오(1125)

🔥 설계농도

암기 장면과 단어의 위치 기억
① 부메랑이 날아서 다리를 지난다.
② 던진 사람은 이소부프로: 머리는 단발
③ 감독 홍석천이 샤프를 쓰면서 "다시"
④ 일산공원에서 런치를 먹는 애들 셋
⑤ 일산에 바람이 불자
⑥ 설거지하던 아이 셋 아빠가
⑦ 수세미를 들고 달려왔다.

[그림 2.2.1.1.2] 설계농도에 따른 보정계수

2.2.1.1.3. 방호구역의 개구부에 자동폐쇄장치를 설치하지 아니한 경우에는 2.2.1.1.1 및 2.2.1.1.2의 기준에 따라 산출한 양에 개구부면적 $1m^2$당 5kg을 가산해야 한다. 이 경우 개구부의 면적은 방호구역 전체 표면적의 3% 이하로 해야 한다.

2.2.1.2 전역방출방식의 소화약제 저장량(심부화재)

전역방출방식에 있어서 종이·목재·석탄·섬유류·합성수지류 등 심부화재 방호대상물의 경우에는 다음의 기준에 따른다.

2.2.1.2.1. 방호구역의 체적(불연재료나 내열성의 재료로 밀폐된 구조물이 있는 경우에는 그 체적을 감한 체적) $1m^3$에 대하여 다음 [표 2.2.1.2.1]에 따른 양 이상으로 해야 한다.

[표 2.2.1.2.1] 방호대상물 및 방호구역 체적에 따른 소화약제의 양과 설계농도

방호대상물	방호구역 $1m^3$에 대한 소화약제량	설계농도 (%)
유압기기를 제외한 전기설비, 케이블실	1.3kg	50
체적 $55m^3$ 미만의 전기설비	1.6kg	50
서고, 전자제품창고, 목재가공품창고, 박물관	2.0kg	65
고무류, 면화류창고, 모피창고, 석탄창고, 집진설비	2.7kg	75

🔔 **가산량**

암기 표면화재 5, 심부화재 10
(표늑오, 심늑십, 개면3)

🔔 **전역방출방식(심부화재)**

$$\text{약제량(kg)} = (V \times \alpha) + (A \times \beta)$$

V: 방호구역체적 [m^3]
α: 체적계수 [kg/m^3]
A: 개구부면적 [m^2]
β: 면적계수 [$10kg/m^2$]
　(자동폐쇄장치 미설치 시)
※ 개구부면적은 3% 이하일 것

🔔 **심부화재 약제량과 설계농도**

암기
신부님(심부화재)
전 케이크 일정상(1.3) 오십시오.
오오전*에 일루(16) 오십시오.
서전 목발이 이(2) 유고(65)
석면집 고모는 이차 치료 중입니다..

2.2.1.2.2. 방호구역의 개구부에 자동폐쇄장치를 설치하지 아니한 경우에는 2.2.1.2.1의 기준에 따라 산출한 양에 개구부 면적 $1m^2$당 $10kg$을 가산해야 한다. 이 경우 개구부의 면적은 방호구역 전체 표면적의 3% 이하로 해야 한다.

2.2.1.3 국소방출방식의 소화약제 저장량 [16설 응용]

국소방출방식은 다음의 기준에 따라 산출한 양에 고압식은 1.4, 저압식은 1.1을 각각 곱하여 계산하여 나온 양 이상으로 할 것

2.2.1.3.1. 윗면이 개방된 용기에 저장하는 경우와 화재 시 연소면이 한정되고 가연물이 비산할 우려가 없는 경우에는 방호대상물의 표면적 $1m^2$에 대하여 $13kg$

2.2.1.3.2. 2.2.1.3.1 외의 경우에는 방호공간(방호대상물의 각 부분으로부터 0.6m의 거리에 따라 둘러싸인 공간을 말한다. 이하 같다)의 체적 $1m^3$에 대하여 다음의 식 (2.2.1.3.2)에 따라 산출한 양

$$Q = 8 - 6\left(\frac{a}{A}\right) \quad \cdots (2.2.1.3.2)$$

Q: 방호공간 $1m^3$에 대한 이산화탄소 소화약제의 양 [kg/m^3]
a: 방호대상물 주위에 설치된 벽면적의 합계 [m^3]
A: 방호공간의 **벽면적**★의 합계 [m^2]
(★벽이 없는 경우에는 벽이 있는 것으로 가정한 당해 부분의 면적)

2.2.1.4 호스릴이산화탄소소화설비의 소화약제 저장량

하나의 노즐에 대하여 $90kg$ 이상으로 할 것

2.3 기동장치※ [7점]

2.3.1 수동식 기동장치의 설치기준

이산화탄소소화설비의 수동식 기동장치는 다음의 기준에 따라 설치해야 한다. 이 경우 수동식 기동장치의 부근에는 소화약제의 방출을 지연시킬 수 있는 방출지연스위치(자동복귀형 스위치로서 수동식 기동장치의 타이머를 순간 정지시키는 기능의 스위치를 말한다)를 설치해야 한다.

2.3.1.1) **전**역방출방식은 방호구역마다, 국소방출방식은 방호대상물마다 설치할 것

🜂 **국소방출방식**

가. 평면화재

> 고압식: $A \times 13 \times 1.4$
> 저압식: $A \times 13 \times 1.1$

나. 입면화재

> 고압식: $V \times \left[8 - 6\left(\frac{a}{A}\right)\right] \times 1.4$
> 저압식: $V \times \left[8 - 6\left(\frac{a}{A}\right)\right] \times 1.1$

〈방호공간(V)〉   〈가상의 벽(A)〉   〈설치된 벽(a)〉

🜂 **호스릴이산화탄소 저장량**

[암기] 호스, 이산, 90, 노즐
(호수에 이상한 사람이 구식 노를 젖고 있다.)

※(2.3)의 성능기준 (2.3.1~2.3.3)
제6조(기동장치)
① 이산화탄소소화설비의 수동식 기동장치는 다음 각 호의 기준에 따라 설치해야 한다. 〈개정 2024.7.10.〉
 1. 수동식 기동장치는 오조작을 방지하기 위한 보호장치가 있는 것으로 설치할 것
 2. 수동식 기동장치는 전역방출방식은 방호구역마다, 국소방출방식은 방호대상물마다 조작, 피난 및 유지관리가 용이한 장소에 설치할 것
 3. 수동식 기동장치의 부근에는 소화약제의 방출을 지연시킬 수 있는 방출지연스위치를 설치할 것
② 이산화탄소소화설비의 자동식 기동장치는 자동화재탐지설비의 감지기의 작동과 연동하는 것으로서 수동으로도 기동할 수 있는 구조로 설치해야 한다.
③ 이산화탄소소화설비가 설치된 부분의 출입구 등의 보기 쉬운 곳에 소화약제의 방출을 표시하는 표시등을 설치해야 한다.

🚒 수동기동장치

암기 전해 8표 전음 보물
(전해! 8표시한 전음이 보물이라고!)

🚒 자동식 기동장치

암기 자,전,가,기

🚒 전기식 기동장치

암기 72: 칠이 칠해진 것

🚒 가스압력식 기동장치

암기 기해25, 내0.8, 5L6질, 질기게
(기회요! 내팔 오리육질 즐기게)

2.3.1.2) <u>해</u>당 방호구역의 출입구 부근 등 조작을 하는 자가 쉽게 피난할 수 있는 장소에 설치할 것

2.3.1.3) 기동장치의 <u>조</u>작부는 바닥으로부터 0.8m 이상 1.5m 이하의 위치에 설치하고, 보호판 등에 따른 보호장치를 설치할 것

2.3.1.4) 기동장치 <u>인</u>근의 보기 쉬운 곳에 "이산화탄소소화설비 수동식 기동장치"라는 표지를 할 것

2.3.1.5) <u>전</u>기를 사용하는 기동장치에는 전원표시등을 설치할 것

2.3.1.6) 기동장치의 방출용스위치는 <u>음</u>향경보장치와 연동하여 조작될 수 있는 것으로 할 것

2.3.1.7) 기동장치에는 <u>보</u>호장치를 설치해야 하며, 보호장치를 개방하는 경우 기동장치에 설치된 부저 또는 벨 등에 의하여 경고음을 발할 것 〈신설 2024.8.1.〉

2.3.1.8) 기동장치를 옥외에 설치하는 경우 빗물 또는 외부 충격의 영향을 받지 아니하도록 설치할 것 〈신설 2024.8.1.〉

2.3.2 자동식 기동장치의 설치기준

자동식 기동장치는 자동화재탐지설비의 감지기의 작동과 연동하는 것으로서 다음의 기준에 따라 설치해야 한다.

2.3.2.1) 자동식 기동장치에는 수동으로도 기동할 수 있는 구조로 할 것

2.3.2.2) 전기식 기동장치로서 7병 이상의 저장용기를 동시에 개방하는 설비는 2병 이상의 저장용기에 전자 개방밸브를 부착할 것

2.3.2.3) 가스압력식 기동장치는 다음의 기준에 따를 것

2.3.2.3.1. <u>기</u>동용가스용기 및 <u>해</u>당 용기에 사용하는 밸브는 <u>25</u>MPa 이상의 압력에 견딜 수 있는 것으로 할 것

2.3.2.3.2. 기동용가스용기에는 <u>내</u>압시험압력의 <u>0.8</u>배부터 내압시험압력 이하에서 작동하는 안전장치를 설치할 것

2.3.2.3.3. 기동용가스용기의 체적은 <u>5L</u> 이상으로 하고, 해당 용기에 저장하는 <u>질</u>소 등의 비활성기체는 <u>6.0</u>MPa 이상(21℃ 기준)의 압력으로 충전할 것 **7점**

2.3.2.3.4. <u>질</u>소 등의 비활성기체 <u>기</u>동용가스용기에는 충전 여부를 확인할 수 있는 압력<u>게</u>이지를 설치할 것

2.3.2.4) 기계식 기동장치는 저장용기를 쉽게 개방할 수 있는 구조로 할 것

2.3.3 방출표시등
이산화탄소소화설비가 설치된 부분의 **출입구 등의 보기 쉬운 곳**에 소화약제의 방출을 표시하는 표시등을 설치해야 한다.

2.4 제어반 등※

2.4.1 제어반 및 화재표시반의 설치기준
이산화탄소소화설비의 제어반 및 화재표시반은 다음의 기준에 따라 설치해야 한다. 다만 자동화재탐지설비의 수신기 제어반이 화재표시반의 기능을 가지고 있는 것은 화재표시반을 설치하지 않을 수 있다.

2.4.1.1) 제어반은 **수**동기동장치 또는 **화**재감지기에서의 **신호**를 수신하여 **음**향경보장치의 작동, 소화약제의 **방**출 또는 **지**연 등 기타의 **제**어기능을 가진 것으로 하고, 제어반에는 **전원표시등**을 설치할 것

2.4.1.2) 화재표시반은 제어반에서의 신호를 수신하여 작동하는 기능을 가진 것으로 하되, 다음의 기준에 따라 설치할 것

- 2.4.1.2.1. **각** 방호구역마다 음향경보장치의 조작 및 감지기의 작동을 명시하는 표시등과 이와 연동하여 작동하는 벨·버저 등의 경보기를 설치할 것. 이 경우 음향경보장치의 조작 및 감지기의 작동을 명시하는 표시등을 겸용할 수 있다.
- 2.4.1.2.2. **수**동식 기동장치는 그 방출용스위치의 작동을 명시하는 표시등을 설치할 것
- 2.4.1.2.3. 소화약제의 **방**출을 명시하는 표시등을 설치할 것
- 2.4.1.2.4. **자**동식 기동장치는 자동·수동의 절환을 명시하는 표시등을 설치할 것

2.4.1.3) 제어반 및 화재표시반은 **화**재 및 침수 등의 **재**해로 인한 피해를 받을 우려가 없고 **점**검에 편리한 **장**소에 설치할 것

2.4.1.4) 제어반 및 화재표시반에는 **해**당 회로도 및 **취**급설명서를 비치할 것

2.4.1.5) **수**동잠금밸브의 **개**폐 여부를 확인할 수 있는 **표**시등을 설치할 것

※(2.4)의 성능기준
제7조(제어반 등)
1. 제어반은 수동기동장치 또는 화재감지기에서의 신호를 수신하여 음향경보장치의 작동, 소화약제의 방출 또는 지연 등 기타의 제어기능을 가진 것으로 하고, 제어반에는 전원표시등을 설치할 것
2. 화재표시반은 제어반에서의 신호를 수신하여 작동하는 기능을 가진 것으로 설치할 것
3. 제어반 및 화재표시반은 화재 및 침수 등의 재해로 인한 피해를 받을 우려가 없고 점검에 편리한 장소에 설치할 것

🚒 제어반

암기 수화신호 음방지제 전등

🚒 화재표시반
암기 각, 방, 자, 수

🚒 3), 4), 5)
암기 화재점장, 해취, 수개표

🚒 배관

구분		설치조건
강관	고압식	Sch.80↑ (20mm↓ : Sch.40)
	저압식	Sch40↑
동관	고압식	16.5MPa↑
	저압식	3.75MPa↑
배관 부속	고압식	1차 측: 4MPa↑ 2차 측: 2MPa↑
	저압식	2MPa↑

※ ↑ : 이상, ↓ : 이하

암기 전강동부(전용,강관,동관,부속)

1. 강사압 62: 스8 저줄4 2줄4
2. 동관: 동배없는 고16.5, 저압 3.75
   [동배 없는 고가 일류 옷이야!
   저 앞 살 치워!(3.75)]
3. 배관부속: 고1 개선전, 소설, 9.5,
   고2, 저 소설, 4.5
   (부속고 1학년의 개선 전 소설은 구
   어로 쓰여 있어서 고 2도 저 소설을
   사고(45) 있다)

🚒 배관의 구경

1. 전역방출방식: 표면화재 1분
2. 전역방출방식: 심부화재 7분
   (2분 내 30%)
3. 국소방출방식: 30초

암기 전표1 종목723 국소30

(전표하나의 종목칠(7)이 이상(23)해
국소상식(30)으로 고쳤다)

🚒 수동잠금밸브

2.5 배관 등

2.5.1 배관의 설치기준 (≈성능기준에는 밑줄 부분 없음)

2.5.1.1) 배관은 <u>전용</u>으로 할 것

2.5.1.2) <u>강관</u>을 <u>사용</u>하는 경우의 배관은 <u>압력배관용탄소강관</u>(KS D 35<u>62</u>) 중 <u>스케줄 80</u>(<u>저</u>압식은 <u>스케줄 4</u>0) 이상의 것 또는 이와 동등 이상의 강도를 가진 것으로 아연도금 등으로 방식 처리된 것을 사용할 것. 다만 배관의 호칭구경이 20mm 이하인 경우에는 스케줄 40 이상인 것을 사용할 수 있다.※

2.5.1.3) <u>동관</u>을 사용하는 경우의 <u>배관</u>은 이음이 <u>없는</u> 동 및 동합금관(KS D 5301)으로서 <u>고압식</u>은 <u>16.5</u>MPa 이상, <u>저</u>압식은 <u>3.75</u>MPa 이상의 압력에 견딜 수 있는 것을 사용할 것

2.5.1.4) <u>고압식</u>의 <u>1</u>차 측(<u>개폐</u>밸브 또는 <u>선</u>택밸브 이<u>전</u>) 배관 <u>부</u>속의 최소사용<u>설</u>계압력은 <u>9.5</u>Mpa로 하고, <u>고</u>압식의 <u>2</u>차 측과 <u>저</u>압식의 배관부속의 <u>최소</u>사용설계압력은 <u>4.5</u>Mpa로 할 것 〈개정 2024.8.1.〉

2.5.2 배관의 구경

배관의 구경은 이산화탄소 소화약제의 소요량이 다음의 기준에 따른 시간 내에 방출될 수 있는 것으로 해야 한다.

2.5.2.1) <u>전</u>역방출방식에 있어서 가연성액체 또는 가연성가스 등 <u>표</u>면화재 방호대상물의 경우에는 <u>1</u>분

2.5.2.2) 전역방출방식에 있어서 <u>종</u>이, 목재, 석탄, 섬유류, 합성수지류 등 심부화재 방호대상물의 경우에는 <u>7</u>분. 이 경우 설계농도가 <u>2</u>분 이내에 <u>30</u>%에 도달해야 한다.

2.5.2.3) <u>국소</u>방출방식의 경우에는 <u>30</u>초

2.5.3 수동잠금밸브

소화약제의 저장용기와 선택밸브 사이의 집합배관에는 수동잠금밸브를 설치하되 선택밸브 직전에 설치할 것. 다만 선택밸브가 없는 설비의 경우에는 저장용기실 내에 설치하되 조작 및 점검이 쉬운 위치에 설치해야 한다.※

2.6 선택밸브※

2.6.1 하나의 특정소방대상물 또는 그 부분에 2 이상의 방호구역 또는 방호대상물이 있어 소화약제 저장용기를 공용하는 경우에는 다음의 기준에 따라 선택밸브를 설치해야 한다.

2.6.1.1) 방호구역 또는 방호대상물마다 설치할 것

2.6.1.2) 각 선택밸브에는 해당 방호구역 또는 방호대상물을 표시할 것

2.7 분사헤드

2.7.1 전역방출방식 CO_2소화설비의 분사헤드 설치기준

2.7.1.1) 방출된 소화약제가 방호구역의 전역에 균일하고 신속하게 확산할 수 있도록 할 것

2.7.1.2) 분사헤드의 방출압력이 2.1MPa(저압식은 1.05MPa) 이상의 것으로 할 것

2.7.1.3) 특정소방대상물 또는 그 부분에 설치된 이산화탄소 소화설비의 소화약제의 저장량은 2.5.2.1 및 2.5.2.2의 기준에서 정한 시간 이내에 방출할 수 있는 것으로 할 것

2.7.2 국소방출방식 CO_2소화설비의 분사헤드 설치기준

2.7.2.1) 소화약제의 방출에 따라 가연물이 비산하지 않는 장소에 설치할 것

2.7.2.2) 이산화탄소 소화약제의 저장량은 30초 이내에 방출할 수 있는 것으로 할 것

2.7.2.3) 성능 및 방출압력이 2.7.1.1 및 2.7.1.2의 기준에 적합한 것으로 할 것

🛎 선택밸브
암기 마표를 선택하시오.

※(2.6)의 성능기준
제9조(선택밸브)
하나의 특정소방대상물 또는 그 부분에 둘 이상의 방호구역 또는 방호대상물이 있어 이산화탄소 저장용기를 공용하는 경우에는 방호구역 또는 방호대상물마다 선택밸브를 설치해야 한다.

🛎 전역/분사헤드의 방사압력
암기 방분량, 2.1, 저1.05
(이일 저일 영어)

🛎 2.5.2.1, 2.5.2.2
1. 전역방출방식: 표면화재 1분
2. 전역방출방식: 심부화재 7분
   (2분 내 30%)

🛎 국소방출방식의 방사시간
암기 방가비 30초내

🛎 국소방출방식의 비교
- CO_2분말: 30초
- 할론: 10초
※ 할로겐화합물 및 불활성기체소화설비는 국소방출방식이 없다.

🔔 **호스릴의 설치장소**

암기 현찰(차주용제)
지1피부 수원15 전부다(주5) 1/5
[지상일 피부는 수원에서 잃어, 전부다
(주고) 잃어]

🔔 **호스릴 CO₂**

암기 수6용 수표

※ 참고
- 호스릴노즐 방사량 60kg/min
- 호스릴저장량 노즐 당 90kg

🔔 **호스릴 수평거리 비교**

소화설비	수평거리
이산화탄소, 분말, 포호스릴	15m
할론	20m
포소화전 미분무 옥내호스릴 옥내소화전	25m

※ 미분무호스릴은 표시등 기준에 적색이 없다.
암기 이분포, 15, 할, 20, 미, 25
이분포 싫어(15) 할인(2) 미리오시오

🔔 **분사헤드 오리피스**

암기 부 개방면
분사헤드 부오일업 표시, 개, 방,
오면 배구 칠 수 있지?

2.7.3 호스릴이산화탄소의 설치장소

화재 시 **현**저하게 연기가 **찰** 우려가 없는 장소(**차**고 또는 **주**차의 **용**도로 사용되는 부분 **제**외)로서 다음의 어느 하나에 해당하는 장소에는 호스릴이산화탄소소화설비를 설치할 수 있다.

2.7.3.1) **지상 1**층 및 **피**난층에 있는 **부**분으로서 지상에서 **수**동 또는 **원**격조작에 따라 개방할 수 있는 개구부의 유효면적의 합계가 바닥면적의 **15**% 이상이 되는 부분

2.7.3.2) **전**기설비가 설치되어 있는 **부**분 또는 **다**량의 화기를 사용하는 부분(해당 설비의 **주**위 **5**m 이내의 부분을 포함한다)의 바닥면적이 해당 설비가 설치되어 있는 구획의 바닥면적의 **5분의 1** 미만이 되는 부분

2.7.4 호스릴이산화탄소소화설비의 설치기준 `14점`

2.7.4.1) 방호대상물의 각 부분으로부터 하나의 호스접결구까지의 수평거리가 15m 이하가 되도록 할 것

2.7.4.2) 호스릴이산화탄소소화설비의 노즐은 20℃에서 하나의 노즐마다 60kg/min 이상의 소화약제를 방출할 수 있는 것으로 할 것

2.7.4.3) 소화약제 저장**용**기는 호스릴을 설치하는 장소마다 설치할 것

2.7.4.4) 소화약제 저장용기의 개방밸브는 호스릴의 설치장소에서 **수**동으로 개폐할 수 있는 것으로 할 것

2.7.4.5) 소화약제 저장용기의 가장 가까운 곳의 보기 쉬운 곳에 적색의 **표**시등을 설치하고, 호스릴이산화탄소소화설비가 있다는 뜻을 표시한 **표**지를 할 것

2.7.5 이산화탄소소화설비 분사헤드의 오리피스구경 등 `19점`

2.7.5.1) 분사헤드에는 **부**식방지조치를 해야 하며 **오**리피스의 크기, 제조일자, 제조업체가 **표**시되도록 할 것

2.7.5.2) 분사헤드의 **개**수는 방호구역에 소화약제의 방출 시간*이 충족되도록 설치할 것

2.7.5.3) 분사헤드의 **방**출률 및 방출압력은 제조업체에서 정한 값으로 할 것

2.7.5.4) 분사헤드의 오리피스의 **면**적은 분사헤드가 연결되는 배관구경 면적의 70% 이하가 되도록 할 것

2.8 분사헤드 설치 제외 장소※ 3·13·21설

2.8.1.1) **방**재실·제어실 등 사람이 상시 근무하는 장소

2.8.1.2) **니**트로셀룰로스·셀룰로이드제품 등 자기연소성물질을 저장·취급하는 장소

2.8.1.3) **나**트륨·칼륨·칼슘 등 활성금속물질을 저장·취급하는 장소

2.8.1.4) **전**시장 등의 관람을 위하여 다수인이 출입·통행하는 통로 및 전시실 등

2.9 자동식 기동장치의 화재감지기※

2.9.1 이산화탄소소화설비의 자동식 기동장치는 다음의 기준에 따른 화재감지기를 설치해야 한다.

2.9.1.1) **각** 방호구역 내의 화재감지기의 감지에 따라 작동되도록 할 것

2.9.1.2) 화재감지기의 회로는 **교**차회로방식으로 설치할 것. 다만 화재감지기를 「자동화재탐지설비 및 시각경보장치의 화재안전기술기준(NFTC 203)」 2.4.1 **단**서의 각 감지기로 설치하는 경우에는 그렇지 않다.

2.9.1.3) 교차회로 내의 각 화재감지기회로별로 설치된 화재감지기 1개가 담당하는 **바닥**면적은 「자동화재탐지설비 및 시각경보장치의 화재안전기술기준(NFTC 203)」 2.4.3.5, 2.4.3.8부터 2.4.3.10까지의 규정에 따른 바닥면적으로 할 것

2.10 음향경보장치

2.10.1 이산화탄소소화설비의 **음향경보장치** 설치기준

2.10.1.1) **수**동식 기동장치를 설치한 것은 그 기동장치의 **조**작과정에서, **자**동식 기동장치를 설치한 것은 **화**재감지기와 연동하여 자동으로 경보를 발하는 것으로 할 것

2.10.1.2) **소**화약제의 방**출**개시 후 **1분** 이상 **경**보를 **계**속할 수 있는 것으로 할 것

2.10.1.3) **방**호구역 또는 **방**호대상물이 있는 **구**획 안에 있는 **자**에게 **유**효하게 경보할 수 있는 것으로 할 것

🔔 분사헤드의 제외
암기 방니나전
① 방제사 상근
② 니트 셀로드 자연
③ 나칼칼 활금
④ 전관다 출통통전
(방제사 상근은 니트옷, 셀러드음식 등 자연친화적인 사람이다. 나가서 칼칼하게 술 먹는 활발한 금요일에 전관이 다 출입통행 통제되고 있다.)

※(2.8)의 성능기준
제11조(분사헤드 설치제외)
이산화탄소소화설비의 분사헤드는 사람이 상시 근무하거나 다수인이 출입·통행하는 곳과 자기연소성물질 또는 활성금속물질 등을 저장하는 장소에는 설치해서는 안 된다.

※(2.9)의 성능기준
제12조(자동식 기동장치의 화재감지기)
이산화탄소소화설비의 자동식 기동장치는 각 방호구역 내의 화재감지기의 감지에 따라 작동되도록 하고, 화재감지기의 회로는 교차회로방식으로 설치해야 한다.

🔔 자동식기동장치 화재감지기
암기 각교바

🔔 음향경보장치
암기 수소방,
수조자화, 소개 1분경계, 방방구 자유

방송

암기 증폭재 방이오 제복경계
("제복경계 중인 건
증폭제가 있는
방이오니 주의 바랍니다."
라고 방송이 나온다.)

자동폐쇄장치

암기 폐쇄병동 환전복 123표지

※(2.11)의 성능기준
제14조(자동폐쇄장치)
전역방출방식의 이산화탄소소화설비를 설치한 특정소방대상물 또는 그 부분에 대하여 환기장치 등을 설치한 것은 소화약제가 방출되기 전에 해당 환기장치 등이 정지될 수 있도록 하고, 개구부 및 통기구가 있어 소화약제의 유출에 따라 소화효과를 감소시킬 우려가 있는 것은 소화약제가 방출되기 전에 당해 개구부 및 통기구를 폐쇄할 수 있도록 자동폐쇄장치를 설치해야 한다.

비상전원의 종류
암기 축발전

비상전원의 제외
암기 이자가

2.10.2 방송에 따른 경보장치의 설치기준

2.10.2.1) 증폭기 재생장치는 화재 시 연소의 우려가 없고, 유지관리가 쉬운 장소에 설치할 것

2.10.2.2) 방호구역 또는 방호대상물이 있는 구획의 각 부분으로부터 하나의 확성기까지의 수평거리는 25m 이하가 되도록 할 것

2.10.2.3) 제어반의 복구스위치를 조작하여도 경보를 계속 발할 수 있는 것으로 할 것

2.11 자동폐쇄장치※

2.11.1 전역방출방식의 이산화탄소소화설비를 설치한 특정소방대상물 또는 그 부분에 대하여는 다음의 기준에 따라 자동폐쇄장치를 설치해야 한다.

2.11.1.1) 환기장치 등을 설치한 것은 소화약제가 방출되기 전에 해당 환기장치 등이 정지될 수 있도록 할 것

2.11.1.2) 개구부가 있거나 천장으로부터 1m 이상의 아래 부분 또는 바닥으로부터 해당 층의 높이의 3분의 2 이내의 부분에 통기구가 있어 소화약제의 유출에 따라 소화효과를 감소시킬 우려가 있는 것은 소화약제가 방출되기 전에 해당 개구부 및 통기구를 폐쇄할 수 있도록 할 것

2.11.1.3) 자동폐쇄장치는 방호구역 또는 방호대상물이 있는 구획의 밖에서 복구할 수 있는 구조로 하고, 그 위치를 표시하는 표지를 할 것

2.12 비상전원※

2.12.1 이산화탄소소화설비(호스릴이산화탄소소화설비를 제외한다)에는 자가발전설비, 축전지설비(제어반에 내장하는 경우를 포함한다. 이하 같다)※ 또는 전기저장장치(외부 전기에너지를 저장해 두었다가 필요한 때 전기를 공급하는 장치. 이하 같다)※에 따른 비상전원을 다음의 기준에 따라 설치해야 한다. 다만 2 이상의 변전소(「전기사업법」 제67조에 따른 변전소를 말한다. 이하 같다)에서 전력을 동시에 공급받을 수 있거나 하나의 변전소로부터 전력의 공급이 중단

되는 때에는 <u>자동</u>으로 다른 변전소로부터 전력을 공급받을 수 있도록 상용전원을 설치한 경우에는 비상전원을 설치하지 않을 수 있다.※

2.12.1.1) **점**검에 편리하고 화재 및 침수 등의 재해로 인한 피해를 받을 우려가 없는 곳에 설치할 것

2.12.1.2) 이산화탄소소화설비를 유효하게 **20**분 이상 작동할 수 있어야 할 것

2.12.1.3) 상용전원으로부터 전력의 공급이 중단된 때에는 **자동**으로 비상전원으로부터 전력을 공급받을 수 있도록 할 것

2.12.1.4) 비상전원의 설치장소는 다른 장소와 **방화**구획할 것. 이 경우 그 장소에는 비상전원의 공급에 필요한 기구나 설비 외의 것(열병합발전설비에 필요한 기구나 설비는 제외한다)을 두어서는 안 된다.※

2.12.1.5) 비상전원을 실내에 설치하는 때에는 그 <u>실내</u>에 비상조명등을 설치할 것

2.13 배출설비

2.13.1 **지**하층, **무**창층 및 **밀**폐된 거실 등에 이산화탄소소화설비를 설치한 경우에는 **방**출된 **소**화약제를 **배출**하기 위한 배출설비를 갖추어야 한다.

2.14 과압배출구※

2.14.1 이산화탄소소화설비의 방호구역에는 소화약제 방출 시 발생하는 **과**(부)압으로 인한 구조물 등의 **손상**을 방지하기 위해 2.14.1.1부터 2.14.1.4까지의 내용을 검토하여 과압배출구를 설치해야 한다. 다만, 과(부)압이 발생해도 구조물 등에 손상이 생길 우려가 없음을 시험 또는 공학적인 **자료**로 입증하는 경우 설치하지 않을 수 있다. 〈개정 2024.8.1.〉

2.14.1.1) 방호구역 **누설면적** 〈신설 2024.8.1.〉

2.14.1.2) 방호구역의 최대**허용**압력 〈신설 2024.8.1.〉

2.14.1.3) 소화약제 **방출**시의 **최고**압력 〈신설 2024.8.1.〉

2.14.1.4) 소화농도 **유지시간** 〈신설 2024.8.1.〉

※(2.12)의 성능기준
제15조에는 밑줄 친 부분이 없다.

🚨 비상전원의 설치기준
암기 점2 자동 방구실

🚨 배출설비
암기 지무밀 방소 배출

※(2.14)의 성능기준
제17조(과압배출구)
이산화탄소소화설비의 방호구역에는 소화약제 방출시 발생하는 과(부)압으로 인한 구조물 등의 손상을 방지하기 위해 과압배출구를 설치해야 한다. 다만, 과(부)압이 발생해도 구조물 등에 손상이 생길 우려가 없음을 시험 또는 공학적인 자료로 입증하는 경우 설치하지 않을 수 있다. 〈개정 2024.7.10.〉

🚨 과압배출구
암기 과부인구 손상 시공자
누면 허용 방고 유지시간
(과부인구를 손상시킨 시공자에게
누워서 면 먹는 것을
허용하였더니
방고 방출 유지시간이 길어졌다)

🔥 안전시설 등

암기 시,위,부
안전시설: 내부시각, 출부위험
부취발생기: 배관(실,점,2)
　　　　　　방호구역 내(방출전)

🔥 위험경고표지

※(2.16)의 성능기준
제19조(안전시설 등)
① 이산화탄소소화설비가 설치된 장소에는 시각경보장치, 위험경고표지 등의 안전시설을 설치해야 한다. 〈개정 2024.7.10.〉
② 방호구역 내에 이산화탄소 소화약제가 방출되는 경우 후각을 통해 이를 인지할 수 있도록 부취발생기를 다음 각 호의 어느 하나에 해당하는 방식으로 설치해야 한다. 〈신설 2024.7.10.〉
　1. 부취발생기를 소화약제 저장용기실 내의 소화배관에 설치하여 소화약제의 방출에 따라 부취제가 혼합되도록 하는 방식
　2. 방호구역 내에 부취발생기를 설치하여 소화약제 방출 전에 부취제가 방출되도록 하는 방식

🔥 공기호흡기 비치

「소방시설 설치 및 관리에 관한 법률 시행령」별표 4 및 [인명구조기구의 화재안전기술기준]에 따라 공기호흡기를 이산화탄소소화설비가 설치된 장소의 출입구 외부 인근에 1대 이상 비치하여야 한다.(호스릴 이산화탄소소화설비는 제외한다)

2.15 설계프로그램

2.15.1 이산화탄소소화설비를 설계프로그램을 이용하여 설계할 경우에는 「가스계소화설비 설계프로그램의 성능인증 및 제품검사의 기술기준」에 적합한 설계프로그램을 사용해야 한다.

2.16 안전시설 등※　　　　　　　　　　[18설]

2.16.1 이산화탄소소화설비가 설치된 장소에는 다음의 기준에 따른 안전시설을 설치해야 한다.

2.16.1.1) 소화약제 방출 시 방호구역 **내**와 **부근**에 가스 방출 시 영향을 미칠 수 있는 장소에 **시각경보장치**를 설치하여 소화약제가 방출되었음을 알도록 할 것

2.16.1.2) 방호구역의 **출입구 부근** 잘 보이는 장소에 약제방출에 따른 **위험경고표지**를 부착할 것

2.16.2 방호구역 내에 이산화탄소 소화약제가 방출되는 경우 후각을 통해 이를 인지할 수 있도록 **부취발생기**를 다음의 어느 하나에 해당하는 방식으로 설치해야 한다. 〈신설 2024.8.1.〉

2.16.2.1) 부취발생기를 소화약제 저장용기실 내의 **소화배관에 설치**하여 소화약제의 방출에 따라 부취제가 혼합되도록 하는 방식 〈신설 2024.8.1.〉

　2.16.2.1.1 소화약제 저장용기**실** 내의 소화배관에 설치할 것 〈신설 2024.8.1.〉

　2.16.2.1.2 **점**검 및 관리가 쉬운 위치에 설치할 것 〈신설 2024.8.1.〉

　2.16.2.1.3 방호구역별로 선택밸브 직후 **2**차측 배관에 설치할 것. 다만, 선택밸브가 없는 경우에는 집합배관에 설치할 수 있다. 〈신설 2024.8.1.〉

2.16.2.2) **방호구역 내**에 **부취발생기**를 설치하여 이산화탄소 소화설비의 기동에 따라 소화약제 **방출 전**에 부취제가 방출되도록 하는 방식 〈신설 2024.8.1.〉

11

할론소화설비의 화재안전기술(성능)기준 (NFT(P)C 107)

세부 목차

1.7 용어의 정의
2.1 소화약제의 저장용기 등
2.2 소화약제
2.3 기동장치
2.4 제어반 등
2.5 배관
2.6 선택밸브

2.7 분사헤드
2.8 자동식 기동장치의 화재감지기
2.9 음향경보장치
2.10 자동폐쇄장치
2.11 비상전원
2.12 설계프로그램

11 할론소화설비의 화재안전기술(성능)기준(NFT(P)C 107)

할론소화약제의 종류

종류	분자식
할론 2402	$C_2F_4Br_2$
할론 1211	CF_2ClBr
할론 1301	CF_3Br

할론소화약제의 명명법

종류\원자	C	F	Cl	Br
할론 2402	2	4	0	2
할론 1211	1	2	1	1
할론 1301	1	3	0	1

충전비

$$충전비 = \frac{용기\ 내용적(l)}{약제의\ 중량(kg)}$$

1.7 용어의 정의

1.7.1 이 기준에서 사용하는 용어의 정의는 다음과 같다.

1.7.1.1) "전역방출방식"이란 소화약제 공급장치에 배관 및 분사헤드 등을 설치하여 밀폐 방호구역 전체에 소화약제를 방출하는 설비를 말한다.

1.7.1.2) "국소방출방식"이란 소화약제 공급장치에 배관 및 분사헤드를 등을 설치하여 직접 화점에 소화약제를 방출하는 방식을 말한다.

1.7.1.3) "호스릴방식"이란 소화수 또는 소화약제 저장용기 등에 연결된 호스릴을 이용하여 사람이 직접 화점에 소화수 또는 소화약제를 방출하는 방식을 말한다.

1.7.1.4) "충전비"란 소화약제 저장용기의 내부 용적과 소화약제의 중량과의 비(용적/중량)를 말한다.

1.7.1.5) "교차회로방식"이란 하나의 방호구역 내에 2 이상의 화재감지기회로를 설치하고 인접한 2 이상의 화재감지기가 화재를 감지하는 때에 소화설비가 작동하는 방식을 말한다.

1.7.1.6) "방화문"이란「건축법 시행령」제64조의 규정에 따른 60분+ 방화문, 60분 방화문 또는 30분 방화문을 말한다.

1.7.1.7) "방호구역"란 소화설비의 소화범위 내에 포함된 영역을 말한다.

1.7.1.8) "별도 독립방식"이란 소화약제 저장용기와 배관을 방호구역별로 독립적으로 설치하는 방식을 말한다.

1.7.1.9) "선택밸브"란 2 이상의 방호구역 또는 방호대상물이 있어 소화수 또는 소화약제를 해당하는 방호구역 또는 방호대상물에 선택적으로 방출되도록 제어하는 밸브를 말한다.

1.7.1.10) "집합관"이란 개별 소화약제(가압용 가스 포함) 저장용기의 방출관이 연결되어 있는 관을 말한다.

1.7.1.11) "호스릴"이란 원형의 소방호스를 원형의 수납장치에 감아 정리한 것을 말한다.

2.1 소화약제의 저장용기 등

2.1.1 저장용기 설치장소 기준

2.1.1.1) 방호구역 외의 장소에 설치할 것. 다만 방호구역 내에 설치할 경우에는 피난 및 조작이 용이하도록 피난구 부근에 설치해야 한다.

2.1.1.2) **온도가 40℃ 이하**이고, 온도 변화가 작은 곳에 설치할 것

2.1.1.3) **직사광선 및 빗물**이 침투할 우려가 없는 곳에 설치할 것

2.1.1.4) **방화문**으로 방화구획된 실에 설치할 것

2.1.1.5) **용기**의 설치장소에는 해당 용기가 설치된 곳임을 표시하는 표지를 할 것

2.1.1.6) 용기 간의 간격은 점검에 지장이 없도록 **3cm** 이상의 간격을 유지할 것

2.1.1.7) 저장용기와 집합관을 연결하는 연결배관에는 **체크밸브**를 설치할 것. 다만 저장용기가 하나의 방호구역만을 담당하는 경우에는 그렇지 않다.

2.1.2 저장용기의 설치기준 [6설 응용, 21설 응용]

2.1.2.1) 축압식 저장용기의 압력은 온도 20℃에서 할론 1211을 저장하는 것은 1.1MPa 또는 2.5MPa, 할론 **1301**을 저장하는 것은 **2.5MPa 또는 4.2MPa**이 되도록 질소가스로 축압할 것

2.1.2.2) 저장용기의 충전비는 할론 2402를 저장하는 것 중 가압식 저장용기는 0.51 이상 0.67 미만, 축압식 저장용기는 0.67 이상 2.75 이하, 할론 1211은 0.7 이상 1.4 이하, **할론 1301은 0.9 이상 1.6 이하**로 할 것

2.1.2.3) **동일 집합관**에 접속되는 저장용기의 소화약제 충전량은 **동일 충전비**의 것으로 할 것

🛆 저장용기의 설치장소
암기 방온 직방용 3체

🛆 축압식저장용기 압력(20℃)

Halon 1211	1.1MPa 또는 2.5MPa 질소가스로 축압
Halon 1301	2.5MPa 또는 4.2MPa 질소가스로 축압

암기 압력 매일매일(1.1) 이웃(2.5)을 만날 때 이웃(2.5) 사이(4.2)에 인사를……

🛆 저장용기 충전비

Halon 2402	가압식 0.51~0.67 축압식 0.67~2.75 이하
Halon 1211	0.7 이상 1.4 이하
Halon 1301	0.9 이상 1.6 이하

암기 충전비는 1301가 영구(0.9)적으로 일류(1.6)

🚒 **가압용 가스용기**
- 질소가스 충전
- 압력 21℃ 2.5 또는 4.2MPa

🚒 **가압식 저장용기 압력조정장치**
할론소화설비: 2.0MPa
분말소화설비: 2.5MPa
  암기 할인(2) 분이요(25)

🚒 **별도 독립방식**
배관비 =
$\dfrac{\text{방출경로배관의 내용적}}{\text{저장용기의 소화약제의 체적 합계}}$
= 1.5배 이상

2.1.3 가압용 가스용기

가압용 가스용기는 질소가스가 충전된 것으로 하고, 그 압력은 21℃에서 2.5MPa 또는 4.2MPa이 되도록 해야 한다.

2.1.4 저장용기 개방밸브

할론소화약제 저장용기의 개방밸브는 전기식·가스압력식 또는 기계식에 따라 자동으로 개방되고 수동으로도 개방되는 것으로서 안전장치가 부착된 것으로 해야 한다.

2.1.5 압력조정장치

가압식 저장용기에는 2.0MPa 이하의 압력으로 조정할 수 있는 압력조정장치를 설치해야 한다.

2.1.6 별도 독립방식

하나의 방호구역을 담당하는 소화약제 저장용기의 소화약제량의 체적합계보다 그 소화약제 방출 시 방출경로가 되는 배관(집합관을 포함한다)의 내용적의 비율이 1.5배 이상일 경우에는 해당 방호구역에 대한 설비는 별도 독립방식으로 해야 한다.

2.2 소화약제

2.2.1 할론소화약제의 저장량은 다음의 기준에 따라야 한다. 이 경우 동일한 특정소방대상물 또는 그 부분에 2 이상의 방호구역 또는 방호대상물이 있는 경우에는 각 방호구역 또는 방호대상물에 대하여 다음 각 기준에 따라 산출한 저장량 중 최대의 것으로 할 수 있다.

2.2.1.1 전역방출방식 [6설, 21설 응용]

2.2.1.1.1) 방호구역의 체적(불연재료나 내열성의 재료로 밀폐된 구조물이 있는 경우에는 그 체적을 제외한다) $1m^3$에 대하여 다음 [표 2.2.1.1.1]에 따른 양

[표 2.2.1.1.1] 소방대상물 및 소화약제 종류에 따른 소화약제의 양

소방대상물 또는 그 부분		소화약제 종별	소요약제량 [kg/m³] 이상 이하
차고·주차장·통신기기실·전산실 기타 이와 유사한 전기설비가 설치되어 있는 부분		할론1301	0.32~0.64
특수 가연물 저장 취급 소방 대상물	가연성고체류 가연성액체류	할론2402 할론1211 할론1301	0.40~1.1 0.36~0.71 0.32~0.64
	면화류, 나무껍질 및 대팻밥, 넝마 및 종이부스러기, 사류, 볏짚류, 목재가공품 및 나무부스러기 저장·취급	할론1211 할론1301	0.60~0.71 0.52~0.64
	합성수지류를 저장·취급하는 것	할론1211 할론1301	0.36~0.71 0.32~0.64

2.2.1.1.2) 방호구역의 개구부에 자동폐쇄장치를 설치하지 아니한 경우에는 2.2.1.1.1에 따라 산출한 양에 다음 [표 2.2.1.1.2]에 따라 산출한 양을 가산한 양

[표 2.2.1.1.2] 소방대상물 및 소화약제 종류에 따른 개구부 가산량

소방대상물 또는 그 부분		소화약제 종별	가산량 [kg/m²]
차고·주차장·통신기기실·전산실 기타 이와 유사한 전기설비가 설치되어 있는 부분		할론1301	2.4
특수 가연물 저장 취급 소방 대상물	가연성고체류 가연성액체류	할론2402 할론1211 할론1301	3.0 2.7 2.4
	면화류, 나무껍질 및 대팻밥, 넝마 및 종이부스러기, 사류, 볏짚류, 목재가공품 및 나무부스러기 저장·취급	할론1211 할론1301	4.5 3.9
	합성수지류를 저장·취급하는 것	할론1211 할론1301	2.7 2.4

전역방출방식

약제량 = (V × α) + (A × β)

V: 방호구역체적 [m³]
α: 소요약제량 [kg/m³]
A: 개구부면적 [m²]
β: 가산량 [kg/m²]
  (자동폐쇄장치 미설치 시)

할론1301의 약제량

대상물	할론1301	
	α	β
차주전통 가연성고체 가연성액체 합성수지류	0.32~0.64	2.4
면나대, 넝종사볏 목재나부	0.52~0.64	3.9

암기 고액 전통찻집에서 수지를 만나 차도녀(0.32) 차바라(0.64) 나를(2.4) 첫맛남(0.52) 차바라(0.64) 돼지(3.9) 라 부를 거다!

할론1211의 약제량

대상물	할론1211	
	α	β
가연성고체 가연성액체 합성수지류	0.36~0.71	2.7
면나대, 넝종사볏 목재나부	0.60~0.71	4.5

할론2402의 약제량

대상물	할론2402	
	α	β
가연성고체 가연성액체	0.4~1.1	3.0

🔥 국소방출방식

1. 평면화재

$$A \times 소화약제양(kg/m^2) \times h$$

A: 방호대상물의 표면적[m^2]
h: 할증계수(1.1 또는 1.25)

2. 입면화재

$$V \times \left[X - Y\left(\frac{a}{A}\right)\right] \times h$$

🔥 할론1301의 약제량 비교

	CO_2	할론 = $CO_2 \div 2$
전역) 할증 계수h	저압식 1.1 고압식 1.4	(1.1+1.4)÷2 =1.25
국소) 평면화재	13kg/m^2	6.8kg/m^2 (반입)
국소) 입면화재	X=8, Y=6	X=4, Y=3
호스릴 저장량	90kg	45kg

2.2.1.2 국소방출방식

국소방출방식은 다음의 기준에 따라 산출한 양에 할론 2402 또는 할론 1211은 1.1을, 할론 1301은 1.25를 각각 곱하여 산출한 양 이상으로 할 것

2.2.1.2 1) 윗면이 개방된 용기에 저장하는 경우와 화재 시 연소면이 1면에 한정되고 가연물이 비산할 우려가 없는 경우에는 다음 [표 2.2.1.2.1]에 따른 양

[표 2.2.1.2.1] 개방용기 및 가연물의 비산 우려가 없는 경우의 소화약제 종류에 따른 소화약제의 양

소화약제의 종별	방호대상물 표면적 1m^2에 대한 소화약제의 양
할론2402	8.8 kg
할론1211	7.6 kg
할론1301	6.8 kg

2.2.1.2 2) 2.2.1.2.1 외의 경우에는 방호공간(방호대상물의 각 부분으로부터 0.6m의 거리에 따라 둘러싸인 공간을 말한다. 이하 같다)의 체적 1m^3에 대하여 다음의 식 (2.2.1.2.2)에 따라 산출한 양

$$Q = X - Y\left(\frac{a}{A}\right) \quad \cdots (2.2.1.2.2)$$

여기에서
Q: 방호공간 1m^3에 대한 할론소화약제의 양[kg/m^3]
a: 방호대상물 주위에 설치된 벽면적의 합계[m^2]
A: 방호공간의 벽면적★의 합계[m^2]
(★벽이 없는 경우에는 벽이 있는 것으로 가정한 당해 부분 면적)
 X 및 Y: 다음 표의 수치

소화약제의 종별	X의 수치	Y의 수치
할론2402	5.2	3.9
할론1211	4.4	3.3
할론1301	4.0	3.0

2.2.1.3 호스릴방식의 할론소화설비

호스릴방식의 할론소화설비는 하나의 노즐에 대하여 다음 [표 2.2.1.3]에 따른 양 이상으로 할 것

[표 2.2.1.3] 호스릴할론소화설비의 소화약제 종류에 따른 소화약제의 양

소화약제의 종별	소화약제의 양
할론2402 또는 1211	50kg
할론1301	45kg

2.3 기동장치

2.3.1 수동식 기동장치

할론소화설비의 수동식 기동장치는 다음의 기준에 따라 설치해야 한다. 이 경우 수동식 기동장치의 부근에는 소화약제의 방출을 지연시킬 수 있는 **방출지연스위치**(자동복귀형 스위치로서 수동식 기동장치의 타이머를 순간 정지시키는 기능의 스위치를 말한다)를 설치해야 한다.

2.3.1.1) **전**역방출방식은 방호구역**마**다, 국소방출방식은 방호대상물마다 설치할 것

2.3.1.2) **해**당 방호구역의 출입구 부근 등 조작을 하는 자가 쉽게 피난할 수 있는 장소에 설치할 것

2.3.1.3) 기동장치의 **조**작부는 바닥으로부터 0.8m 이상 1.5m 이하의 위치에 설치하고, 보호판 등에 따른 보호장치를 설치할 것

2.3.1.4) 기동장치 인근의 보기 쉬운 곳에 "할론소화설비 수동식 기동장치"라는 **표**지를 할 것

2.3.1.5) **전**기를 사용하는 기동장치에는 전원표시등을 설치할 것

2.3.1.6) 기동장치의 방출용스위치는 **음**향경보장치와 연동하여 조작될 수 있는 것으로 할 것

🧯 호스릴할론소화설비

소화약제	소화약제 저장량	분당 방사량
할론 2402	50kg	45kg/min
할론 1211	50kg	40kg/min
할론 1301	45kg	35kg/min

암기 호호 할머니가 사온(45)상어(35)

🧯 수동식 기동장치

암기 전해 8표 전음

🔥 자동식 기동장치

암기 자,전,가,기

🔥 전기식 기동장치
암기 72: 칠이 칠해진 것

🔥 가스압력식 기동장치
암기 기해25 내0.8 5L6질 1,0.6, 비 59 질카게
(기회요! 내팔 오리육질 일류 비오구)

🔥 방출표시등

2.3.2 자동식 기동장치

할론소화설비의 자동식 기동장치는 자동화재탐지설비의 감지기의 작동과 연동하는 것으로서 다음의 기준에 따라 설치해야 한다.

2.3.2.1) **자**동식 기동장치에는 수동으로도 기동할 수 있는 구조로 할 것

2.3.2.2) **전**기식 기동장치로서 7병 이상의 저장용기를 동시에 개방하는 설비는 2병 이상의 저장용기에 전자 개방밸브를 부착할 것

2.3.2.3) **가**스압력식 기동장치는 다음의 기준에 따를 것

   2.3.2.3.1. **기**동용가스용기 및 **해**당 용기에 사용하는 밸브는 **25**MPa 이상의 압력에 견딜 수 있는 것으로 할 것

   2.3.2.3.2. 기동용가스용기에는 **내**압시험압력의 **0.8**배부터 내압시험압력 이하에서 작동하는 안전장치를 설치할 것

   2.3.2.3.3. 기동용가스용기의 체적은 **5L** 이상으로 하고, 해당 용기에 저장하는 **질**소 등의 비활성기체는 **6.0**MPa 이상(**21**℃ 기준)의 압력으로 충전할 것. 다만, 기동용가스용기의 체적을 **1L** 이상으로 하고, 해당 용기에 저장하는 이산화탄소의 양은 **0.6**kg 이상으로 하며, 충전**비**는 **1.5** 이상 **1.9** 이하의 기동용가스용기로 할 수 있다. **24설**

2.3.2.4) **기**계식 기동장치는 저장용기를 쉽게 개방할 수 있는 구조로 할 것

2.3.3 방출표시등

할론소화설비가 설치된 부분의 출입구 등의 **보기 쉬운 곳**에 소화약제의 방출을 표시하는 표시등을 설치해야 한다.

2.4 제어반 등

2.4.1 할론소화설비의 제어반 및 화재표시반의 설치기준

할론소화설비의 제어반 및 화재표시반은 다음의 기준에 따라 설치해야 한다. 다만 자동화재탐지설비의 수신기 제어반이 화재표시반의 기능을 가지고 있는 것은 화재표시반을 설치하지 않을 수 있다.

2.4.1.1) 제어반은 수동기동장치 또는 감지기에서의 신호를 수신하여 음향경보장치의 작동, 소화약제의 방출 또는 지연 등 기타의 제어기능을 가진 것으로 하고, 제어반에는 전원표시등을 설치할 것

2.4.1.2) 화재표시반은 제어반에서의 신호를 수신하여 작동하는 기능을 가진 것으로 하되, 다음의 기준에 따라 설치할 것

    2.4.1.2.1. 각 방호구역마다 음향경보장치의 조작 및 감지기의 작동을 명시하는 표시등과 이와 연동하여 작동하는 벨·버저 등의 경보기를 설치할 것. 이 경우 음향경보장치의 조작 및 감지기의 작동을 명시하는 표시등을 겸용할 수 있다.

    2.4.1.2.2. 수동식 기동장치는 그 방출용스위치의 작동을 명시하는 표시등을 설치할 것

    2.4.1.2.3. 소화약제의 방출을 명시하는 표시등을 설치할 것

    2.4.1.2.4. 자동식 기동장치는 자동·수동의 절환을 명시하는 표시등을 설치할 것

2.4.1.3) 제어반 및 화재표시반은 화재 및 침수 등의 재해로 인한 피해를 받을 우려가 없고 점검에 편리한 장소에 설치할 것

2.4.1.4) 제어반 및 화재표시반에는 해당 회로도 및 취급설명서를 비치할 것

2.5 배관 [6설]

2.5.1.1) 배관은 전용으로 할 것

2.5.1.2) 강관을 사용하는 경우의 배관은 압력배관용탄소강관(KS D 3562) 중 스케줄 40* 이상의 것 또는 이와 동등 이상의 강도를 가진 것으로서 아연도금 등에 따라 방식 처리된 것을 사용할 것

2.5.1.3) 동관을 사용하는 경우에는 이음이 없는 동 및 동합금관(KS D 5301)의 것으로서 고압식은 16.5MPa 이상, 저압식은 3.75MPa 이상의 압력에 견딜 수 있는 것을 사용할 것

2.5.1.4) 배관 부속 및 밸브류는 강관 또는 동관과 동등 이상의 강도 및 내식성이 있는 것으로 할 것

🚒 제어반

암기 수화신호 음방지제 전등

🚒 화재표시반
암기 각, 방, 자, 수

🚒 3), 4)
암기 화재점장, 해취

※(2.5.1.2)의 성능기준에는 밑줄 친 부분이 "스케줄 80(저압식은 스케줄 40)"으로 내용이 다르다.

🚒 배관
암기 배 강4 동 부

2.6 선택밸브

2.6.1 하나의 특정소방대상물 또는 그 부분에 2 이상의 방호구역 또는 방호대상물이 있어 소화약제 저장용기를 공용하는 경우에는 다음의 기준에 따라 선택밸브를 설치해야 한다.

2.6.1.1) 방호구역 또는 방호대상물마다 설치할 것

2.6.1.2) 각 선택밸브에는 해당 방호구역 또는 방호대상물을 표시할 것

2.7 분사헤드

2.7.1 전역방출방식의 분사헤드의 설치기준

2.7.1.1) 방출된 소화약제가 방호구역의 전역에 균일하고 신속하게 확산할 수 있도록 할 것

2.7.1.2) 할론 2402를 방출하는 분사헤드는 해당 소화약제가 무상으로 분무되는 것으로 할 것

2.7.1.3) 분사헤드의 방출압력은 할론 2402를 방출하는 것은 0.1MPa 이상, 할론 1211을 방출하는 것은 0.2MPa 이상, 할론 1301을 방출하는 것은 0.9MPa 이상으로 할 것

2.7.1.4) 2.2에 따른 기준저장량의 소화약제를 10초 이내에 방출할 수 있는 것으로 할 것

2.7.2 국소방출방식의 분사헤드의 설치기준

2.7.2.1) 소화약제의 방출에 따라 가연물이 비산하지 않는 장소에 설치할 것

2.7.2.2) 할론 2402를 방출하는 분사헤드는 해당 소화약제가 무상으로 분무되는 것으로 할 것

2.7.2.3) 분사헤드의 방출압력은 할론 2402를 방출하는 것은 0.1MPa 이상, 할론 1211을 방출하는 것은 0.2MPa 이상, 할론 1301을 방출하는 것은 0.9MPa 이상으로 할 것

2.7.2.4) 2.2에 따른 기준저장량의 소화약제를 10초 이내에 방출할 수 있는 것으로 할 것

🔥 **선택밸브**
암기 마표를 선택하시오.

🔥 **분사헤드의 방사압력**
할론2402 0.1MPa
할론1211 0.2MPa
할론1301 0.9MPa

🔥 **분사헤드의 설치기준**
암기
[전역]
1. 방역균
2. 사무
3. 0129
4. 기준10초

[국소]
1. 소방비
2. 사무
3. 0129
4. 기준10초

🔥 **국소방출방식 비교**
- CO_2, 분말: 30초
- 할론: 10초

2.7.3 호스릴방식의 할론소화설비의 설치장소

화재 시 현저하게 연기가 찰 우려가 없는 장소로서 다음의 어느 하나에 해당하는 장소에는 호스릴방식의 할론소화설비를 설치할 수 있다. 다만 차고 또는 주차의 용도로 사용되는 장소는 제외한다.

2.7.3.1) 지상 1층 및 피난층에 있는 부분으로서 지상에서 수동 또는 원격조작에 따라 개방할 수 있는 개구부의 유효면적의 합계가 바닥면적의 15% 이상이 되는 부분

2.7.3.2) 전기설비가 설치되어 있는 부분 또는 다량의 화기를 사용하는 부분(해당 설비의 주위 5m 이내의 부분을 포함한다)의 바닥면적이 해당 설비가 설치되어 있는 구획의 바닥면적의 5분의 1 미만이 되는 부분

2.7.4 호스릴방식의 할론소화설비의 설치기준

2.7.4.1) 방호대상물의 각 부분으로부터 하나의 호스접결구까지의 수평거리가 20m 이하가 되도록 할 것

2.7.4.2) 소화약제 저장용기의 개방밸브는 호스릴의 설치장소에서 수동으로 개폐할 수 있는 것으로 할 것

2.7.4.3) 소화약제 저장용기는 호스릴을 설치하는 장소마다 설치할 것

2.7.4.4) 호스릴방식의 할론소화설비의 노즐은 20℃에서 하나의 노즐마다 1분당 다음 [표 2.7.4.4]에 따른 소화약제를 방출할 수 있는 것으로 할 것

[표 2.7.4.4] 호스릴방식의 할론소화설비의 소화약제 종별 1분당 방출하는 소화약제의 양

소화약제의 종별	1분당 방출하는 소화약제의 양
할론2402	45kg
할론1211	40kg
할론1301	35kg

2.7.4.5) 소화약제 저장용기의 가장 가까운 곳의 보기 쉬운 곳에 적색의 표시등을 설치하고, 호스릴방식의 할론소화설비가 있다는 뜻을 표시한 표지를 할 것

🔔 **호스릴의 설치장소**

암기 현찰(차주용제)
지상1피부 수원15 전부다(주5) 1/5
[지상일 피부는 수원에서 잃어, 전부다(주고) 잃어]

🔔 **호스릴 할론**

암기 수35용 수표

🔔 **호스릴 수평거리 비교**

소화설비	수평거리
이산화탄소, 분말, 포호스릴	15m
할론	20m
포소화전 미분무 옥내호스릴 옥내소화전	25m

※ 미분무호스릴은 표시등 기준에 적색이 없다.

암기 이분포, 15, 할, 20, 미, 25
이분포 싫어(15) 할인(2) 미리오시오

🛡 분사헤드 오리피스
암기 부개방면
분사헤드 부오일업 표시, 개, 방, 오면 배구 칠 수 있지?

2.7.5 분사헤드의 오리피스구경 등의 적합기준 〔6설 응용〕

2.7.5.1) 분사헤드에는 **부식**방지조치를 해야 하며 **오**리피스의 크기, 제조일자, 제조업체가 **표시**되도록 할 것

2.7.5.2) 분사헤드의 **개**수는 방호구역에 소화약제의 방출 시간이 충족되도록 설치할 것

2.7.5.3) 분사헤드의 **방**출률 및 방출압력은 제조업체에서 정한 값으로 할 것

2.7.5.4) 분사헤드의 **오**리피스의 **면**적은 분사헤드가 연결되는 **배관구**경 면적의 **70**% 이하가 되도록 할 것

2.8 자동식 기동장치의 화재감지기 〔6설 응용〕

2.8.1 할론소화설비의 자동식 기동장치는 다음의 기준에 따른 화재감지기를 설치해야 한다.

🛡 자동식기동장치 화재감지기
암기 각교바

2.8.1.1) **각** 방호구역 내의 화재감지기의 감지에 따라 작동되도록 할 것

2.8.1.2) 화재감지기의 회로는 **교**차회로방식으로 설치할 것. 다만 화재감지기를「자동화재탐지설비 및 시각경보장치의 화재안전기술기준(NFTC 203)」2.4.1 **단서**의 각 감지기로 설치하는 경우에는 그렇지 않다.

2.8.1.3) 교차회로 내의 각 화재감지기회로별로 설치된 화재감지기 1개가 담당하는 **바닥**면적은「자동화재탐지설비 및 시각경보장치의 화재안전기술기준(NFTC 203)」2.4.3.5, 2.4.3.8부터 2.4.3.10까지의 규정에 따른 바닥면적으로 할 것

2.9 음향경보장치

🛡 음향경보장치
암기 수소방,
수조자화, 소개 1분경계, 방방구 자유

2.9.1 할론소화설비의 음향경보장치의 설치기준

2.9.1.1) **수**동식 기동장치를 설치한 것은 그 기동장치의 **조**작과정에서, **자**동식 기동장치를 설치한 것은 **화**재감지기와 연동하여 자동으로 경보를 발하는 것으로 할 것

2.9.1.2) **소**화약제의 방출 **개**시 후 **1분** 이상 **경**보를 **계**속할 수 있는 것으로 할 것

2.9.1.3) **방**호구역 또는 **방**호대상물이 있는 **구**획 안에 있는 **자**에게 **유**효하게 경보할 수 있는 것으로 할 것

2.9.2 방송에 따른 경보장치의 설치기준

2.9.2.1) **증폭**기 **재**생장치는 화재 시 연소의 우려가 없고, 유지관리가 쉬운 장소에 설치할 것

2.9.2.2) **방**호구역 또는 방호대상물이 있는 구획의 각 부분으로부터 하나의 확성기까지의 수평거리는 <u>25</u>m 이하가 되도록 할 것

2.9.2.3) **제**어반의 **복**구스위치를 조작하여도 **경**보를 **계**속 발할 수 있는 것으로 할 것

2.10 자동폐쇄장치

2.10.1 전역방출방식의 할론소화설비를 설치한 특정소방대상물 또는 그 부분에 대하여는 다음의 기준에 따라 자동폐쇄장치를 설치해야 한다.

2.10.1.1) **환**기장치 등을 설치한 것은 소화약제가 방출되기 전에 해당 환기장치 등이 정지될 수 있도록 할 것

2.10.1.2) 개구부가 있거나 천장으로부터 <u>1</u>m 이상의 아랫부분 또는 바닥으로부터 해당 층의 높이의 **3분의 2** 이내의 부분에 통기구가 있어 소화약제의 유출에 따라 소화효과를 감소시킬 우려가 있는 것은 소화약제가 방출되기 **전**에 해당 개구부 및 통기구를 폐쇄할 수 있도록 할 것

2.10.1.3) 자동폐쇄장치는 방호구역 또는 방호대상물이 있는 구획의 밖에서 **복**구할 수 있는 구조로 하고, 그 위치를 표시하는 **표**지를 할 것

2.11 비상전원

2.11.1 할론소화설비(호스릴할론소화설비를 제외한다)에는 자가**발**전설비, **축**전지설비(제어반에 내장하는 경우를 포함한다. 이하 같다) 또는 **전**기저장장치(외부 전기에너지를 저장해 두었다가 필요한 때 전기를 공급하는 장치. 이하 같다)에 따른 비상전원을 다음의 기준에 따라 설치해야 한다.

다만 <u>2 이상의</u> **변**전소(「전기사업법」 제67조 및 「전기설비기술기준」 제3조제1항제2호에 따른 변전소를 말한다. 이하 같다)에서 전력을 동시에 공급받을 수 있거나 하나의 변전소로부터 전력의 공급이 중단

🐟 **방송**
암기 증폭재 방이오 제복경계
("제복경계 중인 건 증폭제가 있는 방이오니 주의 바랍니다." 라고 방송이 나온다.)

🐟 **자동폐쇄장치**
암기 폐쇄병동 환전복 123표지

🐟 **비상전원의 종류**
암기 축발전

🐟 **비상전원의 제외**
암기 이자

비상전원의 설치기준

암기 점2 자동 방구 실

되는 때에는 **자동**으로 다른 변전소로부터 전력을 공급받을 수 있도록 상용전원을 설치한 경우에는 비상전원을 설치하지 않을 수 있다.

2.11.1.1) **점**검에 편리하고 화재 및 침수 등의 재해로 인한 피해를 받을 우려가 없는 곳에 설치할 것

2.11.1.2) 할론소화설비를 유효하게 **20**분 이상 작동할 수 있어야 할 것

2.11.1.3) 상용전원으로부터 전력의 공급이 중단된 때에는 **자동**으로 비상전원으로부터 전력을 공급받을 수 있도록 할 것

2.11.1.4) 비상전원의 설치장소는 다른 장소와 **방화구획**할 것. 이 경우 그 장소에는 비상전원의 공급에 필요한 기구나 설비 외의 것(열병합발전설비에 필요한 기구나 설비는 제외한다)을 두어서는 아니 된다.

2.11.1.5) 비상전원을 **실**내에 설치하는 때에는 그 실내에 비상조명등을 설치할 것

2.12 설계프로그램

2.12.1 할론소화설비를 설계프로그램을 이용하여 설계할 경우에는 「가스계소화설비 설계프로그램의 성능인증 및 제품검사의 기술기준」에 적합한 설계프로그램을 사용해야 한다.

12

할로겐화합물 및 불활성기체소화설비의 화재안전기술(성능)기준 (NFT(P)C 107A)

세부 목차

1.7 용어의 정의
2.1 소화약제의 종류
2.2 설치 제외
2.3 저장용기
2.4 소화약제량의 산정
2.5 기동장치
2.6 제어반 등
2.7 배관
2.8 선택밸브
2.9 분사헤드

2.10 자동식 기동장치의 화재감지기
2.11 음향경보장치
2.12 자동폐쇄장치
2.13 비상전원
2.14 과압배출구
2.15 설계프로그램
표 2.3.2.1(1)
표 2.3.2.1(2)

12. 할로겐화합물 및 불활성기체소화설비의 화재안전기술(성능)기준 (NFT(P)C 107A)

1.7 용어의 정의

1.7.1 이 기준에서 사용하는 용어의 정의는 다음과 같다.

1.7.1.1) "할로겐화합물 및 불활성기체소화약제"란 할로겐화합물(할론 1301, 할론 2402, 할론 1211 제외) 및 불활성기체로서 전기적으로 비전도성이며 휘발성이 있거나 증발 후 잔여물을 남기지 않는 소화약제를 말한다. **10설**

1.7.1.2) "할로겐화합물소화약제"란 불소, 염소, 브롬 또는 요오드 중 하나 이상의 원소를 포함하고 있는 유기화합물을 기본성분으로 하는 소화약제를 말한다. **10설**

1.7.1.3) "불활성기체소화약제"란 헬륨, 네온, 아르곤 또는 질소가스 중 하나 이상의 원소를 기본성분으로 하는 소화약제를 말한다. **10설**

1.7.1.4) "충전밀도"란 소화약제의 중량과 소화약제 저장용기의 내부 용적과의 비(중량/용적)를 말한다.

1.7.1.5) "방화문"이란 「건축법 시행령」 제64조의 규정에 따른 60분+ 방화문, 60분 방화문 또는 30분 방화문을 말한다.

1.7.1.8) "별도 독립방식"이란 소화약제 저장용기와 배관을 방호구역별로 독립적으로 설치하는 방식을 말한다.

1.7.1.10) "설계농도"란 방호대상물 또는 방호구역의 소화약제 저장량을 산출하기 위한 농도로서 소화농도에 안전율을 고려하여 설정한 농도를 말한다.

1.7.1.11) "소화농도"란 규정된 실험 조건의 화재를 소화하는 데 필요한 소화약제의 농도(형식승인대상의 소화약제는 형식승인된 소화농도)를 말한다.

1.7.1.12) "집합관"이란 개별 소화약제(가압용 가스 포함) 저장용기의 방출관이 연결되어 있는 관을 말한다.

🔥 충전밀도

$$충전밀도 = \frac{약제의\ 중량(kg)}{용기\ 내용적(m^3)}$$

🔥 방화문의 구분
「건축법 시행령」 제64조

1. **60분+ 방화문**: 연기 및 불꽃을 차단할 수 있는 시간이 60분 이상이고, 열을 차단할 수 있는 시간이 30분 이상인 방화문(연불60열30)
2. **60분 방화문**: 연기 및 불꽃을 차단할 수 있는 시간이 60분 이상인 방화문
3. **30분 방화문**: 연기 및 불꽃을 차단할 수 있는 시간이 30분 이상 60분 미만인 방화문

1.7.1.13) "최대허용 설계농도"란 사람이 상주하는 곳에 적용하는 소화약제의 설계농도로서, 인체의 안전에 영향을 미치지 않는 농도를 말한다.

2.1 소화약제의 종류

2.1.1 소화설비에 적용되는 할로겐화합물 및 불활성기체소화약제는 다음 [표 2.1.1]에서 정하는 것에 한한다.

[표 2.1.1] 소화약제의 종류 및 화학식

소화약제	화학식
하이드로클로로플루오로카본혼화제 (이하 "HCFC BLEND A"라 한다)	$HCFC-22(CHClF_2)$: 82% $HCFC-123(CHCl_2CF_3)$: 4.75% $HCFC-124(CHClFCF_3)$: 9.5% $C_{10}H_{16}$: 3.75% 〔14설〕
퍼플루오로부탄 (이하 "FC-3-1-10")	C_4F_{10}
트리플루오로이오다이드 (이하 "FIC-13I1")	CF_3I 〔20설〕
도데카플루오로-2-메틸펜탄-3-원 (이하 "FK-5-1-12")	$CF_3CF_2C(O)CF(CF_3)_2$ 〔20설〕
트리플루오로메탄 (이하 "HFC-23")	CHF_3
클로로테트라플루오르에탄 (이하 "HCFC-124")	$CHClFCF_3$
펜타플루오로에탄 (이하 "HFC-125")	CHF_2CF_3
헥사플루오로프로판 (이하 "HFC-236fa")	$CF_3CH_2CF_3$
헵타플루오로프로판 (이하 "HFC-227ea")	CF_3CHFCF_3 〔20설〕
불연성·불활성기체혼합가스 (이하 "IG-01")	Ar
불연성·불활성기체혼합가스 (이하 "IG-100")	N_2
불연성·불활성기체혼합가스 (이하 "IG-541")	N_2: 52%, Ar: 40%, CO_2: 8%
불연성·불활성기체혼합가스 (이하 "IG-55")	N_2: 50%, Ar: 50%

종류

암기 끝자리 번호순으로 배열
A) HCFC BLEND A
0) FC-3-1-10
1) FIC-13I1
2) FK-5-1-12
3) HFC-23
4) HCFC-124
5) HFC-125
6) HFC-236fa
7) HFC-227ea

1) IG-01
1) IG-100
5) IG-541
5) IG-55

IG	N_2 질	Ar 알	CO_2 탄
IG01	0	1	0
IG100	1	0	0
IG541	52	40	8
IG55	5	5	0

※ 숫자를 뜻하는 접두어(고대 그리스어)

숫자	접두어
1	mono (모노)
2	di (디)
3	tri (트리)
4	tetra (테트라) (암) 테트리스
5	penta (펜타) (암) 펜타곤
6	hexa (헥사) (암) 육사
7	hepta (헵타) (암) 칠타
12	dodeca (도데카)

※ 끝자리 숫자(2~7)
끝자리 숫자는 F(플루오르)의 개수를 의미

※ 퍼플루오르부탄 C_4F_{10}
퍼(per) = 완전한(H→F 완전치환)

```
    H  H  H  H
    |  |  |  |
H - C- C- C- C - H
    |  |  |  |
    H  H  H  H
         ↓
    F  F  F  F
    |  |  |  |
F - C- C- C- C - F
    |  |  |  |
    F  F  F  F
```

🧯 설치 제외
암기 사상최초 삼오(사모님) 할부제외

※(2.2)의 성능기준
제5조(설치제외)
할로겐화합물 및 불활성기체소화설비는 사람이 상주하는 곳으로 최대허용 설계농도를 초과하는 장소 또는 소화성능이 인정되지 않는 위험물을 저장·보관·사용하는 장소 등에는 설치할 수 없다.

🧯 저장용기의 설치장소
암기 방온 직방표 3체

🧯 저장용기의 온도 비교
- CO_2, 할론: 40℃
- 할로겐화합물 불활성기체: 55℃

🧯 저장용기의 적합기준
암기 밀명동 량손

🧯 저장용기 표시사항
암기 명자 총 시력체

🧯 저장용기의 재충전 기준
암기 양5 초압10 불압5
(야호 초압승 브라보!)

2.2 설치 제외 (장소)※　　10설

2.2.1 1) <u>사</u>람이 <u>상</u>주하는 곳으로서 2.4.2의 <u>최</u>대허용 설계농도를 <u>초</u>과하는 장소

2.2.1 2) 「위험물안전관리법 시행령」 별표1의 제<u>3</u>류위험물 및 제<u>5</u>류위험물을 저장·보관·사용하는 장소. 다만 소화성능이 인정되는 위험물은 제외한다.

2.3 저장용기※

2.3.1 저장용기 설치장소의 기준

2.3.1 1) <u>방</u>호구역 외의 장소에 설치할 것. 다만 방호구역 내에 설치할 경우에는 피난 및 조작이 용이하도록 피난구 부근에 설치해야 한다.

2.3.1 2) <u>온</u>도가 55 ℃ 이하이고, 온도 변화가 작은 곳에 설치할 것

2.3.1 3) <u>직</u>사광선 및 빗물이 침투할 우려가 없는 곳에 설치할 것

2.3.1 4) 저장용기를 방호구역 외에 설치한 경우에는 <u>방</u>화문으로 구획된 실에 설치할 것

2.3.1 5) 용기의 설치장소에는 해당 용기가 설치된 곳임을 <u>표</u>시하는 표지를 할 것

2.3.1 6) 용기 간의 간격은 점검에 지장이 없도록 <u>3</u>cm 이상의 간격을 유지할 것

2.3.1 7) 저장용기와 집합관을 연결하는 연결배관에는 <u>체</u>크밸브를 설치할 것. 다만 저장용기가 하나의 방호구역만을 담당하는 경우에는 그렇지 않다.

2.3.2 저장용기의 적합기준　　7점, 10설, 18설

2.3.2 1) 저장용기의 충전밀도 및 충전압력은 [표 2.3.2.1(1)] 및 [표 2.3.2.1(2)]에 따를 것

2.3.2 2) 저장용기는 약제<u>명</u>·저장용기의 <u>자</u>체중량과 <u>총</u>중량·충전일<u>시</u>·충전압<u>력</u> 및 약제의 <u>체</u>적을 <u>표</u>시할 것

2.3.2 3) <u>동</u>일 집합관에 접속되는 저장용기는 동일한 내용적을 가진 것으로 충전량 및 충전압력이 같도록 할 것

2.3.2 4) 저장용기에 충전<u>량</u> 및 충전압력을 확인할 수 있는 장치를 하는 경우에는 해당 소화약제에 적합한 구조로 할 것

2.3.2 5) 저장용기의 약제<u>량 손</u>실이 <u>5%</u>를 <u>초</u>과하거나 압력손실이 10%를 초과할 경우에는 재충전하거나 저장용

기를 교체할 것. 다만 **불활성기체** 소화약제 저장용기의 경우에는 압력손실이 **5%**를 초과할 경우 **재**충전하거나 저장용기를 교체해야 한다.

2.3.3 별도 독립방식

하나의 방호구역을 담당하는 저장용기의 소화약제의 체적 합계보다 소화약제의 방출 시 방출경로가 되는 배관(집합관을 포함한다)의 내용적의 비율이 할로겐화합물 및 불활성기체소화약제 제조업체(이하 "제조업체"라 한다)의 설계기준에서 정한 값 이상일 경우에는 해당 방호구역에 대한 설비는 별도 독립방식으로 해야 한다.

2.3.4 안전장치

할로겐화합물 및 불활성기체소화약제 저장용기와 선택밸브 또는 개폐밸브 사이에는 배관의 최소사용설계압력과 최대허용압력 사이의 압력에서 작동하는 안전장치를 설치해야 하며, 안전장치를 통하여 나온 소화가스는 전용의 배관 등을 통하여 건축물 외부로 배출될 수 있도록 해야 한다. 이 경우 안전장치로 용전식을 사용해서는 안 된다. 〈신설 2024.8.1.〉

2.4 소화약제량의 산정 〈9·14·15·18·19·23·25설 응용〉

2.4.1 소화약제의 저장량 기준

2.4.1.1) 할로겐화합물소화약제는 다음 식 (2.4.1.1)에 따라 산출한 양 이상으로 할 것

$$W = \frac{V}{S} \times \frac{C}{100-C} \quad \cdots (2.4.1.1)$$

W: 소화약제의 무게[kg], V: 방호구역 체적[m³]
C: 체적에 따른 소화약제의 설계농도[%]
S: 소화약제별 선형상수($K_1 + K_2 \times t$)[m³/kg]
t: 방호구역의 최소예상온도[℃]

소화약제	K_1	K_2
FC-3-1-10	0.094104	0.00034455
HCFC BLEND A	0.2413	0.00088
HCFC-124	0.1575	0.0006
HFC-125	0.1825	0.0007
HFC-227ea	0.1269	0.0005
HFC-23	0.3164	0.0012
HFC-236fa	0.1413	0.0006
FIC-13I1	0.1138	0.0005
FK-5-1-12	0.0664	0.0002741

※ 성능기준(2.3.1~2.3.4)
제6조(저장용기)
① 할로겐화합물 및 불활성기체소화약제의 저장용기는 방호구역 외의 장소로서 방화구획된 실에 설치해야 한다.
② 할로겐화합물 및 불활성기체소화약제의 저장용기는 다음 각 호의 기준에 적합해야 한다.
  1. 저장용기의 충전밀도 및 충전압력은 할로겐화합물 및 불활성기체소화약제의 종류에 따라 적용할 것
  2. 동일 집합관에 접속되는 저장용기는 동일한 내용적을 가진 것으로 충전량 및 충전압력이 같도록 할 것
  3. 저장용기의 약제량 손실이 5퍼센트를 초과하거나 압력손실이 10퍼센트를 초과할 경우에는 재충전하거나 저장용기를 교체할 것. 다만 불활성기체 소화약제 저장용기의 경우에는 압력손실이 5퍼센트를 초과할 경우 재충전하거나 저장용기를 교체해야 한다.
③ 하나의 방호구역을 담당하는 저장용기의 소화약제의 체적 합계보다 소화약제의 방출 시 방출경로가 되는 배관(집합관을 포함한다)의 내용적의 비율이 할로겐화합물 및 불활성기체소화약제 제조업체(이하 "제조업체"라 한다)의 설계기준에서 정한 값 이상일 경우에는 해당 방호구역에 대한 설비는 별도 독립방식으로 해야 한다.
④ 할로겐화합물 및 불활성기체소화약제 저장용기와 선택밸브(또는 개폐밸브)와의 사이에는 과압방지를 위한 안전장치를 설치해야 한다. 이 경우 안전장치를 통하여 나온 소화가스는 전용의 배관 등을 통하여 건축물 외부로 배출될 수 있도록 해야 한다. 〈신설 2024.7.10.〉

🍀 **공식 암기**

암기 할머니 "버스 컴백콤"
(할머니(할로겐)가 몸이 무거워(무게) 버스를 놓쳐서 버스를 향해 외친다.
"버V 스S, 컴C 백100 콤C")

공식암기

암기 2,30대 버스로 빽빽키 채워져
[2,30대가 버V 스S 로log
빽100 빽100 키C 들어가
채워져(x실체적)]

[주의]
소화약제량 = X × 실체적

2.4.1.2) 불활성기체소화약제는 다음 식 (2.4.1.2)에 따라 산출한 양 이상으로 할 것

$$X = 2.303 \times \frac{V_s}{S} \times \log_{10}\left(\frac{100}{100-C}\right) \cdots (2.4.1.2)$$

X: 공간체적당 더해진 소화약제의 **부피**[m^3/m^3]
C: 체적에 따른 소화약제의 설계농도[%]
V_s: 20°C에서 소화약제의 비체적[m^3/kg]
S : 소화약제별 선형상수($K_1 + K_2 \times t$)[m^3/kg]
t : 방호구역의 최소예상온도[°C]

소화약제	K_1	K_2
IG-01	0.5685	0.00208
IG-100	0.7997	0.00293
IG-541	0.65799	0.00239
IG-55	0.6598	0.00242

2.4.1.3) 체적에 따른 소화약제의 설계농도(%)는 상온에서 제조업체의 설계기준에 따라 인증받은 소화농도(%)에 표 2.4.1.3에 따른 안전계수를 곱한 값 이상으로 할 것 〈개정 2024.8.1.〉

[표 2.4.1.3] A·B·C급 화재별 안전계수〈개정 2024.8.1.〉

설계농도	소화농도	안전계수
A급	A급	1.2
B급	B급	1.3
C급	A급	1.35

설계농도

- A급 화재: C[%] = 소화농도×1.2
- B급 화재: C[%] = 소화농도×1.3
- C급 화재: C[%] = 소화농도×1.35

암기 A 1.2, B 1.3, C 1.35
[아이는 B실에서 쉬세요(C35)]

2.4.2 최대허용설계농도

2.4.1의 기준에 의해 산출한 소화약제량은 사람이 상주하는 곳에서는 [표 2.4.2]에 따른 최대허용 설계농도를 초과할 수 없다.

[표 2.4.2] 할로겐화합물 및 불활성기체소화약제 최대허용 설계농도

10설, 23설 응용

소화약제	최대허용 설계농도(%)
FC-3-1-10	40
HCFC BLEND A	10
HCFC-124	1.0
HFC-125	11.5
HFC-227ea	10.5
HFC-23	30
HFC-236fa	12.5
FIC-13I1	0.3
FK-5-1-12	10
IG-01	43
IG-100	43
IG-541	43
IG-55	43

2.4.3 둘 이상의 방호구역

방호구역이 2 이상인 장소의 소화설비가 2.3.3의 기준에 해당하지 않는 경우에 한하여 가장 큰 방호구역에 대하여 2.4.1의 기준에 의해 산출한 양 이상이 되도록 해야 한다.

2.5 기동장치※

2.5.1 수동식 기동장치의 설치기준

17점

할로겐화합물 및 불활성기체소화설비의 수동식 기동장치는 다음의 기준에 따라 설치해야 한다. 이 경우 수동식 기동장치의 부근에는 소화약제의 방출을 지연시킬 수 있는 방출지연스위치(자동복귀형 스위치로서 수동식 기동장치의 타이머를 순간 정지시키는 기능의 스위치를 말한다)를 설치해야 한다.

2.5.1.1) **방호구역마다** 설치할 것

2.5.1.2) 해당 방호구역의 **출입구** 부근 등 조작을 하는 자가 쉽게 피난할 수 있는 장소에 설치할 것

2.5.1.3) 기동장치의 **조**작부는 바닥으로부터 0.8m 이상 1.5m 이하의 위치에 설치하고, 보호판 등에 따른 보호장치를 설치할 것

2.5.1.4) 기동장치 인근의 보기 쉬운 곳에 "할로겐화합물 및 불활성기체소화설비 수동식 기동장치"라는 **표**지를 할 것

2.5.1.5) **전**기를 사용하는 기동장치에는 전원표시등을 설치할 것

최대허용설계농도

- HCFC BLEND A
  암기 A는 구멍(O)이 1개 → 10%

- FC-3-1-10
  암기 (3 + 1) × 10 = 40%

- 나머지
  암기 끝자리 번호순으로 배열

FIC-13I1	① 0.3	(침대)
FK-5-1-12	② 10	(곱창)
HFC-23	③ 30	(단추)
HCFC-124	④ 1.0	(국)
HFC-125	⑤ 11.5	(고구마)
HFC-236fa	⑥ 12.5	(그늘막)
HFC-227ea	⑦ 10.5	(곱창맛)

①침대 ④국 ⑤고구마
②곱창 ⑥그늘막
③단추 ⑦곱창맛

(침대에 누워서 곱창을 배달주문하고 일어나다 단추를 밟았다. 국과 함께 먹으니 고구마 캐러갔다가 그늘막에서 먹었던 곱창맛이 생각났다.)

- 불활성 기체(43(사상))
  암기 이산화탄소누출 사상자발생

수동기동장치

암기 방해 8표 전음 5 보물
(방출! 8표시한 전음에서 5 보물을!)

① 마다
② 출입구 부분
③ 높이
④ 표지
⑤ 전원표시등
⑥ 음향

🏮 자동식 기동장치

암기 자,전,가,기

🏮 전기식 기동장치
암기 72: 칠이 칠해진 것

🏮 가스압력식 기동장치
암기 기해25 내0.8 5L6질 1,0.6, 비59 질기게
(기회요! 내팔 오리육질 일류 비오구 질기게)

※성능기준(2.5.1~2.5.3)
제8조(기동장치)
① 할로겐화합물 및 불활성기체소화설비의 수동식 기동장치는 다음 각 호의 기준에 따라 설치해야 한다. 〈개정 2024.7.10.〉
  1. 수동식 기동장치는 오조작을 방지하기 위한 보호장치가 있는 것으로 설치할 것
  2. 수동식 기동장치는 방호구역마다 조작, 피난 및 유지관리가 용이한 장소에 설치할 것
  3. 수동식 기동장치의 부근에는 소화약제의 방출을 지연시킬 수 있는 방출지연스위치를 설치할 것
② 할로겐화합물 및 불활성기체소화설비의 자동식 기동장치는 자동화재탐지설비의 감지기의 작동과 연동하는 것으로서 수동식 기동장치를 함께 설치해야 한다.
③ 할로겐화합물 및 불활성기체소화설비가 설치된 부분의 출입구 등의 보기 쉬운 곳에 소화약제의 방출을 표시하는 표시등을 설치해야 한다.

2.5.1.6) 기동장치의 방출용스위치는 음향경보장치와 연동하여 조작될 수 있는 것으로 할 것

2.5.1.7) 50N 이하의 힘을 가하여 기동할 수 있는 구조로 할 것

2.5.1.8) 기동장치에는 보호장치를 설치해야 하며, 보호장치를 개방하는 경우 기동장치에 설치된 부저 또는 벨 등에 의하여 경고음을 발할 것 〈신설 2024.8.1.〉

2.5.1.9) 기동장치를 옥외에 설치하는 경우 빗물 또는 외부 충격의 영향을 받지 아니하도록 설치할 것 〈신설 2024.8.1.〉

2.5.2 자동식 기동장치의 설치기준

할로겐화합물 및 불활성기체소화설비의 자동식 기동장치는 자동화재탐지설비의 감지기의 작동과 연동하는 것으로서 다음의 기준에 따라 설치해야 한다.

2.5.2.1) 자동식 기동장치에는 수동으로도 기동할 수 있는 구조로 할 것

2.5.2.2) 전기식 기동장치로서 7병 이상의 저장용기를 동시에 개방하는 설비는 2병 이상의 저장용기에 전자 개방밸브를 부착할 것

2.5.2.3) 가스압력식 기동장치는 다음의 기준에 따를 것

2.5.2.3.1. 기동용가스용기 및 해당 용기에 사용하는 밸브는 25MPa 이상의 압력에 견딜 수 있는 것으로 할 것

2.5.2.3.2. 기동용가스용기에는 내압시험압력의 0.8배부터 내압시험압력 이하에서 작동하는 안전장치를 설치할 것

2.5.2.3.3. 기동용가스용기의 체적은 5L 이상으로 하고, 해당 용기에 저장하는 질소 등의 비활성기체는 6.0MPa 이상(21℃ 기준)의 압력으로 충전할 것. 다만 기동용가스용기의 체적을 1 L 이상으로 하고, 해당 용기에 저장하는 이산화탄소의 양은 0.6 kg 이상으로 하며, 충전비는 1.5 이상 1.9 이하의 기동용가스용기로 할 수 있다.

2.5.2.3.4. 질소 등의 비활성기체 기동용가스용기에는 충전 여부를 확인할 수 있는 압력게이지를 설치할 것

2.5.2.4) 기계식 기동장치는 저장용기를 쉽게 개방할 수 있는 구조로 할 것

2.5.3 방출표시등

할로겐화합물 및 불활성기체소화설비가 설치된 부분의 출입구 등의 보기 쉬운 곳에 소화약제의 방출을 표시하는 표시등을 설치해야 한다.

2.6 제어반 등※

2.6.1 제어반 및 화재표시반의 설치기준

할로겐화합물 및 불활성기체소화설비의 제어반 및 화재표시반은 다음의 기준에 따라 설치해야 한다. 다만 자동화재탐지설비의 수신기 제어반이 화재표시반의 기능을 가지고 있는 것은 화재표시반을 설치하지 않을 수 있다.

2.6.1.1) 제어반은 수동기동장치 또는 감지기에서의 신호를 수신하여 음향경보장치의 작동, 소화약제의 방출 또는 지연 등 기타의 제어기능을 가진 것으로 하고, 제어반에는 전원표시등을 설치할 것

2.6.1.2) 화재표시반은 제어반에서의 신호를 수신하여 작동하는 기능을 가진 것으로 하되, 다음의 기준에 따라 설치할 것

2.6.1.2.1. 각 방호구역마다 음향경보장치의 조작 및 감지기의 작동을 명시하는 표시등과 이와 연동하여 작동하는 벨·버저 등의 경보기를 설치할 것. 이 경우 음향경보장치의 조작 및 감지기의 작동을 명시하는 표시등을 겸용할 수 있다.

2.6.1.2.2. 수동식 기동장치는 그 방출용스위치의 작동을 명시하는 표시등을 설치할 것

2.6.1.2.3. 소화약제의 방출을 명시하는 표시등을 설치할 것

2.6.1.2.4. 자동식 기동장치는 자동·수동의 절환을 명시하는 표시등을 설치할 것

2.6.1.3) 제어반 및 화재표시반은 화재 및 침수 등의 재해로 인한 피해를 받을 우려가 없고 점검에 편리한 장소에 설치할 것

2.6.1.4) 제어반 및 화재표시반에는 해당 회로도 및 취급설명서를 비치할 것

※(2.6)의 성능기준
제9조(제어반 등) (=CO_2소화설비)
할로겐화합물 및 불활성기체소화설비의 제어반 및 화재표시반은 다음 각 호의 기준에 따라 설치해야 한다.
1. 제어반은 수동기동장치 또는 감지기에서의 신호를 수신하여 음향경보장치의 작동, 소화약제의 방출 또는 지연 등 기타의 제어기능을 가진 것으로 하고, 제어반에는 전원표시등을 설치할 것
2. 화재표시반은 제어반에서의 신호를 수신하여 작동하는 기능을 가진 것으로 설치할 것
3. 제어반 및 화재표시반은 화재 또는 침수 등의 재해로 인한 피해를 받을 우려가 없고 점검에 편리한 장소에 설치할 것

🚒 제어반

암기 수화신호 음방지제 전등

🚒 화재표시반
암기 각, 방, 자, 수

🚒 3), 4)
암기 화재점장, 해취

2.7 배관

2.7.1 배관 설치기준

2.7.1.1) 배관은 전용으로 할 것

2.7.1.2) 배관·배관부속 및 밸브류는 저장용기의 방출 내압을 견딜 수 있어야 하며, 다음의 기준에 적합할 것. 이 경우 설계내압은 [표 2.3.2.1(1)] 및 [표 2.3.2.1(2)]에서 정한 최소사용 설계압력 이상으로 해야 한다.

2.7.1.2.1. 강관을 사용하는 경우의 배관은 압력배관용탄소강관(KS D 3562) 또는 이와 동등 이상의 강도를 가진 것으로서 아연도금 등에 따라 방식처리 된 것을 사용할 것

2.7.1.2.2. 동관을 사용하는 경우의 배관은 이음이 없는 동 및 동합금관(KS D 5301)의 것을 사용할 것

2.7.1.2.3. 배관의 두께는 다음의 식 (2.7.1.2.3)에서 구한 값(t) 이상일 것. 다만 방출헤드 설치부는 제외한다.

17, 19설 응용, 24설 응용

$$t = \frac{PD}{2SE} + A \quad \cdots \quad (2.7.1.2.3)$$

여기에서
t: 배관의 두께 [mm]
P: 최대허용압력[kPa]
D: 배관의 바깥지름[mm]
SE : 최대허용응력[kPa]
  (배관재질 인장강도의 1/4값과 항복점의 2/3 값 중 적은 값 × **배관이음효율** × 1.2)
  ※ 배관의 이음효율
    이음매 없는 배관: 1.0
    전기저항 용접배관: 0.85
    가열맞대기 용접배관: 0.60
A: 나사이음, 홈이음 등의 허용값 [mm][헤드 설치부분은 제외한다]
  나사이음: 나사의 높이
  절단홈이음: 홈의 깊이
  용접이음: 0

2.7.1.3) 배관부속 및 밸브류는 강관 또는 동관과 동등 이상의 강도 및 내식성이 있는 것으로 할 것

2.7.2 배관 등의 접속

배관과 배관, 배관과 배관 부속 및 밸브류의 접속은 <u>나</u>사접합, <u>용</u>접접합, <u>압</u>축접합 또는 <u>플</u>랜지접합 등의 방법을 사용해야 한다.

🧯 **배관의 두께 공식**
암기 파도 2SE 허용

(파도가 too(2) 쎄(SE)서
허용했다. 두꺼운 배관을...)

🧯 **최대허용응력 SE**

$$(\text{인장강도}\frac{1}{4}, \text{항복}\frac{2}{3}) \times \text{효율} \times 1.2$$

암기

강도가 들어 죽기(4)를 각오하고
싸울 것인가, **항복**할 것인가
효율을 하나둘(1.2) 따져서
피해가 **적은** 방법을 고민하는데
어떤 사람이 효자손 팔어유(85, 6)했다.

🧯 **배관의 접속**
암기 나용압플

인터넷에 접속해서 나 "용"이오 하니
악플이 엄청 달림

2.7.3 배관의 구경

배관의 구경은 해당 방호구역에 할로겐화합물소화약제는 **10초** 이내에, 불활성기체소화약제는 **A·C급** 화재 **2분**, **B급** 화재 **1분** 이내에 방호구역 각 부분에 최소설계농도의 **95%** 이상에 해당하는 약제량이 방출되도록 해야 한다.

2.8 선택밸브※

2.8.1 하나의 특정소방대상물 또는 그 부분에 2 이상의 방호구역 또는 방호대상물이 있어 소화약제 저장용기를 공용하는 경우에는 다음의 기준에 따라 선택밸브를 설치해야 한다.

2.8.1.1) 방호구역**마**다 설치할 것
2.8.1.2) 각 선택밸브에는 해당 방호구역을 **표**시할 것

2.9 분사헤드

2.9.1 할로겐화합물 및 불활성기체소화설비의 분사헤드는 다음의 기준에 따라야 한다.

2.9.1.1) 분사헤드의 설치 높이는 방호구역의 바닥으로부터 최소 **0.2**m 이상 최대 **3.7**m 이하로 해야 하며, 천장 높이가 3.7m를 초과할 경우에는 추가로 다른 **열**의 분사헤드를 설치할 것. 다만 분사헤드의 성능인정 범위 내에서 설치하는 경우에는 그렇지 않다.※

2.9.1.2) 분사헤드의 개수는 방호구역에 2.7.3에 따른 방출시간이 충족되도록 설치할 것

2.9.1.3) 분사헤드에는 **부식**방지조치를 해야 하며, **오리피스**의 크기, 제조일자, 제조**업체**가 **표시**되도록 할 것

2.9.2 분사헤드의 방출률 및 방출압력은 **제조업체**에서 정한 값으로 할 것

2.9.3 분사헤드의 **오리피스**의 **면적**은 분사헤드가 연결되는 **배관구**경 면적의 **70%** 이하가 되도록 할 것

🔔 **배관의 구경**
암기 화합10초,불,AC2분,B1,95

화학식초와 불판을 들고 아씨두분이 비원을 구경하며 고기를 구오 먹었다.

종류	95% 방출시간
할로겐화합물	10초
불활성기체	A·C급 2분
	B급 1분

🔔 **선택밸브**
암기 마표를 선택하시오.

※(2.8)의 성능기준
제11조(선택밸브)
하나의 특정소방대상물 또는 그 부분에 둘 이상의 방호구역이 있어 소화약제의 저장용기를 공용하는 경우에는 방호구역마다 선택밸브를 설치해야 한다.

※(2.9) 분사헤드의 성능기준 제12조에는 밑줄 친 내용이 없다.

🔔 **분사헤드**
암기 영이삼촌 열 /
화합10초,불,아씨2분,비1,구오 /
부오일업 표시 / 제조업체 /
오면 배구 7
(영이삼촌은 열 받았네.
화학식초와 불판을 들고 아씨두분이 비원을 구경하며 고기를 구오서……
부식 오일업 표시를 찾아와, 제조업체야 오면 배구 칠 수 있지?)

※ 할로겐화합물 및 불활성기체소화설비는 국소방출방식과 호스릴방식이 없다.

2.10 자동식 기동장치의 화재감지기※

2.10.1 자동식 기동장치의 화재감지기 설치기준

할로겐화합물 및 불활성기체소화설비의 자동식 기동장치는 다음의 기준에 따른 화재감지기를 설치해야 한다.

2.10.1.1) 각 방호구역 내의 화재감지기의 감지에 따라 작동되도록 할 것

2.10.1.2) 화재감지기의 회로는 교차회로방식으로 설치할 것. 다만 화재감지기를 「자동화재탐지설비 및 시각경보장치의 화재안전기술기준(NFTC 203)」 2.4.1 단서의 각 감지기로 설치하는 경우에는 그렇지 않다.

2.10.1.3) 교차회로 내의 각 화재감지기회로별로 설치된 화재감지기 1개가 담당하는 바닥면적은 「자동화재탐지설비 및 시각경보장치의 화재안전기술기준(NFTC 203)」 2.4.3.5, 2.4.3.8부터 2.4.3.10까지의 규정에 따른 바닥면적으로 할 것

> ※(2.10)의 성능기준
> 제13조(자동식 기동장치의 화재감지기) 할로겐화합물 및 불활성기체소화설비의 자동식 기동장치는 각 방호구역 내의 화재감지기의 감지에 따라 작동되도록 하고, 화재감지기의 회로는 교차회로방식으로 설치해야 한다.

2.11 음향경보장치

2.11.1 음향경보장치의 설치기준

2.11.1.1) 수동식 기동장치를 설치한 것은 그 기동장치의 조작 과정에서, 자동식 기동장치를 설치한 것은 화재감지기와 연동하여 자동으로 경보를 발하는 것으로 할 것

2.11.1.2) 소화약제의 방출 개시 후 1분 이상 경보를 계속할 수 있는 것으로 할 것

2.11.1.3) 방호구역 또는 방호대상물이 있는 구획 안에 있는 자에게 유효하게 경보할 수 있는 것으로 할 것

2.11.2 방송에 따른 경보장치의 설치기준

2.11.2.1) 증폭기 재생장치는 화재 시 연소의 우려가 없고, 유지관리가 쉬운 장소에 설치할 것

2.11.2.2) 방호구역 또는 방호대상물이 있는 구획의 각 부분으로부터 하나의 확성기까지의 수평거리는 25m 이하가 되도록 할 것

2.11.2.3) 제어반의 복구스위치를 조작하여도 경보를 계속 발할 수 있는 것으로 할 것

🚒 음향경보장치
암기 수소방,
　　　수조자화 소개1분경계 자유

🚒 방송
암기 증폭재 방이오 제복경계

"제복경계 중인 건
증폭제가 있는
방이오니 주의 바랍니다."
라고 방송이 나온다.

2.12 자동폐쇄장치[※] 10설

2.12.1 할로겐화합물 및 불활성기체소화설비를 설치한 특정소방대상물 또는 그 부분에 대하여는 다음의 기준에 따라 자동**폐쇄**장치를 설치해야 한다.

2.12.1.1) **환**기장치 등을 설치한 것은 소화약제가 방출되기 전에 해당 환기장치 등이 정지될 수 있도록 할 것

2.12.1.2) 개구부가 있거나 천장으로부터 <u>1m</u> 이상의 아랫부분 또는 바닥으로부터 해당 층의 높이의 <u>3분의 2</u> 이내의 부분에 통기구가 있어 소화약제의 유출에 따라 소화효과를 감소시킬 우려가 있는 것은 소화약제가 방출되기 <u>전</u>에 해당 개구부 및 통기구를 폐쇄할 수 있도록 할 것

2.12.1.3) 자동폐쇄장치는 방호구역 또는 방호대상물이 있는 구획의 밖에서 <u>복</u>구할 수 있는 구조로 하고, 그 위치를 표시하는 <u>표지</u>를 할 것

2.13 비상전원[※]

2.13.1 할로겐화합물 및 불활성기체소화설비에는 자가발전설비, 축전지설비(제어반에 내장하는 경우를 포함한다. 이하 같다) 또는 전기저장장치(외부 전기에너지를 저장해 두었다가 필요한 때 전기를 공급하는 장치. 이하 같다)에 따른 비상전원을 다음의 기준에 따라 설치해야 한다. 다만 2 이상의 변전소에서 전력을 동시에 공급받을 수 있거나 하나의 변전소로부터 전력의 공급이 중단되는 때에는 자동으로 다른 변전소로부터 전력을 공급받을 수 있도록 상용전원을 설치한 경우에는 비상전원을 설치하지 않을 수 있다.

2.13.1.1) 점검에 편리하고 화재 및 침수 등의 재해로 인한 피해를 받을 우려가 없는 곳에 설치할 것

2.13.1.2) 할로겐화합물 및 불활성기체소화설비를 유효하게 20분 이상 작동할 수 있어야 할 것

2.13.1.3) 상용전원으로부터 전력의 공급이 중단된 때에는 자동으로 비상전원으로부터 전력을 공급받을 수 있도록 할 것

🔔 **자동폐쇄장치**

암기 폐쇄병동 환전복 123표지

※(2.12)의 성능기준
제15조(자동폐쇄장치)
할로겐화합물 및 불활성기체소화설비를 설치한 특정소방대상물 또는 그 부분에 대하여 환기장치 등을 설치한 것은 소화약제가 방출되기 전에 해당 환기장치 등이 정지될 수 있도록 하고, 개구부 및 통기구가 있어 소화약제의 유출에 따라 소화효과를 감소시킬 우려가 있는 것은 소화약제가 방출되기 전에 당해 개구부 및 통기구를 폐쇄할 수 있도록 자동폐쇄장치를 설치해야 한다.

🔔 **비상전원의 종류**

암기 축발전 이자제외

※(2.13)의 성능기준
제16조(비상전원) (=CO₂소화설비)
할로겐화합물 및 불활성기체소화설비의 비상전원은 자가발전설비, 축전지설비 또는 전기저장장치로서 다음 각 호의 기준에 따라 설치해야 한다.
1. 점검에 편리하고 화재 및 침수 등의 재해로 인한 피해를 받을 우려가 없는 곳에 설치할 것
2. 할로겐화합물 및 불활성기체소화설비를 유효하게 20분 이상 작동할 수 있어야 할 것
3. 상용전원으로부터 전력의 공급이 중단된 때에는 자동으로 비상전원으로부터 전력을 공급받을 수 있도록 할 것
4. 비상전원의 설치장소는 다른 장소와 방화구획할 것
5. 비상전원을 실내에 설치하는 때에는 그 실내에 비상조명등을 설치할 것

비상전원의 설치기준

암기 점2 자동 방구실

※(2.14)의 성능기준
제17조(과압배출구)
할로겐화합물 및 불활성기체소화설비의 방호구역에는 소화약제 방출시 발생하는 과(부)압으로 인한 구조물 등의 손상을 방지하기 위해 과압배출구를 설치해야 한다. 다만, 과(부)압이 발생해도 구조물 등에 손상이 생길 우려가 없음을 시험 또는 공학적인 자료로 입증하는 경우 설치하지 않을 수 있다. 〈개정 2024.7.10.〉

과압배출구

암기 과부인구 손상 시공자,
누면 허용 방고 유지
(과부인구를 손상시킨 시공자에게
누워서 면 먹는 것을
허용하였더니
방고 방출 유지시간이 길어졌다.)

2.13.1.4) 비상전원의 설치장소는 다른 장소와 방화구획할 것. 이 경우 그 장소에는 비상전원의 공급에 필요한 기구나 설비 외의 것(열병합발전설비에 필요한 기구나 설비는 제외한다)을 두어서는 아니 된다.

2.13.1.5) 비상전원을 실내에 설치하는 때에는 그 실내에 비상조명등을 설치할 것

2.14 과압배출구※   10설

2.14.1 2.14.1 할로겐화합물 및 불활성기체소화설비의 방호구역에는 소화약제 방출시 발생하는 **과(부)압**으로 **인**한 **구**조물 등의 **손상**을 방지하기 위해 2.14.1.1부터 2.14.1.4까지의 내용을 검토하여 과압배출구를 설치해야 한다. 다만, 과(부)압이 발생해도 구조물 등에 **손상**이 생길 우려가 없음을 **시**험 또는 **공**학적인 **자**료로 입증하는 경우 설치하지 않을 수 있다. 〈개정 2024.8.1.〉

2.14.1.1) 방호구역 **누설면**적 〈신설 2024.8.1.〉
2.14.1.2) 방호구역의 최대**허용**압력 〈신설 2024.8.1.〉
2.14.1.3) 소화약제 **방출**시의 **최고**압력 〈신설 2024.8.1.〉
2.14.1.4) 소화농도 **유지**시간 〈신설 2024.8.1.〉

2.15 설계프로그램

2.15.1 할로겐화합물 및 불활성기체소화설비를 설계프로그램을 이용하여 설계할 경우에는 「가스계소화설비 설계프로그램의 성능인증 및 제품검사의 기술기준」에 적합한 설계프로그램을 사용해야 한다.

2.3.2.1 관련 표 2.3.2.1(1) 〈개정 2023.8.9.〉

[표 2.3.2.1(1)] 할로겐화합물소화약제 저장용기의 충전밀도·충전압력 및 배관의 최소사용설계압력

(나) 항목 \ (가) 소화약제	(다) HFC-227ea 25설				(라) FC-3-1-10	(마) HCFC BLEND A	
최대충전밀도(kg/m^3)	1,265	1,201.4	1,153.3	1,153.3	1,281.4	900.2	900.2
21℃ 충전압력(kPa)	303*	1,034*	2,482*	4,137*	2,482*	4,137*	2,482*
최소사용 설계압력(kPa)	2,868	1,379	2,868	5,654	2,482	4,689	2,979

(사) 항목 \ (바) 소화약제	(아) HFC-23						(자) HCFC-124	
최대충전밀도(kg/m^3)	865	768.9	720.8	640.7	560.6	480.6	1,185.4	1,185.4
21℃ 충전압력(kPa)	4,198**	4,198**	4,198**	4,198**	4,198**	4,198**	1,655*	2,482*
최소사용 설계압력(kPa)	12,038	9,453	8,605	7,626	6,943	6,392	1,951	3,199

(카) 항목 \ (차) 소화약제	(타) HFC-125		(파) HFC-236fa			(하) FK-5-1-12					
최대충전밀도(kg/m^3)	865	897	1,185.4	1,201.4	1,185.4	1,441.7	1,441.7	1,441.7	1,201	1,441.7	1,121
21℃ 충전압력(kPa)	2,482*	4,137*	1,655*	2,482*	4,137*	1,034*	1,344*	2,482*	3,447*	4,206*	6,000*
최소사용 설계압력(kPa)	3,392	5,764	1,931	3,310	6,068	1,034	1,344	2,482	3,447	4,206	6,000

비고: 1. "*" 표시는 질소로 축압한 경우를 표시한다.
2. "**" 표시는 질소로 축압하지 않은 경우를 표시한다.
3. 소화약제 방출을 위해 별도의 용기로 질소를 공급하는 경우 배관의 최소사용설계압력은 충전된 질소 압력에 따른다. 다만 다음 각 목에 해당하는 경우에는 조정된 질소의 공급압력을 최소사용 설계압력으로 적용할 수 있다.
   가. 질소의 공급압력을 조정하기 위해 감압장치를 설치할 것
   나. 폐쇄할 우려가 있는 배관 구간에는 배관의 최대허용압력 이하에서 작동하는 안전장치를 설치할 것

2.3.2.1 관련 표 2.3.2.1(2) 〈개정 2023.8.9.〉

[표 2.3.2.1(2)] 불활성기체소화약제 저장용기의 충전밀도·충전압력 및 배관의 최소사용설계압력

(거)소화약제 (너)항목		(더) IG-01 `25설`			(러) IG-541			(머) IG-55			(버) IG-100		
21℃ 충전압력(kPa)		16,341	20,436	31,097	14,997	19,996	31,125	15,320	20,423	30,634	16,575	22,312	28,000
최소사용설계압력(kPa)	1차측	16,341	20,436	31,097	14,997	19,996	31,125	15,320	20,423	30,634	16,575	22,312	28,000
	2차측	"비고2" 참조											

비고: 1. 1차 측과 2차 측은 감압장치를 기준으로 한다.
   2. 2차 측 최소사용설계압력은 제조사의 설계프로그램에 의한 압력 값에 따른다.
   3. 저장용기에 소화약제가 21℃ 충전압력보다 낮은 압력으로 충전되어 있는 경우에는 실제 저장용기에 충전되어 있는 압력 값을 1차 측 최소사용설계압력으로 적용할 수 있다.

13

분말소화설비의 화재안전기술(성능)기준 (NFT(P)C 108)

세부 목차

[분말소화약제의 종류]
1.7 용어의 정의
2.1 저장용기
2.2 가압용 가스용기
2.3 소화약제
2.4 기동장치
2.5 제어반 등

2.6 배관 설치기준
2.7 선택밸브
2.8 분사헤드
2.9 자동식기동장치의 화재감지기
2.10 음향경보장치
2.11 자동폐쇄장치
2.12 비상전원

13. 분말소화설비의 화재안전기술(성능)기준(NFT(P)C 108)

[분말소화약제의 종류]

종별	소화약제(주성분)	약제색	적응화재
제1종	탄산수소나트륨($NaHCO_3$)	백색	BC급
제2종	탄산수소칼륨($KHCO_3$)	담자색(담회색)	BC급
제3종	제1인산암모늄($NH_4H_2PO_4$)	담홍색	ABC급
제4종	탄산수소칼륨과 요소가 화합된 분말($KC_2N_2H_3O_3$)	회(백)색	BC급

1.7 용어의 정의

1.7.1 이 기준에서 사용하는 용어의 정의는 다음과 같다.

🚩 충전비

$$충전비 = \frac{저장용기 내용적(l)}{약제의 중량(kg)}$$

1.7.1.4) "충전비"란 소화약제 저장용기의 내부 용적과 소화약제의 중량과의 비(용적/중량)를 말한다.

1.7.1.5) "집합관"이란 개별 소화약제(가압용 가스 포함) 저장용기의 방출관이 접속되어 있는 관을 말한다.

1.7.1.8) "방화문"이란 「건축법 시행령」 제64조의 규정에 따른 60분+ 방화문, 60분 방화문 또는 30분 방화문을 말한다.

1.7.1.12) "제1종 분말"이란 탄산수소나트륨을 주성분으로 한 분말소화약제를 말한다.

1.7.1.13) "제2종 분말"이란 탄산수소칼륨을 주성분으로 한 분말소화약제를 말한다.

1.7.1.14) "제3종 분말"이란 인산염을 주성분으로 한 분말소화약제를 말한다.

1.7.1.15) "제4종 분말"이란 탄산수소칼륨과 요소가 화합된 분말소화약제를 말한다.

2.1 저장용기

2.1.1 분말소화약제 저장용기의 설치장소

2.1.1.1) **방**호구역 외의 장소에 설치할 것. 다만 방호구역 내에 설치할 경우에는 피난 및 조작이 용이하도록 피난구 부근에 설치해야 한다.

2.1.1.2) **온**도가 40℃ 이하이고, 온도 변화가 작은 곳에 설치할 것

2.1.1.3) **직**사광선 및 빗물이 침투할 우려가 없는 곳에 설치할 것

2.1.1.4) **방**화문으로 방화구획된 실에 설치할 것

2.1.1.5) 용기의 설치장소에는 해당 용기가 설치된 곳임을 표시하는 **표**지를 할 것

2.1.1.6) 용기 간의 간격은 점검에 지장이 없도록 **3**cm 이상의 간격을 유지할 것

2.1.1.7) 저장용기와 집합관을 연결하는 연결배관에는 **체**크밸브를 설치할 것. 다만 저장용기가 하나의 방호구역만을 담당하는 경우에는 그렇지 않다.

2.1.2 분말소화약제 저장용기의 설치기준

2.1.2.1) 저장용기의 내용적은 다음 [표 2.1.2.1]에 따를 것

[표 2.1.2.1] 소화약제 종류에 따른 저장용기의 내용적

소화약제의 종별	소화약제 1kg당 저장용기 내용적
제1종 분말	0.8 ℓ
제2종 분말	1 ℓ
제3종 분말	1 ℓ
제4종 분말	1.25 ℓ

2.1.2.2) 저장용기에는 가압식은 최고사용압력의 **1.8**배 이하, 축압식은 용기의 내압시험압력의 **0.8**배 이하의 압력에서 작동하는 **안**전밸브를 설치할 것

2.1.2.3) 저장용기에는 저장용기의 내부압력이 설정압력으로 되었을 때 주밸브를 개방하는 **정**압작동장치를 설치할 것

2.1.2.4) 저장용기의 충전**비**는 **0.8** 이상으로 할 것

2.1.2.5) 저장용기 및 배관에는 잔류 소화약제를 처리할 수 있는 **청**소장치를 설치할 것

2.1.2.6) 축압식 저장용기에는 사용압력 범위를 표시한 **지시** 압력계를 설치할 것

🛎 저장용기의 설치장소
 = CO_2의 설치장소

그림과 위치를 기억한다.

암기 방온 직방용 3체

🛎 저장용기의 설치기준

〈키워드〉
1. 0.8 1 1.25
2. 안전밸브 1.8 0.8
3. 정압작동장치
4. 충전비 0.8
5. 청소장치
6. 지시압력계

암기

저장용기 청소는 영팔이에게……
1. 영.팔 일하러 일이오시오
2. 안전하게 일.빨리하는 영.팔불러
3. "정시에
4. 영팔에게 비를 주고
5. 청소
6. 지시할 것"

🛎 안전밸브

가압식	최사압 1.8배 이하
축압식	용기 내시압 0.8배 이하

🧯 가압용 가스용기

🧯 가압용가스, 축압용가스

암기 가사2배 축일2배

가압용 가스	질소: 40ℓ/kg
	CO_2: 20g/kg+배관 청소 양
축압용 가스	질소: 10ℓ/kg
	CO_2: 20g/kg+배관 청소 양

↑ 별도용기

🧯 차고 또는 주차장: 제3종분말

2.2 가압용 가스용기

2.2.1 분말소화약제의 가스용기는 분말소화약제의 저장용기에 <u>접속</u>하여 설치해야 한다.

2.2.2 분말소화약제의 가압용가스 용기를 <u>3병</u> 이상 설치한 경우에는 <u>2개</u> 이상의 용기에 전자개방밸브를 부착해야 한다.

2.2.3 분말소화약제의 가압용가스 용기에는 <u>2.5</u>MPa 이하의 압력에서 조정이 가능한 <u>압력조정기</u>를 설치해야 한다.

2.2.4 가압용가스 또는 축압용가스는 다음의 기준에 따라 설치해야 한다.

2.2.4.1) 가압용가스 또는 축압용가스는 질소가스 또는 이산화탄소로 할 것

2.2.4.2) <u>가압용가스</u>에 질소가스를 사용하는 것의 질소가스는 소화약제 1kg마다 <u>40</u>L(35℃에서 1기압의 압력상태로 환산한 것) 이상, 이산화탄소를 사용하는 것의 이산화탄소는 소화약제 1kg에 대하여 <u>20</u>g에 <u>배</u>관의 청소에 필요한 양을 가산한 양 이상으로 할 것

2.2.4.3) <u>축압용가스</u>에 질소가스를 사용하는 것의 질소가스는 소화약제 1kg에 대하여 <u>10</u>L(35℃에서 1기압의 압력상태로 환산한 것) 이상, 이산화탄소를 사용하는 것의 이산화탄소는 소화약제 1kg에 대하여 <u>20</u>g에 <u>배</u>관의 청소에 필요한 양을 가산한 양 이상으로 할 것

2.2.4.4) 저장용기 및 배관의 청소에 필요한 양의 가스는 <u>별도</u>의 용기에 저장할 것

2.3 소화약제

2.3.1 소화약제의 종류

분말소화설비에 사용하는 소화약제는 제1종분말·제2종분말·제3종분말 또는 제4종분말로 해야 한다. 다만 <u>차고 또는 주차장</u>에 설치하는 분말소화설비의 소화약제는 <u>제3종분말</u>로 해야 한다.

2.3.2 분말소화약제의 저장량

분말소화약제의 저장량은 다음의 기준에 따라야 한다. 이 경우 동일한 특정소방대상물 또는 그 부분에 2 이상의 방호구역 또는 방호대상물이 있는 경우에는 각 방호구역 또는 방호대상물에 대하여 다음 각 기준에 따라 산출한 저장량 중 최대의 것으로 할 수 있다.

2.3.2.1) 전역방출방식은 다음의 기준에 따라 산출한 양 이상으로 할 것

2.3.2.1.1. 방호구역의 체적 1m³에 대하여 다음 [표 2.3.2.1.1]에 따른 양

[표 2.3.2.1.1] 소화약제 종류에 따른 소화약제의 양

소화약제의 종별	체적 1m³에 대한 소화약제량
제1종 분말	0.60kg
제2종, 제3종 분말	0.36kg
제4종 분말	0.24kg

2.3.2.1.2. 방호구역의 개구부에 자동폐쇄장치를 설치하지 아니한 경우에는 2.3.2.1.1에 따라 산출한 양에 다음 [표 2.3.2.1.2]에 따라 산출한 양을 가산한 양

[표 2.3.2.1.2] 소화약제 종류에 따른 개구부 가산량

소화약제의 종별	개구부의 면적 1m²에 대한 소화약제량
제1종 분말	4.5kg
제2종, 제3종 분말	2.7kg
제4종 분말	1.8kg

2.3.2.2) 국소방출방식은 다음의 식 (2.3.2.2)에 따라 산출한 양에 1.1을 곱하여 얻은 양 이상으로 할 것

$$Q = X - Y\left(\frac{a}{A}\right) \quad \cdots (2.3.2.2)$$

Q: 방호공간(방호대상물의 각 부분으로부터 0.6m의 거리에 따라 둘러싸인 공간을 말한다. 이하 같다) 1m³에 대한 분말소화약제의 양[kg/m³]
a: 방호대상물 주위에 설치된 벽면적의 합계[m²]
A: 방호공간의 벽면적(벽이 없는 경우에는 벽이 있는 것으로 가정한 당해 부분의 면적)의 합계[m²]
X 및 Y: 다음표의 수치

🛆 **전역방출방식**

| 약제량(kg) = (V×α) + (A×β) |

V: 방호구역체적[m³]
α: 체적계수[kg/m³]
A: 개구부면적[m²]
β: 면적계수[kg/m²]

🛆 **체적계수α, 면적계수β**

구분	α	β
제1종	0.6 (초밥)	4.5 (라면)
제2종 제3종	0.36 (침대방)	2.7 (냄새)
제4종	0.24 (초능력)	1.8 (게임)

암기

1식집에서 <u>초밥, 라면</u>을 배달주문해서 먹으려는데,
<u>침</u>대방에 <u>냄새</u>가 배일까 봐 방 3개의 문을 닫았다.
친구 4명이 <u>초능력 게임</u>을 하고 놀았다.

🧯 국소방출방식의 소화약제량

$$V \times \left[X - Y \left(\frac{a}{A} \right) \right] \times 1.1$$
오이삵구 삵이이사

🧯 호스릴 노즐당 소화약제량

```
1종 + 50  (= 6)
2,3종 + 30  (= 6)
4종 + 20  (= 6)
```

🧯 수동식 기동장치

암기 전해 8표 전음

소화약제의 종류	X의 수치	Y의 수치
제1종 분말	5.2	3.9
제2종, 제3종 분말	3.2	2.4
제4종 분말	2.0	1.5

2.3.2.3) 호스릴방식의 분말소화설비는 하나의 노즐에 대하여 다음 표[표 2.3.2.3]에 따른 양 이상으로 할 것

[표 2.3.2.3] 호스릴분말소화설비의 소화약제 종류에 따른 소화약제의 양

소화약제의 종류	소화약제의 양
제1종 분말	50kg
제2종, 제3종 분말	30kg
제4종 분말	20kg

2.4 기동장치

2.4.1 수동식 기동장치의 설치기준

분말소화설비의 수동식 기동장치는 다음의 기준에 따라 설치해야 한다. 이 경우 수동식 기동장치의 부근에는 소화약제의 방출을 지연시킬 수 있는 방출지연스위치(자동복귀형 스위치로서 수동식 기동장치의 타이머를 순간 정지시키는 기능의 스위치를 말한다)를 설치해야 한다.

2.4.1.1) 전역방출방식은 방호구역마다, 국소방출방식은 방호대상물**마**다 설치할 것

2.4.1.2) **해**당 방호구역의 출입구 부근 등 조작을 하는 자가 쉽게 피난할 수 있는 장소에 설치할 것

2.4.1.3) 기동장치의 **조**작부는 바닥으로부터 0.8m 이상 1.5m 이하의 위치에 설치하고, 보호판 등에 따른 보호장치를 설치할 것

2.4.1.4) 기동장치 인근의 보기 쉬운 곳에 "분말소화설비 수동식 기동장치"라는 **표**지를 할 것

2.4.1.5) **전**기를 사용하는 기동장치에는 전원**표**시등을 설치할 것

2.4.1.6) 기동장치의 방출용스위치는 **음**향경보장치와 연동하여 조작될 수 있는 것으로 할 것

2.4.2 자동식 기동장치의 설치기준 17점

분말소화설비의 자동식 기동장치는 자동화재탐지설비의 감지기의 작동과 연동하는 것으로서 다음의 기준에 따라 설치해야 한다.

2.4.2.1) 자동식 기동장치에는 수동으로도 기동할 수 있는 구조로 할 것

2.4.2.2) 전기식 기동장치로서 7병 이상의 저장용기를 동시에 개방하는 설비는 2병 이상의 저장용기에 전자 개방밸브를 부착할 것

2.4.2.3) 가스압력식 기동장치는 다음의 기준에 따를 것

   2.4.2.3.1. 기동용가스용기 및 해당 용기에 사용하는 밸브는 25MPa 이상의 압력에 견딜 수 있는 것으로 할 것

   2.4.2.3.2. 기동용가스용기에는 내압시험압력의 0.8배부터 내압시험압력 이하에서 작동하는 안전장치를 설치할 것

   2.4.2.3.3. 기동용가스용기의 체적은 5L 이상으로 하고, 해당 용기에 저장하는 질소 등의 비활성기체는 6.0MPa 이상(21℃ 기준)의 압력으로 충전할 것. 다만 기동용가스용기의 체적을 1L 이상으로 하고, 해당 용기에 저장하는 이산화탄소의 양은 0.6kg 이상으로 하며, 충전비는 1.5 이상 1.9 이하의 기동용가스용기로 할 수 있다.

2.4.2.4) 기계식 기동장치는 저장용기를 쉽게 개방할 수 있는 구조로 할 것

2.4.3 방출표시등

분말소화설비가 설치된 부분의 출입구 등의 보기 쉬운 곳에 소화약제의 방출을 표시하는 표시등을 설치해야 한다.

🚒 자동식 기동장치

암기 자,전,가,기

🚒 전기식 기동장치

암기 72: 칠이 칠해진 것

🚒 가스압력식 기동장치

암기 기해25 내0.8 5L6질 1,0.6, 비59 질거꺼
(기회요! 내팔 오리육질 일류 비오구)

🚒 방출표시등

보시오

🔔 제어반

암기 수화신호 음방지제 전등

🔔 화재표시반
암기 각, 방, 자, 수

🔔 3), 4)
암기 화재점장, 해취

🔔 분말 배관 설치기준
암기 분이랑 뱃놀이

1) 전용 배를 타고
2) 강사 아연이랑 코스닥 배탄35회 공치는날 동강에서 내내 놀았는데 연락을 받고 단축 이웃사이길로 왔다 압력수(스케줄)사(4) 때문이었다.
3) 동기인 고씨와 최씨를 잃어(1.5)버렸다는 신고였는데 사실은 살인사건으로 4) 뱉표한 5) 동강내에
6) 확분배한 사건이었다

2.5 제어반 등

2.5.1 분말소화설비의 제어반 및 화재표시반의 설치기준

분말소화설비의 제어반 및 화재표시반은 다음의 기준에 따라 설치해야 한다. 다만 자동화재탐지설비의 수신기 제어반이 화재표시반의 기능을 가지고 있는 것은 화재표시반을 설치하지 않을 수 있다.

2.5.1.1) 제어반은 **수동기동장치** 또는 **감지기**에서의 **신호**를 수신하여 음향경보장치의 작동, 소화약제의 **방출** 또는 **지연** 등 기타의 **제어**기능을 가진 것으로 하고, 제어반에는 **전원**표시등을 설치할 것

2.5.1.2) 화재표시반은 제어반에서의 신호를 수신하여 작동하는 기능을 가진 것으로 하되, 다음의 기준에 따라 설치할 것

2.5.1.2.1. **각** 방호구역마다 음향경보장치의 조작 및 감지기의 작동을 명시하는 표시등과 이와 연동하여 작동하는 벨·버저 등의 경보기를 설치할 것. 이 경우 음향경보장치의 조작 및 감지기의 작동을 명시하는 표시등을 겸용할 수 있다.

2.5.1.2.2. **수동**식 기동장치는 그 방출용스위치의 작동을 명시하는 표시등을 설치할 것

2.5.1.2.3. 소화약제의 **방출**을 명시하는 표시등을 설치할 것

2.5.1.2.4. **자**동식 기동장치는 자동·수동의 절환을 명시하는 표시등을 설치할 것

2.5.1.3) 제어반 및 화재표시반은 **화**재 및 침수 등의 **재**해로 인한 피해를 받을 우려가 없고 **점**검에 **편**리한 장소에 설치할 것

2.5.1.4) 제어반 및 화재표시반에는 **해**당 회로도 및 **취**급설명서를 비치할 것

2.6 배관 설치기준

2.6.1 분말소화설비의 배관 설치기준

2.6.1.1) 배관은 **전용**으로 할 것

2.6.1.2) **강**관을 **사**용하는 경우의 배관은 **아**연도금에 따른 **배**관용**탄**소강관(KS D 3507)이나 이와 동등 이상의 **강**도·**내**식성 및 내열성을 가진 것으로 할 것. **다만** 축

압식분말소화설비에 사용하는 것 중 20℃에서 압력이 2.5MPa 이상 4.2MPa 이하인 것은 압력배관용탄소강관(KS D 3562) 중 이음이 없는 스케줄 40 이상의 것 또는 이와 동등 이상의 강도를 가진 것으로서 아연도금으로 방식 처리된 것을 사용해야 한다.

2.6.1.3) 동관을 사용하는 경우의 배관은 고정압력 또는 최고사용압력의 1.5배 이상의 압력에 견딜 수 있는 것을 사용할 것

2.6.1.4) 밸브류는 개폐위치 또는 개폐방향을 표시한 것으로 할 것

2.6.1.5) 배관의 관부속 및 밸브류는 배관과 동등 이상의 강도 및 내식성이 있는 것으로 할 것

2.6.1.6) 확관형 분기배관을 사용할 경우에는 소방청장이 정하여 고시한 「분기배관의 성능인증 및 제품검사의 기술기준」에 적합한 것으로 설치할 것

2.7 선택밸브

2.7.1 하나의 특정소방대상물 또는 그 부분에 2 이상의 방호구역 또는 방호대상물이 있어 소화약제 저장용기를 공용하는 경우에는 다음의 기준에 따라 선택밸브를 설치해야 한다.

2.7.1.1) 방호구역 또는 방호대상물마다 설치할 것

2.7.1.2) 각 선택밸브에는 해당 방호구역 또는 방호대상물을 표시할 것

2.8 분사헤드

2.8.1 전역방출방식의 분말소화설비의 분사헤드 설치기준

2.8.1.1) 방출된 소화약제가 방호구역의 전역에 균일하고 신속하게 확산할 수 있도록 할 것

2.8.1.2) 2.3.2.1에 따른 소화약제 저장량을 30초 이내에 방출할 수 있는 것으로 할 것

2.8.2 국소방출방식의 분말소화설비의 분사헤드 설치기준

2.8.2.1) 소화약제의 방출에 따라 가연물이 비산하지 않는 장소에 설치할 것

2.8.2.2) 2.3.2.2에 따른 기준저장량의 소화약제를 30초 이내에 방출할 수 있는 것으로 할 것

강관
- 배관용탄소강관(KS D 3507)
- 축압식 20℃ 2.5 ~ 4.2MPa
 : 압력배관용탄소강관(KS D 3562) 중 이음이 없는 Sch 40 이상

동관
고정압력/최고사압 1.5배 견딜 것

확관형 분기배관

〈확관형 분기배관〉

※ 「분기배관의 성능인증 및 제품검사의 기술기준」에 적합한 것으로 설치하여야 한다.

비확관형 분기배관

〈비확관형 분기배관〉

※ 「분기배관의 성능인증 및 제품검사의 기술기준」을 적용하지 않는다.

선택밸브
암기 마표

마표를 선택하시오.

분사헤드
암기 전역 균3, 국소 비3

전역에 균이 상당해서 비상이 걸렸다.

호스릴의 설치장소

암기 현찰(차주용제)

지상1피부 수원15 전부다(주5) 1/5
[지상일 피부는 수원에서 잃어, 전부다
(주고) 잃어]

호스릴분말의 설치기준

암기

종별	저장량(kg)	1분당 방사량
제1종	50	45kg/min
제2종	30	27kg/min
제3종	30	27kg/min
제4종	20	18kg/min

호스릴 수평거리 비교

소화설비	수평거리
이산화탄소 분말 포호스릴	15m
할론	20m
포소화전 미분무 옥내호스릴 옥내소화전	25m

※ 미분무호스릴은 표시등 기준에 적색이 없다.

암기

이분포 싫어(15) 할인(2) 미리옴(25)

2.8.3 호스릴방식의 분말소화설비의 설치장소

화재 시 현저하게 연기가 찰 우려가 없는 장소로서 다음의 어느 하나에 해당하는 장소에는 호스릴방식의 분말소화설비를 설치할 수 있다. 다만 차고 또는 주차의 용도로 사용되는 장소는 제외한다.

2.8.3.1) 지상 1층 및 피난층에 있는 부분으로서 지상에서 수동 또는 원격조작에 따라 개방할 수 있는 개구부의 유효면적의 합계가 바닥면적의 15% 이상이 되는 부분

2.8.3.2) 전기설비가 설치되어 있는 부분 또는 다량의 화기를 사용하는 부분(해당 설비의 주위 5m 이내의 부분을 포함한다)의 바닥면적이 해당 설비가 설치되어 있는 구획의 바닥면적의 5분의 1 미만이 되는 부분

2.8.4 호스릴방식의 분말소화설비의 설치기준

2.8.4.1) 방호대상물의 각 부분으로부터 하나의 호스접결구까지의 수평거리가 15m 이하가 되도록 할 것

2.8.4.2) 소화약제 저장용기의 개방밸브는 호스릴의 설치장소에서 수동으로 개폐할 수 있는 것으로 할 것

2.8.4.3) 소화약제 저장용기는 호스릴을 설치하는 장소마다 설치할 것

2.8.4.4) 호스릴방식의 분말소화설비의 노즐은 하나의 노즐마다 1분당 다음 [표 2.8.4.4]에 따른 소화약제를 방출할 수 있는 것으로 할 것

[표 2.8.4.4] 호스릴방식의 분말소화설비의 소화약제 종별 1분당 방출하는 소화약제의 양

소화약제의 종별	1분당 방출하는 소화약제의 양
제1종 분말	45kg/min
제2종, 제3종 분말	27kg/min
제4종 분말	18kg/min

2.8.4.5) 소화약제 저장용기의 가장 가까운 곳의 보기 쉬운 곳에 적색의 표시등을 설치하고, 호스릴방식의 분말소화설비가 있다는 뜻을 표시한 표지를 할 것

2.9 자동식기동장치의 화재감지기

2.9.1 분말소화설비의 자동식 기동장치는 다음의 기준에 따른 화재감지기를 설치해야 한다.

2.9.1.1) 각 방호구역 내의 화재감지기의 감지에 따라 작동되도록 할 것

2.9.1.2) 화재감지기의 회로는 교차회로방식으로 설치할 것. 다만 화재감지기를 「자동화재탐지설비 및 시각경보장치의 화재안전기술기준(NFTC 203)」 2.4.1 단서의 각 감지기로 설치하는 경우에는 그렇지 않다.

2.9.1.3) 교차회로 내의 각 화재감지기회로별로 설치된 화재감지기 1개가 담당하는 바닥면적은 「자동화재탐지설비 및 시각경보장치의 화재안전기술기준(NFTC 203)」 2.4.3.5, 2.4.3.8부터 2.4.3.10까지의 규정에 따른 바닥면적으로 할 것

※ 자동식기동장치 화재감지기
암기 감지기는 각방 교단 바닥에

2.10 음향경보장치

2.10.1 음향경보장치의 설치기준

2.10.1.1) 수동식 기동장치를 설치한 것은 그 기동장치의 조작과정에서, 자동식 기동장치를 설치한 것은 화재감지기와 연동하여 자동으로 경보를 발하는 것으로 할 것

2.10.1.2) 소화약제의 방출 개시 후 1분 이상 경보를 계속할 수 있는 것으로 할 것

2.10.1.3) 방호구역 또는 방호대상물이 있는 구획 안에 있는 자에게 유효하게 경보할 수 있는 것으로 할 것

※ 음향경보장치
암기 수소방,
수조자화, 소개 1분경계, 방방구자유

2.10.2 방송에 따른 경보장치의 설치기준

2.10.2.1) 증폭기 재생장치는 화재 시 연소의 우려가 없고, 유지관리가 쉬운 장소에 설치할 것

2.10.2.2) 방호구역 또는 방호대상물이 있는 구획의 각 부분으로부터 하나의 확성기까지의 수평거리는 25m 이하가 되도록 할 것

2.10.2.3) 제어반의 복구스위치를 조작하여도 경보를 계속 발할 수 있는 것으로 할 것

※ 방송
암기 증폭재 방24 제복경계
"제복경계 중인 건 증폭제가 있는 방이오니 주의 바랍니다." 라고 방송이 나온다.

2.11 자동폐쇄장치

2.11.1 전역방출방식의 분말소화설비를 설치한 특정소방대상물 또는 그 부분에 대하여는 다음의 기준에 따라 자동폐쇄장치를 설치해야 한다.

※ 자동폐쇄장치
암기

2.11.1.1) 환기장치 등을 설치한 것은 소화약제가 방출되기 전에 해당 환기장치 등이 정지될 수 있도록 할 것

2.11.1.2) 개구부가 있거나 천장으로부터 1m 이상의 아랫부분 또는 바닥으로부터 해당 층의 높이의 3분의 2 이내의 부분에 통기구가 있어 소화약제의 유출에 따라 소화효과를 감소시킬 우려가 있는 것은 소화약제가 방출되기 전에 해당 개구부 및 통기구를 폐쇄할 수 있도록 할 것

2.11.1.3) 자동폐쇄장치는 방호구역 또는 방호대상물이 있는 구획의 밖에서 복구할 수 있는 구조로 하고, 그 위치를 표시하는 표지를 할 것

2.12 비상전원

2.12.1 분말소화설비에는 자가발전설비, 축전지설비(제어반에 내장하는 경우를 포함한다. 이하 같다) 또는 전기저장장치(외부 전기에너지를 저장해 두었다가 필요한 때 전기를 공급하는 장치. 이하 같다)에 따른 비상전원을 다음의 기준에 따라 설치해야 한다. 다만 2 이상의 변전소에서 전력을 동시에 공급받을 수 있거나 하나의 변전소로부터 전력의 공급이 중단되는 때에는 자동으로 다른 변전소로부터 전력을 공급받을 수 있도록 상용전원을 설치한 경우에는 비상전원을 설치하지 않을 수 있다.

🔥 비상전원
암기 축발전 이자제외

🔥 비상전원의 설치기준
암기 점2 자동 방구실

2.12.1.1) 점검에 편리하고 화재 및 침수 등의 재해로 인한 피해를 받을 우려가 없는 곳에 설치할 것

2.12.1.2) 분말소화설비를 유효하게 20분 이상 작동할 수 있어야 할 것

2.12.1.3) 상용전원으로부터 전력의 공급이 중단된 때에는 자동으로 비상전원으로부터 전력을 공급받을 수 있도록 할 것

2.12.1.4) 비상전원의 설치장소는 다른 장소와 방화구획할 것. 이 경우 그 장소에는 비상전원의 공급에 필요한 기구나 설비 외의 것(열병합발전설비에 필요한 기구나 설비는 제외한다)을 두어서는 아니 된다.

2.12.1.5) 비상전원을 실내에 설치하는 때에는 그 실내에 비상조명등을 설치할 것

14

고체에어로졸소화설비의 화재안전기술(성능)기준 (NFT(P)C 110)

세부 목차

1.7 용어의 정의
2.1 일반조건
2.2 설치 제외
2.3 고체에어로졸 발생기
2.4 고체에어로졸화합물의 양
2.5 기동
2.6 제어반 등
2.7 음향장치
2.8 화재감지기
2.9 방호구역의 자동폐쇄
2.10 비상전원
2.11 배선 등
2.12 과압배출구

14 고체에어로졸소화설비의 화재안전기술(성능)기준(NFT(P)C 110)

🚒 **고체에어로졸발생기**

— 커넥터
— 고체에어로졸 화합물
— 옥시겐 플레이스
— 냉각제

🚒 **고체에어로졸**

암기 고체(10)

🚒 **설계밀도**

설계밀도 = 소화밀도 × 1.3

1.7 용어의 정의

1.7.1 이 기준에서 사용하는 용어의 정의는 다음과 같다.

1.7.1.1) "고체에어로졸소화설비"란 설계밀도 이상의 고체에어로졸을 방호구역 전체에 균일하게 방출하는 설비로서 분산(Dispersed)방식이 아닌 압축(Condensed)방식을 말한다.

1.7.1.2) "고체에어로졸화합물"이란 과산화물질, 가연성물질 등의 혼합물로서 화재를 소화하는 비전도성의 미세입자인 에어로졸을 만드는 고체화합물을 말한다.

1.7.1.3) "고체에어로졸"이란 고체에어로졸화합물의 연소과정에 의해 생성된 직경 10㎛ 이하의 고체 입자와 기체 상태의 물질로 구성된 혼합물을 말한다.

1.7.1.4) "고체에어로졸발생기"란 고체에어로졸화합물, 냉각장치, 작동장치, 방출구, 저장용기로 구성되어 에어로졸을 발생시키는 장치를 말한다.

1.7.1.5) "소화밀도"란 방호공간 내 규정된 시험조건의 화재를 소화하는 데 필요한 단위체적(m^3)당 고체에어로졸화합물의 질량(g)을 말한다.

1.7.1.6) "안전계수"란 설계밀도를 결정하기 위한 안전율을 말하며 1.3으로 한다.

1.7.1.7) "설계밀도"란 소화설계를 위하여 필요한 것으로 소화밀도에 안전계수를 곱하여 얻어지는 값을 말한다.

1.7.1.8) "상주장소"란 일반적으로 사람들이 거주하는 장소 또는 공간을 말한다.

1.7.1.9) "비상주장소"란 짧은 기간 동안 간헐적으로 사람들이 출입할 수는 있으나 일반적으로 사람들이 거주하지 않는 장소 또는 공간을 말한다.

1.7.1.10) "방호체적"이란 벽 등의 건물 구조 요소들로 구획된 방호구역의 체적에서 기둥 등 고정적인 구조물의 체적을 제외한 체적을 말한다.

1.7.1.11) "열 안전이격거리"란 고체에어로졸 방출 시 발생하는 온도에 영향을 받을 수 있는 모든 구조·구성요소와 고체에어로졸발생기 사이에 안전 확보를 위해 필요한 이격거리를 말한다.

2.1 일반조건

2.1.1 이 기준에 따라 설치되는 고체에어로졸소화설비는 다음의 기준을 충족해야 한다.

2.1.1.1) 고체에어로졸은 <u>전</u>기 전도성이 없을 것

2.1.1.2) 약제 방출 후 해당 화재의 재발화 방지를 위하여 최소 <u>10</u>분간 소화밀도를 유지할 것

2.1.1.3) 고체에어로졸소화설비에 사용되는 <u>주</u>요 구성품은 소방청장이 정하여 고시한 「고체에어로졸자동소화장치의 <u>형</u>식승인 및 제품검사의 기술기준」에 적합한 것일 것

2.1.1.4) 고체에어로졸소화설비는 <u>비</u>상주장소에 한하여 설치할 것. 다만 고체에어로졸소화설비 약제의 성분이 인체에 무해함을 국내·외 국가 공인시험기관에서 인증 받고, 과학적으로 입증된 최대허용설계밀도를 초과하지 않는 양으로 설계하는 경우 상주장소에 설치할 수 있다.※

2.1.1.5) 고체에어로졸소화설비의 소화성능이 발휘될 수 있도록 방호구역 내부의 <u>밀</u>폐성을 확보할 것

2.1.1.6) 방호구역 출입구 인근에 고체에어로졸 방출 시 주의사항에 관한 내용의 <u>표</u>지를 설치할 것

2.1.1.7) 이 기준에서 규정하지 않은 사항은 형식승인 받은 제조업체의 설계 <u>매</u>뉴얼에 따를 것

🧯 일반조건

암기 전십주 비밀 매표

전신주 옆 비밀매표소를 주의하세요.

※(2.1)의 성능기준에는 밑줄 친 내용이 없다.

2.2 설치 제외

2.2.1 고체에어로졸소화설비는 다음의 물질을 포함한 화재 또는 장소에는 사용할 수 없다. 다만 그 사용에 대한 국가 공인시험기관의 인증이 있는 경우에는 그렇지 않다.

2.2.1.1) 니트로셀룰로오스, 화약 등의 산화성 물질

2.2.1.2) 리튬, 나트륨, 칼륨, 마그네슘, 티타늄, 지르코늄, 우라늄 및 플루토늄과 같은 자기반응성 금속

2.2.1.3) 금속 수소화물

2.2.1.4) 유기 과산화수소, 히드라진 등 자동 열분해를 하는 화학물질

2.2.1.5) 가연성 증기 또는 분진 등 폭발성 물질이 대기에 존재할 가능성이 있는 장소

2.3 고체에어로졸 발생기

2.3.1 고체에어로졸발생기는 다음의 기준에 따라 설치한다.

2.3.1.1) 밀폐성이 보장된 방호구역 내에 설치하거나, 밀폐성능을 인정할 수 있는 별도의 조치를 취할 것

2.3.1.2) 천장이나 벽면 상부에 설치하되 고체에어로졸 화합물이 균일하게 방출되도록 설치할 것

2.3.1.3) 직사광선 및 빗물이 침투할 우려가 없는 곳에 설치할 것

2.3.1.4)* 고체에어로졸발생기는 다음 각 기준의 최소 열 안전 이격거리를 준수하여 설치할 것

    2.3.1.4.1. 인체와의 최소 이격거리는 고체에어로졸 방출 시 75℃를 초과하는 온도가 인체에 영향을 미치지 않는 거리

    2.3.1.4.2. 가연물과의 최소 이격거리는 고체에어로졸 방출 시 200℃를 초과하는 온도가 가연물에 영향을 미치지 않는 거리

2.3.1.5) 하나의 방호구역에는 동일 제품군 및 동일한 크기의 고체에어로졸발생기를 설치할 것

2.3.1.6) 방호구역의 높이는 형식승인 받은 고체에어로졸발생기의 최대 설치높이 이하로 할 것

🧯 **설치 제외 화재 또는 장소**

암기 금니가 유리

(이미지 암기법)

화, 금요일에만 자유로운 가장
1.3. 산에 화약을 설치하고
    니트실로 묶어 폭파했더니
    금수소가 나왔다.

2. 리본달린 소금을 가져와서
   마늘을 칼로 썰어 요리를 하는
   지우개티셔츠를 입은 우리 자기님

4.5. 유과에 히트를 가하면
     자동열분해가 되어 폭발

🧯 **고체에어로졸 발생기의 설치기준**

암기 밀상직 열하형

열 안전이격거리:
인체는 치료(75)가 될 수 있는 온도
가연물은 이(2)격이 중요

※(2.3)의 성능기준은 (2.3.1.4)만 다음과 같이 다르다.
4. 고체에어로졸발생기는 인체 또는 가연물과의 최소 열 안전이격거리를 준수하여 설치할 것

2.4 고체에어로졸화합물의 양

2.4.1 방호구역 내 소화를 위한 고체에어로졸화합물의 최소 질량은 다음의 식 (2.4.1)에 따라 산출한 양 이상으로 산정해야 한다.

$$m = d \times V \quad \cdots (2.4.1)$$

m = 필소화약제량[g]
d: 설계밀도[g/m^3] = 소화밀도[g/m^3]×1.3[안전계수]
소화밀도: 형식승인 받은 제조사의 설계매뉴얼에 제시된 소화밀도
V = 방호체적 [m^3]

2.5 기동※

2.5.1 고체에어로졸소화설비의 작동

고체에어로졸소화설비는 화재감지기 및 수동식 기동장치의 작동과 연동하여 기계적 또는 전기적 방식으로 작동해야 한다.

2.5.2 방출시간

고체에어로졸소화설비의 기동 시에는 <u>1분</u> 이내에 고체에어로졸 <u>설계밀도의 95% 이상</u>을 방호구역에 균일하게 방출해야 한다.

2.5.3 고체에어로졸소화설비의 수동식 기동장치 설치기준

2.5.3.1) <u>제</u>어반마다 설치할 것
2.5.3.2) 방호구역의 <u>출</u>입구마다 설치하되 출입구 인근에 사람이 쉽게 조작할 수 있는 위치에 설치할 것
2.5.3.3) 기동장치의 <u>조</u>작부는 바닥으로부터 0.8m 이상 1.5m 이하의 위치에 설치할 것
2.5.3.4) 기동장치의 조작부에 <u>보</u>호판 등의 보호장치를 부착할 것
2.5.3.5) 기동장치 인근의 보기 쉬운 곳에 "고체에어로졸소화설비 수동식 기동장치"라고 표시한 <u>표</u>지를 부착할 것
2.5.3.6) 전기를 사용하는 기동장치에는 <u>전</u>원표시등을 설치할 것
2.5.3.7) 방출용 스위치의 <u>작</u>동을 명시하는 표시등을 설치할 것
2.5.3.8) <u>50N</u> 이하의 힘으로 방출용 스위치를 기동할 수 있도록 할 것

※(2.5) 기동의 성능기준
제8조(기동)
① 고체에어로졸소화설비는 화재감지기 및 수동식 기동장치의 작동과 연동하여 기계적 또는 전기적 방식으로 작동해야 한다.
② 고체에어로졸소화설비 기동 시에는 1분 이내에 고체에어로졸 설계밀도의 95퍼센트 이상을 방호구역에 균일하게 방출해야 한다.
③ 고체에어로졸소화설비에는 수동식 기동장치를 제어반마다 설치하되, 조작, 피난 및 유지관리가 용이한 장소에 설치해야 한다.
④ 고체에어로졸의 방출을 지연시키기 위해 방출지연스위치를 설치해야 한다.

🧯 **수동기동장치의 설치기준**
암기 제출 8표 5 보전등

암기 기동하는 힘은
손가락 5개이므로 50N

🚒 **방출지연스위치**

암기 방출지연으로 수출음수

2.5.4 방출지연스위치

고체에어로졸의 방출을 지연시키기 위해 방출지연스위치를 다음의 기준에 따라 설치해야 한다.

2.5.4.1) 수동으로 작동하는 방식으로 설치하되 누르고 있는 동안만 지연되도록 할 것

2.5.4.2) 방호구역의 출입구마다 설치하되 피난이 용이한 출입구 인근에 사람이 쉽게 조작할 수 있는 위치에 설치할 것

2.5.4.3) 방출지연스위치 작동 시에는 음향경보를 발할 것

2.5.4.4) 방출지연스위치 작동 중 수동식 기동장치가 작동되면 수동식 기동장치의 기능이 우선될 것

2.6 제어반 등※

2.6.1 제어반의 설치기준

※(2.6) 제어반 등의 성능기준
제9조(제어반 등)
① 고체에어로졸소화설비의 제어반은 수동기동장치 또는 화재감지기에서의 신호를 수신하여 음향경보장치의 작동, 소화약제의 방출 또는 기타의 제어기능을 가진 것으로 하고, 제어반에는 전원표시등을 설치해야 한다.
② 고체에어로졸소화설비의 화재표시반은 제어반에서 신호를 수신할 경우 방호구역별 경보장치, 수동식 기동장치 및 화재감지기의 작동 등을 표시등으로 명시하도록 설치해야 한다.
③ 고체에어로졸소화설비가 설치된 구역의 출입구에는 고체에어로졸의 방출을 명시하는 표시등을 설치해야 한다.
④ 고체에어로졸소화설비의 오작동을 제어하기 위해 제어반 인근에 설비정지스위치를 설치해야 한다.

2.6.1.1) 전원표시등을 설치할 것

2.6.1.2) 화재, 진동 및 충격에 따른 영향과 부식의 우려가 없고 점검에 편리한 장소에 설치할 것

2.6.1.3) 제어반에는 해당 회로도 및 취급설명서를 비치할 것

2.6.1.4) 고체에어로졸소화설비의 작동방식(자동 또는 수동)을 선택할 수 있는 장치를 설치할 것

2.6.1.5) 수동식 기동장치 또는 화재감지기에서 신호를 수신할 경우 다음의 기능을 수행할 것

2.6.1.5.1. 음향경보장치의 작동

2.6.1.5.2. 고체에어로졸의 방출

2.6.1.5.3. 기타 제어기능 작동

🚒 **제어반의 기준**

암기 전화해 선수(음고기)

전화해! 선수
오늘의 음식은 고기야!

🚒 **화재표시반의 설치기준**

암기 전화해 표음제

전화해!
표시등 음향장치 제어반을
방별로 설치해 줄게

2.6.2 화재표시반의 설치기준

고체에어로졸소화설비의 화재표시반은 다음의 기준에 따라 설치해야 한다. 다만 자동화재탐지설비의 수신기의 제어반이 화재표시반의 기능을 가지고 있는 경우 화재표시반을 설치하지 않을 수 있다.

2.6.2.1) 전원표시등을 설치할 것

2.6.2.2) 화재, 진동 및 충격에 따른 영향 및 부식의 우려가 없고 점검에 편리한 장소에 설치할 것

2.6.2.3) 화재표시반에는 해당 회로도 및 취급설명서를 비치할 것

2.6.2.4) 고체에어로졸소화설비의 작동방식(자동 또는 수동)을 표시등으로 명시할 것
2.6.2.5) 고체에어로졸소화설비가 기동할 경우 음향장치를 통해 경보를 발할 것
2.6.2.6) 제어반에서 신호를 수신할 경우 방호구역별 경보장치의 작동, 수동식 기동장치의 작동 및 화재감지기의 작동 등을 표시등으로 명시할 것

2.6.3 방출표시등
고체에어로졸소화설비가 설치된 구역의 출입구에는 고체에어로졸의 방출을 명시하는 표시등을 설치해야 한다.

2.6.4 설비정지스위치
고체에어로졸소화설비의 오작동을 제어하기 위해 제어반 인근에 설비정지스위치를 설치해야 한다.

2.7 음향장치 설치기준

2.7.1.1) 화재감지기가 작동하거나 수동식 기동장치가 작동할 경우 음향장치가 작동할 것

2.7.1.2) 음향장치는 방호구역마다 설치하되 해당 구역의 각 부분으로부터 하나의 음향장치까지의 수평거리는 25m 이하가 되도록 할 것

2.7.1.3) 음향장치는 경종 또는 사이렌(전자식 사이렌을 포함한다)으로 하되, 주위의 소음 및 다른 용도의 경보와 구별이 가능한 음색으로 할 것. 이 경우 경종 또는 사이렌은 자동화재탐지설비·비상벨설비 또는 자동식 사이렌설비의 음향장치와 겸용할 수 있다.

2.7.1.4) 주 음향장치는 화재표시반의 내부 또는 그 직근에 설치할 것

2.7.1.5) 음향장치는 다음의 기준에 따른 구조 및 성능의 것으로 할 것
  2.7.1.5.1. 정격전압의 80% 전압에서 음향을 발할 수 있는 것으로 할 것
  2.7.1.5.2. 음량은 부착된 음향장치의 중심으로부터 1m 떨어진 위치에서 90dB 이상이 되는 것으로 할 것

2.7.1.6) 고체에어로졸의 방출 개시 후 1분 이상 경보를 계속 발할 것

🐟 음향장치

암기 화마수25, 경사, 주, 음향(1980), 1분
(술집광고에
"화가 막히면 술이요(25)
경사 때는 경사주
손님이 1분이면
신청곡을 음향으로 틀어드립니다.")

2.8 화재감지기※

2.8.1.1) 고체에어로졸소화설비에는 다음의 감지기 중 하나를 설치할 것

    2.8.1.1.1. **광전식 공기흡입형 감지기**

    2.8.1.1.2. **아날로그** 방식의 **광전식 스포트형** 감지기

    2.8.1.1.3. 중앙소방기술심의위원회의 심의를 통해 고체에어로졸소화설비에 **적응**성이 있다고 인정된 감지기

2.8.1.2) 화재감지기 1개가 담당하는 바닥면적은 「자동화재탐지설비 및 시각경보장치의 화재안전기술기준(NFTC 203)」의 2.4.3의 규정에 따른 바닥면적으로 할 것

🔔 감지기의 종류
암기 광공 아날로그광스 적응

(관공서 아날로그방식에 광수가 적응했다.)

※(2.8)의 성능기준
제11조(화재감지기) 고체에어로졸소화설비의 화재감지기는 광전식 공기흡입형 감지기, 아날로그 방식의 광전식 스포트형 감지기 또는 고체에어로졸소화설비에 적응성이 있다고 인정된 감지기를 설치해야 한다.

2.9 방호구역의 자동폐쇄장치

2.9.1 고체에어로졸소화설비의 방호구역은 고체에어로졸소화설비가 기동할 경우 다음의 기준에 따라 자동적으로 폐쇄되어야 한다.

2.9.1.1) 방호구역 내의 **개**구부와 **통**기구는 고체에어로졸이 방출되기 **전**에 폐쇄되도록 할 것

2.9.1.2) 방호구역 내의 **환**기장치는 고체에어로졸이 방출되기 전에 정지되도록 할 것

2.9.1.3) 자동폐쇄장치의 **복**구장치는 제어반 또는 그 직근에 설치하고, 해당 장치를 표시하는 표지를 부착할 것

🔔 방호구역의 자동폐쇄
암기 개통전 환 복

2.10 비상전원※

2.10.1 고체에어로졸소화설비에는 자가발전설비, 축전지설비(제어반에 내장하는 경우를 포함한다. 이하 같다)※ 또는 **전**기저장장치(외부 전기에너지를 저장해 두었다가 필요한 때 전기를 공급하는 장치. 이하 같다)※에 따른 비상전원을 다음의 기준에 따라 설치해야 한다. 다만 2 이상의 변전소(「전기사업법」 제67조에 따른 변전소를 말한다. 이하 같다)에서 전력을 동시에 공급받을 수 있거나 하나의 변전소로부터 전력의 공급이 중단되는 때에는 자동으로 다른 변전소로부터 전력을 공급받을 수 있도록 상용전원을 설치한 경우에는 비상전원을 설치하지 않을 수 있다.※

2.10.1.1) **점**검에 편리하고 화재 및 침수 등의 재해로 인한 피해를 받을 우려가 없는 곳에 설치할 것

🔔 비상전원의 종류
암기 축발전 이자 제외

2.10.1.2) 고체에어로졸소화설비에 최소 20분 이상 유효하게 전원을 공급할 것

2.10.1.3) 상용전원으로부터 전력의 공급이 중단된 때에는 자동으로 비상전원으로부터 전력을 공급받을 수 있도록 할 것

2.10.1.4) 비상전원의 설치장소는 다른 장소와 방화구획할 것(제어반에 내장하는 경우는 제외한다). 이 경우 그 장소에는 비상전원의 공급에 필요한 기구나 설비 외의 것(열병합발전설비에 필요한 기구나 설비는 제외한다)을 두어서는 아니 된다.※

2.10.1.5) 비상전원을 실내에 설치하는 때에는 그 실내에 비상조명등을 설치할 것

2.11 배선 등※

2.11.1 배선

고체에어로졸소화설비의 배선은 「전기사업법」 제67조에 따른 「전기설비기술기준」에서 정한 것 외에 다음의 기준에 따라 설치해야 한다.

2.11.1.1) 비상전원으로부터 제어반에 이르는 전원회로배선은 내화배선으로 할 것. 다만 자가발전설비와 제어반이 동일한 실에 설치된 경우에는 자가발전기로부터 그 제어반에 이르는 전원회로배선은 그렇지 않다.

2.11.1.2) 상용전원으로부터 제어반에 이르는 배선, 그 밖의 고체에어로졸소화설비의 감시회로·조작회로 또는 표시등회로의 배선은 내화배선 또는 내열배선으로 할 것. 다만 제어반 안의 감시회로·조작회로 또는 표시등회로의 배선은 그렇지 않다.

2.11.1.3) 화재감지기의 배선은 「자동화재탐지설비 및 시각경보장치의 화재안전기술기준(NFTC 203)」 2.8(배선)의 기준에 따른다.

2.11.2 전선의 종류 및 설치방법

2.11.1에 따른 내화배선 및 내열배선에 사용되는 전선의 종류 및 설치방법은 「옥내소화전설비의 화재안전기술기준(NFTC 102)」 2.7.2의 [표 2.7.2(1)] 및 [표 2.7.2(2)]의 기준에 따른다.

🐟 **비상전원의 설치기준**
암기 점2 자동 방구실

※ (2.10)의 성능기준에는 밑줄 친 부분의 내용이 없다.

※(2.11)의 성능기준
제14조(배선 등)
① 고체에어로졸소화설비의 배선은 「전기사업법」 제67조에 따른 「전기설비기술기준」에서 정한 것 외에 다음 각 호의 기준에 따라 설치해야 한다.
 1. 비상전원으로부터 제어반에 이르는 전원회로 배선은 내화배선으로 할 것
 2. 상용전원으로부터 제어반에 이르는 배선, 그 밖의 고체에어로졸소화설비의 감시·조작 또는 표시등 회로의 배선은 내화배선 또는 내열배선으로 할 것
 3. 화재감지기의 배선은 「자동화재탐지설비 및 시각경보장치의 화재안전성능기준(NFPC 203)」 제11조의 기준에 따른다.
② 제1항에 따른 내화배선 및 내열배선은 「옥내소화전설비의 화재안전성능기준(NFPC 102)」 제10조제2항에 따른다.
③ 고체에어로졸소화설비의 과전류차단기 및 개폐기에는 "고체에어로졸소화설비용"이라고 표시한 표지를 해야 한다.
④ 고체에어로졸소화설비용 전기배선의 양단 및 접속단자에는 식별이 용이하도록 표지 또는 표시를 해야 한다.

🐟 **NFTC203 2.8(배선)**
2.8.1.2 감지기 상호 간 또는 감지기로부터 수신기에 이르는 감지기회로
 1. 아날로그식, 다신호식 감지기나 R형수신기용으로 사용되는 것: 전자파 방해를 받지 아니하는 쉴드선 광케이블의 경우에는 전자파 방해를 받지 아니하고 내열성능이 있는 것이다. 다만 전자파 방해를 받지 아니하는 방식의 경우에는 그러하지 아니하다.
 2. 1.외의 일반배선
   내화배선 또는 내열배선

🔥 표지(= 옥내소화전 기준)

암기 과개 단표 양식

① 과전류차단기/개폐기 ② 단자 ③ 배선양단

🔥 과압배출구

2.11.3 과전류차단기 및 개폐기 표지

소화설비의 **과**전류차단기 및 **개**폐기에는 "고체에어로졸소화설비용"이라고 표시한 표지를 해야 한다.

2.11.4 전기배선의 양단 및 접속단자 표지

소화설비용 전기배선의 양단 및 접속단자에는 다음의 기준에 따른 표지 또는 표시를 해야 한다.

2.11.4.1) **단**자에는 "고체에어로졸소화설비단자"라고 표시한 **표**지를 부착할 것

2.11.4.2) 소화설비용 전기배선의 **양**단에는 다른 배선과 **식**별이 용이하도록 표시할 것

2.12 과압배출구

고체에어로졸소화설비가 설치된 방호구역에는 소화약제 방출 시 과압으로 인한 구조물 등의 손상을 방지하기 위하여 과압배출구를 설치해야 한다.

15

비상경보설비 및 단독경보형감지기의 화재안전기술(성능)기준 (NFT(P)C 201)

세부 목차

설치대상
1.7 용어의 정의
2.1 비상벨설비 또는 자동식사이렌 설비
2.2 단독경보형감지기

15 비상경보설비 및 단독경보형감지기의 화재안전기술(성능)기준 (NFT(P)C 201)

🚨 비상경보 설치대상

암기 비경 400 지무150 터널5 옥50

비경이 좋은 곳에 사(4)옥을 지어 모든 층에 집무실을 빼곡(150)히 넣고 뒤쪽(백back)에 공연장을 만들었다. 사옥을 오려면 500미터 터널을 지나 옥작업장을 지나 "어서 오십(50)시오"라는 표지를 따라가면 된다.
(구불 공창가의 동식이 제외)

🧯 단독경보형 설치대상

암기 교수합기 연2, 숙수100 4유연다

미국(미만) 배가 경로를 이탈하여 단독으로 표류하다 어떤 섬에 도착해서 승객들에게 임시숙소를 제공하는 장면
1.2. 교수(합기도교수)들은 합숙소와 기숙사로 연이어 갔다.
3. 그곳은 숙박하면서 수련을 수백 명이 할 수 있었다.
4. 그 섬은 사유지인데
5. 공동으로 사용하도록 연다.

※ 다목7)
다목:자동화재탐시설비 대상
7): 6)에 해당하지 않는 노유자 시설로서 연면적 400m² 이상인 노유자 시설 및 숙박시설이 있는 수련시설로서 수용인원 100명 이상인 경우에는 모든 층 따라서 "3) 수용인원 100명 미만의 수련시설(숙박시설이 있는 것만 해당)"

[설치대상] (소방시설법 시행령 별표4)

1 비상경보설비 설치대상

비상경보설비를 설치해야 하는 특정소방대상물(모래·석재 등 **불**연재료 공장 및 **창**고시설, 위험물 저장 및 처리 시설 중 **가**스시설, 사람이 거주하지 않거나 벽이 없는 축사 등 동물 및 식물 관련 시설 및 지하구는 제외한다)은 다음의 어느 하나에 해당하는 것으로 한다.

1) 연면적 400m² 이상인 것은 모든 층
2) 지하층 또는 무창층의 바닥면적이 150m²(공연장의 경우 100m²) 이상인 것은 모든 층
3) 터널로서 길이가 500m 이상인 것
4) 50명 이상의 근로자가 작업하는 옥내 작업장

2 단독경보형감지기 설치대상 〈11설, 19점〉

단독경보형 감지기를 설치해야 하는 특정소방대상물은 다음의 어느 하나에 해당하는 것으로 한다.
이 경우 5)의 **연**립주택 및 **다**세대주택에 설치하는 단독경보형 감지기는 **연동형**으로 설치해야 한다.

1) **교**육연구시설 내에 있는 **기**숙사 또는 합숙소로서 **연**면적 **2천**m² **미만**인 것
2) **수**련시설 내에 있는 **기**숙사 또는 합숙소로서 연면적 2천m² 미만인 것
3) **다목7)**※에 해당하지 않는 수련시설(숙박시설이 있는 것만 해당한다)
4) 연면적 400m² 미만의 **유**치원
5) 공동주택 중 **연**립주택 및 **다**세대주택

1.7 용어의 정의

1.7.1 용어의 정의

1.7.1.1) "비상벨설비"란 화재 발생 상황을 경종으로 경보하는 설비를 말한다.

1.7.1.2) "자동식사이렌설비"란 화재 발생 상황을 사이렌으로 경보하는 설비를 말한다.

1.7.1.3) "단독경보형감지기"란 화재 발생 상황을 단독으로 감지하여 자체에 내장된 음향장치로 경보하는 감지기를 말한다.

1.7.1.4) "발신기"란 화재 발생 신호를 수신기에 수동으로 발신하는 장치를 말한다.

1.7.1.5) "수신기"란 발신기에서 발하는 화재신호를 직접 수신하여 화재의 발생을 표시 및 경보하여 주는 장치를 말한다.

1.7.2 신호처리방식

"신호처리방식"은 화재신호 및 상태신호 등(이하 "화재신호 등"이라 한다)을 송수신하는 방식으로서 다음의 방식을 말한다.

1.7.2.1) "유선식"은 화재신호 등을 배선으로 송·수신하는 방식

1.7.2.2) "무선식"은 화재신호 등을 전파에 의해 송·수신하는 방식

1.7.2.3) "유·무선식"은 유선식과 무선식을 겸용으로 사용하는 방식

경종과 사이렌

〈경종〉 〈사이렌〉

단독경보형감지기

2.1 비상벨설비 또는 자동식사이렌설비

2.1.1 설치장소
비상벨설비 또는 자동식사이렌설비는 부식성가스 또는 습기 등으로 인하여 부식의 우려가 없는 장소에 설치해야 한다.

2.1.2 지구음향장치
지구음향장치는 특정소방대상물의 층마다 설치하되, 해당 층의 각 부분으로부터 하나의 음향장치까지의 수평거리가 25m 이하가 되도록 하고, 해당 층의 각 부분에 유효하게 경보를 발할 수 있도록 설치해야 한다. 다만 「비상방송설비의 화재안전기술기준(NFTC 202)」에 적합한 방송설비를 비상벨설비 또는 자동식사이렌설비와 연동하여 작동하도록 설치한 경우에는 지구음향장치를 설치하지 않을 수 있다.

2.1.3 음향장치의 성능
음향장치는 정격전압의 80% 전압에서도 음향을 발할 수 있도록 해야 한다. 다만 건전지를 주전원으로 사용하는 음향장치는 그렇지 않다.

2.1.4 음향장치의 음량
음향장치의 음향의 크기는 부착된 음향장치의 중심으로부터 1m 떨어진 위치에서 음압이 90dB 이상이 되는 것으로 해야 한다.

2.1.5 발신기의 설치기준 [21점]

2.1.5.1) 조작이 쉬운 장소에 설치하고, 조작스위치는 바닥으로부터 0.8m 이상 1.5m 이하의 높이에 설치할 것

2.1.5.2) 특정소방대상물의 층마다 설치하되, 해당 층의 각 부분으로부터 하나의 발신기까지의 수평거리가 25m 이하가 되도록 할 것. 다만 복도 또는 별도로 구획된 실로서 보행거리가 40m 이상일 경우에는 추가로 설치해야 한다.

2.1.5.3) 발신기의 위치표시등은 함의 상부에 설치하되, 그 불빛은 부착 면으로부터 15° 이상의 범위 안에서 부착 지점으로부터 10m 이내의 어느 곳에서도 쉽게 식별할 수 있는 적색등으로 할 것

2.1.6 비상벨설비 또는 자동식사이렌설비의 상용전원※

2.1.6.1) 상용전원은 전기가 정상적으로 공급되는 축전지설비, 전기저장장치(외부 전기에너지를 저장해 두었다가 필요한 때 전기를 공급하는 장치) 또는 교류전압의 옥내 간선으로 하고, 전원까지의 배선은 전용으로 할 것

2.1.6.2) 개폐기에는 "비상벨설비 또는 자동식사이렌설비용"이라고 표시한 표지를 할 것 ※

2.1.7 비상벨설비 또는 자동식사이렌설비의 비상전원

비상벨설비 또는 자동식사이렌설비에는 그 설비에 대한 감시상태를 60분간 지속한 후 유효하게 10분 이상 경보할 수 있는 비상전원으로서 축전지설비(수신기에 내장하는 경우를 포함한다) 또는 전기저장장치(외부 전기에너지를 저장해 두었다가 필요한 때 전기를 공급하는 장치)를 설치해야 한다. 다만 상용전원이 축전지설비인 경우 또는 건전지를 주전원으로 사용하는 무선식 설비인 경우에는 그렇지 않다.

2.1.8 비상벨설비 또는 자동식사이렌설비의 배선

비상벨설비 또는 자동식사이렌설비의 배선은 「전기사업법」 제67조에 따른 「전기설비기술기준」에서 정한 것 외에 다음의 기준에 따라 설치해야 한다.

2.1.8.1) 전원회로의 배선은 「옥내소화전설비의 화재안전기술기준(NFTC 102)」 2.7.2의 [표 2.7.2(1)]에 따른 내화배선에 따르고, 그 밖의 배선은 「옥내소화전설비의 화재안전기술기준(NFTC 102)」 2.7.2의 [표 2.7.2(1)] 또는 [표 2.7.2(2)]에 따른 내화배선 또는 내열배선에 따를 것

2.1.8.2) 전원회로의 전로와 대지 사이 및 배선 상호 간의 절연저항은 「전기사업법」 제67조에 따른 「전기설비기술기준」이 정하는 바에 의하고, 부속회로의 전로와 대지 사이 및 배선 상호 간의 절연저항은 1경계구역마다 직류 250V의 절연저항측정기를 사용하여 측정한 절연저항이 0.1MΩ 이상이 되도록 할 것

2.1.8.3) 배선은 다른 전선과 별도의 관·덕트(절연효력이 있는 것으로 구획한 때에는 그 구획된 부분은 별개의 덕트로 본다)·몰드 또는 풀박스 등에 설치할 것. 다만 60V 미만의 약전류회로에 사용하는 전선으로서 각각의 전압이 같을 때는 그렇지 않다.

🌟 상용전원
암기 축전 교전 개표

※(2.1.6)의 성능기준
⑥ 비상벨설비 또는 자동식사이렌설비의 상용전원은 전기가 정상적으로 공급되는 축전지설비, 전기저장장치 또는 교류전압의 옥내 간선으로 하고, 전원까지의 배선은 전용으로 해야 한다.
(성은기준에는 밑줄 친 내용이 없다)

🌟 비상전원
암기 감상 육지 십분경 축전
건축은 제외

🌟 배선
1. 배선의 종류

2. 절연저항

3. 별도(60V 미만+같을 때 제외)

단독경보형감지기 설치기준

암기 각 계 전 2(two)

각개전투라서
이웃들 각각 살(삶3)길을 찾아 배고픔(150)을 초인적으로 참으며 싸웠다.

교환 　　제품검사

2.2 단독경보형감지기의 설치기준

`11설 응용`

2.2.1 단독경보형감지기 설치기준

2.2.1.1) 각 실(이웃하는 실내의 바닥면적이 각각 30m² 미만이고 벽체의 상부의 전부 또는 일부가 개방되어 이웃하는 실내와 공기가 상호 유통되는 경우에는 이를 1개의 실로 본다)마다 설치하되, 바닥면적이 150m²를 초과하는 경우에는 150m²마다 1개 이상 설치할 것

2.2.1.2) 계단실은 최상층의 계단실 천장(외기가 상통하는 계단실의 경우를 제외한다)에 설치할 것

2.2.1.3) 건전지를 주전원으로 사용하는 단독경보형감지기는 정상적인 작동상태를 유지할 수 있도록 주기적으로 건전지를 교환할 것

2.2.1.4) 상용전원을 주전원으로 사용하는 단독경보형감지기의 2차전지는 법 제40조에 따라 제품검사에 합격한 것을 사용할 것

16

비상방송설비의 화재안전기술(성능)기준 (NFT(P)C 202)

세부 목차

[설치대상]
1.7 용어의 정의
2.1 음향장치
2.2 배선
2.3 전원

16 비상방송설비의 화재안전기술(성능)기준(NFT(P)C 202)

🚒 **비상방송 설치대상**

<u>암기</u> 11 35 지하3

11조를 늘 내시는 **삼오(35)**님, **지하3**층에 살아서 모든 방송에 나오심 (가동식 축구터는 방송 제외)

[설치대상] (소방시설법 시행령 별표4)

비상방송설비를 설치해야 하는 특정소방대상물(위험물 저장 및 처리 시설 중 가스시설, 사람이 거주하지 않거나 벽이 없는 축사 등 동물 및 식물 관련 시설, 터널 및 지하구는 제외한다)은 다음의 어느 하나에 해당하는 것으로 한다.

1. 연면적 <u>3천 5백</u>m² 이상인 것은 모든 층
2. 층수가 <u>11층</u> 이상인 것은 모든 층
3. <u>지하층의 층수가 3층</u> 이상인 것은 모든 층

1.7 용어의 정의

1.7.1 이 기준에서 사용하는 용어의 정의는 다음과 같다.

1.7.1.1) "확성기"란 소리를 크게 하여 멀리까지 전달될 수 있도록 하는 장치로서, 일명 스피커를 말한다.

1.7.1.2) "음량조절기"란 가변저항을 이용하여 전류를 변화시켜 음량을 크게 하거나 작게 조절할 수 있는 장치를 말한다.

1.7.1.3) "증폭기"란 전압전류의 진폭을 늘려 감도를 좋게 하고 미약한 음성전류를 커다란 음성전류로 변화시켜 소리를 크게 하는 장치를 말한다.

1.7.1.4) "기동장치"란 화재감지기, 발신기 등의 상태변화를 전송하는 장치를 말한다.

1.7.1.5) "몰드"란 전선을 물리적으로 보호하기 위해 사용되는 통형 구조물을 말한다.

1.7.1.6) "약전류회로"란 전신선, 전화선 등에 사용하는 전선이나 케이블, 인터폰, 확성기의 음성 회로, 라디오·텔레비전의 시청회로 등을 포함하는 약전류가 통전되는 회로를 말한다.

1.7.1.7) "전원회로"란 전기·통신, 기타 전기를 이용하는 장치 등에 전력을 공급하기 위하여 필요한 기기로 이루

어지는 전기회로를 말한다.

1.7.1.8) "절연저항"이란 전류가 도체에서 절연물을 통하여 다른 충전부나 기기로 누설되는 경우 그 누설 경로의 저항을 말한다.

1.7.1.9) "절연효력"이란 전기가 불필요한 부분으로 흐르지 않도록 절연하는 성능을 나타내는 것을 말한다.

1.7.1.10) "정격전압"이란 전기기계기구, 선로 등의 정상적인 동작을 유지시키기 위해 공급해 주어야 하는 기준 전압을 말한다.

1.7.1.11) "조작부"란 기기를 제어할 수 있도록 조작스위치, 지시계, 표시등 등을 집결시킨 부분을 말한다.

1.7.1.12) "풀박스"란 장거리 케이블 포설을 용이하게 하기 위해 전선관 중간에 설치하는 상자형 구조물 등을 말한다.

2.1 음향장치※

2.1.1 비상방송설비는 다음의 기준에 따라 설치해야 한다. 이 경우 엘리베이터 내부에는 별도의 음향장치를 설치할 수 있다.

2.1.1.1) **확성기**의 음성입력은 **3**W(실내에 설치하는 것에 있어서는 **1**W) 이상일 것

2.1.1.2) **확성기**는 각 **층마다** 설치하되, 그 층의 각 부분으로부터 하나의 확성기까지의 수평거리가 **25**m 이하가 되도록 하고, 해당 층의 각 부분에 **유효**하게 경보를 발할 수 있도록 설치할 것

2.1.1.3) **음량조정기**를 설치하는 경우 음량조정기의 **배선**은 3선식으로 할 것

2.1.1.4) **조작부**의 조작**스위치**는 바닥으로부터 0.8m 이상 1.5m 이하의 **높이**에 설치할 것

2.1.1.5) 조작부는 기동장치의 작동과 연동하여 해당 기동장치가 작동한 **층** 또는 **구역**을 **표시**할 수 있는 것으로 할 것

2.1.1.6) **증폭**기 및 **조작부**는 수위실 등 **상**시 사람이 근무하는 장소로서 **점**검이 편리하고 **방화**상 유효한 곳에 설치할 것

2.1.1.7) 층수가 11층(공동주택의 경우에는 16층) 이상의 특

🛎 음향장치

암기

①②③ 확확음(31,25,3선)
④⑤⑥ 조조증(815,표,상(점방))
⑦⑧⑨ 11 공용차 유도
⑩⑪⑫ 2조, 10, 8자

🛎 우선경보방식
암기 114(공주16)

※ (2.1) 음향장치의 성능기준
제4조(음향장치) 비상방송설비는 다음 각 호의 기준에 따라 설치해야 한다.
1. 확성기의 음성입력은 3와트(실내에 설치하는 것에 있어서는 1와트) 이상일 것
2. 확성기는 각 층마다 설치하되, 해당 층의 각 부분으로부터 하나의 확성기까지의 수평거리는 해당 층의 각 부분에 유효하게 경보를 발할 수 있는 거리 이하가 되도록 설치할 것
3. 음량조정기를 설치하는 경우 음량조정기의 배선은 3선식으로 할 것
4. 조작부의 조작스위치는 바닥으로부터 0.8미터 이상 1.5미터 이하의 높이에 설치할 것
5. 층수가 11층(공동주택의 경우에는 16층) 이상의 특정소방대상물은 발화층에 따라 경보하는 층을 달리하여 경보를 발할 수 있도록 할 것
6. 다른 방송설비와 공용하는 것에 있어서는 화재 시 비상경보 외의 방송을 차단할 수 있는 구조로 할 것
7. 다른 전기회로에 따라 유도장애가 생기지 않도록 할 것
8. 하나의 특정소방대상물에 둘 이상의 조작부가 설치되어 있는 때에는 각각의 조작부가 있는 장소 상호 간에 동시 통화가 가능한 설비를 설치하고, 어느 조작부에서도 해당 특정소방대상물의 전 구역에 방송을 할 수 있도록 할 것
9. 기동장치에 따른 화재신호를 수신한 후 신속하게 필요한 음량으로 화재발생 상황 및 피난에 유효한 방송이 자동으로 개시될 때까지의 소요시간은 10초 이하로 할 것
10. 음향장치는 정격전압의 80퍼센트 전압에서 음향을 발할 수 있고, 자동화재탐지설비의 작동과 연동하여 작동할 수 있는 것으로 할 것

정소방대상물은 다음의 기준에 따라 경보를 발할 수 있도록 해야 한다. 〈개정 2023.2.10〉

2.1.1.7.1. 2층 이상의 층에서 발화한 때에는 발화층 및 그 직상 4개 층에 경보를 발할 것

2.1.1.7.2. 1층에서 발화한 때에는 발화층·그 직상 4개 층 및 지하층에 경보를 발할 것

2.1.1.7.3. 지하층에서 발화한 때에는 발화층·그 직상층 및 기타의 지하층에 경보를 발할 것

2.1.1.8) 다른 방송설비와 공용하는 것에 있어서는 화재 시 비상경보 외의 방송을 차단할 수 있는 구조로 할 것

2.1.1.9) 다른 전기회로에 따라 유도장애가 생기지 않도록 할 것

2.1.1.10) 하나의 특정소방대상물에 2 이상의 조작부가 설치되어 있는 때에는 각각의 조작부가 있는 장소 상호 간에 동시 통화가 가능한 설비를 설치하고, 어느 조작부에서도 해당 특정소방대상물의 전 구역에 방송을 할 수 있도록 할 것

2.1.1.11) 기동장치에 따른 화재신호를 수신한 후 필요한 음량으로 화재발생상황 및 피난에 유효한 방송이 자동으로 개시될 때까지의 소요시간은 10초 이내로 할 것

2.1.1.12) 음향장치는 다음의 기준에 따른 구조 및 성능의 것으로 해야 한다.

2.1.1.12.1. 정격전압의 80% 전압에서 음향을 발할 수 있는 것을 할 것

2.1.1.12.2. 자동화재탐지설비의 작동과 연동하여 작동할 수 있는 것으로 할 것

2.2 배선

2.2.1 비상방송설비의 배선은 「전기사업법」제67조에 따른 「전기설비기술기준」에서 정한 것 외에 다음의 기준에 따라 설치해야 한다.

2.2.1.1) 화재로 인하여 하나의 층의 확성기 또는 배선이 단락 또는 단선되어도 다른 층의 화재 통보에 지장이 없도록 할 것

2.2.1.2) **전원회로의 배선**은 「옥내소화전설비의 화재안전기술기준(NFTC 102)」 2.7.2의 [표 2.7.2(1)]에 따른 **내화**배

선에 따르고, <u>그 밖</u>의 배선은 「옥내소화전설비의 화재안전기술기준(NFTC 102)」 2.7.2의 [표 2.7.2(1)] 또는 [표 2.7.2(2)]에 따른 <u>내화배선 또는 내열배선</u>에 따를 것

2.2.1.3) 전원회로의 전로와 대지 사이 및 배선 상호 간의 <u>절연저항</u>은 「전기사업법」 제67조에 따른 「전기설비기술기준」이 정하는 바에 따르고, 부속회로의 전로와 대지 사이 및 배선 상호 간의 절연저항은 1경계구역마다 <u>직류 250V</u>의 절연저항측정기를 사용하여 측정한 절연저항이 0.1MΩ 이상이 되도록 할 것

2.2.1.4) 비상방송설비의 배선은 다른 전선과 <u>별도</u>의 관·덕트(절연효력이 있는 것으로 구획한 때에는 그 구획된 부분은 별개의 덕트로 본다) 몰드 또는 풀박스 등에 설치할 것. 다만 <u>60V 미만</u>의 약전류회로에 사용하는 전선으로서 <u>각각의 전압이 같을 때</u>는 그렇지 않다.

2.3 <u>전원</u>※

2.3.1 비상방송설비의 상용전원

2.3.1.1) 상용전원은 전기가 정상적으로 공급되는 <u>축</u>전지설비, <u>전</u>기저장장치(외부 전기에너지를 저장해 두었다가 필요한 때 전기를 공급하는 장치) 또는 <u>교</u>류전압의 옥내 간선으로 하고, <u>전</u>원까지의 배선은 전용으로 할 것

2.3.1.2) <u>개</u>폐기에는 "비상방송설비용"이라고 표시한 <u>표</u>지를 할 것

2.3.2 비상전원, 예비전원

비상방송설비에는 그 설비에 대한 <u>감시상태</u>를 <u>60분간 지</u>속한 후 유효하게 <u>10분</u> 이상 경보할 수 있는 비상전원으로서 <u>축</u>전지설비(수신기에 내장하는 경우를 포함한다) 또는 <u>전</u>기저장장치(외부 전기에너지를 저장해 두었다가 필요한 때 전기를 공급하는 장치)를 설치해야 한다.

🚒 배선
1. 하나 층 다른 층
2. 배선의 종류

3. 절연저항

암기 나무(25)에 공1개(0.1)가 매달려 있다.

4. 별도(60V 미만+같을 때, 제외)

※ (2.3) 전원의 성능기준
제6조(전원)
① 비상방송설비의 상용전원은 전기가 정상적으로 공급되는 축전지설비, 전기저장장치 또는 교류전압의 옥내 간선으로 하고, 전원까지의 배선은 전용으로 해야 한다.
② 비상방송설비에는 그 설비에 대한 감시상태를 60분간 지속한 후 유효하게 10분 이상 경보할 수 있는 비상전원으로서 축전지설비 또는 전기저장장치를 설치해야 한다.

🚒 상용전원
암기 축전 교전 개표

🚒 비상전원
암기 감상 육지 십분 축전

17

자동화재탐지설비 및 시각경보장치의 화재안전기술(성능)기준 (NFT(P)C 203)

세부 목차

1.7 용어의 정의
2.1 경계구역
2.2 수신기
2.3 중계기
2.4 감지기
    2.4.1. 부착높이에 따른 감지기의 종류
    2.4.2. 연기감지기의 설치 장소
    2.4.3. 감지기의 설치기준
    2.4.4. 광전식분리형감지기 등의 설치장소
    2.4.5. 감지기 설치 제외 장소
    2.4.6. [표 2.4.6(1)]과 [표 2.4.6(2)]의 적용

2.5 음향장치 및 시각경보장치
2.6 발신기
2.7 전원
2.8 배선
[표 2.4.6(1)] 설치장소별 감지기 적응성(연기감지기를 설치할 수 없는 경우 적용)
[표 2.4.6(2)] 설치장소별 감지기 적응성

17 자동화재탐지설비 및 시각경보장치의 화재안전기술(성능)기준 (NFT(P)C 203)

자동화재탐지설비 및 시각경보기의 설치 대상과 암기법은 교재 뒤쪽 부록에 수록되어 있습니다.

자동화재탐지설비의 구성

거실
암기 거집 작집오
거주하는 집이 작지요.

1.7 정의

1.7.1 이 기준에서 사용하는 용어의 정의는 다음과 같다.

1.7.1.1) "경계구역"이란 특정소방대상물 중 화재신호를 발신하고 그 신호를 수신 및 유효하게 제어할 수 있는 구역을 말한다.

1.7.1.2) "수신기"란 감지기나 발신기에서 발하는 화재신호를 직접 수신하거나 중계기를 통하여 수신하여 화재의 발생을 표시 및 경보하여 주는 장치를 말한다.

1.7.1.3) "중계기"란 감지기·발신기 또는 전기적인 접점 등의 작동에 따른 신호를 받아 이를 수신기에 전송하는 장치를 말한다.

1.7.1.4) "감지기"란 화재 시 발생하는 열, 연기, 불꽃 또는 연소생성물을 자동적으로 감지하여 수신기에 화재신호 등을 발신하는 장치를 말한다.

1.7.1.5) "발신기"란 수동누름버튼 등의 작동으로 화재 신호를 수신기에 발신하는 장치를 말한다.

1.7.1.6) "시각경보장치"란 자동화재탐지설비에서 발하는 화재신호를 시각경보기에 전달하여 청각장애인에게 점멸형태의 시각경보를 하는 것을 말한다.

1.7.1.7) "거실"이란 거주·집무·작업·집회·오락 그 밖에 이와 유사한 목적을 위하여 사용하는 실을 말한다.

1.7.2 "신호처리방식"은 화재신호 및 상태신호 등(이하 "화재신호 등"이라 한다)을 송수신하는 방식으로서 다음의 방식을 말한다.

1.7.2.1) "유선식"은 화재신호 등을 배선으로 송·수신하는 방식

1.7.2.2) "무선식"은 화재신호 등을 전파에 의해 송·수신하는 방식

1.7.2.3) "유·무선식"은 유선식과 무선식을 겸용으로 사용하는 방식

2.1 경계구역 _{4, 9, 14, 17, 22설 응용}

2.1.1 경계구역설정의 기준※

자동화재탐지설비의 경계구역은 다음의 기준에 따라 설정해야 한다. 다만 감지기의 형식승인 시 감지거리, 감지면적 등에 대한 성능을 별도로 인정받은 경우에는 그 성능인정범위를 경계구역으로 할 수 있다.

2.1.1.1) 하나의 경계구역이 2 이상의 건축물에 미치지 않도록 할 것

2.1.1.2) 하나의 경계구역이 2 이상의 층에 미치지 않도록 할 것. 다만 500m2 이하의 범위 안에서는 2개의 층을 하나의 경계구역으로 할 수 있다.※

2.1.1.3) 하나의 경계구역의 면적은 600m² 이하로 하고 한 변의 길이는 50m 이하로 할 것. 다만 해당 특정소방대상물의 주된 출입구에서 그 내부 전체가 보이는 것에 있어서는 한 변의 길이가 50m의 범위 내에서 1,000m2 이하로 할 수 있다.※

2.1.2 수직 관통부 경계구역

계단(직통계단 외의 것에 있어서는 떨어져 있는 상하 계단의 상호 간의 수평거리가 5m 이하로서 서로 간에 구획되지 아니한 것에 한한다. 이하 같다)·경사로(에스컬레이터경사로 포함)·엘리베이터 승강로(권상기실이 있는 경우에는 권상기실)·린넨슈트·파이프 피트 및 덕트 기타 이와 유사한 부분에 대하여는 별도로 경계구역을 설정하되, 하나의 경계구역은 높이 45m 이하(계단 및 경사로에 한한다)로 하고, 지하층의 계단 및 경사로(지하층의 층수가 한 개 층일 경우는 제외한다)는 별도로 하나의 경계구역으로 해야 한다.

2.1.3 경계구역의 면적 제외

외기에 면하여 상시 개방된 부분이 있는 차고·주차장·창고 등에 있어서는 외기에 면하는 각 부분으로부터 5m 미만의 범위 안에 있는 부분은 경계구역의 면적에 산입하지 않는다.

※ (2.1.1)의 성능기준에는 밑줄 친 단서가 없다.

🔥 경계구역의 설정
암기 22 55 6천

🔥 수직관통부 경계구역
암기 뭐 사러(45)갈 때 계단 이용

🔥 차고, 주차장, 창고 등

🐠 경계구역의 설정의 예

[예1]
폐쇄형스프링클러
바닥면적 3,000㎡ 방호구역을
1경계구역으로 설정 가능

[예2]
폐쇄형스프링클러 격자형배관
방식은 바닥면적 3,700㎡ 이내
방호구역을 1경계구역으로
설정 가능

🐠 수신기의 기준
암기 경각표회 가설신수경

🐠 축적 기능 수신기의 대상
암기 지무환 40 2.3 우려

지무환이이란 실적이 좋은 사(4)람이
몸이 부실하고 이상(2.3)이 있어 이장
이 (일열연 먼감) 우려함

2.1.4 예외
스프링클러설비·물분무등소화설비 또는 제연설비의 화재감지장치로서 화재감지기를 설치한 경우의 경계구역은 해당 소화설비의 방호구역 또는 제연구역과 동일하게 설정할 수 있다.

2.2 수신기

2.2.1 자동화재탐지설비 수신기의 적합기준

2.2.1.1) 해당 특정소방대상물의 경계구역을 각각 표시할 수 있는 회선 수 이상의 수신기를 설치할 것

2.2.1.2) 해당 특정소방대상물에 가스누설탐지설비가 설치된 경우에는 가스누설탐지설비로부터 가스누설신호를 수신하여 가스누설경보를 할 수 있는 수신기를 설치할 것(가스누설탐지설비의 수신부를 별도로 설치한 경우에는 제외한다)

2.2.2 축적 기능이 있는 수신기의 적용 대상
자동화재탐지설비의 수신기는 특정소방대상물 또는 그 부분이 지하층·무창층 등으로서 환기가 잘되지 아니하거나 실내면적이 40㎡ 미만인 장소, 감지기의 부착면과 실내 바닥과의 거리가 2.3m 이하인 장소로서 일시적으로 발생한 열·연기 또는 먼지 등으로 인하여 감지기가 화재신호를 발신할 우려가 있는 때에는 축적기능 등이 있는 것(축적형감지기가 설치된 장소에는 감지기회로의 감시전류를 단속적으로 차단시켜 화재를 판단하는 방식 외의 것을 말한다)으로 설치해야 한다. 다만 2.4.1 단서에 따른 감지기를 설치한 경우에는 그렇지 않다.

2.2.3 수신기의 설치기준

2.2.3.1) 수위실 등 상시 사람이 근무하는 장소에 설치할 것. 다만 사람이 상시 근무하는 장소가 없는 경우에는 관계인이 쉽게 접근할 수 있고 관리가 용이한 장소에 설치할 수 있다.

2.2.3.2) 수신기가 설치된 장소에는 경계구역 일람도를 비치할 것. 다만 모든 수신기와 연결되어 각 수신기의 상황을 감시하고 제어할 수 있는 수신기(이하 "주수신

기"라 한다)를 설치하는 경우에는 주수신기를 제외한 기타 수신기는 그렇지 않다.

2.2.3.3) 수신기의 음향기구는 그 음량 및 음색이 다른 기기의 소음 등과 명확히 구별될 수 있는 것으로 할 것

2.2.3.4) 수신기는 감지기·중계기 또는 발신기가 작동하는 경계구역을 표시할 수 있는 것으로 할 것

2.2.3.5) 화재·가스 전기등에 대한 종합방재반을 설치한 경우에는 해당 조작반에 수신기의 작동과 연동하여 감지기·중계기 또는 발신기가 작동하는 경계구역을 표시할 수 있는 것으로 할 것

2.2.3.6) 하나의 경계구역은 하나의 표시등 또는 하나의 문자로 표시되도록 할 것

2.2.3.7) 수신기의 조작 스위치는 바닥으로부터의 높이가 0.8m 이상 1.5m 이하인 장소에 설치할 것

2.2.3.8) 하나의 특정소방대상물에 2 이상의 수신기를 설치하는 경우에는 수신기를 상호 간 연동하여 화재발생 상황을 각 수신기마다 확인할 수 있도록 할 것

2.2.3.9) 화재로 인하여 하나의 층의 지구음향장치 배선이 단락되어도 다른 층의 화재통보에 지장이 없도록 각 층 배선상에 유효한 조치를 할 것

2.3 중계기 [2설, 17설, 19점]

2.3.1 자동화재탐지설비의 중계기는 다음의 기준에 따라 설치해야 한다.

2.3.1.1) 수신기에서 직접 감지기회로의 도통시험을 하지 않는 것에 있어서는 수신기와 감지기 사이에 설치할 것

2.3.1.2) 조작 및 점검에 편리하고 화재 및 침수 등의 재해로 인한 피해를 받을 우려가 없는 장소에 설치할 것

2.3.1.3) 수신기에 따라 감시되지 않는 배선을 통하여 전력을 공급받는 것에 있어서는 전원입력 측의 배선에 과전류차단기를 설치하고 해당 전원의 정전이 즉시 수신기에 표시되는 것으로 하며, 상용전원 및 예비전원의 시험을 할 수 있도록 할 것

수신기의 설치기준
암기 그림과 위치를 암기한다.

중계기의 설치

중계기 설치기준
암기 수도사 조화장소 감정시험

2.4 감지기

2.4.1 부착높이에 따른 감지기의 종류

자동화재탐지설비의 감지기는 부착 높이에 따라 다음 [표 2.4.1]에 따른 감지기를 설치해야 한다. 다만 지하층·무창층 등으로서 환기가 잘되지 아니하거나 실내면적이 40m² 미만인 장소, 감지기의 부착면과 실내 바닥과의 거리가 2.3m 이하인 곳으로서 일시적으로 발생한 열·연기 또는 먼지 등으로 인하여 화재신호를 발신할 우려가 있는 장소(**2.2.2 본문에 따른 수신기**를 설치한 장소를 제외한다)에는 다음의 기준에서 정한 감지기 중 적응성이 있는 감지기를 설치해야 한다. **4설, 11설**

(1) **불**꽃감지기
(2) **정**온식감지선형감지기
(3) **분**포형감지기
(4) **복**합형감지기
(5) **광**전식분리형감지기
(6) **아**날로그**방식**의 감지기
(7) **다**신호**방식**의 감지기
(8) **축**적**방식**의 감지기

[표 2.4.1] 부착 높이에 따른 감지기의 종류

부착 높이	감지기의 종류
4m 미만	차동식(스포트형, 분포형), 보상식 스포트형, 정온식(스포트형, 감지선형), 이온화식 또는 광전식(스포트형, 분리형, 공기흡입형), 열복합형, 연기복합형, 열연기복합형, 불꽃감지기
4m 이상 8m 미만	차동식(스포트형, 분포형), 보상식 스포트형, 정온식(스포트형, 감지선형) 특종 또는 1종, 이온화식 1종 또는 2종, 광전식(스포트형, 분리형, 공기흡입형) 1종 또는 2종, 열복합형, 연기복합형, 열연기복합형, 불꽃감지기

🚒 **특수감지기의 설치장소**
암기 지무환 40 2.3 우려

※ **2.2.2 본문에 따른 수신기**
축적기능이 있는 수신기

🚒 **특수감지기**
암기 축복불아 광다정분
축복 없이 불행했던 아이가 광적으로 다정한 분을 만났다.
(방식: 아축다)

8m 이상 15m 미만	차동식 분포형, 이온화식 1종 또는 2종, 광전식(스포트형, 분리형, 공기흡입형) 1종 또는 2종, 연기복합형, 불꽃감지기
15m 이상 20m 미만	이온화식 1종, 광전식(스포트형, 분리형, 공기흡입형) 1종 연기복합형, 불꽃감지기
20m 이상	불꽃감지기 광전식(분리형, 공기흡입형) 중 아날로그방식

[비고]
1. 감지기별 부착 높이 등에 대하여 별도로 형식승인을 받은 경우에는 그 성능인정 범위 내에서 사용할 수 있다.
2. 부착 높이 20m 이상에 설치되는 광전식 중 아날로그방식의 감지기는 공칭 감지농도 하한값이 감광률 5%/m 미만인 것으로 한다.

2.4.2 연기감지기의 설치 장소

다음의 장소에는 연기감지기를 설치해야 한다. 다만 교차회로방식에 따른 감지기가 설치된 장소 또는 2.4.1 단서에 따른 감지기가 설치된 장소에는 그렇지 않다.

2.4.2.1) **계**단·경사로 및 에스컬레이터 경사로
2.4.2.2) **복**도(30m 미만의 것을 제외한다)
2.4.2.3) **엘**리베이터 승강로(권상기실이 있는 경우에는 권상기실)·린넨슈트·파이프 피트 및 덕트 기타 이와 유사한 장소
2.4.2.4) **천**장 또는 반자의 높이가 15m 이상 20m 미만의 장소
2.4.2.5) 다음의 어느 하나에 해당하는 특정소방대상물의 **취**침·**숙**박·**입원** 등 이와 유사한 **용도**로 사용되는 거실 **[19점]**
  (1) 공동주택·오피스텔·숙박시설·노유자시설·수련시설
  (2) **교**육연구시설 중 합숙소
  (3) **의**료시설, 근린생활시설 중 입원실이 있는 의원·조산원
  (4) **교**정 및 군사시설
  (5) **근**린생활시설 중 고시원

🔥 부착높이별 적응 감지기 종류

〈키워드〉
4m 미만: 모든 감지기
4~8m 미만: 정온식2종X, 연기3종X
8m 이상은 열(스포트형)X

암기

[8~15m 미만]
8월 15일에 태어난 불광동 이연복 씨 2세(아들)는 성격이 차분해.

[15~20m 미만]
15세부터 불광동에 사는 이연복 씨

[20m 이상]
불광동 20층 아파트가 공분을 사고 있다.
※ 아파트 옆 공간에 있는 감나무 5그루 때문이다.
아파트에 현수막이 붙었다.
미안합니다.

🔥 연기감지기의 설치 장소

예외: 교차회로, 특수감지기

암기 계복엘천(30=15x2),
취숙 입원 용도, 공교의 근교

5. 숙취로 입원할 수 있는 곳이 공교의 근교에 있다.
공오 박수노(no)라고
교육 합숙하는 근생고 교사가 말했다
의료 입원해야 할 정도로 아파야 조퇴할 수 있다.

2.4.3 감지기의 설치기준

감지기는 다음의 기준에 따라 설치해야 한다. 다만 교차회로방식에 사용되는 감지기, 급속한 연소 확대가 우려되는 장소에 사용되는 감지기 및 축적기능이 있는 수신기에 연결하여 사용하는 감지기는 축적기능이 없는 것으로 설치해야 한다.

🚩 감지기의 설치기준

2.4.3.1) 감지기(차동식분포형의 것을 제외한다)는 실내로의 공기유입구로부터 1.5m 이상 떨어진 위치에 설치할 것

2.4.3.2) 감지기는 천장 또는 반자의 옥내에 면하는 부분에 설치할 것

2.4.3.3) 보상식스포트형감지기는 정온점이 감지기 주위의 평상시 최고온도보다 20℃ 이상 높은 것으로 설치할 것

2.4.3.4) 정온식감지기는 주방·보일러실 등으로서 다량의 화기를 취급하는 장소에 설치하되, 공칭작동온도가 최고주위온도보다 20℃ 이상 높은 것으로 설치할 것

2.4.3.5) 차동식스포트형·보상식스포트형 및 정온식스포트형감지기는 그 부착 높이 및 특정소방대상물에 따라 다음 [표 2.4.3.5]에 따른 바닥면적마다 1개 이상을 설치할 것

🚩 차동식, 정온식, 보상식 스포트형감지기 설치

암기
구칠구칠 / 칠육이
어서어서 / 사상일어
반반반반 / 반반
삼이오 삼이오 이오잃어

[표 2.4.3.5] 부착 높이 및 특정소방대상물의 구분에 따른 차동식·보상식·정온식스포트형감지기의 종류

4, 6, 17, 19, 22설 응용

(단위: m²)

부착 높이 및 소방대상물의 구분		차동식 스포트형		보상식 스포트형		정온식 스포트형		
		1종	2종	1종	2종	특종	1종	2종
4m 미만	주요구조부가 내화 구조	90	70	90	70	70	60	20
	기타 구조	50	40	50	40	40	30	15
4m 이상 8m 미만	주요구조부가 내화 구조	45	35	45	35	35	30	
	기타 구조	30	25	30	25	25	15	

2.4.3.6) 스포트형감지기는 45° 이상 경사되지 않도록 부착할 것

2.4.3.7) **공기관식 차동식분포형감지기의 설치기준** `19점`

   2.4.3.7.1. 공기관의 노출 부분은 감지구역마다 20m 이상이 되도록 할 것

   2.4.3.7.2. 공기관과 감지구역의 각 변과의 수평거리는 1.5m 이하가 되도록 하고, 공기관 상호 간의 거리는 6m(주요구조부가 내화구조로 된 특정소방대상물 또는 그 부분에 있어서는 9m) 이하가 되도록 할 것

   2.4.3.7.3. 공기관은 도중에서 분기하지 않도록 할 것

   2.4.3.7.4. 하나의 검출 부분에 접속하는 공기관의 길이는 100m 이하로 할 것

   2.4.3.7.5. 검출부는 5° 이상 경사되지 않도록 부착할 것

   2.4.3.7.6. 검출부는 바닥으로부터 0.8m 이상 1.5m 이하의 위치에 설치할 것

2.4.3.8) **열전대식 차동식분포형감지기의 설치기준**

   2.4.3.8.1. 열전대부는 감지구역의 바닥면적 18m²(주요구조부가 내화구조로 된 특정소방대상물에 있어서는 22m²)마다 1개 이상으로 할 것. 다만 바닥면적이 72m²(주요구조부가 내화구조로 된 특정소방대상물에 있어서는 88m²) 이하인 특정소방대상물에 있어서는 4개 이상으로 해야 한다.

   2.4.3.8.2. 하나의 검출부에 접속하는 열전대부는 20개 이하로 할 것. 다만 각각의 열전대부에 대한 작동여부를 검출부에서 표시할 수 있는 것(주소형)은 형식승인 받은 성능인정 범위 내의 수량으로 설치할 수 있다.

2.4.3.9) **열반도체식 차동식분포형감지기의 설치기준**

   2.4.3.9.1. 감지부는 그 부착 높이 및 특정소방대상물에 따라 다음 [표 2.4.3.9.1]에 따른 바닥면적마다 1개 이상으로 할 것. 다만 바닥면적이 다음 [표 2.4.3.9.1]에 따른 면적의 2배 이하인 경우에는 2개(부착높이가 8m 미만이고, 바닥면적이 다음 [표 2.4.3.9.1]에 따른 면적 이하인 경우에는 1개) 이상으로 해야 한다.

🚒 **공기관식 차동식분포형감지기**

`암기` 20 159 공100 5 0.8
20살부터 이러구(1.5/9) 공백 없이 오빠(5.8)랑 살고 싶어.

🚒 **열전대식 차동식분포형감지기**
`암기` 18(내22) 4개~20개

열(화)난다고 18(욕)하면
사(4)이(2)가 안 좋아진다.
18 + 4 = 22
18 × 4 = 72, 22 × 4 = 88

🚒 **열전대식 차동식분포형감지기**

열반도체식

암기

8월 15일
반에서 소풍을 가는데
부모(65)님이 주신 런치(40)는
마치(50) 대충(30) 싼 것 같았다.
소풍 후에 2부 행사로
담배 노답이니
담배 노담하라는 교육을 받았다.
몇몇 아이들은 이미 담배를 피고 있었다.

중학교 2학년 = 15세

연기감지기의 설치

암기

배고(150)픈 것은 죽어도(4)
싫어(75)
보쌈(3)을 계(계단)속 십어(15)삼겼다
출출했는데 배가 불러왔다.
역시 육식(0.6)이 최고다

[표 2.4.3.9.1] 부착 높이 및 특정소방대상물의 구분에 따른 열반도체식 차동식분포형감지기의 종류

부착 높이 및 소방대상물의 구분		1종	2종
8m 미만	내화 구조	65	36
	기타 구조	40	23
8m 이상 15m 미만	내화 구조	50	36
	기타 구조	30	23

2.4.3.9.2. 하나의 검출부에 접속하는 감지부는 2개 이상 15개 이하가 되도록 할 것. 다만 각각의 감지부에 대한 작동 여부를 검출기에서 표시할 수 있는 것(주소형)은 형식승인 받은 성능인정 범위 내의 수량으로 설치할 수 있다.

2.4.3.10) **연기감지기의 설치기준** `4, 17, 22설 응용`

2.4.3.10.1. 연감지기의 부착 높이에 따라 다음 [표 2.4.3.10.1]에 따른 바닥면적마다 1개 이상으로 할 것

[표 2.4.3.10.1] 부착 높이에 따른 연기감지기의 종류

부착 높이	1종 및 2종(m²)	3종(m²)
4m 미만	150	50
4m 이상 20m 미만	75	

2.4.3.10.2. 감지기는 복도 및 통로에 있어서는 보행거리 30m(3종에 있어서는 20m)마다, 계단 및 경사로에 있어서는 수직거리 15m(3종에 있어서는 10m)마다 1개 이상으로 할 것

2.4.3.10.3. 천장 또는 반자가 낮은 실내 또는 좁은 실내에 있어서는 출입구의 가까운 부분에 설치할 것

2.4.3.10.4. 천장 또는 반자 부근에 배기구가 있는 경우에는 그 부근에 설치할 것

2.4.3.10.5. 감지기는 벽 또는 보로부터 0.6m 이상 떨어진 곳에 설치할 것

2.4.3.11) **열복합형감지기**의 설치에 관하여는 2.4.3.3 및 2.4.3.9를, 연기복합형감지기의 설치에 관하여는 2.4.3.10을, 열연기복합형감지기의 설치에 관하여는 2.4.3.5 및 2.4.3.10.2 또는 2.4.3.10.5를 준용하여 설치할 것

2.4.3.12) 정온식감지선형감지기의 설치기준 [14점, 18설, 21설]

2.4.3.12.1. **보**조선이나 고정금구를 사용하여 감지선이 늘어지지 않도록 설치할 것

2.4.3.12.2. **단**자부와 마감 고정금구와의 설치간격은 10cm 이내로 설치할 것

2.4.3.12.3. 감지선형 감지기의 **굴**곡반경은 5cm 이상으로 할 것

2.4.3.12.4. 감지기와 감지구역의 각 부분과의 **수**평거리가 **내화**구조의 경우 1종 4.5m 이하, 2종 3m 이하로 할 것. 기타 구조의 경우 1종 3m 이하, 2종 1m 이하로 할 것

2.4.3.12.5. **케**이블트레이에 감지기를 설치하는 경우에는 케이블트레이 받침대에 마감금구를 사용하여 설치할 것

2.4.3.12.6. **창**고의 천장 등에 지지물이 적당하지 않은 장소에서는 보조선을 설치하고 그 보조선에 설치할 것

2.4.3.12.7. **분**전반 내부에 설치하는 경우 접착제를 이용하여 돌기를 바닥에 고정시키고 그곳에 감지기를 설치할 것

2.4.3.12.8. 그 밖의 설치방법은 **형**식승인 내용에 따르며 형식승인 사항이 아닌 것은 제조사의 시방서에 따라 설치할 것

2.4.3.13) 불꽃감지기의 설치기준 [12점]

2.4.3.13.1. **공**칭감시거리 및 공칭시야각은 **형**식승인 내용에 **따**를 것

2.4.3.13.2. 감지기는 공칭감시거리와 공칭시야각을 기준으로 감시구역이 모두 **포용**될 수 있도록 설치할 것

2.4.3.13.3. 감지기는 화재감지를 **유효**하게 감지할 수 있는 **모**서리 또는 벽 등에 설치할 것

2.4.3.13.4. 감지기를 **천장**에 설치하는 경우에는 감지기는 **바닥**을 향하여 설치할 것

2.4.3.13.5. 수분이 많이 발생할 우려가 있는 장소에는 **방수**형으로 설치할 것

2.4.3.13.6. 그 **밖**의 설치기준은 **형**식승인 내용에 따르며 형식승인 사항이 아닌 것은 **제**조사의 시방서에 따라 설치할 것

🌟 정온식감지선형감지기 설치기준

암기 보단 굴수 케창분형

정식 보단 굴수프에 케찹뿌린걸 좋아하는 형
"잘 씹어(10,5)드시오."
"내가 사오(4.5)"

🌟 불꽃감지기의 설치기준

암기

불같은 성격의
가. (공감각) 형을
나. 포용해준
다. 유모가
라. 천장과 바닥에
마. 수분 막는 방수작업하는 날
바. 밖에 형제와 있었다.

2.4.3.14) **아날로그방식의 감지기는 공칭감지온도범위 및 공칭감지농도범위에 적합한 장소에, 다신호방식의 감지기는 화재신호를 발신하는 감도에 적합한 장소에 설치할 것.** 다만 이 기준에서 정하지 않는 설치방법에 대하여는 형식승인 사항이나 제조사의 시방서에 따라 설치할 수 있다.

2.4.3.15) **광전식분리형감지기의 설치기준** `19점`

🎀 광전식분리형감지기의 설치기준

〈송광부〉 〈수광부〉

암기 수륙일 팔길형

수륙일 하는 팔길형(팔이 긴형)이 광분했다.

2.4.3.15.1. 감지기의 **수**광면은 햇빛을 직접 받지 않도록 설치할 것
2.4.3.15.2. 광축(송광면과 수광면의 중심을 연결한 선)은 나란한 벽으로부터 <u>0.6</u>m 이상 이격하여 설치할 것
2.4.3.15.3. 감지기의 송광부와 수광부는 설치된 뒷벽으로부터 <u>1</u>m 이내의 위치에 설치할 것
2.4.3.15.4. 광축의 높이는 천장 등(천장의 실내에 면한 부분 또는 상층의 바닥하부면을 말한다) 높이의 <u>80</u> % 이상일 것
2.4.3.15.5. 감지기의 광축의 **길**이는 공칭감시거리 범위 이내일 것
2.4.3.15.6. 그 밖의 설치기준은 **형**식승인 내용에 따르며 형식승인 사항이 아닌 것은 제조사의 시방서에 따라 설치할 것

2.4.4 광전식분리형감지기, 불꽃감지기, 광전식공기흡입형감지기의 설치장소

2.4.3에도 불구하고 다음의 장소에는 각각 광전식분리형감지기 또는 불꽃감지기를 설치하거나 광전식공기흡입형감지기를 설치할 수 있다.

🎀 광분, 불꽃, 공흡 설치장소
1. 화격제 : 광분, 불꽃 고려
2. 전,반도: 공기흡입

암기
1. 화격제에서 <u>광분</u>하며 <u>불꽃</u>놀이를 했다.
2. 미세먼지가 심해서 <u>전 반도</u>의 <u>공기</u>를 흡입했다.

2.4.4.1) **화**학공장·**격**납고·**제**련소 등: **광**전**식**분리형감지기 또는 **불꽃**감지기. 이 경우 각 감지기의 공칭감시거리 및 공칭시야각 등 감지기의 성능을 고려해야 한다.

2.4.4.2) **전**산실 또는 **반도**체 공장 등: 광전식**공기흡입**형감지기. 이 경우 설치장소·감지면적 및 공기흡입관의 이격거리 등은 형식승인 내용에 따르며 형식승인 사항이 아닌 것은 제조사의 시방에 따라 설치해야 한다.

2.4.5 감지기 설치 제외 장소

2.4.5.1) 천장 또는 반자의 높이가 20m 이상인 장소. 다만 2.4.1 단서의 감지기로서 부착 높이에 따라 적응성이 있는 장소는 제외한다.

2.4.5.2) 헛간 등 외부와 기류가 통하는 장소로서 감지기에 따라 화재 발생을 유효하게 감지할 수 없는 장소

2.4.5.3) 부식성가스가 체류하고 있는 장소

2.4.5.4) 고온도 및 저온도로서 감지기의 기능이 정지되기 쉽거나 감지기의 유지관리가 어려운 장소

2.4.5.5) 목욕실·욕조나 샤워시설이 있는 화장실·기타 이와 유사한 장소

2.4.5.6) 파이프덕트 등 그 밖의 이와 비슷한 것으로서 2개 층마다 방화구획된 것이나 수평단면적이 5m² 이하인 것

2.4.5.7) 먼지·가루 또는 수증기가 다량으로 체류하는 장소 또는 주방 등 평상시 연기가 발생하는 장소(연기감지기에 한한다)

2.4.5.8) 프레스공장·주조공장 등 화재 발생의 위험이 적은 장소로서 감지기의 유지관리가 어려운 장소

2.4.6 [표 2.4.6(1)], [표 2.4.6(2)]의 적용

2.4.1 단서에도 불구하고 일시적으로 발생한 열·연기 또는 먼지 등으로 인하여 화재신호를 발신할 우려가 있는 장소에는 [표 2.4.6(1)] 및 [표 2.4.6(2)]에 따라 해당 장소에 적응성 있는 감지기를 설치할 수 있으며, 연기감지기를 설치할 수 없는 장소에는 [표 2.4.6(1)]을 적용하여 설치할 수 있다.

🔥 감지기 설치 제외 장소

암기

1. 20m성에 사는 라푼젤과
2. 헛간을 통해 외부로 도망가는데
3. 어떤 부인이 가스통을들고 쫓아옴
4. 찜질방에서 고온방 저온방 오가다
5. 목욕하고 화장실도 다녀와서 식당에 들어갔는데
6. 티비에서 파이프2개 들고 5명이랑 싸우는 장면이 나온다.
7. 원가 수증기가 나는 주방에서 나온 연기 나는 국밥에
8. 플러스 술(주)한잔하면 좋겠는데 그러면 위건강 유지관리가 어렵다.

①20살
②헛간
③부인 가스

찜질방 ④ ⑤

식당
파이프 수증기
2,5 프 주

2.5 음향장치 및 시각경보장치

2.5.1 자동화재탐지설비의 음향장치의 설치기준

🔔 **음향장치의 설치기준**
암기 주11 지9대

🔔 **우선경보**
암기 114 (공주16)

🔔 **직상발화(우선경보)**

2.5.1.1) 주음향장치는 수신기의 내부 또는 그 직근에 설치할 것

2.5.1.2) 층수가 11층(공동주택의 경우에는 16층) 이상의 특정소방대상물은 다음의 기준에 따라 경보를 발할 수 있도록 할 것

   2.5.1.2.1. 2층 이상의 층에서 발화한 때에는 발화층 및 그 직상 4개 층에 경보를 발할 것

   2.5.1.2.2. 1층에서 발화한 때에는 발화층·그 직상 4개 층 및 지하층에 경보를 발할 것

   2.5.1.2.3. 지하층에서 발화한 때에는 발화층·그 직상층 및 기타의 지하층에 경보를 발할 것

2.5.1.3) 지구음향장치는 특정소방대상물의 층마다 설치하되, 해당 층의 각 부분으로부터 하나의 음향장치까지의 수평거리가 25m 이하가 되도록 하고, 해당 층의 각 부분에 유효하게 경보를 발할 수 있도록 설치할 것. 다만 「비상방송설비의 화재안전기술기준(NFTC 202)」에 적합한 방송설비를 자동화재탐지설비의 감지기와 연동하여 작동하도록 설치한 경우에는 지구음향장치를 설치하지 않을 수 있다.

2.5.1.4) 음향장치는 다음의 기준에 따른 구조 및 성능의 것으로 할 것

   2.5.1.4.1. 정격전압의 80% 전압에서 음향을 발할 수 있는 것으로 할 것. 다만 건전지를 주전원으로 사용하는 음향장치는 그렇지 않다.

   2.5.1.4.2. 음향의 크기는 부착된 음향장치의 중심으로부터 1m 떨어진 위치에서 90dB 이상이 되는 것으로 할 것

   2.5.1.4.3. 감지기 및 발신기의 작동과 연동하여 작동할 수 있는 것으로 할 것

2.5.1.5) 2.5.1.3에도 불구하고 2.5.1.3의 기준을 초과하는 경우로서 기둥 또는 벽이 설치되지 아니한 대형공간의 경우 지구음향장치는 설치대상 장소의 가장 가까운 장소의 벽 또는 기둥 등에 설치할 것

2.5.2 시각경보장치의 설치기준

청각장애인용 시각경보장치는 소방청장이 정하여 고시한 「시각경보장치의 성능인증 및 제품검사의 기술기준」에 적합한 것으로서 다음의 기준에 따라 설치해야 한다.

2.5.2.1) **복**도·**통**로·**청**각장애인용 객실 및 **공**용으로 사용하는 **거실**(로비, **회**의실, **강**의실, **식**당, **휴**게실, **오**락실, **대**기실, **체**력단련실, **접**객실, **안**내실, **전**시실, 기타 이와 유사한 장소를 말한다)에 설치하며, 각 부분으로부터 유효하게 경보를 발할 수 있는 위치에 설치할 것

2.5.2.2) 공연장·**집**회장·관람장 또는 이와 유사한 장소에 설치하는 경우에는 시선이 집중되는 무대부 부분 등에 설치할 것

2.5.2.3) 설치 높이는 바닥으로부터 2m 이상 2.5m 이하의 장소에 설치할 것. 다만 천장의 높이가 2m 이하인 경우에는 천장으로부터 0.15m 이내의 장소에 설치해야 한다.

2.5.2.4) 시각경보장치의 **광**원은 전용의 **축**전지설비 또는 **전**기저장장치(외부 전기에너지를 저장해 두었다가 필요한 때 전기를 공급하는 장치)에 의하여 점등되도록 할 것. 다만 시각경보기에 작동전원을 공급할 수 있도록 형식승인을 얻은 수신기를 설치한 경우에는 그렇지 않다.

2.5.3 수신기가 2 이상인 경우

하나의 특정소방대상물에 2 이상의 수신기가 설치된 경우 어느 수신기에서도 지구음향장치 및 시각경보장치를 작동할 수 있도록 해야 한다.

🔔 **시각경보장치**

암기 복집2광
(복집이 광 난다. 시각경보기 때문에...)

암기 복통청공 거실(회로식 휴강, 전체 안오대 접)
[복통 청공으로 회로식 휴강이 있어 전체가 안온대 쩝...]

2.6 발신기

2.6.1 자동화재탐지설비의 발신기는 다음의 기준에 따라 설치해야 한다.

2.6.1.1) 조작이 쉬운 장소에 설치하고, 스위치는 바닥으로부터 0.8m 이상 1.5m 이하의 높이에 설치할 것

2.6.1.2) 특정소방대상물의 층마다 설치하되, 해당 층의 각 부분으로부터 하나의 발신기까지의 수평거리가 25m 이하가 되도록 할 것. 다만 복도 또는 별도로 구획된 실로서 보행거리가 40m 이상일 경우에는 추가로 설치해야 한다.

2.6.1.3) 2.6.1.2에도 불구하고 2.6.1.2의 기준을 초과하는 경우로서 기둥 또는 벽이 설치되지 아니한 대형공간의 경우 발신기는 설치대상 장소의 가장 가까운 장소의 벽 또는 기둥 등에 설치할 것

2.6.2 발신기의 위치를 표시하는 표시등은 함의 상부에 설치하되, 그 불빛은 부착면으로부터 15° 이상의 범위 안에서 부착지점으로부터 10m 이내의 어느 곳에서도 쉽게 식별할 수 있는 적색등으로 해야 한다.

🔔 **발신기의 설치기준**
암기 조스 특발 대위

①장소 0.8~1.5
②층마다 25m / 40m
③대형공간은 가장 가까운 벽, 기둥

함상 껌 씹어(15) 부착, 십적(쉽죠)
15° 10m

2.7 전원※

2.7.1 상용전원의 설치기준

2.7.1.1) 상용전원은 전기가 정상적으로 공급되는 축전지설비, 전기저장장치(외부 전기에너지를 저장해 두었다가 필요한 때 전기를 공급하는 장치) 또는 교류전압의 옥내 간선으로 하고, 전원까지의 배선은 전용으로 할 것

2.7.1.2) 개폐기에는 "자동화재탐지설비용"이라고 표시한 표지를 할 것

2.7.2 비상전원 또는 예비전원 〔9설〕

자동화재탐지설비에는 그 설비에 대한 감시상태를 60분간 지속한 후 유효하게 10분 이상 경보할 수 있는 비상전원으로서 축전지설비(수신기에 내장하는 경우를 포함한다) 또는 전기저장장치(외부 전기에너지를 저장해 두었다가 필요한 때 전기를 공급하는 장치)를 설치해야 한다. 다만 상용전원이 축전지설비인 경우 또는 건전지를 주전원으로 사용하는 무선식 설비인 경우에는 그렇지 않다.

※ (2.7) 전원의 성능기준은 비상방송설비의 전원의 성능기준과 같다.

2.8 배선※

<small>5설, 14설 응용, 16점</small>

2.8.1 배선은 「전기사업법」 제67조에 따른 「전기설비기술기준」에서 정한 것 외에 다음의 기준에 따라 설치해야 한다.

2.8.1.1) 전원회로의 배선은 「옥내소화전설비의 화재안전기술기준(NFTC 102)」 2.7.2의 [표 2.7.2(1)]에 따른 내화배선에 따르고, 그 밖의 배선(감지기 상호 간 또는 감지기로부터 수신기에 이르는 감지기회로의 배선을 제외한다)은 「옥내소화전설비의 화재안전기술기준(NFTC 102)」 2.7.2의 [표 2.7.2(1)] 또는 [표 2.7.2(2)]에 따른 내화배선 또는 내열배선에 따를 것

2.8.1.2) 감지기 상호 간 또는 감지기로부터 수신기에 이르는 감지기회로의 배선은 다음의 기준에 따라 설치할 것

  2.8.1.2.1. 아날로그식, 다신호식 감지기나 R형수신기용으로 사용되는 것은 전자파 방해를 받지 않는 실드선 등을 사용해야 하며, 광케이블의 경우에는 전자파 방해를 받지 아니하고 내열성능이 있는 경우 사용할 것. 다만 전자파 방해를 받지 않는 방식의 경우에는 그렇지 않다.

  2.8.1.2.2. 2.8.1.2.1 외의 일반배선을 사용할 때는 「옥내소화전설비의 화재안전기술기준(NFTC 102)」 2.7.2의 [표 2.7.2(1)] 또는 [표 2.7.2(2)]에 따른 내화배선 또는 내열배선으로 사용할 것

2.8.1.3) 감지기회로의 도통시험을 위한 종단저항은 다음의 기준에 따를 것

<small>17설, 20점</small>

  2.8.1.3.1. 점검 및 관리가 쉬운 장소에 설치할 것

  2.8.1.3.2. 전용함을 설치하는 경우 그 설치 높이는 바닥으로부터 1.5m 이내로 할 것

  2.8.1.3.3. 감지기 회로의 끝부분에 설치하며, 종단감지기에 설치할 경우에는 구별이 쉽도록 해당 감지기의 기판 및 감지기 외부 등에 별도의 표시를 할 것

2.8.1.4) 감지기 사이의 회로의 배선은 **송배선식**으로 할 것

※ (2.8) 배선의 성능기준
제11조(배선) 배선은 「전기사업법」 제67조에 따른 「전기설비기술기준」에서 정한 것 외에 다음 각 호의 기준과 「옥내소화전설비의 화재안전성능기준(NFPC 102)」 제10조제2항에 따라 설치해야 한다.
1. 전원회로의 배선은 내화배선으로 하고, 그 밖의 배선은 내화배선 또는 내열배선에 따를 것
2. 감지기 상호 간 또는 감지기로부터 수신기에 이르는 감지기회로의 배선의 경우에는 아날로그방식, R형수신기용 등으로 사용되는 것은 전자파의 방해를 받지 않는 것으로 배선하고, 그 외의 일반배선을 사용할 때에는 내화배선 또는 내열배선으로 할 것
3. 감지기회로에는 도통시험을 위한 종단저항을 설치할 것

4~8의 내용은 (2.8.1.4) ~ (2.8.1.8)과 같다.

3. 종단저항 기준
<small>암기</small> 점전1.5 끝 종기표시

4. 감지기회로 송배선식

5. 절연저항

6. 배선은 별도의 관덕몰풀, 60

7. P, GP: 1공통선에 7이하

8. 감지기회로
   저항 50Ω, 전압 80%

2.8.1.5) 전원회로의 전로와 대지 사이 및 배선 상호 간의 절연저항은 「전기사업법」 제67조에 따른 「전기설비기술기준」이 정하는 바에 의하고, 감지기회로 및 부속회로의 전로와 대지 사이 및 배선 상호 간의 절연저항은 1경계구역마다 직류 250V의 절연저항측정기를 사용하여 측정한 절연저항이 0.1MΩ 이상이 되도록 할 것

2.8.1.6) 자동화재탐지설비의 배선은 다른 전선과 별도의 관·덕트(절연효력이 있는 것으로 구획한 때에는 그 구획된 부분은 별개의 덕트로 본다)·몰드 또는 풀박스 등에 설치할 것. 다만 60V 미만의 약 전류회로에 사용하는 전선으로서 각각의 전압이 같을 때에는 그렇지 않다.

2.8.1.7) P형 수신기 및 G.P형 수신기의 감지기 회로의 배선에 있어서 하나의 공통선에 접속할 수 있는 경계구역은 7개 이하로 할 것

2.8.1.8) 자동화재탐지설비의 감지기회로의 전로저항은 50Ω 이하가 되도록 해야 하며, 수신기의 각 회로별 종단에 설치되는 감지기에 접속되는 배선의 전압은 감지기 정격전압의 80% 이상이어야 할 것

표 2.4.6(1) 설치장소별 감지기의 적응성(연기감지기를 설치할 수 없는 경우 적용) 12점, 15점, 17점, 20점

설치장소		적응열감지기									비고
환경 상태	적응 장소	차동식 스포트형		차동식 분포형		보상식 스포트형		정온식		열아날로그식	불꽃감지기	
		1종	2종	1종	2종	1종	2종	특종	1종			
1. 먼지 또는 미분 등이 다량으로 체류하는 장소 12점검	쓰레기장, 하역장, 도장실, 섬유·목재·석재 등 가공 공장	○	○	○	○	○	○	○	×	○	○	1. 불꽃감지기에 따라 감시가 곤란한 장소는 적응성이 있는 열감지기를 설치할 것 2. **차동식분포형**감지기를 설치하는 경우에는 검출부에 **먼지, 미분** 등이 침입하지 않도록 조치할 것 3. **차동식스포트형**감지기 또는 **보상식스포트형**감지기를 설치하는 경우에는 검출부에 **먼지, 미분** 등이 침입하지 않도록 조치할 것 4. 섬유, 목재가공 공장 등 화재확대가 급속하게 진행될 우려가 있는 장소에 설치하는 경우 **정온식**감지기는 **특종**으로 설치할 것. 공칭작동 온도75℃ 이하, 열아날로그식스포트형 감지기는 화재표시 설정은 80℃ 이하가 되도록 할 것
2. 수증기가 다량으로 머무는 장소	증기세정실, 탕비실, 소독실 등	×	×	×	○	×	○	○	○	○	○	1. **차동식분포형**감지기 또는 **보상식스포트형**감지기는 급격한 온도변화가 없는 장소에 한하여 사용할 것 2. **차동식분포형**감지기를 설치하는 경우에는 검출부에 수증기가 침입하지 않도록 조치할 것 3. **보상식스포트형**감지기, **정온식**감지기 또는 **열아날로그식**감지기를 설치하는 경우에는 **방수형**으로 설치할 것 4. **불꽃감지기**를 설치할 경우 **방수형**으로 할 것

설치장소		적응열감지기								열아날로그식	불꽃감지기	비고
환경상태	적응장소	차동식 스포트형		차동식 분포형		보상식 스포트형		정온식				
		1종	2종	1종	2종	1종	2종	특종	1종			
3. 부식성 가스가 발생할 우려가 있는 장소 **15점검, 17점검**	도금공장, 축전지실, 오수처리장 등	×	×	○	○	○	○	×	○	○		1. **차동식분포형**감지기를 설치하는 경우에는 감지부가 **피복**되어 있고 **검출부가** 부식성가스에 영향을 받지 않는 것 또는 검출부에 부식성가스가 **침입하지 않도록** 조치할 것 2. 보상식스포트형감지기, 정온식감지기 또는 **열아날로그식스포트형**감지기를 설치하는 경우에는 부식성가스의 성상에 반응하지 않는 **내산형** 또는 **내알칼리형**으로 설치할 것
4. 주방, 기타 평상시에 연기가 체류하는 장소	주방, 조리실, 용접작업장 등	×	×	×	×	×	×	○	○	○	○	1. **주방, 조리실** 등 습도가 많은 장소에는 **방수형** 감지기를 설치할 것 2. **불꽃감지기는 UV/IR형**을 설치할 것
5. 현저하게 고온으로 되는 장소 **20점검**	건조실, 살균실, 보일러실, 주조실, 영사실, 스튜디오	×	×	×	×	×	×	○	○	○	×	-
6. 배기 가스가 다량으로 체류하는 장소	주차장, 차고, 화물취급소 차로, 자가발전실, 트럭터미널, 엔진시험실	○	○	○	○	○	○	×	×	○	○	1. **불꽃감지기**에 따라 감시가 곤란한 장소는 적응성이 있는 열감지기를 설치할 것 2. **열아날로그식스포트형감지기**는 화재표시 설정이 **60℃ 이하**가 바람직하다.

설치장소		적응열감지기								불꽃감지기	비고
환경상태	적응장소	차동식 스포트형		차동식 분포형		보상식 스포트형		정온식			
		1종	2종	1종	2종	1종	2종	특종	1종	열아날로그식	
7. 연기가 다량으로 유입할 우려가 있는 장소	음식물 배급실, 주방전실, 주방 내 식품저장실, 음식물 운반용 엘리베이터, 주방 주변의 복도 및 통로, 식당 등	○	○	○	○	○	○	○	○	○	×	1. 고체연료 등 가연물이 수납되어 있는 음식물배급실, 주방전실에 설치하는 정온식감지기는 특종으로 설치할 것 2. 주방주변의 복도 및 통로, 식당 등에는 정온식감지기를 설치하지 않을 것 3. 제1호 및 제2호의 장소에 열아날로그식 스포트형감지기를 설치하는 경우에는 화재표시 설정을 60℃ 이하로 할 것
8 물방울이 발생하는 장소 **17점검**	스레트 또는 철판으로 설치한 지붕 창고·공장, 패키지형 냉각기전용 수납실, 밀폐된 지하창고, 냉동실 주변 등	×	×	○	○	○	○	○	○	○	○	1. 보상식스포트형감지기, 정온식감지기 또는 열아날로그식 스포트형감지기를 설치하는 경우에는 방수형으로 설치할 것 2. 보상식스포트형감지기는 급격한 온도변화가 없는 장소에 한하여 설치할 것 3. 불꽃감지기를 설치하는 경우에는 방수형으로 설치할 것
9. 불을 사용하는 설비로서 불꽃이 노출되는 장소	유리공장, 용선로가 있는 장소, 용접실, 주방, 작업장, 주조실 등	×	×	×	×	×	×	○	○	○	×	

[비고]
1. "○"는 당해 설치장소에 적응하는 것을 표시, "×"는 당해 설치장소에 적응하지 않는 것을 표시
2. 차동식스포트형, 차동식분포형 및 보상식스포트형 1종은 감도가 예민하기 때문에 비화재보 발생은 2종에 비해 불리한 조건이라는 것을 유의할 것
3. **차동식분포형 3종 및 정온식 2종은 소화설비와 연동하는 경우에 한해서 사용할 것**
4. 다신호식감지기는 그 감지기가 가지고 있는 종별, 공칭작동온도별로 따르지 말고 상기 표에 따른 적응성이 있는 감지기로 할 것

표 2.4.6(2) 설치장소별 감지기의 적응성

환경상태	적응장소	적응열감지기					적응연기감지기						불꽃감지기	비고
		차동식스포트형	차동식분포형	보상식스포트형	정온식	열아날로그식	이온화식스포트형	광전식스포트형	이온아날로그식스포트형	광전아날로그식스포트형	광전식분리형	광전아날로그식분리형		
1. 흡연에 의해 연기가 체류하며 환기가 되지 않는 장소	회의실, 응접실, 휴게실, 노래연습실, 오락실, 다방, 음식점, 대합실, 카바레 등의 객실, 집회장, 연회장 등	○	○	○	-	-	-	◎	-	◎	○	○	-	
2. 취침시설로 사용하는 장소	호텔 객실, 여관, 수면실 등	-	-	-	-	-	◎	◎	◎	◎	○	○	-	
3. 연기 이외의 미분이 떠다니는 장소	복도, 통로 등	-	-	-	-	-	◎	◎	◎	◎	○	○	-	
4. 바람에 영향을 받기 쉬운 장소	로비, 교회, 관람장, 옥탑에 있는 기계실	-	○	-	-	-	◎	-	◎	-	○	○	○	
5. 연기가 멀리 이동해서 감지기에 도달하는 장소	계단, 경사로	-	-	-	-	-	-	○	-	○	○	○	-	광전식스포트형감지기 또는 광전아날로그식스포트형감지기를 설치하는 경우에는 당해 감지기회로에 축적기능을 갖지 않는 것으로 할 것
6. 훈소화재의 우려가 있는 장소	전화기기실, 통신기기실, 전산실, 기계제어실	-	-	-	-	-	-	○	-	○	○	○	-	
7. 넓은 공간으로 천장이 높아 열 및 연기가 확산하는 장소	체육관, 항공기 격납고, 높은 천장의 창고·공장, 관람석 상부 등 감지기 부착 높이가 8m 이상의 장소	-	○	-	-	-	-	-	-	-	○	○	○	

[비고]
1. "○"는 당해 설치장소에 적응하는 것을 표시
2. "◎" 당해 설치장소에 연감지기를 설치하는 경우에는 당해 감지회로에 **축적기능**을 갖는 것을 표시
3. 차동식스포트형, 차동식분포형, 보상식스포트형 및 연기식(당해 감지기회로에 축적 기능을 갖지 않는 것) 1종은 감도가 예민하기 때문에 비화재보 발생은 2종에 비해 불리한 조건이라는 것을 유의할 것
4. **차동식분포형 3종 및 정온식 2종은 소화설비와 연동하는 경우에 한해서 사용할 것**
5. 광전식분리형감지기는 평상시 연기가 발생하는 장소 또는 공간이 협소한 경우에는 적응성이 없음
6. 넓은 공간으로 천장이 높아 열 및 연기가 확산하는 장소로서 차동식분포형 또는 광전식분리형 2종을 설치하는 경우에는 제조사의 사양에 따를 것
7. 다신호식감지기는 그 감지기가 가지고 있는 종별, 공칭작동온도별로 따르고 표에 따른 적응성이 있는 감지기로 할 것
8. **축적형감지기 또는 축적형중계기 혹은 축적형수신기를 설치하는 경우에는 2.4에 따를 것**

18

자동화재속보설비의 화재안전기술(성능)기준 (NFT(P)C 204)

세부 목차

[설치대상]
1.7 용어의 정의
2.1 자동화재속보설비의 설치기준

18 자동화재속보설비의 화재안전기술(성능)기준(NFT(P)C 204)

🧯 자동화재속보설비의 설치대상

암기

[스토리]
1. 할아버지가 손녀와 생활한다.
   (노유자생활시설)
2. 손녀에게 500원을 주고 나가 놀라고 하고 출근하신다.
4. 할아버지는 문화유산인 목조건축물 청소를 하신다.
7. 할아버지는 일이 끝나면 매일 전통시장에서 음식을 사신다.
6. 그리고 의료시설에 병문안을 가시는데 그곳은 치한 때문에 다친 아들이 요양하고 있는 종합병원이다. 정신병동 자판기가 있는 층에서 500원을 넣고 정신 재활 음료를 샀다.
5. 아들은 근면 성실하여 산후조리원에서 조산으로 약하게 태어났음에도 의치한에 입학할 수 있었는데 나쁜 일에 휘말려 평생 입원하게 되었다.
3. 궁금하면 오백 원 외치는 개그맨이 되어 수련시설에서 밤에 레크리에이션을 하는 것이 그의 꿈이었다.

[설치대상] (소방시설법 시행령 별표4) `24점응용`

자동화재속보설비를 설치해야 하는 특정소방대상물은 다음의 어느 하나에 해당하는 것으로 한다. 다만 방재실 등 화재 수신기가 설치된 장소에 24시간 화재를 감시할 수 있는 사람이 근무하고 있는 경우에는 자동화재속보설비를 설치하지 않을 수 있다

1) <u>노유자</u> <u>생활</u>시설
2) 노유자 시설로서 바닥면적이 <u>500</u>m^2 이상인 층이 있는 것
3) <u>수련</u>시설(<u>숙박</u>시설이 있는 것만 해당한다)로서 바닥면적이 <u>500</u>m^2 이상인 층이 있는 것
4) <u>문화유산</u> 중 「문화유산의 보존 및 활용에 관한 법률」 제23조에 따라 보물또는 국보로 지정된 <u>목조건축물</u>
5) 근린생활시설 중 다음의 어느 하나에 해당하는 시설
   가) <u>의</u>원, <u>치</u>과의원 및 <u>한</u>의원으로서 <u>입</u>원실이 있는 시설
   나) <u>조</u>산원 및 <u>산</u>후조리원
6) <u>의료시설</u> 중 다음의 어느 하나에 해당하는 것
   가) 종합병원, 병원, <u>치</u>과병원, <u>한</u>방병원 및 <u>요양</u>병원 (의료재활시설은 제외한다)
   나) 정신병원 및 의료<u>재활</u>시설로 사용되는 바닥면적의 합계가 <u>500</u>m^2 이상인 층이 있는 것
7) 판매시설 중 <u>전통시장</u>

1.7 정의

1.7.1 이 기준에서 사용하는 용어의 정의는 다음과 같다.

1.7.1.1) "속보기"란 화재신호를 통신망을 통하여 음성 등의 방법으로 소방관서에 통보하는 장치를 말한다.

1.7.1.2) "통신망"이란 유선이나 무선 또는 유무선 겸용 방식을 구성하여 음성 또는 데이터 등을 전송할 수 있는 집합체를 말한다.

1.7.1.3) "데이터전송방식"이란 전기·통신매체를 통해서 전송되는 신호에 의하여 어떤 지점에서 다른 수신 지점에 데이터를 보내는 방식을 말한다.

1.7.1.4) "코드전송방식"이란 신호를 표본화하고 양자화하여, 코드화한 후에 펄스 혹은 주파수의 조합으로 전송하는 방식을 말한다.

🚒 자동화재속보기

〈유선식〉　〈무선식〉

2.1 자동화재속보설비의 설치기준※

2.1.1 자동화재속보설비는 다음 기준에 따라 설치해야 한다.

2.1.1.1) 자동화재탐지설비와 **연동**으로 작동하여 자동적으로 화재신호를 소방관서에 전달되는 것으로 할 것. <u>이 경우 부가적으로 특정소방대상물의 관계인에게 화재신호를 전달되도록 할 수 있다.</u>※

2.1.1.2) <u>조작스위치는 바닥으로부터 0.8m 이상 1.5m 이하의 **높**이에 설치할 것</u>※

2.1.1.3) 속보기는 소방관서에 **통**신망으로 통보하도록 하며, 데이터 또는 코드전송방식을 부가적으로 설치할 수 있다. <u>다만 데이터 및 코드전송방식의 기준은 소방청장이 정하여 고시한 「자동화재속보설비의 속보기의 성능인증 및 제품검사의 기술기준」 제5조제12호에 따른다.</u>※

2.1.1.4) **문**화재에 설치하는 자동화재속보설비는 2.1.1.1의 기준에도 불구하고 속보기에 감지기를 직접 연결하는 방식(자동화재탐지설비 1개의 경계구역에 한한다)으로 할 수 있다.

2.1.1.5) 속보기는 소방청장이 정하여 고시한 「자동화재속보설비의 속보기의 **성**능인증 및 제품검사의 기술기준」에 적합한 것으로 설치할 것

🚒 설치기준
암기 연높통문성

1.2.3.

4. 문화재는 감지기 직접연결

5. 성능인증

※ (2.1)의 성능기준에는 밑줄 친 내용이 없다.

19

누전경보기의 화재안전기술(성능)기준 (NFT(P)C 205)

세부 목차

[설치대상]
1.7 용어의 정의
2.1 누전경보기의 설치방법 등
2.2 수신부
2.3 전원

19 누전경보기의 화재안전기술(성능)기준(NFT(P)C 205)

🚒 **누전경보기의 설치대상**

암기

계약용으로(최씨가) 지은 집은 백(100)색 암초에 설치되어 있다. (내불준 아닌 철망 넣어 만든 것) 가구터는 아니다

[설치대상] (소방시설법 시행령 별표4)

누전경보기는 계약전류용량(같은 건축물에 계약 종류가 다른 전기가 공급되는 경우에는 그중 최대계약전류용량을 말한다)이 **100암페어**를 초과하는 특정소방대상물(내화구조가 아닌 건축물로서 벽·바닥 또는 반자의 전부나 일부를 불연재료 또는 준불연재료가 아닌 재료에 철망을 넣어 만든 것만 해당한다)에 설치해야 한다. 다만 위험물 저장 및 처리 시설 중 가스시설, 터널 및 지하구의 경우에는 그렇지 않다.

1.7 용어의 정의

1.7.1 이 기준에서 사용하는 용어의 정의는 다음과 같다.

1.7.1.1) "누전경보기"란 내화구조가 아닌 건축물로서 벽, 바닥 또는 천장의 전부나 일부를 불연재료 또는 준불연재료가 아닌 재료에 철망을 넣어 만든 건물의 전기설비로부터 누설전류를 탐지하여 경보를 발하는 기기로서, 변류기와 수신부로 구성된 것을 말한다.

1.7.1.2) "수신부"란 변류기로부터 검출된 신호를 수신하여 누전의 발생을 해당 특정소방대상물의 관계인에게 경보하여 주는 것(차단기구를 갖는 것을 포함한다)을 말한다.

1.7.1.3) "변류기"란 경계전로의 누설전류를 자동적으로 검출하여 이를 누전경보기의 수신부에 송신하는 것을 말한다.

1.7.1.4) "경계전로"란 누전경보기가 누설전류를 검출하는 대상 전선로를 말한다.

1.7.1.5) "과전류차단기"란 「전기설비기술기준의 판단기준」 제38조와 제39조에 따른 것을 말한다.

1.7.1.6) "분전반"이란 배전반으로부터 전력을 공급받아 부하에 전력을 공급해주는 것을 말한다.

1.7.1.7) "인입선"이란 「전기설비기술기준」 제3조제1항제9호에 따른 것으로서, 배전선로에서 갈라져서 직접 수용장소의 인입구에 이르는 부분의 전선을 말한다.

1.7.1.8) "정격전류"란 전기기기의 정격출력 상태에서 흐르는 전류를 말한다.

2.1 누전경보기의 설치방법 등※ [22점]

2.1.1 누전경보기는 다음 기준에 따라 설치해야 한다.

2.1.1.1) 경계전로의 정격전류가 60A를 초과하는 전로에 있어서는 1급 누전경보기를, 60A 이하의 전로에 있어서는 1급 또는 2급 누전경보기를 설치할 것. 다만 정격전류가 60A를 초과하는 경계전로가 분기되어 각 분기회로의 정격전류가 60A 이하로 되는 경우 당해 분기회로마다 2급 누전경보기를 설치한 때에는 당해 경계전로에 1급 누전경보기를 설치한 것으로 본다.※

2.1.1.2) 변류기는 특정소방대상물의 형태, 인입선의 시설방법 등에 따라 옥외 인입선의 제1지점의 부하 측 또는 제2종 접지선 측의 점검이 쉬운 위치에 설치할 것. 다만 인입선의 형태 또는 특정소방대상물의 구조상 부득이한 경우에는 인입구에 근접한 옥내에 설치할 수 있다.※

2.1.1.3) 변류기를 옥외의 전로에 설치하는 경우에는 옥외형으로 설치할 것

2.2 수신부

2.2.1 누전경보기의 수신부

누전경보기의 수신부는 옥내의 점검에 편리한 장소에 설치하되, 가연성의 증기·먼지 등이 체류할 우려가 있는 장소의 전기회로에는 해당 부분의 전기회로를 차단할 수 있는 차단기구를 가진 수신부를 설치해야 한다. 이 경우 차단기구의 부분은 해당 장소 외의 안전한 장소에 설치해야 한다.

🚒 **누전경보기 종류**

정격 전류	60[A] 초과	60[A] 이하
경보기의 종류	1급	1급, 2급

암기 경유 변형인 옥외(60초=1분)

경로 정전 60초1급, 이하1,2급
다만 정전 60초경로 분기 2급
변형인 옥외1부
다만 인형특구 부득이
변옥전 **옥외형**

🚒 **설치 예**

※ (2.1)의 성능기준에는 밑줄 친 단서가 없다.

🚒 **수신부의 설치기준**
암기 수신부 옥점편장,
가증면체류 회로차단,
차단기구 해외안전

♠ 수신부의 설치 제외 장소
암기 가화습온대
(가증면가 부증가 다체, 대고발

※ (2.2.2)의 성능기준
② 누전경보기의 수신부는 화재, 부식, 폭발의 위험성이 없고, 습도, 온도, 대전류 또는 고주파 등에 의한 영향을 받지 않는 장소에 설치해야 한다.

2.2.2 수신부의 설치 제외 장소※

누전경보기의 수신부는 다음의 장소 이외의 장소에 설치해야 한다. 다만 해당 누전경보기에 대하여 방폭·방식·방습·방온·방진 및 정전기 차폐 등의 방호조치를 한 것은 그렇지 않다.

2.2.2.1) 가연성의 증기·먼지·가스 등이나 부식성의 증기·가스 등이 다량으로 체류하는 장소

2.2.2.2) 화약류를 제조하거나 저장 또는 취급하는 장소

2.2.2.3) 습도가 높은 장소

2.2.2.4) 온도의 변화가 급격한 장소

2.2.2.5) 대전류회로·고주파 발생회로 등에 따른 영향을 받을 우려가 있는 장소

2.2.3 음향장치

음향장치는 수위실 등 상시 사람이 근무하는 장소에 설치해야 하며, 그 음량 및 음색은 다른 기기의 소음 등과 명확히 구별할 수 있는 것으로 해야 한다.

2.3 전원

2.3.1
누전경보기의 전원은 「전기사업법」 제67조에 따른 「전기설비기술기준」에서 정한 것 외에 다음의 기준에 따라야 한다.

♠ 누전경보기의 전원
암기 전분개 15과 분기개표
전원이 분개했다. 15과 전원이…
따라서 분기마다 개표하기로 했다.

2.3.1.1) 전원은 분전반으로부터 전용회로로 하고, 각 극에 개폐기 및 15A 이하의 과전류차단기(배선용 차단기에 있어서는 20A 이하의 것으로 각 극을 개폐할 수 있는 것)를 설치할 것

2.3.1.2) 전원을 분기할 때는 다른 차단기에 따라 전원이 차단되지 않도록 할 것

2.3.1.3) 전원의 개폐기에는 "누전경보기용"이라고 표시한 표지를 할 것

20

가스누설경보기의 화재안전기술(성능)기준 (NFT(P)C 206)

세부 목차

[설치대상]
1.1 적용범위
1.7 용어의 정의
2.1 가연성가스 경보기
2.2 일산화탄소 경보기
2.3 설치장소
2.4 전원

20 가스누설경보기의 화재안전기술(성능)기준(NFT(P)C 206)

🚒 **설치대상**

암기 문집종운 판매 의노 운물 수박장

문집종운에서 판매를 의논하여
우물 옆에서 수박장을 열기로 하였다.

[설치대상] (소방시설법 시행령 별표4)

설치해야 하는 특정소방대상물(가스시설이 설치된 경우만 해당한다)은 다음의 어느 하나에 해당하는 것으로 한다.

1) **문**화 및 **집**회시설, **종**교시설, **판**매시설, **운**수시설, **의**료시설, **노**유자 시설
2) 수**련**시설, **운**동시설, 숙**박**시설, 창고시설 중 **물류**터미널, **장례**시설

1.1 적용범위

1.1.1 이 기준은 「소방시설 설치 및 관리에 관한 법률 시행령」(이하 "영"이라 한다) 별표 4 제2호차목에 따른 가스누설경보기의 설치 및 관리에 대해 적용한다. 다만 「액화석유가스의 안전관리 및 사업법」 및 「도시가스 사업법」에 따른 가스누출자동차단장치 또는 가스누출경보기 설치대상으로서 「액화석유가스의 안전관리 및 사업법」 및 「도시가스 사업법」에 적합하게 설치한 경우에는 이 기준에 적합한 것으로 본다.

1.7 용어의 정의

1.7.1 이 기준에서 사용하는 용어의 정의는 다음과 같다.

1.7.1.1) "가연성가스 경보기"란 보일러 등 가스연소기에서 액화석유가스(LPG), 액화천연가스(LNG) 등의 가연성가스가 새는 것을 탐지하여 관계자나 이용자에게 경보하여 주는 것을 말한다. 다만 탐지소자 외의 방법에 의하여 가스가 새는 것을 탐지하는 것, 점검용으로 만들어진 휴대용탐지기 또는 연동기기에 의하여 경보를 발하는 것은 제외한다.

1.7.1.2) "일산화탄소 경보기"란 일산화탄소가 새는 것을 탐지하여 관계자나 이용자에게 경보하여 주는 것을 말한다. 다만 탐지소자 외의 방법에 의하여 가스가 새는

것을 탐지하는 것, 점검용으로 만들어진 휴대용탐지기 또는 연동기기에 의하여 경보를 발하는 것은 제외한다.

1.7.1.3) "탐지부"란 가스누설경보기(이하 "경보기"라 한다) 중 가스누설을 탐지하여 중계기 또는 수신부에 가스누설 신호를 발신하는 부분을 말한다.

1.7.1.4) "수신부"란 경보기 중 탐지부에서 발하여진 가스누설 신호를 직접 또는 중계기를 통하여 수신하고 이를 관계자에게 음향으로서 경보하여 주는 것을 말한다.

1.7.1.5) "분리형"이란 탐지부와 수신부가 분리되어 있는 형태의 경보기를 말한다.

1.7.1.6) "단독형"이란 탐지부와 수신부가 일체로 되어 있는 형태의 경보기를 말한다.

1.7.1.7) "가스연소기"란 가스레인지 또는 가스보일러 등 가연성가스를 이용하여 불꽃을 발생하는 장치를 말한다.

※ 수신기보다 작은 개념의 수신부의 음향장치는 음압이 모두 70dB

2.1 가연성가스 경보기

2.1.1 설치위치

가연성가스를 사용하는 가스연소기가 있는 경우에는 가연성가스(액화석유가스(LPG), 액화천연가스(LNG) 등)의 종류에 적합한 경보기를 가스연소기 주변에 설치해야 한다.

2.1.2 분리형 경보기 수신부의 설치기준

2.1.2.1) 가스연소기 주위의 경보기의 상태 확인 및 유지관리에 용이한 위치에 설치할 것

2.1.2.2) 가스누설 경보음향의 음량과 음색이 다른 기기의 소음 등과 명확히 구별될 것

2.1.2.3) 가스누설 경보음향의 크기는 수신부로부터 1m 떨어진 위치에서 음압이 70dB 이상일 것

2.1.2.4) 수신부의 조작 스위치는 바닥으로부터의 높이가 0.8m 이상 1.5m 이하인 장소에 설치할 것

2.1.2.5) 수신부가 설치된 장소에는 관계자 등에게 신속히 연락할 수 있도록 비상연락번호를 기재한 표를 비치할 것

🔥 가연성가스 경보기의 수신부
암기 주음7 높표
주로 음치는 높여 부르지

🔔 **분리형 경보기의 탐지부**

암기 8433

🔔 **단독형 경보기 설치기준**

암기 주음7 8433 표

2.1.3 분리형 경보기 탐지부의 설치기준

2.1.3.1) 탐지부는 가스연소기의 중심으로부터 직선거리 <u>8m</u> (공기보다 무거운 가스를 사용하는 경우에는 <u>4m</u>) 이내에 1개 이상 설치해야 한다.

2.1.3.2) 탐지부는 천정천장으로부터 탐지부 하단까지의 거리가 <u>0.3</u>m 이하가 되도록 설치한다. 다만 공기보다 무거운 가스를 사용하는 경우에는 바닥면으로부터 탐지부 상단까지의 거리는 <u>0.3</u>m 이하로 한다.

2.1.4 단독형 경보기의 설치기준

2.1.4.1) 가스연소기 <u>주</u>위의 경보기의 상태 확인 및 유지관리에 용이한 위치에 설치할 것

2.1.4.2) 가스누설 경보<u>음</u>향의 <u>음</u>량과 <u>음</u>색이 다른 기기의 소음 등과 명확히 구별될 것

2.1.4.3) 가스누설 경보음향장치는 수신부로부터 1m 떨어진 위치에서 음압이 <u>70</u>dB 이상일 것

2.1.4.4) 단독형 경보기는 가스연소기의 중심으로부터 직선거리 <u>8m</u>(공기보다 무거운 가스를 사용하는 경우에는 <u>4m</u>) 이내에 1개 이상 설치해야 한다.

2.1.4.5) 단독형 경보기는 천장으로부터 경보기 하단까지의 거리가 <u>0.3</u>m 이하가 되도록 설치한다. 다만 공기보다 무거운 가스를 사용하는 경우에는 바닥면으로부터 단독형 경보기 상단까지의 거리는 <u>0.3</u>m 이하로 한다.

2.1.4.6) 경보기가 설치된 장소에는 관계자 등에게 신속히 연락할 수 있도록 비상연락번호를 기재한 **표**를 비치할 것

2.2 일산화탄소 경보기

2.2.1 설치위치
일산화탄소 경보기를 설치하는 경우(타 법령에 따라 일산화탄소 경보기를 설치하는 경우를 포함한다)에는 가스연소기 주변(타 법령에 따라 설치하는 경우에는 해당 법령에서 지정한 장소)에 설치할 수 있다.

2.2.2 분리형 경보기 수신부의 설치기준

2.2.2.1) 가스누설 경보음향의 음량과 음색이 다른 기기의 소음 등과 명확히 구별될 것

2.2.2.2) 가스누설 경보음향의 크기는 수신부로부터 1m 떨어진 위치에서 음압이 70dB 이상일 것

2.2.2.3) 수신부의 조작 스위치는 바닥으로부터의 높이가 0.8m 이상 1.5m 이하인 장소에 설치할 것

2.2.2.4) 수신부가 설치된 장소에는 관계자 등에게 신속히 연락할 수 있도록 비상연락번호를 기재한 표를 비치할 것

▶ CO 분리형 수신부 설치기준
암기 음7 높표

2.2.3 분리형 경보기의 탐지부의 설치위치
분리형 경보기의 탐지부는 천장으로부터 탐지부 하단까지의 거리가 0.3m 이하가 되도록 설치한다.

2.2.4 단독형 경보기의 설치기준

2.2.4.1) 가스누설 경보음향의 음량과 음색이 다른 기기의 소음 등과 명확히 구별될 것

2.2.4.2) 가스누설 경보음향장치는 수신부로부터 1m 떨어진 위치에서 음압이 70dB 이상일 것

2.2.4.3) 단독형 경보기는 천장으로부터 경보기 하단까지의 거리가 0.3m 이하가 되도록 설치한다.

2.2.4.4) 경보기가 설치된 장소에는 관계자 등에게 신속히 연락할 수 있도록 비상연락번호를 기재한 표를 비치할 것

▶ CO 단독형 설치기준
암기 음7 3표

2.2.5 별도의 설치방법
2.2.2 내지 2.2.4에도 불구하고 중앙소방기술심의위원회의 심의를 거쳐 일산화탄소경보기의 성능을 확보할 수 있는 별도의 설치방법을 인정받은 경우에는 해당 설치방법을 반영한 제조사의 시방서에 따라 설치할 수 있다.

🔔 **탐지부, 단독형의 설치 제외 장소**

암기 출연환가수 1.5(일점오)

출연환 가수님!
환공하오나 일정에 오차가 생겼습니다.

※ (2.3)의 성능기준
제6조(설치장소) 분리형 경보기의 탐지부 및 단독형 경보기는 외부의 기류가 통하는 곳, 연소기의 폐가스에 접촉하기 쉬운 곳 등 누설가스를 유효하게 탐지하기 어려운 장소 이외의 장소에 설치해야 한다.

2.3 설치장소※   22점

2.3.1 분리형 경보기의 탐지부 및 단독형 경보기는 다음의 장소 이외의 장소에 설치해야 한다.

2.3.1.1) **출**입구 부근 등으로서 외부의 기류가 통하는 곳

2.3.1.2) **환**기구 등 공기가 들어오는 곳으로부터 1.5m 이내인 곳

2.3.1.3) **연**소기의 폐가스에 접촉하기 쉬운 곳

2.3.1.4) **가**구·보·설비 등에 가려져 누설가스의 유통이 원활하지 못한 곳

2.3.1.5) **수**증기 또는 기름 섞인 연기 등이 직접 접촉될 우려가 있는 곳

2.4 전원

2.4.1 경보기는 건전지 또는 교류전압의 옥내간선을 사용하여 상시 전원이 공급되도록 해야 한다.

21

화재알림설비의 화재안전기술(성능)기준 (NFT(P)C 207)

세부 목차

[설치대상]
1.1 적용범위
1.4 기준의 특례
1.6 다른 화재안전기술기준과의 관계
1.7 용어의 정의
2.1 화재알림형 수신기
2.2 화재알림형 중계기
2.3 화재알림형 감지기
2.4 비화재보방지
2.5 화재알림형 비상경보장치
2.6 원격감시서버

21 화재알림설비의 화재안전기술(성능)기준(NFT(P)C 207)

[설치대상](소방시설법 시행령 별표4)

화재알림설비를 설치해야 하는 특정소방대상물은 판매시설 중 전통시장으로 한다.

1.1 적용범위

1.1.1 이 기준은 「소방시설 설치 및 관리에 관한 법률 시행령」(이하 "영"이라 한다) 별표 4 제2호마목에 따른 화재알림설비의 설치 및 관리에 대해 적용한다.

1.4 기준의 특례

1.4.1 소방본부장 또는 소방서장은 기존건축물이 증축·개축·대수선되거나 용도변경 되는 경우에 있어서 이 기준이 정하는 기준에 따라 해당 건축물에 설치해야 할 화재알림설비의 배관·배선 등의 공사가 현저하게 곤란하다고 인정되는 경우에는 해당 설비의 기능 및 사용에 지장이 없는 범위 안에서 이 기준의 일부를 적용하지 않을 수 있다.

1.6 다른 화재안전기술기준과의 관계

1.6.1 이 기준에서 규정하지 않은 것은 「자동화재탐지설비 및 시각경보장치의 화재안전기술기준(NFTC 203)」에 따른다.

1.7 용어의 정의

1.7.1 이 기준에서 사용하는 용어의 정의는 다음과 같다.

1.7.1.1) "화재알림형 감지기"란 화재 시 발생하는 열, 연기, 불꽃을 자동적으로 감지하는 기능 중 두 가지 이상의 성능을 가진 열·연기 또는 열·연기·불꽃 복합형 감지기로서 화재알림형 수신기에 주위의 온도 또는

연기의 양의 변화에 따라 각각 다른 전류 또는 전압 등(이하 "화재정보값"이라 한다)의 **출**력을 발하고, **불**꽃을 감지하는 경우 화재신호를 **발**신하며, 자체 내장된 음향장치에 의하여 **경보**하는 것을 말한다.

1.7.1.2) "화재알림형 중계기"란 화재알림형 감지기, 발신기 또는 전기적인 접점 등의 작동에 따른 화재정보값 또는 화재신호 등을 받아 이를 화재알림형 수신기에 전송하는 장치를 말한다.

1.7.1.3) "화재알림형 수신기"란 화재알림형 감지기나 발신기에서 발하는 화재**정**보**값** 또는 화재**신**호 등을 **직**접 수신하거나 화재알림형 **중**계기를 통해 **수신**하여 화재의 발생을 **표**시 및 **경보**하고, 화재정보 **값** 등을 **자**동으로 **저**장하여, 자체 내장된 **속**보기능에 의해 화재신호를 통신망을 통하여 소방관서에는 **음**성 등의 방법으로 **통**보하고, 관계인에게는 **문**자로 **전달**할 수 있는 장치를 말한다.

1.7.1.4) "발신기"란 수동누름버튼 등의 작동으로 화재신호를 수신기에 발신하는 장치를 말한다.

1.7.1.5) "화재알림형 비상경보장치"란 발신기, 표시등, 지구음향장치(경종 또는 사이렌 등)를 내장한 것으로 화재발생 상황을 경보하는 장치를 말한다.

1.7.1.6) "원격감시서버"란 원격지에서 각각의 화재알림설비로부터 수신한 화재정보값 및 화재신호, 상태신호 등을 원격으로 감시하기 위한 서버를 말한다.

1.7.1.7) "공용부분"이란 전유부분 외의 건물부분, 전유부분에 속하지 아니하는 건물의 부속물, 「집합건물의 소유 및 관리에 관한 법률」 제3조제2항 및 제3항에 따라 공용부분으로 된 부속의 건물을 말한다.

🔔 **화재알림형 감지기 정의**

암기 발열자 감기두 수출 불발 경보

(두음자)
발열자 감기두
열연, 열연불복 감지기
수온 연기 각각 다른 류압출 불발
자내 경보

🔔 **화재알림형 수신기 정의**

암기 정신 직중 수표경
값자저장 속음통 관문 전달

※ 성능기준에만 있는 내용
제4조(신호전송방식)
화재정보값 및 화재신호, 상태신호 등(이하 "화재정보·신호 등"이라 한다)을 송·수신하는 방식은 다음 각 호와 같다.
1. "유선식"은 화재정보·신호 등을 배선으로 송·수신하는 방식
2. "무선식"은 화재정보·신호 등을 전파에 의해 송·수신하는 방식
3. "유·무선식"은 유선식과 무선식을 겸용으로 사용하는 방식

2.1 화재알림형 수신기

2.1.1 화재알림형 수신기 적합기준※

화재알림형 수신기는 다음의 기준에 적합한 것으로 설치하여야 한다.

2.1.1.1) 화재알림형 감지기, 발신기 등의 작동 및 설치지점을 확인할 수 있는 것으로 설치할 것

2.1.1.2) 해당 특정소방대상물에 가스누설탐지설비가 설치된 경우에는 가스누설탐지설비로부터 가스누설신호를 수신하여 가스누설경보를 할 수 있는 것으로 설치할 것. 다만, 가스누설탐지설비의 수신부를 별도로 설치한 경우에는 제외한다.※

2.1.1.3) 화재알림형 감지기, 발신기 등에서 발신되는 화재정보·신호 등을 자동으로 1년 이상※ 저장할 수 있는 용량의 것으로 설치할 것. 이 경우 저장된 데이터는 수신기에서 확인할 수 있어야 하며, 복사 및 출력도 가능하여야 한다.※

2.1.1.4) 화재알림형 수신기에 내장된 속보기능은 화재신호를 자동적으로 통신망을 통하여 소방관서에는 음성 등의 방법으로 통보하고, 관계인에게는 문자로 전달할 수 있는 것으로 설치할 것

2.1.2 화재알림형 수신기 설치기준

화재알림형 수신기는 다음의 기준에 따라 설치하여야 한다.

2.1.2.1) 상시 사람이 근무하는 장소에 설치할 것. 다만, 사람이 상시 근무하는 장소가 없는 경우에는 관계인이 쉽게 접근할 수 있고 관리가 용이한 장소로서 화재 및 침수 등의 재해로 인한 피해를 받을 우려가 없는 곳에 설치하여야 한다.※

2.1.2.2) 화재알림형 수신기가 설치된 장소에는 화재알림설비 일람도를 비치할 것

2.1.2.3) 화재알림형 수신기의 내부 또는 그 직근에 주음향장치를 설치할 것

2.1.2.4) 화재알림형 수신기의 음향기구는 그 음압 및 음색이 다른 기기의 소음 등과 명확히 구별될 수 있는 것으로 할 것

■ 화재알림형 수신기 기준
암기 지가1속

※ (2.1.1)의 성능기준
제5조(화재알림형수신기)
① 화재알림형 수신기는 다음 각 호의 기준에 적합한 것으로 설치해야 한다.
1. 화재알림형 감지기, 발신기 등의 작동 및 설치지점을 확인할 수 있는 것으로 설치할 것
2. 해당 특정소방대상물에 가스누설탐지설비가 설치된 경우에는 가스누설탐지설비로부터 가스누설신호를 수신하여 가스누설경보를 할 수 있는 것으로 설치할 것
3. 화재알림형 감지기, 발신기 등에서 발신되는 화재정보·신호 등을 자동으로 저장할 수 있는 용량의 것으로 설치할 것
4. 화재알림형 수신기에 내장된 속보기능은 화재신호를 자동적으로 통신망을 통하여 소방관서에는 음성 등의 방법으로 통보하고, 관계인에게는 문자로 전달할 수 있는 것으로 설치할 것

※ (2.1.1.2, 2.1.1.3 및 2.1.2.1)의 성능기준에는 밑줄 친 내용이 없다.

■ 화재알림형 수신기 설치기준
암기 상일 내음 82하

2.1.2.5) 화재알림형 수신기의 조작 스위치는 바닥으로부터의 **높**이가 0.8m 이상 1.5m 이하인 장소에 설치할 것

2.1.2.6) 하나의 특정소방대상물에 **2** 이상의 화재알림형 수신기를 설치하는 경우에는 화재알림형 수신기를 상호간 연동하여 화재발생 상황을 각 화재알림형 수신기마다 확인할 수 있도록 할 것

2.1.2.7) 화재로 인하여 하나의 층의 화재알림형 비상경보장치 또는 배선이 단락되어도 다른 층의 화재통보에 지장이 없도록 각 층 배선 상에 유효한 조치를 할 것. 다만, 무선식의 경우 제외한다.※

※ (2.1.2.7 및 2.2.1.2)의 성능기준에는 밑줄 친 내용이 없다.

2.2 화재알림형 중계기

2.2.1 화재알림형 중계기 설치기준

화재알림형 중계기를 설치할 경우 다음의 기준에 따라 설치하여야 한다.

2.2.1.1) 화재알림형 **수**신기와 화재알림형 **감**지기 **사**이에 설치할 것

2.2.1.2) **조**작 및 점검에 편리하고 **화**재 및 침수 등의 재해로 인한 피해를 받을 우려가 없는 **장소**에 설치할 것. 다만, 외기에 개방되어 있는 장소에 설치하는 경우 빗물·먼지 등으로부터 화재알림형 중계기를 보호할 수 있는 구조로 설치하여야 한다.※

2.2.1.3) 화재알림형 수신기에 따라 **감**시되지 않는 배선을 통하여 전력을 공급받는 것에 있어서는 전원입력측의 배선에 과전류 차단기를 설치하고 해당 전원의 **정**전이 즉시 화재알림형 수신기에 표시되는 것으로 하며, 상용전원 및 예비전원의 **시험**을 할 수 있도록 할 것

🔥 **화재알림형 중계기 설치기준**
암기 수감자 조화장소 감정시험

1) 수감사
2) 조화장소(외개장 빗먼보호구)
3) 감정시험

2.3 화재알림형 감지기

2.3.1
화재알림형 감지기 중 열을 감지하는 경우 공칭감지온도범위, 연기를 감지하는 경우 공칭감지농도범위, 불꽃을 감지하는 경우 공칭감시거리 및 공칭시야각 등에 따라 적합한 장소에 설치하여야 한다. 다만, 이 기준에서 정하지 않는 설치방법에 대하여는

🔥 **화재알림형 감지기 기준**
암기 공칭 무음 동내85

1) 열공 연공 불공거리각(형제)
2) 무선 음영
3) 동감자 내음향 중1떨 85

형식승인 사항이나 제조사의 시방서에 따라 설치할 수 있다.※

2.3.2 무선식의 경우 화재를 유효하게 검출할 수 있도록 해당 특정소방대상물에 음영구역이 없도록 설치하여야 한다.

2.3.3 동작된 감지기는 자체 내장된 음향장치에 의하여 경보를 발하여야 하며, 음압은 부착된 화재알림형 감지기의 중심으로부터 1m 떨어진 위치에서 85dB 이상 되어야 한다.

※ (2.3.1 및 2.4.1)의 성능기준에는 밑줄 친 내용이 없다.

2.4 비화재보방지

2.4.1 화재알림설비는 화재알림형 수신기 또는 화재알림형 감지기에 자동보정기능이 있는 것으로 설치하여야 한다. 다만, 자동보정기능이 있는 화재알림형 수신기에 연결하여 사용하는 화재알림형 감지기는 자동보정기능이 없는 것으로 설치한다.※

2.5 화재알림형 비상경보장치

2.5.1 **화재알림형 비상경보장치 설치기준**

화재알림형 비상경보장치는 다음의 기준에 따라 설치하여야 한다. 다만, 전통시장의 경우 공용부분에 한하여 설치할 수 있다.

※ (2.5.1)의 성능기준에는 밑줄 친 내용이 없다.

2.5.1.1) 층수가 11층(공동주택의 경우에는 16층) 이상의 특정소방대상물은 발화층에 따라 경보하는 층을 달리하여 경보를 발할 수 있도록 할 것. 다만, 그 외 특정소방대상물은 전층경보방식으로 경보를 발할 수 있도록 설치하여야 한다.※

2.5.1.1.1. 2층 이상의 층에서 발화한 때에는 발화층 및 그 직상 4개 층에 경보를 발할 것※

2.5.1.1.2. 1층에서 발화한 때에는 발화층·그 직상 4개 층 및 지하층에 경보를 발할 것※

2.5.1.1.3. 지하층에서 발화한 때에는 발화층·그 직상층 및 기타의 지하층에 경보를 발할 것※

2.5.1.2) 화재알림형 비상경보장치는 특정소방대상물의 층마다 설치하되, 해당 특정소방대상물의 각 부분으로부터 하나의 화재알림형 비상경보장치까지의 수평거리가 25m 이하(다만, 복도 또는 별도로 구획된 실로서 보행거리 40m 이상일 경우에는 추가로 설치하여야 한다)※가 되도록 하고, 해당 층의 각 부분에 유효하게 경보를 발할 수 있도록 설치할 것. 다만, 「비상방송설비의 화재안전기술기준(NFTC 202)」에 적합한 방송설비를 화재알림형 감지기와 연동하여 작동하도록 설치한 경우에는 비상경보장치를 설치하지 아니하고, 발신기만 설치할 수 있다.※

※ (2.4.1)의 성능기준에는 밑줄 친 내용이 없다.

2.5.1.3) 2.5.1.2에도 불구하고 2.5.1.2의 기준을 초과하는 경우로서 기둥 또는 벽이 설치되지 아니한 대형공간의 경우 화재알림형 비상경보장치는 설치대상 장소 중 가장 가까운 장소의 벽 또는 기둥 등에 설치할 것

2.5.1.4) 화재알림형 비상경보장치는 조작이 쉬운 장소에 설치하고, 발신기의 스위치는 바닥으로부터 0.8m 이상 1.5m 이하의 높이에 설치할 것

2.5.1.5) 화재알림형 비상경보장치의 위치를 표시하는 표시등은 함의 상부에 설치하되, 그 불빛은 부착면으로부터 15° 이상의 범위 안에서 부착지점으로부터 10m 이내의 어느 곳에서도 쉽게 식별할 수 있는 적색등으로 설치할 것

2.5.2 화재알림형 비상경보장치의 구조 및 성능 기준

화재알림형 비상경보장치는 다음의 기준에 따른 구조 및 성능의 것으로 하여야 한다.

2.5.2.1) 정격전압의 80 % 전압에서 음압을 발할 수 있는 것으로 할 것. 다만, 건전지를 주전원으로 사용하는 화재알림형 비상경보장치는 그렇지 않다.※

2.5.2.2) 음압은 부착된 화재알림형 비상경보장치의 중심으로부터 1m 떨어진 위치에서 90dB 이상이 되는 것으로 할 것

2.5.2.3) 화재알림형 감지기 및 발신기의 작동과 연동하여 작동할 수 있는 것으로 할 것

🔔 화재알림형 비상경보장치
암기 198 연동

2.5.3 화재알림형 수신기가 2이상 설치된 경우

하나의 특정소방대상물에 2 이상의 화재알림형 수신기가 설치된 경우 어느 화재알림형 수신기에서도 화재알림형 비상경보장치를 작동할 수 있도록 하여야 한다.

2.6 원격감시서버※

2.6.1 화재알림설비의 감시업무를 위탁할 경우 원격감시서버는 다음의 기준에 따라 설치할 것을 권장한다.

2.6.2 원격감시서버의 비상전원은 상용전원 차단 시 24시간 이상 전원을 유효하게 공급될 수 있는 것으로 설치한다.

2.6.3 화재알림설비로부터 수신한 정보(주소, 화재정보·신호 등)를 1년 이상 저장할 수 있는 용량을 확보한다.

2.6.3.1) 저장된 데이터는 원격감시서버에서 확인할 수 있어야 하며, 복사 및 출력도 가능할 것

2.6.3.2) 저장된 데이터는 임의로 수정이나 삭제를 방지할 수 있는 기능이 있을 것

※ (2.6)의 성능기준
제10조(원격감시서버)
특정소방대상물의 관계인은 원격감시서버를 보유한 관리업자에게 화재알림설비의 감시업무를 위탁할 수 있다. 다만, 감시업무에서 원격제어는 제외한다.

🔔 원격감시서버 권장사항
암기 비상차24전 1년용(데원임수)

22

피난기구의 화재안전기술(성능)기준 (NFT(P)C 301)

세부 목차

[설치대상]
1.8 용어의 정의
2.1 적응 및 설치개수 등
2.2 설치 제외
2.3 피난기구설치의 감소
[표] 소방대상물의 설치장소별 피난기구의 적응성

22 피난기구의 화재안전기술(성능)기준(NFT(P)C 301)

설치대상
- 지상 3층~10층
- 노유자: 피난층만 제외
  피난층이 아닌 1층~10층
- 지하층은 적응성 있는 피난기구가 없는 것으로 개정되었다.

피난사다리

완강기

구조대(경사식)

구조대(수직강하식)

[설치대상] (소방시설법 시행령 별표4)   20점 응용

피난기구는 특정소방대상물의 모든 층에 화재안전기준에 적합한 것으로 설치해야 한다.

다만 피난층, 지상 1층, 지상 2층(노유자 시설 중 피난층이 아닌 지상 1층과 피난층이 아닌 지상 2층은 제외한다), 층수가 11층 이상인 층과 위험물 저장 및 처리시설 중 가스시설, 터널 및 지하구의 경우에는 그렇지 않다.

1.8 용어의 정의

1.8.1 이 기준에서 사용하는 용어의 정의는 다음과 같다.

1.8.1.1) "완강기"란 사용자의 몸무게에 따라 자동적으로 내려올 수 있는 기구 중 사용자가 교대하여 연속적으로 사용할 수 있는 것을 말한다.

1.8.1.2) "간이완강기"란 사용자의 몸무게에 따라 자동적으로 내려올 수 있는 기구 중 사용자가 연속적으로 사용할 수 없는 것을 말한다.

1.8.1.3) "공기안전매트"란 화재 발생 시 사람이 건축물 내에서 외부로 긴급히 뛰어내릴 때 충격을 흡수하여 안전하게 지상에 도달할 수 있도록 포지에 공기 등을 주입하는 구조로 되어 있는 것을 말한다.

1.8.1.4) "구조대"란 포지 등을 사용하여 자루 형태로 만든 것으로서 화재 시 사용자가 그 내부에 들어가서 내려옴으로써 대피할 수 있는 것을 말한다.

1.8.1.5) "승강식 피난기"란 사용자의 몸무게에 의하여 자동으로 하강하고 내려서면 스스로 상승하여 연속적으로 사용할 수 있는 무동력 승강식 기기를 말한다.

1.8.1.6) "하향식 피난구용 내림식사다리"란 하향식 피난구 해치에 격납하여 보관하고 사용 시에는 사다리 등이 소방대상물과 접촉되지 않는 내림식사다리를 말한다.

1.8.1.7) "피난사다리"란 화재 시 긴급대피를 위해 사용하는 사다리를 말한다.

1.8.1.8) "다수인피난장비"란 화재 시 2인 이상의 피난자가 동시에 해당 층에서 지상 또는 피난층으로 하강하는 피난기구를 말한다.

1.8.1.9) "미끄럼대"란 사용자가 미끄럼식으로 신속하게 지상 또는 피난층으로 이동할 수 있는 피난기구를 말한다.

1.8.1.10) "피난교"란 인접 건축물 또는 피난층과 연결된 다리 형태의 피난기구를 말한다.

1.8.1.11) "피난용트랩"이란 화재 층과 직상 층을 연결하는 계단형태의 피난기구를 말한다.

🛎 승강식 피난기

🛎 하향식 피난구용 내림식사다리

2.1 적응 및 설치개수 등

2.1.1 설치장소별로 적응하는 피난기구의 종류

피난기구는 [표 2.1.1]에 따라 특정소방대상물의 설치장소별로 그에 적응하는 종류의 것으로 설치해야 한다.

2.1.2 피난기구 개수의 산정기준 [18설]

2.1.2.1) **층마다** 설치하되, 숙박시설·노유자시설 및 의료시설로 사용되는 층에 있어서는 그 층의 바닥면적 500m²마다, 위락시설·문화집회 및 운동시설·판매시설로 사용되는 층 또는 복합용도의 층(하나의 층이 영 별표 2 제1호 나목 내지 라목 또는 제4호 또는 제8호 내지 제18호 중 2 이상의 용도로 사용되는 층을 말한다)에 있어서는 그 층의 바닥면적 800m²마다, 계단실형 아파트에 있어서는 각 세대마다, 그 밖의 용도의 층에 있어서는 그 층의 바닥면적 1,000m²마다 1개 이상 설치할 것
  (개정 24.1.1)

2.1.2.2) 2.1.2.1에 따라 설치한 피난기구 외에 **숙박시설**(휴양콘도미니엄을 제외한다)의 경우에는 **추가**로 객실마다 **완강기** 또는 **2 이상의 간이완강기**를 설치할 것

2.1.2.3) (삭제 24.1.1)

2.1.2.4) 2.1.2.1에 따라 설치한 피난기구 외에 **4층 이상**의 층에 설치된 노유자시설 중 **장애인** 관련 시설로서 주된 사용자 중 **스스로 피난이 불가**한 자가 있는 경우에는 **층마다 구조대**를 1개 이상 **추가**로 설치할 것

🛎 영 별표 2
제1호 나목 내지 라목
  연립주택, 다세대주택, 기숙사
제4호
  종교시설
제8호 내지 제18호
  교육연구시설, 노유자시설, 수련시설, 운동시설, 업무시설, 숙박시설, 위락시설, 공장, 창고시설, 위험물 저장 및 처리시설, 항공기 및 자동차 관련 시설

※ (2.1.2)의 성능기준
제5조 ② 피난기구는 다음 각 호의 기준에 따른 개수 이상을 설치해야 한다.
1. 층마다 설치하되, 특정소방대상물의 종류에 따라 그 층의 용도 및 바닥면적을 고려하여 한 개 이상 설치할 것
2. 제1호에 따라 설치한 피난기구 외에 숙박시설(휴양콘도미니엄을 제외한다)의 경우에는 추가로 객실마다 완강기 또는 둘 이상의 간이완강기를 설치할 것
3. 삭제
4. 제1호에 따라 설치한 피난기구 외에 4층 이상의 층에 설치된 노유자시설 중 장애인 관련 시설로서 주된 사용자 중 스스로 피난이 불가한 자가 있는 경우에는 층마다 구조대를 1개 이상 추가로 설치할 것

🧯 **피난, 소화활동상 유효한 개구부**

암기 잘 빠져나가려면 오일(0.5, 1)을 발라야 한다. 그래야 일이(1.2) 잘 진행된다.

🧯 **개구부 동일직선상 위치 경우**

암기 간이아트교

아파트의 다수인피난장비는 동일직선상 설치 불가능

🧯 **피난기구 부착방법**

암기 기바보에 볼매용으로

🧯 **피난사다리**

암기 4금고 노

🧯 **완강기**

암기 (완)로길

🧯 **미끄럼대**

암기 (미)속전

🧯 **구조대**

암기 (구)속길

사금고를 털 놈이 완로길을 통해 민속촌(미속천)에 숨었으나 잡혀 구속길에 올랐다.

2.1.3 피난기구의 설치기준

2.1.3.1) 피난기구는 계단·피난구 기타 피난시설로부터 적당한 거리에 있는 안전한 구조로 된 피난 또는 소화 활동상 유효한 <u>개구부</u>(가로 0.5m 이상 세로 1m 이상인 것을 말한다. 이 경우 개구부 하단이 바닥에서 1.2m 이상이면 발판 등을 설치하여야 하고, <u>**밀폐된 창문**</u>은 쉽게 파괴할 수 있는 <u>**파괴장치**</u>를 비치해야 한다)에 고정하여 설치하거나 필요한 때에 신속하고 유효하게 설치할 수 있는 상태에 둘 것 `18설`

2.1.3.2) 피난기구를 설치하는 개구부는 서로 동일직선상이 아닌 위치에 있을 것. 다만 피난<u>교</u>·피난용<u>트</u>랩·<u>간</u><u>이</u>완강기·<u>아</u>파트에 설치되는 피난기구(다수인 피난장비는 제외한다) 기타 피난상 지장이 없는 것에 있어서는 그렇지 않다.

2.1.3.3) 피난기구는 특정소방대상물의 <u>기</u>둥·<u>바</u>닥·<u>보</u> 기타 구조상 견고한 부분에 <u>볼</u>트조임·<u>매</u>입·<u>용</u>접 기타의 방법으로 견고하게 부착할 것

2.1.3.4) <u>4</u>층 이상의 층에 피난사다리(하향식 피난구용 내림식사다리는 제외한다)를 설치하는 경우에는 <u>금</u>속성 <u>고</u>정사다리를 설치하고, 당해 <u>고정사다리</u>에는 쉽게 피난할 수 있는 구조의 <u>노</u>대를 설치할 것 `18설`

2.1.3.5) <u>완</u>강기는 강하 시 <u>로</u>프가 건축물 또는 구조물 등과 접촉하여 손상되지 않도록 하고, 로프의 <u>길</u>이는 부착위치에서 지면 또는 기타 피난상 유효한 착지 면까지의 길이로 할 것

2.1.3.6) <u>미</u>끄럼대는 안전한 강하<u>속</u>도를 유지하도록 하고, <u>전</u>락방지를 위한 안전조치를 할 것

2.1.3.7) <u>구</u>조대의 길이는 피난상 지장이 없고 안정한 강하속도를 유지할 수 있는 길이로 할 것

2.1.3.8) 다수인 피난장비는 다음의 기준에 적합하게 설치할 것 [13점]

2.1.3.8.1. 피난에 용이하고 안전하게 하강할 수 있는 **장소**에 적재 하중을 충분히 견딜 수 있도록 「건축물의 구조기준 등에 관한 규칙」 제3조에서 정하는 구조안전의 확인을 받아 견고하게 설치할 것

2.1.3.8.2. 다수인피난장비 **보관실**(이하 "보관실"이라 한다)은 건물 외측보다 돌출되지 아니하고, 빗물·먼지 등으로부터 장비를 보호할 수 있는 구조일 것

2.1.3.8.3. 사용 시에 보관실 외측 **문**이 먼저 열리고 탑승기가 외측으로 자동으로 전개될 것

2.1.3.8.4. 하강 시에 탑승기가 건물 외벽이나 돌출물에 **충**돌하지 않도록 설치할 것

2.1.3.8.5. 상·하층에 설치할 경우에는 탑승기의 하강**경**로가 중첩되지 않도록 할 것

2.1.3.8.6. 하강 시에는 안전하고 일정한 **속**도를 유지하도록 하고 전복, 흔들림, 경로이탈 방지를 위한 안전조치를 할 것

2.1.3.8.7. 보관실의 문에는 **오**작동 방지조치를 하고, 문 개방 시에는 해당 특정소방대상물에 설치된 경보설비와 연동하여 유효한 경보음을 발하도록 할 것

2.1.3.8.8. 피난층에는 해당 층에 설치된 피난기구가 **착**지에 지장이 없도록 충분한 공간을 확보할 것

2.1.3.8.9. 한국소방산업기술원 또는 법 제46조제1항에 따라 **성**능시험기관으로 지정받은 기관에서 그 성능을 검증받은 것으로 설치할 것

2.1.3.9)* 승강식 피난기 및 하향식 피난구용 내림식사다리는 다음의 기준에 적합하게 설치할 것 [16설]

2.1.3.9.1. 승강식 피난기 및 하향식 피난구용 내림식사다리는 설치**경**로가 설치 층에서 피난층까지 **연**계될 수 있는 구조로 설치할 것. 다만 건축물의 구조 및 설치 여건 상 불가피한 경우에는 그렇지 않다.*

2.1.3.9.2. **대피실**의 **면**적은 2m²(2세대 이상일 경우에는 3m²) 이상으로 하고, 「건축법 시행령」 제46조제4항 각 호의 규정에 적합하여야 하며 하강구(개구부) 규격은 직경 60cm 이상일 것. 다만 외기와 개방된 장소에는 그렇지 않다.*

🚒 **다수인피난장비의 설치기준**

암기 장관문 충경속 착오성

※ (2.1.3.9)의 성능기준에는 밑줄 친 단서 내용이 없다.

🚒 **「건축법 시행령」 제46조제4항 각 호**

1. 대피공간은 바깥의 공기와 접할 것
2. 대피공간은 실내의 다른 부분과 방화구획으로 구획될 것
3. 대피공간의 바닥면적은 인접 세대와 공동으로 설치하는 경우에는 3제곱미터 이상, 각 세대별로 설치하는 경우에는 2제곱미터 이상일 것
4. 국토교통부장관이 정하는 기준에 적합할 것

🚒 승강식피난기 및 하향식 피난구용 내림식사다리

암기 경연 대면하내 출피 상호대비
대표 대출 사기성

※ (2.1.4)의 성능기준
④ 피난기구를 설치한 장소에는 가까운 곳의 보기 쉬운 곳에 피난기구의 위치를 표시하는 발광식 또는 축광식표지와 그 사용방법을 표시한 표지(외국어 및 그림 병기)를 부착해야 한다.

2.1.3.9.3. **하강구 내측**에는 기구의 연결 금속구 등이 없어야 하며 전개된 피난기구는 하강구 수평투영면적 공간 내의 범위를 침범하지 않는 구조이어야 할 것. 다만 <u>직경 60cm 크기의 범위를 벗어난 경우이거나, 직하층의 바닥 면으로부터 높이 50cm 이하의 범위는 제외한다.</u>※

2.1.3.9.4. 대피실의 **출**입문은 60분+ 방화문 또는 60분 방화문으로 설치하고, **피**난방향에서 식별할 수 있는 위치에 "대피실" 표지판을 부착할 것. 다만 <u>외기와 개방된 장소에는 그렇지 않다.</u>※

2.1.3.9.5. 착지점과 하강구는 **상호** 수평거리 15cm 이상의 간격을 둘 것

2.1.3.9.6. **대**피실 내에는 **비**상조명등을 설치할 것

2.1.3.9.7. **대**피실에는 층의 위치표시와 피난기구 사용설명서 및 주의사항 표지판을 부착할 것

2.1.3.9.8. **대**피실 **출**입문이 개방되거나, 피난기구 작동 시 해당층 및 직하층 거실에 설치된 표시등 및 경보장치가 작동되고, 감시 제어반에서는 피난기구의 작동을 확인할 수 있어야 할 것

2.1.3.9.9. **사**용 시 **기**울거나 흔들리지 않도록 설치할 것

2.1.3.9.10. 승강식 피난기는 한국소방산업기술원 또는 법 제46조제1항에 따라 **성**능시험기관으로 지정받은 기관에서 그 성능을 검증받은 것으로 설치할 것

2.1.4 위치표지※

피난기구를 설치한 **장**소에는 가까운 곳의 보기 쉬운 곳에 피난기구의 위치를 표시하는 **발광식 또는 축광식표지**와 그 **사용방법을 표시한 표지(외국어 및 그림 병기)**를 부착하되, **축광식표지**는 소방청장이 정하여 고시한 「축광표지의 **성**능인증 및 제품검사의 기술기준」에 적합하여야 한다. 다만 **방**사성물질을 사용하는 위치표지는 쉽게 **파**괴되지 않는 **재**질로 처리할 것

2.2 설치 제외※

2.2.1 영 별표 5 제14호 피난구조설비의 설치면제 요건의 규정에 따라 다음의 어느 하나에 해당하는 특정소방대상물 또는 그 부분에는 피난기구를 설치하지 않을 수 있다. 다만 2.1.2.2에 따라 숙박시설(휴양콘도미니엄을 제외한다)에 설치되는 완강기 및 간이완강기의 경우에는 그렇지 않다.

2.2.1.1) 다음의 기준에 적합한 층
  2.2.1.1.1. 주요구조부가 내화구조로 되어 있어야 할 것
  2.2.1.1.2. 실내의 면하는 부분의 마감이 불연재료·준불연재료 또는 난연재료로 되어 있고 방화구획이 「건축법 시행령」 제46조의 규정에 적합하게 구획되어 있어야 할 것
  2.2.1.1.3. 거실의 각 부분으로부터 직접 복도로 쉽게 통할 수 있어야 할 것
  2.2.1.1.4. 복도에 2 이상의 피난계단 또는 특별피난계단이 「건축법 시행령」 제35조에 적합하게 설치되어 있어야 할 것
  2.2.1.1.5. 복도의 어느 부분에서도 2 이상의 방향으로 각각 다른 계단에 도달할 수 있어야 할 것

2.2.1.2) 다음의 기준에 적합한 특정소방대상물 중 그 옥상의 직하층 또는 최상층(문화 및 집회시설, 운동시설 또는 판매시설을 제외한다)
  2.2.1.2.1. 주요구조부가 내화구조로 되어 있어야 할 것
  2.2.1.2.2. 옥상의 면적이 1,500m² 이상이어야 할 것
  2.2.1.2.3. 옥상으로 쉽게 통할 수 있는 창 또는 출입구가 설치되어 있어야 할 것
  2.2.1.2.4. 옥상이 소방사다리차가 쉽게 통행할 수 있는 도로(폭 6m 이상의 것을 말한다. 이하 같다) 또는 공지(공원 또는 광장 등을 말한다. 이하 같다) 에 면하여 설치되어 있거나 옥상으로부터 피난층 또는 지상으로 통하는 2 이상의 피난계단 또는 특별피난계단이 「건축법 시행령」 제35조의 규정에 적합하게 설치되어 있어야 할 것

※ (2.2)의 성능기준
제6조(설치제외)
영 별표 5 제14호 피난구조설비의 설치면제 요건의 규정에 따라 피난 상 지장이 없다고 인정되는 특정소방대상물 또는 그 부분에는 피난기구를 설치하지 않을 수 있다. 다만, 제4조제2항제2호에 따라 숙박시설(휴양콘도미니엄을 제외한다)에 설치되는 완강기 및 간이완강기의 경우에는 그렇지 않다.

🚒 설치 제외
암기 2옥4 아무학옥
2211) 투(2)방향
2212) 옥상
2213) 4층
2214) 아파트
2216) 무인
2215) 학교
2217) 옥상
(일제시대 토옥사를 보면 아무 학생이나 옥살이 시켰다.)

1. 설치제외 층
암기 내난복 두피 2방

2. 옥상 직하층 or 최상층
암기 주면창도
옥상 아래 문집판운 제외

3. **4층** 이하 + 소방사다리차
   > 암기 4층 도면 개둘(문운판영 노천)

4. 갓복도형 or
   아파트(인접세대피난)

5. 학교(강의실 층)

6. 무인공장, 자동창고(사람X)

7. 옥상부분(거실이 아닌 '층')

※ 「건축법 시행령」 제119조제1항제9호의 해당 부분 요약:
옥탑 등의 수평투영면적의 합계가 해당 건축물 건축면적의 1/8 초과하면 층수에 산입한다.

🧯 **피난기구 설치 감소**
> 암기

개그를 위해
1. 내두피를 반(1/2)이나 밀었는데
2. 건복이(2) 배는 빼
3. 노잼이야

🧯 **피난기구 1/2 감소**
> 암기 내두피

2.2.1.3) 주요구조부가 내화구조이고 지하층을 제외한 층수가 **4층** 이하이며 소방사다리차가 쉽게 통행할 수 있는 **도**로 또는 공지에 **면**하는 부분에 영 제2조제1호 각 목의 기준에 적합한 **개**구부가 **2** 이상 설치되어 있는 층(**문**화집회 및 **운**동시설·**판**매시설 및 **영**업시설 또는 **노**유자시설의 용도로 사용되는 층으로서 그 층의 바닥면적이 1,000m² 이상인 것을 제외한다)

2.2.1.4) **갓복도식 아파트** 또는 「건축법 시행령」 제46조제5항에 해당하는 구조 또는 시설을 설치하여 인접(수평 또는 수직)세대로 피난할 수 있는 **아파트**

2.2.1.5) 주요구조부가 내화구조로서 거실의 각 부분으로 직접 복도로 피난할 수 있는 **학교**(**강의실** 용도로 사용되는 **층**에 한한다)

2.2.1.6) **무인공장** 또는 자동창고로서 사람의 출입이 금지된 장소(관리를 위하여 일시적으로 출입하는 장소를 포함한다)

2.2.1.7) 건축물의 **옥상부분**으로서 거실에 해당하지 아니하고 「건축법 시행령」 제119조제1항제9호에 해당하여 **층수로 산정된 층**으로 사람이 근무하거나 거주하지 않는 장소

2.3 피난기구설치의 감소※   `15점`

2.3.1 피난기구 1/2의 감소

피난기구를 설치하여야 할 특정소방대상물 중 다음의 기준에 적합한 층에는 2.1.2에 따른 피난기구의 2분의 1을 감소할 수 있다. 이 경우 설치하여야 할 피난기구의 수에 있어서 소수점 이하의 수는 1로 한다.

2.3.1.1) 주요구조부가 **내**화구조로 되어 있을 것

2.3.1.2) 직통계단인 **피**난계단 또는 특별피난계단이 **2** 이상 설치되어 있을 것

2.3.2 건널복도 설치에 따른 감소

피난기구를 설치해야 할 소방대상물 중 주요구조부가 내화구조이고 다음의 기준에 적합한 건널 복도가 설치되어 있는 층에는 2.1.2에 따른 피난기구의 수에서 해당 건널 복도의 수의 2배의 수를 뺀 수로 한다.

2.3.2.1) 내화구조 또는 철골조로 되어 있을 것

2.3.2.2) 건널 복도 양단의 출입구에 자동폐쇄장치를 한 60분 + 방화문 또는 60분 방화문(방화셔터를 제외한다)이 설치되어 있을 것

2.3.2.3) 피난·통행 또는 운반의 전용 용도일 것

2.3.3 노대 설치에 따른 감소

피난기구를 설치하여야 할 특정소방대상물 중 다음의 기준에 적합한 노대가 설치된 거실의 바닥면적은 2.1.2에 따른 피난기구의 설치개수 산정을 위한 바닥면적에서 이를 제외한다.

2.3.3.1) 노대를 포함한 특정소방대상물의 주요구조부가 내화구조일 것

2.3.3.2) 노대가 거실의 외기에 면하는 부분에 피난상 유효하게 설치되어 있어야 할 것

2.3.3.3) 노대가 소방사다리차가 쉽게 통행할 수 있는 도로 또는 공지에 면하여 설치되어 있거나, 거실부분과 방화구획되어 있거나 또는 노대에 지상으로 통하는 계단 그 밖의 피난기구가 설치되어 있어야 할 것

♣ 건널복도 2배수 감소
피난기구 기준 수 - 건널복도 수×2

♣ 건널복도 기준
암기 내양피

♣ 노대 기준
암기 주거차

※ (2.3)의 성능기준
제7조(피난기구설치의 감소)
① 피난기구를 설치해야 할 특정소방대상물 중 주요구조부가 내화구조이고, 피난계단 또는 특별피난계단이 둘 이상 설치되어 있는 층에는 제5조제2항에 따른 피난기구의 일부를 감소할 수 있다.
② 피난기구를 설치해야 할 특정소방대상물 중 주요구조부가 내화구조이고 건널 복도가 설치되어 있는 층에는 제5조제2항에 따른 피난기구의 일부를 감소할 수 있다.
③ 피난기구를 설치해야 할 특정소방대상물 중 피난에 유효한 노대가 설치된 거실의 바닥면적은 제5조제2항에 따른 피난기구의 설치개수 산정을 위한 바닥면적에서 이를 제외한다.

표 2.1.1 설치장소별 피난기구의 적응성   [18설]

층별 설치장소별	1층	2층	3층	4층 이상 10층 이하
1. 노유자시설	미끄럼대 구조대 피난교 다수인피난장비 승강식피난기	미끄럼대 구조대 피난교 다수인피난장비 승강식피난기	미끄럼대 구조대 피난교 다수인피난장비 승강식피난기	구조대[1] 피난교 다수인피난장비 승강식피난기
2. 의료시설·근린생활시설 중 입원실이 있는 의원·접골원·조산원			미끄럼대 피난교 피난용트랩 구조대 다수인피난장비 승강식피난기	피난교 피난용트랩 구조대 다수인피난장비 승강식피난기
3. 다중이용업소로서 영업장의 위치가 4층 이하인 다중이용업소		미끄럼대 완강기 피난사다리 구조대 다수인피난장비 승강식피난기	미끄럼대 완강기 피난사다리 구조대 다수인피난장비 승강식피난기	미끄럼대 완강기 피난사다리 구조대 다수인피난장비 승강식피난기
4. 그 밖의 것			미끄럼대 완강기 피난사다리 구조대 다수인피난장비 승강식피난기 공기안전매트 간이완강기[2] 피난용트랩 피난교	완강기 피난사다리 구조대 다수인피난장비 승강식피난기 공기안전매트 간이완강기[2] 피난교

[비고]
1) 구조대의 적응성은 장애인 관련 시설로서 주된 사용자 중 스스로 피난이 불가한 자가 있는 경우 2.1.2.4에 따라 추가로 설치하는 경우에 한한다.
2) 간이완강기의 적응성은 2.1.2.2에 따라 숙박시설의 3층 이상에 있는 객실에 추가로 설치하는 경우에 한한다.

※ 표 2.1.1 설치장소별 피난기구의 적응성 암기

층 구분	노유자 시설	의료시설, (근생 중) 입원실의원, 접골원, 조산원	다중 이용업소의 4층 이하 영업장	그 밖의 것
~11	계단 이용	계단 이용	계단 이용	계단 이용
10~5	구교인승	교랩 구인승	계단 이용	X완 사다리 구인승 공간X교
4			미완 사다리 구인승	
3		미교랩 구인승		미완 사다리 구인승 공간트교
2	미구 교인승			
1				
지하	계단 이용	계단 이용	계단 이용	계단 이용

[비고]
1) 구조대의 적응성은 장애인 관련 시설로서 주된 사용자 중 스스로 피난이 불가한 자가 있는 경우 2.1.2.4에 따라 추가로 설치하는 경우에 한한다.
2) 간이완강기의 적응성은 2.1.2.2에 따라 숙박시설의 3층 이상에 있는 객실에 추가로 설치하는 경우에 한한다.

피난기구 적응성

암기

1. [노유자시설]
   교회에서 운영하는 노유자시설에
   1~3층은 미국교인이 승강기를
   4~10층은 구교인용 승강기를 이용
   한다.

2. [의료시설, 의원, 접골원, 조산원]
   조산하여 태어난 아이가
   뼈가 약해 뼈가 빠져
   접골원에 뼈를 맞추러
   입원하러 구인승 승강기를 타고 올
   라간다.
   치료실이 있는 3층에 미결합(미교
   랩)상태로 올라가서 치료를 받고,
   4층에 입원했다가 결합(교랩) 상태
   로 퇴원했다.

3. [다중이용업 4층 이하 영업장]
   미완사다리 구인승으로
   다(중) 이사(2~4)한다

4. [그밖의 것]
   4~10층은 미트가 제외된다.

23

인명구조기구의
화재안전기술(성능)기준
(NFT(P)C 302)

세부 목차

[설치대상]
1.7 용어의 정의
2.1 설치기준

23. 인명구조기구의 화재안전기술(성능)기준(NFT(P)C 302)

🔥 설치대상
_{암기}

1. 쥐포 관광 중 다쳐서 지포병원 치료(75)를 받았다.
2. 공기는 100대 지역 상 이

🔥 인명구조기구
_{암기} 방방공인

🔥 방열복   🔥 방화복

🔥 공기호흡기

🔥 인공소생기

[설치대상] (소방시설법 시행령 별표4)

1 방열복 또는 방화복(안전모, 보호장갑 및 안전화를 포함한다), 인공소생기 및 공기호흡기를 설치해야 하는 특정소방대상물

지하층을 포함하는 층수가 7층 이상인 것 중 관광호텔 용도로 사용하는 층

2 방열복 또는 방화복(안전모, 보호장갑 및 안전화를 포함한다) 및 공기호흡기를 설치해야 하는 특정소방대상물

지하층을 포함하는 층수가 5층 이상인 것 중 병원 용도로 사용하는 층

3 공기호흡기를 설치해야 하는 특정소방대상물 _{18설}

가) 수용인원 100명 이상인 문화 및 집회시설 중 영화상영관
나) 판매시설 중 대규모점포
다) 운수시설 중 지하역사
라) 지하상가
마) 이산화탄소소화설비(호스릴이산화탄소소화설비는 제외한다)를 설치해야 하는 특정소방대상물

1.7 정의

1.7.1 이 기준에서 사용하는 용어의 정의는 다음과 같다.

1.7.1.1) "방열복"이란 고온의 복사열에 가까이 접근하여 소방활동을 수행할 수 있는 내열피복을 말한다.

1.7.1.2) "공기호흡기"란 소화활동 시에 화재로 인하여 발생하는 각종 유독가스 중에서 일정시간 사용할 수 있도록 제조된 압축공기식 개인호흡장비(보조마스크를 포함한다)를 말한다.

1.7.1.3) "인공소생기"란 호흡 부전 상태인 사람에게 인공호흡을 시켜 환자를 보호하거나 구급하는 기구를 말한다.

1.7.1.4) "방화복"이란 화재진압 등의 소방활동을 수행할 수 있는 피복을 말한다.

1.7.1.5) "인명구조기구"란 화열, 화염, 유해성가스 등으로부터 인명을 보호하거나 구조하는 데 사용되는 기구를 말한다.

1.7.1.6) "축광식표지"란 평상시 햇빛 또는 전등불 등의 빛에너지를 축적하여 화재 등의 비상시 어두운 상황에서도 도안·문자 등이 쉽게 식별될 수 있는 표지를 말한다.

2.1 설치기준

2.1.1 인명구조기구는 다음의 기준에 따라 설치해야 한다.

2.1.1.1) 특정소방대상물의 용도 및 장소별로 설치해야 할 인명구조기구는 [표 2.1.1.1]에 따라 설치할 것 ※

[표 2.1.1.1] 특정소방대상물의 용도 및 장소별로 설치해야 할 인명구조기구   **18점**

특정소방대상물	인명구조기구	설치 수량
• 지하층을 포함하는 층수가 7층 이상인 관광호텔 및 5층 이상인 병원	• 방열복 또는 방화복(안전모, 보호장갑 및 안전화를 포함한다) • 공기호흡기 • 인공소생기	• 각 2개 이상 비치할 것. 다만 병원의 경우에는 인공소생기를 설치하지 않을 수 있다.
• 문화 및 집회시설 중 수용인원 100명 이상의 영화상영관 • 판매시설 중 대규모 점포 • 운수시설 중 지하역사 • 지하가 중 지하상가	• 공기호흡기	• 층마다 2개 이상 비치할 것. 다만 각 층마다 갖추어 두어야 할 공기호흡기 중 일부를 직원이 상주하는 인근 사무실에 갖추어 둘 수 있다.
• 물분무등소화설비 중 이산화탄소소화설비를 설치해야 하는 특정소방대상물	• 공기호흡기	• 이산화탄소소화설비가 설치된 장소의 출입구 외부 인근에 1대 이상 비치할 것

🚒 **방화공인 설치대상**

암기

1. 쥐포 관광 중 다쳐서 지포병원 치료(75)를 받았다.
2. 공기는 100대 지역 상이

※ (2.1.1.1)의 성능기준
① 인명구조기구는 특정소방대상물의 용도 및 장소별로 다음 각 호에 따라 설치해야 한다.
1. 방열복 또는 방화복(안전모, 보호장갑 및 안전화를 포함한다)·공기호흡기 및 인공소생기를 각 2개 이상 비치해야 하는 특정소방대상물은 다음 각 목과 같다.
  가. 지하층을 포함하는 층수가 7층 이상인 관광호텔
  나. 지하층을 포함하는 층수가 5층 이상인 병원
2. 공기호흡기를 층마다 2개 이상 비치해야 하는 특정소방대상물은 다음 각 목과 같다.
  가. 문화 및 집회시설 중 수용인원 100명 이상의 영화상영관
  나. 판매시설 중 대규모 점포
  다. 운수시설 중 지하역사
  라. 지하가 중 지하상가
3. 물분무등소화설비 중 이산화탄소소화설비를 설치하는 특정소방대상물에는 이산화탄소소화설비가 설치된 장소의 출입구 외부 인근에 1개 이상의 공기호흡기를 비치할 것

2.1.1.2) 화재 시 쉽게 반출 사용할 수 있는 장소에 비치할 것

2.1.1.3) 인명구조기구가 설치된 가까운 장소의 보기 쉬운 곳에 "인명구조기구"라는 축광식표지와 그 사용방법을 표시한 표지를 부착하되, 축광식표지는 소방청장이 정하여 고시한 「축광표지의 성능인증 및 제품검사의 기술기준」에 적합한 것으로 할 것

2.1.1.4) 방열복은 소방청장이 정하여 고시한 「소방용 방열복의 성능인증 및 제품검사의 기술기준」에 적합한 것으로 설치할 것

2.1.1.5) 방화복(안전모, 보호장갑 및 안전화를 포함한다)은 「소방장비관리법」 제10조제2항 및 「표준규격을 정해야 하는 소방장비의 종류고시」 제2조제1항제4호에 따른 표준규격에 적합한 것으로 설치할 것

24

유도등 및 유도표지의 화재안전기술(성능)기준 (NFT(P)C 303)

세부 목차

[설치대상]
1.7 용어의 정의
2.1 유도등 및 유도표지의 종류
2.2 피난구유도등 설치기준
2.3 통로유도등의 설치기준
2.4 객석유도등의 설치기준
2.5 유도표지의 설치기준
2.6 피난유도선의 설치기준
2.7 유도등의 전원
2.8 유도등 및 유도표지의 제외

24 유도등 및 유도표지의 화재안전기술(성능)기준(NFT(P)C 303)

🚒 **설치대상**
터널, 축사를 제외한 모든 특정소방대상물

🚒 **객석유도등 설치대상**
암기 무지 종 운 유흥주점(무대)
(무지좋은 유흥주점에는 객석유도등이 있다)

🚒 **피난구유도등**

녹색바탕 백색문자

[설치대상](소방시설법 시행령 별표4)

1) 피난구유도등, 통로유도등 및 유도표지는 특정소방대상물에 설치한다. 다만 다음의 어느 하나에 해당하는 경우는 제외한다.
   가) 동물 및 식물 관련 시설 중 축사로서 가축을 직접 가두어 사육하는 부분
   나) 터널

2) 객석유도등은 다음의 어느 하나에 해당하는 특정소방대상물에 설치한다.
   가) <u>유</u>흥주점영업시설(「식품위생법 시행령」 제21조제8호라목의 유흥주점영업 중 손님이 춤을 출 수 있는 <u>무</u>대가 설치된 카바레, 나이트클럽 또는 그 밖에 이와 비슷한 영업시설만 해당한다)
   나) 문화 및 **집**회시설
   다) **종**교시설
   라) **운**동시설

3) 피난유도선은 화재안전기준에서 정하는 장소에 설치한다.

1.7 용어의 정의

1.7.1 이 기준에서 사용하는 용어의 정의는 다음과 같다.

1.7.1.1) "유도등"이란 화재 시에 피난을 유도하기 위한 등으로서 정상상태에서는 상용전원에 따라 켜지고 상용전원이 정전되는 경우에는 비상전원으로 자동전환되어 켜지는 등을 말한다.

1.7.1.2) "피난구유도등"이란 피난구 또는 피난경로로 사용되는 출입구를 표시하여 피난을 유도하는 등을 말한다.

1.7.1.3) "통로유도등"이란 피난통로를 안내하기 위한 유도등으로 복도통로유도등, 거실통로유도등, 계단통로유도등을 말한다.

통로유도등
백색바탕 녹색문자 + 화살표

복도통로유도등

1.7.1.4) "복도통로유도등"이란 피난통로가 되는 복도에 설치하는 통로유도등으로서 피난구의 방향을 명시하는 것을 말한다. 16점

거실통로유도등   계단통로유도등

1.7.1.5) "거실통로유도등"이란 거주, 집무, 작업, 집회, 오락 그 밖에 이와 유사한 목적을 위하여 계속적으로 사용하는 거실, 주차장 등 개방된 통로에 설치하는 유도등으로 피난의 방향을 명시하는 것을 말한다.

객석유도등

1.7.1.6) "계단통로유도등"이란 피난통로가 되는 계단이나 경사로에 설치하는 통로유도등으로 바닥면 및 디딤 바닥면을 비추는 것을 말한다. 16점

피난구유도표지

1.7.1.7) "객석유도등"이란 객석의 통로, 바닥 또는 벽에 설치하는 유도등을 말한다.

1.7.1.8) "피난구유도표지"란 피난구 또는 피난경로로 사용되는 출입구를 표시하여 피난을 유도하는 표지를 말한다.

통로유도표지

1.7.1.9) "통로유도표지"란 피난통로가 되는 복도, 계단등에 설치하는 것으로서 피난구의 방향을 표시하는 유도표지를 말한다.

피난유도선(축광방식)

1.7.1.10) "피난유도선"이란 햇빛이나 전등불에 따라 축광(이하 "축광방식"이라 한다)하거나 전류에 따라 빛을 발하는(이하 "광원점등방식"이라 한다) 유도체로서 어두운 상태에서 피난을 유도할 수 있도록 띠 형태로 설치되는 피난유도시설을 말한다.

피난유도선(광원점등방식)

1.7.1.11) "입체형"이란 유도등 표시면을 2면 이상으로 하고 각 면마다 피난유도표시가 있는 것을 말한다.

입체형

1.7.1.12) "3선식 배선"이란 평상시에는 유도등을 소등 상태로 유도등의 비상전원을 충전하고, 화재 등 비상시 점등 신호를 받아 유도등을 자동으로 점등되도록 하는 방식의 배선을 말한다.

피난구유도등   복도통로유도등

2.1 유도등 및 유도표지의 종류

2.1.1 특정소방대상물의 용도별로 설치하여야 할 유도등 및 유도표지는 다음 [표 2.1.1]에 따라 그에 적응하는 종류의 것으로 설치해야 한다.

[표 2.1.1] 설치장소별 유도등 및 유도표지의 종류(개정24.1.1)

설치 장소	유도등 및 유도표지의 종류
1. 공연장·집회장(종교집회장 포함)·관람장·운동시설	대형피난구유도등 통로유도등 객석유도등
2. 유흥주점영업시설(유흥주점영업 중 손님이 춤을 출 수 있는 무대가 설치된 카바레, 나이트클럽 또는 그 밖에 이와 비슷한 영업시설만 해당한다)	대형피난구유도등 통로유도등 객석유도등
3. 위락시설·판매시설·운수시설·관광숙박업·의료시설·장례식장·방송통신시설·전시장·지하상가·지하철역사	대형피난구유도등 통로유도등
4. 숙박시설(제3호의 관광숙박업 외의 것을 말한다)·오피스텔	중형피난구유도등 통로유도등
5. 제1호부터 제3호까지 외의 건축물로서 지하층·무창층 또는 층수가 11층 이상인 특정소방대상물	중형피난구유도등 통로유도등
6. 제1호부터 제5호까지 외의 건축물로서 근린생활시설·노유자시설·업무시설·발전시설·종교시설(집회장 용도로 사용하는 부분 제외)·교육연구시설·수련시설·공장·교정 및 군사시설(국방·군사시설 제외)·자동차정비공장·운전학원 및 정비학원·다중이용업소·복합건축물	소형피난구유도등 통로유도등
7. 그 밖의 것	피난구유도표지 통로유도표지

[비고]
1. 소방서장은 특정소방대상물의 위치·구조 및 설비의 상황을 판단하여 대형피난구유도등을 설치해야 할 장소에 중형피난유도등 또는 소형피난유도등을※, 중형피난구유도등을 설치해야 할 장소에 소형피난구유도등을 설치하게 할 수 있다.
2. 복합건축물의 경우, 주택의 세대 내에는 유도등을 설치하지 않을 수 있다.

🚒 **대형, 객석유도등의 대상**

암기 1호, 2호

유흥주점 개선을 요구하며
운동부 학생들이 집회하면서
공연과 관람을 하고 있다.
(대형객석에 앉아서)

🚒 **대형피난유도등의 대상**

암기 3호

(대)판관 위장방전 운수,의료 지지

🚒 **중형피난유도등의 대상**

암기 4호, 5호

일일이 무지 박피(중)

🚒 **소형피난구유도등 대상**

암기 6호

노유자 업고 근무하다가 다쳐
공발 교정시설에 갔더니
자동차 운정학원 종교수가 다복하게
있었다.

※ 비고의 성능기준
1. 소방서장은 특정소방대상물의 위치·구조 및 설비의 상황을 판단하여 대형피난구유도등을 설치하여야 할 장소에 중형피난구유도등 또는 소형피난구유도등을, 중형피난구유도등을 설치하여야 할 장소에 소형피난구유도등을 설치하게 할 수 있다.

2.2 피난구유도등 설치기준

2.2.1 피난구유도등의 설치 장소
2.2.1.1) 옥내로부터 직접 지상으로 통하는 출입구 및 그 부속실의 출입구
2.2.1.2) 직통계단·직통계단의 계단실 및 그 부속실의 출입구
2.2.1.3) 2.2.1.1과 2.2.1.2에 따른 출입구에 이르는 복도 또는 통로로 통하는 출입구
2.2.1.4) 안전구획된 거실로 통하는 출입구

2.2.2 피난구유도등의 설치위치
피난구유도등은 피난구의 바닥으로부터 높이 1.5m 이상으로서 출입구에 인접하도록 설치해야 한다.

2.2.3 지상으로 통하는 출입구 및 직통계단 출입구 추가설치
피난층으로 향하는 피난구의 위치를 안내할 수 있도록 2.2.1.1 또는 2.2.1.2※의 출입구 인근 천장에 2.2.1.1 또는 2.2.1.2※에 따라 설치된 피난구유도등의 면과 수직이 되도록 피난구유도등을 추가로 설치해야 한다. 다만 2.2.1.1 또는 2.2.1.2에 따라 설치된 피난구유도등이 입체형인 경우에는 그렇지 않다.※

2.2.4
2.2.3.에 따라 추가로 설치하는 피난구유도등은 피난구의 식별이 용이하도록 피난구 방향의 화살표가 함께 표시된 것으로 설치해야 한다. <신설 2024.7.1.>

2.3 통로유도등의 설치기준

2.3.1
통로유도등은 특정소방대상물의 각 거실과 그로부터 지상에 이르는 복도 또는 계단의 통로에 다음의 기준에 따라 설치해야 한다.

2.3.1.1) 복도통로유도등은 다음의 기준에 따라 설치할 것 15설

2.3.1.1.1. 복도에 설치하되 2.2.1.1 또는 2.2.1.2에 따라 피난구유도등이 설치된 출입구의 맞은편 복도에는 입체형으로 설치하거나, 바닥에 설치할 것

2.3.1.1.2. 구부러진 모퉁이 및 2.3.1.1.1에 따라 설치된 통로유도등을 기점으로 보행거리 20m마다 설치할 것

2.3.1.1.3. 바닥으로부터 높이 1m 이하의 위치에 설치할 것. 다만 지하층 또는 무창층의 용도가 도매시

🔔 **피난구유도등의 설치장소**
암기 지직복안

🔔 **피난구유도등의 설치위치 및 추가설치**

※ (2.2.3)의 성능기준에서는 밑줄 친 2.2.1.1 또는 2.2.1.2를 (2.2.1)의 출입구로 달리 정하고 있으며, 단서가 없다.

🔔 **통로유도등의 설치기준**
암기 복거계 통주
1.복도 2.거실 3.계단 4.통행 5.주위

🔔 **복도통로유도등**
암기 복구(보2) 1바
(지무 도소여지지 바닥)

🔔 **피난구 - 통로유도등 설치개선**

장·소매시장·여객자동차터미널·지하역사 또는 지하상가인 경우에는 복도·통로 중앙부분의 바닥에 설치해야 한다.

2.3.1.1.4. **바**닥에 설치하는 통로유도등은 하중에 따라 파괴되지 않는 강도의 것으로 할 것

2.3.1.2) **거**실통로유도등은 다음의 기준에 따라 설치할 것

2.3.1.2.1. **거**실의 통로에 설치할 것. 다만 거실의 통로가 벽체 등으로 구획된 경우에는 복도통로유도등을 설치할 것

2.3.1.2.2. **구**부러진 모퉁이 및 보행거리 20m마다 설치할 것

2.3.1.2.3. 바닥으로부터 높이 1.5m 이상의 위치에 설치할 것. 다만 거실통로에 기둥이 설치된 경우에는 기둥 부분의 바닥으로부터 높이 1.5m 이하의 위치에 설치할 수 있다.

🚒 거실통로유도등

암기 거구2마 1.5

암기 ▶▶▶

거구 이마(20마다)에 일어(1.5)를 썼다.

🚒 계단통로유도등

암기 참 1

(참한 계단)

⟨1개 층에 계단참이 2 이상인 경우⟩

2.3.1.3) **계**단통로유도등은 다음의 기준에 따라 설치할 것

2.3.1.3.1. 각 층의 경사로 **참** 또는 계단참마다(1개 층에 경사로 참 또는 계단참이 2 이상 있는 경우에는 2개의 계단참마다) 설치할 것

2.3.1.3.2. 바닥으로부터 높이 1m 이하의 위치에 설치할 것

2.3.1.4) **통**행에 지장이 없도록 설치할 것

2.3.1.5) **주**위에 이와 유사한 등화·광고물·게시물 등을 설치하지 않을 것

2.4 객석유도등의 설치기준

2.4.1 설치위치

객석유도등은 객석의 통로, 바닥 또는 벽에 설치해야 한다.

2.4.2 설치 수량

객석 내의 통로가 경사로 또는 수평로로 되어 있는 부분은 식 (2.4.2)에 따라 산출한 개수(소수점 이하의 수는 1로 본다)의 유도등을 설치해야 한다.

🚒 객석유도등

$$설치개수 = \frac{객석의\ 통로의\ 직선\ 부분의\ 길이(m)}{4} - 1$$

$$\cdots (2.4.2)$$

2.4.3 옥외 부분의 설치

객석 내의 통로가 옥외 또는 이와 유사한 부분에 있는 경우에는 해당 통로 전체에 미칠 수 있는 개수의 유도등을 설치해야 한다.

2.5 유도표지의 설치기준

2.5.1 유도표지의 설치기준

2.5.1.1) **계단**에 설치하는 것을 제외하고는 **각** 층마다 복도 및 통로의 각 부분으로부터 하나의 유도표지까지의 **보**행거리가 **15**m 이하가 되는 곳과 **구**부러진 모퉁이의 벽에 설치할 것

2.5.1.2) **피**난구유도표지는 출입구 **상**단에 설치하고, **통**로유도표지는 바닥으로부터 높이 **1**m 이하의 위치에 설치할 것

2.5.1.3) **주위**에는 이와 유사한 등화·광고물·게시물 등을 설치하지 않을 것

2.5.1.4) 유도표지는 **부**착판 등을 사용하여 쉽게 떨어지지 않도록 설치할 것

2.5.1.5) **축**광방식의 유도표지는 외광 또는 조명장치에 의하여 상시 조명이 제공되거나 비상조명등에 의한 조명이 제공되도록 설치할 것

2.5.2 유도표지의 성능 및 재질

유도표지는 소방청장이 정하여 고시한 「축광표지의 **성**능인증 및 제품검사의 기술기준」에 적합한 것이어야 한다. 다만 **방**사성물질을 사용하는 **위**치표지는 쉽게 **파**괴되지 않는 재질로 처리해야 한다.

2.6 피난유도선의 설치기준

2.6.1 축광방식의 피난유도선 설치기준

2.6.1.1) **구**획된 각 실로부터 **주**출입구 또는 **비**상구까지 설치할 것

2.6.1.2) 바닥으로부터 높이 **50**cm 이하의 위치 또는 바닥 면에 설치할 것

2.6.1.3) 피난유도 표시부는 **50**cm 이내의 간격으로 연속되도록 설치

🔥 **유도표지의 설치기준**
암기 계단각보15구 피상통일주 부축

복도

🔥 **유도표지의 성능 및 재질**
암기 성능 방위파

🔥 **축광방식 피난유도선**
암기 (축)구주비 5 5 부 외상비

2.6.1.4) 부착대에 의하여 견고하게 설치할 것

2.6.1.5) 외부의 빛 또는 조명장치에 의하여 상시 조명이 제공되거나 비상조명등에 의한 조명이 제공되도록 설치할 것

2.6.2 광원점등방식의 피난유도선 설치기준

2.6.2.1) 구획된 각 실로부터 주출입구 또는 비상구까지 설치할 것

2.6.2.2) 피난유도 표시부는 바닥으로부터 높이 1m 이하의 위치 또는 바닥 면에 설치할 것

2.6.2.3) 피난유도 표시부는 50cm 이내의 간격으로 연속되도록 설치하되 실내장식물 등으로 설치가 곤란할 경우 1m 이내로 설치할 것

2.6.2.4) 수신기로부터의 화재신호 및 수동조작에 의하여 광원이 점등되도록 설치할 것

2.6.2.5) 비상전원이 상시 충전상태를 유지하도록 설치할 것

2.6.2.6) 바닥에 설치되는 피난유도 표시부는 매립하는 방식을 사용할 것

2.6.2.7) 피난유도 제어부는 조작 및 관리가 용이하도록 바닥으로부터 0.8m 이상 1.5m 이하의 높이에 설치할 것

2.6.3 피난유도선의 성능

피난유도선은 소방청장이 정하여 고시한 「피난유도선의 성능인증 및 제품검사의 기술기준」에 적합한 것으로 설치해야 한다.

2.7 유도등의 전원

2.7.1 전원

유도등의 상용전원은 전기가 정상적으로 공급되는 축전지설비, 전기저장장치(외부 전기에너지를 저장해 두었다가 필요한 때 전기를 공급하는 장치) 또는 교류전압의 옥내 간선으로 하고, 전원까지의 배선은 전용으로 해야 한다.

2.7.2 비상전원 적합 기준

2.7.2.1) 축전지로 할 것

2.7.2.2)※ 유도등을 20분 이상 유효하게 작동시킬 수 있는 용

🔸 광원점등방식 피난유도선
암기 (광)구 1 50 1 수비바제

🔸 전원
암기 축전교전 (전용)

량으로 할 것. 다만 다음의 특정소방대상물의 경우에는 그 부분에서 피난층에 이르는 부분의 유도등을 60분 이상 유효하게 작동시킬 수 있는 용량으로 해야 한다.

2.7.2.2.1. 지하층을 제외한 층수가 11층 이상의 층

2.7.2.2.2. 지하층 또는 무창층으로서 용도가 도매시장·소매시장·여객자동차터미널·지하역사 또는 지하상가

2.7.3 배선 `1점, 8점`

배선은 「전기사업법」 제67조에 따른 「전기설비기술기준」에서 정한 것 외에 다음의 기준에 따라야 한다.

2.7.3.1) 유도등의 인입선과 옥내배선은 직접 연결할 것

2.7.3.2) 유도등은 전기회로에 점멸기를 설치하지 않고 항상 점등 상태를 유지할 것. 다만 특정소방대상물 또는 그 부분에 사람이 없거나 다음의 어느 하나에 해당하는 장소로서 3선식 배선에 따라 상시 충전되는 구조인 경우에는 그렇지 않다.

2.7.3.2.1. 외부의 빛에 의해 피난구 또는 피난방향을 쉽게 식별할 수 있는 장소

2.7.3.2.2. 공연장, 암실(暗室) 등으로서 어두워야 할 필요가 있는 장소

2.7.3.2.3. 특정소방대상물의 관계인 또는 종사원이 주로 사용하는 장소

2.7.3.3) 3선식 배선은 「옥내소화전설비의 화재안전기술기준(NFTC 102)」 2.7.2의 [표 2.7.2(1)] 또는 [표 2.7.2(2)]에 따른 내화배선 또는 내열배선으로 할 것

2.7.4 3선식 배선의 유도등이 점등되어야 하는 경우 `1점, 8점, 21점`

2.7.3.2에 따라 3선식 배선으로 상시 충전되는 유도등의 전기회로에 점멸기를 설치하는 경우에는 다음의 어느 하나에 해당되는 경우에 자동으로 점등되도록 해야 한다.

2.7.4.1) 자동화재탐지설비의 감지기 또는 발신기가 작동되는 때

2.7.4.2) 비상경보설비의 발신기가 작동되는 때

2.7.4.3) 상용전원이 정전되거나 전원선이 단선되는 때

2.7.4.4) 방재업무를 통제하는 곳 또는 전기실의 배전반에서 수동으로 점등하는 때

2.7.4.5) 자동소화설비가 작동되는 때

비상전원

암기 (유비)축20

60지제11 지무 도소여지지

※ (2.7.2.2)의 성능기준
② 비상전원은 유도등을 20분 이상 유효하게 작동시킬 수 있는 용량의 축전지로 설치해야 한다. 다만 지하층을 제외한 층수가 11층 이상의 층이나 특정소방대상물의 지하층 또는 무창층의 경우에는 그 부분에서 피난층에 이르는 부분의 유도등을 60분 이상 유효하게 작동시킬 수 있는 용량으로 해야 한다.

배선

암기 유인옥 항상점등, 3선내화열

3선식(사無or장소(외공관))

〈상시점등방식(2선배선방식)〉

[유도등 2선식 배선]
유도등을 상시점등 사용시에는 흑색선과 적색선을 묶어서 한 선으로 시공한다.

[유도등 연동제어(3선식)]
화재 시 또는 수신기 제어로
Fa-1 구동하여
유도등 점등, 소등 제어

〈3선식 배선〉

점등되어야 하는 경우
암기 자비 상자방

2.8 유도등 및 유도표지의 제외 ※

2.8.1 피난구유도등의 설치 제외　12점

다음의 어느 하나에 해당하는 경우에는 피난구유도등을 설치하지 않을 수 있다.

2.8.1.1) 바닥면적이 $1,000m^2$ 미만인 층으로서 옥내로부터 직접 지상으로 통하는 출입구(외부의 식별이 용이한 경우에 한한다)

2.8.1.2) 대각선 길이가 15m 이내인 구획된 실의 출입구

2.8.1.3) 거실 각 부분으로부터 하나의 출입구에 이르는 보행거리가 20m 이하이고, 비상조명등과 유도표지가 설치된 거실의 출입구

2.8.1.4) 출입구가 3개소 이상 있는 거실로서 그 거실 각 부분으로부터 하나의 출입구에 이르는 보행거리가 30m 이하인 경우에는 주된 출입구 2개소 외의 출입구(유도표지가 부착된 출입구를 말한다). 다만 공연장·집회장·관람장·전시장·판매시설·운수시설·숙박시설·노유자시설·의료시설·장례식장의 경우에는 그렇지 않다.

2.8.2 통로유도등의 설치 제외

다음의 어느 하나에 해당하는 경우에는 통로유도등을 설치하지 않을 수 있다.

2.8.2.1) 구부러지지 아니한 복도 또는 통로로서 길이가 30m 미만인 복도 또는 통로

2.8.2.2) 2.8.2.1에 해당하지 않는 복도 또는 통로로서 보행거리가 20m 미만이고 그 복도 또는 통로와 연결된 출입구 또는 그 부속실의 출입구에 피난구유도등이 설치된 복도 또는 통로

2.8.3 객석유도등의 설치 제외

다음의 어느 하나에 해당하는 경우에는 객석유도등을 설치하지 않을 수 있다.

2.8.3.1) 주간에만 사용하는 장소로서 채광이 충분한 객석

2.8.3.2) 거실 등의 각 부분으로부터 하나의 거실출입구에 이르는 보행거리가 20m 이하인 객석의 통로로서 그 통로에 통로유도등이 설치된 객석

🔥 **피난구유도등 제외**

암기 천대보3

1. 1000피난층
2. 대각선15m 실
3. 보행20m 비표
4. 출입구3 보행30
(공의관집 장판 노숙 운전 제외)

🔥 **통로유도등 설치 제외**

암기 (구아복통길)3미 보2미 복부피

🔥 **객석유도등의 설치 제외**

암기 주간채광 보2 통로

(주간 채관으로 잘 보이는 통로)

2.8.4 유도표지의 설치 제외

다음의 어느 하나에 해당하는 경우에는 유도표지를 설치하지 않을 수 있다.

2.8.4.1) 유도등이 2.2와 2.3에 따라 적합하게 설치된 출입구·복도·계단 및 통로

2.8.4.2) 2.8.1.1·2.8.1.2와 2.8.2에 해당하는 출입구·복도·계단 및 통로

🚒 **유도표지 설치 제외**

1. 피난구유도등, 통로유도등이 적합하게 설치된 출복계통
2. "천대보3"중 천대, 통로유도등 설치 제외 복계통

※ (2.8)의 성능기준 `23점`
제11조(유도등 및 유도표지의 제외)
① 바닥면적이 1,000제곱미터 미만인 층으로서 옥내로부터 직접 지상으로 통하는 출입구 또는 거실 각 부분으로부터 쉽게 도달할 수 있는 출입구 등의 경우에는 피난구유도등을 설치하지 않을 수 있다.
② 구부러지지 아니한 복도 또는 통로로서 그 길이가 30미터 미만인 복도 또는 통로 등의 경우에는 통로유도등을 설치하지 않을 수 있다.
③ 주간에만 사용하는 장소로서 채광이 충분한 객석 등의 경우에는 객석유도등을 설치하지 않을 수 있다.
④ 유도등이 제5조와 제6조에 따라 적합하게 설치된 출입구·복도·계단 및 통로 등의 경우에는 유도표지를 설치하지 않을 수 있다.

25

비상조명등의 화재안전기술(성능)기준 (NFT(P)C 304)

세부 목차

[설치대상]
1.7 용어의 정의
2.1 비상조명등의 설치기준
2.2 비상조명등의 제외

25. 비상조명등의 화재안전기술(성능)기준(NFT(P)C 304)

🧯 비상조명등 설치대상

암기 지포 53천 무지45 터5

쥐포 좋아하는 오삼촌이 무지 많이 사온(45) 터진 옷(5)

※참고: 비상방송설비 설치대상
　　연면적 3500m² 이상
　　지하층제외 11층 이상
　　지하층 층수 3층 이상

암기 ▸▸▸ 11제 삼오님 지하3층삶

🧯 휴대용비상조명등 대상

암기 다 백숙

역상 영화 판대! 다 백숙을 휴대하고 오너라.

🧯 비상조명등

🧯 휴대용비상조명등

[설치대상] (소방시설법 시행령 별표4)

1 비상조명등의 설치 대상

(창고시설 중 창고 및 하역장, 위험물 저장 및 처리 시설 중 가스시설 및 사람이 거주하지 않거나 벽이 없는 축사 등 동물 및 식물 관련 시설은 제외한다)

1) 지하층을 포함하는 층수가 5층 이상인 건축물로서 연면적 3천m² 이상인 경우에는 모든 층
2) 1)에 해당하지 않는 특정소방대상물로서 그 지하층 또는 무창층의 바닥면적이 450m² 이상인 경우에는 해당 층
3) 터널로서 그 길이가 500m 이상인 것

2 휴대용비상조명등의 설치 대상

1) 숙박시설
2) 수용인원 100명 이상의 영화상영관, 판매시설 중 대규모점포, 철도 및 도시철도 시설 중 지하역사, 지하상가
3) 다중이용업소의 영업장의 구획된 실마다 설치

1.7 용어의 정의

1.7.1 이 기준에서 사용하는 용어의 정의는 다음과 같다.

1.7.1.1) "비상조명등"이란 화재 발생 등에 따른 정전 시 안전하고 원활한 피난활동을 할 수 있도록 거실 및 피난통로 등에 설치되어 자동 점등되는 조명등을 말한다.

1.7.1.2) "휴대용비상조명등"이란 화재 발생 등으로 정전 시 안전하고 원활한 피난을 위하여 피난자가 휴대할 수 있는 조명등을 말한다.

2.1 설치기준

2.1.1 비상조명등의 설치기준

2.1.1.1) 특정소방대상물의 각 거실과 그로부터 지상에 이르는 복도·계단 및 그 밖의 통로에 설치할 것

2.1.1.2) 조도는 비상조명등이 설치된 장소의 각 부분의 바닥에서 1lx 이상이 되도록 할 것

2.1.1.3) 예비전원을 내장하는 비상조명등에는 평상시 점등 여부를 확인할 수 있는 점검스위치를 설치하고 해당 조명등을 유효하게 작동시킬 수 있는 용량의 축전지와 예비전원 충전장치를 내장할 것

2.1.1.4) 예비전원을 내장하지 않은 비상조명등의 비상전원은 자가발전설비, 축전지설비 또는 전기저장장치(외부 전기에너지를 저장해 두었다가 필요한 때 전기를 공급하는 장치)를 다음의 기준에 따라 설치해야 한다.

   2.1.1.4.1. 점검에 편리하고 화재 및 침수 등의 재해로 인한 피해를 받을 우려가 없는 곳에 설치할 것

   2.1.1.4.2. 상용전원으로부터 전력의 공급이 중단된 때에는 자동으로 비상전원으로부터 전력을 공급받을 수 있도록 할 것

   2.1.1.4.3. 비상전원의 설치장소는 다른 장소와 방화구획할 것. 이 경우 그 장소에는 비상전원의 공급에 필요한 기구나 설비 외의 것(열병합발전설비에 필요한 기구나 설비는 제외한다)을 두어서는 아니 된다.

   2.1.1.4.4. 비상전원을 실내에 설치하는 때에는 그 실내에 비상조명등을 설치할 것

2.1.1.5) 2.1.1.3와 2.1.1.4에 따른 예비전원과 비상전원은 비상조명등을 20분 이상 유효하게 작동시킬 수 있는 용량으로 할 것. 다만 다음의 특정소방대상물의 경우에는 그 부분에서 피난층에 이르는 부분의 비상조명등을 60분 이상 유효하게 작동시킬 수 있는 용량으로 해야 한다. **21점**

   2.1.1.5.1. 지하층을 제외한 층수가 11층 이상의 층

   2.1.1.5.2. 지하층 또는 무창층으로서 용도가 도매시장·소매시장·여객자동차터미널·지하역사 또는 지하상가

2.1.1.6) 영 별표 5 제15호 비상조명등의 설치면제 요건에서 "그 유도등의 유효범위"란 유도등의 조도가 바닥에서 1lx 이상이 되는 부분을 말한다.

♣ 비상조명등의 설치기준
암기 통 1 예 비 용(20,60) 유1

♣ 비상조명등의 조도
암기 1 lx

♣ 비상전원
암기 축발전
점(어)자동 방구실

♣ 비상전원 60분 대상
암기 60 지제11 지무 도소여지지

♣ 유도등 유효범위
암기 유조 1 lx

🔔 휴대용비상조명등의 기준

암기 장높어 자외건2
(짱높아 자외선이..)
① (장소)숙대역

1. 장소
   암기 숙대역
   가. 숙박시설, 다중이용업소
      객실 또는 구획된 실 1개
   나. 대규모점포, 영화상영관
      보행50 이내 3개
   다. 지하상가, 지하역사
      보행25 이내 3개

암기 숙다영 대영보503 역상보253
숙대역 다중에게 일일이 영업함
대형영화 보러 오삼
역상으로 보이오상

🔔 비상조명등의 설치 제외
암기 보행싫어, 공경학 의의

🔔 휴대용비상조명등의 설치 제외
암기 1피 숙복비

※ (2.2.2)의 성능기준
② 지상 1층 또는 피난층으로서 복도나 통로 또는 창문 등의 개구부를 통하여 피난이 용이한 **경우와** 숙박시설로서 복도에 비상조명등을 설치한 경우에는 휴대용비상조명등을 설치하지 않을 수 있다.

2.1.2 휴대용비상조명등의 기준

2.1.2.1) 다음 각 기준의 **장**소에 설치할 것

  2.1.2.1.1. **숙**박시설 또는 **다**중이용업소에는 객실 또는 **영**업장 안의 구획된 실마다 잘 보이는 곳(외부에 설치 시 출입문 손잡이로부터 1m 이내 부분)에 1개 이상 설치

  2.1.2.1.2. 「유통산업발전법」 제2조제3호에 따른 **대**규모점포(지하상가 및 지하역사는 제외한다)와 **영**화상영관에는 **보**행거리 **50**m 이내마다 **3**개 이상 설치

  2.1.2.1.3. 지하**상**가 및 지하**역**사에는 **보**행거리 **25**m 이내마다 **3**개 이상 설치

2.1.2.2) 설치**높**이는 바닥으로부터 0.8m 이상 1.5m 이하의 높이에 설치할 것

2.1.2.3) **어**둠속에서 위치를 확인할 수 있도록 할 것

2.1.2.4) 사용 시 **자**동으로 점등되는 구조일 것

2.1.2.5) **외**함은 난연성능이 있을 것

2.1.2.6) **건**전지를 사용하는 경우에는 방전 방지조치를 해야 하고, 충전식 배터리의 경우에는 상시 충전되도록 할 것

2.1.2.7) 건전지 및 충전식 배터리의 용량은 **20**분 이상 유효하게 사용할 수 있는 것으로 할 것

2.2 비상조명등의 제외

2.2.1 비상조명등의 설치 제외

다음의 어느 하나에 해당하는 경우에는 비상조명등을 설치하지 않을 수 있다.

2.2.1.1) 거실의 각 부분으로부터 하나의 출입구에 이르는 **보**행거리가 **15**m 이내인 부분

2.2.1.2) **의**원·**경**기장·공동주택·**의**료시설·**학**교의 거실

2.2.2 휴대용비상조명등의 설치 제외※

지상 **1**층 또는 **피**난층으로서 복도나 통로 또는 창문 등의 개구부를 통하여 피난이 용이한 경우 **숙**박시설로서 **복**도에 **비**상조명등을 설치한 경우에는 휴대용비상조명등을 설치하지 않을 수 있다.

26

상수도소화용수설비의 화재안전기술(성능)기준 (NFT(P)C 401)

세부 목차

[설치대상]
1.7 용어의 정의
2.1 설치기준

26 상수도소화용수설비의 화재안전기술(성능)기준(NFT(P)C 401)

🔥 상수도소화용수설비의 설치 대상
암기 5000, 100 (위가 터 지구 제외)

어촌에 사는 몸무게 100톤 씨름선수 자폐인을 위해 재활용품을 처분했다. 다이어트하다 상수도 많이 먹어 위가 터지구…

🔥 소화수조 또는 저수조 대상

암기
경기에서 180도 넘어져 치료받았다.

[설치 대상] (소방시설법 시행령 별표4)

상수도소화용수설비를 설치해야 하는 특정소방대상물은 다음 각 목의 어느 하나에 해당하는 것으로 한다. 다만 상수도소화용수설비를 설치하여야 하는 특정소방대상물의 대지 경계선으로부터 180m 이내에 지름 75mm 이상인 상수도용 배수관이 설치되지 않은 지역의 경우에는 화재안전기술기준에 따른 소화수조 또는 저수조를 설치해야 한다.

가. 연면적 <u>5천</u>m² 이상인 것. 다만 <u>위</u>험물 저장 및 처리시설 중 <u>가</u>스시설, <u>터</u>널 또는 <u>지</u>하구의 경우에는 제외한다.

나. 가스시설로서 지상에 노출된 탱크의 저장용량의 합계가 <u>100</u>톤 이상인 것

다. 자원순환 관련 시설 중 폐기물재활용시설 및 폐기물처분시설

1.7 용어의 정의

1.7.1.1) "소화전"이란 소방관이 사용하는 설비로서, 수도배관에 접속·설치되어 소화수를 공급하는 설비를 말한다.

1.7.1.2) "호칭지름"이란 일반적으로 표기하는 배관의 직경을 말한다.

1.7.1.3) "수평투영면"이란 건축물을 수평으로 투영하였을 경우의 면을 말한다.

1.7.1.4) "제수변(제어밸브)"이란 배관의 도중에 설치되어 배관 내 물의 흐름을 개폐할 수 있는 밸브를 말한다.

2.1 설치기준

2.1.1 상수도소화용수설비는 「수도법」에 따른 기준 외에 다음의 기준에 따라 설치해야 한다.

2.1.1.1) 호칭지름 75mm 이상의 수도배관에 호칭지름 100mm 이상의 소화전을 접속할 것

2.1.1.2) 소화전은 소방자동차 등의 진입이 쉬운 도로변 또는 공지에 설치할 것

2.1.1.3) 소화전은 특정소방대상물의 수평투영면의 각 부분으로부터 140m 이하가 되도록 설치할 것

2.1.1.4) 지상식 소화전의 호스접결구는 지면으로부터 높이가 0.5m 이상 1m 이하가 되도록 설치할 것
〈신설 2024.7.1.〉

상수도소화용수설비의 설치기준

암기 치료백 백사(75, 100, 140)높

상수도소화용수설비를 설치하려고 도로변을 지나는데 공지에 치료백이 있어 다가갔더니 "백사놈에 물렸을 때 사용하시오"라고 영어로 1줄 써 있었다.

27

소화수조 및 저수조의 화재안전기술(성능)기준 (NFT(P)C 402)

세부 목차

[설치대상]
1.7 용어의 정의
2.1 소화수조 등
2.2 가압송수장치

27 소화수조 및 저수조의 화재안전기술(성능)기준(NFT(P)C 402)

🧯 설치 대상

암기 경계선, 180, 75

경기에서 180도 넘어져 치료받았다.

🧯 설치위치

암기 흡수관투(two)입구

[설치 대상] (소방시설법 시행령 별표4)

상수도소화용수설비를 설치하여야 하는 특정소방대상물의 대지 경계선으로부터 180m 이내에 지름 75mm 이상인 상수도용 배수관이 설치되지 않은 지역의 경우에는 화재안전기술기준에 따른 소화수조 또는 저수조를 설치해야 한다.

1.7 용어의 정의

1.7.1.1) "소화수조 또는 저수조"란 수조를 설치하고 여기에 소화에 필요한 물을 항시 채워두는 것으로서, 소화수조는 소화용수의 전용 수조를 말하고, 저수조란 소화용수와 일반 생활용수의 겸용 수조를 말한다.

1.7.1.2) "채수구"란 소방차의 소방호스와 접결되는 흡입구를 말한다.

1.7.1.3) "흡수관투입구"란 소방차의 흡수관이 투입될 수 있도록 소화수조 또는 저수조에 설치된 원형 또는 사각형의 투입구를 말한다.

2.1 소화수조 등

2.1.1 채수구, 흡수관투입구 설치위치

소화수조 및 저수조의 채수구 또는 흡수관투입구는 소방차가 <u>2m</u> 이내의 지점까지 접근할 수 있는 위치에 설치해야 한다.

2.1.2 소화수조 또는 저수조의 저수량 12설

소화수조 또는 저수조의 저수량은 소방대상물의 연면적을 다음 [표 2.1.2]에 따른 기준면적으로 나누어 얻은 수(소수점 이하의 수는 1로 본다)에 $20m^3$를 곱한 양 이상이 되도록 해야 한다.

[표 2.1.2] 소방대상물별 기준면적

소방대상물의 구분	기준 면적
1. 1층 및 2층의 바닥면적 합계가 15,000m² 이상인 소방대상물	7,500m²
2. 제1호에 해당하지 않는 그 밖의 소방대상물	12,500m²

2.1.3 흡수관투입구 또는 채수구의 설치기준 12설

소화수조 또는 저수조는 다음의 기준에 따라 흡수관투입구 또는 채수구를 설치해야 한다.

2.1.3.1) 지하에 설치하는 소화용수설비의 흡수관투입구는 그 한변이 0.6m 이상이거나 직경이 0.6m 이상인 것으로 하고, 소요수량이 80m³ 미만인 것은 1개 이상, 80m3 이상인 것은 2개 이상을 설치해야 하며, "흡수관투입구"라고 표시한 표지를 할 것

2.1.3.2) 소화용수설비에 설치하는 채수구는 다음의 기준에 따라 설치할 것

2.1.3.2.1. 채수구는 다음 [표 2.1.3.2.1]에 따라 소방용호스 또는 소방용흡수관에 사용하는 구경 65mm 이상의 나사식 결합금속구를 설치할 것

[표 2.1.3.2.1] 소요수량에 따른 채수구의 수

소요 수량	20m³ 이상 40m³ 미만	40m³ 이상 100m³ 미만	100m³ 이상
채수구의 수(개)	1개	2개	3개

2.1.3.2.2. 채수구는 지면으로부터의 높이가 0.5m 이상 1m 이하의 위치에 설치하고 "채수구"라고 표시한 표지를 할 것

2.1.4 설치 제외

소화용수설비를 설치해야 할 특정소방대상물에 있어서 유수의 양이 0.8m³/min 이상인 유수를 사용할 수 있는 경우에는 소화수조를 설치하지 않을 수 있다.

🚰 **저수량**
암기 20, 만오천, 치렁, 많이오시오
20대에게 천파는 가게주인,
많아 '천', 치렁치렁
밖에 계신분들 많이오시오

🚰 **흡수관투입구의 수량**
암기 8 2 (파리)
흡수관 투입구의 파리

🚰 **채수구의 수량**
암기 20,1,4,2,100,3
이십일 사니 백살 채움

🚰 **설치 제외**
암기 유수 영팔

2.2 가압송수장치

2.2.1 가압송수장치 설치대상

소화수조 또는 저수조가 지표면으로부터의 깊이(수조 내부바닥까지의 길이를 말한다)가 4.5m 이상인 지하에 있는 경우에는 다음 [표 2.2.1]에 따라 가압송수장치를 설치해야 한다. 다만 2.1.2에 따른 저수량을 지표면으로부터 4.5m 이하인 지하에서 확보할 수 있는 경우에는 소화수조 또는 저수조의 지표면으로부터의 깊이에 관계없이 가압송수장치를 설치하지 않을 수 있다.

[표 2.2.1] 소요수량에 따른 가압송수장치의 1분당 양수량

소요수량	20m³ 이상 40m³ 미만	40m³ 이상 100m³ 미만	100m³ 이상
1분당 양수량	1,100 L 이상	2,200 L 이상	3,300 L 이상

🏛 펌프 토출량

암기 채수구 수 × 1100 ℓ/min

채수구를 쓰려면 펌프를 사오시오. 천백원이오.

🏛 옥상 소화수조 연결 채수구

암기

채수구를 여니 물이 콸콸 어쩜일어나!(영점일오)

2.2.2 수조의 낙차를 이용한 경우

소화수조가 옥상 또는 옥탑의 부분에 설치된 경우에는 지상에 설치된 채수구에서의 압력이 0.15MPa 이상이 되도록 해야 한다.

2.2.3 전동기 또는 내연기관에 따른 펌프를 이용하는 가압송수장치의 설치기준

2.2.3.1) 쉽게 접근할 수 있고 점검하기에 충분한 공간이 있는 장소로서 화재 및 침수 등의 재해로 인한 피해를 받을 우려가 없는 곳에 설치할 것

2.2.3.2) 동결방지조치를 하거나 동결의 우려가 없는 장소에 설치할 것

2.2.3.3) 펌프는 전용으로 할 것. 다만 다른 소화설비와 겸용하는 경우 각각의 소화설비의 성능에 지장이 없을 때에는 예외로 한다.

2.2.3.4) 펌프의 토출 측에는 압력계를 체크밸브 이전에 펌프 토출 측 플랜지에서 가까운 곳에 설치하고, 흡입 측에는 연성계 또는 진공계를 설치할 것. 다만 수원의 수위가 펌프의 위치보다 높거나 수직회전축 펌프의 경우에는 연성계 또는 진공계를 설치하지 않을 수 있다.

2.2.3.5) 가압송수장치에는 정격부하운전 시 펌프의 성능을 시험하기 위한 배관을 설치할 것

2.2.3.6) 가압송수장치에는 체절운전 시 수온의 상승을 방지하기 위한 순환배관을 설치할 것

2.2.3.7) 기동장치로는 보호판을 부착한 기동스위치를 채수구 직근에 설치할 것

2.2.3.8) 수원의 수위가 펌프보다 낮은 위치에 있는 가압송수장치에는 다음의 기준에 따른 물올림장치를 설치할 것

    2.2.3.8.1. 물올림장치에는 전용의 수조를 설치할 것

    2.2.3.8.2. 수조의 유효수량은 100L 이상으로 하되, 구경 15mm 이상의 급수배관에 따라 해당 수조에 물이 계속 보급되도록 할 것

2.2.3.9) 내연기관을 사용하는 경우에는 다음의 기준에 적합한 것으로 할 것

    2.2.3.9.1. 내연기관의 기동은 채수구의 위치에서 원격조작으로 가능하고 기동을 명시하는 적색등을 설치할 것

    2.2.3.9.2. 제어반에 따라 내연기관의 기동이 가능하고 상시 충전되어 있는 축전지설비를 갖출 것

2.2.3.10) 가압송수장치에는 "소화용수설비펌프"라고 표시한 표지를 할 것. 이 경우 그 가압송수장치를 다른 설비와 겸용하는 때에는 그 겸용되는 설비의 이름을 표시한 표지를 함께 해야 한다.

2.2.3.11) 가압송수장치는 부식 등으로 인한 펌프의 고착을 방지할 수 있도록 다음의 기준에 적합한 것으로 할 것. 다만 충압펌프는 제외한다.

    2.2.3.11.1. 임펠러는 청동 또는 스테인리스 등 부식에 강한 재질을 사용할 것

    2.2.3.11.2. 펌프축은 스테인리스 등 부식에 강한 재질을 사용할 것

※ 소화수조에 설치되는 채수용펌프는 수동으로 기동한다.

🔔 **펌프의 재질**

암기 임펠러 청스 축스 부강

임펠러 청소를 축소하니 부강해졌다.
① 임펠러 (청동, 스테인리스 등)
② 펌프축(스테인리스 등)

펌프   전동기

(고착방지, 부식에 강한 재질)

28

제연설비의 화재안전기술(성능)기준 (NFT(P)C 501)

세부 목차

[설치대상]
1.7 정의
2.1 제연설비
2.2 제연방식
2.3 배출량 및 배출방식
2.4 배출구
2.5 공기유입방식 및 유입구
2.6 배출기 및 배출풍도
2.7 유입풍도 등
2.8 댐퍼
2.9 제연설비의 전원 및 기동
2.10 성능확인
2.11 설치 제외

28 제연설비의 화재안전기술(성능)기준(NFT(P)C 501)

※ 제연설비의 화재안전성능기준
(개정 24.9.13., 시행 24.10.1)

🧯 설치 대상

암기 문 문지운 가터 특승
(문 옆에 서있는 애는 문지운 가터
특별한 승모근을 가졌어.)
1.2. 문집종운 무대에 두 명이 서 있
다.영화관에 수백 명이 들어갔다.
3. 지무+용도바합 1,000 부분
 지하에 천으로 가려진 부분에 판운
 물 모형이 있고 '노의숙'이가 그 위
 에서 근생하고 있다.
①②③

4. 지무+바닥 1,000
 운수시설 중 시철공만 대휴(휴대)
5. 지하상가+연 1,000
6. 행정 터널
④⑤⑥
그녀는 천과 시철공만 휴대하여 지하
상가나 터널에서 살기도 하였다.
7. 특승(NFTC 501A)

※ 성능기준(용어의 정의 신설)
1. "제연설비"란 화재가 발생한 거실의
연기를 배출함과 동시에 옥외의 신선한
공기를 공급하여 거주자들이 안전하게
피난하고, 소방대가 원활한 소화활동을
할 수 있도록 연기를 제어하는 설비를 말
한다. 〈신설 2024.9.13.〉

[설치 대상] (소방시설법 시행령 별표4) 16점, 24점 응용

1) 문화 및 집회시설, 종교시설, 운동시설로서 중 무대부의 바닥면적이 200㎡ 이상인 경우에는 해당 무대부

2) 문화 및 집회시설 중 **영화상영관**으로서 **수용인원 100명** 이상인 경우에는 해당 영화상영관

3) 지하층이나 무창층에 설치된 근린생활시설, 판매시설, 운수시설, 숙박시설, 위락시설, 의료시설, 노유자 시설 또는 창고시설(물류터미널로 한정한다)로서 해당 용도로 사용되는 바닥면적의 합계가 1천㎡ 이상인 경우 해당 부분

4) 운수시설 중 시외버스정류장, 철도 및 도시철도 시설, 공항시설 및 항만시설의 대기실 또는 휴게시설로서 지하층 또는 무창층의 바닥면적이 1천㎡ 이상인 경우에는 모든 층

5) 지하상가로서 연면적 1천㎡ 이상인 것

6) 예상 교통량, 경사도 등 터널의 특성을 고려하여 행정안전부령으로 정하는 터널

1.7 용어의 정의

1.7.1 이 기준에서 사용하는 용어의 정의는 다음과 같다.

1.7.1.1) "제연설비"란 화재가 발생한 거실의 연기를 배출함과 동시에 옥외의 신선한 공기를 공급하여 거주자들이 안전하게 피난하고, 소방대가 원활한 소화활동을 할 수 있도록 연기를 제어하는 설비를 말한다. 〈신설 2024.10.1.〉

1.7.1.2) "제연구역"이란 제연경계(제연경계가 면한 천장 또는 반자를 포함한다)에 의해 구획된 건물 내의 공간을 말한다.

1.7.1.3) "제연경계"란 연기를 예상제연구역 내에 가두거나 이동을 억제하기 위한 보 또는 제연경계벽 등을 말한다.

1.7.1.4) "제연경계벽"이란 제연경계가 되는 가동형 또는 고정형의 벽을 말한다.

1.7.1.5) "제연경계의 폭"이란 제연경계가 면한 천장 또는 반자로부터 그 제연경계의 수직하단 끝부분까지의 거리를 말한다.

1.7.1.6) "수직거리"란 제연경계의 하단 끝으로부터 그 수직한 하부 바닥면까지의 거리를 말한다.

제연경계의 폭, 수직거리
0.6m 이상 (제연경계의 폭)
2m 이내(수직거리)

1.7.1.7) "예상제연구역"이란 화재 시 연기의 제어가 요구되는 제연구역을 말한다.

1.7.1.8) "공동예상제연구역"이란 2개 이상의 예상제연구역을 동시에 제연하는 구역을 말한다.

1.7.1.9) "통로배출방식"이란 거실 내 연기를 직접 옥외로 배출하지 않고 거실에 면한 통로의 연기를 옥외로 배출하는 방식을 말한다.

1.7.1.10) "보행중심선"이란 통로 폭의 한 가운데 지점을 연장한 선을 말한다.

1.7.1.11) "유입풍도"란 예상제연구역으로 공기를 유입하도록 하는 풍도를 말한다.

1.7.1.12) "배출풍도"란 예상 제연구역의 공기를 외부로 배출하도록 하는 풍도를 말한다.

1.7.1.13) "방화문"이란 「건축법 시행령」 제64조의 규정에 따른 60분+ 방화문, 60분 방화문 또는 30분 방화문으로써 언제나 닫힌 상태를 유지하거나 화재감지기와 연동하여※ 자동적으로 닫히는 구조를 말한다.

1.7.1.14) "불연재료"란 「건축법 시행령」 제2조제10호에 따른 기준에 적합한 재료로서, 불에 타지 않는 성질을 가진 재료를 말한다.

1.7.1.15) "난연재료"란 「건축법 시행령」 제2조제9호에 따른 기준에 적합한 재료로서, 불에 잘 타지 않는 성능을 가진 재료를 말한다.

1.7.1.16) "댐퍼"란 풍도 내부의 연기 또는 공기의 흐름을 조절하기 위해 설치하는 장치를 말한다. 〈신설 2024.10.1.〉 25설

1.7.1.17) "풍량조절댐퍼"란 송풍기(또는 공기조화기) 토출측에 설치하여 유입풍도로 공급되는 공기의 유량을 조절하는 장치를 말한다. 〈신설 2024.10.1.〉 25설

※ (1.7.1.12)의 성능기준
11. "방화문"이란 「건축법 시행령」 제64조의 규정에 따른 60분+ 방화문, 60분 방화문 또는 30분 방화문으로써 언제나 닫힌 상태를 유지하거나 화재로 인한 연기의 발생 또는 온도의 상승에 따라 자동적으로 닫히는 구조를 말한다.

※ 성능기준(용어의 정의 신설)
16. "댐퍼"란 풍도 내부의 연기 또는 공기의 흐름을 조절하기 위해 설치하는 장치를 말한다. 〈신설 2024.9.3.〉

17. "풍량조절댐퍼"란 송풍기(또는 공기조화기) 토출측에 설치하여 유입풍도로 공급되는 공기의 유량을 조절하는 장치를 말한다. 〈신설 2024.9.13.〉

2.1 제연설비

2.1.1 제연구역의 구획 〔7설, 15설, 19점〕

제연설비의 설치장소는 다음의 기준에 따른 제연구역으로 구획해야 한다.

2.1.1.1) 하나의 제연구역의 면적은 <u>1,000</u>m² 이내로 할 것
2.1.1.2) 거실과 통로(복도를 포함한다. 이하 같다)는 각각 제연구획할 것
2.1.1.3) 통로상의 제연구역은 보행중심선의 길이가 <u>60</u>m를 초과하지 않을 것
2.1.1.4) 하나의 제연구역은 직경 <u>60</u>m 원 내에 들어갈 수 있을 것
2.1.1.5) 하나의 제연구역은 <u>2</u> 이상의 층에 미치지 않도록 할 것. 다만 층의 구분이 불분명한 부분은 그 부분을 다른 부분과 별도로 제연구획해야 한다.

2.1.2 제연구역의 구획 적합 기준 〔19점〕

제연구역의 구획은 보·제연경계벽(이하 "제연경계"라 한다) 및 벽(화재 시 자동으로 구획되는 가동벽·방화셔터·방화문을 포함한다. 이하 같다)으로 하되, 다음의 기준에 적합해야 한다.

2.1.2.1) <u>재</u>질은 내화재료, 불연재료 또는 제연경계벽으로 성능을 인정받은 것으로서 화재 시 쉽게 변형·파괴되지 아니하고 연기가 누설되지 않는 기밀성 있는 재료로 할 것
2.1.2.2) 제연경계는 제연경계의 <u>폭</u>이 <u>0.6</u>m 이상이고, 수직거리는 <u>2</u>m 이내이어야 한다. 다만 구조상 불가피한 경우는 2m를 초과할 수 있다.
2.1.2.3) 제연경계벽은 배연 시 <u>기</u>류에 따라 그 하단이 쉽게 흔들리지 않고, 가동식의 경우에는 급속히 하강하여 인명에 위해를 주지 않는 구조일 것

🚒 **제연구역 기준**
암기 1000각 662

〈보행중심선 길이 60m 이내일 것〉

〈거실 주변 통로: 60m 이내일 것〉

🚒 **제연구역 구획 기준**
암기 제폭기 0.6,2 (공유기)
재내불연인,화연기재 / 폭수다구불 / 배기흔,가급하인

🚒 **제연경계**

2.2 제연방식

2.2.1 연기배출과 공기유입
예상제연구역에 대하여는 화재 시 연기배출(이하 "배출"이라 한다)과 동시에 공기유입이 될 수 있게 하고, 배출구역이 거실일 경우에는 통로에 동시에 공기가 유입될 수 있도록 해야 한다.

2.2.2 통로의 배출
2.2.1에도 불구하고 통로와 인접하고 있는 거실의 바닥면적이 50m² 미만으로 구획(제연경계에 따른 구획은 제외한다. 다만 거실과 통로와의 구획은 그렇지 않다)되고 그 거실에 통로가 인접하여 있는 경우에는 화재 시 그 거실에서 직접 배출하지 아니하고 인접한 통로의 배출로 갈음할 수 있다. 다만 그 거실이 다른 거실의 피난을 위한 경유거실인 경우에는 그 거실에서 직접 배출해야 한다.

2.2.3 예상제연구역의 제외
통로의 주요구조부가 내화구조이며 마감이 불연재료 또는 난연재료로 처리되고 통로 내부에 가연성 물질이 없는 경우에 그 통로는 예상제연구역으로 간주하지 않을 수 있다. 다만 화재 시 연기의 유입이 우려되는 통로는 그렇지 않다.

2.3 배출량 및 배출방식 `6, 13, 15, 16설 응용`

2.3.1 거실의 바닥면적이 400m² 미만으로 구획된 경우
거실의 바닥면적이 400m² 미만으로 구획(제연경계에 따른 구획을 제외한다. 다만 거실과 통로와의 구획은 그렇지 않다)된 예상제연구역에 대한 배출량은 다음의 기준에 따른다.

2.3.1.1) 바닥면적 1m²당 1m³/min 이상으로 하되, 예상제연구역에 대한 최소 배출량은 5,000m³/hr 이상으로 할 것

2.3.1.2) 2.2.2에 따라 바닥면적이 50m² 미만인 예상제연구역을 통로배출방식으로 하는 경우에는 통로보행중심선의 길이 및 수직거리에 따라 다음 [표 2.3.1.2]에서 정하는 배출량 이상으로 할 것

🚩 연기배출과 공기유입

🚩 통로의 배출

🚩 예상제연구역 제외
통로(난연이상, 가연물 없는)

🚩 배출량 산정
- 400m²미만 거실+벽구획 : 바닥면적으로 산출
- 통로배출 및 기타 수직거리로 산출

🔔 배출량, 배출방식

[표 2.3.1.2] 통로보행중심선의 길이 및 수직거리에 따른 배출량

통로보행중심선의 길이	수직거리	배출량	비고
40m 이하	2m 이하	25,000m³/h 이상	벽으로 구획된 경우 포함
	2m 초과 2.5m 이하	30,000m³/h 이상	
	2.5m 초과 3m 이하	35,000m³/h 이상	
	3m 초과	45,000m³/h 이상	
40m 초과 60m 이하	2m 이하	30,000m³/h 이상	벽으로 구획된 경우 포함
	2m 초과 2.5m 이하	35,000m³/h 이상	
	2.5m 초과 3m 이하	40,000m³/h 이상	
	3m 초과	50,000m³/h 이상	

2.3.2 바닥면적 400m² 이상인 거실의 예상제연구역의 배출량

2.3.2.1) 예상제연구역이 직경 40m인 원의 범위 안에 있을 경우 배출량은 40,000m³/h 이상으로 할 것. 다만 예상제연구역이 제연경계로 구획된 경우에는 그 수직거리에 따라 배출량은 다음 [표 2.3.2.1]에 따른다.

[표 2.3.2.1] 수직거리에 따른 배출량

수직거리	배출량
2m 이하	40,000m³/h 이상
2m 초과 2.5m 이하	45,000m³/h 이상
2.5m 초과 3m 이하	50,000m³/h 이상
3m 초과	60,000m³/h 이상

2.3.2.2) 예상제연구역이 직경 40m인 원의 범위를 초과할 경우 배출량은 45,000m³/h 이상으로 할 것. 다만 예상제연구역이 제연경계로 구획된 경우에는 그 수직거리에 따라 배출량은 다음 [표 2.3.2.2]에 따른다.

[표 2.3.2.2] 수직거리에 따른 배출량

수직거리	배출량
2m 이하	45,000m³/h 이상
2m 초과 2.5m 이하	50,000m³/h 이상
2.5m 초과 3m 이하	55,000m³/h 이상
3m 초과	65,000m³/h 이상

2.3.3 예상제연구역이 통로인 경우의 배출량

예상제연구역이 통로인 경우의 배출량은 45,000m³/h 이상으로 할 것. 다만 예상제연구역이 제연경계로 구획된 경우에는 그 수직거리에 따라 배출량은 [표 2.3.2.2]에 따른다.

2.3.4 공동예상제연구역

배출은 각 예상제연구역별로 2.3.1부터 2.3.3에 따른 배출량 이상을 배출하되, 2 이상의 예상제연구역이 설치된 특정소방대상물에서 배출을 각 예상제연구역별로 구분하지 아니하고 공동예상제연구역을 동시에 배출하고자 할 때의 배출량은 다음의 기준에 따라야 한다. 다만 거실과 통로는 공동예상제연구역으로 할 수 없다.

2.3.4.1) 공동예상제연구역 안에 설치된 예상제연구역이 각각 벽으로 구획된 경우(제연구역의 구획 중 출입구만을 제연경계로 구획한 경우를 포함한다)에는 각 예상제연구역의 배출량을 합한 것 이상으로 할 것. 다만 예상제연구역의 바닥면적이 400제곱미터 미만인 경우 배출량은 바닥면적 1m²당 1m³/min 이상으로 하고 공동예상구역 전체배출량은 5,000m³/hr 이상으로 할 것

24설 응용

2.3.4.2) 공동예상제연구역 안에 설치된 예상제연구역이 각각 제연경계로 구획된 경우(예상제연구역의 구획 중 일부가 제연경계로 구획된 경우를 포함하나, 출입구 부분만을 제연경계로 구획한 경우를 제외한다)에 배출량은 각 예상제연구역의 배출량 중 최대의 것으로 할 것. 이 경우 공동제연예상구역이 거실일 때에는 그 바닥면적이 1,000m² 이하이며, 직경 40m 원 안에 들어가야 하고, 공동제연예상구역이 통로일 때에는 보행중심선의 길이를 40m 이하로 해야 한다.

2.3.5 수직거리가 구획 부분에 따라 다른 경우

수직거리가 구획 부분에 따라 다른 경우는 수직거리가 긴 것을 기준으로 한다.

🔔 배출구의 설치기준

🔔 400m² 미만 배출구

🔔 400m² 이상 & 통로 배출구

🔔 제연경계구획 벽 배출구

🔔 수평거리

암기 배출구는 열맞추어...

2.4 배출구

2.4.1 예상제연구역에 대한 배출구의 설치기준

2.4.1.1) 바닥면적이 400m² 미만인 예상제연구역(통로인 예상제연구역을 제외한다)에 대한 배출구의 설치위치는 다음의 기준에 적합할 것 **14점**

2.4.1.1.1. 예상제연구역이 벽으로 구획되어 있는 경우의 배출구는 천장 또는 반자와 바닥 사이의 중간 윗부분에 설치할 것

2.4.1.1.2. 예상제연구역 중 어느 한부분이 제연경계로 구획되어 있는 경우에는 천장·반자 또는 이에 가까운 벽의 부분에 설치할 것. 다만 배출구를 벽에 설치하는 경우에는 배출구의 하단이 해당 예상제연구역에서 제연경계의 폭이 가장 짧은 제연경계의 하단보다 높이 되도록 해야 한다.

2.4.1.2) 통로인 예상제연구역과 바닥면적이 400m² 이상인 통로 외의 예상제연구역에 대한 배출구의 설치위치는 다음의 기준에 적합해야 한다.

2.4.1.2.1. 예상제연구역이 벽으로 구획되어 있는 경우의 배출구는 천장·반자 또는 이에 가까운 벽의 부분에 설치할 것. 다만 배출구를 벽에 설치한 경우에는 배출구의 하단과 바닥 간의 최단거리가 2m 이상이어야 한다.

2.4.1.2.2. 예상제연구역 중 어느 한부분이 제연경계로 구획되어 있을 경우에는 천장·반자 또는 이에 가까운 벽의 부분(제연경계를 포함한다)에 설치할 것. 다만 배출구를 벽 또는 제연경계에 설치하는 경우에는 배출구의 하단이 해당 예상제연구역에서 제연경계의 폭이 가장 짧은 제연경계의 하단보다 높이 되도록 설치해야 한다.

2.4.2 수평거리

예상제연구역의 각 부분으로부터 하나의 배출구까지의 수평거리는 10m 이내가 되도록 해야 한다.

2.5 공기유입방식 및 유입구

2.5.1 공기유입방식

예상제연구역에 대한 공기유입은 유입풍도를 경유한 강제유입 또는 자연유입방식으로 하거나, 인접한 제연구역 또는 통로에 유입되는 공기(가압의 결과를 일으키는 경우를 포함한다. 이하 같다)가 해당구역으로 유입되는 방식으로 할 수 있다.

2.5.2 공기유입구

예상제연구역에 설치되는 공기유입구는 다음의 기준에 적합해야 한다.

2.5.2.1) 바닥면적 400m² 미만의 거실인 예상제연구역(제연경계에 따른 구획을 제외한다. 다만 거실과 통로와의 구획은 그렇지 않다)에 대해서는 공기유입구와 배출구간의 직선거리는 5m 이상 또는 구획된 실의 장변의 2분의 1 이상으로 할 것. 다만 공연장·집회장·위락시설의 용도로 사용되는 부분의 바닥면적이 200m²를 초과하는 경우의 공기유입구는 2.5.2.2의 기준에 따른다. <small>24설 응용</small>

2.5.2.2) 바닥면적이 400m² 이상의 거실인 예상제연구역(제연경계에 따른 구획을 제외한다. 다만 거실과 통로와의 구획은 그렇지 않다)에 대해서는 바닥으로부터 1.5m 이하의 높이에 설치하고 그 주변은 공기의 유입에 장애가 없도록 할 것

2.5.2.3) 2.5.2.1과 2.5.2.2에 해당하는 것 외의 예상제연구역(통로인 예상제연구역을 포함한다)에 대한 유입구는 다음의 기준에 따를 것. 다만 제연경계로 인접하는 구역의 유입공기가 당해 예상제연구역으로 유입되게 한 때에는 그렇지 않다.

2.5.2.3.1. 유입구를 벽에 설치할 경우에는 2.5.2.2의 기준에 따를 것

2.5.2.3.2. 유입구를 벽 외의 장소에 설치할 경우에는 유입구 상단이 천장 또는 반자와 바닥 사이의 중간 아랫부분보다 낮게 되도록 하고, 수직거리가 가장 짧은 제연경계 하단보다 낮게 되도록 설치할 것

2.5.3 공동예상제연구역에 설치되는 공기 유입구 설치기준

2.5.3.1) 공동예상제연구역 안에 설치된 각 예상제연구역이 벽으로 구획되어 있을 때에는 각 예상제연구역의 바닥면적에 따라 2.5.2.1 및 2.5.2.2에 따라 설치할 것

2.5.3.2) 공동예상제연구역 안에 설치된 각 예상제연구역의 일부 또는 전부가 제연경계로 구획되어 있을 때에는 공동예상제연구역 안의 1개 이상의 장소에 2.5.2.3에 따라 설치할 것

2.5.4 인접구역의 공기유입

인접한 제연구역 또는 통로로부터 유입되는 공기를 해당 예상제연구역에 대한 공기유입으로 하는 경우에는 그 인접한 제연구역 또는 통로의 유입구가 제연경계 하단보다 높은 경우에는 그 인접한 제연구역 또는 통로의 화재 시 그 유입구는 다음의 어느 하나에 적합해야 한다.

2.5.4.1) 각 유입구는 자동폐쇄 될 것

2.5.4.2) 해당 구역 내에 설치된 유입풍도가 해당 제연구획부분을 지나는 곳에 설치된 댐퍼는 자동폐쇄될 것

2.5.5 풍속

예상제연구역에 공기가 유입되는 순간의 풍속은 5m/s 이하가 되도록 하고, 2.5.2부터 2.5.4까지의 유입구의 구조는 유입공기를 상향으로 분출하지 않도록 설치해야 한다. 다만 유입구가 바닥에 설치되는 경우에는 상향으로 분출이 가능하며 이때의 풍속은 1m/s이하가 되도록 해야 한다.

2.5.6 공기유입구의 크기

예상제연구역에 대한 공기유입구의 크기는 해당 예상제연구역 배출량 $1m^3/min$에 대하여 $35cm^2$ 이상으로 해야 한다.

암기 공기유입구는 동물(35)이 들어올 수 있는 크기

2.5.7 공기유입량

예상제연구역에 대한 공기유입량은 2.3.1부터 2.3.4까지에 따른 배출량의 배출에 지장이 없는 양으로 해야 한다.

2.6 배출기 및 배출풍도

2.6.1 배출기의 설치기준   6설

2.6.1.1) 배출기의 <u>배출 능력</u>은 2.3.1부터 2.3.4까지의 배출량 이상이 되도록 할 것

2.6.1.2) 배출기와 배출풍도의 접속부분에 사용하는 <u>캔</u>버스는 내<u>열</u>성(석면재료는 제외한다)이 있는 것으로 할 것

2.6.1.3) 배출기의 전동기부분과 배풍기 부분은 <u>분</u>리하여 설치해야 하며, 배풍기 부분은 유효한 내<u>열</u>처리를 할 것

2.6.2 배출풍도의 기준   6설 응용

2.6.2.1) 배출풍도는 아연도금강판 또는 이와 동등 이상의 내식성·내열성이 있는 것으로 하며, 「건축법 시행령」 제2조제10호에 따른 불연재료(석면재료를 제외한다)인 단열재로 풍도 외부에 유효한 단열 처리를 하고, 강판의 두께는 배출풍도의 크기에 따라 다음 [표 2.6.2.1]에 따른 기준 이상으로 할 것

[표 2.6.2.1] 배출풍도의 크기에 따른 강판의 두께

풍도단면의 긴 변 또는 직경의 크기	450mm 이하	450mm 초과 750mm 이하	750mm 초과 1,500mm 이하	1,500mm 초과 2,250mm 이하	2,250mm 초과
강판두께	0.5mm	0.6mm	0.8mm	1.0mm	1.2mm

2.6.2.2) 배출기의 흡입 측 풍도 안의 풍속은 <u>15</u>m/s 이하로 하고 배출 측 풍속은 <u>20</u>m/s 이하로 할 것

2.7 유입풍도 등

2.7.1 풍속

유입풍도는 아연도금강판 또는 이와 동등 이상의 내식성·내열성이 있는 것으로 하며, 풍도 안의 풍속은 <u>20</u>m/s 이하로 하고 풍도의 강판 두께는 2.6.2.1에 따라 설치해야 한다.

2.7.2 옥외의 배출구 및 공기유입구

옥외에 면하는 배출구 및 공기유입구는 비 또는 눈 등이 들어가지 아니하도록 하고, 배출된 연기가 공기유입구로 순환유입 되지 않도록 해야 한다.

🚒 **배출기**
암기 배출능력 캔열 분열

🚒 **배출풍도, 유입풍도**

🚒 **풍도의 크기와 강판두께**
암기 천미 차비 처음 간 그날
라면춤(450) 소면춤(750)
가물치춤(1500) 노는몸치(2250)가
천미(0.5)가 차비(0.6)들고 처음(0.8)
간(1.0) 그날(1.2) 있었다.

🚒 **배출기 풍속**
암기 흡입15 배출20
(흡입하면 시원하고 배출은 이사이로)

2.8 댐퍼

2.8.1 댐퍼 설치기준 〈신설 2024.10.1.〉

제연설비에 설치되는 댐퍼는 다음의 기준에 따라 설치해야 한다.

2.8.1.1) 제연설비의 풍도에 댐퍼를 설치하는 경우 댐퍼를 확인, 정비할 수 있는 점검구를 풍도에 설치할 것. 이 경우 댐퍼가 반자 내부에 설치되는 때에는 댐퍼 직근의 반자에도 점검구(지름 60cm 이상의 원이 내접할 수 있는 크기)를 설치하고 제연설비용 점검구임을 표시해야 한다.

2.8.1.2) 제연설비 댐퍼의 설정된 개방 및 폐쇄상태를 제어반에서 상시 확인할 수 있도록 할 것

2.8.1.3) 제연설비가 영 별표 5 제17호 가목 1)에 따라 공기조화설비와 겸용으로 설치되는 경우 풍량조절댐퍼는 각 설비별 기능에 따른 작동 시 각각의 풍량을 충족하는 개구율로 자동 조절될 수 있는 기능이 있어야 할 것

2.9 제연설비의 전원 및 기동

2.9.1 비상전원

🚩 비상전원
암기 축발전 이자제외, 점2자동방구실

비상전원은 자가발전설비, 축전지설비 또는 전기저장장치(외부 전기에너지를 저장해 두었다가 필요한 때 전기를 공급하는 장치)로서 다음의 기준에 따라 설치해야 한다. 다만 2 이상의 변전소(「전기사업법」 제67조 및 「전기설비기술기준」 제3조제2호에 따른 변전소를 말한다)에서 전력을 동시에 공급받을 수 있거나 하나의 변전소로부터 전력의 공급이 중단되는 때에는 자동으로 다른 변전소로부터 전원을 공급받을 수 있도록 상용전원을 설치한 경우에는 그렇지 않다.

2.9.1.1) 점검에 편리하고 화재 및 침수 등의 재해로 인한 피해를 받을 우려가 없는 곳에 설치할 것

2.9.1.2) 제연설비를 유효하게 20분 이상 작동할 수 있도록 할 것

2.9.1.3) 상용전원으로부터 전력의 공급이 중단된 때에는 자동으로 비상전원으로부터 전력을 공급받을 수 있도록 할 것

2.9.1.4) 비상전원의 설치장소는 다른 장소와 방화구획할 것. 이 경우 그 장소에는 비상전원의 공급에 필요한 기구나 설비 외의 것(열병합발전설비에 필요한 기구나 설비는 제외한다)을 두어서는 아니 된다.

2.9.1.5) 비상전원을 실내에 설치하는 때에는 그 실내에 비상조명등을 설치할 것

2.9.2 제연설비의 작동 〈개정 2024.10.1.〉

제연설비의 작동은 해당 제연구역에 설치된 화재감지기와 연동되어야 하며, 예상제연구역(또는 인접장소)마다 설치된 수동기동장치 및 제어반에서 수동으로 기동이 가능하도록 해야 한다.

2.9.3 제연설비의 작동 포함 사항 〈신설 2024.10.1.〉

2.9.2에 따른 제연설비의 작동에는 다음의 사항이 포함되어야 하며, 예상제연구역(또는 인접장소)마다 설치되는 수동기동장치는 바닥으로부터 0.8m 이상 1.5m 이하의 높이에 문 개방 등으로 인한 위치 확인에 장애가 없고 접근이 쉬운 위치에 설치해야 한다.

2.9.3.1) 해당 제연구역의 구획을 위한 제연경계벽 및 벽의 작동
2.9.3.2) 해당 제연구역의 공기유입 및 연기배출 관련 댐퍼의 작동
2.9.3.3) 공기유입송풍기 및 배출송풍기의 작동

> 🚩 제연경계벽 등의 기동
> **암기** 해해송(구제, 공연)
> (해해송이 나오는 곳을 가보니 구제옷을 팔면서 공연을 하고 있었다)

2.10 성능확인 〈신설 2024.10.1.〉

2.10.1 시험·측정 및 조정 〈신설 2024.10.1.〉

제연설비는 설계목적에 적합한지 검토하고 제연설비의 성능과 관련된 건물의 모든 부분(건축설비를 포함한다)이 완성되는 시점에 맞추어 시험·측정 및 조정(이하 "시험 등"이라 한다)을 해야 한다.

2.10.2 제연설비의 시험 등 실시기준 〈신설 2024.10.1.〉

제연설비의 시험 등은 다음 각 호의 기준에 따라 실시해야 한다.

2.10.2.1) 송풍기 풍량 및 송풍기 모터의 전류, 전압을 측정할 것
2.10.2.2) 제연설비 시험시에는 제연구역에 설치된 화재감지기(수동기동장치를 포함한다)를 동작시켜 해당 제연

설비가 정상적으로 작동되는지 확인할 것

2.10.2.3) 제연구역의 공기유입량 및 유입풍속, 배출량은 모든 유입구 및 배출구에서 측정할 것

2.10.2.4) 제연구역의 출입문, 방화셔터, 공기조화설비 등이 제연설비와 연동된 상태에서 측정할 것

2.10.3 제연설비 시험 등 평가기준 〈신설 2024.10.1.〉

제연설비 시험 등의 평가는 이 기준에서 정하는 성능 및 다음의 기준에 따른다.

2.10.3.1) 배출구별 배출량은 배출구별 설계 배출량의 60% 이상이어야 하며, 제연구역별 배출구의 배출량 합계는 2.3에 따른 설계배출량 이상일 것

2.10.3.2) 유입구별 공기유입량은 유입구별 설계 유입량의 60% 이상이어야 하며, 제연구역별 유입구의 공기유입량 합계는 2.5.7에 따른 설계유입량을 충족할 것

2.10.3.3) 제연구역의 구획이 설계조건과 동일한 조건에서 2.10.3.1에 따라 측정한 배출량이 설계배출량 이상인 경우에는 2.10.3.2에 따라 측정한 공기유입량이 설계유입량에 일부 미달되더라도 적합한 성능으로 볼 것

2.11 설치 제외 16점

2.11.1 제연설비를 설치해야 할 특정소방대상물 중 **화장실·목욕실·주차장·발코니를 설치한 숙박시설**(가족호텔 및 휴양콘도미니엄에 한한다)**의 객실과 사람이 상주하지 않는 기계실·전기실·공조실·50m2 미만의 창고 등**으로 사용되는 부분에 대하여는 **배출구·공기유입구의 설치 및 배출량** 산정에서 이를 **제외**할 수 있다.

29

특별피난계단의 계단실 및 부속실 제연설비의 화재안전기술(성능)기준 (NFT(P)C 501A)

세부 목차

[설치대상]
1.7 용어의 정의
2.1 제연방식
2.2 제연구역의 선정
2.3 차압 등
2.4 급기량
2.5 누설량
2.6 보충량
2.7 방연풍속
2.8 과압방지조치
2.9 누설틈새의 면적 등
2.10 유입공기의 배출

2.11 수직풍도에 따른 배출
2.12 배출구에 따른 배출
2.13 급기
2.14 급기구
2.15 급기풍도
2.16 급기송풍기
2.17 외기취입구
2.18 제연구역의 옥내의 출입문
2.19 수동기동장치
2.20 제어반
2.21 전원
2.22 성능확인

29 특별피난계단의 계단실 및 부속실 제연설비의 화재안전기술(성능)기준(NFT(P)C 501A)

🚰 계통도

〈특별피난계단 부속실 제연설비 계통도〉

🚰 방연풍속

[설치대상] (소방시설법 시행령 별표4)

특정소방대상물(갓복도형 아파트 등은 제외한다)에 부설된 **특별피난계단, 비상용 승강기의 승강장** 또는 **피난용 승강기의 승강장**

1.1 적용범위

1.1.1 이 기준은 「소방시설 설치 및 관리에 관한 법률 시행령」(이하 "영"이라 한다) 별표 4 제5호가목7)에 따른 특별피난계단의 계단실(이하 "계단실"이라 한다) 및 부속실(비상용승강기의 승강장과 겸용하는 것 또는 비상용승강기·피난용승강기의 승강장을 포함한다. 이하 "부속실"이라 한다) 제연설비의 설치 및 관리에 대해 적용한다.

1.7 용어의 정의

1.7.1 이 기준에서 사용하는 용어의 정의는 다음과 같다.

1.7.1.1) "제연구역"이란 제연하고자 하는 계단실, 부속실을 말한다. 〈개정 2024.7.1.〉

1.7.1.2) "방연풍속"이란 옥내로부터 제연구역 내로 연기의 유입을 유효하게 방지할 수 있는 풍속을 말한다.

1.7.1.3) "급기량"이란 제연구역에 공급해야 할 공기의 양을 말한다.

1.7.1.4) "누설량"이란 틈새를 통하여 제연구역으로부터 흘러나가는 공기량을 말한다.

1.7.1.5) "보충량"이란 방연풍속을 유지하기 위하여 제연구역에 보충해야 할 공기량을 말한다.

1.7.1.6) "플랩댐퍼"란 제연구역의 압력이 설정압력범위를 초과하는 경우 제연구역의 압력을 배출하여 설정압력

범위를 유지하게 하는 과압방지장치를 말한다.

1.7.1.7) "유입공기"란 제연구역으로부터 옥내로 유입하는 공기로서 차압에 따라 누설하는 것과 출입문의 개방에 따라 유입하는 것 등을 말한다.

1.7.1.8) "거실제연설비"란 「제연설비의 화재안전기술기준(NFTC 501)」에 따른 옥내의 제연설비를 말한다.

1.7.1.9) "자동차압급기댐퍼"란 제연구역과 옥내 사이의 차압을 압력센서 등으로 감지하여 제연구역에 공급되는 풍량의 조절로 제연구역의 차압 유지를 자동으로 제어할 수 있는 댐퍼를 말한다.

1.7.1.10) "자동폐쇄장치"란 제연구역의 출입문 등에 설치하는 것으로서 화재 시 화재감지기의 작동과 연동하여 출입문을 자동으로 닫히게 하는 장치를 말한다.

1.7.1.11) "과압방지장치"란 제연구역의 압력이 설정압력을 초과하는 경우 자동으로 압력을 조절하여 과압을 방지하는 장치를 말한다.

1.7.1.12) "굴뚝효과"란 건물 내부와 외부 또는 두 내부 공간 상하 간의 온도 차이에 의한 밀도 차이로 발생하는 건물 내부의 수직 기류를 말한다.

1.7.1.13) "기밀상태"란 일정한 공간에 있는 유체가 누설되지 않는 밀폐 상태를 말한다.

1.7.1.14) "누설틈새면적"이란 가압 또는 감압된 공간과 인접한 사이에 공기의 흐름이 가능한 틈새의 면적을 말한다.

1.7.1.15) "송풍기"란 공기의 흐름을 발생시키는 기기를 말한다.

1.7.1.16) "수직풍도"란 건축물의 층간에 수직으로 설치된 풍도를 말한다.

1.7.1.17) "외기취입구"란 옥외로부터 옥내로 외기를 취입하는 개구부를 말한다.

1.7.1.18) "제어반"이란 각종 기기의 작동 여부 확인과 자동 또는 수동 기동 등이 가능한 장치를 말한다.

1.7.1.19) "차압측정공"이란 제연구역과 비제연구역과의 압력 차를 측정하기 위해 제연구역과 비제연구역 사이의 출입문 등에 설치된 공기가 흐를 수 있는 관통형 통로를 말한다.

제연방식
암기 차속과(과속차)
공급하여 기압높게 차이유지 침투못/
피일개방 풍속유지 공기보충/
출달겨우 과압방지조치 차압유지

제연구역의 선정
암기 동부계

최소차압
암기 이리와 사 백신 치 료
이리와(12.5)
사(40) 백신(110) 치(70) 료(5)
해줄게

〈차압원리〉

2.1 제연방식 [10설]

2.1.1 이 기준에 따른 제연설비는 다음의 기준에 적합해야 한다.

2.1.1.1) 제연구역에 옥외의 신선한 공기를 공급하여 제연구역의 기압을 제연구역 이외의 옥내(이하 "옥내"라 한다)보다 높게 하되 일정한 기압의 차이(이하 "차압"이라 한다)를 유지하게 함으로써 옥내로부터 제연구역 내로 연기가 침투하지 못하도록 할 것

2.1.1.2) 피난을 위하여 제연구역의 출입문이 일시적으로 개방되는 경우 방연풍속을 유지하도록 옥외의 공기를 제연구역 내로 보충 공급하도록 할 것

2.1.1.3) 출입문이 닫히는 경우 제연구역의 과압을 방지할 수 있는 유효한 조치를 하여 차압을 유지할 것

2.2 제연구역의 선정 [10설, 13설]

2.2.1 제연구역은 다음의 어느 하나에 따라야 한다.

2.2.1.1) 계단실 및 그 부속실을 동시에 제연하는 것
2.2.1.2) 부속실을 단독으로 제연하는 것
2.2.1.3) 계단실을 단독으로 제연하는 것
2.2.1.4) 〈삭제 2024.7.1〉

2.3 차압 등 [24점]

2.3.1 최소차압
2.1.1.1의 기준에 따라 제연구역과 옥내와의 사이에 유지해야 하는 최소차압은 40Pa(옥내에 스프링클러설비가 설치된 경우에는 12.5Pa) 이상으로 해야 한다.

2.3.2 출입문 개방에 필요한 힘
제연설비가 가동되었을 경우 출입문의 개방에 필요한 힘은 110N 이하로 해야 한다.

2.3.3 출입문 개방 시 다른 구역의 차압
2.1.1.2의 기준에 따라 출입문이 일시적으로 개방되는 경우 개방되지 않은 제연구역과 옥내와의 차압은 2.3.1의 기준에도 불구하고 2.3.1의 기준에 따른 차압의 70% 이상이어야 한다.

2.3.4 계단실과 부속실을 동시에 제연하는 경우

계단실과 부속실을 동시에 제연하는 경우 부속실의 기압은 계단실과 같게 하거나 계단실의 기압보다 낮게 할 경우에는 부속실과 계단실의 압력 차이는 5Pa 이하가 되도록 해야 한다.

2.4 급기량

2.4.1 급기량은 다음의 양을 합한 양 이상이 되어야 한다.

2.4.1.1) 2.1.1.1의 기준에 따른 <u>차압을 유지하기 위하여</u> 제연구역에 공급해야 할 공기량. 이 경우 제연구역에 설치된 출입문(창문을 포함한다. 이하 "출입문등"이라 한다)의 <u>누설량</u>과 같아야 한다.

2.4.1.2) 2.1.1.2의 기준에 따른 <u>보충량</u>

2.5 누설량

2.5.1 2.4.1.1의 기준에 따른 누설량은 제연구역의 누설량을 합한 양으로 한다. 이 경우 출입문이 2개소 이상인 경우에는 각 출입문의 누설틈새면적을 합한 것으로 한다.

2.6 보충량

2.6.1 2.4.1.2의 기준에 따른 보충량은 부속실의 수가 20개 이하는 1개 층 이상, 20개를 초과하는 경우에는 2개 층 이상의 보충량으로 한다. 〈개정 2024.7.1〉

♣ 급기량

급기량 = 누설량 + 보충량

♣ 누설틈새면적 합(직렬)

$$A_0 = \cfrac{1}{\sqrt{\cfrac{1}{A_1^2} + \cfrac{1}{A_2^2}}}$$

♣ 누설틈새면적 합(병렬)

$$A_0 = A_1 + A_2$$

♣ 보충량

암기 투에니원(20-1), 초과 2

2.7 방연풍속

2.7.1 방연풍속은 제연구역의 선정방식에 따라 다음 표 2.7.1의 기준에 적합해야 한다.

[표 2.7.1] 제연구역에 따른 방연풍속 〈개정 2024.7.1〉

제연구역		방연풍속
계단실 및 그 부속실을 동시에 제연하는 것 또는 계단실만 단독으로 제연하는 것		0.5m/s 이상
부속실만 단독으로 제연하는 것	부속실 또는 승강장이 면하는 옥내가 거실인 경우	0.7m/s 이상
	부속실이 면하는 옥내가 복도로서 그 구조가 방화구조(내화시간이 30분 이상인 구조를 포함한다)인 것	0.5m/s 이상

〈방연풍속 원리〉

암기 부장 단독 거실 공칠

2.8 과압방지조치※

2.8.1 제연구역에서 발생하는 과압을 해소하기 위해 과압방지장치를 설치하는 등의 과압방지초치를 해야 한다. 다만, 제연구역 내에 과압발생의 우려가 없다는 것을 시험 또는 공학적인 자료로 입증하는 경우에는 과압방지조치를 하지 않을 수 있다. 〈개정 2024.4.1〉

2.8.1.1) 〈삭제 2024.4.1〉

2.8.1.2) 〈삭제 2024.4.1〉

2.8.1.3) 〈삭제 2024.4.1〉

2.8.1.4) 〈삭제 2024.4.1〉

2.8.1.5) 〈삭제 2024.4.1.〉

※ (2.8)의 성능기준
제11조(과압방지조치)
제연구역에서 발생하는 과압을 해소하기 위해 과압방지장치를 설치하는 등의 과압방지조치를 해야 한다. 다만, 제연구역 내에 과압 발생의 우려가 없다는 것을 시험 또는 공학적인 자료로 입증하는 경우에는 과압방지조치를 하지 않을 수 있다. 〈개정 2024.1.26.〉

과압방지조치
암기 제발 과해 과장 과방, 제과우 시공자

2.9 누설틈새의 면적 등

2.9.1 제연구역으로부터 공기가 누설하는 틈새면적은 다음의 기준에 따라야 한다.

2.9.1.1) 출입문의 틈새면적은 다음의 식 (2.9.1.1)에 따라 산출하는 수치를 기준으로 할 것. 다만 방화문의 경우에는 「한국산업표준」에서 정하는 「문세트(KS F 3109)」에 따른 기준을 고려하여 산출할 수 있다. **24설응용**

$$A = (L/l) \times A_d \quad \cdots (2.9.1.1)$$

여기에서 A: 출입문의 틈새 [m²]
L: 출입문 틈새의 길이 [m]
　　다만 L의 수치가 l의 수치 이하인 경우에는 l의 수치로 할 것
l: 외여닫이문이 설치되어 있는 경우　5.6
　　쌍여닫이문이 설치되어 있는 경우　9.2
　　승강기의 출입문이 설치되어 있는 경우　8.0
A_d: 외여닫이문으로 제연구역의 실내 쪽으로 열리는 경우 = 0.01
　　제연구역의 실외 쪽으로 열리도록 설치하는 경우 = 0.02
　　쌍여닫이문의 경우 = 0.03
　　승강기의 출입문 = 0.06

2.9.1.2) 창문의 틈새면적은 다음의 식 (2.9.1.2.1), (2.9.1.2.2), (2.9.1.2.3)에 따라 산출하는 수치를 기준으로 할 것. 다만「한국산업표준」에서 정하는「창세트(KS F 3117)」에 따른 기준을 고려하여 산출할 수 있다.

2.9.1.2.1. 여닫이식 창문으로서 창틀에 방수패킹이 없는 경우
틈새면적(m²) = $2.55 \times 10^{-4} \times$ 틈새의 길이(m)
$$\cdots (2.9.1.2.1)$$

2.9.1.2.2. 여닫이식 창문으로서 창틀에 방수패킹이 있는 경우
틈새면적(m²) = $3.61 \times 10^{-5} \times$ 틈새의 길이(m)
$$\cdots (2.9.1.2.2)$$

2.9.1.2.3. 미닫이식 창문이 설치되어 있는 경우
틈새면적(m²) = $1.00 \times 10^{-4} \times$ 틈새의 길이(m)
$$\cdots (2.9.1.2.3)$$

2.9.1.3) 제연구역으로부터 누설하는 공기가 승강기의 <u>승강로를 경유</u>하여 승강로의 외부로 유출하는 <u>유출면적</u>은 승강로와 승강로 상부의 기계실 <u>사이의 개구부 면적</u>을 합한 것을 기준으로 할 것

2.9.1.4) 제연구역을 구성하는 벽체(반자속의 벽체를 포함한다)가 벽돌 또는 시멘트블록 등의 조적구조이거나 석고판 등의 조립구조인 경우에는 불연재료를 사용하여 틈새를 조정할 것 〈개정 2024.7.1〉

2.9.1.5) 제연설비의 완공 시 제연구역의 출입문등은 크기 및 개방방식이 해당 설비의 설계 시와 같도록 할 것

🔥 출입문 틈새면적 A
암기 면은 롱롱 면

미국 lA에서

(l) 외: 5(ㅁ). 6(ㅂ)
　　쌍: 9(ㅈ). 2(ㄴ)
　　승출: 8(ㅇ). 0(ㅊ)
　　<u>외쌍승 모범 저녁 야채</u>

(A_d) 외내, 외, 쌍, 승
　　<u>참치캔, 냉, 동, 밥</u>

🔥 창문 틈새면적 A
여 팩 없는 2(ㄴ)5(ㅁ)5(ㅁ)4(ㄹ) 길
여 팩 있는 3(ㄷ)6(ㅂ)1(ㄱ)5(ㅁ) 길
미닫이　1(ㄱ)4(ㄹ) 길

여행을 떠나는데
팩 없는 아이 "나만 몰라 길?"
팩 있는 아이 "돋보기만 길 찾아"
미닫이창문을 열면 "갈림길"이야

🔥 승강로 외부로 유출하는 면적
= 승강로와 기계실 사이의 개구부 면적 합한 것

🔥 벽체의 틈새조정
① 조적구조

② 조립구조

2.10 유입공기의 배출

2.10.1 유입공기의 배출
유입공기는 화재 층의 제연구역과 면하는 옥내로부터 옥외로 배출되도록 해야 한다. 다만 직통계단식 공동주택의 경우에는 그렇지 않다.

2.10.2 유입공기의 배출방식
유입공기의 배출은 다음의 기준에 따른 배출방식으로 해야 한다.

2.10.2.1) **수직풍도에 따른 배출**: 옥상으로 직통하는 전용의 배출용 수직풍도를 설치하여 배출하는 것으로서 다음의 어느 하나에 해당하는 것

2.10.2.1.1. **자연배출식**: 굴뚝효과에 따라 배출하는 것

2.10.2.1.2. **기계배출식**: 수직풍도의 상부에 전용의 배출용 송풍기를 설치하여 강제로 배출하는 것. 다만 지하층만을 제연하는 경우 배출용 송풍기의 설치위치는 배출된 공기로 인하여 피난 및 소화활동에 지장을 주지 않는 곳에 설치할 수 있다.

2.10.2.2) **배출구에 따른 배출**: 건물의 옥내와 면하는 외벽마다 옥외와 통하는 배출구를 설치하여 배출하는 것

2.10.2.3) **제연설비에 따른 배출**: 거실제연설비가 설치되어 있고 당해 옥내로부터 옥외로 배출해야 하는 유입공기의 양을 거실제연설비의 배출량에 합하여 배출하는 경우 유입 공기의 배출은 당해 거실제연설비에 따른 배출로 갈음할 수 있다

2.11 수직풍도에 따른 배출

2.11.1 수직풍도에 따른 배출은 다음의 기준에 적합해야 한다.

2.11.1.1) 수직풍도는 내화구조로 하되 「건축물의 피난·방화구조 등의 기준에 관한 규칙」 제3조제1호 또는 제2호의 기준 이상의 성능으로 할 것

2.11.1.2) 수직풍도의 <u>내부면은 두께 0.5mm 이상의 아연도금강판</u> 또는 <u>동등</u> 이상의 내식성·내<u>열</u>성이 있는 것으로 마감하되, <u>접합부</u>에 대하여는 통기성이 없도록 조치할 것

2.11.1.3) 각 층의 옥내와 면하는 수직풍도의 관통부에는 다음

🚒 **유입공기 배출 방식**
[암기] 수(자연/기계)배제

🚒 **기계배출식**

🚒 **배출구에 따른 배출**

🚒 **유입공기의 수직풍도 배출**
[내화구조]
- 건피방 제3조제1호
  : 벽의 내화구조 기준
- 건피방 제3조제2호
  : 외벽중 비내력벽의 내화구조 기준

🚒 **수직풍도 내부면**
[암기] 내부 영어(0.5) 아도강판, 동식열 마접통

의 기준에 적합한 댐퍼(이하 "배출댐퍼"라 한다)를 설치해야 한다.

2.11.1.3.1. 배출댐퍼는 두께 1.5mm 이상의 강판 또는 이와 동등 이상의 성능이 있는 것으로 설치해야 하며 비내식성 재료의 경우에는 부식방지 조치를 할 것

2.11.1.3.2. **평**상시 닫힌 구조로 기밀상태를 유지할 것

2.11.1.3.3. **개**폐 여부를 당해 장치 및 제어반에서 확인할 수 있는 감지 기능을 내장하고 있을 것

2.11.1.3.4. 구동부의 작동상태와 닫혀 있을 때의 기밀상태를 수시로 **점**검할 수 있는 구조일 것

2.11.1.3.5. 풍도의 내부마감 상태에 대한 점검 및 댐퍼의 정비가 가능한 이·**탈**착식 구조로 할 것

2.11.1.3.6. 화재 층에 설치된 화재**감**지기의 동작에 따라 당해 층의 댐퍼가 개방될 것 〈개정 2024.4.1〉

2.11.1.3.7. 개방 시의 **실**제 개구부(개구율을 감안한 것을 말한다)의 크기는 2.11.1.4의 기준에 따른 수직풍도의 최소 내부단면적 이상으로 할 것 〈개정 2024.4.1〉

2.11.1.3.8. 댐퍼는 풍도 내의 공기흐름에 지장을 주지 않도록 수직풍도의 내부로 **돌출**하지 않게 설치할 것

2.11.1.4) 수직풍도의 내부단면적은 다음의 기준에 적합할 것

2.11.1.4.1. 자연배출식의 경우 다음 식 (2.11.1.4.1)에 따라 산출하는 수치 이상으로 할 것. 다만 수직풍도의 길이가 100m를 초과하는 경우에는 산출수치의 1.2배 이상의 수치를 기준으로 해야 한다.

$$A_P = \frac{Q_N}{2} \quad \cdots (2.11.1.4.1)$$

A_P: 수직풍도의 내부단면적(m^2)
Q_N: 수직풍도가 담당하는 1개 층의 제연구역의 출입문(옥내와 면하는 출입문을 말한다) 1개의 면적(m^2)와 방연풍속(m/s)를 곱한 값(m^3/s)

2.11.1.4.2. 송풍기를 이용한 기계배출식의 경우 풍속 15m/s 이하로 할 것

2.11.1.5) 기계배출식에 따라 배출하는 경우 배출용 송풍기는 다음의 기준에 적합할 것

2.11.1.5.1. **열**기류에 노출되는 송풍기 및 그 부품들은 250℃의 온도에서 1시간 이상 가동상태를 유지할 것

🚒 **배출댐퍼 기준**
암기 두 평 개 점, 이탈 감지 실제 돌출

🚒 **수직풍도 내부단면적**
가. 자연배출식[m^2]

$$A_P = \frac{1개층 출입문면적 \times 방연풍속}{2}$$

※ 수직풍도길이 100m 초과 시
내부단면적 = $A_P \times 1.2$

나. 기계배출식
풍속 15m/s 이하

🚒 **배출용 송풍기**
암기 25시 열풍 화실 방
(배출송풍기가 25시 돌아가는 열풍 화실 방)

2.11.1.5.2. 송풍기의 **풍량**은 2.11.1.4.1의 기준에 따른 Q_N 에 여유량을 더한 양을 기준으로 할 것 24설응용

2.11.1.5.3. 송풍기는 화재감지기의 동작에 따라 연동하도록 할 것 〈개정 2024.4.1.〉

2.11.1.5.4 송풍기의 풍량을 실측할 수 있는 유효한 조치를 할 것 〈신설 2024.4.1〉

2.11.1.5.5 송풍기는 다른 장소와 방화구획되고 접근과 점검 이 용이한 장소에 설치할 것 〈신설 2024.4.1〉

2.11.1.6) 수직풍도의 상부의 말단(기계배출식의 송풍기도 포함한다)은 빗물이 흘러들지 않는 구조로 하고, 옥외의 풍압에 따라 배출성능이 감소하지 않도록 유효한 조치를 할 것

2.12 배출구에 따른 배출

2.12.1 배출구에 따른 배출은 다음의 기준에 적합해야 한다.

2.12.1.1) 배출구에는 다음의 기준에 적합한 **장치**(이하 "개폐기"라 한다)를 설치할 것

2.12.1.1.1. **빗**물과 **이**물질이 **유**입하지 않는 구조로 할 것

2.12.1.1.2. 옥**외**쪽으로만 **열**리도록 하고 옥외의 **풍**압에 따라 **자**동으로 닫히도록 할 것

2.12.1.1.3. 그 밖의 설치기준은 2.11.1.3.1 내지 2.11.1.3.7 의 기준을 준용할 것

2.12.1.2) 개폐기의 **개구면적**은 다음 식 (2.12.1.2)에 따라 산출한 수치 이상으로 할 것

$$A_O = \frac{Q_N}{2.5} \quad \cdots (2.12.1.2)$$

A_O: 개폐기의 개구면적(m^2)
Q_N: 수직풍도가 담당하는 1개 층의 제연구역의 출입문(옥내와 면하는 출입문을 말한다) 1개의 면적(m^2)와 방연풍속(m/s)를 곱한 값(m^3/s)

2.13 급기※

2.13.1 제연구역에 대한 급기는 다음의 기준에 적합해야 한다.

2.13.1.1) 부속실만을 제연하는 경우 동일 수직선상의 모든 부속실은 하나의 **전**용 수직풍도를 통해 동시에 급기할 것.

🔔 수직풍도 상부 말단 구조의 예

🔔 배출구의 개폐기
암기 빗이유 외열풍자 밖
(두평개점 이탈 감지 실제)

🔔 급기
암기 전, 동, 계, 하나, 비상로

※ (2.13)의 성능기준에는 밑줄 친 단서 내용이 없다.

다만 동일 수직선상에 2대 이상의 급기송풍기가 설치되는 경우에는 수직풍도를 분리하여 설치할 수 있다.※

2.13.1.2) 계단실 및 부속실을 **동**시에 제연하는 경우 계단실에 대하여는 그 부속실의 수직풍도를 통해 급기할 수 있다.

2.13.1.3) **계**단실만을 제연하는 경우에는 전용 수직풍도를 설치하거나 계단실에 급기풍도 또는 급기송풍기를 직접 연결하여 급기하는 방식으로 할 것

2.13.1.4) **하나**의 수직풍도마다 전용의 송풍기로 급기할 것

2.13.1.5) **비**상용승강기 또는 피난용승강기의 승강장을 제연하는 경우에는 해당 승강기의 승강로를 급기풍도로 사용할 수 있다. 〈개정 2024.7.1〉

〈전용덕트방식〉

〈승강로방식〉

2.14 급기구※

2.14.1 제연구역에 설치하는 급기구는 다음의 기준에 적합해야 한다.

2.14.1.1) 급기용 수직풍도와 직접 면하는 벽체 또는 천장(당해 수직풍도와 천장급기구 사이의 풍도를 포함한다)에 고정하되, 급기되는 기류 흐름이 출입문으로 인하여 차단되거나 방해받지 않도록 옥내와 면하는 출입문으로부터 가능한 먼 위치에 설치할 것

2.14.1.2) 계단실과 그 부속실을 동시에 제연하거나 또는 계단실만을 제연하는 경우 급기구는 계단실 매 3개 층 이하의 높이마다 설치할 것. 다만 계단실의 높이가 31m 이하로서 계단실만을 제연하는 경우에는 하나의 계단실에 하나의 급기구만을 설치할 수 있다.※

2.14.1.3) 급기구의 댐퍼설치는 다음의 기준에 적합할 것

2.14.1.3.1. 급기댐퍼의 재질은 「자동차압급기댐퍼의 성능인증 및 제품검사의 기술기준」에 적합한 것으로 할 것 〈개정 2024.4.1〉

2.14.1.3.2. 〈삭제 2024.4.1.〉

2.14.1.3.3. 〈삭제 2024.4.1〉

2.14.1.3.4. 〈삭제 2024.4.1〉

2.14.1.3.5. 자동차압급기댐퍼는 「자동차압급기댐퍼의 **성능**인증 및 제품검사의 기술기준」에 적합한 것으로 설치할 것

2.14.1.3.6. 자동차압급기댐퍼가 아닌 댐퍼는 **개구율**을 **수동**으로 조절할 수 있는 구조로 할 것

※ (2.14.1.2)의 성능기준에는 밑줄 친 단서 내용이 없다.

급기구

2.14.1.3.7. 화재감지기에 따라 모든 제연구역의 댐퍼가 개방되도록 할 것. 다만, 둘 이상의 특정소방대상물이 지하에 설치된 주차장으로 연결되어 있는 경우에는 특정소방대상물의 화재감지기 및 주차장에서 하나의 특정소방대상물의 제연구역으로 들어가는 입구에 설치된 제연용 연기감지기의 작동에 따라 해당 특정소방대상물의 수직풍도에 연결된 모든 제연구역의 댐퍼가 개방되도록 하거나 해당 특정소방대상물을 포함한 둘 이상의 특정소방대상물의 모든 제연구역의 댐퍼가 개방되도록 할 것 〈개정 2024.4.1.〉

2.14.1.3.8. 댐퍼의 작동이 **전기**적 방식에 의하는 경우 2.11.1.3.2 내지 2.11.1.3.5의 기준을, 기계적 방식에 따른 경우 2.11.1.3.3, 2.11.1.3.4 및 2.11.1.3.5 기준을 준용할 것

2.14.1.3.9. **그 밖**의 설치기준은 2.11.1.3.1 및 2.11.1.3.8의 기준을 준용할 것

2.15 급기풍도 `24설응용`

2.15.1 급기풍도(이하 "풍도"라 한다)의 설치는 다음의 기준에 적합해야 한다.

2.15.1.1) 수직풍도는 2.11.1.1 및 2.11.1.2의 기준을 준용할 것

2.15.1.2) 수직풍도 이외의 풍도로서 금속판으로 설치하는 풍도는 다음의 기준에 적합할 것

2.15.1.2.1.※ 풍도는 아연도금강판 또는 이와 동등 이상의 내식성·내열성이 있는 것으로 하며, 「건축법 시행령」 제2조에 따른 불연재료(석면재료를 제외한다)인 단열재로 풍도외부에 유효한 단열처리를 하고, 강판의 두께는 풍도의 크기에 따라 다음 표 2.15.1.2.1에 따른 기준 이상으로 할 것. 다만, 방화구획이 되는 전용실에 급기송풍기와 연결되는 풍도는 단열이 필요 없다.〈개정 2024.4.1〉

[표 2.15.1.2.1] 풍도의 크기에 따른 강판의 두께

풍도단면의 긴 변 또는 직경의 크기	450mm 이하	450mm 초과 750mm 이하	750mm 초과 1,500mm 이하	1,500mm 초과 2,250mm 이하	2,250mm 초과
강판두께	0.5mm	0.6mm	0.8mm	1.0mm	1.2mm

2.15.1.2.2.※ 풍도에서의 누설량은 급기량의 10%를 초과하지 않을 것

※ (2.15.1.2)의 성능기준
가. 풍도는 아연도금강판 또는 이와 동등 이상의 내식성·내열성이 있는 것으로 하며, 「건축법 시행령」 제2조에 따른 불연재료(석면재료를 제외한다)인 단열재로 풍도 외부에 유효한 단열처리를 하고, 강판의 두께는 풍도의 크기에 따라 다음 표에 따른 기준 이상으로 할 것
 (표 생략) 〈개정 2024.1.26.〉
나. 풍도에서의 누설량은 공기의 누설로 인한 압력 손실을 최소화하도록 할 것

2.15.1.3) 풍도는 정기적으로 풍도 내부를 청소할 수 있는 구조로 할 것

2.15.1.4) 풍도 내의 풍속은 15m/s 이하로 할 것 〈신설 2024.4.1.〉

2.16 급기송풍기※ `13설`

2.16.1 급기송풍기의 설치는 다음의 기준에 적합해야 한다.

2.16.1.1) 송풍기의 송풍능력은 송풍기가 담당하는 제연구역에 대한 급기량의 1.15배 이상으로 할 것. 다만 풍도에서의 누설을 실측하여 조정하는 경우에는 그렇지 않다. `24점응용`

2.16.1.2) 송풍기에는 풍량조절장치를 설치하여 풍량조절을 할 수 있도록 할 것

2.16.1.3) 송풍기에는 풍량을 실측할 수 있는 유효한 조치를 할 것

2.16.1.4) 송풍기는 인접 장소의 화재로부터 영향을 받지 않고 접근 및 점검이 용이한 장소에 설치할 것

2.16.1.5) 송풍기는 옥내의 화재감지기의 동작에 따라 작동하도록 할 것

2.16.1.6) 송풍기와 연결되는 캔버스는 내열성(석면재료를 제외한다)이 있는 것으로 할 것

2.17 외기취입구※

2.17.1 외기취입구(이하 "취입구"라 한다)는 다음의 기준에 적합해야 한다.

2.17.1.1) 외기를 옥외로부터 취입하는 경우 취입구는 연기 또는 공해물질 등으로 오염된 공기를 취입하지 않는 위치에 설치해야 하며, 배기구 등(유입공기, 주방의 조리대의 배출공기 또는 화장실의 배출공기 등을 배출하는 배기구를 말한다)으로부터 수평거리 5m 이상, 수직거리 1m 이상 낮은 위치에 설치할 것

2.17.1.2) 취입구를 옥상에 설치하는 경우에는 옥상의 외곽면으로부터 수평거리 5m 이상, 외곽면의 상단으로부터 하부로 수직거리 1m 이하의 위치에 설치할 것

2.17.1.3) 취입구는 빗물과 이물질이 유입하지 않는 구조로 할 것

2.17.1.4) 취입구는 취입공기가 옥외의 바람의 속도와 방향에 따라 영향을 받지 않는 구조로 할 것

🔥 급기송풍기

`암기` 1.15 조절 실측 화접 감지 캔

일일오(1.15)차를 조절 실측하여, 화재가 접근하면 감지할 수 있다(can)

🔥 급기송풍기 설치 예

① 송풍기
② 캔버스: 내열성(석면재료 제외)
③ 송풍조 ④ ㄷ형강 ⑤ 기초

※ (2.16)의 성능기준
제19조(급기송풍기) 급기송풍기의 송풍능력은 송풍기가 담당하는 제연구역에 대한 급기량의 1.15배 이상으로 하고, 송풍기는 다른 장소와 방화구획 되고 접근과 점검이 용이하도록 설치하며, 화재감지기의 동작에 따라 작동하도록 해야 한다.

🔥 옥상의 외기 취입구

`암기` 옥외 오일 옥상오일 빗물 바람

A: 옥상에 외벽이 있는 경우
B: 옥상에 외벽이 없는 경우
C: 배기구에서 위입구 상단까지의 수직거리

※ (2.17)의 성능기준
제20조(외기취입구) 외기취입구는 옥외의 연기 또는 공해물질 등으로 오염된 공기, 빗물과 이물질 등이 유입되지 않는 구조 및 위치에 설치해야 한다.

2.18 제연구역 및 옥내의 출입문※

2.18.1 제연구역 출입문의 기준

2.18.1.1) 제연구역의 출입문(창문을 포함한다)은 **언**제나 닫힌 상태를 유지하거나 자동폐쇄장치에 의해 자동으로 닫히는 구조로 할 것. **다**만 **아**파트인 경우 **제**연구역과 **계**단실 사이의 출입문은 자동폐쇄장치에 의하여 자동으로 닫히는 구조로 해야 한다.

2.18.1.2) 제연구역의 출입문에 설치하는 **자**동폐쇄장치는 제연구역의 **기**압에도 불구하고 출입문을 용이하게 닫을 수 있는 충분한 **폐**쇄력이 있을 것

2.18.1.3) 제연구역의 출입문 등에 **자**동폐쇄장치를 사용하는 경우에는 「자동폐쇄장치의 **성능**인증 및 제품검사의 기술기준」에 적합한 것으로 설치할 것

2.18.2 옥내 출입문의 기준 [17설]

옥내의 출입문(2.7.1의 [표 2.7.1]에 따른 방화구조의 복도가 있는 경우로서 복도와 거실 사이의 출입문에 한한다)은 다음의 기준에 적합해야 한다.

2.18.2.1) **출입문**은 언제나 **닫**힌 상태를 유지하거나 자동폐쇄장치에 의해 **자**동으로 닫히는 구조로 할 것

2.18.2.2) **거실 쪽**으로 열리는 구조의 출입문에 자동폐쇄장치를 설치하는 경우에는 출입문의 개방 시 **유입**공기의 압력에도 불구하고 출입문을 용이하게 닫을 수 있는 **충분한** 폐쇄력이 있는 것으로 할 것

2.19 수동기동장치 [24점]

2.19.1 수동기동장치

배출댐퍼 및 개폐기의 직근 또는 제연구역에는 다음의 기준에 따른 장치의 작동을 위하여 수동기동장치를 설치하고 스위치는 바닥으로부터 0.8m 이상 1.5m 이하의 높이에 설치해야 한다. <u>다만, 계단실 및 그 부속실을 동시에 제연하는 제연구역에는 그 부속실에만 설치할 수 있다.</u> 〈개정 2024.4.1〉※

2.19.1.1) **전 층**의 제연구역에 설치된 **급기댐**퍼의 개방

2.19.1.2) **당해** 층의 **배**출댐퍼 또는 **개**폐기의 개방

🔔 제연구역의 출입문
암기 언자다(아제계) 자기폐 자폐성능

※ (2.18)의 성능기준
제21조(제연구역 및 옥내의 출입문)
① 제연구역의 출입문(창문을 포함한다)은 언제나 닫힌 상태를 유지하거나 자동폐쇄장치에 의해 자동으로 닫히는 구조로 하고, 제연구역의 출입문 등에 자동폐쇄장치를 사용하는 경우에는 「자동폐쇄장치의 성능인증 및 제품검사의 기술기준」에 적합한 것으로 설치해야 한다.
② 옥내의 출입문(제10조의 기준에 따른 방화구조의 복도가 있는 경우로서 복도와 거실 사이의 출입문에 한한다)은 언제나 닫힌 상태를 유지하거나 자동폐쇄장치에 의해 자동으로 닫히는 구조로 해야 한다.

🔔 복도와 거실 사이 출입문
암기 출입문닫자 거실쪽유입충분한

🔔 수동기동장치
암기 전당 개급
전층급댐, 당해배개,
급유송풍, 개고출개

※ (2.19.1)의 밑줄 친 부분의 성능기준에는 밑줄 친 부분이 없다.

2.19.1.3) 급기송풍기 및 유입공기의 배출용 송풍기(설치한 경우에 한한다)의 작동

2.19.1.4) 개방·고정된 모든 출입문(제연구역과 옥내 사이의 출입문에 한한다)의 개폐장치의 작동

2.19.2 발신기에 따른 작동
2.19.1의 기준에 따른 장치는 옥내에 설치된 수동발신기의 조작에 따라서도 작동할 수 있도록 해야 한다.

2.20 제어반

2.20.1 제연설비의 제어반은 다음의 기준에 적합하도록 설치해야 한다.

2.20.1.1) 제어반에는 제어반의 기능을 <u>1시간</u> 이상 유지할 수 있는 <u>용량</u>의 <u>비</u>상용 <u>축</u>전지를 내장할 것. 다만 당해 제어반이 종합방재제어반에 함께 설치되어 종합방재제어반으로부터 이 기준에 따른 용량의 전원을 공급받을 수 있는 경우에는 그렇지 않다.

🧯 제어반 내장 축전지
암기 1시간 용량 비축

2.20.1.2) 제어반은 다음의 기능을 보유할 것 [9설]

2.20.1.2.1. <u>급</u>기용 댐퍼의 개폐에 대한 감시 및 원격조작기능

2.20.1.2.2. <u>배</u>출댐퍼 또는 개폐기의 작동 여부에 대한 감시 및 원격조작기능

2.20.1.2.3. 급기<u>송</u>풍기와 유입공기의 배출용 송풍기(설치한 경우에 한한다)의 작동 여부에 대한 감시 및 원격조작기능

2.20.1.2.4. 제연구역의 <u>출</u>입문의 일시적인 고정개방 및 해정에 대한 감시 및 원격조작기능

2.20.1.2.5. <u>수</u>동기동장치의 작동 여부에 대한 감시 기능

2.20.1.2.6. <u>급</u>기구 개구율의 자동조절장치(설치하는 경우에 한한다)의 작동 여부에 대한 감시기능. 다만 급기구에 차압표시계를 고정 부착한 자동차압급기댐퍼를 설치하고 당해 제어반에도 차압표시계를 설치한 경우에는 그렇지 않다.

2.20.1.2.7. <u>감</u>시선로의 단선에 대한 감시 기능

2.20.1.2.8. <u>예</u>비전원이 확보되고 예비전원의 적합 여부를 시험할 수 있어야 할 것

🧯 제어반의 기능
암기 급배송 수출 급감예

비상전원

암기 축발전, 이자 제외,
점2 자동 방구실

그림과 두문자 암기

① 점편재피 ② 20 ④ 방화
③ 자동 상용 비상 ⑤ 실내 비조

※ (2.21)의 성능기준
제24조(비상전원) 비상전원은 자가발전설비, 축전지설비 또는 전기저장장치로서 다음 각 호의 기준에 따라 설치해야 한다.
1. 점검에 편리하고 화재 및 침수 등의 재해로 인한 피해를 받을 우려가 없는 곳에 설치할 것
2. 제연설비를 유효하게 20분 이상 작동할 수 있도록 할 것
3. 상용전원으로부터 전력의 공급이 중단된 때에는 자동으로 비상전원으로부터 전력을 공급받을 수 있도록 할 것
4. 비상전원의 설치장소는 다른 장소와 방화구획할 것
5. 비상전원을 실내에 설치하는 때에는 그 실내에 비상조명등을 설치할 것

2.21 비상전원※

2.21.1 비상전원은 자가발전설비, 축전지설비 또는 전기저장장치(외부 전기에너지를 저장해 두었다가 필요한 때 전기를 공급하는 장치)로서 다음의 기준에 따라 설치해야 한다. 다만 2 이상의 변전소(「전기사업법」 제67조 및 「전기설비기술기준」 제3조제2호에 따른 변전소를 말한다)에서 전력을 동시에 공급받을 수 있거나 하나의 변전소로부터 전력의 공급이 중단되는 때에는 자동으로 다른 변전소로부터 전원을 공급받을 수 있도록 상용전원을 설치한 경우에는 그렇지 않다.※

2.21.1.1) 점검에 편리하고 화재 및 침수 등의 재해로 인한 피해를 받을 우려가 없는 곳에 설치할 것

2.21.1.2) 제연설비를 유효하게 20분 이상 작동할 수 있도록 할 것

2.21.1.3) 상용전원으로부터 전력의 공급이 중단된 때에는 자동으로 비상전원으로부터 전력을 공급받을 수 있도록 할 것

2.21.1.4) 비상전원의 설치장소는 다른 장소와 방화구획할 것. 이 경우 그 장소에는 비상전원의 공급에 필요한 기구나 설비 외의 것(열병합발전설비에 필요한 기구나 설비는 제외한다)을 두어서는 안 된다.※

2.21.1.5) 비상전원을 실내에 설치하는 때에는 그 실내에 비상조명등을 설치할 것

2.22 성능확인※ 〈개정 2024.7.1.〉

2.22.1 제연설비의 검토, 시험 등

제연설비는 설계목적에 적합한지 검토하고 제연설비의 성능과 관련된 건물의 모든 부분(건축설비를 포함한다)이 완성되는 시점에 맞추어 시험·측정 및 조정(이하 "시험 등"이라 한다)을 해야 한다. 〈개정 2024.7.1〉

2.22.2 제연설비의 시험 등의 실시기준 [18점, 20점]

2.22.2.1) 제연구역의 모든 **출입문** 등의 크기와 열리는 방향이 설계 시와 동일한지 여부를 확인하고, 동일하지 아니한 경우 급기량과 보충량 등을 다시 산출하여 조정가능 여부 또는 재설계·개수의 여부를 결정할 것

2.22.2.2) 〈삭제 2024.4.1.〉

2.22.2.3) 제연구역의 출입문 및 **복도와 거실**(옥내가 복도와 거실로 되어 있는 경우에 한한다) 사이의 출입문마다 제연설비가 작동하고 있지 아니한 상태에서 그 **폐쇄력**을 측정할 것

2.22.2.4) 층별로 화재감지기(수동기동장치를 포함한다)를 동작시켜 제연설비가 작동하는지 여부를 확인할 것. 다만, 둘 이상의 특정소방대상물이 지하에 설치된 주차장으로 연결되어 있는 경우에는 특정소방대상물의 화재감지기 및 주차장에서 하나의 특정소방대상물의 제연구역으로 들어가는 입구에 설치된 제연용 연기감지기의 작동에 따라 해당 특정소방대상물의 수직풍도에 연결된 모든 제연구역의 댐퍼가 개방되도록 하거나 해당 특정소방대상물을 포함한 둘 이상의 특정소방대상물의 모든 제연구역의 댐퍼가 개방되도록 하고 비상전원을 작동시켜 급기 및 배기용 송풍기의 성능이 정상인지 확인할 것. 〈개정 2024.4.1〉

2.22.2.5) 2.22.2.4의 기준에 따라 제연설비가 작동하는 경우 다음의 기준에 따른 시험 등을 실시할 것

2.22.2.5.1. 부속실과 면하는 옥내 및 계단실의 출입문을 **동시**에 **개방**할 경우 유입공기의 풍속이 2.7의 규정에 따른 **방연풍속**에 적합한지 여부를 확인하고, 적합하지 아니한 경우에는 급기구의 개구율과 송풍기의 풍량조절댐퍼 등을 조정하여 적합하게 할 것.

※ (2.22)의 성능기준
제25조(성능확인)
① 제연설비는 설계목적에 적합한지 검토하고 제연설비의 성능과 관련된 건물의 모든 부분(건축설비를 포함한다)이 완성되는 시점에 맞추어 시험·측정 및 조정(이하 "시험 등"이라 한다)을 해야 한다. 〈개정24.3.18〉

② 제연설비의 시험 등은 다음 각 호의 기준에 따라 실시해야 한다. [23점]
1. 제연구역의 모든 출입문 등의 크기와 열리는 방향이 설계 시와 동일한지 여부를 확인할 것
2. 삭제 〈개정 2024.1.26.〉
3. 제연구역의 출입문 및 복도와 거실(옥내가 복도와 거실로 되어 있는 경우에 한한다) 사이의 출입문마다 제연설비가 작동하고 있지 아니한 상태에서 그 폐쇄력을 측정할 것
4. 층별로 화재감지기(수동기동장치를 포함한다)를 동작시켜 제연설비가 작동하는지 여부를 확인할 것. 다만, 둘 이상의 특정소방대상물이 지하에 설치된 주차장으로 연결되어 있는 경우에는 특정소방대상물의 화재감지기 및 주차장에서 하나의 특정소방대상물의 제연구역으로 들어가는 입구에 설치된 제연용 연기감지기의 작동에 따라 해당 특정소방대상물의 수직풍도에 연결된 모든 제연구역의 댐퍼가 개방되도록 하거나 해당 특정소방대상물을 포함한 둘 이상의 특정소방대상물의 모든 제연구역의 댐퍼가 개방되도록 하고 비상전원을 작동시켜 급기 및 배기용 송풍기의 성능이 정상인지 확인할 것 〈개정 2024.1.26.〉
5. 제4호의 기준에 따라 제연설비가 작동하는 경우 방연풍속, 차압, 및 출입문의 개방력과 자동 닫힘 등이 적합한지 여부를 확인하는 시험을 실시할 것

방연풍속의 측정점 선정

이 경우 유입공기의 풍속은 출입문의 개방에 따른 개구부를 대칭적으로 균등 분할하는 **10** 이상의 지점에서 측정하는 풍속의 **평균치**로 할 것

2.22.2.5.2. 2.22.2.5.1에 따른 시험 등의 과정에서 출입문을 **개방하지 않은 제연구역의** 실제 **차압**이 2.3.3의 기준에 적합한지 여부를 출입문 등에 차압측정공을 설치하고 이를 통하여 차압측정기구로 실측하여 확인·조정할 것

2.22.2.5.3. 제연구역의 출입문이 모두 닫혀 있는 상태에서 제연설비를 가동시킨 후 출입문의 개방에 필요한 힘을 측정하여 2.3.2의 규정에 따른 개방력에 적합한지 여부를 확인하고, 적합하지 아니한 경우에는 급기구의 개구율 조정 및 플랩댐퍼(설치하는 경우에 한한다)와 풍량조절용댐퍼 등의 조정에 따라 적합하도록 조치할 것. 이때 제연구역의 출입문과 면하는 옥내에 거실제연설비가 설치된 경우에는 이 기준에 따른 제연설비와 해당 거실제연설비를 동시에 작동시킨 상태에서 출입문의 개방력을 측정할 것 〈개정 2024.7.1.〉

2.22.2.5.4. 2.22.2.5.1에 따른 시험 등의 과정에서 부속실의 개방된 출입문이 **자동으로 완전히 닫히는지** 여부를 확인하고, 닫힌 상태를 **유지**할 수 있도록 조정할 것

※ 제연설비의 TAB방법 정리

구분		내용
1. 출입문의 크기와 개폐방향이 설계도서와 일치 여부		불일치 시 급기량, 보충량 재산출 조정 가능 여부 및 재설계, 개수 여부 등 결정
2. 〈삭제 2024.4.1.〉		〈삭제 2024.4.1.〉
3. 출입문 폐쇄력 측정		제연설비 비가동 상태에서 측정
4. 층별로 화재감지기 동작시험		제연설비 작동 여부 확인
4. 다만, 지하주차장으로 연결된 경우 (화재감지기 및 주차장의 동 입구 제연용 감지기 동작)		해당 특정소방대상물 수직풍도의 모든 댐퍼 개방 또는 둘 이상의 특정소방대상물의 모든 댐퍼 개방 그리고 비상전원을 작동시켜 급기 및 배기용 송풍기의 성능 확인
5. 제연설비 작동 후 시험	방연풍속 측정	• 부속실승강장 단독 시 거실과 면할 때: 0.7m/s • 기타: 0.5m/s
	방연풍속 측정 시 비개방제연구역의 차압	정상차압의 70% 이상
	출입문 개방력 측정 (출입문과 면하는 옥내에 거실제연설비가 설치된 경우)	모든 출입문 닫힌 상태에서 측정, 출입문의 개방력 확인(110N 이하) 및 조정 (거실제연설비, 부속실제연설비 동시 작동시킨 상태에서 측정)
	부속실 출입문 자동닫힘 확인	개방된 출입문이 자동 완전 닫힘 여부 확인 및 닫힌 상태를 유지할 수 있도록 조정

30

연결송수관설비의 화재안전기술(성능)기준 (NFT(P)C 502)

세부 목차

[설치대상]
1.7 용어의 정의
2.1 송수구
2.2 배관 등
2.3 방수구
2.4 방수기구함
2.5 가압송수장치
2.6 전원 등
2.7 배선 등
2.8 송수구의 겸용

30 연결송수관설비의 화재안전기술(성능)기준(NFTC (P)502)

🔔 설치 대상

암기

5층 이상
연6,000m² / 지하층 포함 7층 이상 / 지하층 3층 이상 지하 바닥합계 1,000m² 이상

④ 터널 1,000m 이상

[설치 대상] (소방시설법 시행령 별표4)   24점 응용

(위험물 저장 및 처리 시설 중 가스시설 또는 지하구는 제외)

1. **층수**가 **5층** 이상으로서 **연**면적 **6천**m² 이상인 경우에는 모든 층
2. 1)에 해당하지 않는 특정소방대상물로서 **지**하층을 **포**함하는 층수가 **7**층 이상인 경우에는 모든 층
3. 1) 및 2)에 해당하지 않는 특정소방대상물로서 지하층의 층수가 **3층** 이상이고, 지하층의 바닥면적의 합계가 **1천**m² 이상인 경우에는 모든 층
4. **터널**로서 길이가 **1천m** 이상인 것

1.7 용어의 정의

1.7.1.1) "연결송수관설비"란 건축물의 옥외에 설치된 송수구에 소방차로부터 가압수를 송수하고 소방관이 건축물 내에 설치된 방수기구함에 비치된 호스를 방수구에 연결하여 화재를 진압하는 소화활동설비를 말한다.

1.7.1.2) "주배관"이란 각 층을 수직으로 관통하는 수직배관을 말한다.

1.7.1.3) "분기배관"이란 배관 측면에 구멍을 뚫어 둘 이상의 관로가 생기도록 가공한 배관으로서 다음의 분기배관을 말한다.

　(1) "확관형 분기배관"이란 배관의 측면에 조그만 구멍을 뚫고 소성가공으로 확관시켜 배관 용접이음자리를 만들거나 배관 용접이음자리에 배관이음쇠를 용접 이음한 배관을 말한다.

　(2) "비확관형 분기배관"이란 배관의 측면에 분기호칭내경 이상의 구멍을 뚫고 배관이음쇠를 용접 이음한 배관을 말한다.

1.7.1.4) "송수구"란 소화설비에 소화용수를 보급하기 위하여 건물 외벽 또는 구조물의 외벽에 설치하는 관을 말한다.

1.7.1.5) "방수구"란 소화설비로부터 소화용수를 방수하기 위하여 건물내벽 또는 구조물의 외벽에 설치하는 관을 말한다.

1.7.1.11) "체절운전"이란 펌프의 성능시험을 목적으로 펌프 토출 측의 개폐밸브를 닫은 상태에서 펌프를 운전하는 것을 말한다.

1.7.1.12) "기동용 수압개폐장치"란 소화설비의 배관 내 압력변동을 검지하여 자동적으로 펌프를 기동 및 정지시키는 것으로서 압력챔버 또는 기동용압력스위치 등을 말한다.

2.1 송수구※

2.1.1 연결송수관설비의 송수구는 다음의 기준에 따라 설치해야 한다.

2.1.1.1) 소방차가 쉽게 접근할 수 있고 잘 보이는 장소에 설치할 것※

2.1.1.2) 지면으로부터 높이가 0.5m 이상 1m 이하의 위치에 설치할 것

2.1.1.3) 송수구는 화재층으로부터 지면으로 떨어지는 유리창 등이※ 송수 및 그 밖의 소화작업에 지장을 주지 않는 장소에 설치할 것

2.1.1.4)※ 송수구로부터 연결송수관설비의 주배관에 이르는 연결배관에 개폐밸브를 설치한 때에는 그 개폐상태를 쉽게 확인 및 조작할 수 있는 옥외 또는 기계실 등의 장소에 설치할 것. 이 경우 개폐밸브에는 그 밸브의 개폐상태를 감시제어반에서 확인할 수 있도록 급수개폐밸브 작동표시 스위치(이하 "탬퍼스위치"라 한다)를 다음의 기준에 따라 설치해야 한다. **17설**

2.1.1.4.1. 급수개폐밸브가 잠길 경우 탬퍼스위치의 동작으로 인하여 감시제어반 또는 수신기에 표시되어야 하며 경보음을 발할 것

2.1.1.4.2. 탬퍼스위치는 감시제어반 또는 수신기에서 동작의 유무확인과 동작시험, 도통시험을 할 수 있을 것

2.1.1.4.3. 탬퍼스위치에 사용되는 전기배선은 내화전선 또는 내열전선으로 설치할 것

2.1.1.5) 구경 65mm의 쌍구형으로 할 것

🚒 송수구의 설치기준(기술기준)
①접 ④개폐
③화 +템퍼
②높이 ⑤65쌍구만
⑧자체순서
⑩마개
⑥송수압력 표지
⑦수직배관마다
⑧'연결송수관설비송수구' 표지

※ (2.1)의 성능기준
제4조(송수구) 연결송수관설비의 송수구는 다음 각 호의 기준에 따라 설치하여야 한다.

1. 송수구는 송수 및 그 밖의 소화작업에 지장을 주지 않도록 설치할 것
2. 지면으로부터 높이가 0.5미터 이상 1미터 이하의 위치에 설치할 것
3. 송수구로부터 연결송수관설비의 주배관에 이르는 연결배관에 개폐밸브를 설치한 때에는 그 개폐상태를 쉽게 확인 및 조작할 수 있는 옥외 또는 기계실 등의 장소에 설치하고, 그 밸브의 개폐상태를 감시제어반에서 확인할 수 있도록 급수개폐밸브 작동표시 스위치를 설치할 것
4. 구경 65밀리미터의 쌍구형으로 할 것
5. 송수구에는 그 가까운 곳의 보기 쉬운 곳에 송수압력범위를 표시한 표지를 할 것
6. 송수구는 연결송수관의 수직배관마다 한 개 이상을 설치할 것
7. 송수구의 가까운 부분에 자동배수밸브 및 체크밸브를 설치할 것
8. 송수구에는 가까운 곳의 보기 쉬운 곳에 "연결송수관설비송수구"라고 표시한 표지를 설치할 것
9. 송수구에는 이물질을 막기 위한 마개를 씌울 것

🏵 송수구의 종류

〈쌍구형〉

🏵 밸브의 순서
- 습식: 송자체

- 건식: 송자체자

🏵 연결송수관 배관 기준
암기 100 주백옥겸 31,11습

🏵 건식, 습식의 예

2.1.1.6) 송수구에는 그 가까운 곳의 보기 쉬운 곳에 송수압력 범위를 표시한 표지를 할 것

2.1.1.7) 송수구는 연결송수관의 수직배관마다 1개 이상을 설치할 것. 다만 하나의 건축물에 설치된 각 수직배관이 중간에 개폐밸브가 설치되지 아니한 배관으로 상호 연결되어 있는 경우에는 건축물마다 1개씩 설치할 수 있다.※

2.1.1.8)※ 송수구의 부근에는 자동배수밸브 및 체크밸브를 다음의 기준에 따라 설치할 것. 이 경우 자동배수밸브는 배관안의 물이 잘빠질 수 있는 위치에 설치하되, 배수로 인하여 다른 물건이나 장소에 피해를 주지 않아야 한다.

  2.1.1.8.1. 습식의 경우에는 송수구·자동배수밸브·체크밸브의 순으로 설치할 것

  2.1.1.8.2. 건식의 경우에는 송수구·자동배수밸브·체크밸브·자동배수밸브의 순으로 설치할 것

2.1.1.9) 송수구에는 가까운 곳의 보기 쉬운 곳에 "연결송수관설비송수구"라고 표시한 표지를 설치할 것

2.1.1.10) 송수구에는 이물질을 막기 위한 마개를 씌울 것

2.2 배관 등

2.2.1 연결송수관설비 배관의 설치기준

2.2.1.1) 주배관의 구경은 100mm 이상의 것으로 할 것. 다만, 주 배관의 구경이 100mm 이상인 옥내소화전설비의 배관과는 겸용할 수 있다. 〈개정 2024.7.1.〉

2.2.1.2) 지면으로부터의 높이가 31m 이상인 특정소방대상물 또는 지상 11층 이상인 특정소방대상물에 있어서는 습식설비로 할 것

2.2.2 배관과 배관이음쇠※

배관과 배관이음쇠는 다음의 어느 하나에 해당하는 것 또는 동등 이상의 강도·내식성 및 내열성을 국내·외 공인기관으로부터 인정받은 것을 사용해야 한다. 다만 본 기준에서 정하지 않은 사항은 건설기술 진흥법 제44조제1항의 규정에 따른 "건설기준"에 따른다.

2.2.2.1) 배관 내 사용압력이 1.2MPa 미만일 경우에는 다음의 어느 하나에 해당하는 것
  (1) 배관용 탄소강관(KS D 3507)

(2) 이음매 없는 구리 및 구리합금관(KS D 5301). 다만 습식의 배관에 한한다.

(3) 배관용 스테인리스강관(KS D 3576) 또는 일반 배관용 스테인리스강관(KS D 3595). 다만 배관용 스테인리스강관(KS D 3576)의 이음을 용접으로 할 경우에는 텅스텐 불활성 가스 아크 용접(Tungsten Inertgas Arc Welding)방식에 따른다.

(4) 덕타일 주철관(KS D 4311)

2.2.2.2) 배관 내 사용압력이 1.2MPa 이상일 경우에는 다음의 어느 하나에 해당하는 것
(1) 압력배관용 탄소강관(KS D 3562)
(2) 배관용 아크용접 탄소강강관(KS D 3583)

2.2.3 합성수지배관※

2.2.2에도 불구하고 다음의 어느 하나에 해당하는 장소에는 소방청장이 정하여 고시한 「소방용합성수지배관의 성능인증 및 제품검사의 기술기준」에 적합한 소방용 합성수지배관으로 설치할 수 있다.

2.2.3.1) 배관을 지하에 매설하는 경우

2.2.3.2) 다른 부분과 내화구조로 구획된 덕트 또는 피트의 내부에 설치하는 경우

2.2.3.3) 천장(상층이 있는 경우에는 상층바닥의 하단을 포함한다. 이하 같다)과 반자를 불연재료 또는 준불연재료로 설치하고 소화배관 내부에 항상 소화수가 채워진 상태로 설치하는 경우

2.2.4
성능시험배관은 펌프의 토출 측에 설치된 개폐밸브 이전에서 분기하여 설치하고, 유량측정장치를 기준으로 전단에 개폐밸브를 후단에 유량조절 밸브를 설치해야 한다. 〈개정 2024.7.1.〉

2.2.5
성능시험배관에 설치하는 유량측정장치는 성능시험배관의 직관부에 설치하되, 펌프 정격토출량의 175% 이상을 측정할 수 있는 것으로 해야 한다. 〈신설 2024.7.1.〉

2.2.6 수직배관

연결송수관설비의 수직배관은 내화구조로 구획된 계단실(부속실을 포함한다) 또는 파이프덕트 등 화재의 우려가 없는 장소에 설치해야 한다. 다만 학교 또는 공장이거나 배관주위를 1시간 이상의 내화성능이 있는 재료로 보호하는 경우에는 그렇지 않다.

※ (2.2.2)의 성능기준
② 배관과 배관이음쇠는 배관용 탄소 강관(KS D 3507) 또는 배관 내 사용압력이 1.2메가파스칼 이상일 경우에는 압력배관용 탄소 강관(KS D 3562)이나 이와 동등 이상의 강도·내식성 및 내열성을 국내·외 공인기관으로부터 인정받은 것을 사용해야 한다.

※ (2.2.3)의 성능기준
③ 제2항에도 불구하고 화재 등 재해로 인하여 배관의 성능에 영향을 받을 우려가 적은 장소에는 소방청장이 정하여 고시한 「소방용합성수지배관의 성능인증 및 제품검사의 기술기준」에 적합한 소방용 합성수지배관으로 설치할 수 있다.

🔥 소방용 합성수지배관
암기 지덕천 준수(지덕체 준수)

🔥 수직배관
암기 내계파 공학 1내
(내 계파, 공학이 일냈네)

2.2.7 확관형 분기배관

확관형 분기배관을 사용할 경우에는 소방청장이 정하여 고시한 「분기배관의 성능인증 및 제품검사의 기술기준」에 적합한 것으로 설치해야 한다.

2.2.8 배관의 구분

배관은 다른 설비의 배관과 쉽게 구분이 될 수 있는 위치에 설치하거나, 그 배관표면 또는 배관 보온재표면의 색상은 「한국산업표준(배관계의 식별 시, KS A 0503)」 또는 적색으로 식별이 가능하도록 소방용설비의 배관임을 표시해야 한다.

2.3 방수구

2.3.1 연결송수관설비의 방수구는 다음의 기준에 따라 설치해야 한다.

2.3.1.1) 연결송수관설비의 방수구는 그 특정소방대상물의 층마다 설치할 것. 다만 다음의 어느 하나에 해당하는 층에는 설치하지 않을 수 있다. [20점]

(1) 아파트의 1층 및 2층

(2) 소방차의 접근이 가능하고 소방대원이 소방차로부터 각 부분에 쉽게 도달할 수 있는 피난층

(3) 송수구가 부설된 옥내소화전을 설치한 특정소방대상물(**집**회장·**관**람장·**백**화점·**도**매시장·**소**매시장·**판**매시설·**공**장·**창**고시설 또는 지하**가**를 제외한다)로서 다음의 어느 하나에 해당하는 층

   (3-1) 지하층을 제외한 층수가 4층 이하이고 연면적이 6,000m² 미만인 특정소방대상물의 지상층

   (3-2) 지하층의 층수가 2 이하인 특정소방대상물의 지하층

2.3.1.2) 특정소방대상물의 층마다 설치하는 방수구는 다음의 기준에 따를 것

  2.3.1.2.1. 아파트 또는 바닥면적이 1,000m² 미만인 층에 있어서는 계단(계단이 둘 이상 있는 경우에는 그중 1개의 계단을 말한다)으로부터 5m 이내에 설치할 것. 이 경우 부속실이 있는 계단은 부속실의 옥내

※ **방수구의 설치 제외**

암기 아12 피난, 옥내 지하 2개 층 사육(아이들 하나씩 둘씩 차로 피난시켰다. 옥내 지하2개 층에서 사육당했다.)

※ **설치 제외의 제외**

암기 집관 도소 백판 공창가
(집의 관안에 도서가 백판 있는 곳과 공창가는 방수구를 설치해야 함 제외 안 됨)

출입구로부터 5m 이내에 설치할 수 있다.

2.3.1.2.2. 바닥면적 1,000m² 이상인 층(아파트를 제외한다)에 있어서는 각 계단(계단의 부속실을 포함하며 계단이 셋 이상 있는 층의 경우에는 그중 두 개의 계단을 말한다)으로부터 5m 이내에 설치할 것. 이 경우 부속실이 있는 계단은 부속실의 옥내 출입구로부터 5m 이내에 설치할 수 있다.

2.3.1.2.3. 2.3.1.2.1 또는 2.3.1.2.2에 따라 설치하는 방수구로부터 그 층의 각 부분까지의 거리가 다음의 기준을 초과하는 경우에는 그 기준 이하가 되도록 방수구를 추가하여 설치할 것

　(1) 지하가(터널은 제외한다) 또는 지하층의 바닥면적의 합계가 3,000m² 이상인 것은 수평거리 25m

　(2) (1)에 해당하지 않는 것은 수평거리 50m

2.3.1.3) 11층 이상의 부분에 설치하는 방수구는 쌍구형으로 할 것. 다만 다음의 어느 하나에 해당하는 층에는 단구형으로 설치할 수 있다. 22설 응용

　(1) 아파트의 용도로 사용되는 층

　(2) 스프링클러설비가 유효하게 설치되어 있고 방수구가 2개소 이상 설치된 층

2.3.1.4) 방수구의 호스접결구는 바닥으로부터 높이 0.5m 이상 1m 이하의 위치에 설치할 것

2.3.1.5) 방수구는 연결송수관설비의 전용방수구 또는 옥내소화전방수구로서 구경 65mm의 것으로 설치할 것

2.3.1.6) **방수구**의 위치표시는 **표시등** 또는 **축광식표지**로 하되 다음의 기준에 따라 설치할 것

2.3.1.6.1. 표시등을 설치하는 경우에는 함의 상부에 설치하되, 소방청장이 고시한 「표시등의 성능인증 및 제품검사의 기술기준」에 적합한 것으로 설치할 것

2.3.1.6.2. 축광식표지를 설치하는 경우에는 소방청장이 고시한 「축광표지의 성능인증 및 제품검사의 기술기준」에 적합한 것으로 설치할 것

2.3.1.7) 방수구는 개폐기능을 가진 것으로 설치해야 하며, 평상시 닫힌 상태를 유지할 것

🔸 **방수구 설치위치의 수량**

암기 방아 천미층 1개, 이상 2개

암기 지하상가의 지하층에서 방수작업하는 삼촌에게 이오를 가져다 드림

🔸 **방수구의 종류**

암기 65mm 쌍구형 또는 단구형
11: 쌍다리
당구장에서 일하는 형이
**가 아파서 스프와 방석두개를 가져다주었다.

🔸 **설치높이**

• 바닥으로부터 높이 0.5~1m
  연결송수관의 방수구
  송수구, 채수구
  옥외소화전 호스접결구

• 비교
  옥내소화전방수구: 1.5m 이하
  소화기: 1.5m 이하
  ⇒ 바닥에 설치할 수 있다

🔸 **위치표시**

암기 표시등 또는 축광식표지

🚒 방수기구함

[암기] 3층 5호관 표지

- 설치위치

- 호스, 방사형관창

〈단구형〉   〈×2(쌍구형)〉

🚒 가압송수장치

[암기] 7 = ㄱ(가압송수장치)

2.4 방수기구함

2.4.1 연결송수관설비의 방수기구함은 다음의 기준에 따라 설치해야 한다.

2.4.1.1) 방수기구함은 피난층과 가장 가까운 층을 기준으로 <u>3개</u> 층마다 설치하되, 그 층의 방수구마다 보행거리 <u>5m</u> 이내에 설치할 것

2.4.1.2) 방수기구함에는 길이 15m의 <u>호</u>스와 방사형 <u>관</u>창을 다음의 기준에 따라 비치할 것

2.4.1.2.1. <u>호</u>스는 방수구에 연결하였을 때 그 방수구가 담당하는 구역의 각 부분에 유효하게 물이 뿌려질 수 있는 개수 이상을 비치할 것. 이 경우 쌍구형 방수구는 단구형 방수구의 2배 이상의 개수를 설치해야 한다.

2.4.1.2.2. 방사형 <u>관</u>창은 단구형 방수구의 경우에는 1개, 쌍구형 방수구의 경우에는 2개 이상 비치할 것

2.4.1.3) <u>방수기구함</u>에는 "방수기구함"이라고 표시한 <u>축광식 표지</u>를 할 것. 이 경우 축광식 표지는 소방청장이 고시한 「축광표지의 성능인증 및 제품검사의 기술기준」에 적합한 것으로 설치해야 한다.

2.5 가압송수장치

2.5.1 지표면에서 최상층 방수구의 높이가 70m 이상의 특정소방대상물에는 다음의 기준에 따라 연결송수관설비의 가압송수장치를 설치해야 한다.

2.5.1.1) 쉽게 접근할 수 있고 점검하기에 충분한 공간이 있는 장소로서 화재 및 침수 등의 재해로 인한 피해를 받을 우려가 없는 곳에 설치할 것

2.5.1.2) 동결방지조치를 하거나 동결의 우려가 없는 장소에 설치할 것

2.5.1.3) 펌프는 전용으로 할 것. 다만 각각의 소화설비의 성능에 지장이 없을 때에는 다른 소화설비와 겸용 할 수 있다.

2.5.1.4) 펌프의 토출 측에는 압력계를 체크밸브 이전에 펌프 토출 측 플랜지에서 가까운 곳에 설치하고, 흡입 측에는 연성계 또는 진공계를 설치할 것. 다만 수원의 수위가 펌프의 위치보다 높거나 수직회전축 펌프의 경우에는 연성계 또는 진공계를 설치하지 않을 수 있다.

2.5.1.5)[※] 가압송수장치에는 정격부하운전 시 펌프의 성능을 시험하기 위한 배관을 설치할 것. 다만 충압펌프의

경우에는 그렇지 않다.

2.5.1.6)※ 펌프의 성능시험을 위한 전용의 수조를 설치할 것. 다만, 성능시험에 지장을 주지 않는 경우 다른 설비의 수조와 겸용할 수 있다. 〈신설 2024.7.1.〉

2.5.1.7)※ 수조의 유효수량은 펌프 정격토출량의 150%로 5분 이상 방수할 수 있는 양 이상이 되도록 해야 한다. 〈신설 2024.7.1.〉

2.5.1.8)※ 펌프의 성능시험 시 방수되는 물로 침수피해가 발생하지 않도록 배수설비가 되어 있을 것 〈신설 2024.7.1.〉

2.5.1.9) 가압송수장치에는 체절운전 시 수온의 상승을 방지하기 위한 순환배관을 설치할 것. 다만 충압펌프의 경우에는 그렇지 않다.

2.5.1.10) 펌프의 토출량은 2,400L/min(계단식 아파트의 경우에는 1,200L/min) 이상이 되는 것으로 할 것. 다만 해당 층에 설치된 방수구가 3개를 초과(방수구가 5개 이상인 경우에는 5개)하는 것에 있어서는 1개마다 800L/min(계단식 아파트의 경우에는 400L/min)를 가산한 양이 되는 것으로 할 것 〈22설 응용〉

2.5.1.11) 펌프의 양정은 최상층에 설치된 노즐선단의 압력이 0.35MPa 이상의 압력이 되도록 할 것 〈22설 응용〉

2.5.1.12) 가압송수장치는 방수구가 개방될 때 자동으로 기동되거나 수동스위치의 조작에 따라 기동되도록 할 것. 이 경우 수동스위치는 <u>2개</u> 이상을 설치하되, 그 중 1개는 다음의 기준에 따라 송수구의 부근에 설치해야 한다.

2.5.1.12.1. <u>송</u>수구로부터 5m 이내의 보기 쉬운 장소에 바닥으로부터 높이 0.8m 이상 1.5m 이하로 설치할 것

2.5.1.12.2. 1.5mm 이상의 <u>강</u>판함에 수납하여 설치하고 "연결송수관설비 수동스위치"라고 표시한 표지를 부착할 것. 이 경우 문짝은 불연재료로 설치할 수 있다.

2.5.1.12.3. 「전기사업법」 제67조에 따른 「전기설비기술기준」에 따라 <u>접</u>지하고 <u>빗</u>물 등이 들어가지 않는 구조로 할 것

2.5.1.13) 기동장치로는 기동용수압개폐장치 또는 이와 동등 이상의 성능이 있는 것으로 설치할 것. 다만 기동용수압개폐장치 중 압력챔버를 사용할 경우 그 내용적은 100L 이상인 것으로 할 것

2.5.1.14) 수원의 수위가 펌프보다 낮은 위치에 있는 가압송수장치에는 다음의 기준에 따른 물올림장치를 설치할 것

2.5.1.14.1. 물올림장치에는 전용의 수조를 설치할 것

※ (2.5.1.5~2.5.1.8))의 성능기준
5. 펌프의 성능은 체절운전 시 정격토출압력의 140퍼센트를 초과하지 않고, 정격토출량의 150퍼센트로 운전 시 정격토출압력의 65퍼센트 이상이 되어야 하며, 펌프의 성능을 시험할 수 있는 성능시험배관을 설치할 것 〈개정24.5.10.〉

5의2. 펌프의 성능시험을 위한 전용의 수조를 설치할 것 〈신설 24.5.10.〉

5의3. 수조의 유효수량은 펌프 정격토출량의 150퍼센트로 5분 이상 시험할 수 있는 양 이상이 되도록 할 것 〈신설 24.5.10.〉

5의4. 펌프의 성능시험 시 방수되는 물로 침수피해가 발생하지 않도록 배수설비가 되어 있을 것 〈신설 24.5.10.〉

🛖 펌프의 토출량(L/min)

구분	방수구 수		
	1~3개	4개	5개이상
일반	2,400	3,200	4,000
계단식 아파트	1,200	1,600	2,000

🛖 최상층 노즐선단 압력

암기 쌍오(35)
[연결송수관 방수구는 쌍구형 오미터, 방수압도 쌍오(35)]

🛖 수동스위치

암기 송5, 1.5, 접빗

🚰 **자동방식의 충압펌프**

🚰 **내연기관**

암기 내 기함적 제자수 상시충 2

🚰 **펌프의 재질**

암기 임펠러 청스 축스 부강
임펠러 청소를 축소하니 부강해졌다.

① 임펠러 (청동, 스테인리스 등)
② 펌프축(스테인리스 등)
펌프 전동기

2.5.1.14.2. 수조의 유효수량은 100L 이상으로 하되, 구경 15mm 이상의 급수배관에 따라 해당 수조에 물이 계속 보급되도록 할 것

2.5.1.15) 기동용수압개폐장치를 기동장치로 사용할 경우에는 다음의 기준에 따른 충압펌프를 설치할 것. 다만 소화용 급수펌프로도 상시 충압이 가능하고 다음 2.5.1.15.1의 성능을 갖춘 경우에는 충압펌프를 별도로 설치하지 않을 수 있다.

2.5.1.15.1. 펌프의 토출압력은 그 설비의 최고위 호스접결구의 자연압보다 적어도 0.2MPa이 더 크도록 하거나 가압송수장치의 정격토출압력과 같게 할 것

2.5.1.15.2. 펌프의 정격토출량은 정상적인 누설량보다 적어서는 안 되며, 연결송수관설비가 자동적으로 작동할 수 있도록 충분한 토출량을 유지할 것

2.5.1.16) 내연기관을 사용하는 경우에는 다음의 기준에 적합한 것으로 할 것

2.5.1.16.1. 내연기관의 기동은 2.5.1.9의 기동장치의 기동을 명시하는 적색등을 설치할 것

2.5.1.16.2. 제어반에 따라 내연기관의 자동기동 및 수동기동이 가능하고, 상시 충전되어 있는 축전지설비를 갖출 것

2.5.1.16.3. 내연기관의 연료량은 펌프를 20분 이상 운전할 수 있는 용량일 것

2.5.1.17) 가압송수장치에는 "연결송수관펌프"라고 표시한 표지를 할 것. 이 경우 그 가압송수장치를 다른 설비와 겸용하는 때에는 그 겸용되는 설비의 이름을 표시한 표지를 함께 해야 한다.

2.5.1.18) 가압송수장치가 기동이 된 경우에는 자동으로 정지되지 않도록 할 것. 다만 충압펌프의 경우에는 그렇지 않다.

2.5.1.19) 가압송수장치는 부식 등으로 인한 펌프의 고착을 방지할 수 있도록 다음의 기준에 적합한 것으로 할 것. 다만 충압펌프는 제외한다.

2.5.1.19.1. 임펠러는 청동 또는 스테인리스 등 부식에 강한 재질을 사용할 것

2.5.1.19.2. 펌프축은 스테인리스 등 부식에 강한 재질을 사용할 것

2.6 전원 등※

2.6.1 가압송수장치의 상용전원회로의 배선 및 비상전원 설치기준

2.6.1.1) 저압수전인 경우에는 인입개폐기의 직후에서 분기하여 전용배선으로 할 것

2.6.1.2) 특별고압수전 또는 고압수전일 경우에는 전력용 변압기 2차 측의 주차단기 1차 측에서 분기하여 전용배선으로 하되, 상용전원의 공급에 지장이 없을 경우에는 주차단기 2차 측에서 분기하여 전용배선으로 할 것. 다만 가압송수장치의 정격입력전압이 수전전압과 같은 경우에는 2.6.1.1의 기준에 따른다.

2.6.2 비상전원

비상전원은 자가발전설비, 축전지설비(내연기관에 따른 펌프를 사용하는 경우에는 내연기관의 기동 및 제어용 축전지를 말한다. 이하 같다) 또는 전기저장장치(외부 전기에너지를 저장해 두었다가 필요한 때 전기를 공급하는 장치. 이하 같다)로서 다음의 기준에 따라 설치해야 한다.

2.6.2.1) 점검에 편리하고 화재 및 침수 등의 재해로 인한 피해를 받을 우려가 없는 곳에 설치할 것

2.6.2.2) 연결송수관설비를 유효하게 20분 이상 작동할 수 있어야 할 것

2.6.2.3) 상용전원으로부터 전력의 공급이 중단된 때에는 자동으로 비상전원으로부터 전력을 공급받을 수 있도록 할 것

2.6.2.4) 비상전원의 설치장소는 다른 장소와 방화구획하고, 비상전원의 공급에 필요한 기구나 설비가 아닌 것(열병합발전설비에 필요한 기구나 설비는 제외한다)을 두지 않을 것

2.6.2.5) 비상전원을 실내에 설치하는 때에는 그 실내에 비상조명등을 설치할 것

※ (2.6)의 성능기준
제9조(전원 등)
① 가압송수장치의 상용전원회로의 배선은 전용배선으로 하고, 상용전원의 공급에 지장이 없도록 설치해야 한다.
② 비상전원은 자가발전설비, 축전지설비 또는 전기저장장치로서 다음 각 호의 기준에 따라 설치해야 한다.
 1. 점검에 편리하고 화재 및 침수 등의 재해로 인한 피해를 받을 우려가 없는 곳에 설치할 것
 2. 연결송수관설비를 유효하게 20분 이상 작동할 수 있어야 할 것
 3. 상용전원으로부터 전력의 공급이 중단된 때에는 자동으로 비상전원으로부터 전력을 공급받을 수 있도록 할 것
 4. 비상전원의 설치장소는 다른 장소와 방화구획할 것
 5. 비상전원을 실내에 설치하는 때에는 그 실내에 비상조명등을 설치할 것

🌳 비상전원
암기 축발전, 점(이)자동 방구실

2.7 배선 등※

2.7.1 배선의 설치기준

연결송수관설비의 배선은「전기사업법」제67조에 따른 「전기설비기술기준」에서 정한 것 외에 다음의 기준에 따라 설치해야 한다.

2.7.1.1) 비상전원으로부터 동력제어반 및 가압송수장치에 이르는 전원회로배선은 내화배선으로 할 것. 다만 자가발전설비와 동력제어반이 동일한 실에 설치된 경우에는 자가발전기로부터 그 제어반에 이르는 전원회로배선은 그렇지 않다.

2.7.1.2) 상용전원으로부터 동력제어반에 이르는 배선, 그 밖의 연결송수관설비의 감시·조작 또는 표시등회로의 배선은「옥내소화전설비의 화재안전기술기준(NFTC 102)」2.7.2의 [표 2.7.2(1)] 또는 [표 2.7.2(2)]에 따른 내화배선 또는 내열배선으로 할 것. 다만 감시제어반 또는 동력제어반 안의 감시·조작 또는 표시등회로의 배선은 그렇지 않다.

2.7.2 과전류차단기 및 개폐기 표지

연결송수관설비의 과전류차단기 및 개폐기에는 "연결송수관설비용"이라고 표시한 표지를 해야 한다.

2.7.3 전기배선 양단 및 접속단자 표지

연결송수관설비용 전기배선의 양단 및 접속단자에는 다음의 기준에 따라 표지해야 한다.

2.7.3.1) 단자에는 "연결송수관설비단자"라고 표지한 표지를 부착할 것

2.7.3.2) 연결송수관설비용 전기배선의 양단에는 다른 배선과 쉽게 구별할 수 있도록 표시할 것

2.8 송수구의 겸용

2.8.1 연결송수관설비의 송수구를 옥내소화전설비와 겸용으로 설치하는 경우에는 연결송수관설비의 송수구 설치기준에 따르되 각각의 소화설비의 기능에 지장이 없도록 해야 한다. 〈개정 2024.7.1.〉

※ (2.7)의 성능기준
제10조(배선 등)
① 연결송수관설비의 배선은「전기사업법」제67조에 따른「전기설비기술기준」에서 정한 것 외에 다음 각 호의 기준에 따라 설치해야 한다.
  1. 비상전원으로부터 동력제어반 및 가압송수장치에 이르는 전원회로배선은 내화배선으로 할 것
  2. 상용전원으로부터 동력제어반에 이르는 배선, 그 밖의 연결송수관설비의 감시·조작 또는 표시등회로의 배선은 내화배선 또는 내열배선으로 할 것
② 연결송수관설비의 과전류차단기 및 개폐기에는 "연결송수관설비용"이라고 표시한 표지를 해야 한다.
③ 연결송수관설비용 전기배선의 양단 및 접속단자에는 식별이 용이하도록 표지 또는 표시를 해야 한다.

🚒 내화배선
암기 비동가

🚒 표지
암기 과개 단표 양식(쉽)

31

연결살수설비의 화재안전기술(성능)기준 (NFT(P)C 503)

세부 목차

[설치대상]
1.7 용어의 정의
2.1 송수구 등
2.2 배관 등
2.3 연결살수설비의 헤드
2.4 헤드의 설치 제외
2.5 소화설비의 겸용

31. 연결살수설비의 화재안전(성능)기술(기준)(NFT(P)C 503)

🚒 **설치 대상**

암기 1000(천천히), 150(가물치), 700(찰밥), 30(상식), 연결스토리〉
판우물로 천천히 내려가니
지하층에 가물치(ㄱㅁㅊ)가 있었다.
아픈 학생에게 찰밥(칠백)과 함께
먹이니 살 수 있었다.
가물치는 물탱크에 있는 게 상식이지
판우물과 지하층에는 연결통로가 있다.

[설치 대상](소방시설법 시행령 별표4)

(지하구는 제외한다)

1) **판**매시설, 운수시설, 창고시설 중 **물**류터미널로서 해당 용도로 사용되는 부분의 **바**닥면적의 **합**계가 **1천**m² 이상인 경우에는 해당 시설

2) **지하층**(피난층으로 주된 출입구가 도로와 접한 경우는 제외한다)으로서 바닥면적의 합계가 **150**m² 이상인 경우에는 지하층의 모든 층. 다만 「주택법 시행령」 제46조제1항에 따른 국민주택규모 이하인 **아파트** 등의 지하층(대피시설로 사용하는 것만 해당한다)과 교육연구시설 중 **학교**의 지하층의 경우에는 **700**m² 이상인 것으로 한다.

3) 가스시설 중 지상에 노출된 **탱크**의 용량이 **30**톤 이상인 탱크시설

4) 1) 및 2)의 특정소방대상물에 부속된 **연결통로**

1.7 용어의 정의

1.7.1 이 기준에서 사용하는 용어의 정의는 다음과 같다.

1.7.1.1) "호스접결구"란 호스를 연결하는 데 사용되는 장비일체를 말한다.

1.7.1.2) "체크밸브"란 흐름이 한 방향으로만 흐르도록 되어 있는 밸브를 말한다.

1.7.1.3) "주배관"이란 수직배관을 통해 교차배관에 급수하는 배관을 말한다.

1.7.1.4) "교차배관"이란 주배관을 통해 가지배관에 급수하는 배관을 말한다.

1.7.1.5) "가지배관"이란 헤드가 설치되어 있는 배관을 말한다.

1.7.1.6) "분기배관"이란 배관 측면에 구멍을 뚫어 둘 이상의 관로가 생기도록 가공한 배관으로서 다음의 분기배관을 말한다.

(1) "확관형 분기배관"이란 배관의 측면에 조그만 구멍을 뚫고 소성가공으로 확관시켜 배관 용접이음자리를 만들거나 배관 용접이음자리에 배관이음쇠를 용접 이음한 배관을 말한다.

(2) "비확관형 분기배관"이란 배관의 측면에 분기호칭내경 이상의 구멍을 뚫고 배관이음쇠를 용접 이음한 배관을 말한다.

1.7.1.7) "송수구"란 소화설비에 소화용수를 보급하기 위하여 건물 외벽 또는 구조물에 설치하는 관을 말한다.

1.7.1.8) "연소할 우려가 있는 개구부"란 각 방화구획을 관통하는 컨베이어·에스컬레이터 또는 이와 유사한 시설의 주위로서 방화구획을 할 수 없는 부분을 말한다.

1.7.1.9) "선택밸브"란 둘 이상의 방호구역 또는 방호대상물이 있어, 소화수 또는 소화약제를 해당하는 방호구역 또는 방호대상물에 선택적으로 방출되도록 제어하는 밸브를 말한다.

1.7.1.10) "자동개방밸브"란 전기적 또는 기계적 신호에 의해 자동으로 개방되는 밸브를 말한다.

1.7.1.11) "자동배수밸브"란 배관의 도중에 설치되어 배관 내 잔류수를 자동으로 배수시켜 주는 밸브를 말한다.

2.1 송수구 등※

2.1.1 연결살수설비 송수구의 설치기준

2.1.1.1) 소방차가 쉽게 접근할 수 있고 노출된 장소에 설치할 것

2.1.1.2) 가연성가스의 저장·취급시설에 설치하는 연결살수설비의 송수구는 그 방호대상물로부터 20m 이상의 거리를 두거나 방호대상물에 면하는 부분이 높이 1.5m 이상 폭 2.5m 이상의 철근콘크리트 벽으로 가려진 장소에 설치해야 한다.

2.1.1.3) 송수구는 구경 65mm의 쌍구형으로 설치할 것. 다만 하나의 송수구역에 부착하는 살수헤드의 수가 10개 이하인 것은 단구형인 것으로 할 수 있다.

2.1.1.4) 개방형헤드를 사용하는 송수구의 호스접결구는 각 송수구역마다 설치할 것. 다만 송수구역을 선택할 수 있는 선택밸브가 설치되어 있고 각 송수구역의 주요구조부가 내화구조로 되어 있는 경우에는 그렇지 않다.

송수구의 설치기준

※ (2.1)의 성능기준
제4조(송수구 등)
① 연결살수설비의 송수구는 다음 각 호의 기준에 따라 설치해야 한다.
1. 송수구는 송수 및 그 밖의 소화작업에 지장을 주지 않도록 설치할 것
2. 구경 65밀리미터의 쌍구형으로 할 것
3. 개방형헤드를 사용하는 송수구의 호스접결구는 각 송수구역마다 설치할 것
4. 지면으로부터 높이가 0.5미터 이상 1미터 이하의 위치에 설치할 것

5. 송수구로부터 주배관에 이르는 연결배관에는 개폐밸브를 설치하지 않을 것
6. 송수구의 부근에는 "연결살수설비 송수구"라고 표시한 표지와 송수구역 일람표를 설치할 것
7. 송수구에는 이물질을 막기 위한 마개를 씌울 것

② 연결살수설비의 선택밸브는 다음 각호의 기준에 따라 설치해야 한다.
1. 화재 시 연소의 우려가 없는 장소로서 조작 및 점검이 쉬운 위치에 설치할 것
2. 선택밸브의 부근에는 송수구역 일람표를 설치할 것

③ 연결살수설비에는 송수구의 가까운 부분에 자동배수밸브와 체크밸브를 설치해야 한다.

④ 개방형헤드를 사용하는 연결살수설비에 있어서 하나의 송수구역에 설치하는 살수헤드의 수는 10개 이하가 되도록 해야 한다.

🏛 선택밸브
암기 화 자 일
(화연조점, 자선시험, 선택일)

🏛 자동배수밸브, 체크밸브 순서
• 폐쇄형헤드
암기 송자체

• 개방형헤드
암기 송자

2.1.1.5) 소방관의 호스연결 등 소화작업에 용이하도록 지면으로부터 높이가 0.5m 이상 1m 이하의 위치에 설치할 것

2.1.1.6) 송수구로부터 주배관에 이르는 연결배관에는 개폐밸브를 설치하지 않을 것. 다만 스프링클러설비·물분무소화설비·포소화설비 또는 연결송수관설비의 배관과 겸용하는 경우에는 그렇지 않다.

2.1.1.7) 송수구의 부근에는 "연결살수설비 송수구"라고 표시한 표지와 송수구역 일람표를 설치할 것. 다만 2.1.2에 따른 선택밸브를 설치한 경우에는 그렇지 않다.

2.1.1.8) 송수구에는 이물질을 막기 위한 마개를 씌울 것

2.1.2 선택밸브

연결살수설비의 선택밸브는 다음의 기준에 따라 설치해야 한다. 다만 송수구를 송수구역마다 설치한 때에는 그렇지 않다.

2.1.2.1) 화재 시 연소의 우려가 없는 장소로서 조작 및 점검이 쉬운 위치에 설치할 것

2.1.2.2) 자동개방밸브에 따른 선택밸브를 사용하는 경우에는 송수구역에 방수하지 않고 자동밸브의 작동시험이 가능하도록 할 것

2.1.2.3) 선택밸브의 부근에는 송수구역 일람표를 설치할 것

2.1.3 자동배수밸브, 체크밸브

송수구의 가까운 부분에 자동배수밸브와 체크밸브를 다음의 기준에 따라 설치해야 한다.

2.1.3.1) 폐쇄형헤드를 사용하는 설비의 경우에는 송수구·자동배수밸브·체크밸브의 순서로 설치할 것

2.1.3.2) 개방형헤드를 사용하는 설비의 경우에는 송수구·자동배수밸브의 순서로 설치할 것

2.1.3.3) 자동배수밸브는 배관 안의 물이 잘 빠질 수 있는 위치에 설치하되, 배수로 인하여 다른 물건 또는 장소에 피해를 주지 않을 것

2.1.4 개방형헤드를 사용하는 연결살수설비

개방형헤드를 사용하는 연결살수설비에 있어서 하나의 송수구역에 설치하는 살수헤드의 수는 10개 이하가 되도록 해야 한다.

2.2 배관 등

2.2.1 배관과 배관이음쇠

배관과 배관이음쇠는 다음의 어느 하나에 해당하는 것 또는 동등 이상의 강도·내식성 및 내열성을 국내·외 공인기관으로부터 인정받은 것을 사용해야 한다. 다만 본 기준에서 정하지 않은 사항은 「건설기술 진흥법」 제44조제1항의 규정에 따른 "건설기준"에 따른다.

2.2.1.1) 배관 내 사용압력이 1.2MPa 미만일 경우에는 다음의 어느 하나에 해당하는 것
  (1) **배**관용 **탄**소강관(KS D 3507)
  (2) 이음매 없는 **구**리 및 **구**리합금관(KS D 5301). 다만 습식의 배관에 한정한다.
  (3) 배관용 **스테인리스**강관(KS D 3576) 또는 일반배관용 스테인리스강관(KS D 3595). 다만 배관용 스테인리스강관(KS D 3576)의 이음을 용접으로 할 경우에는 텅스텐 불활성 가스 아크 용접(Tungsten Inertgas Arc Welding)방식에 따른다.
  (4) **덕타**일 주철관(KS D 4311)

2.2.1.2) 배관 내 사용압력이 1.2MPa 이상일 경우에는 다음의 어느 하나에 해당하는 것
  (1) **압**력배관용탄소강관(KS D 3562)
  (2) 배관용 **아크**용접 탄소강강관(KS D 3583)

2.2.2 소방용합성수지배관

2.2.1에도 불구하고 다음의 어느 하나에 해당하는 장소에는 소방청장이 정하여 고시한 「소방용합성수지배관의 성능인증 및 제품검사의 기술기준」에 적합한 소방용합성수지배관으로 설치할 수 있다.

2.2.2.1) 배관을 **지**하에 매설하는 경우

2.2.2.2) 다른 부분과 내화구조로 구획된 **덕**트 또는 피트의 내부에 설치하는 경우

2.2.2.3) **천**장(상층이 있는 경우에는 상층바닥의 하단을 포함한다. 이하 같다)과 반자를 불연재료 또는 **준**불연재료로 설치하고 소화배관 내부에 항상 소화**수**가 채워진 상태로 설치하는 경우

🔔 **배관과 배관이음쇠**

암기
1. 1월2일 전날 회사에서
   KS D 35**(코스닥 배탄 삼오회)
   공치(07)는 날
   날씨가 구리구리 오삼공일 습해서
   스트레스 출력(76) 일 **구**요(95)
   덕분에 타격이 4311(사상👍👍)
2. 1월2일 코스탁
   이크 팔(8)아야 산(3)다

🔔 **소방용 합성수지배관**

암기 지덕천 준수

2.2.3 배관구경의 설치기준

2.2.3.1) 연결살수설비 전용헤드를 사용하는 경우에는 다음 [표 2.2.3.1]에 따른 구경 이상으로 할 것

[표 2.2.3.1] 연결살수설비 전용헤드 수별 급수관의 구경

하나의 배관에 부착하는 연결살수설비 전용헤드의 개수	1개	2개	3개	4개 또는 5개	6개 이상 10개 이하
배관의 구경	32mm	40mm	50mm	65mm	80mm

☆ 배관구경
암기 개수12346, 관경 34568
(배관의 구경의 10의 자리수에서 2를 뺀 수가 헤드의 개수)

2.2.3.2) 스프링클러헤드를 사용하는 경우에는 「스프링클러설비의 화재안전기술기준(NFTC 103)」 2.5.3.3의 [표 2.5.3.3]에 따를 것

2.2.4 폐쇄형헤드를 사용하는 경우의 배관의 설치기준

폐쇄형헤드를 사용하는 연결살수설비의 배관은 다음의 기준에 따라 설치해야 한다.

2.2.4.1) 주배관은 다음의 어느 하나에 해당하는 배관 또는 수조에 접속해야 한다. 이 경우 접속부분에는 체크밸브를 설치하되 점검하기 쉽게 해야 한다.

(1) 옥내소화전설비의 주배관(옥내소화전설비가 설치된 경우에 한정한다)
(2) 수도배관(연결살수설비가 설치된 건축물 안에 설치된 수도배관 중 구경이 가장 큰 배관을 말한다)
(3) 옥상에 설치된 수조(다른 설비의 수조를 포함한다)

☆ 폐쇄형 연결살수설비 접속
암기 옥옥수

2.2.4.2) 시험배관을 다음의 기준에 따라 설치해야 한다.

2.2.4.2.1. 송수구에서 가장 먼 거리에 위치한 가지배관의 끝으로부터 연결하여 설치할 것

2.2.4.2.2. 시험장치 배관의 구경은 25mm 이상으로 하고, 그 끝에는 물받이 통 및 배수관을 설치하여 시험 중 방사된 물이 바닥으로 흘러내리지 않도록 할 것. 다만 목욕실·화장실 또는 그 밖의 배수처리가 쉬운 장소의 경우에는 물받이 통 또는 배수관을 설치하지 않을 수 있다.

2.2.5 배관의 기울기

<u>개방</u>형헤드를 사용하는 연결살수설비의 수평주행배관은 헤드를 향하여 상향으로 <u>100분의 1</u> 이상의 기울기로 설치하고 주배관 중 낮은 부분에는 <u>자</u>동배<u>수</u>밸브를 2.1.3.3의 기준에 따라 설치해야 한다.

🔥 개방형헤드의 배관의 기울기
암기 개방, 1/100, 자수
(개방하면 백기들고 자수해)

2.2.6 배관의 배열 등

가지배관 또는 교차배관을 설치하는 경우에는 가지배관의 배열은 <u>토너먼트(Tournament)방식이 아니어야 하며</u>, 가지배관은 교차배관 또는 주배관에서 분기되는 지점을 기점으로 한쪽 가지배관에 설치되는 헤드의 개수는 <u>8개</u> 이하로 해야 한다.

🔥 가지배관 헤드의 수

2.2.7 동결방지조치

습식 연결살수설비의 배관은 동결방지조치를 하거나 동결의 우려가 없는 장소에 설치해야 한다. 다만 보온재를 사용할 경우에는 난연재료 성능 이상인 것으로 해야 한다.

2.2.8 급수차단 밸브

급수배관에 설치되어 급수를 차단할 수 있는 개폐밸브는 개폐표시형으로 해야 한다. 이 경우 펌프의 흡입 측 배관에는 버터플라이밸브(볼형식인 것을 제외한다) 외의 개폐표시형밸브를 설치해야 한다.

2.2.9 교차배관 등

연결살수설비 교차배관의 위치·청소구 및 가지배관의 헤드설치는 다음의 기준에 따른다.

🔥 교차배관, 청소구, 헤드

2.2.9.1) 교차배관은 가지배관과 수평으로 설치하거나 또는 가지배관 밑에 설치하고, 그 구경은 2.2.3에 따르되, 최소구경이 40mm 이상이 되도록 할 것

2.2.9.2) 폐쇄형헤드를 사용하는 연결살수설비의 청소구는 주배관 또는 교차배관(교차배관을 설치하는 경우에 한정한다) 끝에 40mm 이상 크기의 개폐밸브를 설치하고, 호스접결이 가능한 나사식 또는 고정배수 배관식으로 할 것. 이 경우 나사식의 개폐밸브는 옥내소화전 호스접결용의 것으로 하고, 나사보호용의 캡으로 마감해야 한다.

2.2.9.3) 폐쇄형헤드를 사용하는 연결살수설비에 하향식헤드를 설치하는 경우에는 가지배관으로부터 헤드에 이르는 헤드접속배관은 가지배관 상부에서 분기할 것. 다만 소화설비용 수원의 수질이 「먹는물관리법」 제5조에 따라 먹는물의 수질기준에 적합하고 덮개가 있는 저수조로부터 물을 공급받는 경우에는 가지배관의 측면 또는 하부에서 분기할 수 있다.

2.2.10 배관의 행가 설치기준

2.2.10.1) 가지배관에는 헤드의 설치지점 사이마다 1개 이상의 행거를 설치하되, 헤드 간의 거리가 3.5m를 초과하는 경우에는 3.5m 이내마다 1개 이상 설치할 것. 이 경우 상향식헤드와 행거 사이에는 8cm 이상의 간격을 두어야 한다.

2.2.10.2) 교차배관에는 가지배관과 가지배관사이마다 1개 이상의 행거를 설치하되, 가지배관 사이의 거리가 4.5m를 초과하는 경우에는 4.5m 이내마다 1개 이상 설치할 것

2.2.10.3) 2.2.10.1와 2.2.10.2의 수평주행배관에는 4.5m 이내마다 1개 이상 설치할 것

2.2.11 확관형 분기배관(옥내소화전설비 해당기준과 동일)

2.2.12 배관의 구분(옥내소화전설비 해당기준과 동일)

2.3 연결살수설비의 헤드

2.3.1 헤드의 종류

연결살수설비의 헤드는 연결살수설비 전용헤드 또는 스프링클러헤드로 설치해야 한다.

2.3.2 헤드의 설치기준

건축물에 설치하는 연결살수설비의 헤드는 다음의 기준에 따라 설치해야 한다.

2.3.2.1) 천장 또는 반자의 실내에 면하는 부분에 설치할 것

2.3.2.2) 천장 또는 반자의 각 부분으로부터 하나의 살수헤드까지의 수평거리가 연결살수설비 전용헤드의 경우에는 3.7m 이하, 스프링클러헤드의 경우는 2.3m 이하로 할 것. 다만 살수헤드의 부착면과 바닥과의 높이가

※ 행가의 설치

암기 헤드에서 팔(8)을 뻗어서 닿지 않아야 함
암기 가지 삶어 팔팔, 교수 45
(교수가 사온 가지 삶어 팔팔)

※ 헤드의 수평거리
- 연결살수설비 전용헤드: 3.7m
- 스프링클러헤드 : 2.3m

※ 설치높이 2.1m 이하 부분 :
  살수헤드의 살수분포에 따른 거리
암기 천반실부, 수평전용3.7,
스프링2.3, 2.1
(상처(3.7)가 있어도 살수 있다)

2.1m 이하인 부분은 살수헤드의 살수분포에 따른 거리로 할 수 있다.

2.3.3 폐쇄형스프링클러헤드를 설치하는 경우※

폐쇄형스프링클러헤드를 설치하는 경우에는 2.3.2의 규정 외에 다음의 기준에 따라 설치해야 한다.

2.3.3.1) 그 설치장소의 평상시 최고 주위온도에 따라 다음 [표 2.3.3.1]에 따른 표시온도의 것으로 설치할 것. 다만 높이가 4m 이상인 공장 및 창고(랙크식 창고를 포함한다)에 설치하는 스프링클러헤드는 그 설치장소의 평상시 최고 주위온도에 관계없이 표시온도 121℃ 이상의 것으로 할 수 있다.

[표 2.3.3.1] 설치장소의 평상시 최고 주위온도에 따른 폐쇄형스프링클러헤드의 표시온도

설치장소의 최고주위온도	표시온도
39℃ 미만	79℃ 미만
39℃ 이상 ~ 64℃ 미만	79℃ 이상 ~ 121℃ 미만
64℃ 이상 ~ 106℃ 미만	121℃ 이상 ~ 162℃ 미만
106℃ 이상	162℃ 이상

2.3.3.2) 살수가 방해되지 않도록 스프링클러헤드로부터 반경 60cm 이상의 공간을 보유할 것. 다만 벽과 스프링클러헤드 간의 공간은 10cm 이상으로 한다.

2.3.3.3) 스프링클러헤드와 그 부착면(상향식헤드의 경우에는 그 헤드의 직상부의 천장·반자 또는 이와 비슷한 것을 말한다. 이하 같다)과의 거리는 30cm 이하로 할 것

2.3.3.4) 배관·행거 및 조명기구 등 살수를 방해하는 것이 있는 경우에는 2.3.3.2 및 2.3.3.3에도 불구하고 그로부터 아래에 설치하여 살수에 장애가 없도록 할 것. 다만 연결살수헤드와 장애물과의 이격거리를 장애물 폭의 3배 이상 확보한 경우에는 그렇지 않다.

2.3.3.5) 스프링클러헤드의 반사판은 그 부착면과 평행하게 설치할 것. 다만 측벽형헤드 또는 2.3.3.7에 따라 연소할 우려가 있는 개구부에 설치하는 스프링클러헤드의 경우에는 그렇지 않다.

🌱 헤드의 표시온도

암기 4m 이상 공창랙은 온도와 관계없이 가(1)는(2)곳(3)

🌱 헤드의 표시온도

암기
상구 친구 일하러
바로(64) 가는곳(121)
고추밭(106) 가보니(162)
이미 일이 끝났다.

※ (2.3.3)의 성능기준
③ 폐쇄형스프링클러헤드를 설치하는 경우에는 제2항의 규정 외에 다음 각 호의 기준에 따라 설치해야 한다.
1. 그 설치장소의 평상시 최고 주위온도에 따라 적합한 표시온도의 것으로 설치할 것
2. 스프링클러헤드는 살수 및 감열에 장애가 없도록 설치할 것
3. 연소할 우려가 있는 개구부에는 그 상하좌우에 2.5미터 간격으로(개구부의 폭이 2.5미터 이하인 경우에는 그 중앙에) 스프링클러헤드를 설치하되, 스프링클러헤드와 개구부의 내측 면으로부터 직선거리는 15센티미터 이하가 되도록 할 것
4. 습식 연결살수설비 외의 설비에는 상향식스프링클러헤드를 설치할 것
5. 측벽형스프링클러헤드를 설치하는 경우 긴 변의 한쪽 벽에 일렬로 설치(폭이 4.5미터 이상 9미터 이하인 실에 있어서는 긴 변의 양쪽에 각각 일렬로 설치하되 마주보는 스프링클러헤드가 나란히꼴이 되도록 설치)하고 3.6미터 이내마다 설치할 것

경사지붕 헤드설치

연소할 우려가 있는 개구부

습식, 부압식에 하향식 적용

암기 드동개
(이가 드드드, 발을 동동, 개추워)

폭 4.5m 미만 측벽형헤드

폭 4.5m ~ 9m 측벽형헤드

2.3.3.6) 천장의 기울기가 10분의 1을 초과하는 경우에는 가지배관을 천장의 마루와 평행하게 설치하고, 스프링클러헤드는 다음의 어느 하나의 기준에 적합하게 설치할 것

2.3.3.6.1. 천장의 최상부에 스프링클러헤드를 설치하는 경우에는 최상부에 설치하는 스프링클러헤드의 반사판을 수평으로 설치할 것

2.3.3.6.2. 천장의 최상부를 중심으로 가지배관을 서로 마주보게 설치하는 경우에는 최상부의 가지배관 상호 간의 거리가 가지배관 상의 스프링클러헤드 상호 간의 거리의 2분의 1 이하(최소 1m 이상이 되어야 한다)가 되게 스프링클러헤드를 설치하고, 가지배관의 최상부에 설치하는 스프링클러헤드는 천장의 최상부로부터의 수직거리가 90cm 이하가 되도록 할 것. 톱날지붕, 둥근지붕 기타 이와 유사한 지붕의 경우에도 이에 준한다.

2.3.3.7) 연소할 우려가 있는 개구부에는 그 상하좌우에 2.5m 간격으로(개구부의 폭이 2.5m 이하인 경우에는 그 중앙에) 스프링클러헤드를 설치하되, 스프링클러헤드와 개구부의 내측면으로부터의 직선거리는 15cm 이하가 되도록 할 것. 이 경우 사람이 상시 출입하는 개구부로서 통행에 지장이 있는 때에는 개구부의 상부 또는 측면(개구부의 폭이 9m 이하인 경우에 한한다)에 설치하되, 헤드 상호 간의 간격은 1.2m 이하로 설치해야 한다.

2.3.3.8) 습식 연결살수설비 외의 설비에는 상향식스프링클러헤드를 설치할 것. 다만 다음의 어느 하나에 해당하는 경우에는 그렇지 않다.
  (1) 드라이펜던트스프링클러헤드를 사용하는 경우
  (2) 스프링클러헤드의 설치장소가 동파의 우려가 없는 곳인 경우
  (3) 개방형스프링클러헤드를 사용하는 경우

2.3.3.9) 측벽형스프링클러헤드를 설치하는 경우 긴 변의 한쪽 벽에 일렬로 설치(폭이 4.5m 이상 9m 이하인 실은 긴 변의 양쪽에 각각 일렬로 설치하되 마주보는 스프링클러헤드가 나란히꼴이 되도록 설치)하고 3.6m 이내마다 설치할 것

2.3.4 가연성 가스의 저장·취급시설의 헤드 설치

가연성 가스의 저장·취급시설에 설치하는 연결살수설비의 헤드는 다음의 기준에 따라 설치해야 한다. 다만 지하에 설치된 가연성가스의 저장·취급시설로서 지상에 노출된 부분이 없는 경우에는 그렇지 않다.

2.3.4.1) 연결살수설비 <u>전용</u>의 <u>개</u>방형헤드를 설치할 것

2.3.4.2) 가스<u>저</u>장탱크·가스<u>홀</u>더 및 가스<u>발</u>생기의 <u>주</u>위에 설치하되, 헤드 상호 간의 <u>거</u>리는 <u>3.7</u>m 이하로 할 것

2.3.4.3) 헤드의 살수<u>범</u>위는 가스저장탱크·가스홀더 및 가스발생기의 <u>몸</u>체의 <u>중</u>간 윗부분의 모든 부분이 포함되도록 해야 하고 살수된 물이 흘러내리면서 살수<u>범</u>위에 포함되지 않은 부분에도 모두 적셔질 수 있도록 할 것

♧ 가연성 가스 저장·취급시설

암기 전개 주거 범 몸중, 저홀발 상처(3.7)

① 연결살수 전용 개방형 헤드
② 3.7m
③ 가스 저홀발
도시가스 저장탱크

2.4 헤드의 설치 제외※

2.4.1 연결살수설비를 설치해야 할 특정소방대상물 또는 그 부분으로서 다음의 어느 하나에 해당하는 장소에는 연결살수설비의 헤드를 설치하지 않을 수 있다.

2.4.1.1) <u>상점</u>(영 별표2 제5호와 제6호의 판매시설과 운수시설을 말하며, 바닥면적이 150m² 이상인 지하층에 설치된 것을 제외한다)으로서 주요구조부가 <u>내</u>화구조 또는 <u>방</u>화구조로 되어 있고 바닥면적이 <u>500m²</u> <u>미</u>만으로 <u>방</u>화구획되어 있는 특정소방대상물 또는 그 부분

2.4.1.2) 계단실(특별피난계단의 부속실을 포함한다)·경사로·승강기의 승강로·파이프덕트·목욕실·수영장(관람석부분을 제외한다)·화장실·직접 외기에 개방되어 있는 복도 그 밖의 이와 유사한 장소

2.4.1.3) 통신기기실·전자기기실·기타 이와 유사한 장소

2.4.1.4) 발전실·변전실·변압기·기타 이와 유사한 전기설비가 설치되어 있는 장소

2.4.1.5) 병원의 수술실·응급처치실·기타 이와 유사한 장소

2.4.1.6) 천장과 반자 양쪽이 불연재료로 되어 있는 경우로서 그 사이의 거리 및 구조가 다음의 어느 하나에 해당하는 부분

2.4.1.6.1. 천장과 반자 사이의 거리가 2m 미만인 부분

♧ 연결살수헤드의 설치 제외

암기 상점 내방 오백미방

1. 상점(판운)+내화/방화구조 + 500m² 미만 방화구획 (지하층 제외)

※ 2~14번은 스프링클러헤드의 설치 제외 장소와 유사하다.

[SP에는 있으나 연결살수설비에는 없는 것]
 9. 엘리베이터 권상기실
 13. 가연성 물질이 존재하지 않는 방풍실
 15. 아파트의 대피공간

※ (2.4)의 성능기준
제7조(헤드의 설치제외) 연결살수설비를 설치해야 할 특정소방대상물 또는 그 부분으로서 연결살수설비 작동 시 소화효과를 기대할 수 없는 장소이거나 2차 피해가 예상되는 장소 또는 화재발생 위험이 적은 장소에는 연결살수설비의 헤드를 설치하지 않을 수 있다.

2.4.1.6.2. 천장과 반자사이의 벽이 불연재료이고 천장과 반자 사이의 거리가 2m 이상으로서 그 사이에 가연물이 존재하지 않는 부분

2.4.1.7) 천장·반자 중 한쪽이 불연재료로 되어 있고 천장과 반자 사이의 거리가 1m 미만인 부분

2.4.1.8) 천장 및 반자가 불연재료 외의 것으로 되어 있고 천장과 반자 사이의 거리가 0.5m 미만인 부분

2.4.1.9) 펌프실·물탱크실 그 밖의 이와 비슷한 장소

2.4.1.10) 현관 또는 로비 등으로서 바닥으로부터 높이가 20m 이상인 장소

2.4.1.11) 냉장창고의 영하의 냉장실 또는 냉동창고의 냉동실

2.4.1.12) 고온의 노가 설치된 장소 또는 물과 격렬하게 반응하는 물품의 저장 또는 취급장소

2.4.1.13) 불연재료로 된 특정소방대상물 또는 그 부분으로서 다음의 어느 하나에 해당하는 장소

2.4.1.13.1. 정수장·오물처리장 그 밖의 이와 비슷한 장소

2.4.1.13.2. 펄프공장의 작업장·음료수공장의 세정 또는 충전하는 작업장 그 밖의 이와 비슷한 장소

2.4.1.13.3. 불연성의 금속·석재 등의 가공공장으로서 가연성물질을 저장 또는 취급하지 않는 장소

2.4.1.14) 실내에 설치된 테니스장·게이트볼장·정구장 또는 이와 비슷한 장소로서 실내바닥·벽·천장이 불연재료 또는 준불연재료로 구성되어 있고 가연물이 존재하지 않는 장소로서 관람석이 없는 운동시설 부분(지하층은 제외한다)

2.5 소화설비의 겸용

2.5.1 연결살수설비의 송수구를 스프링클러설비·간이스프링클러설비·화재조기진압용 스프링클러설비·물분무소화설비·포소화설비와 겸용으로 설치하는 경우에는 스프링클러설비의 송수구 설치기준에 따르고, 옥내소화전설비의 송수구와 겸용으로 설치하는 경우에는 옥내소화전설비의 송수구의 설치기준에 따르되 각각의 소화설비의 기능에 지장이 없도록 해야 한다. 〈개정 2024.7.1.〉

🚒 겸용 시 송수구
암기 연결살수 < 옥내소화전 < SP

32

비상콘센트설비의 화재안전기술(성능)기준 (NFT(P)C 504)

세부 목차

[설치대상]
1.7 용어의 정의
2.1 전원 및 콘센트 등
2.2 보호함
2.3 배선

32 비상콘센트설비의 화재안전기술(성능)기준(NFT(P)C 504)

🧯 설치 대상

암기 11 31 5
(콘서트 가야 되는데
비가 쭉쭉 삼일 옴)

① + ② + ③ = 1000m² 이상

오는 길

[설치 대상] (소방시설법 시행령 별표4)

비상콘센트설비를 설치해야 하는 특정소방대상물(위험물 저장 및 처리 시설 중 가스시설 및 지하구는 제외한다)은 다음의 어느 하나에 해당하는 것으로 한다.

1) 층수가 <u>11</u>층 이상인 특정소방대상물의 경우에는 <u>11층 이상의 층</u>
2) 지하층의 층수가 <u>3</u>층 이상이고, 지하층의 바닥면적의 합계가 <u>1천</u>m² 이상인 것은 지하층의 모든 층
3) 터널로서 길이가 <u>5</u>00m 이상인 것

1.7 용어의 정의

1.7.1 이 기준에서 사용하는 용어의 정의는 다음과 같다.

1.7.1.1) "비상전원"이란 상용전원으로부터 전력의 공급이 중단된 때에는 자동으로 공급되는 전원을 말한다.

1.7.1.2) "비상콘센트설비"란 화재 시 소화활동 등에 필요한 전원을 전용회선으로 공급하는 설비를 말한다.

1.7.1.3) "인입개폐기"란 「전기설비기술기준의 판단기준」 제169조에 따른 것을 말한다.

1.7.1.4) "저압"이란 직류는 1.5kV 이하, 교류는 1kV 이하인 것을 말한다.

1.7.1.5) "고압"이란 직류는 1.5kV를, 교류는 1kV를 초과하고, 7kV 이하인 것을 말한다.

1.7.1.6) "특고압"이란 7kV를 초과하는 것을 말한다.

1.7.1.7) "변전소"란 「전기설비기술기준」 제3조제1항제2호에 따른 것을 말한다.

2.1 전원 및 콘센트 등

2.1.1 비상콘센트설비 전원의 설치기준

2.1.1.1) 상용전원회로의 배선은 저압수전인 경우에는 인입개폐기의 직후에서, 고압수전 또는 특고압수전인 경우에는 전력용변압기 2차 측의 주차단기 1차 측 또는 2차 측에서 분기하여 전용배선으로 할 것 24설

2.1.1.2) 지하층을 제외한 층수가 7층 이상으로서 연면적이 2,000m² 이상이거나 지하층의 바닥면적의 합계가 3,000m² 이상인 특정소방대상물의 비상콘센트설비에는 자가**발**전설비, **비상전원수전설비**, **축전지설비** 또는 **전**기저장장치(외부 전기에너지를 저장해 두었다가 필요한 때 전기를 공급하는 장치를 말한다)를 비상전원으로 설치할 것. 다만 **2** 이상의 변전소에서 전력을 동시에 공급받을 수 있거나 하나의 변전소로부터 전력의 공급이 중단되는 때에는 **자**동으로 다른 변전소로부터 전력을 공급받을 수 있도록 상용전원을 설치한 경우에는 비상전원을 설치하지 않을 수 있다. 7점, 24설

2.1.1.3) 2.1.1.2에 따른 비상전원 중 자가**발**전설비, **축전지설비** 또는 **전**기저장장치는 다음 기준에 따라 설치하고, 비상전원수전설비는 「소방시설용 비상전원수전설비의 화재안전기술기준(NFTC 602)」에 따라 설치할 것

  2.1.1.3.1. **점**검에 편리하고 화재 및 침수 등의 재해로 인한 피해를 받을 우려가 없는 곳에 설치할 것

  2.1.1.3.2. 비상콘센트설비를 유효하게 **20**분 이상 작동시킬 수 있는 용량으로 할 것

  2.1.1.3.3. 상용전원으로부터 전력의 공급이 중단된 때에는 **자동**으로 비상전원으로부터 전력을 공급받을 수 있도록 할 것

  2.1.1.3.4. 비상전원의 설치장소는 다른 장소와 **방**화**구**획할 것. 이 경우 그 장소에는 비상전원의 공급에 필요한 기구나 설비 외의 것(열병합발전설비에 필요한 기구나 설비는 제외한다)을 두어서는 안 된다.

  2.1.1.3.5. 비상전원을 **실**내에 설치하는 때에는 그 실내에 비상조명등을 설치할 것

🔥 비상콘센트 전원의 설치기준

1. 상용전원회로 배선
- 저압수전

- 고압수전 또는 특고압수전
① 주차단기 1차 측 분기

② 주차단기 2차 측 분기

2. 비상전원
암기 723 축발전비, 이자제외

3. 자가발전설비의 설치기준
암기 점 2 자동 방구 실

전원회로 설치기준

암기 단 이주분 배개 풀십(3)

배선용차단기 및 비상콘센트

※ (2.1.2)의 성능기준에는 밑줄 친 부분이 없다.

플러그접속기와 플러그

방수구 설치위치 수량

암기 방수구 천미층 1개, 이상 2개

2.1.2 비상콘센트설비 전원회로의 설치기준※ 7점, 17점 응용

비상콘센트설비의 전원회로(비상콘센트에 전력을 공급하는 회로를 말한다)는 다음의 기준에 따라 설치해야 한다.

2.1.2.1) 비상콘센트설비의 전원회로는 <u>단</u>상교류 220V인 것으로서, 그 공급용량은 1.5kVA <u>이</u>상인 것으로 할 것

2.1.2.2) 전원회로는 각 층에 <u>2</u> 이상이 되도록 설치할 것. <u>다만 설치해 할 층의 비상콘센트가 1개인 때에는 하나의 회로로 할 수 있다.</u>※

2.1.2.3) 전원회로는 <u>주</u>배전반에서 전용회로로 할 것. <u>다만 다른 설비회로의 사고에 따른 영향을 받지 않도록 되어 있는 것은 그렇지 않다.</u>※

2.1.2.4) 전원으로부터 각 층의 비상콘센트에 <u>분</u>기되는 경우에는 분기배선용 차단기를 보호함 안에 설치할 것

2.1.2.5) 콘센트마다 <u>배</u>선용 차단기(KS C 8321)를 설치해야 하며, 충전부가 노출되지 않도록 할 것

2.1.2.6) <u>개</u>폐기에는 "비상콘센트"라고 표시한 표지를 할 것

2.1.2.7) 비상콘센트용의 <u>풀</u>박스 등은 방청도장을 한 것으로서, 두께 1.6mm 이상의 철판으로 할 것

2.1.2.8) 하나의 전용회로에 설치하는 비상콘센트는 <u>10</u>개 이하로 할 것. 이 경우 전선의 용량은 각 비상콘센트(<u>비상콘센트가 3개 이상인 경우에는 3개</u>)의 공급용량을 합한 용량 이상의 것으로 해야 한다.

2.1.3 플러그접속기

비상콘센트의 플러그접속기는 접지형2극 플러그접속기(KS C 8305)를 사용해야 한다.

2.1.4 접지공사

비상콘센트의 플러그접속기의 칼받이의 접지극에는 접지공사를 해야 한다.

2.1.5 비상콘센트의 설치기준 7점, 17점 응용

2.1.5.1) 바닥으로부터 높이 0.8m 이상 1.5m 이하의 위치에 설치할 것

2.1.5.2) 비상콘센트의 배치는 바닥면적이 1,000m² 미만인 층은 계단의 출입구(계단의 부속실을 포함하며 계단이 2 이상 있는 경우에는 그중 1개의 계단을 말한다)

로부터 5m 이내에, 바닥면적 1,000m² 이상인 층은 각 계단의 출입구 또는 계단부속실의 출입구(계단의 부속실을 포함하며 계단이 3 이상 있는 층의 경우에는 그중 2개의 계단을 말한다)로부터 5m 이내에 설치하되, 그 비상콘센트로부터 그 층의 각 부분까지의 거리가 다음의 기준을 초과하는 경우에는 그 기준 이하가 되도록 비상콘센트를 추가하여 설치할 것

2.1.5.2.1. **지하상가** 또는 지하층의 바닥면적의 합계가 <u>3,000</u>m² 이상인 것은 수평거리 <u>25</u>m

2.1.5.2.2. 2.1.5.2.1에 해당하지 아니하는 것은 수평거리 50m

2.1.6 절연저항 및 절연내력

비상콘센트설비의 전원부와 외함 사이의 절연저항 및 절연내력은 다음의 기준에 적합해야 한다.

2.1.6.1) 절연저항은 전원부와 외함 사이를 <u>5</u>00V 절연저항계로 측정할 때 <u>2</u>0MΩ 이상일 것

2.1.6.2) 절연내력은 전원부와 외함 사이에 정격전압이 150 V 이하인 경우에는 1,000V의 실효전압을, 정격전압이 150V 초과인 경우에는 그 정격전압에 2를 곱하여 1,000을 더한 실효전압을 가하는 시험에서 1분 이상 견디는 것으로 할 것

2.2 보호함 `7점`

2.2.1 비상콘센트를 보호하기 위한 비상콘센트보호함은 다음의 기준에 따라 설치해야 한다.

2.2.1.1) 보호함에는 쉽게 개폐할 수 있는 <u>문</u>을 설치할 것

2.2.1.2) 보호함 표면에 "비상콘센트"라고 <u>표</u>시한 표지를 할 것

2.2.1.3) 보호함 <u>상</u>부에 적색의 표시등을 설치할 것. 다만 비상콘센트의 보호함을 옥내소화전함 등과 접속하여 설치하는 경우에는 옥내소화전함 등의 표시등과 겸용할 수 있다.

암기 콘서트 보고 오다가 지하상가에서 이오를 사서 지하상가의 지하층에서 방수작업하는 삼촌에게 이오를 드렸다.

※ 연결송수관 방수구와 비교
연결송수관은 '지하가(터널제외) 또는 지하층'이고 비상콘센트는 '지하상가 또는 지하층'이다.

🧯 **절연저항**

암기 콘센트가 오이의 단면과 같다

🧯 **절연내력**

- 150V 이하: 1,000V 실효전압
- 150V 초과: 정격전압×2+1,000
- 1분 이상

암기
배고프지(150) 않으면 천천히 (1000) 먹고
배고픔(150)을 **초과**하면 밥2그릇(정격전압×2)을 천천히(1000) 먹어라
1분 이상 씹어라.
빨리 먹는 게 집안 내력이라 조심해

🧯 **보호함**

암기 문상표

🚒 배선

── 내화배선
------ 내화 또는 내열배선

※ (2.3)의 성능기준
제6조(배선) 비상콘센트설비의 배선은 「전기사업법」 제67조에 따른 「전기설비기술기준」에서 정하는 것 외에 전원회로의 배선은 내화배선으로, 그 밖의 배선은 내화배선 또는 내열배선으로 설치해야 한다. 이 경우 내화배선 및 내열배선은 「옥내소화전설비의 화재안전성능기준(NFPC 102)」 제10조제2항에 따른다.

2.3 배선※

2.3.1 비상콘센트설비의 배선은 「전기사업법」 제67조에 따른 「전기설비기술기준」에서 정하는 것 외에 다음의 기준에 따라 설치해야 한다.

2.3.1.1) 전원회로의 배선은 내화배선으로, 그 밖의 배선은 내화배선 또는 내열배선으로 할 것

2.3.1.2) 2.3.1.1에 따른 내화배선 및 내열배선에 사용하는 전선의 종류 및 설치방법은 「옥내소화전설비의 화재안전기술기준(NFTC 102)」 2.7.2의 [표 2.7.2]의 기준에 따를 것

33

무선통신보조설비의 화재안전기술(성능)기준 (NFT(P)C 505)

세부 목차

[설치대상]
1.7 용어의 정의
2.1 무선통신보조설비의 설치 제외
2.2 누설동축케이블 등
2.3 옥외안테나
2.4 분배기 등
2.5 증폭기 등

33 무선통신보조설비의 화재안전기술(성능)기준(NFT(P)C 505)

설치 대상

암기 가천 터오 공동구,
3천 3.1천 30 16
〈스토리〉
가서 천 사오랬더니 터진 옷을 사와서 왜냐고 물었더니,
공동구 옆에서 자꾸 예쁜 아가씨가 삼촌, 삼촌, 하고 불러서 모두 샀다고 해서,
"상식(30)적으로 말이 안 돼! 일루(16)와!!"라고 했다.

동축케이블

누설동축케이블

[설치 대상] (소방시설법 시행령 별표4) 22점

무선통신보조설비를 설치해야 하는 특정소방대상물(위험물 저장 및 처리 시설 중 가스시설은 제외한다)은 다음의 어느 하나에 해당하는 것으로 한다.

1) 지하상가로서 연면적 1천m² 이상인 것
2) 지하층의 바닥면적의 합계가 3천m² 이상인 것 또는 지하층의 층수가 3층 이상이고 지하층의 바닥면적의 합계가 1천m² 이상인 것은 지하층의 모든 층
3) 터널로서 길이가 500m 이상인 것
4) 지하구 중 공동구
5) 층수가 30층 이상인 것으로서 16층 이상 부분의 모든 층

1.7 용어의 정의

1.7.1 이 기준에서 사용하는 용어의 정의는 다음과 같다.

1.7.1.1) "누설동축케이블"이란 동축케이블의 외부도체에 가느다란 홈을 만들어서 전파가 외부로 새어나갈 수 있도록 한 케이블을 말한다.

1.7.1.2) "분배기"란 신호의 전송로가 분기되는 장소에 설치하는 것으로 임피던스 매칭(Matching)과 신호 균등분배를 위해 사용하는 장치를 말한다.

1.7.1.3) "분파기"란 서로 다른 주파수의 합성된 신호를 분리하기 위해서 사용하는 장치를 말한다.

1.7.1.4) "혼합기"란 2 이상의 입력신호를 원하는 비율로 조합한 출력이 발생하도록 하는 장치를 말한다.

1.7.1.5) "증폭기"란 전압·전류의 진폭을 늘려 감도 등을 개선하는 장치를 말한다.

1.7.1.6) "무선중계기"란 안테나를 통하여 수신된 무전기 신호를 증폭한 후 음영지역에 재방사하여 무전기 상호 간 송수신이 가능하도록 하는 장치를 말한다.

1.7.1.7) "옥외안테나"란 감시제어반 등에 설치된 무선중계기의 입력과 출력포트에 연결되어 송수신 신호를 원활하게 방사·수신하기 위해 옥외에 설치하는 장치를 말한다.

1.7.1.8) "임피던스"란 교류 회로에 전압이 가해졌을 때 전류의 흐름을 방해하는 값으로서 교류 회로에서의 전류에 대한 전압의 비를 말한다.

2.1 무선통신보조설비의 설치 제외

2.1.1 지하층으로서 특정소방대상물의 바닥부분 2면 이상이 지표면과 동일하거나 지표면으로부터의 깊이가 1m 이하인 경우에는 해당 층에 한해 무선통신보조설비를 설치하지 아니할 수 있다.

2.2 누설동축케이블 등

2.2.1 무선통신보조설비의 누설동축케이블 등 설치기준

2.2.1.1) 소방전용주파수대에서 전파의 전송 또는 복사에 적합한 것으로서 소방전용의 것으로 할 것. 다만 소방대 상호 간의 무선 연락에 지장이 없는 경우에는 다른 용도와 겸용할 수 있다.※

2.2.1.2) 누설동축케이블과 이에 접속하는 안테나 또는 동축케이블과 이에 접속하는 안테나로 구성할 것

2.2.1.3) 누설동축케이블 및 동축케이블은 불연 또는 난연성의 것으로서 습기 등의 환경조건에 따라 전기의 특성이 변질되지 않는 것으로 하고, 노출하여 설치한 경우에는 피난 및 통행에 장애가 없도록 할 것

2.2.1.4) 누설동축케이블 및 동축케이블은 화재에 따라 해당 케이블의 피복이 소실된 경우에 케이블 본체가 떨어지지 않도록 4m 이내마다 금속제 또는 자기제 등의 지지금구로 벽·천장·기둥 등에 견고하게 고정할 것. 다만 불연재료로 구획된 반자 안에 설치하는 경우에는 그렇지 않다.※

2.2.1.5)※ 누설동축케이블 및 안테나는 금속판 등에 따라 전파의 복사 또는 특성이 현저하게 저하되지 않는 위치에 설치할 것

🚒 **누설동축케이블 등의 설치기준**

암기 금전4고 불안 끝
〈스토리〉
소주전파전복전용식당을 하는
누나는 안경을 썼고, 동안이다.
누나와 동생은 불장난을 하며 놀았고
누나와 동생은 친구 화사, 금자와
견고하게 지낸다.
누나의 안경은 금테이고 전복 특
누나는 안경을 쓰고 고전을 읽지만
사실 시력이 1.50이다.
누나의 하루 끝은 무 썰기로 쫑낸다.

🚒 **누설동축케이블 방식**

🚒 **무선중계기, 옥외안테나 방식**

※ (2.2.1)의 성능기준에는 밑줄 친 단서 내용이 없으며 2.2.1.5와 2.2.1.6이 합쳐져 다음과 같다.
5. 누설동축케이블 및 안테나는 금속판 또는 고압의 전로에 의해 그 기능에 장애가 발생되지 않는 위치에 설치할 것

🏺 임피던스 50Ω
암기 임5(이모)가 식당을 도와주신다.

🏺 무선통신보조설비의 설치기준
1. 누설, 동안 설치층의 모든 부분 유효통신(계승별실)
2. 상호통신
   - 옥외 무전기 ↔ 내부 무전기
   - 내부 무전기 ↔ 내부 무전기
   - 옥외 무전기 ↔ 방재실
   - 내부 무전기 ↔ 방재실

🏺 옥외안테나
암기 건 다 옥수
옥수수 거리위치에 한표 건다.
〈키워드〉
1. 건지터공 출출인
2. 다른안 통신장애x
3. 옥견파 표표
4. 수상 위치도

※ (2.3.1.1)의 성능기준에는 밑줄 친 괄호의 내용이 없다.

2.2.1.6)※ 누설동축케이블 및 안테나는 고압의 전로로부터 1.5m 이상 떨어진 위치에 설치할 것. 다만 해당 전로에 정전기 차폐장치를 유효하게 설치한 경우에는 그렇지 않다.

2.2.1.7) 누설동축케이블의 끝부분에는 무반사 종단저항을 견고하게 설치할 것

2.2.2 임피던스
누설동축케이블 및 동축케이블의 임피던스는 50Ω으로 하고, 이에 접속하는 안테나·분배기 기타의 장치는 해당 임피던스에 적합한 것으로 해야 한다.

2.2.3 무선통신보조설비의 설치기준

2.2.3.1) 누설동축케이블 또는 동축케이블과 이에 접속하는 안테나가 설치된 층은 모든 부분(계단실, 승강기, 별도 구획된 실 포함)에서 유효하게 통신이 가능할 것

2.2.3.2) 옥외안테나와 연결된 무전기와 건축물 내부에 존재하는 무전기 간의 상호통신, 건축물 내부에 존재하는 무전기 간의 상호통신, 옥외안테나와 연결된 무전기와 방재실 또는 건축물 내부에 존재하는 무전기와 방재실 간의 상호통신이 가능할 것

2.3 옥외안테나

2.3.1 옥외안테나는 다음의 기준에 따라 설치해야 한다.

2.3.1.1) <u>건축물, 지하가, 터널 또는 공동구의 출입구(「건축법 시행령」 제39조에 따른 출구 또는 이와 유사한 출입구를 말한다)</u>※ 및 출입구 인근에서 통신이 가능한 장소에 설치할 것

2.3.1.2) **다**른 용도로 사용되는 안테나로 인한 통신장애가 발생하지 않도록 설치할 것

2.3.1.3) **옥**외안테나는 견고하게 파손의 우려가 없는 곳에 설치하고 그 가까운 곳의 보기 쉬운 곳에 "무선통신보조설비 안테나"라는 표시와 함께 **통신 가능거리를 표**시한 표지를 설치할 것

2.3.1.4) **수**신기가 설치된 장소 등 사람이 상시 근무하는 장소에는 옥외안테나의 **위치**가 모두 표시된 옥외안테나 위치표시도를 비치할 것

2.4 분배기 등

2.4.1 분배기·분파기 및 혼합기 등은 다음의 기준에 따라 설치해야 한다.

2.4.1.1) 먼지·습기 및 부식 등에 따라 기능에 이상을 가져오지 않도록 할 것

2.4.1.2) 임피던스는 50Ω의 것으로 할 것

2.4.1.3) 점검에 편리하고 화재 등의 재해로 인한 피해의 우려가 없는 장소에 설치할 것

2.5 증폭기 등※

2.5.1 증폭기 및 무선중계기를 설치하는 경우에는 다음의 기준에 따라 설치해야 한다.

2.5.1.1) 상용전원은 전기가 정상적으로 공급되는 축전지설비, 전기저장장치(외부 전기에너지를 저장해 두었다가 필요한 때 전기를 공급하는 장치) 또는 교류전압의 옥내 간선으로 하고, 전원까지의 배선은 전용으로 할 것

2.5.1.2) 증폭기의 전면에는 주 회로 전원의 정상 여부를 표시할 수 있는 표시등 및 전압계를 설치할 것

2.5.1.3) 증폭기에는 비상전원이 부착된 것으로 하고 해당 비상전원 용량은 무선통신보조설비를 유효하게 30분 이상 작동시킬 수 있는 것으로 할 것

2.5.1.4) 증폭기 및 무선중계기를 설치하는 경우에는 「전파법」 제58조의2에 따른 적합성평가를 받은 제품으로 설치하고 임의로 변경하지 않도록 할 것

2.5.1.5) 디지털 방식의 무전기를 사용하는 데 지장이 없도록 설치할 것

🌼 **분배기 등**

암기 먼습부 임오 점화재
(재산 분배로 파혼했다.
 먼 숙부와 이모가 점화재였다.)

🌼 **증폭기 등**

암기 상전 비3 무디
(상전은 비상에 무디다)

※ (2.5)의 성능기준
제8조(증폭기 등) 증폭기 및 무선중계기를 설치하는 경우에는 다음 각 호의 기준에 따라 설치해야 한다.
1. 상용전원은 전기가 정상적으로 공급되는 축전지설비, 전기저장장치 또는 교류전압의 옥내 간선으로 하고, 전원까지의 배선은 전용으로 하며, 증폭기 전면에는 전원의 정상 여부를 표시할 수 있는 장치를 설치할 것
2. 증폭기에는 비상전원이 부착된 것으로 하고 해당 비상전원 용량은 무선통신보조설비를 유효하게 30분 이상 작동시킬 수 있는 것으로 할 것
3. 증폭기 및 무선중계기를 설치하는 경우에는 「전파법」 제58조의2에 따른 적합성평가를 받은 제품으로 설치하고 임의로 변경하지 않도록 할 것
4. 디지털 방식의 무전기를 사용하는데 지장이 없도록 설치할 것

34

소방시설용 비상전원수전설비의 화재안전기술(성능)기준 (NFT(P)C 602)

세부 목차

1.7 용어의 정의
2.1 인입선 및 인입구 배선의 시설
2.2 특별고압 또는 고압으로 수전하는 경우
2.3 저압으로 수전하는 경우
그림 2.2.1.5 고압 또는 특별고압 수전의 전기회로
그림 2.3.1.3.3 저압수전의 전기회로

34. 소방시설용 비상전원수전설비의 화재안전기술(성능)기준 (NFT(P)C 602)

1.7 용어의 정의

1.7.1 이 기준에서 사용하는 용어의 정의는 다음과 같다.

1.7.1.1) "과전류차단기"란 「전기설비기술기준의 판단기준」 제38조와 제39조에 따른 것을 말한다.

1.7.1.2) "방화구획형"이란 수전설비를 다른 부분과 건축법상 방화구획을 하여 화재 시 이를 보호하도록 조치하는 방식을 말한다.

1.7.1.3) "변전설비"란 전력용변압기 및 그 부속장치를 말한다.

1.7.1.4) "배전반"이란 전력생산시설 등으로부터 직접 전력을 공급받아 분전반에 전력을 공급해주는 것으로서 다음의 배전반을 말한다.

> 🚩 **배전반**
> 암기 개과계 밖기배

(1) "공용배전반"이란 소방회로 및 일반회로 겸용의 것으로서 **개**폐기, **과**전류차단기, **계**기와 그 밖의 **배**선용기기 및 **배**선을 **금**속제 외함에 수납한 것을 말한다.

(2) "전용배전반"이란 소방회로 전용의 것으로서 개폐기, 과전류차단기, 계기와 그 밖의 배선용기기 및 배선을 금속제 외함에 수납한 것을 말한다.

1.7.1.5) "분전반"이란 배전반으로부터 전력을 공급받아 부하에 전력을 공급해주는 것으로서 다음의 배전반을 말한다.

> 🚩 **분전반**
> 암기 분개과 밖기배

(1) "공용분전반"이란 소방회로 및 일반회로 겸용의 것으로서 **분**기**개**폐기, **분**기**과**전류차단기와 그 밖의 **배**선용기기 및 **배**선을 **금**속제 외함에 수납한 것을 말한다.

(2) "전용분전반"이란 소방회로 전용의 것으로서 분기개폐기, 분기과전류차단기와 그 밖의 배선용기기 및 배선을 금속제 외함에 수납한 것을 말한다.

1.7.1.6) "비상전원수전설비"란 화재 시 상용전원이 공급되는 시점까지만 비상전원으로 적용이 가능한 설비로서 상용전원의 안전성과 내화성능을 향상시킨 설비를 말한다.

1.7.1.7) "소방회로"란 소방부하에 전원을 공급하는 전기회로를 말한다.

1.7.1.8) "수전설비"란 전력수급용 계기용변성기·주차단장치 및 그 부속기기를 말한다.

1.7.1.9) "옥외개방형"이란 건물의 옥외 또는 건물의 옥상에 울타리를 설치하고 그 내부에 수전설비를 설치하는 방식을 말한다.

1.7.1.10) "인입개폐기"란 「전기설비기술기준의 판단기준」 제169조에 따른 것을 말한다.

1.7.1.11) "인입구배선"이란 인입선의 연결점으로부터 특정소방대상물 내에 시설하는 인입개폐기에 이르는 배선을 말한다.

1.7.1.12) "인입선"이란 「전기설비기술기준」 제3조제1항 제9호에 따른 것을 말한다.

1.7.1.13) "일반회로"란 소방회로 이외의 전기회로를 말한다.

1.7.1.14) "전기사업자"란 「전기사업법」 제2조제2호에 따른 자를 말한다.

1.7.1.15) "큐비클형"이란 수전설비를 큐비클 내에 수납하여 설치하는 방식으로서 다음의 형식을 말한다.

(1) "공용큐비클식"이란 소방회로 및 일반회로 겸용의 것으로서 **수**전설비, **변**전설비와 그 **밖**의 **기**기 및 **배**선을 **금**속제 외함에 **수**납한 것을 말한다.

(2) "전용큐비클식"이란 소방회로용의 것으로 **수**전설비, **변**전설비와 그 **밖**의 **기**기 및 **배**선을 **금**속제 외함에 **수**납한 것을 말한다.

🔔 큐비클형
암기 변수 밖기배 금수

2.1 인입선 및 인입구 배선의 시설※ 　14점

2.1.1 인입선
인입선은 특정소방대상물에 화재가 발생할 경우에도 화재로 인한 손상을 받지 않도록 설치해야 한다.

2.1.2 인입구 배선
인입구 배선은 「옥내소화전설비의 화재안전기술기준(NFTC 102)」 2.7.2의 [표 2.7.2(1)]에 따른 내화배선으로 해야 한다.

2.2 특별고압 또는 고압으로 수전하는 경우

2.2.1 특별고압 또는 고압으로 수전하는 경우
일반전기사업자로부터 특별고압 또는 고압으로 수전하는 비상전원 수전설비는 **방화**구획형, **옥외**개방형 또는 **큐**비클(Cubicle)형으로서 다음의 기준에 적합하게 설치해야 한다.

2.2.1.1) 전용의 방화구획 내에 설치할 것

2.2.1.2) 소방회로배선은 일반회로배선과 불연성의 격벽으로 구획할 것. 다만 소방회로배선과 일반회로배선을 15cm 이상 떨어져 설치한 경우는 그렇지 않다.

2.2.1.3) 일반회로에서 과부하, 지락사고 또는 단락사고가 발생한 경우에도 이에 영향을 받지 아니하고 계속하여 소방회로에 전원을 공급시켜 줄 수 있어야 할 것

2.2.1.4) 소방회로용 개폐기 및 과전류차단기에는 "소방시설용"이라 표시할 것

2.2.1.5) 전기회로는 [그림 2.2.1.5]와 같이 결선할 것

2.2.2 옥외개방형의 설치기준※

2.2.2.1) 건축물의 옥상에 설치하는 경우에는 그 건축물에 화재가 발생할 경우에도 화재로 인한 손상을 받지 않도록 할 것

2.2.2.2) 공지에 설치하는 경우에는 인접 건축물에 화재가 발생한 경우에도 화재로 인한 손상을 받지 않도록 할 것

2.2.2.3) 그 밖의 옥외개방형의 설치에 관하여는 2.2.1.2부터 2.2.1.5까지의 규정에 적합하게 설치할 것

※ (2.1)의 성능기준
제4조(인입선 및 인입구 배선의 시설)
① 인입선은 특정소방대상물에 화재가 발생할 경우에도 화재로 인한 손상을 받지 않도록 설치해야 한다.
② 인입구 배선은 내화배선으로 해야 한다.

🚒 특고압, 고압 수전의 경우
암기 방화 옥외 큐, 전불일표결
(전체가 불일치해서 표결에 부쳤다.)

- 설치 예

🚒 옥외개방형
암기 1. 건옥 그건화 화손X
　　 2. 공지 인건화 화손X
　　 3. 불일표결
(옥외에 건축물옥상에 설치할지 공지에 설치할지 불일치하여 표결에 부친다.)

※ (2.2.2)의 성능기준
② 옥외개방형은 옥외개방형이 설치된 건축물 또는 인접 건축물에 화재가 발생한 경우에도 화재로 인한 손상을 받지 않도록 설치해야 한다.

2.2.3 큐비클형의 설치기준

2.2.3.1) 전용큐비클 또는 공용큐비클식으로 설치할 것

2.2.3.2) 외함은 두께 2.3mm 이상의 강판과 이와 동등 이상의 강도와 내화성능이 있는 것으로 제작해야 하며, 개구부(2.2.3.3의 각 기준에 해당하는 것은 제외한다)에는 「건축법 시행령」 제64조에 따른 방화문으로서 60분+방화문, 60분 방화문 또는 30분 방화문으로 설치할 것

2.2.3.3) 다음의 기준(옥외에 설치하는 것에 있어서는 (1)부터 (3)까지)에 해당하는 것은 외함에 노출하여 설치할 수 있다.
  (1) **표**시등(불연성 또는 난연성재료로 덮개를 설치한 것에 한한다)
  (2) **전**선의 인입구 및 인출구
  (3) **환**기장치
  (4) **전압**계(퓨즈 등으로 보호한 것에 한한다)
  (5) **전류**계(변류기의 2차 측에 접속된 것에 한한다)
  (6) **계**기용 전환스위치(불연성 또는 난연성재료로 제작된 것에 한한다)

2.2.3.4) 외함은 건축물의 바닥 등에 견고하게 고정할 것

2.2.3.5) 외함에 수납하는 수전설비, 변전설비와 그 밖의 기기 및 배선은 다음의 기준에 적합하게 설치할 것
  2.2.3.5.1. 외함 또는 프레임(Frame) 등에 견고하게 고정할 것
  2.2.3.5.2. 외함의 바닥에서 10cm(시험단자, 단자대 등의 충전부는 15cm) 이상의 높이에 설치할 것

2.2.3.6) 전선 인입구 및 인출구에는 금속관 또는 금속제 가요전선관을 쉽게 접속할 수 있도록 할 것

2.2.3.7) 환기장치는 다음의 기준에 적합하게 설치할 것 **14점**
  2.2.3.7.1. 내부의 온도가 상승하지 않도록 환기장치를 할 것
  2.2.3.7.2. 자연환기구의 개부구 면적의 합계는 외함의 한 면에 대하여 해당 면적의 3분의 1 이하로 할 것. 이 경우 하나의 통기구의 크기는 직경 10mm 이상의 둥근 막대가 들어가서는 안 된다.
  2.2.3.7.3. 자연환기구에 따라 충분히 환기할 수 없는 경우에는 환기설비를 설치할 것
  2.2.3.7.4. 환기구에는 금속망, 방화댐퍼 등으로 방화조치를 하고, 옥외에 설치하는 것은 빗물 등이 들어가지 않도록 할 것

큐비클형

1. 전/공

암기 외함노출 : 표전환압류계

2. 두께 2.3mm
   갑종/을종방화문
3. 노출
   (가)표 (나)전(입출)
   (라)전압계 (마)전류계 (다)환기
   (바)계

5. 수납 수변설비, 배전
   가. 고정
6. 접속
   15cm
   10cm
   나. 높이
4. 외함 바닥 고정

7. 환기장치
   가. 내부온도
   나. 자연환기구 한 면의 1/3
   다. 환기설비
   라. 방화조치, 빗물
   10mm

8. 공용큐비클식: 불연재료 구획
9. 불일표결, 한국산업표준

2.2.3.8) 공용큐비클식의 소방회로와 일반회로에 사용되는 배선 및 배선용기기는 불연재료로 구획할 것

2.2.3.9) 그 밖의 큐비클형의 설치에 관하여는 2.2.1.2부터 2.2.1.5까지의 규정 및 한국산업표준에 적합할 것

2.3 저압으로 수전하는 경우

2.3.1 전기사업자로부터 저압으로 수전하는 비상전원수전설비는 전용배전반(1·2종)·전용분전반(1·2종) 또는 공용분전반(1·2종)으로 해야 한다.

2.3.1.1 제1종 배전반 및 제1종 분전반의 설치기준

2.3.1.1.1. 외함은 두께 1.6mm(전면판 및 문은 2.3mm) 이상의 강판과 이와 동등 이상의 강도와 내화성능이 있는 것으로 제작할 것

2.3.1.1.2. 외함의 내부는 외부의 열에 의해 영향을 받지 않도록 내열성 및 단열성이 있는 재료를 사용하여 단열할 것. 이 경우 단열부분은 열 또는 진동에 따라 쉽게 변형되지 않아야 한다.

2.3.1.1.3. 다음의 기준에 해당하는 것은 외함에 노출하여 설치할 수 있다.
  (1) 표시등(불연성 또는 난연성재료로 덮개를 설치한 것에 한한다)
  (2) 전선의 인입구 및 입출구

2.3.1.1.4. 외함은 금속관 또는 금속제 가요전선관을 쉽게 접속할 수 있도록 하고, 당해 접속부분에는 단열조치를 할 것

2.3.1.1.5. 공용배전반 및 공용분전반의 경우 소방회로와 일반회로에 사용하는 배선 및 배선용 기기는 불연재료로 구획되어야 할 것

2.3.1.2 제2종 배전반 및 제2종 분전반의 설치기준

2.3.1.2.1. 외함은 두께 1mm (함 전면의 면적이 1,000cm²를 초과하고 2,000cm² 이하인 경우에는 1.2mm, 2,000cm²를 초과하는 경우에는 1.6mm) 이상의 강판과 이와 동등 이상의 강도와 내화성능이 있는 것으로 제작할 것

🧯 제1종 배/분전반
1. 외함 1.6mm 2. 내부 단열
전면, 문 2.3mm
3. 노출
(나)전(입출)
(가)표
4. 접속 단열
5. 공용 불연재료 구획

암기 두내 노출 쉽게 불구

🧯 제2종 배/분전반
1. 함 전면 면적과 외함 두께
 • ~1,000cm²: 1mm
 • ~2,000cm²: 1.2mm
 • 2,000cm² 초과: 1.6mm
2. 외함 노출 설치
 • 표시등
 • 전선의 인입구 및 인출구
 • 전압계 및 전류계(120℃)
3. 불연전용실내 설치
4. (금단)불

2.3.1.2.2. 2.3.1.1.3(1) 및 (2)에서 정한 것과 120℃의 온도를 가했을 때 이상이 없는 전압계 및 전류계는 외함에 노출하여 설치할 것

2.3.1.2.3. 단열을 위해 배선용 불연전용실 내에 설치할 것

2.3.1.2.4. 그 밖의 제2종 배전반 및 제2종 분전반의 설치에 관하여는 2.3.1.1.4 및 2.3.1.1.5의 규정에 적합할 것

2.3.1.3 그 밖의 배전반 및 분전반의 설치기준

🚒 그 밖의 배/분전반 설치기준
암기 일단 표결

2.3.1.3.1. 일반회로에서 과부하·지락사고 또는 단락사고가 발생한 경우에도 이에 영향을 받지 아니하고 계속하여 소방회로에 전원을 공급시켜 줄 수 있어야 할 것

2.3.1.3.2. 소방회로용 개폐기 및 과전류차단기에는 "소방시설용"이라는 표시를 할 것

2.3.1.3.3. 전기회로는 [그림 2.3.1.3.3]과 같이 결선할 것

[그림 2.3.1.3.3] 저압수전의 전기회로

1. 일반회로의 과부하 또는 단락사고 시 S_M이 S_N, S_{N1} 및 S_{N2}보다 먼저 차단되어서는 안 된다.
2. S_F는 S_N과 동등 이상의 차단용량일 것

약호	명칭
S	저압용개폐기 및 과전류차단기

[그림 2.2.1.5] 고압 또는 특별고압 수전의 전기회로

1. 전용의 전력용변압기에서 소방부하에 전원을 공급하는 경우
   가. 일반회로의 과부하 또는 단락사고 시에 CB_{10}(또는 PF_{10})이 CB_{12}(또는 PF_{12}) 및 CB_{22}(또는 F_{22})보다 먼저 차단되어서는 안 된다.
   나. CB_{11}(또는 PF_{11})은 CB_{12}(또는 PF_{12})와 동등이상의 차단용량일 것

약호	명칭
CB	전력차단기
PF	전력퓨즈(고압 또는 특별고압용)
F	퓨즈(저압용)
Tr	전력용변압기

2. 공용의 전력용변압기에서 소방부하에 전원을 공급하는 경우
   가. 일반회로의 과부하 또는 단락사고 시에 CB_{10}(또는 PF_{10})이 CB_{22}(또는 F_{22}) 및 CB(또는 F)보다 먼저 차단되어서는 안 된다.
   나. CB_{21}(또는 F_{21})은 CB_{22}(또는 F_{22})와 동등 이상의 차단용량일 것

약호	명칭
CB	전력차단기
PF	전력퓨즈(고압 또는 특별고압용)
F	퓨즈(저압용)
Tr	전력용변압기

35

도로터널의 화재안전기술(성능)기준 (NFT(P)C 603)

세부 목차

1.7 용어의 정의
2.1 소화기
2.2 옥내소화전설비
2.3 물분무소화설비
2.4 비상경보설비
2.5 자동화재탐지설비
2.6 비상조명등
2.7 제연설비
2.8 연결송수관설비
2.9 무선통신보조설비
2.10 비상콘센트설비
1.6 다른 법령과의 관계
[도로터널 화재안전기술기준의 소방시설 비교정리]

35. 도로터널의 화재안전기술(성능)기준(NFT(P)C 603)

터널 환기방식

종류환기방식

횡류환기방식
- 평상시(급기, 배기)
- 화재 시 균일배기방식
- 화재 시 대배기구 방식

반횡류환기방식
- 평상시(급기 또는 배기)

1.7 용어의 정의

1.7.1 이 기준에서 사용하는 용어의 정의는 다음과 같다.

1.7.1.1) "도로터널"이란 「도로법」 제10조에 따른 도로의 일부로서 자동차의 통행을 위해 지붕이 있는 구조물을 말한다.

1.7.1.2) "설계화재강도"란 터널 내 화재 시 소화설비 및 제연설비 등의 용량산정을 위해 적용하는 차종별 최대열방출률(㎿)을 말한다.

1.7.1.3) "횡류환기방식"이란 터널 안의 배기가스와 연기 등을 배출하는 환기방식으로서 기류를 횡방향(바닥에서 천장)으로 흐르게 하여 환기하는 방식을 말한다.

1.7.1.4) "대배기구방식"이란 횡류환기방식의 일종으로 배기구에 개방/폐쇄가 가능한 전동댐퍼를 설치하여 화재 시 화재지점 부근의 배기구를 개방하여 집중적으로 배연할 수 있는 제연방식을 말한다.

1.7.1.5) "종류환기방식"이란 터널 안의 배기가스와 연기 등을 배출하는 환기방식으로서 기류를 종방향(출입구 방향)으로 흐르게 하여 환기하는 방식을 말한다.

1.7.1.6) "반횡류환기방식"이란 터널 안의 배기가스와 연기 등을 배출하는 환기방식으로서 터널에 수직배기구를 설치해서 횡방향과 종방향으로 기류를 흐르게 하여 환기하는 방식을 말한다.

1.7.1.7) "양방향터널"이란 하나의 터널 안에서 차량의 흐름이 서로 마주보게 되는 터널을 말한다.

1.7.1.8) "일방향터널"이란 하나의 터널 안에서 차량의 흐름이 하나의 방향으로만 진행되는 터널을 말한다.

1.7.1.9) "연기발생률"이란 일정한 설계화재강도의 차량에서 단위 시간당 발생하는 연기량을 말한다.

1.7.1.10) "피난연결통로"란 본선터널과 병설된 상대터널 또는 본선터널과 평행한 피난대피터널을 연결하는 통로를 말한다.

1.7.1.11) "배기구"란 터널 안의 오염공기를 배출하거나 화재 시 연기를 배출하기 위한 개구부를 말한다.

1.7.1.12) "배연용 팬"이란 화재 시 연기 및 열기류를 배출하기 위한 팬을 말한다.

1.7.2 이 기준에서 사용하는 용어는 1.7.1에서 규정한 것을 제외하고는 관계법령 및 개별 기술기준에서 정하는 바에 따른다.

2.1 소화기

2.1.1 소화기는 다음의 기준에 따라 설치해야 한다.

2.1.1.1) 소화기의 **능**력단위는 (「소화기구 및 자동소화장치의 화재안전기술기준(NFTC 101)」 1.7.1.6에 따른 수치를 말한다. 이하 같다)는 A급 화재는 **3**단위 이상, B급 화재는 **5**단위 이상 및 C급 화재에 적응성이 있는 것으로 할 것

2.1.1.2) 소화기의 **총**중량은 사용 및 운반의 편리성을 고려하여 **7**kg 이하로 할 것

2.1.1.3) 소화기는 주행차로의 우측 측벽에 **50**m 이내의 간격으로 2개 이상을 설치하며, 편도 2차선 이상의 양방향터널과 4차로 이상의 일방향터널의 경우에는 양쪽 측벽에 각각 50m 이내의 간격으로 엇갈리게 2개 이상을 설치할 것

2.1.1.4) **바**닥면(차로 또는 보행로를 말한다. 이하 같다)으로부터 **1.5**m 이하의 높이에 설치할 것

2.1.1.5) 소화기구함의 **상**부에 "소화기"라고 조명식 또는 반사식의 표지판을 부착하여 사용자가 쉽게 인지할 수 있도록 할 것

🧯 피난연결통로

🧯 소화기

암기 능총5바상(35,75,15)

🧯 소화기, 옥내소화전, 발신기

〈우측 측벽 설치 예〉

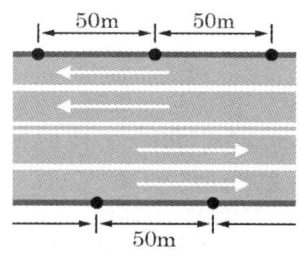

〈양쪽 측벽 설치 예〉

암기 발전소 양쪽 설치
발(발신기), 전(소화전), 소(소화기)

🧯 한쪽 설치

시각경보기, 연결송수관, 비상콘센트
암기 시콘송
송대관(송수관) 씨가 콘서트(콘센트)하면 한쪽에서 시청(시각경보기)해야지.

옥내소화전 설비

암기 소수가 압방 소비

- 옥내소화전 기준개수

- 4차로 이상 터널

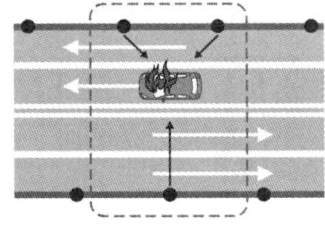

비교

방수압: 옥내 → 옥외 → 터널옥내
          0.17   0.25   0.35

방수량: 옥외 상어(35)
         터널 일구(19)

암기
방수량이므로 상어가 물에 사는 것,
터널입구에 물 떨어지는 걸 상상한다.

물분무소화설비

암기 헤방비 625 34 4
(울분(물분무)의 일제시대
해방후 비상상태에서 625가 터졌고
상사들이 사망했다.)

3개 방수구역 동시방수 40분

2.2 옥내소화전설비 설치기준

2.2.1.1) **소**화전함과 방수구는 주행차로 우측 측벽을 따라 50m 이내의 간격으로 설치하며, 편도 2차선 이상의 양방향 터널이나 4차로 이상의 일방향터널의 경우에는 양쪽 측벽에 각각 50m 이내의 간격으로 엇갈리게 설치할 것

2.2.1.2) **수**원은 그 저수량이 옥내소화전의 설치개수 2개(4차로 이상의 터널의 경우 3개)를 동시에 40분 이상 사용할 수 있는 충분한 양 이상을 확보할 것

2.2.1.3) **가**압송수장치는 옥내소화전 2개(4차로 이상의 터널인 경우 3개)를 동시에 사용할 경우 각 옥내소화전의 노즐선단에서의 방수압력은 0.35MPa 이상이고 방수량은 190L/min 이상이 되는 성능의 것으로 할 것. 다만 하나의 옥내소화전을 사용하는 노즐선단에서의 방수압력이 0.7MPa을 초과할 경우에는 호스접결구의 인입 측에 감압장치를 설치해야 한다.

2.2.1.4) **압**력수조나 고가수조가 아닌 전동기 또는 내연기관에 의한 펌프를 이용하는 가압송수장치는 주펌프와 동등 이상의 성능이 있는 별도의 펌프로서 내연기관의 기동과 연동하여 작동되거나 비상전원을 연결한 예비펌프를 추가로 설치할 것

2.2.1.5) **방**수구는 40mm 구경의 단구형을 옥내소화전이 설치된 벽면의 바닥면으로부터 1.5m 이하의 쉽게 사용 가능한 높이에 설치할 것

2.2.1.6) **소**화전함에는 옥내소화전 방수구 1개, 15m 이상의 소방호스 3본 이상 및 방수노즐을 비치할 것

2.2.1.7) 옥내소화전설비의 **비**상전원은 옥내소화전설비를 유효하게 40분 이상 작동할 수 있어야 할 것

2.3 물분무소화설비 설치기준

2.3.1.1) 물분무 헤드는 도로면 $1m^2$에 대하여 6L/min 이상의 수량을 균일하게 방수할 수 있도록 할 것

2.3.1.2) 물분무설비의 하나의 방수구역은 25m 이상으로 하며, 3개 방수구역을 동시에 40분 이상 방수할 수 있는 수량을 확보할 것

2.3.1.3) 물분무설비의 비상전원은 물분무소화설비를 유효하게 40분 이상 작동할 수 있어야 할 것

2.4 비상경보설비 설치기준

2.4.1.1) 발신기는 주행차로 한쪽 측벽에 50m 이내의 간격으로 설치하며, 편도 2차선 이상의 양방향터널이나 4차로 이상의 일방향터널의 경우에는 양쪽의 측벽에 각각 50m 이내의 간격으로 엇갈리게 설치하고, 발신기는 **바**닥면으로부터 0.8m 이상, 1.5m 이하의 높이에 설치할 것

2.4.1.2) **음향**장치는 발신기 설치위치와 동일하게 설치할 것. 다만 「비상방송설비의 화재안전기술기준(NFTC 202)」에 적합하게 설치된 방송설비를 비상경보설비와 연동하여 작동하도록 설치한 경우에는 비상경보설비의 지구음향장치를 설치하지 않을 수 있다.

2.4.1.3) 음향장치의 음량은 부착된 음향장치의 중심으로부터 1m 떨어진 위치에서 90dB 이상이 되도록 하고, 음향장치는 터널 내부 전체에 **동**시에 경보를 발하도록 설치할 것

2.4.1.4) **시**각경보기는 주행차로 한쪽 측벽에 50m 이내의 간격으로 비상경보설비의 상부 직근에 설치하고, 설치된 전체 시각경보기는 동기방식에 의해 작동될 수 있도록 할 것

2.5 자동화재탐지설비

2.5.1 감지기의 종류※

터널에 설치할 수 있는 감지기의 종류는 다음의 어느 하나와 같다.

(1) **차**동식**분**포형감지기
(2) **정**온식**감**지선형감지기(**아**날로그식에 한한다. 이하 같다)
(3) **중**앙기술심의위원회의 **심**의를 거쳐 터널화재에 **적**응성이 있다고 **인**정된 감지기

2.5.2 경계구역

하나의 **경계**구역의 길이는 100m 이하로 해야 한다.

🚒 비상경보설비

암기 발바 음향 동시
(터널에서는 발바닥 음향을 동시에 울려라)

🚒 감지기의 종류, 경계구역

암기 차분 정감 아날 중심적인, 경계 100m
(차분하고 정감 있는 아날 중심적인 성격에 경계 백단)

※ (2.5.1)의 성능기준
① 터널에는 차동식분포형감지기, 정온식감지선형감지기(아날로그식에 한한다) 또는 중앙기술심의위원회의 심의를 거쳐 터널화재에 적응성이 있다고 인정된 감지기를 설치해야 한다.

🚒 **감지기의 설치기준**

암기 감아고형 6.5 10
(터널에서 쓰는 감지기는 감아서 고정된 형태로 들어온다.
이효리가 터널에서 유고(65)걸을 신(10)나게 춘다.)

🚒 **아치형 터널**

암기
이효리가 터널에서
유고(65)걸을 신(10)나게 춘다.

2.5.3 감지기의 설치기준

2.5.1에 의한 감지기의 설치기준은 다음의 기준과 같다. 다만 중앙기술심의위원회의 심의를 거쳐 제조사의 시방서에 따른 설치방법이 터널화재에 적합하다고 인정되는 경우에는 다음의 기준에 의하지 아니하고 심의 결과에 의한 제조사의 시방서에 따라 설치할 수 있다.

2.5.3.1) 감지기의 감열부(열을 감지하는 기능을 갖는 부분을 말한다. 이하 같다)와 감열부 사이의 이격거리는 10m 이하로, 감지기와 터널 좌·우측 벽면과의 이격거리는 6.5m 이하로 설치할 것

2.5.3.2) 2.5.3.1에도 불구하고 터널 천장의 구조가 아치형의 터널에 감지기를 터널 진행방향으로 설치하고자 하는 경우에는 감열부와 감열부 사이의 이격거리를 10m 이하로 하여 아치형 천장의 중앙 최상부에 1열로 감지기를 설치해야 하며, 감지기를 2열 이상으로 설치하고자 하는 경우에는 감열부와 감열부 사이의 이격거리는 10m 이하로 감지기 간의 이격거리는 6.5m 이하로 설치할 것

2.5.3.3) 감지기를 천장면(터널 안 도로 등에 면한 부분 또는 상층의 바닥 하부면을 말한다. 이하 같다)에 설치하는 경우에는 감지기가 천장면에 밀착되지 않도록 고정금구 등을 사용하여 설치할 것

2.5.3.4) 형식승인 내용에 설치방법이 규정된 경우에는 형식승인 내용에 따라 설치할 것. 다만 감지기와 천장면과의 이격거리에 대해 제조사의 시방서에 규정되어 있는 경우에는 시방서의 규정에 따라 설치할 수 있다.

2.5.4 경계구역과 방호구역

2.5.2에도 불구하고 감지기의 작동에 의하여 다른 소방시설 등이 연동되는 경우로서 해당 소방시설 등의 작동을 위한 정확한 발화 위치를 확인할 필요가 있는 경우에는 경계구역의 길이가 해당 설비의 방호구역 등에 포함되도록 설치해야 한다.

2.5.5 발신기 및 지구음향장치

발신기 및 지구음향장치는 2.4를 준용하여 설치해야 한다.

2.6 비상조명등 설치기준

2.6.1.1) 상시 조명이 소등된 상태에서 비상조명등이 점등되는 경우 터널 안의 차도 및 보도의 바닥면의 조도는 10lx 이상, 그 외 모든 지점의 조도는 1lx 이상이 될 수 있도록 설치할 것

2.6.1.2)※ 비상조명등의 비상전원은 상용전원이 차단되는 경우 자동으로 비상조명등을 유효하게 60분 이상 작동할 수 있어야 할 것

2.6.1.3) 비상조명등에 내장된 예비전원이나 축전지설비는 상용전원의 공급에 의하여 상시 충전상태를 유지할 수 있도록 설치할 것

🔥 비상조명등
암기 상비비, 조심(10) 60분 상시충전
〈스토리〉
터널에서 소등되면 차도보도 조심조심(10),
모두 일(1)루(럭스) 오세요
상자 60개에 내장된 예전 상시충전 조명이 있습니다.

※ (2.6)의 성능기준
2. 비상조명등은 상용전원이 차단되는 경우 자동으로 비상전원으로 60분 이상 점등되도록 설치할 것

2.7 제연설비

2.7.1 제연설비의 설계 기준 [21설 응용]

제연설비는 다음의 기준을 만족하도록 설계해야 한다.

2.7.1.1) 설계화재강도 20MW를 기준으로 하고, 이때의 연기발생률은 80m³/s로 하며, 배출량은 발생된 연기와 혼합된 공기를 충분히 배출할 수 있는 용량 이상을 확보할 것

2.7.1.2) 2.7.1.1 에도 불구하고, 화재강도가 설계화재강도 보다 높을 것으로 예상될 경우 위험도분석을 통하여 설계화재강도를 설정하도록 할 것

🔥 설계화재강도, 연기발생률
암기 2080
(터널에서 연기가 날 때는 설연아 2080 치약을 발라라)

2.7.2 제연설비의 설치기준 [15설]

2.7.2.1) 종류환기방식의 경우 제트팬의 소손을 고려하여 예비용 제트팬을 설치하도록 할 것

2.7.2.2) 횡류환기방식(또는 반횡류환기방식) 및 대배기구방식의 배연용 팬은 덕트의 길이에 따라서 노출온도가 달라질 수 있으므로 수치해석 등을 통해서 내열온도 등을 검토한 후에 적용하도록 할 것

2.7.2.3) 대배기구의 개폐용 전동모터는 정전 등 전원이 차단되는 경우에도 조작상태를 유지할 수 있도록 할 것

2.7.2.4) 화재에 노출이 우려되는 제연설비와 전원공급선 및 제트팬 사이의 전원공급장치 등은 250℃의 온도에서 60분 이상 운전상태를 유지할 수 있도록 할 것

🔥 제연설비의 설치기준
암기 종횡대화
〈키워드〉
1. 종류 제트 소손 예비
2. 횡대 팬 덕트길이 노온수 내온
3. 대개 전동모터 정전 조작 유지
4. 화재노출 제전공, 팬사이 전공장치 250, 60 운전유지

암기
도로터널을 종횡하는 차가 있어 세워보니 대화중이었다.
"이러고(250) 운전유지하시는 건 욕심(60)입니다"라고 말하는 게 제전공입니다.

🚩 기동
암기 화발자수
화나서 발길질로 제연설비를 기동시킨 거 자수함

※ (2.7.3)의 성능기준
③ 제연설비는 화재감지기 또는 수동조작스위치의 동작 등에 의하여 자동 및 수동으로 기동될 수 있도록 해야 한다.

🚩 비상전원
암기 제6
제육볶음 먹는 시간 60분
제 = 제연

🚩 연결송수관설비
암기 354 5독 함
터널 근처 살모사(354)는 오독오(5)독한 맛이 있다.
송대관의 일상(1, 3)이다.

🚩 무전기 접속단자
암기 방인 입출 연결

2.7.3 제연설비의 기동※
제연설비의 기동은 다음의 어느 하나에 의하여 자동 및 수동으로 기동될 수 있도록 해야 한다.
(1) **화**재감지기가 동작되는 경우
(2) **발**신기의 스위치 조작 또는 **자**동소화설비의 기동장치를 동작시키는 경우
(3) 화재**수**신기 또는 감시제어반의 **수**동조작스위치를 동작시키는 경우

2.7.4 비상전원
제연설비의 비상전원은 제연설비를 유효하게 **60**분 이상 작동할 수 있도록 해야 한다.

2.8 연결송수관설비 설치기준

2.8.1 1) 연결송수관설비의 방수노즐선단에서의 방수압력은 0.35MPa 이상, 방수량은 400L/min 이상을 유지할 수 있도록 할 것
2.8.1 2) 방수구는 50m 이내의 간격으로 옥내소화전함에 병설하거나 독립적으로 터널 출입구 부근과 피난연결통로에 설치할 것
2.8.1 3) 방수기구함은 50m 이내의 간격으로 옥내소화전함 안에 설치하거나 독립적으로 설치하고, 하나의 방수기구함에는 65mm 방수노즐 1개와 15m 이상의 호스 3본을 설치하도록 비치할 것

2.9 무선통신보조설비 설치기준

2.9.1 무전기 접속단자
무선통신보조설비의 옥외안테나는 **방**재실 **인**근과 터널의 **입**구 및 **출**구, 피난**연결**통로 등에 설치해야 한다.

2.9.2 겸용
라디오 재방송설비가 설치되는 터널의 경우에는 무선통신보조설비와 겸용으로 설치할 수 있다.

2.10 비상콘센트설비 설치기준 `12설`

2.10.1.1) 비상콘센트설비의 <u>전</u>원회로는 <u>단</u>상교류 220V인 것으로서 그 <u>공</u>급용량은 1.5kVA 이상인 것으로 할 것

2.10.1.2) <u>전</u>원회로는 <u>주</u>배전반에서 <u>전</u>용회로로 할 것. 다만 다른 설비의 회로 사고에 따른 영향을 받지 않도록 되어 있는 것은 그렇지 않다.

2.10.1.3) <u>콘</u>센트마다 <u>배</u>선용 <u>차</u>단기(KS C 8321)를 설치해야 하며, <u>충</u>전부가 노출되지 않도록 할 것

2.10.1.4) <u>주</u>행차로의 <u>우</u>측 측벽에 <u>50</u>m 이내의 간격으로 <u>바</u>닥으로부터 <u>0.8m 이상 1.5m 이하의 높</u>이에 설치할 것

1.6 다른 화재안전기술기준과의 관계

`1.6.1` 이 기준 시행 당시 다른 법령 또는 행정규칙 등에서 종전의 화재안전기준을 인용한 경우에 이 기준 가운데 그에 해당하는 규정이 있는 경우에는 종전의 규정에 갈음하여 이 기준의 해당 규정을 인용한 것으로 본다.

`1.6.2` 터널에 설치하는 소방시설 등의 설치 및 관리기준 중 이 기준에서 규정하지 않은 기준은 개별 기술기준에 따라야 한다.

비상콘센트

`암기` 전전콘주,
단공 주전 배차충 우측5바
〈스토리〉
전전주가 콘서트 주간이었다.
단독공연이었는데
주차 전에 사고 예방 위해
배차층이 어딘지
우측오빠한테 물어봐야 했다.

[도로터널 화재안전기술기준의 소방시설 비교정리]

구분	성능	설치간격※ (우측, 한측, 양측)	높이	기타	비상 전원
소화기	A3 B5 C적응 2개 총 중량 7kg↓	50m 이내(우측, 양측)	1.5m↓	조명식, 반사식 표지	
옥내 소화전	• 수원: 2(3)개×40분 • 방수압: 0.35MPa • 방수량: 190ℓ/min • 감압장치: 0.7MPa 초과	50m 이내(우측, 양측)	1.5m↓	예비펌프 설치 • 방수구: 40mm 1개 • 호스: 15m 이상 3본 • 방수노즐: 1개	40분↑
물분무	• 헤드 방수밀도: 6[ℓ/min·m²] • 수원: 3개 방수구역×40분↑	하나의 방수 구역: 25m↑			40분↑
비상경보	• 음향장치: 1m 90dB	• 발신기, 음향장치 (한측, 양측 50m↓) • 시각경보기 (한측 50m↓)	• 발신기: 0.8-1.5	• 음향장치: 동시경보 • 시각경보기: 동기방식	
자동화재 탐지설비	• 차동식분포형 • 정온식감지선형 (아날로그) • 인정된 감지기	• 경계구역: 100m↓ • 간격: 6.5/10m • 발신기, 음향장치 (한측, 양측 50m↓)	• 발신기: 0.8-1.5	감지기: 밀착X, 고정금구 형식승인, 시방서	
비상 조명등	• 차도보도: 10 lx • 그 외: 1 lx↑			내장된 예비전원이나 축전지는 상시 충전	60분↑
제연설비	• 설계화재강도: 20MW • 연기발생률: 80m³/s • 배출량: 충분한 용량	• 종류환기방식: 예비용제트팬 • 횡류환기방식: 배연팬 내열온도 검토 • 대배기구 개폐용 전동모터: 정전등에 조작상태 유지 • 전원공급장치 등: 250℃ 60분 이상 운전상태 유지 • 기동: 화재감지기, 발신기, 자동소화설비, 수동조작스위치			60분↑
연결 송수관	• 방수압: 0.35MPa • 방수량: 400ℓ/min	50m 이내		• 호스: 15m 이상 3본 • 방수노즐: 65mm 1개	
무선통신 보조설비		• 방재실 • 터널의 입구, 출구 • 피난연결통로			
비상 콘센트	• 단상교류: 220V • 공급용량: 1.5KVA	50m 이내(우측)	0.8-1.5	콘센트마다 배선용차단기 (KS C 8321)	

※ 설치간격
- 우측: 주행차로 우측 측벽을 따라 50m 이내의 간격
- 한측: 주행차로 한쪽 측벽에 50m 이내의 간격
- 양측: 편도 2차선 이상 양방향 터널, 4차로 이상의 일방향 터널은 양쪽 측벽에 각각 50m 이내의 간격으로 엇갈리게 설치할 것

※ ↓: 이하, ↑: 이상

36

고층건축물의 화재안전기술(성능)기준 (NFT(P)C 604)

세부 목차

1.1 적용범위
1.6 다른 법령과의 관계
1.7 용어의 정의

2.1 옥내소화전설비
2.2 스프링클러설비
2.3 비상방송설비
2.4 자동화재탐지설비
2.5 특별피난계단의 계단실 및 부속실 제연설비
2.6 피난안전구역의 소방시설
2.7 연결송수관설비

36 고층건축물의 화재안전기술(성능)기준(NFT(P)C 604)

🛡 **적용범위**
고층건축물의 소방시설
피난안전구역의 소방시설

1.1 적용범위

1.1.1 이 기준은 「소방시설 설치 및 관리에 관한 법률 시행령」(이하 "영"이라 한다) 제11조제1항에 따라 「건축법」 제2조제1항제19호에 따른 **고층건축물**과 「초고층 및 지하연계 복합건축물 재난관리에 관한 특별법 시행령」 제14조제2항에 따른 **피난안전구역**에 설치해야 하는 소방시설 등의 설치 및 관리에 대해 적용한다.

1.6 다른 화재안전기술기준과의 관계

1.6.1 이 기준 시행 당시 다른 법령 또는 행정규칙 등에서 종전의 화재안전기준을 인용한 경우에 이 기준 가운데 그에 해당하는 규정이 있는 경우에는 종전의 규정에 갈음하여 이 기준의 해당 규정을 인용한 것으로 본다.

1.6.2 고층건축물에 설치하는 소방시설 등의 설치 및 관리기준 중 이 기준에서 규정하지 않은 기준은 개별 기술기준에 따라야 한다.

🛡 **고층건축물**
층수가 30층 이상이거나
높이가 120미터 이상인 건축물

🛡 **초고층 건축물**
층수가 50층 이상 또는
높이가 200미터 이상인 건축물

🛡 **준초고층 건축물**
고층건축물 중 초고층 건축물이 아닌 것

1.7 용어의 정의

1.7.1 이 기준에서 사용하는 용어의 정의는 다음과 같다.

1.7.1.1) "고층건축물"이란 「건축법」 제2조제1항제19호 규정에 따른 건축물을 말한다.

1.7.1.2) "급수배관"이란 수원 또는 옥외송수구로부터 소화설비에 급수하는 배관을 말한다.

1.7.2 이 기준에서 사용하는 용어는 1.7.1에서 규정한 것을 제외하고는 관계법령 및 개별 기술기준에서 정하는 바에 따른다.

2.1 옥내소화전설비

2.1.1 수원의 저수량
수원은 그 저수량이 옥내소화전의 설치개수가 가장 많은 층의 설치개수(5개 이상 설치된 경우에는 5개)에 5.2m³(호스릴옥내소화전설비를 포함한다)를 곱한 양 이상이 되도록 해야 한다. 다만 층수가 50층 이상인 건축물의 경우에는 7.8m³를 곱한 양 이상이 되도록 해야 한다.

2.1.2 옥상수조
수원은 2.1.1에 따라 산출된 유효수량 외에 유효수량의 3분의 1 이상을 옥상(옥내소화전설비가 설치된 건축물의 주된 옥상을 말한다. 이하 같다)에 설치해야 한다. 다만「옥내소화전설비의 화재안전기술기준(NFTC 102)」2.1.2(2) 또는 2.1.2(3)에 해당하는 경우에는 그렇지 않다.

2.1.3 펌프방식의 가압송수장치
전동기 또는 내연기관에 의한 펌프를 이용하는 가압송수장치는 옥내소화전설비 전용으로 설치해야 하며, 주펌프와 동등 이상의 성능이 있는 별도의 펌프로서 내연기관의 기동과 연동하여 작동되거나 비상전원을 연결한 예비펌프를 추가로 설치해야 한다.

2.1.4 내연기관의 연료량
내연기관의 연료량은 펌프를 40분(50층 이상인 건축물의 경우에는 60분) 이상 운전할 수 있는 용량일 것

2.1.5 급수배관
급수배관은 전용으로 해야 한다. 다만 옥내소화전설비의 성능에 지장이 없는 경우에는 연결송수관설비의 배관과 겸용할 수 있다.

2.1.6 이중 수직배관
50층 이상인 건축물의 옥내소화전 주배관 중 <u>수직배관은 2개 이상</u>(주배관 성능을 갖는 동일 호칭배관)으로 설치해야 하며, 하나의 수직배관의 파손 등 작동 불능 시에도 다른 수직배관으로부터 소화용수가 공급되도록 구성해야 한다.

옥내소화전 수원의 저수량
암기 방수 시 개

방수량×시간×개수			
~29	130	20	최대2
30~49	130	40	최대5
50~	130	60	최대5

• 총 저수량=수원량(1)+옥상(1/3)

이중 수직배관

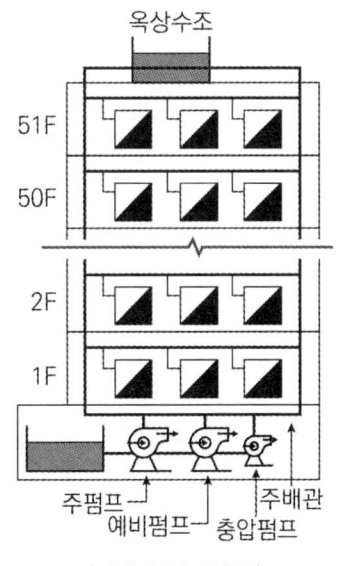

〈50층 이상 건축물〉

옥내소화전 비상원

암기 축발전 456

수원 저수량

암기 방수시개

방수량	시간	개수	
~29	80	20	기준개수
30~49	80	40	기준개수
50~	80	60	기준개수

• 총 저수량=수원량(1)+옥상(1/3)

2.1.7 비상전원

비상전원은 자가발전설비, 축전지설비(내연기관에 따른 펌프를 사용하는 경우에는 내연기관의 기동 및 제어용 축전지를 말한다) 또는 전기저장장치(외부 전기에너지를 저장해 두었다가 필요한 때 전기를 공급하는 장치. 이하 같다)로서 옥내소화전설비를 유효하게 <u>40분</u>(50층 이상인 건축물의 경우에는 <u>60분</u>) 이상 작동할 수 있어야 한다.

2.2 스프링클러설비

2.2.1 수원의 저수량

수원은 그 저수량이 스프링클러설비 설치장소별 스프링클러헤드의 기준개수에 $3.2m^3$를 곱한 양 이상이 되도록 해야 한다. 다만 50층 이상인 건축물의 경우에는 $4.8m^3$를 곱한 양 이상이 되도록 해야 한다.

2.2.2 옥상수조

수원은 2.2.1에 따라 산출된 유효수량 외에 유효수량의 3분의 1 이상을 옥상(옥내소화전설비가 설치된 건축물의 주된 옥상을 말한다. 이하 같다)에 설치해야 한다. 다만 「스프링클러설비의 화재안전기술기준(NFTC 103)」 2.1.2(2) 또는 2.1.2(3)에 해당하는 경우에는 그렇지 않다.

2.2.3 펌프방식의 가압송수장치

전동기 또는 내연기관에 의한 펌프를 이용하는 가압송수장치는 스프링클러설비 전용으로 설치해야 하며, 주펌프와 동등 이상의 성능이 있는 별도의 펌프로서 내연기관의 기동과 연동하여 작동되거나 비상전원을 연결한 예비펌프를 추가로 설치해야 한다.

2.2.4 내연기관의 연료량

내연기관의 연료량은 펌프를 <u>40분</u>(50층 이상인 건축물의 경우에는 <u>60분</u>) 이상 운전할 수 있는 용량일 것

2.2.5 급수배관

급수배관은 전용으로 설치해야 한다.

2.2.6 이중 수직배관

50층 이상인 건축물의 스프링클러설비 주배관 중 수직배관은 2개 이상(주배관 성능을 갖는 동일 호칭배관)으로 설치하고, 하나의 수직배관이 파손 등 작동 불능 시에도 다른 수직배관으로부터 소화수가 공급되도록 구성해야 하며, 각각의 수직배관에 유수검지장치를 설치해야 한다.

🔥 이중 수직배관, 격자배관방식

2.2.7 배관방식

50층 이상인 건축물의 스프링클러 헤드에는 2개 이상의 가지배관으로부터 양방향에서 소화수가 공급되도록 하고, 수리계산에 의한 설계를 해야 한다.

2.2.8 음향장치

스프링클러설비의 음향장치는 「스프링클러설비의 화재안전기술기준(NFTC 103)」 2.6(음향장치 및 기동장치)에 따라 설치하되, 다음의 기준에 따라 경보를 발할 수 있도록 해야 한다.

2.2.8.1) 2층 이상의 층에서 발화한 때에는 발화층 및 그 직상 4개 층에 경보를 발할 것

2.2.8.2) 1층에서 발화한 때에는 발화층·그 직상 4개 층 및 지하층에 경보를 발할 것

2.2.8.3) 지하층에서 발화한 때에는 발화층·그 직상층 및 기타의 지하층에 경보를 발할 것

🔥 직상 4개 층 우선경보

2.2.9 비상전원

비상전원은 자가발전설비, 축전지설비(내연기관에 따른 펌프를 사용하는 경우에는 내연기관의 기동 및 제어용 축전지를 말한다) 또는 전기저장장치로서 스프링클러설비를 유효하게 40분 이상 작동할 수 있을 것. 다만 50층 이상인 건축물의 경우에는 60분 이상 작동할 수 있어야 한다.

🔥 스프링클러의 비상전원
암기 축발전 456

2.3 비상방송설비

2.3.1 비상방송설비의 음향장치 경보기준

2.3.1.1) 2층 이상의 층에서 발화한 때에는 발화층 및 그 직상 4개 층에 경보를 발할 것

2.3.1.2) 1층에서 발화한 때에는 발화층·그 직상 4개 층 및 지하층에 경보를 발할 것

2.3.1.3) 지하층에서 발화한 때에는 발화층·그 직상층 및 기타의 지하층에 경보를 발할 것

2.3.2 비상전원

비상방송설비에는 그 설비에 대한 감시상태를 60분간 지속한 후 유효하게 30분 이상 경보할 수 있는 비상전원으로서 축전지설비(수신기에 내장하는 경우를 포함한다) 또는 전기저장장치를 설치해야 한다.

2.4 자동화재탐지설비

2.4.1 감지기

감지기는 아날로그방식의 감지기로서 감지기의 작동 및 설치지점을 수신기에서 확인할 수 있는 것으로 설치해야 한다. 다만 공동주택의 경우에는 감지기별로 작동 및 설치지점을 수신기에서 확인할 수 있는 아날로그방식 외의 감지기로 설치할 수 있다.

2.4.2 음향장치 경보 기준

2.4.2.1) 2층 이상의 층에서 발화한 때에는 발화층 및 그 직상 4개 층에 경보를 발할 것

2.4.2.2) 1층에서 발화한 때에는 발화층·그 직상 4개 층 및 지하층에 경보를 발할 것

2.4.2.3) 지하층에서 발화한 때에는 발화층·그 직상층 및 기타의 지하층에 경보를 발할 것

🚒 **비상전원**
고층건축물은 30분
(고층이 아닌 것은 10분)

2.4.3 배선

50층 이상인 건축물에 설치하는 다음의 통신·신호배선은 <u>이중배선</u>을 설치하도록 하고 <u>단선 시에도 고장표시가 되며 정상 작동할 수 있는 성능</u>을 갖도록 설비를 해야 한다.

(1) <u>수</u>신기와 <u>수</u>신기 사이의 <u>통</u>신배선
(2) <u>수</u>신기와 <u>중</u>계기 사이의 <u>신</u>호배선
(3) <u>수</u>신기와 <u>감</u>지기 사이의 <u>신</u>호배선

2.4.4 비상전원

자동화재탐지설비에는 그 설비에 대한 감시상태를 60분간 지속한 후 유효하게 30분 이상 경보할 수 있는 비상전원으로서 축전지설비(수신기에 내장하는 경우를 포함한다) 또는 전기저장장치(외부 전기에너지를 저장해 두었다가 필요한 때 전기를 공급하는 장치)를 설치해야 한다. 다만 상용전원이 축전지설비인 경우에는 그렇지 않다.

2.5 특별피난계단의 계단실 및 부속실 제연설비

2.5.1 특별피난계단의 계단실 및 부속실 제연설비는 「특별피난계단의 계단실 및 부속실 제연설비의 화재안전기술기준(NFTC 501A)」에 따라 설치하되, 비상전원은 자가발전설비, 축전지설비, 전기저장장치로 하고 제연설비를 유효하게 <u>40분</u> 이상 작동할 수 있도록 해야 한다. 다만 <u>50층</u> 이상인 건축물의 경우에는 <u>60분</u> 이상 작동할 수 있어야 한다.

2.6 피난안전구역의 소방시설

2.6.1 「초고층 및 지하연계 복합건축물 재난관리에 관한 특별법시행령」 제14조제2항에 따른 피난안전구역에 설치하는 소방시설은 [표 2.6.1]과 같이 설치해야 하며, 이 기준에서 정하지 아니한 것은 개별 기술기준에 따라 설치해야 한다.

🚒 배선

🚒 자동화재탐지설비 비상전원
고층건축물은 30분
(고층이 아닌 것은 10분)

🚒 특피 제연설비 비상전원
암기 456

피난안전구역의 소방시설

암기 제도휴 조인
(피난안전구역은 제도가 만들어진 후에 조인되었다)

제연설비

암기 제연설비로 보호되는 피난안전구역으로 오시(50)오.
이리오시오(12.5)

피난유도선

암기 층계표광(2560)

가) 층계주비 피난유도선
나) 계단, 계단참

비상조명등

암기 바닥 조10
[피난안전구역 상시조명이 소등되면 바닥 조심(10)]

휴대용비상조명등

암기 초피위재 1/10, 지피층수 1/10
건충 456

인명구조기구

암기 방인2 45공 보이 5예10 쉽표
(방인이(2) 사온(45) 공
보이(2)오(5)?예열(10)이 쉽게 표지가 되어 있소)

[표 2.6.1] 피난안전구역에 설치하는 소방시설의 설치기준

`18점, 21설, 22설, 23점`

구분	설치기준
1. 제연설비	피난안전구역과 비 제연구역 간의 차압은 50Pa(옥내에 스프링클러설비가 설치된 경우에는 12.5Pa) 이상으로 해야 한다. 다만 피난안전구역의 한쪽 면 이상이 외기에 개방된 구조의 경우에는 설치하지 않을 수 있다.
2. 피난 유도선	피난유도선은 다음의 기준에 따라 설치해야 한다. 가. 피난안전구역이 설치된 층의 계단실 출입구에서 피난안전구역 주 출입구 또는 비상구까지 설치할 것 나. 계단실에 설치하는 경우 계단 및 계단참에 설치할 것 다. 피난유도 표시부의 너비는 최소 25mm 이상으로 설치할 것 라. 광원점등방식(전류에 의하여 빛을 내는 방식)으로 설치하되, 60분 이상 유효하게 작동할 것
3. 비상 조명등	피난안전구역의 비상조명등은 상시 조명이 소등된 상태에서 그 비상조명등이 점등되는 경우 각 부분의 바닥에서 조도는 10lx 이상이 될 수 있도록 설치할 것
4. 휴대용 비상 조명등	가. 피난안전구역에는 휴대용비상조명등을 다음의 기준에 따라 설치해야 한다. 1) 초고층 건축물에 설치된 피난안전구역: 피난안전구역 위층의 재실자 수(「건축물의 피난·방화구조 등의 기준에 관한 규칙」별표 1의2에 따라 산정된 재실자 수를 말한다)의 10분의 1 이상 2) 지하연계 복합건축물에 설치된 피난안전구역: 피난안전구역이 설치된 층의 수용인원(영 별표 7에 따라 산정된 수용인원을 말한다)의 10분의 1 이상 나. 건전지 및 충전식 건전지의 용량은 40분 이상 유효하게 사용할 수 있는 것으로 한다. 다만, 피난안전구역이 50층 이상에 설치되어 있을 경우의 용량은 60분 이상으로 할 것
5. 인명 구조 기구	가. 방열복, 인공소생기를 각 2개 이상 비치할 것 나. 45분 이상 사용할 수 있는 성능의 공기호흡기(보조마스크를 포함한다)를 2개 이상 비치해야 한다. 다만, 피난안전구역이 50층 이상에 설치되어 있을 경우에는 동일한 성능의 예비용기를 10개 이상 비치할 것 다. 화재 시 쉽게 반출할 수 있는 곳에 비치할 것 라. 인명구조기구가 설치된 장소의 보기 쉬운 곳에 "인명구조기구"라는 표지판 등을 설치할 것

2.7 연결송수관설비

2.7.1 배관
연결송수관설비의 배관은 전용으로 한다. 다만, 주배관의 구경이 100mm 이상인 옥내소화전설비와 겸용할 수 있다.

2.7.2 내연기관의 연료량
내연기관의 연료량은 펌프를 40분(50층 이상인 건축물의 경우에는 60분) 이상 운전할 수 있는 용량일 것

2.7.3 비상전원
연결송수관설비의 비상전원은 자가발전설비, 축전지설비(내연기관에 따른 펌프를 사용하는 경우에는 내연기관의 기동 및 제어용 축전지를 말한다), 전기저장장치로서 연결송수관설비를 유효하게 40분 이상 작동할 수 있어야 할 것. 다만, 50층 이상인 건축물의 경우에는 60분 이상 작동할 수 있어야 한다.

☃ 연결송수관 비상전원
암기 축발전 456

37

지하구의 화재안전기술(성능)기준 (NFT(P)C 605)

세부 목차

1.7 용어의 정의
2.1 소화기구 및 자동소화장치
2.2 자동화재탐지설비
2.3 유도등
2.4 연소방지설비
2.5 연소방지재
2.6 방화벽
2.7 무선통신보조설비
2.8 통합감시시설
[참고] 기존 지하구에 대한 특례
통합감시시설 구성 표준 프로토콜 정의서

37 지하구의 화재안전기술(성능)기준(NFT(P)C 605)

🚒 지하구
- **전**력구, **통**신구
- 폭 <u>1.8m</u> 이상, 높이 <u>2m</u> 이상, 길이 <u>50m</u> 이상
- **공**동구

암기 전통공 일빨리요(1825)

🚒 영[별표2]제28호 지하구
가. 전력·통신용의 전선이나 가스·냉난방용의 배관 또는 이와 비슷한 것을 **집합수용**하기 위하여 설치한 지하 인공구조물로서 사람이 점검 또는 보수를 하기 위하여 출입이 가능한 것 중 다음의 어느 하나에 해당하는 것
  1) 전력 또는 통신사업용 지하 인공구조물로서 **전력구**(케이블 접속부가 없는 경우는 제외) 또는 **통신구** 방식으로 설치된 것
  2) 1) 외의 지하 인공구조물로서 폭이 1.8미터 이상이고, 높이가 2미터 이상이며, 길이가 50미터 이상인 것

나.「국토의 계획 및 이용에 관한 법률」제2조제9호에 따른 **공동구**: 전기·가스·수도 등의 공급설비, 통신시설, 하수도시설 등 지하매설물을 공동 수용함으로써 미관의 개선, 도로구조의 보전 및 교통의 원활한 소통을 위하여 지하에 설치하는 시설물

🚒 지하구의 소방시설 등
- **소**화기구 및 **자**동소화장치
- **자**동화재탐지설비
- **유**도등, **연**소방지설비(전력 또는 통신사업용 만 해당), 연소방지재
- **방**화벽, **무**선통신보조설비(공동구만 해당), **통**합감시시설

암기 소자 자유연연 병무통
(소자 자유에 연연하지 않고 병역의 무에 통감합니다.)

1.7 용어의 정의

1.7.1 이 기준에서 사용하는 용어의 정의는 다음과 같다.

1.7.1.1) "지하구"란 영 별표 2 제28호에서 규정한 지하구를 말한다.

1.7.1.2) "제어반"이란 설비, 장치 등의 조작과 확인을 위해 제어용 계기류, 스위치 등을 금속제 외함에 수납한 것을 말한다.

1.7.1.3) "분전반"이란 분기개폐기·분기과전류차단기와 그밖에 배선용기기 및 배선을 금속제 외함에 수납한 것을 말한다.

1.7.1.4) "방화벽"이란 화재 시 발생한 열, 연기 등의 확산을 방지하기 위하여 설치하는 벽을 말한다. **18점**

1.7.1.5) "분기구"란 전기, 통신, 상하수도, 난방 등의 공급시설의 일부를 분기하기 위하여 지하구의 단면 또는 형태를 변화시키는 부분을 말한다.

1.7.1.6) "환기구"란 지하구의 온도, 습도의 조절 및 유해가스를 배출하기 위해 설치되는 것으로 자연환기구와 강제환기구로 구분된다.

1.7.1.7) "작업구"란 지하구의 유지관리를 위하여 자재, 기계기구의 반·출입 및 작업자의 출입을 위하여 만들어진 출입구를 말한다.

1.7.1.8) "케이블접속부"란 케이블이 지하구 내에 포설되면서 발생하는 직선 접속 부분을 전용의 접속재로 접속한 부분을 말한다.

1.7.1.9) "특고압 케이블"이란 사용전압이 7,000V를 초과하는 전로에 사용하는 케이블을 말한다.

1.7.1.10) "분기배관"이란 배관 측면에 구멍을 뚫어 2 이상의 관로가 생기도록 가공한 배관으로서 다음의 분기배관을 말한다.

(1) "확관형 분기배관"이란 배관의 측면에 조그만 구멍을 뚫고 소성가공으로 확관시켜 배관 용접이음자리를 만들거나 배관 용접이음자리에 배관이음쇠를 용접 이음한 배관을 말한다.

(2) "비확관형 분기배관"이란 배관의 측면에 분기호칭내경 이상의 구멍을 뚫고 배관이음쇠를 용접이음한 배관을 말한다.

1.7.2 이 기준에서 사용하는 용어는 1.7.1에서 규정한 것을 제외하고는 관계법령 및 개별 기술기준에서 정하는 바에 따른다.

2.1 소화기구 및 자동소화장치

2.1.1 소화기구의 설치기준

2.1.1.1) 소화기의 능력단위(「소화기구 및 자동소화장치의 화재안전기술기준(NFTC 101)」 1.7.1.6에 따른 수치를 말한다. 이하 같다)는 A급 화재는 개당 3단위 이상, B급 화재는 개당 5단위 이상 및 C급 화재에 적응성이 있는 것으로 할 것

2.1.1.2) 소화기 한 대의 총중량은 사용 및 운반의 편리성을 고려하여 7kg 이하로 할 것

2.1.1.3) 소화기는 사람이 출입할 수 있는 출입구(환기구, 작업구를 포함한다) 부근에 5개 이상 설치할 것

2.1.1.4) 소화기는 바닥면으로부터 1.5m 이하의 높이에 설치할 것

2.1.1.5) 소화기의 상부에 "소화기"라고 표시한 조명식 또는 반사식의 표지판을 부착하여 사용자가 쉽게 알 수 있도록 할 것

2.1.2 발전실, 변전실 등

지하구 내 발전실·변전실·송전실·변압기실·배전반실·통신기기실·전산기기실·기타 이와 유사한 시설이 있는 장소 중 바닥면적이 300m² 미만인 곳에는 유효설치 방호체적 이내의 가스·분말·고체에어로졸·캐비닛형 자동소화장치를 설치해야 한다. 다만 해당 장소에 물분무등소화설비를 설치한 경우에는 설치하지 않을 수 있다.

🔥 **소화기의 설치기준**

암기 능총오바상(35,75,15)

암기 ▶▶▶
능청스럽게 오바 잘하는 사람에게 주는 상 "다섯대 칠 상"

🔥 **지하구의 발전실, 변전실 등**

암기 발송전배변통변 300 캐가고분
(발송전 배변통변 상캐)

※ 참고
전기실 등으로서 바닥면적 300m² 이상은 물분무등소화설비 설치대상

🚒 지하구의 제어반, 분전반
암기 가고분/ 공간
(저분이 가고픈 공간)

🚒 케이블접속부
암기 케절마다 가고분, 중앙 심청 인정

🚒 NFTC 203 2.4.1(1)~ 2.4.1(8)
1. 불꽃감지기
2. **정온식감지선형감지기**
3. 분포형감지기
4. 복합형감지기
5. 광전식분리형감지기
6. 아날로그방식의 감지기
7. 다신호방식의 감지기
8. 축적방식의 감지기

🚒 감지기 설치기준
암기 1 3 실 공동
(일상실 공동)

🚒 설치 제외
암기 발지시

2.1.3 제어반 또는 분전반
제어반 또는 분전반마다 가스·분말·고체에어로졸 자동소화장치 또는 유효설치 방호체적 이내의 소공간용 소화용구를 설치해야 한다.

2.1.4 케이블접속부
케이블접속부(절연유를 포함한 접속부에 한한다)마다 다음의 어느 하나에 해당하는 자동소화장치를 설치하되 소화성능이 확보될 수 있도록 방호공간을 구획하는 등 유효한 조치를 해야 한다.
(1) 가스·분말·고체에어로졸 자동소화장치
(2) 중앙소방기술심의위원회의 심의를 거쳐 소방청장이 인정하는 자동소화장치

2.2 자동화재탐지설비

2.2.1 감지기의 설치기준
2.2.1.1) 「자동화재탐지설비 및 시각경보장치의 화재안전기술기준(NFTC 203)」 2.4.1(1)부터 2.4.1(8)의 감지기 중 먼지·습기 등의 영향을 받지 않고 발화지점(1m 단위)과 온도를 확인할 수 있는 것을 설치할 것

2.2.1.2) 지하구 천장의 중심부에 설치하되 감지기와 천장 중심부 하단과의 수직거리는 30cm 이내로 할 것. 다만 형식승인 내용에 설치방법이 규정되어 있거나, 중앙기술심의위원회의 심의를 거쳐 제조사 시방서에 따른 설치방법이 지하구 화재에 적합하다고 인정되는 경우에는 형식승인 내용 또는 심의결과에 의한 제조사 시방서에 따라 설치할 수 있다.

2.2.1.3) 발화지점이 지하구의 실제거리와 일치하도록 수신기 등에 표시할 것

2.2.1.4) 공동구 내부에 상수도용 또는 냉·난방용 설비만 존재하는 부분은 감지기를 설치하지 않을 수 있다.

2.2.2 발신기, 지구음향장치, 시각경보기 제외
발신기, 지구음향장치 및 시각경보기는 설치하지 않을 수 있다.

2.3 유도등

2.3.1 사람이 출입할 수 있는 출입구(환기구, 작업구를 포함한다)에는 해당 지하구의 환경에 적합한 크기의 피난구유도등을 설치해야 한다.

2.4 연소방지설비

2.4.1 연소방지설비 배관의 설치기준 `19점`

2.4.1.1) 배관용 탄소강관(KS D 3507) 또는 압력배관용 탄소강관(KS D 3562)이나 이와 같은 수준 이상의 강도·내부식성 및 내열성을 가진 것으로 할 것

2.4.1.2) 급수배관(송수구로부터 연소방지설비 헤드에 급수하는 배관을 말한다. 이하 같다)은 전용으로 할 것

2.4.1.3) 배관의 구경은 다음의 기준에 적합한 것이어야 한다.

　2.4.1.3.1. 연소방지설비전용헤드를 사용하는 경우에는 다음 [표 2.4.1.3.1]에 따른 구경 이상으로 할 것

[표 2.4.1.3.1] 연소방지설비 전용헤드 수별 급수관의 구경

하나의 배관에 부착하는 연소방지설비 전용헤드의 개수	1개	2개	3개	4개 또는 5개	6개 이상
배관의 구경(mm)	32	40	50	65	80

　2.4.1.3.2. 개방형스프링클러헤드를 사용하는 경우에는 「스프링클러설비의 화재안전기술기준(NFTC 103)」 2.5.3.3의 표 2.5.3.3에 따를 것

2.4.1.4) 교차배관은 가지배관과 수평으로 설치하거나 또는 가지배관 밑에 설치하고, 그 구경은 2.4.1.3에 따르되, 최소구경이 40mm 이상이 되도록 할 것

2.4.1.5) 배관에 설치되는 행거는 다음의 기준에 따라 설치할 것

　2.4.1.5.1. 가지배관에는 헤드의 설치지점 사이마다 1개 이상의 행거를 설치하되, 헤드 간의 거리가 3.5m를 초과하는 경우에는 3.5m 이내마다 1개 이상 설치할 것. 이 경우 상향식헤드와 행거 사이에는 8cm 이상의 간격을 두어야 한다.

🚒 **유도등**

🚒 **연소방지설비 설치대상**

연소방지설비는 지하구(전력 또는 통신사업용인 것만 해당한다)에 설치해야한다

🚒 **배관의 구경과 헤드개수**

`암기` 12346, 34568
배관의 구경의 10의 자리수에서 2를 뺀 수가 헤드의 개수

🚒 **행거의 설치**

`암기` 가지 삶어 팔팔, 교수 45
(교수가 사온 가지 삶어 팔팔)

2.4.1.5.2. 교차배관에는 가지배관과 가지배관 사이마다 1개 이상의 행거를 설치하되, 가지배관 사이의 거리가 4.5m를 초과하는 경우에는 4.5m 이내마다 1개 이상 설치할 것

2.4.1.5.3. 2.4.1.5.1과 2.4.1.5.2의 수평주행배관에는 4.5m 이내마다 1개 이상 설치할 것

2.4.1.6) 확관형 분기배관을 사용할 경우에는 소방청장이 정하여 고시한 「분기배관의 성능인증 및 제품검사의 기술기준」에 적합한 것으로 설치할 것

2.4.2 연소방지설비의 헤드 설치기준

2.4.2.1) 천장 또는 벽면에 설치할 것

2.4.2.2) 헤드 간의 수평거리는 연소방지설비 전용헤드의 경우에는 2m 이하, 개방형스프링클러헤드의 경우에는 1.5m 이하로 할 것

2.4.2.3) 소방대원의 출입이 가능한 환기구·작업구마다 지하구의 양쪽방향으로 살수헤드를 설정하되, 한쪽 방향의 살수구역의 길이는 3m 이상으로 할 것. 다만 환기구 사이의 간격이 700m를 초과할 경우에는 700m 이내마다 살수구역을 설정하되, 지하구의 구조를 고려하여 방화벽을 설치한 경우에는 그렇지 않다.

2.4.2.4) 연소방지설비 전용헤드를 설치할 경우에는 「소화설비용헤드의 성능인증 및 제품검사 기술기준」에 적합한 살수헤드를 설치할 것

2.4.3 송수구의 설치기준

2.4.3.1) 소방차가 쉽게 접근할 수 있는 노출된 장소에 설치하되, 눈에 띄기 쉬운 보도 또는 차도에 설치할 것

2.4.3.2) 송수구는 구경 65mm의 쌍구형으로 할 것

2.4.3.3) 송수구로부터 1m 이내에 살수구역 안내표지를 설치할 것

2.4.3.4) 지면으로부터 높이가 0.5m 이상 1m 이하의 위치에 설치할 것

2.4.3.5) 송수구의 가까운 부분에 자동배수밸브(또는 직경 5mm의 배수공)를 설치할 것. 이 경우 자동배수밸브는 배관 안의 물이 잘 빠질 수 있는 위치에 설치하되, 배수로 인하여 다른 물건 또는 장소에 피해를 주지 않아야 한다.

🛡 헤드의 설치기준

암기 천수3살

지하구에 천수샴을 살고 있는 괴물이 천장과 벽면을 기어 다녔다. 지하구 전문 2팀(일어(1.5)를 잘해) 소방대원이 환기시킨 후 작업구로 들어갔다. 소방대톱 양쪽으로 갈라져(1팀이 3명) 칠(7)흙같은 어둠을 뚫고 방화벽을 설치했다. 괴물 전용 제품이었다.

🛡 송수구의 설치기준

2.4.3.6) 송수구로부터 주배관에 이르는 연결배관에는 개폐밸브를 설치하지 않을 것
2.4.3.7) 송수구에는 이물질을 막기 위한 마개를 씌울 것

2.5 연소방지재

2.5.1 지하구 내에 설치하는 케이블·전선 등에는 다음의 기준에 따라 연소방지재를 설치해야 한다. 다만 케이블·전선 등을 다음 2.5.1.1의 난연성능 이상을 충족하는 것으로 설치한 경우에는 연소방지재를 설치하지 않을 수 있다.

2.5.1.1) 연소방지재는 한국산업표준(KS C IEC 60332-3-24)에서 정한 난연성능 이상의 제품을 사용하되 다음의 기준을 충족할 것

  2.5.1.1.1. 시험에 사용되는 연소방지재는 시료(케이블 등)의 아래쪽(점화원으로부터 가까운 쪽)으로부터 <u>30</u> cm 지점부터 부착 또는 설치할 것

  2.5.1.1.2. 시험에 사용되는 시료(케이블 등)의 단면적은 <u>325</u> mm²로 할 것

  2.5.1.1.3. 시험성적서의 유효기간은 발급 후 **3년**으로 할 것

2.5.1.2) 연소방지재는 다음의 기준에 해당하는 부분에 2.5.1.1과 관련된 시험성적서에 명시된 방식으로 시험성적서에 명시된 길이 이상으로 설치하되, 연소방지재 간의 설치 간격은 <u>350</u>m를 넘지 않도록 해야 한다.

13점

(1) **분**기구
(2) **지**하구의 인입부 또는 인출부
(3) **절**연유 순환펌프 등이 설치된 부분
(4) **기**타 화재 발생 위험이 우려되는 부분

🚒 **연소방지재 난연성능**
암기 3 30 325
(삼삼삼이요)

🚒 **연소방지재의 설치기준**
암기 분지절기 350

방화벽

암기 내 문 관 연 자

① 홀로 설 수 있는 구조
② 갑종 방화문
③ 내화충전구조
④ 국사, 변전소 (20m 이내)
⑤ 자동폐쇄장치
→ 지하구

※ (2.6) 방화벽의 성능기준 [23점]
2. 방화벽의 출입문은 「건축법 시행령」 제64조에 따른 방화문으로서 60분+ 방화문 또는 60분 방화문으로 설치하고, 항상 닫힌 상태를 유지하거나 자동폐쇄장치에 의하여 화재 신호를 받으면 자동으로 닫히는 구조로 해야 한다.
2.6.1.1, 2.6.1.3~2.6.1.5 : 기술기준과 같다

2.6 방화벽※ [18점]

2.6.1 방화벽은 다음의 기준에 따라 설치하고, 방화벽의 출입문은 항상 닫힌 상태를 유지하거나 자동폐쇄장치에 의하여 화재 신호를 받으면 자동으로 닫히는 구조로 해야 한다.

2.6.1.1) 내화구조로서 홀로 설 수 있는 구조일 것

2.6.1.2)※ 방화벽의 출입문은 「건축법 시행령」 제64조에 따른 방화문으로서 60분+ 방화문 또는 60분 방화문으로 설치할 것

2.6.1.3) 방화벽을 관통하는 케이블·전선 등에는 국토교통부고시(「건축자재등 품질인정 및 관리기준」)에 따라 내화채움구조로 마감할 것

2.6.1.4) 방화벽은 분기구 및 국사(局舍, Central office)·변전소 등의 건축물과 지하구가 연결되는 부위(건축물로부터 20m 이내)에 설치할 것

2.6.1.5) 자동폐쇄장치를 사용하는 경우에는 「자동폐쇄장치의 성능인증 및 제품검사의 기술기준」에 적합한 것으로 설치할 것

무전기접속단자의 설치위치

암기 방공송
지하구에 무전기로 방공송을 불러주다

2.7 무선통신보조설비

2.7.1 무선통신보조설비의 옥외안테나는 방재실 인근과 공동구의 입구 및 연소방지설비의 송수구가 설치된 장소(지상)에 설치해야 한다.

통합감시시설

암기 소통 정성 수정

① 정보통신망 → 소방관서
② 무선통신망 광케이블
③ 화재신호, 경보, 발화지점…
통제실, 수신기, 정보통신장치, 119

※ (2.8)의 성능기준
제12조(통합감시시설) 통합감시시설은 소방관서와 지하구의 통제실 간에 화재 등 소화활동과 관련된 정보를 상시 교환할 수 있는 정보통신망을 구축해야 한다.

2.8 통합감시시설 설치기준※

2.8.1.1) 소방관서와 지하구의 통제실 간에 화재 등 소방활동과 관련된 정보를 상시 교환할 수 있는 정보통신망을 구축할 것

2.8.1.2) 2.8.1.1의 정보통신망(무선통신망을 포함한다)은 광케이블 또는 이와 유사한 성능을 가진 선로일 것

2.8.1.3) 수신기는 지하구의 통제실에 설치하되 화재신호, 경보, 발화지점 등 수신기에 표시되는 정보가 표 2.8.1.3에 적합한 방식으로 119상황실이 있는 관할 소방관서의 정보통신장치에 표시되도록 할 것

(참고) 지하구의 화재안전성능기준(NFPC 605)

제13조(기존 지하구에 대한 특례)
법 제13조에 따라 기존 지하구에 설치하는 소방시설 등에 대해 강화된 기준을 적용하는 경우에는 다음 각 호의 설치·관리 관련 특례를 적용한다.
1. 특고압 케이블이 포설된 송·배전 전용의 지하구(공동구를 제외한다)에는 온도 확인 기능 없이 최대 700미터의 경계구역을 설정하여 발화지점(1미터 단위)을 확인할 수 있는 감지기를 설치할 수 있다.
2. 소방본부장 또는 소방서장은 이 기준이 정하는 기준에 따라 해당 건축물에 설치해야 할 소방시설 등의 공사가 현저하게 곤란하다고 인정되는 경우에는 해당 설비의 기능 및 사용에 지장이 없는 범위 안에서 소방시설 등의 화재안전성능기준의 일부를 적용하지 않을 수 있다.

기존 지하구 특례
암기 특케 포송, 700, 1 / 곤란
(특혜로 포송되어 700일간 곤란을 격었다)

표 2.8.1.3 통합감시시설의 구성 표준 프로토콜 정의서

1 적용

지하구의 화재안전기술기준 제12조(통합감시시설) 3호 지하구의 수신기 정보를 관할 소방관서의 정보통신장치에 표시하기 위하여 적용하는 Modbus-RTU 프로토콜방식에 대한 규정이다.

1.1 Ethernet은 현장에서 할당된 IP와 고정PORT로 TCP접속한다.

1.2 IP: 할당된 수신기 IP와 관제시스템 IP

1.3 PORT: 4000(고정)

1.4 Modbus 프로토콜 형식을 따르되 수신기에 대한 request 없이, 수신기는 주기적으로(3~5초) 상위로 데이터를 전송한다.

2 Modbus RTU 구성

1. Modbus RTUprotocol의 packet 구조는 아래와 같다.

Device Address	Function Code	Data	CRC-16
1 byte	1 byte	N bytes	2 bytes

2. 각 필드의 의미는 다음과 같다.

항목	길이	설명
Device Address	1 byte	수신기의 ID
Function Code	1 byte	0x00 고정사용
Data	N bytes	2.3절 참고
CRC	2 bytes	Modbus CRC-16 사용.

3. Data 구성

SOP	Length	PID	MID	Zone 수량	Zone 번호
1 byte	1 byte	1 byte	1 byte	1 byte	1 byte

상태정보	거리(H)	거리(L)	Reserved	EOP
1 byte	1 byte	1 byte	1 byte	1 byte

SOP: Start of Packet → 0x23 고정
Length: Length 이후부터 EOP까지의 length
PID: 제품 ID로 Device Address 와 동일
MID: 제조사ID로 reserved
Zone 수량: 감시하는 zone 수량, 0x00 ~ 0xff.
Zone 번호: 감시하는 zone의 번호
상태정보: 정상(0x00), 단선(0x1f), 화재(0x2f)
거리: 정상상태에서는 해당 zone의 감시거리. 화재 시 화재 발생거리.
Reserved: reserved
EOP: End of Packet → 0x36 고정

4. CRC-16

CRC는 기본적으로 Modbus CRC-16을 사용한다.

```
WORD CRC16 (const BYTE *nData, WORD wLength)
{
staticconst WORD wCRCTable[] = {
    0X0000, 0XC0C1, 0XC181, 0X0140, 0XC301, 0X03C0, 0X0280, 0XC241,
    0XC601, 0X06C0, 0X0780, 0XC741, 0X0500, 0XC5C1, 0XC481, 0X0440,
    0XCC01, 0X0CC0, 0X0D80, 0XCD41, 0X0F00, 0XCFC1, 0XCE81, 0X0E40,
    0X0A00, 0XCAC1, 0XCB81, 0X0B40, 0XC901, 0X09C0, 0X0880, 0XC841,
    0XD801, 0X18C0, 0X1980, 0XD941, 0X1B00, 0XDBC1, 0XDA81, 0X1A40,
    0X1E00, 0XDEC1, 0XDF81, 0X1F40, 0XDD01, 0X1DC0, 0X1C80, 0XDC41,
    0X1400, 0XD4C1, 0XD581, 0X1540, 0XD701, 0X17C0, 0X1680, 0XD641,
    0XD201, 0X12C0, 0X1380, 0XD341, 0X1100, 0XD1C1, 0XD081, 0X1040,
    0XF001, 0X30C0, 0X3180, 0XF141, 0X3300, 0XF3C1, 0XF281, 0X3240,
    0X3600, 0XF6C1, 0XF781, 0X3740, 0XF501, 0X35C0, 0X3480, 0XF441,
    0X3C00, 0XFCC1, 0XFD81, 0X3D40, 0XFF01, 0X3FC0, 0X3E80, 0XFE41,
    0XFA01, 0X3AC0, 0X3B80, 0XFB41, 0X3900, 0XF9C1, 0XF881, 0X3840,
    0X2800, 0XE8C1, 0XE981, 0X2940, 0XEB01, 0X2BC0, 0X2A80, 0XEA41,
    0XEE01, 0X2EC0, 0X2F80, 0XEF41, 0X2D00, 0XEDC1, 0XEC81, 0X2C40,
    0XE401, 0X24C0, 0X2580, 0XE541, 0X2700, 0XE7C1, 0XE681, 0X2640,
    0X2200, 0XE2C1, 0XE381, 0X2340, 0XE101, 0X21C0, 0X2080, 0XE041,
    0XA001, 0X60C0, 0X6180, 0XA141, 0X6300, 0XA3C1, 0XA281, 0X6240,
    0X6600, 0XA6C1, 0XA781, 0X6740, 0XA501, 0X65C0, 0X6480, 0XA441,
    0X6C00, 0XACC1, 0XAD81, 0X6D40, 0XAF01, 0X6FC0, 0X6E80, 0XAE41,
    0XAA01, 0X6AC0, 0X6B80, 0XAB41, 0X6900, 0XA9C1, 0XA881, 0X6840,
    0X7800, 0XB8C1, 0XB981, 0X7940, 0XBB01, 0X7BC0, 0X7A80, 0XBA41,
    0XBE01, 0X7EC0, 0X7F80, 0XBF41, 0X7D00, 0XBDC1, 0XBC81, 0X7C40,
    0XB401, 0X74C0, 0X7580, 0XB541, 0X7700, 0XB7C1, 0XB681, 0X7640,
    0X7200, 0XB2C1, 0XB381, 0X7340, 0XB101, 0X71C0, 0X7080, 0XB041,
    0X5000, 0X90C1, 0X9181, 0X5140, 0X9301, 0X53C0, 0X5280, 0X9241,
    0X9601, 0X56C0, 0X5780, 0X9741, 0X5500, 0X95C1, 0X9481, 0X5440,
    0X9C01, 0X5CC0, 0X5D80, 0X9D41, 0X5F00, 0X9FC1, 0X9E81, 0X5E40,
    0X5A00, 0X9AC1, 0X9B81, 0X5B40, 0X9901, 0X59C0, 0X5880, 0X9841,
    0X8801, 0X48C0, 0X4980, 0X8941, 0X4B00, 0X8BC1, 0X8A81, 0X4A40,
    0X4E00, 0X8EC1, 0X8F81, 0X4F40, 0X8D01, 0X4DC0, 0X4C80, 0X8C41,
    0X4400, 0X84C1, 0X8581, 0X4540, 0X8701, 0X47C0, 0X4680, 0X8641,
    0X8201, 0X42C0, 0X4380, 0X8341, 0X4100, 0X81C1, 0X8081, 0X4040 };

BYTE nTemp;
WORD wCRCWord = 0xFFFF;

    while (wLength--)
    {
nTemp = *nData++ ^ wCRCWord;
wCRCWord>>= 8;
wCRCWord ^= wCRCTable[nTemp];
    }
    return wCRCWord;
}
```

5. 예제

예) Device Address 0×76번의 수신기가 100m와 200m인 2개 zone을 감시 중 정상상태

Device Address	Function Code	SOP	Len	PID	MID	Zone 수량	Zone 번호	상태 정보	거리 (H)	거리 (L)	Zone 번호	상태 정보	거리 (H)	거리 (L)	Reserved	EOP	CRC-16
1 byte	1 byte	1 byte	1 byte	1 byte	1 byte	1 byte	1 byte	1 byte	1 byte	1 byte	1 byte	1 byte	1 byte	1 byte	1 byte	1 byte	2 bytes
0x4C	0x00	0x23	0x0d	0x4C	reserved	0x02	0x01	0x00	0x00	0x64	0x02	0x00	0x00	0xC8	reserved	0x36	0x8426

38

건설현장의
화재안전기술(성능)기준
(NFT(P)C 606)

세부 목차

설치대상[소방시설 설치 및 관리에 관한 법률]
1.7 용어의 정의[=성능기준]
1.6 다른 법령과의 관계
2.1 소화기의 설치기준[=성능기준]
2.2 간이소화장치의 설치기준[+성능기준]
2.3 비상경보장치의 설치기준[+성능기준]

2.4 가스누설경보기의 설치기준[+성능기준]
2.5 간이피난유도선의 설치기준[+성능기준]
2.6 비상조명등의 설치기준[+성능기준]
2.7 방화포의 설치기준[+성능기준]
소방안전관리자의 업무[성능기준]
부칙[성능기준]

38 건설현장의 화재안전기술(성능)기준(NF*(P)C 606)

[설치대상]

1 건설현장의 임시소방시설 설치 및 관리(법 제15조)

「건설산업기본법」제2조제4호에 따른 건설공사를 하는 자(이하 "공사시공자"라 한다)는 특정소방대상물의 신축·증축·개축·재축·이전·용도변경·대수선 또는 설비 설치 등을 위한 공사 현장에서 인화성 물품을 취급하는 작업 등 대통령령으로 정하는 작업(이하 "화재위험작업"이라 한다)을 하기 전에 설치 및 철거가 쉬운 화재대비시설(이하 "임시소방시설"이라 한다)을 설치하고 관리하여야 한다.

2 화재위험작업(영 제18조) `20점 응용`

1. <u>인</u>화성·<u>가</u>연성·<u>폭</u>발성 물질을 취급하거나 가연성 가스를 발생시키는 작업
2. <u>용</u>접·<u>용</u>단(금속·유리·플라스틱 따위를 녹여서 절단하는 일을 말한다) 등 <u>불</u>꽃을 발생시키거나 <u>화</u>기를 취급하는 작업
3. <u>전</u>열기구, <u>가</u>열전선 등 <u>열</u>을 발생시키는 <u>기</u>구를 취급하는 작업
4. <u>알</u>루미늄, <u>마</u>그네슘 등을 취급하여 <u>폭</u>발성 <u>부</u>유<u>분</u>진 (공기 중에 떠다니는 미세한 입자를 말한다)을 <u>발</u>생시킬 수 있는 작업
5. <u>그 밖</u>에 제1호부터 제4호까지와 비슷한 작업으로 소방<u>청장</u>이 정하여 <u>고</u>시하는 <u>작</u>업

3 임시소방시설의 종류와 설치기준 등(영 별표8)

1. 임시소방시설의 종류

   가. <u>소</u>화기

   나. <u>간</u>이소<u>화장</u>치: 물을 방사하여 화재를 진화할 수 있는 장치로서 소방청장이 정하는 성능을 갖추고 있을 것

   다. <u>비</u>상경보<u>장</u>치: 화재가 발생한 경우 주변에 있는

🚒 **화재위험작업**

[암기] 인용전 알그
(인용전 알고있어야 하는 작업)

[암기] 세부암기
1. 인가폭 가가
2. 용용 불발화
3. 전 가열기
4. 알마폭 부분발
5. 그밖 청장 고작
[인기가 폭발한 가가 '용용'영화를 찍으려다 불발화되었다네.
가열기 전(전가열기)에 알마폭행(알바마다폭행)이 부분적으로 발생했는데 그… 밖에서 청장이 고작 반성문만 쓰게 했대.]

작업자에게 화재사실을 알릴 수 있는 장치로서 소방청장이 정하는 성능을 갖추고 있을 것

라. <u>가</u>스누설경보기: 가연성 가스가 누설되거나 발생된 경우 이를 탐지하여 경보하는 장치로서 법 제37조에 따른 형식승인 및 제품검사를 받은 것

마. <u>간</u>이피난유도선: 화재가 발생한 경우 피난구 방향을 안내할 수 있는 장치로서 소방청장이 정하는 성능을 갖추고 있을 것

바. <u>비상조명등</u>: 화재가 발생한 경우 안전하고 원활한 피난활동을 할 수 있도록 자동 점등되는 조명장치로서 소방청장이 정하는 성능을 갖추고 있을 것

사. <u>방화포</u>: 용접·용단 등의 작업 시 발생하는 불티로부터 가연물이 점화되는 것을 방지해주는 천 또는 불연성 물품으로서 소방청장이 정하는 성능을 갖추고 있을 것

2. 임시소방시설을 설치하여야 하는 공사의 종류와 규모
    [20점 응용]

    가. 소화기: 법 제6조제1항에 따라 소방본부장 또는 소방서장의 <u>동의</u>를 받아야 하는 특정소방대상물의 신축·증축·개축·재축·이전·용도변경 또는 대수선 등을 위한 공사 중 법 제15조제1항에 따른 화재위험작업의 현장(이하 이 표에서 "<u>화재위험작업현장</u>"이라 한다)에 설치한다.

    나. <u>간</u>이소화장치: 다음의 어느 하나에 해당하는 공사의 화재위험작업현장에 설치한다.
        1) <u>연</u>면적 <u>3</u>천m² 이상
        2) <u>지</u>하층, 무창층 또는 <u>4</u>층 이상의 층. 이 경우 해당 층의 바닥면적이 <u>600</u>m² 이상인 경우만 해당한다.

    다. <u>비상경보</u>장치: 다음의 어느 하나에 해당하는 공사의 화재위험작업현장에 설치한다.
        1) 연면적 <u>400</u>m² 이상
        2) <u>지</u>하층 또는 <u>무</u>창층. 이 경우 해당 층의 바닥면적이 <u>150</u>m² 이상인 경우만 해당한다.

    라. 가스<u>누설경보</u>기: 바닥면적이 <u>150</u>m² 이상인 <u>지</u>하층 또는 <u>무</u>창층의 화재위험작업현장에 설치한다.

🜚 임시소방시설의 종류

[암기] 소 간장 비장
     가스 간도 방화포 조명
(소의 간장 비장을 훔치는 강도가 가스소리에 놀라 방화포 밑에 숨어 조명을 켰다.)

🜚 임시소방시설을 설치하여야 하는 공사의 종류와 규모

[암기]
• 소화기
  소방서장의 동의를 받아야 하는 특정소방대상물의 공사 중 화재위험 작업현장
• 간이소화장치
  연상을 무지사(4)랑하는 육(6)백만물의 사나이는 간이 크다.
• 비상경보장치
  비경이 좋은 곳에 임시 사(4)무실을 지어 직무(지무)기기를 빼곡이(150) 넣었다.
• 가스누설경보기, 간이피난유도선 비상조명등
  그 빼곡한(150) 직무기기 화위작업 현장에는 정보누설경보장치와 선과 조명이 달린 비상버튼이 있다.

- 방화포 : 용화
  동네 방화포은 용하다는 소문이다.
  암기

[스토리]
 소동 공사 현장에
 연상을 무지사랑하는 간 큰 육백만불의 사나이가,
 비경이 좋은 곳에 임시사무실을 지어
 직무기기를 빼곡이 넣어두고
 그 빼곡한 직무기기 작업현장에는
 누설경보장치, 선, 비상버튼을 설치했다. 그리고 용한 방화포로 덮었다.

🧯 임시소방시설 유사 소방시설
※ 영 제17조제2항 별표8제3호
암기 간-내연소, 비-방자,
     선- 피피통조

〈이동식 간이소화장치 일체형〉

〈수전 연결형 간이소화전〉

마. 간이피난유도<u>선</u>: 바닥면적이 150m² 이상인 지하층 또는 무창층의 화재위험작업현장에 설치한다.

바. 비상조명등: 바닥면적이 150m² 이상인 지하층 또는 무창층의 화재위험작업현장에 설치한다.

사. 방화포: <u>용</u>접·<u>용</u>단 작업이 진행되는 <u>화</u>재위험작업현장에 설치한다.

4 임시소방시설과 기능 및 성능이 유사한 소방시설 [15점]

임시소방시설과 기능 및 성능이 유사한 소방시설로서 임시소방시설을 설치한 것으로 보는 소방시설

가. 간이소화장치를 설치한 것으로 보는 소방시설
  소방청장이 정하여 고시하는 기준에 맞는 소화기(연결송수관설비의 방수구 인근에 설치한 경우로 한정한다) 또는 옥내소화전설비

나. 비상경보장치를 설치한 것으로 보는 소방시설
  비상방송설비 또는 자동화재탐지설비

다. 간이피난유도선을 설치한 것으로 보는 소방시설
  피난유도선, 피난구유도등, 통로유도등 또는 비상조명등

1.7 용어의 정의

1.7.1.1 임시소방시설
소방시설 설치 및 관리에 관한 법률 제15조1항 따른 설치 및 철거가 쉬운 화재대비시설을 말한다.

1.7.1.2 소화기
「소화기구 및 자동소화장치의 화재안전기술기준(NFTC 101)」1.7.1.2에서 정의하는 소화기를 말한다.

1.7.1.3 간이소화장치
건설현장에서 화재발생 시 신속한 화재 진압이 가능하도록 물을 방수하는 형태의 소화장치를 말한다.

1.7.1.4 비상경보장치
발신기, 경종, 표시등 및 시각경보장치가 결합된 형태의 것으로서 화재위험작업 공간 등에서 수동조작에 의해서 화재경보상황을 알려줄 수 있는 비상벨 장치를 말한다.

1.7.1.5 가스누설경보기
건설현장에서 발생하는 가연성가스를 탐지하여 경보하는 장치를 말한다.

1.7.1.6 간이피난유도선
화재발생 시 작업자의 피난을 유도할 수 있는 케이블형태의 장치를 말한다.

🛟 간이피난유도선의 예

1.7.1.7 비상조명등
화재 발생 시 안전하고 원활한 피난활동을 할 수 있도록 계단실 내부에 설치되어 자동 점등되는 조명등을 말한다.

1.7.1.8 방화포
건설현장 내 용접·용단 등의 작업 시 발생하는 금속성 불티로부터 가연물이 점화되는 것을 방지해주는 차단막을 말한다.

🛟 방화포의 예

1.6 다른 법령과의 관계

1.6.1) 이 기준 시행 당시 다른 법령 또는 행정규칙 등에서 종전의 기준을 인용한 경우에 이 기준 가운데 그에 해당하는 규정이 있는 경우에는 종전의 규정에 갈음하여 이 기준의 해당 규정을 인용한 것으로 본다.

1.6.2) 건설현장의 임시소방시설 설치 및 관리와 관련하여 이 기준에서 정하지 않은 사항은 개별 기술기준에 따른다.

2.1 소화기의 설치기준 (=화재안전성능기준)

2.1.1 소화기의 설치기준은 다음과 같다.

2.1.1.1) <u>소화</u>기의 소화<u>약</u>제는 「소화기구 및 자동소화장치의 화재안전기술기준(NFTC 101)」 2.1.1.1의 [표 2.1.1.1]에 따른 <u>적응</u>성이 있는 것을 설치할 것

2.1.1.2) 각 <u>층</u> 계단실마다 계단실 출입구 부근에 능력단위 <u>3</u>단위 이상인 소화기 <u>2</u>개 이상을 설치하고, 영 제18조 제1항에 해당하는 작업을 하는 경우 작업종료 시까지 작업지점으로부터 <u>5</u>m 이내의 쉽게 보이는 장소에 능력단위 <u>3</u>단위 이상인 소화기 <u>2</u>개 이상과 <u>대형</u>소화기 <u>1</u>개 이상을 추가 배치할 것

🛟 소화기
암기 약 각 표
암기 소화약 적응, 층삼2 오삼2 대일 소화기 축광식표지 장소
(소화가 안 되서 소화약 먹고 적응된, 각 층 계단실 출입구 부근에 살고 있는 층삼이와 작업현장에 살고 있는 오삼이가 대일을 벌이기로 하고, 소화기라고 표시한 축광식 표지 장소에서 만나기로 했다.)

〈2번 키워드〉
• 각 층: 계단실 출입구 3단위 2개
• 작업현장: 5m 이내
    3단위 2개 + 대형 1개

2.1.1.3) "소화기"라고 표시한 축광식 표지를 소화기 설치장소 보기 쉬운 곳에 부착하여야 한다.

2.2 간이소화장치의 설치기준

2.2.1 간이소화장치의 설치기준은 다음과 같다.

2.2.1.1) 영 제18조제1항에 해당하는 작업을 하는 경우 작업종료 시까지 작업지점으로부터 25m 이내에 배치하여 즉시 사용이 가능하도록 할 것

> **건설현장의 화재안전성능기준**
> 제6조(간이소화장치의 성능 및 설치기준) 간이소화장치의 성능 및 설치기준은 다음 각 호와 같다.
> 1. 20분 이상의 소화수를 공급할 수 있는 수원을 확보해야 한다.
> 2. 소화수의 방수압력은 0.1 메가파스칼 이상, 방수량은 분당 65리터 이상이어야 한다.
> 3. 영 제18조제1항에 해당하는 작업을 하는 경우 작업종료 시까지 작업지점으로부터 25미터 이내에 배치하여 즉시 사용이 가능하도록 해야 한다.
> 4. 간이소화장치는 소방청장이 정하여 고시한 「간이소화장치의 성능인증 및 제품검사의 기술기준」에 적합한 것으로 해야 한다.
> 5. 영 제18조제2항 별표 8 제3호가목에 따라 당해 특정소방대상물에 설치되는 다음 각 목의 소방시설을 사용승인 전이라도 「소방시설공사업법」 제14조에 따른 완공검사(이하 "완공검사"라 한다)를 받아 사용할 수 있게 된 경우 간이소화장치를 배치하지 않을 수 있다.
> 　가. 옥내소화전설비
> 　나. 연결송수관설비와 연결송수관설비의 방수구 인근에 대형 소화기를 6개 이상 배치한 경우

간이소화장치

암기 이일 육억이오, 장치 성능, 옥연방 대륙
(두 친구가 만나서 그중 간장이 큰 놈이 이렇게 말했다.
"이 일 6억 이오! 장치는 성능이 아주 좋소!, 옥연방이 대륙에서 검사받아 들여온 것이오.")

2.3 비상경보장치의 설치기준

2.3.1 비상경보장치의 설치기준은 다음과 같다.

2.3.1.1) 피난층 또는 지상으로 통하는 각 층 직통계단의 출입구마다 설치할 것

2.3.1.2) 발신기를 누를 경우 해당 발신기와 결합된 경종이 작동할 것. 이 경우 다른 장소에 설치된 경종도 함께 연동하여 작동되도록 설치할 수 있다.

2.3.1.3) 발신기의 위치표시등은 함의 상부에 설치하되, 그 불빛은 부착 면으로부터 15도 이상의 범위 안에서 부

착지점으로부터 10m 이내의 어느 곳에서도 쉽게 식별할 수 있는 적색등으로 할 것

2.3.1.4) 시각경보장치는 발신기함 상부에 위치하도록 설치하되 바닥으로부터 2m 이상 2.5m 이하의 높이에 설치하여 건설현장의 각 부분에 유효하게 경보할 수 있도록 할 것

2.3.1.5) "비상경보장치"라고 표시한 표지를 비상경보장치 상단에 부착할 것

> **건설현장의 화재안전성능기준**
> 제7조(비상경보장치의 성능 및 설치기준) 비상경보장치의 성능 및 설치기준은 다음 각 호와 같다.
> 1. 피난층 또는 지상으로 통하는 각 층 직통계단의 출입구마다 설치해야 한다.
> 2. 발신기를 누를 경우 해당 발신기와 결합된 경종이 작동해야 한다. 이 경우 다른 장소에 설치된 경종도 함께 연동하여 작동되도록 설치할 수 있다.
> 3. 경종의 음량은 부착된 음향장치의 중심으로부터 1 미터 떨어진 위치에서 100데시벨 이상이 되는 것으로 설치해야 한다.
> 4. 발신기의 위치표시등은 함의 상부에 설치하되, 그 불빛은 부착 면으로부터 15도 이상의 범위 안에서 부착지점으로부터 10미터 이내의 어느 곳에서도 쉽게 식별할 수 있는 적색등으로 할 것
> 5. 시각경보장치는 발신기함 상부에 위치하도록 설치하되 바닥으로부터 2미터 이상 2.5미터 이하의 높이에 설치하여 건설현장의 각 부분에 유효하게 경보할 수 있도록 할 것
> 6. 발신기와 경종은 각각 「발신기의 형식승인 및 제품검사의 기술기준」과 「경종의 형식승인 및 제품검사의 기술기준」에 적합한 것으로, 표시등은 「표시등의 성능인증 및 제품검사의 기술기준」에 적합한 것으로 설치해야 한다.
> 7. "비상경보장치"라고 표시한 표지를 비상경보장치 상단에 부착해야 한다.
> 8. 비상경보장치를 20분 이상 유효하게 작동시킬 수 있는 비상전원을 확보해야 한다.
> 9. 영 제18조제2항 별표 8 제3호나목에 따라 당해 특정소방대상물에 설치되는 자동화재탐지설비 또는 비상방송설비를 사용승인 전이라도 완공검사를 받아 사용할 수 있게 된 경우 비상경보장치를 설치하지 않을 수 있다.

🚒 비상경보장치
암기 피발 경위발 표 2자방

※ 별표8제3호나목
임시소방시설과 기능 및 성능이 유사한 소방시설
나. 비상경보장치를 설치한 것으로 보는 소방시설: 비상방송설비 또는 자동화재탐지설비

2.4 가스누설경보기의 설치기준

2.4.1 가스누설경보기의 설치기준은 다음과 같다.

2.4.1.1) 영 제18조제1항제1호에 따른 가연성가스를 발생시키는 작업을 하는 지하층 또는 무창층 내부(내부에 구획된 실이 있는 경우에는 구획실마다)에 가연성가스를 발생시키는 작업을 하는 부분으로부터 수평거리 10m 이내에 바닥으로부터 탐지부 상단까지의 거리가 0.3m 이하인 위치에 설치할 것

> **건설현장의 화재안전성능기준**
> 제8조(가스누설경보기의 성능 및 설치기준) 가스누설경보기의 성능 및 설치기준은 다음 각 호와 같다.
> 1. 영 제18조제1항제1호에 따른 가연성가스를 발생시키는 작업을 하는 지하층 또는 무창층 내부(내부에 구획된 실이 있는 경우에는 구획실마다)에 가연성가스를 발생시키는 작업을 하는 부분으로부터 수평거리 10미터 이내에 바닥으로부터 탐지부 상단까지의 거리가 0.3미터 이하인 위치에 설치해야 한다.
> 2. 가스누설경보기는 소방청장이 정하여 고시한 「가스누설경보기의 형식승인 및 제품검사의 기술기준」에 적합한 것으로 설치해야 한다.

🚒 가스누설경보기
암기 수심 영상 형식

2.5 간이피난유도선의 설치기준

2.5.1 간이피난유도선의 설치기준은 다음과 같다.

2.5.1.1) 영 제18조제2항 별표 8 제2호마목에 따른 지하층이나 무창층에는 간이피난유도선을 녹색 계열의 광원점등방식으로 해당 층의 직통계단마다 계단의 출입구로부터 건물 내부로 10m 이상의 길이로 설치할 것

2.5.1.2) 바닥으로부터 1m 이하의 높이에 설치하고, 피난유도선이 점멸하거나 화살표로 표시하는 등의 방법으로 작업장의 어느 위치에서도 피난유도선을 통해 출입구로의 피난방향을 알 수 있도록 할 것

2.5.1.3) 층 내부에 구획된 실이 있는 경우에는 구획된 각 실로부터 가장 가까운 직통계단의 출입구까지 연속하여 설치할 것

건설현장의 화재안전성능기준
제9조(간이피난유도선의 성능 및 설치기준) 간이피난유도선의 성능 및 설치기준은 다음 각 호와 같다.
1. 영 제18조제2항 별표 8 제2호마목에 따른 지하층이나 무창층에는 간이피난유도선을 녹색 계열의 광원점등방식으로 해당 층의 직통계단마다 계단의 출입구로부터 건물 내부로 10미터 이상의 길이로 설치해야 한다.
2. 바닥으로부터 1미터 이하의 높이에 설치하고, 피난유도선이 점멸하거나 화살표로 표시하는 등의 방법으로 작업장의 어느 위치에서도 피난유도선을 통해 출입구로의 피난방향을 알 수 있도록 해야 한다.
3. 층 내부에 구획된 실이 있는 경우에는 구획된 각 실로부터 가장 가까운 직통계단의 출입구까지 연속하여 설치해야 한다.
4. 공사 중에는 상시 점등되도록 하고, 간이피난유도선을 20분 이상 유효하게 작동시킬 수 있는 비상전원을 확보해야 한다.
5. 영 제18조제2항 별표 8 제3호다목에 따라 당해 특정소방대상물에 설치되는 피난유도선, 피난구유도등, 통로유도등 또는 비상조명등을 사용승인 전이라도 완공검사를 받아 사용할 수 있게 된 경우 간이피난유도선을 설치하지 않을 수 있다.

🏆 **간이피난유도선**
암기 광일구 상점2 완공

🏆 **영 제18조제2항 별표8 제2호마목**
간이피난유도선:
바닥면적이 150m² 이상인 지하층 또는 무창층의 화재위험작업현장에 설치한다.

2.6 비상조명등의 설치기준

2.6.1 비상조명등의 설치기준은 다음과 같다.
2.6.1.1) 영 제18조제2항 별표 8 제2호바목에 따른 지하층이나 무창층에서 피난층 또는 지상으로 통하는 직통계단의 계단실 내부에 각 층마다 설치할 것
2.6.1.2) 비상조명등이 설치된 장소의 조도는 각 부분의 바닥에서 1 lx 이상이 되도록 할 것
2.6.1.3) 비상경보장치가 작동할 경우 연동하여 점등되는 구조로 설치할 것

건설현장의 화재안전성능기준
제10조(비상조명등의 성능 및 설치기준) 비상조명등의 성능 및 설치기준은 다음 각 호와 같다.
1. 영 제18조제2항 별표 8 제2호바목에 따른 지하층이나 무창층에서 피난층 또는 지상으로 통하는 직통계단의 계단실 내부에 각 층마다 설치해야 한다.
2. 비상조명등이 설치된 장소의 조도는 각 부분의 바닥에서 1 럭스 이상이 되도록 해야 한다.

🏆 **영 제18조제2항 별표8 제2호바목**
비상조명등: 바닥면적이 150m² 이상인 지하층 또는 무창층의 화재위험작업현장에 설치한다.

🏆 **비상조명등**
암기 계내 바닥1 20연
비상조명작업하는
걔내 밑바닥일 20연 동안 했대!

3. 비상조명등을 20분(지하층과 지상 11층 이상의 층은 60분) 이상 유효하게 작동시킬 수 있는 비상전원을 확보해야 한다.
4. 비상경보장치가 작동할 경우 연동하여 점등되는 구조로 설치해야 한다.
5. 비상조명등은 소방청장이 정하여 고시한 「비상조명등의 형식승인 및 제품검사의 기술기준」에 적합한 것으로 해야 한다.

2.7 방화포의 설치기준

2.7.1 방화포의 설치기준은 다음과 같다.

2.7.1.1) 용접·용단 작업 시 11m 이내에 가연물이 있는 경우 해당 가연물을 방화포로 보호할 것

> **건설현장의 화재안전성능기준**
> 제11조(방화포의 성능 및 설치기준) 방화포의 성능 및 설치기준은 다음 각 호와 같다.
> 1. 용접·용단 작업 시 11미터 이내에 가연물이 있는 경우 해당 가연물을 방화포로 보호하여야 한다. 다만 「산업안전보건기준에 관한 규칙」 제241조제2항제4호에 따른 비산방지조치를 한 경우에는 방화포를 설치하지 않을 수 있다.
> 2. 소방청장이 정하여 고시한 「방화포의 성능인증 및 제품검사의 기술기준」에 적합한 것으로 설치해야 한다.

소방안전관리자의 업무

> **건설현장의 화재안전성능기준**
> 제12조(소방안전관리자의 업무) 건설현장에 배치되는 소방안전관리자는 다음 각 호의 업무를 수행해야 한다.
> 1. 방수·도장·우레탄폼 성형 등 가연성가스 발생 작업과 용접·용단 및 불꽃이 발생하는 작업이 동시에 이루어지지 않도록 수시로 확인해야 한다.
> 2. 가연성가스가 발생되는 작업을 할 경우에는 사전에 가스누설경보기의 정상작동 여부를 확인하고, 작업 중 또는 작업 후 가연성가스가 체류되지 않도록 충분한 환기조치를 실시해야 한다.
> 3. 용접·용단 작업을 할 경우에는 성능인증 받은 방화포가 설치기준에 따라 적정하게 도포되어 있는지 확인해야 한다.
> 4. 위험물 등이 있는 장소에서 화기 등을 취급하는 작업이 이루어지지 않도록 확인해야 한다.

🚒 **방화포**
암기 용용 11가방, 성능

🚒 **소방안전관리자 업무**
암기 방가위용
방가위용=반가워요
방 가불
가 전중후
위험화
용 도포

부칙

건설현장의 화재안전성능기준

제1조(시행일)

이 고시는 2023년 7월 1일부터 시행한다. 다만 제6조제4호, 제8조제2호 및 제11조제2호의 개정규정은 이 고시가 시행된 이후 최초로 개정되는 「가스누설경보기의 형식승인 및 제품검사의 기술기준」과 제정되는 「간이소화장치의 성능인증 및 제품검사의 기술기준」 및 「방화포의 성능인증 및 제품검사의 기술기준」의 시행일이 6개월 경과한 날로부터 시행한다.

제2조(경과조치)

① 이 고시 시행 전에 건축허가 등의 신청 또는 신고나 소방시설공사의 착공신고를 하거나 설비 설치를 위한 공사계약을 체결한 특정소방대상물에 대해서는 종전 고시에 따른다.

② 이 고시 시행 전에 제1항에 따른 신청 또는 신고를 한 경우라도 개정 기준이 종전의 기준에 비해 관계인에게 유리한 경우에는 개정 기준에 따를 수 있다.

제3조(다른 법령과의 관계)

이 고시 시행 당시 다른 법령에서 종전의 고시를 인용한 경우에 이 고시 가운데 그에 해당하는 규정이 있는 경우에는 종전의 규정에 갈음하여 이 고시의 해당 규정을 인용한 것으로 본다.

39

전기저장시설의 화재안전기술(성능)기준 (NFT(P)C 607)

세부 목차

1.7 용어의 정의
1.6 다른 법령과의 관계
2.1 소화기
2.2 스프링클러설비
2.3 배터리용 소화장치

2.4 자동화재탐지설비
2.5 자동화재속보설비
2.6 배출설비
2.7 설치장소
2.8 방화구획
2.9 화재안전성능

39 전기저장시설의 화재안전기술(성능)기준(NFT(P)C 607)

🧯 전기저장시설
[소방시설법 별표2]
20킬로와트시(kWh)를 초과하는 리튬, 나트륨, 레독스 플로우 계열의 2차전지를 이용한 전기저장장치의 시설을 말한다.

암기
이시키가 리본이 달린 나트륨(소금)을 물에 뿌리니 빨간(레드) 독이 되어 흘렀다(flow). 2차 피해가 우려된다.

🧯 전기저장장치의 정의
암기 배 관 전 에

1.7 용어의 정의

1.7.1 이 기준에서 사용하는 용어의 정의는 다음과 같다.

1.7.1.1) "전기저장장치"란 생산된 전기를 전력 계통에 저장했다가 전기가 가장 필요한 시기에 공급해 에너지 효율을 높이는 것으로 **배**터리(이차전지에 한정한다. 이하 같다), 배터리 **관**리시스템, **전**력 변환 장치 및 **에**너지 관리 시스템 등으로 구성되어 발전·송배전·일반 건축물에서 목적에 따라 단계별 저장이 가능한 장치를 말한다.

1.7.1.2) "옥외형 전기저장장치 설비"란 컨테이너, 패널 등 전기저장장치 설비 전용 건축물의 형태로 옥외의 구획된 실에 설치된 전기저장장치를 말한다.

1.7.1.3) "옥내형 전기저장장치 설비"란 전기저장장치 설비 전용 건축물이 아닌 건축물의 내부에 설치되는 전기저장장치로 '옥외형 전기저장장치 설비'가 아닌 설비를 말한다.

1.7.1.4) "배터리실"이란 전기저장장치 중 배터리를 보관하기 위해 별도로 구획된 실을 말한다.

1.7.1.5) "더블인터락(Double-Interlock) 방식"이란 준비작동식스프링클러설비의 작동방식 중 화재감지기와 스프링클러헤드가 **모두** 작동되는 경우 준비작동식유수검지장치가 **개방**되는 방식을 말한다.

1.6 다른 법령과의 관계

1.6.1 이 기준 시행 당시 다른 법령 또는 행정규칙 등에서 종전의 화재안전기준을 인용한 경우에 이 기준 가운데 그에 해당하는 규정이 있는 경우에는 종전의 규정에 갈음하여 이 기준의 해당 규정을 인용한 것으로 본다.

1.6.2 전기저장시설에 설치하는 소방시설 등의 설치 및 관리기준 중 이 기준에서 규정하지 않은 기준은 개별 기술기준에 따라야 한다.

2.1 소화기

2.1.1 소화기는 「소화기구 및 자동소화장치의 화재안전기술기준(NFTC 101)」 2.1.1.3의 [표 2.1.1.3] 제2호에 따라 구획된 실 마다 추가하여 설치해야 한다.

2.2 스프링클러설비

2.2.1 스프링클러설비는 다음의 기준에 따라 설치해야 한다. 다만 배터리실 외의 장소에는 스프링클러헤드를 설치하지 않을 수 있다.

2.2.1.1) 스프링클러설비는 습식스프링클러설비 또는 준비작동식스프링클러설비(신속한 작동을 위해 더블인터락 방식은 제외한다)로 설치할 것 〈개정 2024.7.1.〉

2.2.1.2) 전기저장장치가 설치된 실의 바닥면적(바닥면적이 230m² 이상인 경우에는 230m²) 1m²에 분당 12.2 L/min 이상의 수량을 균일하게 30분 이상 방수할 수 있도록 할 것

2.2.1.3) 스프링클러헤드의 방수로 인해 인접 헤드에 미치는 영향을 최소화하기 위하여 스프링클러헤드 사이의 간격을 1.8m 이상 유지할 것. 이 경우 헤드 사이의 최대 간격은 스프링클러설비의 소화성능에 영향을 미치지 않는 간격 이내로 해야 한다.

2.2.1.4) 준비작동식스프링클러설비를 설치할 경우 2.4.2에 따른 감지기를 설치할 것

2.2.1.5)※ 스프링클러설비를 30분 이상 작동할 수 있는 비상전원을 갖출 것

2.2.1.6) 준비작동식스프링클러설비의 경우 전기저장장치의 출입구 부근에 수동식기동장치를 설치할 것

2.2.1.7) 소방자동차로부터 전기저장장치 설비에 송수할 수 있는 송수구를 「스프링클러설비의 화재안전기술기준(NFTC 103)」 2.8(송수구)에 따라 설치할 것

🧯 NFTC 101 표 2.1.1.3 제2호

- 용도
  발전실·변전실·송전실·변압기실·배전반실·통신기기실·전산기기실등(관리자의 출입이 곤란한 변전실·송전실·변압기실 및 배전반실 제외)

- 소화기의 능력단위
  해당 용도의 바닥면적 50m²마다 적응성이 있는 소화기 1개 이상 또는 유효설치방호체적 이내의 가스·분말·고체에어로졸 자동소화장치, 캐비닛형자동소화장치(다만 통신기기실·전자기기실을 제외한 장소에 있어서는 교류 600V 또는 직류750V 이상의 것에 한한다)

암기 발송전 배변통변 오십소 캐가고분

🧯 스프링클러설비

암기 습실 간준비 수송, 230/12.2/ 30/1.8
〈스토리〉
습실에 간을 준비해 수송하는
바닥이 냉동인 냉동차(230)타고
분당 가는날(12.2) 다쳐(30)
비상금 30만 원 썼다.
헤드 사이 간격은 한팔(1.8)을 벌린 간격

🧯 2.4.2에 따른 감지기

- 공기흡입형감지기
- 아날로그식 연기감지기
- 성능이 인정된 감지기

※ (2.2.1.5)의 성능기준
5. 스프링클러설비를 유효하게 일정 시간 이상 작동할 수 있는 비상전원을 갖출 것

🔔 **배터리용 소화장치**

암기 옥외 컨테이너내부,
건위적 공주 30 떨어진
(옥외 컨테이너내부에 권위적인 공주가 상식과 떨어진 삶을 살고 있다.)

2.3 배터리용 소화장치

2.3.1 다음의 어느 하나에 해당하는 경우에는 2.2에도 불구하고 법 제18조에 따른 중앙소방기술심의위원회의 심의를 거쳐 소방청장이 인정하는 시험방법으로 2.9.2에 따른 시험기관에서 전기저장장치에 대한 소화성능을 인정받은 배터리용 소화장치를 설치할 수 있다. 〈개정 2024.7.1.〉

2.3.1.1) <u>옥외</u>형 전기저장장치 설비가 <u>컨테이너 내부</u>에 설치된 경우

2.3.1.2) 옥외형 전기저장장치 설비가 다른 <u>건</u>축물, <u>주</u>차장, <u>공</u>용도로, <u>적</u>재된 가연물, <u>위</u>험물 등으로부터 <u>30</u>m 이상 <u>떨어진</u> 지역에 설치된 경우

※ (2.4)의 성능기준
제8조(자동화재탐지설비)
① 자동화재탐지설비는 「자동화재탐지설비 및 시각경보장치의 화재안전성능기준(NFPC 203)」에 따라 설치해야 한다.
② 화재감지기는 공기흡입형 감지기, 아날로그식 연기감지기 또는 중앙소방기술심의위원회의 심의를 통해 전기저장장치의 화재에 적응성이 있다고 인정된 감지기를 설치해야 한다.

2.4 자동화재탐지설비※

2.4.1 자동화재탐지설비의 설치

자동화재탐지설비는 「자동화재탐지설비 및 시각경보장치의 화재안전기술기준(NFTC 203)」에 따라 설치해야 한다. 다만 옥외형 전기저장장치 설비에는 자동화재탐지설비를 설치하지 않을 수 있다.

2.4.2 감지기의 종류

화재감지기는 다음의 어느 하나에 해당하는 감지기를 설치해야 한다.

[25점]

🔔 **감지기의 종류**
암기 흡연중(공흡아연 중심적인)

🔔 **NFTC 203 1.7.2**
"신호처리방식"은 화재신호 및 상태신호 등(이하 "화재신호 등"이라 한다)을 송수신하는 방식으로서 다음의 방식을 말한다.
1.7.2.1) "유선식"은 화재신호 등을 배선으로 송·수신하는 방식
1.7.2.2) "무선식"은 화재신호 등을 전파에 의해 송·수신하는 방식
1.7.2.3) "유·무선식"은 유선식과 무선식을 겸용으로 사용하는 방식

2.4.2.1) 공기<u>흡</u>입형 감지기 또는 아날로그식 <u>연</u>기감지기(감지기의 신호처리방식은 「자동화재탐지설비 및 시각경보장치의 화재안전기술기준(NFTC 203)」 1.7.2에 따른다)

2.4.2.2) <u>중</u>앙소방기술심의위원회의 심의를 통해 전기저장장치 화재에 적응성이 있다고 인정된 감지기

2.5 〈삭제 202.7.1〉

2.5.1 〈삭제 202.7.1〉

2.6 배출설비 ※   23점

2.6.1 배출설비는 다음의 기준에 따라 설치해야 한다.

2.6.1.1) **배풍기·배출덕트·후드** 등을 이용하여 강제적으로 배출할 것

2.6.1.2) 바닥면적 1m²에 시간당 <u>18</u>m³ 이상의 용량을 배출할 것

2.6.1.3) 화재감지기의 <u>감</u>지에 따라 작동할 것

2.6.1.4) <u>옥</u>외와 면하는 벽체에 설치

2.7 설치장소   23점, 25설

2.7.1 전기저장장치는 관할 소방대의 원활한 소방활동을 위해 지면으로부터 지상 <u>22</u>m(전기저장장치가 설치된 전용 건축물의 최상부 끝단까지의 높이) 이내, 지하 <u>9</u>m(전기저장장치가 설치된 바닥면까지의 깊이) 이내로 설치해야 한다.

2.8 방화구획   25설

2.8.1 **전기저장장치 설치장소**의 벽체, 바닥 및 천장은 「건축물의 피난·방화구조 등의 기준에 관한 규칙」에 따라 건축물의 다른 부분과 **방화구획** 해야 한다. 다만 배터리실 외의 장소와 옥외형 전기저장장치 설비는 방화구획하지 않을 수 있다.

2.9 화재안전성능

2.9.1 **스프링클러설비 및 배터리용 소화장치의 적용 제외**
소방본부장 또는 소방서장은 중앙소방기술심의위원회의 심의를 거쳐 소방청장이 인정하는 시험방법에 따라 2.9.2에 따른 시험기관에서 화재안전성능을 인정받은 경우에는 인정받은 성능 범위 안에서 2.2 및 2.3을 적용하지 않을 수 있다.

🌲 **배출설비**

암기 배배후드 18감옥
(배출된 사람은
빼빼마르고 후드티를 입은사람으로
(18[m³/hr·m²])욕하면서
감옥에 갔다.)

※ (2.6)의 성능기준
제10조(배출설비) 배출설비는 화재감지기의 감지에 따라 작동하고, 바닥면적 1제곱미터에 시간당 18세제곱미터 이상의 용량을 배출할 수 있는 용량의 것으로 설치해야 한다.

🌲 **설치장소**

암기
지상에 오리 두 마리
지하에 두더지 구멍

2.9.2 화재안전성능 시험기관

전기저장시설의 화재안전성능과 관련된 시험은 다음의 시험기관에서 수행할 수 있다.

2.9.2.1) 한국소방산업기술원

2.9.2.2) 한국화재보험협회 부설 방재시험연구원

2.9.2.3) 2.9.1에 따라 소방청장이 인정하는 시험방법으로 화재안전성능을 시험할 수 있는 비영리 국가 공인시험기관(「국가표준기본법」 제23조에 따라 한국인정기구로부터 시험기관으로 인정받은 기관을 말한다)

40

공동주택의 화재안전기술(성능)기준 (NFT(P)C 608)

세부 목차

1.1 적용범위
1.2 기준의 효력
1.3 기준의 시행
1.6 다른 법령과의 관계
1.7 용어의 정의
2.1 소화기구 및 자동소화장치
2.2 옥내소화전 설비
2.3 스프링클러설비
2.4 물분무소화설비
2.5 포소화설비
2.6 옥외소화전설비
2.7 자동화재탐지설비
2.8 비상방송설비
2.9 피난기구
2.10 유도등
2.11 비상조명등
2.12 특별피난계단의 계단실 및 부속실 제연설비
2.13 연결송수관설비
2.14 비상콘센트

40 공동주택의 화재안전기술(성능)기준(NFT(P)C 608)

※ 공동주택의 화재안전성능기준과 화재안전기술기준은 주요 내용이 같다.

1.1 적용범위

1.1.1 이 기준은 「소방시설 설치 및 관리에 관한 법률 시행령」(이하 "영"이라 한다) 제11조에 의한 소방시설을 설치해야 할 공동주택 중 아파트등 및 기숙사에 설치해야 하는 소방시설 등의 설치 및 관리에 대해 적용한다.

1.2 기준의 효력

1.2.1 이 기준은 「소방시설 설치 및 관리에 관한 법률」(이하 "법"이라 한다) 제2조제1항제6호나목에 따라 소방청장에게 위임한 사항 중 공동주택에 설치하는 소방시설 등의 기술기준으로서의 효력을 가진다.

1.2.2 이 기준에 적합한 경우에는 법 제2조제1항제6호나목에 따라 「공동주택의 화재안전성능기준(NFPC 608)」을 충족하는 것으로 본다.

1.3 기준의 시행

1.3.1 이 기준은 2024년 1월 1일부터 시행한다. 다만, 2.7.1.1의 기준은 2024년 3월 8일부터 시행한다.

1.3.2 이 기준 시행 후 특정소방대상물의 신축·증축·개축·재축·이전·용도변경 또는 대수선의 허가·협의를 신청하거나 신고하는 경우부터 적용한다.

1.6 다른 법령과의 관계

1.6.1 공동주택에 설치하는 소방시설 등의 설치기준 중 이 기준에서 규정하지 않은 것은 개별 화재안전기준에 따라야 한다.

1.7 용어의 정의

1.7.1 이 기준에서 사용하는 용어의 정의는 다음과 같다.

1.7.1.1) "공동주택"이란 영 [별표2] 제1호에서 규정한 대상을 말한다.

1.7.1.2) "아파트등"이란 영 [별표2] 제1호 가목에서 규정한 대상을 말한다.

1.7.1.3) "기숙사"란 영 [별표2] 제1호 라목에서 규정한 대상을 말한다.

1.7.1.4) "갓복도식 공동주택"이란 「건축물의 피난·방화구조 등의 기준에 관한 규칙」 제9조제4항에서 규정한 대상을 말한다.

1.7.1.5) "주배관"이란 「스프링클러설비의 화재안전기술기준(NFTC 103)」 1.7.1.19에서 규정한 것을 말한다.

1.7.1.6) "부속실"이란 「특별피난계단의 계단실 및 부속실 제연설비의 화재안전기술기준(NFTC 501A)」 1.1.1에서 규정한 부속실을 말한다.

2.1 소화기구 및 자동소화장치

2.1.1 소화기의 설치기준

2.1.1.1) 바닥면적 $100m^2$마다 1단위 이상의 능력단위를 기준으로 설치할 것

2.1.1.2) **아파트등**의 경우 각 **세**대 및 **공**용부(승강장, 복도 등)마다 설치할 것

2.1.1.3) **아파트등**의 세대 내에 설치된 **보일러**실이 방화구획 되거나, 스프링클러설비·간이스프링클러설비·물분무등소화설비 중 하나가 설치된 경우에는 「소화기구 및 자동소화장치의 화재안전기술기준(NFTC 101)」 [표 2.1.1.3] 제1호 및 제5호를 적용하지 않을 수 있다.

2.1.1.4) **아파트등**의 경우 「소화기구 및 자동소화장치의 화재안전기술기준(NFTC 101)」 2.2에 따른 소화기의 **감소** 규정을 적용하지 않을 것

🔥 공동주택

[소방시설법 시행령 별표2 제1호]

가. 아파트등: 주택으로 쓰는 층수가 5층 이상인 주택

나. 연립주택: 주택으로 쓰는 1개 동의 바닥면적(2개 이상의 동을 지하주차장으로 연결하는 경우에는 각각의 동으로 본다) 합계가 $660m^2$를 초과하고, 층수가 4개 층 이하인 주택

다. 다세대주택: 주택으로 쓰는 1개 동의 바닥면적(2개 이상의 동을 지하주차장으로 연결하는 경우에는 각각의 동으로 본다) 합계가 $660m^2$ 이하이고, 층수가 4개 층 이하인 주택

라. 기숙사: 학교 또는 공장 등의 학생 또는 종업원 등을 위하여 쓰는 것으로서 1개 동의 공동취사시설 이용 세대 수가 전체의 50퍼센트 이상인 것(「교육기본법」 제27조제2항에 따른 학생복지주택 및 「공공주택 특별법」 제2조제1호의3에 따른 공공매입임대주택 중 독립된 주거의 형태를 갖추지 않은 것을 포함한다)

🔥 「건축물의 피난·방화구조 등의 기준에 관한 규칙」 제9조제4항

④ "갓복도식 공동주택"이라 함은 각 층의 계단실 및 승강기에서 각 세대로 통하는 복도의 한쪽 면이 외기에 개방된 구조의 공동주택을 말한다.

🔥 소화기 설치기준

암기 백마 아파트(세공 보일러 감소)

2.1.2 주거용 주방자동소화장치

주거용 주방자동소화장치는 아파트등의 주방에 열원(가스 또는 전기)의 종류에 적합한 것으로 설치하고, 열원을 차단할 수 있는 차단장치를 설치해야 한다.

2.2 옥내소화전설비

🔰 옥내소화전설비 설치기준
암기 호빵 복구층 감전(상관22)

2.2.1 옥내소화전설비 설치기준 [25점]

2.2.1.1) **호**스릴(hose reel) **방**식으로 설치할 것

2.2.1.2) **복**층형 **구**조인 경우에는 출입구가 없는 **층**에 방수구를 설치하지 아니할 수 있다.

2.2.1.3) **감**시제어반 **전**용실은 피난층 또는 지하 1층에 설치할 것. 다만, 상시 사람이 근무하는 장소 또는 관계인이 쉽게 접근할 수 있고 관리가 용이한 장소에 감시제어반 전용실을 설치할 경우에는 지상 2층 또는 지하 2층에 설치할 수 있다.

2.3 스프링클러설비

2.3.1 스프링클러 설치기준

2.3.1.1) 폐쇄형스프링클러헤드를 사용하는 아파트등은 기준개수 10개(스프링클러헤드의 설치개수가 가장 많은 세대에 설치된 스프링클러헤드의 개수가 기준개수보다 작은 경우에는 그 설치개수를 말한다)에 1.6m³를 곱한 양 이상의 수원이 확보되도록 할 것. 다만, 아파트등의 각 동이 주차장으로 서로 연결된 구조인 경우 해당 주차장 부분의 기준개수는 30개로 할 것

2.3.1.2) 아파트등의 경우 화장실 반자 내부에는「소방용 합성수지배관의 성능인증 및 제품검사의 기술기준」에 적합한 소방용 합성수지배관으로 배관을 설치할 수 있다. 다만, 소방용 합성수지배관 내부에 항상 소화수가 채워진 상태를 유지할 것

2.3.1.3) 하나의 방호구역은 2개 층에 미치지 아니하도록 할 것. 다만, 복층형 구조의 공동주택에는 3개 층 이내로 할 수 있다.

2.3.1.4) 아파트등의 세대 내 스프링클러헤드를 설치하는 천장·반자·천장과 반자사이·덕트·선반등의 각 부분으로부터 하나의 스프링클러헤드까지의 수평거리는 2.6m 이하로 할 것.

2.3.1.5) 외벽에 설치된 창문에서 0.6m 이내에 스프링클러헤드를 배치하고, 배치된 헤드의 수평거리 이내에 창문이 모두 포함되도록 할 것. 다만, 다음의 기준에 어느 하나에 해당하는 경우에는 그렇지 않다.

   2.3.1.5.1. 창문에 드렌처설비가 설치된 경우

   2.3.1.5.2. 창문과 창문 사이의 수직부분이 내화구조로 90cm 이상 이격되어 있거나,「발코니 등의 구조변경절차 및 설치기준」제4조제1항부터 제5항까지에서 정하는 구조와 성능의 방화판 또는 방화유리창을 설치한 경우

   2.3.1.5.3. 발코니가 설치된 부분

2.3.1.6) 거실에는 조기반응형 스프링클러헤드를 설치할 것.

2.3.1.7) 감시제어반 전용실은 피난층 또는 지하 1층에 설치할 것. 다만, 상시 사람이 근무하는 장소 또는 관계인이 쉽게 접근할 수 있고 관리가 용이한 장소에 감시제어반 전용실을 설치할 경우에는 지상 2층 또는 지하 2층에 설치할 수 있다.

2.3.1.8) 「건축법 시행령」제46조제4항에 따라 설치된 대피공간에는 헤드를 설치하지 않을 수 있다.

2.3.1.9) 「스프링클러설비의 화재안전기술기준(NFTC 103)」 2.7.7.1 및 2.7.7.3의 기준에도 불구하고 세대 내 실외기실 등 소규모 공간에서 해당 공간 여건상 헤드와 장애물 사이에 60cm 반경을 확보하지 못하거나 장애물 폭의 3배를 확보하지 못하는 경우에는 살수방해가 최소화되는 위치에 설치할 수 있다.

2.4 물분무소화설비

2.4.1 물분무소화설비의 감시제어반 전용실은 피난층 또는 지하 1층에 설치해야 한다. 다만, 상시 사람이 근무하는 장소 또는 관계인이 쉽게 접근할 수 있고 관리가 용이한 장소에 감시제어반 전용실을 설치할 경우에는 지상 2층 또는 지하 2층에 설치할 수 있다.

🌼 **창문의 헤드배치 제외**

암기 드러운 수직내구식방 발코니

🚒 **[발코니 등의 구조변경절차 및 설치기준] 제4조 ① ~ ⑤ 요약**

① 아파트 2층 이상의 층에서 스프링클러의 살수범위에 포함되지 않는 발코니를 구조변경하는 경우에는 발코니 끝부분에 바닥판 두께를 포함하여 높이가 90센티미터 이상의 방화판 또는 방화유리창을 설치하여야 한다.

② 제1항의 규정에 의하여 설치하는 방화판과 방화유리창은 창호와 일체 또는 분리하여 설치할 수 있다. 다만, 난간은 별도로 설치하여야 한다.

③ 방화판은 불연재료를 사용할 수 있다. 다만, 방화판으로 유리를 사용하는 경우에는 방화유리를 사용하여야 한다.

④ 제1항부터 제3항까지에 따라 설치하는 방화판은 화재시 아래층에서 발생한 화염을 차단할 수 있도록 발코니 바닥과의 사이에 틈새가 없이 고정되어야 하며, 틈새가 있는 경우에는 내화채움성능이 인정된 구조로 틈새를 메워야 한다.

⑤ 방화유리창에서 방화유리(창호 등 포함)는 비차열 30분 이상의 성능을 가져야 한다.

2.5 포소화설비

2.5.1 포소화설비의 감시제어반 전용실은 피난층 또는 지하 1층에 설치해야 한다. 다만, 상시 사람이 근무하는 장소 또는 관계인이 쉽게 접근할 수 있고 관리가 용이한 장소에 감시제어반 전용실을 설치할 경우에는 지상 2층 또는 지하 2층에 설치할 수 있다.

2.6 옥외소화전설비

2.6.1 옥외소화전설비 설치기준

2.6.1.1) 기동장치는 기동용수압개폐장치 또는 이와 동등 이상의 성능이 있는 것을 설치할 것.

2.6.1.2) 감시제어반 전용실은 피난층 또는 지하 1층에 설치할 것. 다만, 상시 사람이 근무하는 장소 또는 관계인이 쉽게 접근할 수 있고 관리가 용이한 장소에 감시제어반 전용실을 설치할 경우에는 지상 2층 또는 지하 2층에 설치할 수 있다.

2.7 자동화재탐지설비

2.7.1 감지기 설치기준

2.7.1.1) 아날로그방식의 감지기, 광전식 공기흡입형 감지기 또는 이와 동등 이상의 기능·성능이 인정되는 것으로 설치할 것

2.7.1.2) 감지기의 신호처리방식은 「자동화재탐지설비 및 시각경보장치의 화재안전기술기준(NFTC 203)」 1.7.1.2에 따른다.

2.7.1.3) 세대 내 거실(취침용도로 사용될 수 있는 통상적인 방 및 거실을 말한다)에는 연기감지기를 설치할 것

2.7.1.4) 감지기 회로 단선 시 고장표시가 되며, 해당 회로에 설치된 감지기가 정상 작동될 수 있는 성능을 갖도록 할 것

2.7.2 복층형 구조인 경우에는 출입구가 없는 층에 발신기를 설치하지 아니할 수 있다.

🔔 공동주택의 감지기

[암기] 공동주택 엘리베이터의 아날로그 광고가 흡입력이 있다

2.8 비상방송설비

2.8.1 비상방송설비 설치기준
2.8.1.1) 확성기는 각 세대마다 설치할 것
2.8.1.2) 아파트등의 경우 실내에 설치하는 확성기 음성입력은 2W 이상일 것

2.9 피난기구

2.9.1 피난기구 설치기준
2.9.1.1) 아파트등의 경우 각 <u>세대마다</u> 설치할 것
2.9.1.2) 피난장애가 발생하지 않도록 하기 위하여 피난기구를 설치하는 개구부는 <u>동일</u> 직선상이 아닌 위치에 있을 것. 다만, 수직 피난방향으로 동일 직선상인 세대별 개구부에 피난기구를 엇갈리게 설치하여 피난장애가 발생하지 않는 경우에는 그렇지 않다.
2.9.1.3) 「공동주택관리법」 제2조제1항제2호(마목은 제외함)에 따른 "의무관리대상 공동주택"의 경우에는 하나의 관리주체가 관리하는 공동주택 구역마다 공기안전<u>매트</u> 1개 이상을 추가로 설치할 것. 다만, 옥상으로 피난이 가능하거나 수평 또는 수직 방향의 인접세대로 피난할 수 있는 구조인 경우에는 추가로 설치하지 않을 수 있다.

2.9.2
갓복도식 공동주택 또는 「건축법 시행령」 제46조제5항에 해당하는 구조 또는 시설을 설치하여 수평 또는 수직 방향의 인접세대로 피난할 수 있는 아파트는 피난기구를 설치하지 않을 수 있다.

2.9.3
승강식 피난기 및 하향식 피난구용 내림식 사다리가 「건축물의 피난·방화구조 등의 기준에 관한 규칙」 제14조에 따라 방화구획된 장소(세대 내부)에 설치될 경우에는 해당 방화구획된 장소를 대피실로 간주하고, 대피실의 면적규정과 외기에 접하는 구조로 대피실을 설치하는 규정을 적용하지 않을 수 있다.

🌱 **비상방송 설치기준**
암기 (비상) 확각 아파2

🌱 **피난기구 설치기준**
암기 세대마다 동일 매트

🌱 **「공동주택관리법」 제2조제1항**
2. "의무관리대상 공동주택"이란 해당 공동주택을 전문적으로 관리하는 자를 두고 자치 의결기구를 의무적으로 구성하여야 하는 등 일정한 의무가 부과되는 공동주택으로서, 다음 각 목 중 어느 하나에 해당하는 공동주택을 말한다.
가. 300세대 이상의 공동주택
나. 150세대 이상으로서 승강기가 설치된 공동주택
다. 150세대 이상으로서 중앙집중식 난방방식(지역난방방식을 포함한다)의 공동주택
라. 「건축법」 제11조에 따른 건축허가를 받아 주택 외의 시설과 주택을 동일 건축물로 건축한 건축물로서 주택이 150세대 이상인 건축물

2.10 유도등

2.10.1 유도등 설치기준

2.10.1.1) 소형 피난구 유도등을 설치할 것. 다만, 세대 내에는 유도등을 설치하지 않을 수 있다.

2.10.1.2) 주차장으로 사용되는 부분은 중형 피난구유도등을 설치할 것.

2.10.1.3) 「건축법 시행령」 제40조제3항제2호나목 및 「주택건설기준 등에 관한 규정」 제16조의2제3항에 따라 비상문자동개폐장치가 설치된 옥상 출입문에는 대형 피난구유도등을 설치할 것.

2.10.1.4) 내부구조가 단순하고 복도식이 아닌 층에는 「유도등 및 유도표지의 화재안전기술기준(NFTC 303)」 2.2.1.3 및 2.3.1.1.1 기준을 적용하지 아니할 것

2.11 비상조명등

2.11.1
비상조명등은 각 거실로부터 지상에 이르는 복도·계단 및 그 밖의 통로에 설치해야 한다. 다만, 공동주택의 세대 내에는 출입구 인근 통로에 1개 이상 설치한다.

2.12 특별피난계단의 계단실 및 부속실 제연설비

2.12.1
특별피난계단의 계단실 및 부속실 제연설비는 「특별피난계단의 계단실 및 부속실 제연설비의 화재안전기술기준(NFTC 501A)」 2.22의 기준에 따라 성능확인을 해야 한다. 다만, 부속실을 단독으로 제연하는 경우에는 부속실과 면하는 옥내 출입문만 개방한 상태로 방연풍속을 측정할 수 있다.

🔔 **유도등 설치기준**

암기 소주비내
(소형세대, 주차중형 비상문대형 내부단순)

🔔 **(NFTC 303) 2.2.1.3 및 2.3.1.1.1**

2.2.1.1 옥내로부터 직접 지상으로 통하는 출입구 및 그 부속실의 출입구

2.2.1.2 직통계단·직통계단의 계단실 및 그 부속실의 출입구

2.2.1.3 2.2.1.1과 2.2.1.2에 따른 출입구에 이르는 복도 또는 통로로 통하는 출입구

2.3.1.1 복도통로유도등

2.3.1.1.1 복도에 설치하되 2.2.1.1 또는 2.2.1.2에 따라 피난구유도등이 설치된 출입구의 맞은편 복도에는 입체형으로 설치하거나, 바닥에 설치할 것

2.13 연결송수관설비

2.13.1 방수구 설치기준

2.13.1.1) 층마다 설치할 것. 다만, 아파트등의 1층과 2층(또는 피난층과 그 직상층)에는 설치하지 않을 수 있다.

2.13.1.2) 아파트등의 경우 계단의 출입구(계단의 부속실을 포함하며 계단이 2 이상 있는 경우에는 그 중 1개의 계단을 말한다)로부터 5m 이내에 방수구를 설치하되, 그 방수구로부터 해당 층의 각 부분까지의 수평거리가 50m를 초과하는 경우에는 방수구를 추가로 설치할 것

2.13.1.3) 쌍구형으로 할 것. 다만, 아파트등의 용도로 사용되는 층에는 단구형으로 설치할 수 있다.

2.13.1.4) 송수구는 동별로 설치하되, 소방차량의 접근 및 통행이 용이하고 잘 보이는 장소에 설치할 것

2.13.2 펌프의 토출량

펌프의 토출량은 2,400ℓ/min 이상(계단식 아파트의 경우에는 1,200ℓ/min 이상)으로 하고, 방수구 개수가 3개를 초과(방수구가 5개 이상인 경우에는 5개)하는 경우에는 1개마다 800ℓ/min(계단식 아파트의 경우에는 400ℓ/min 이상)를 가산해야 한다.

2.14 비상콘센트

2.14.1 아파트등의 경우에는 계단의 출입구(계단의 부속실을 포함하며 계단이 2개 이상 있는 경우에는 그 중 1개의 계단을 말한다)로부터 5m 이내에 비상콘센트를 설치하되, 그 비상콘센트로부터 해당 층의 각 부분까지의 수평거리가 50m를 초과하는 경우에는 비상콘센트를 추가로 설치해야 한다.

🔑 **방수구 설치기준**

암기 층마다12 아파55 쌍송
(층마다 아파트에서 12(원두커피)를 들고 아빠가 오더니 오십초씩 상송을 불렀다)

🔑 **펌프의 토출량(L/min)**

구분	방수구 수		
	1~3개	4개	5개이상
일반	2,400	3,200	4,000
계단식 아파트	1,200	1,600	2,000

41

창고시설의 화재안전기술(성능)기준 (NFT(P)C 609)

세부 목차

- 1.1 적용범위
- 1.2 기준의 효력
- 1.3 기준의 시행
- 1.6 다른 법령과의 관계
- 1.7 용어의 정의
- 2.1 소화기구 및 자동소화장치
- 2.2 옥내소화전설비
- 2.3 스프링클러설비
- 2.4 비상방송설비
- 2.5 자동화재탐지설비
- 2.6 유도등
- 2.7 소화수조 및 저수조

41 창고시설의 화재안전기술(성능)기준(NFT(P)C 609)

※ 창고시설의 화재안전성능기준과 화재안전기술기준은 (2.3.1.5)를 제외하고 주요 내용이 같다.

1.1 적용범위

1.1.1 이 기준은 「소방시설 설치 및 관리에 관한 법률 시행령」(이하 "영"이라 한다) 제11조제1항에 따라 창고시설에 설치해야 하는 소방시설 등의 설치 및 관리에 대해 적용한다.

1.2 기준의 효력

1.2.1 이 기준은 「소방시설 설치 및 관리에 관한 법률」(이하 "법"이라 한다) 제2조제1항제6호나목에 따라 소방청장에게 위임한 사항 중 창고시설에 설치하는 소방시설 등의 기술기준으로서의 효력을 가진다.

1.2.2 이 기준에 적합한 경우에는 법 제2조제1항제6호나목에 따라 「창고시설의 화재안전성능기준(NFPC 609)」을 충족하는 것으로 본다.

1.3 기준의 시행

1.3.1 이 기준은 2024년 1월 1일부터 시행한다. 다만, 2.5.3.1의 기준은 2024년 3월 8일부터 수행한다.

1.6 다른 법령과의 관계

1.6.1 창고시설에 설치하는 소방시설 등의 설치기준 중 이 기준에서 규정하지 않은 것은 개별 화재안전기준에 따라야 한다.

1.7 용어의 정의

1.7.1 이 기준에서 사용하는 용어의 정의는 다음과 같다.

1.7.1.1) "창고시설"이란 영 별표2 제16호에서 규정한 창고시설을 말한다.

1.7.1.2) "한국산업표준규격(KS)"이란 「산업표준화법」 제12조에 따라 산업통상자원부장관이 고시한 산업표준을 말한다.

1.7.1.3) "랙식 창고"란 한국산업표준규격(KS)의 랙(rack) 용어(KS T 2023)에서 정하고 있는 물품 보관용 랙을 설치하는 창고시설을 말한다.

1.7.1.4) "적층식 랙"이란 한국산업표준규격(KS)의 랙 용어(KS T 2023)에서 정하고 있는 선반을 다층식으로 겹쳐 쌓는 랙을 말한다.

1.7.1.5) "라지드롭형(large-drop type) 스프링클러헤드"란 동일 조건의 수압력에서 큰 물방울을 방출하여 화염의 전파속도가 빠르고 발열량이 큰 저장창고 등에서 발생하는 대형화재를 진압할 수 있는 헤드를 말한다.

1.7.1.6) "송기공간"이란 랙을 일렬로 나란하게 맞대어 설치하는 경우 랙 사이에 형성되는 공간(사람이나 장비가 이동하는 통로는 제외한다.)을 말한다.

2.1 소화기구 및 자동소화장치

2.1.1 창고시설 내 배전반 및 분전반마다 가스자동소화장치·분말자동소화장치·고체에어로졸자동소화장치 또는 소공간용 소화용구를 설치해야 한다.

2.2 옥내소화전설비

2.2.1 수원의 저수량은 옥내소화전의 설치개수가 가장 많은 층의 설치개수(2개 이상 설치된 경우에는 2개)에 $5.2m^3$(호스릴옥내소화전설비를 포함한다)를 곱한 양 이상이 되도록 해야 한다.

2.2.2 사람이 상시 근무하는 물류창고 등 동결의 우려가 없는 경우에는 「옥내소화전설비의 화재안전기술기준(NFTC 102)」 2.2.1.9의 단서를 적용하지 않는다.

🔔 **영 별표2 제16호**
창고시설(위험물 저장 및 처리 시설 또는 그 부속용도에 해당하는 것은 제외한다)
가. 창고(물품저장시설로서 냉장·냉동 창고를 포함한다)
나. 하역장
다. 「물류시설의 개발 및 운영에 관한 법률」에 따른 물류터미널
라. 「유통산업발전법」 제2조제15호에 따른 집배송시설

🔔 **적층식 랙의 예**

(출처: KS T 2023)

🔔 **옥내소화전 화재안전기술기준**
2.2.1.9 기동장치로는 기동용수압개폐장치 또는 이와 동등 이상의 성능이 있는 것을 설치할 것. 다만, 학교·공장·창고시설(2.1.2에 따라 옥상수조를 설치한 대상은 제외한다)로서 동결의 우려가 있는 장소에 있어서는 기동스위치에 보호판을 부착하여 옥내소화전함 내에 설치할 수 있다.

2.2.3 비상전원은 자가발전설비, 축전지설비(내연기관에 따른 펌프를 사용하는 경우에는 내연기관의 기동 및 제어용 축전지를 말한다) 또는 전기저장장치(외부 전기에너지를 저장해 두었다가 필요한 때 전기를 공급하는 장치)로서 옥내소화전설비를 유효하게 40분 이상 작동할 수 있어야 한다.

2.3 스프링클러설비

2.3.1 스프링클러설비의 설치방식

2.3.1.1) 창고시설에 설치하는 스프링클러설비는 라지드롭형 스프링클러헤드를 습식으로 설치할 것. 다만, 다음의 어느 하나에 해당하는 경우에는 건식스프링클러설비로 설치할 수 있다.
(1) 냉동창고 또는 영하의 온도로 저장하는 냉장창고
(2) 창고시설 내에 상시 근무자가 없어 난방을 하지 않는 창고시설

2.3.1.2) 랙식 창고의 경우에는 2.3.1.1에 따라 설치하는 것 외에 라지드롭형 스프링클러헤드를 랙 높이 3m 이하마다 설치할 것. 이 경우 수평거리 15cm 이상의 송기공간이 있는 랙식 창고에는 랙 높이 3m 이하마다 설치하는 스프링클러헤드를 송기공간에 설치할 수 있다.

2.3.1.3) 창고시설에 적층식 랙을 설치하는 경우 적층식 랙의 각 단 바닥면적을 방호구역 면적으로 포함할 것

2.3.1.4) 2.3.1.1 내지 2.3.1.3에도 불구하고 천장 높이가 13.7m 이하인 랙식 창고에는 「화재조기진압용 스프링클러설비의 화재안전기술기준(NFTC 103B)」에 따른 화재조기진압용 스프링클러설비를 설치할 수 있다.

2.3.1.5) <u>높이가 4m 이상인 창고(랙식 창고를 포함한다)에 설치하는 폐쇄형 스프링클러 헤드는 그 설치장소의 평상시 최고 주위온도에 관계없이 표시온도 121℃ 이상의 것으로 할 수 있다.</u>※

※ 성능기준에는 (2.3.1.5)의 내용이 없다.

2.3.2 수원의 저수량 기준

2.3.2.1) 라지드롭형 스프링클러헤드의 설치개수가 가장 많은 방호구역의 설치개수(30개 이상 설치된 경우에는 30개)에 3.2m^3(랙식 창고의 경우에는 9.6m^3)를 곱한

양 이상이 되도록 할 것

2.3.2.2) 2.3.1.4에 따라 화재조기진압용 스프링클러설비를 설치하는 경우 「화재조기진압용 스프링클러설비의 화재안전기술기준(NFTC 103B)」 2.2.1에 따를 것

2.3.3 가압송수장치의 송수량 기준

2.3.3.1) 가압송수장치의 송수량은 0.1MPa의 방수압력 기준으로 160L/min 이상의 방수성능을 가진 기준 개수의 모든 헤드로부터의 방수량을 충족시킬 수 있는 양 이상인 것으로 할 것. 이 경우 속도수두는 계산에 포함하지 않을 수 있다.

2.3.3.2) 2.3.1.4에 따라 화재조기진압용 스프링클러설비를 설치하는 경우 「화재조기진압용 스프링클러설비의 화재안전기술기준(NFTC 103B)」 2.3.1.10에 따를 것

2.3.4 가지배관의 헤드의 개수

교차배관에서 분기되는 지점을 기점으로 한쪽 가지배관에 설치되는 헤드의 개수(반자 아래와 반자속의 헤드를 하나의 가지배관 상에 병설하는 경우에는 반자 아래에 설치하는 헤드의 개수)는 4개 이하로 해야 한다. 다만, 2.3.1.4에 따라 화재조기진압용 스프링클러설비를 설치하는 경우에는 그렇지 않다.

2.3.5 스프링클러헤드의 기준

2.3.5.1) 라지드롭형 스프링클러헤드를 설치하는 천장·반자·천장과 반자사이·덕트·선반 등의 각 부분으로부터 하나의 스프링클러헤드까지의 수평거리는 「화재의 예방 및 안전관리에 관한 법률 시행령」 별표2의 특수가연물을 저장 또는 취급하는 창고는 1.7m 이하, 그 외의 창고는 2.1m(내화구조로 된 경우에는 2.3m를 말한다) 이하로 할 것

2.3.5.2) 화재조기진압용 스프링클러헤드는 「화재조기진압용 스프링클러설비의 화재안전기술기준(NFTC 103B)」 2.7.1에 따라 설치할 것

2.3.6 연소할 우려가 있는 개구부

물품의 운반 등에 필요한 고정식 대형기기 설비의 설치를 위해 「건축법 시행령」 제46조제2항에 따라 방화구획이 적용되지 아니하거나 완화 적용되어 연소할 우려

가 있는 개구부에는 「스프링클러설비의 화재안전기술기준(NFTC 103)」 2.7.7.6에 따른 방법으로 드렌처설비를 설치해야 한다.

2.3.7 비상전원

비상전원은 자가발전설비, 축전지설비(내연기관에 따른 펌프를 사용하는 경우에는 내연기관의 기동 및 제어용 축전지를 말한다) 또는 전기저장장치(외부 전기에너지를 저장해 두었다가 필요한 때 전기를 공급하는 장치를 말한다. 이하 같다)로서 스프링클러설비를 유효하게 20분(랙식 창고의 경우 60분을 말한다) 이상 작동할 수 있어야 한다.

2.4 비상방송설비

2.4.1 확성기의 음성입력은 3W(실내에 설치하는 것을 포함한다) 이상으로 해야 한다.

2.4.2 창고시설에서 발화한 때에는 전 층에 경보를 발해야 한다.

2.4.3 비상방송설비에는 그 설비에 대한 감시상태를 60분간 지속한 후 유효하게 30분 이상 경보할 수 있는 축전지설비(수신기에 내장하는 경우를 포함한다. 이하 같다) 또는 전기저장장치를 설치해야 한다.

2.5 자동화재탐지설비

2.5.1 감지기 작동 시 해당 감지기의 위치가 수신기에 표시되도록 해야 한다.

2.5.2 「개인정보 보호법」 제2조제7호에 따른 영상정보처리기기를 설치하는 경우 수신기는 영상정보의 열람·재생 장소에 설치해야 한다.

2.5.3 영 제11조에 따라 스프링클러설비를 설치해야 하는 창고시설의 감지기는 다음 기준에 따라 설치해야 한다.

2.5.3.1) 아날로그방식의 감지기, 광전식 공기흡입형 감지기 또는 이와 동등 이상의 기능·성능이 인정되는 감지기를 설치할 것

2.5.3.2) 감지기의 신호처리 방식은 「자동화재탐지설비 및 시각경보장치의 화재안전기술기준(NFTC 203)」 1.7.2에 따른다.

2.5.4 창고시설에서 발화한 때에는 전 층에 경보를 발해야 한다.

2.5.5 자동화재탐지설비에는 그 설비에 대한 감시상태를 60분간 지속한 후 유효하게 30분 이상 경보할 수 있는 비상전원으로서 축전지설비 또는 전기저장장치를 설치해야 한다. 다만, 상용전원이 축전지설비인 경우에는 그렇지 않다.

2.6 유도등

2.6.1 피난구유도등과 거실통로유도등은 대형으로 설치해야 한다.

2.6.2 피난유도선은 연면적 15,000m² 이상인 창고시설의 지하층 및 무창층에 다음의 기준에 따라 설치해야 한다.

2.6.2.1) 광원점등방식으로 바닥으로부터 1m 이하의 높이에 설치할 것

2.6.2.2) 각 층 직통계단 출입구로부터 건물 내부 벽면으로 10m 이상 설치할 것

2.6.2.3) 화재 시 점등되며 비상전원 30분 이상을 확보할 것

2.6.2.4) 피난유도선은 소방청장이 정하여 고시하는 「피난유도선 성능인증 및 제품검사의 기술기준」에 적합한 것으로 설치할 것

※ 피난유도선 설치기준
암기 15000 창고의 지무 광각화(1,10,비30) 성능

2.7 소화수조 및 저수조

2.7.1 소화수조 또는 저수조의 저수량은 특정소방대상물의 연면적을 5,000m²로 나누어 얻은 수(소수점 이하의 수는 1로 본다)에 20m³를 곱한 양 이상이 되도록 해야 한다.

※ 소화수조 또는 저수조의 저수량

$$저수량 = \frac{연면적}{5000} \times 20 \,[m^3]$$

42

소방시설의 내진설계기준

세부 목차

[설치 대상]
[제 3 조] 용어의 정의
[제3조의2] 공통 적용사항
[제 4 조] 수원(수조 설치기준)
[제 5 조] 가압송수장치
[제 6 조] 배관
[제 7 조] 지진분리이음
[제 8 조] 지진분리장치 설치기준
[제 9 조] 흔들림 방지 버팀대
[제10조] 수평직선배관 흔들림 방지 버팀대
※ 수평직선배관 흔들림 방지 버팀대 비교정리
[제11조] 수직직선배관 흔들림 방지 버팀대
[제12조] 흔들림 방지 버팀대 고정장치
[제13조] 가지배관 고정장치 및 헤드
[제14조] 제어반 등의 설치기준
[제15조] 유수검지장치
[제16조] 소화전함의 설치기준
[제17조] 비상전원의 설치기준
[제18조] 가스계 및 분말소화설비
※ [제14조 및 제16~18조] 비교정리
[별표1] 단주기 응답지수별 소화배관의 지진계수
[별표2] 소화배관의 종류별 흔들림 방지 버팀대의 간격에 따른 영향구역의 최대허용하중(N)
[별표3] 가지배관 고정장치의 설치간격(m)

42 소방시설의 내진설계기준

🔔 내진설계 대상 소방시설
암기 옥내스몰등, 제외 성지배

🔔 내, 면진, 제진

[제1조] 목적

이 기준은 「소방시설 설치 및 관리에 관한 법률」 제7조에 따라 소방청장에게 위임한 소방시설의 내진설계 기준에 관하여 필요한 사항을 규정함을 목적으로 한다.

[제2조] 적용범위

① 「소방시설 설치 및 관리에 관한 법률 시행령」(이하 "영"이라 한다) 제8조에 따른 <u>옥내소화전설비, 스프링클러설비, 물분무등소화설비</u>(이하 이 조에서 "각 설비"라 한다)는 이 기준에서 정하는 규정에 적합하게 설치하여야 한다. 다만 각 설비의 <u>성능시험배관, 지중매설배관, 배수배관</u> 등은 제외한다.

② 제1항의 각 설비에 대하여 특수한 구조 등으로 특별한 조사·연구에 의해 설계하는 경우에는 그 근거를 명시하고, 이 기준을 따르지 아니할 수 있다. 이 경우 「소방시설 설치 및 관리에 관한 법률」 제18조에 따른 중앙소방기술심의위원회의 심의를 받아야 한다.

[제3조] 용어의 정의

1. "내진"이란 면진, 제진을 포함한 지진으로부터 소방시설의 피해를 줄일 수 있는 구조를 의미하는 포괄적인 개념을 말한다.

2. "면진"이란 건축물과 소방시설을 지진동으로부터 격리시켜 지반진동으로 인한 지진력이 직접 구조물로 전달되는 양을 감소시킴으로써 내진성을 확보하는 수동적인 지진 제어 기술을 말한다.

3. "제진"이란 별도의 장치를 이용하여 지진력에 상응하는 힘을 구조물 내에서 발생시키거나 지진력을 흡수하여 구조물이 부담해야 하는 지진력을 감소시키는 지진 제어 기술을 말한다.

4. "수평지진하중(Fpw)"이란 지진 시 흔들림 방지 버팀대에 전달되는 배관의 동적지진하중 또는 같은 크기의 정적지진하중으로 환산한 값으로 허용응력설계법으로 산정한 지진하중을 말한다.

5. "세장비(L/r)"란 흔들림 방지 버팀대 지지대의 길이(L)와, 최소단면2차반경(r)의 비율을 말하며, 세장비가 커질수록 좌굴(Buckling)현상이 발생하여 지진 발생 시 파괴되거나 손상을 입기 쉽다.

6. "지진거동특성"이란 지진발생으로 인한 외부적인 힘에 반응하여 움직이는 특성을 말한다.

7. "지진분리이음"이란 지진 발생 시 지진으로 인한 진동이 배관에 손상을 주지 않고 배관의 축방향 변위, 회전, 1° 이상의 각도 변위를 허용하는 이음을 말한다. 단, 구경 200mm 이상의 배관은 허용하는 각도변위를 0.5° 이상으로 한다.

8. "지진분리장치"란 지진 발생 시 건축물 지진분리이음 설치위치 및 지상에 노출된 건축물과 건축물 사이 등에서 발생하는 상대변위 발생에 대응하기 위해 모든 방향에서의 변위를 허용하는 커플링, 플렉시블 조인트, 관부속품 등의 집합체를 말한다.

9. "가요성이음장치"란 지진 시 수조 또는 가압송수장치와 배관 사이 등에서 발생하는 상대변위 발생에 대응하기 위해 수평 및 수직 방향의 변위를 허용하는 플렉시블 조인트 등을 말한다.

10. "가동중량(Wp)"이란 수조, 가압송수장치, 함류, 제어반등, 가스계 및 분말소화설비의 저장용기, 비상전원, 배관의 작동상태를 고려한 무게를 말하며 다음 각 목의 기준에 따른다.
    가. 배관의 작동상태를 고려한 무게란 배관 및 기타 부속품의 무게를 포함하기 위한 중량으로 용수가 충전된 배관 무게의 1.15배를 적용한다.
    나. 수조, 가압송수장치, 함류, 제어반등, 가스계 및 분말소화설비의 저장용기, 비상전원의 작동상태를 고려한 무게란 유효중량에 안전율을 고려하여 적용한다.

🚒 수평지진하중

🚒 좌굴현상

🚒 지진분리이음

암기 축회 일각, 구이 허각 영어

〈유동식 커플링(그루브조인트)〉

🚒 지진분리장치

〈가요성이음장치에 의한 구성〉

〈이음장치 조합에 의한 구성〉

🚒 가동중량
- 배관: 용수충전배관무게×1.15
- 수조 등: 유효중량×안전율

🔥 근입 깊이

🔥 내진스토퍼의 예

전도방지　　대중량
스토퍼　　　스토퍼

🔥 중심하중과 편심하중

〈중심하중〉　〈편심하중〉

🔥 지진하중

🔥 S, Ss

S = Z × I = Z × 2.0
Ss = 2.5S

🔥 상쇄배관

짧은 배관 길이

암기 ▶▶▶

영구직 방전 후 다시 같은 방연
중간 방전 짧배 단상직
짠배합은 상추(3.7)로 상쇄

11. "근입 깊이"란 앵커볼트가 벽면 또는 바닥면 속으로 들어가 인발력에 저항할 수 있는 구간의 길이를 말한다.

12. "내진스토퍼"란 지진하중에 의해 과도한 변위가 발생하지 않도록 제한하는 장치를 말한다.

13. "구조부재"란 건축설계에 있어 구조계산에 포함되는 하중을 지지하는 부재를 말한다.

14. "지진하중"이란 지진에 의한 지반운동으로 구조물에 작용하는 하중을 말한다.

15. "편심하중"이란 하중의 합력 방향이 그 물체의 중심을 지나지 않을 때의 하중을 말한다.

16. "지진동"이란 지진 시 발생하는 진동을 말한다.

17. "단부"란 직선배관에서 방향 전환하는 지점과 배관이 끝나는 지점을 말한다.

18. "S"란 재현주기 2400년을 기준으로 정의되는 최대고려 지진의 유효수평지반가속도로서 "건축물 내진설계기준(KDS 41 17 00)"의 지진구역에 따른 지진구역계수(Z)에 2400년 재현주기에 해당하는 위험도계수(I) 2.0을 곱한 값을 말한다.

19. "Ss"란 단주기 응답지수(Short period response parameter)로서 유효수평지반가속도 S를 2.5배한 값을 말한다.

20. "영향구역"이란 흔들림 방지 버팀대가 수평지진하중을 지지할 수 있는 예상구역을 말한다.

21. "상쇄배관(Offset)"이란 영향구역 내의 직선배관이 방향전환 한 후 다시 같은 방향으로 연속될 경우 중간에 방향전환 된 짧은 배관은 단부로 보지 않고 상쇄하여 직선으로 볼 수 있는 것을 말하며, 짧은 배관의 합산길이는 3.7m 이하여야 한다.

22. "수직직선배관"이란 중력방향으로 설치된 주배관, 교차배관, 가지배관 등으로서 어떠한 방향전환도 없는 직선배관을 말한다. 단, 방향전환부분의 배관길이가 상쇄배관(Offset) 길이 이하인 경우 하나의 수직직선배관으로 간주한다.

23. "수평직선배관"이란 수평방향으로 설치된 주배관, 교차배관, 가지배관 등으로서 어떠한 방향전환도 없는 직선배관을 말한다. 단, 방향전환부분의 배관길이가 상쇄배관(Offset) 길이 이하인 경우 하나의 수평직선배관으로 간주한다.

24. "가지배관 고정장치"란 지진거동특성으로부터 가지배관의 움직임을 제한하여 파손, 변형 등으로부터 가지배관을 보호하기 위한 와이어타입, 환봉타입의 고정장치를 말한다.

25. "제어반등"이란 수신기(중계반을 포함한다), 동력제어반, 감시제어반 등을 말한다.

26. "횡방향 흔들림 방지 버팀대"란 수평직선배관의 진행방향과 직각방향(횡방향)의 수평지진하중을 지지하는 버팀대를 말한다.

27. "종방향 흔들림 방지 버팀대"란 수평직선배관의 진행방향(종방향)의 수평지진하중을 지지하는 버팀대를 말한다.

28. "4방향 흔들림 방지 버팀대"란 건축물 평면상에서 종방향 및 횡방향 수평지진하중을 지지하거나, 종·횡 단면상에서 전·후·좌·우 방향의 수평지진하중을 지지하는 버팀대를 말한다.

횡방향 흔들림 방지 버팀대

종방향 흔들림방지버팀대

4방향 흔들림방지버팀대

🛠 공통 적용사항

[소방시설의 지진하중]
- 비구조요소 설계지진력 산정방법
- 허용응력설계법 적용의 경우
  : 허용설외 설계지진력×0.7
- ※ 허응설: 허용응력설계법

[소화배관 수평지진하중]
- 허용응력설계법 적용
  가. 계산: Fpw = Cp × Wp
  나. 허용설외 설계지진력×0.7

※ 지진하중: 지진에 의한 지반운동이 구조물에 작용하는 하중
※ 수평지진하중: 지진 시 흔들림방지 버팀대에 전달되는 배관의 동적지진하중

🛠 유효수직반력 견뎌야 하는 경우

[제3조의2] 공통 적용사항

1 내진등급 등
소방시설의 내진설계에서 내진등급, 성능수준, 지진위험도, 지진구역 및 지진구역계수는 "**건축물 내진설계기준(KDS 41 17 00)**"을 따르고 **중요도계수(Ip)**는 1.5로 한다.

2 지진하중 계산 기준
1. 소방시설의 지진하중은 "건축물 내진설계기준" 중 **비구조요소의 설계지진력 산정방법**을 따른다.
2. 허용응력설계법을 적용하는 경우에는 제1호의 산정방법 중 **허용응력설계법 외의 방법**으로 산정된 **설계지진력에 0.7을 곱한 값**을 지진하중으로 적용한다.
3. 지진에 의한 **소화배관의 수평지진하중(Fpw)** 산정은 허용응력설계법으로 하며 다음 각 호 중 어느 하나를 적용한다.

   가. 수평지진하중 계산

   $$Fpw = Cp \times Wp$$

   Fpw: 수평지진하중, Wp: 가동중량
   Cp: 소화배관의 지진계수(별표 1에 따라 선정한다)

   나. 제1호에 따른 산정방법 중 **허용응력설계법 외의 방법**으로 산정된 설계지진력에 0.7을 곱한 값을 수평지진하중(Fpw)으로 적용한다.

4. 지진에 의한 배관의 수평설계지진력이 $0.5Wp$을 초과하고, **흔들림 방지 버팀대의 각도가 수직으로부터 45도 미만인 경우** 또는 수평설계지진력이 $1.0Wp$를 초과하고 흔들림 방지 버팀대의 각도가 수직으로부터 60도 미만인 경우 흔들림 방지 버팀대는 수평설계지진력에 의한 **유효수직반력**을 견디도록 설치해야 한다.

3 앵커볼트 설치기준
1. 수조, 가압송수장치, 함, 제어반 등, 비상전원, 가스계 및 분말소화설비의 저장용기 등은 "**건축물 내진설계기준**" 비구조요소의 정착부의 기준에 따라 앵커볼트를 설치하여야 한다.

2. 앵커볼트는 건축물 정착부의 두께, 볼트설치 간격, 모서리까지 거리, 콘크리트의 강도, 균열 콘크리트 여부, 앵커볼트의 단일 또는 그룹설치 등을 확인하여 **최대허용하중**을 결정하여야 한다.
3. 흔들림 방지 버팀대에 설치하는 앵커볼트 최대허용하중은 제조사가 제시한 **설계하중 값**에 0.43을 곱하여야 한다.
4. 건축물 부착 형태에 따른 **프라잉효과**나 **편심**을 고려하여 수평지진하중의 작용하중을 구하고 앵커볼트 **최대허용하중**과 작용하중과의 내진설계 적정성을 평가하여 설치하여야 한다.
5. 소방시설을 팽창성·화학성 또는 부분적으로 현장타설된 건축부재에 정착할 경우에는 수평지진하중을 1.5배 증가시켜 사용한다.

🛎️ **앵커볼트**
암기 수건흔 프 소팽, 0.43, 1.5 (사상 잃어)
(앵커 질문에 수건 흔드는 프로 쇼팽 사상 잃어...)

4 수조·가압송수장치·제어반 등 및 비상전원 등

수조·가압송수장치·제어반 등 및 비상전원 등을 바닥에 고정하는 경우 기초(패드 포함)부분의 구조안전성을 확인하여야 한다.

🛎️ **제3조의2 공통적용사항**
1. 내진등급등
2. 지진하중 계산기준
3. 앵커볼트 설치기준
4. 수조등

[제4조] 수원(수조 설치기준)

1. 수조는 **지진**에 의하여 손상되거나 **과도한** 변위가 발생하지 않도록 기초(패드포함), 본체 및 **연결부분**의 구조안전성을 확인하여야 한다.
2. 수조는 건축물의 구조부재나 구조부재와 **연결된** 수조 기초부(패드)에 고정하여 지진 시 **파손(손상)**, **변형**, **이동**, **전도** 등이 발생하지 않아야 한다.
3. 수조와 **연결**되는 소화배관에는 지진 시 상대변위를 고려하여 가요성이음장치를 설치하여야 한다.

🛎️ **수조의 설치기준**
암기 지구연
수조는 지구와 연결
1. 수지 손과발 기본연구
2. 수건 구구연수기 고정하여 지파변 이전 발생 않아야
3. 수연소배 지상고 가이장 설치

[제5조] 가압송수장치

1 내진스토퍼 등

가압송수장치에 **방진장치**가 있어 앵커볼트로 지지 및 고정할 수 없는 경우에는 다음 각 호의 기준에 따라 내진스토퍼 등을 설치하여야 한다. 다만 방진장치에 이 기준에 따른 내진성능이 있는 경우는 제외한다.

방진장치와 내진스토퍼 이격

- 3 ~ 6mm
  허용하중 > 지진하중
- 6mm 초과
  허용하중 > 수평지진하중×2

암기 정내 본사3, 제제허지 6초수 2배

가요성 이음장치

배관 설치기준
암기 건건천배흔

제3조의2제2항제3호
[소화배관 수평지진하중]
- 허용응력설계법 적용
  가. 계산: Fpw = Cp×Wp
  나. 허응설외 설계지진력×0.7
- 가동중량(Wp) = 배관영향구역충수무게×1.15

[배관의 횡방향과 종방향]

※ 이격거리 ↔ 지진분리이음
   상호대체 관계

1. 정상운전에 지장이 없도록 내진스토퍼와 본체 사이에 최소 3mm 이상 이격하여 설치한다.
2. 내진스토퍼는 제조사에서 제시한 허용하중이 제3조의2제2항에 따른 지진하중 이상을 견딜 수 있는 것으로 설치하여야 한다. 단, 내진스토퍼와 본체 사이의 이격거리가 6mm를 초과한 경우에는 수평지진하중의 2배 이상을 견딜 수 있는 것으로 설치하여야 한다.

2 가요성이음장치
가압송수장치의 흡입 측 및 토출 측에는 지진 시 상대변위를 고려하여 가요성이음장치를 설치하여야 한다.

[제6조] 배관

1 배관의 설치기준
1. 건물 구조부재 간의 상대변위에 의한 배관의 응력을 최소화하기 위하여 지진분리이음 또는 지진분리장치를 사용하거나 이격거리를 유지하여야 한다.
2. 건축물 지진분리이음 설치위치 및 건축물 간의 연결배관 중 지상노출 배관이 건축물로 인입되는 위치의 배관에는 관경에 관계없이 지진분리장치를 설치하여야 한다.
3. 천장과 일체 거동을 하는 부분에 배관이 지지되어 있을 경우 배관을 단단히 고정시키기 위해 흔들림 방지 버팀대를 사용하여야 한다.
4. 배관의 흔들림을 방지하기 위하여 흔들림 방지 버팀대를 사용하여야 한다.
5. 흔들림 방지 버팀대와 그 고정장치는 소화설비의 동작 및 살수를 방해하지 않아야 한다.

2 배관의 수평지진하중 계산 기준
1. 흔들림 방지 버팀대의 수평지진하중 산정 시 배관의 중량은 가동중량(Wp)으로 산정한다.
2. 흔들림 방지 버팀대에 작용하는 수평지진하중은 제3조의2제2항제3호에 따라 산정한다.
3. 수평지진하중(Fpw)은 배관의 횡방향과 종방향에 각각 적용되어야 한다.

3 벽 등을 관통하는 배관 주위 이격거리

벽, 바닥 또는 기초를 관통하는 배관 주위에는 다음 각 호의 기준에 따라 이격거리를 확보하여야 한다. 다만 벽, 바닥 또는 기초의 각 면에서 300mm 이내에 지진분리이음을 설치하거나 내화성능이 요구되지 않는 석고보드나 이와 유사한 부서지기 쉬운 부재를 관통하는 배관은 그러하지 아니하다.

1. 관통구 및 배관 슬리브의 호칭구경은 배관의 호칭구경이 25mm 내지 100mm 미만인 경우 배관의 호칭구경보다 50mm 이상, 배관의 호칭구경이 100mm 이상인 경우에는 배관의 호칭구경보다 100mm 이상 커야 한다. 다만 배관의 호칭구경이 50mm 이하인 경우에는 배관의 호칭구경 보다 50mm 미만의 더 큰 관통구 및 배관 슬리브를 설치할 수 있다.

2. 방화구획을 관통하는 배관의 틈새는 「건축물의 피난·방화구조 등의 기준에 관한 규칙」 제14조제2항에 따라 내화채움성능이 인정된 구조 중 신축성이 있는 것으로 메워야 한다.

4 타 설비배관과 연결의 경우

소방시설의 배관과 연결된 타 설비배관을 포함한 수평지진하중은 제2항의 기준에 따라 결정하여야 한다.

[제7조] 지진분리이음

1 설치위치

배관의 변형을 최소화하고, 소화설비 주요 부품 사이의 유연성을 증가시킬 필요가 있는 위치에 설치하여야 한다.

2 구경 65mm 이상의 배관

구경 65mm 이상의 배관에는 지진분리이음을 다음 각 호의 위치에 설치하여야 한다.

1. 모든 수직직선배관은 상부 및 하부의 단부로부터 0.6m 이내에 설치하여야 한다. 다만 길이가 0.9m 미만인 수직직선배관은 지진분리이음을 설치하지 아니할 수 있으며, 0.9 ~ 2.1m 사이의 수직직선배관은 하나의 지진분리이음을 설치할 수 있다.

🧯 이격거리

암기 이오뺄은 오십원, 뺄은 백원

🧯 틈새

🧯 지진분리이음

① 수직직선배관

② 2층 이상 건물

③ 수평직선배관의 지진분리이음

〈티분기된 경우〉

④ 중간지지부가 있는 경우

🔥 **지진분리장치**

암기 배건전자 지상 변위 1.8 4방 흔
(배건전자 앞 지상에 변위가 생겨
한쪽 팔을 사방으로 흔들었다)

건축물
지진분리이음

③ 1.8m ② 1.8m
Flex coupling
④ 설치불가   ① 지진분리장치
지면   건축물 외벽

2. 제6조제3항 본문의 단서에도 불구하고 2층 이상의 건물인 경우 각 층의 바닥으로부터 0.3m, 천장으로부터 **0.6m 이내**에 설치하여야 한다.

3. **수직직선배관**에서 **티분기된 수평배관** 분기지점이 천장 아래 설치된 지진분리이음보다 아래에 위치한 경우 분기된 수평배관에 지진분리이음을 다음 각 목의 기준에 적합하게 설치하여야 한다.

   가. 티분기 수평직선배관으로부터 0.6m 이내에 지진분리이음을 설치한다.

   나. 티분기 수평직선배관 이후 2차 측에 수직직선배관이 설치된 경우 1차 측 수직직선배관의 지진분리이음 위치와 **동일선상**에 지진분리이음을 설치하고, 티분기 수평직선배관의 길이가 0.6m 이하인 경우에는 그 티분기된 수평직선배관에 가목에 따른 지진분리이음을 설치하지 아니한다.

4. **수직직선배관**에 **중간 지지부**가 있는 경우에는 지지부로부터 **0.6m 이내**의 윗부분 및 아랫부분에 설치해야 한다.

3 이격거리와 지진분리이음

제6조제3항제1호에 따른 **이격거리** 규정을 만족하는 경우에는 지진분리이음을 설치하지 아니할 수 있다.

[제8조] 지진분리장치 설치기준 `23설`

1. **지진분리장치**는 배관의 구경에 관계없이 **지상층**에 설치된 배관으로 **건축물 지진분리이음과 소화배관이 교차하는 부분** 및 건축물 간의 연결배관 중 **지상 노출** 배관이 **건축물로 인입되는** 위치에 설치하여야 한다.

2. **지진분리장치**는 **건축물** 지진분리이음의 **변위량**을 흡수할 수 있도록 **전후좌우** 방향의 **변위**를 수용할 수 있도록 설치하여야 한다.

3. **지진분리장치**의 **전**단과 **후**단의 1.8m 이내에는 4방향 흔들림 방지 버팀대를 설치하여야 한다.

4. **지진분리장치 자**체에는 **흔**들림 방지 버팀대를 설치할 수 없다.

[제9조] 흔들림 방지 버팀대

1 흔들림 방지 버팀대의 설치기준

1. 흔들림 방지 버팀대는 내력을 충분히 발휘할 수 있도록 견고하게 설치하여야 한다.
2. 배관에는 제6조제2항에서 산정된 횡방향 및 종방향의 수평지진하중에 모두 견디도록 흔들림 방지 버팀대를 설치하여야 한다.
3. 흔들림 방지 버팀대가 부착된 건축 구조부재는 소화배관에 의해 추가된 지진하중을 견딜 수 있어야 한다.
4. 흔들림 방지 버팀대의 세장비(L/r)는 300을 초과하지 않아야 한다.
5. 4방향 흔들림 방지 버팀대는 횡방향 및 종방향 흔들림 방지 버팀대의 역할을 동시에 할 수 있어야 한다.
6. 하나의 수평직선배관은 최소 2개의 횡방향 흔들림 방지 버팀대와 1개의 종방향흔들림 방지 버팀대를 설치하여야 한다. 다만 영향구역 내 배관의 길이가 6m 미만인 경우에는 횡방향과 종방향 흔들림 방지 버팀대를 각 1개씩 설치할 수 있다.

2 소화펌프 주위 배관의 흔들림 방지 버팀대

소화펌프(충압펌프를 포함한다. 이하 같다) 주위의 수직직선배관 및 수평직선배관은 다음 각 호의 기준에 따라 흔들림 방지 버팀대를 설치한다.

1. 소화펌프 흡입 측 수평직선배관 및 수직직선배관의 수평지진하중을 계산하여 흔들림 방지 버팀대를 설치하여야 한다.
2. 소화펌프 토출 측 수평직선배관 및 수직직선배관의 수평지진하중을 계산하여 흔들림 방지 버팀대를 설치하여야 한다.

3 성능인증제품의 사용

흔들림 방지 버팀대는 소방청장이 고시한 「흔들림 방지 버팀대의 성능인증 및 제품검사의 기술기준」에 따라 성능인증 및 제품검사를 받은 것으로 설치할 것

🔸 **흔들림 방지 버팀대**

제6조제2항
[소화배관 수평지진하중]
- 허용응력설계법 적용
  가. 계산: $Fpw = Cp \times Wp$
  나. 허용설외 설계지진력 × 0.7

암기 내산 건장 사수
1. 내충발견
2. 산횡종 수견
3. 건구 소추견
4. 세장 엘알 삼백초
5. 4횡종 역동
6. 하수 2횡1종(영배6각1)

암기 세장비 300
새장에 빨노파 세 마리 새가 있다.

🔸 **흔들림 방지 버팀대 설치의 예**

🔸 **소화펌프 주위**
암기 흡입, 토출

[제10조] 수평직선배관 흔들림 방지 버팀대

1 횡방향 흔들림 방지 버팀대의 설치기준

♠ 횡방향 흔들림방지버팀대

♠ 도면기호

♠ 횡방향 흔들림 방지 버팀대 설치의 예

♠ 가지배관의 흔들림 방지 버팀대
구경 65mm 이상
길이 3.7m 이상

1. 배관 구경에 관계없이 모든 **수평주행배관·교차배관** 및 옥내소화전설비의 수평배관에 설치하여야 하고, 가지배관 및 기타배관에는 구경 65mm 이상인 배관에 설치하여야 한다. 다만 옥내소화전설비의 수직배관에서 분기된 구경 50mm 이하의 수평배관에 설치되는 **소화전함이 1개인 경우**에는 횡방향 흔들림 방지 버팀대를 설치하지 않을 수 있다.
2. 횡방향 흔들림 방지 버팀대의 설계하중은 설치된 위치의 **좌우 6m**를 포함한 12m 이내의 배관에 작용하는 횡방향 수평지진하중으로 영향구역 내의 수평주행배관, 교차배관, 가지배관의 하중을 포함하여 산정한다.
3. 흔들림 방지 버팀대의 간격은 중심선을 기준으로 최대간격이 12m를 초과하지 않아야 한다.
4. 마지막 흔들림 방지 버팀대와 배관 **단부** 사이의 거리는 1.8m를 초과하지 않아야 한다.
5. 영향구역 내에 상쇄배관이 설치되어 있는 경우 배관의 길이는 그 **상쇄배관 길이를 합산**하여 산정한다.
6. 횡방향 흔들림 방지 버팀대가 설치된 지점으로부터 600mm 이내에 그 배관이 방향전환되어 설치된 경우 그 횡방향 흔들림 방지 버팀대는 인접배관의 **종방향** 흔들림 방지 버팀대로 사용할 수 있으며, 배관의 구경이 다른 경우에는 구경이 큰 배관에 설치하여야 한다.
7. 가지배관의 구경이 65mm **이상**일 경우 다음 각 목의 기준에 따라 설치한다.
   가. 가지배관의 구경이 65mm 이상인 배관의 길이가 3.7m **이상**인 경우에 횡방향 흔들림 방지 버팀대를 제9조제1항에 따라 설치한다.
   나. 가지배관의 구경이 65mm 이상인 배관의 길이가 3.7m **미만**인 경우에는 횡방향 흔들림 방지 버팀대를 설치하지 않을 수 있다.

8. 횡방향 흔들림 방지 버팀대의 수평지진하중은 별표 2에 따른 **영향구역**의 **최대허용하중** 이하로 적용하여야 한다.
9. 교차배관 및 수평주행배관에 설치되는 행가가 다음 각 목의 기준을 모두 만족하는 경우 횡방향 흔들림 방지 버팀대를 설치하지 않을 수 있다.
    가. 건축물 구조부재 고정점으로부터 배관 상단까지의 거리가 150mm 이내일 것
    나. 배관에 설치된 모든 행가의 75% 이상이 가목의 기준을 만족할 것
    다. 교차배관 및 수평주행배관에 연속하여 설치된 행가는 가목의 기준을 연속하여 초과하지 않을 것
    라. 지진계수(Cp) 값이 0.5 이하일 것
    마. 수평주행배관의 구경은 150mm 이하이고, 교차배관의 구경은 100mm 이하일 것
    바. 행가는 「스프링클러설비의 화재안전기술기준」 제8조제13항에 따라 설치할 것

2 종방향 흔들림 방지 버팀대의 설치기준 17설

1. 배관 구경에 관계없이 모든 **수평주행배관·교차배관** 및 옥내소화전설비의 **수평배관**에 설치하여야 한다. 다만 옥내소화전설비의 수직배관에서 분기된 구경 **50mm 이하**의 수평배관에 설치되는 **소화전함이 1개**인 경우에는 종방향 흔들림 방지 버팀대를 설치하지 않을 수 있다.
2. 종방향 흔들림 방지 버팀대의 설계하중은 설치된 위치의 좌우 12m를 포함한 24m 이내의 배관에 작용하는 수평지진하중으로 영향구역내의 수평주행배관, 교차배관 하중을 포함하여 산정하며, **가지배관의 하중은 제외한다.**
3. 수평주행배관 및 교차배관에 설치된 종방향 흔들림 방지 버팀대의 간격은 중심선을 기준으로 24m를 넘지 않아야 한다.
4. 마지막 흔들림 방지 버팀대와 배관 단부 사이의 거리는 12m를 초과하지 않아야 한다.
5. 영향구역 내에 상쇄배관이 설치되어 있는 경우 배관 길이는 그 **상쇄배관 길이를 합산**하여 산정한다.

횡버팀대 제외 행가 기준
교차/수평주행배관의 행가의 기준
암기
고정점~배관상단사이에는
신문(75)지에 싼 **가물치**(150)를 걸어두었다
05 150 100

종방향 흔들림 방지 버팀대
암기
옥교수 50살
12개월 후에 24 가지
이사간격은 24개월
단12(시비가 없을 때)
상쇄 합산
인접 600 횡흔버(인접한 육교로 횡단)

〈종방향 흔들림 방지 버팀대〉

도면기호

🚒 흔들림 방지 버팀대 설치의 예

6. 종방향 흔들림 방지 버팀대가 설치된 지점으로부터 600mm 이내에 그 배관이 방향전환되어 설치된 경우 그 종방향 흔들림 방지 버팀대는 인접배관의 횡방향 흔들림 방지 버팀대로 사용할 수 있으며, 배관의 구경이 다른 경우에는 **구경이 큰 배관**에 설치하여야 한다.

※ 수평직선배관 흔들림 방지 버팀대 비교정리

	횡방향 흔들림 방지 버팀대 설치기준	종방향 흔들림 방지 버팀대 설치기준
설치 위치	모든 구경의 수평주행배관·교차배관 및 옥내소화전설비의 수평배관에 설치 가지배관 및 기타배관: 구경 65mm 이상 배관에 설치	모든 구경의 수평주행배관·교차배관 및 옥내소화전설비의 수평배관에 설치 -
설치 면제	횡방향 및 종방향 흔들림 방지 버팀대 설치면제(다음 모두 만족) 1) 옥내소화전설비의 수직배관에서 분기된 구경 50mm 이하의 수평배관 2) 설치되는 소화전함이 1개	
설계 하중	[횡방향 흔들림 방지 버팀대의 설계하중] 설치된 위치의 좌우 6m를 포함한 12m 이내의 배관에 작용하는 횡방향 수평지진하중 영향구역 내의 수평주행배관, 교차배관, 가지배관의 하중을 포함하여 산정	[종방향 흔들림 방지 버팀대의 설계하중] 설치된 위치의 좌우 12m를 포함한 24m 이내의 배관에 작용하는 수평지진하중 영향구역 내의 수평주행배관, 교차배관 하중을 포함하여 산정 가지배관의 하중은 제외
간격	흔들림 방지 버팀대의 간격 : 중심선을 기준으로 최대간격 12m 이하	수평주행배관, 교차배관의 종방향 흔들림 방지 버팀대의 간격: 중심선 기준 24m 이하
단부	마지막 흔들림 방지 버팀대와 배관 단부 사이의 거리: 1.8m 이하	마지막 흔들림 방지 버팀대와 배관 단부 사이의 거리: 12m 이하
길이	영향구역 내의 배관의 길이는 상쇄배관 길이를 합산하여 산정	
인접 배관	횡(종)방향 흔들림 방지 버팀대가 설치된 지점으로부터 600mm 이내에 그 배관이 방향전환되어 설치된 경우 그 횡(종)방향 흔들림 방지 버팀대는 인접배관의 종(횡)방향 흔들림 방지 버팀대로 사용할 수 있으며, 배관의 구경이 다른 경우에는 구경이 큰 배관에 설치하여야 한다.	
가지 배관	[가지배관의 구경이 65mm 이상일 경우] 구경 65mm 이상 배관 길이가 3.7m 이상 : 횡방향 흔들림 방지 버팀대 설치 구경 65mm 이상 배관 길이가 3.7m 미만 : 횡방향 흔들림 방지 버팀대 면제 가능	-
수평지진 하중	횡방향 흔들림 방지 버팀대의 수평지진하중은 영향구역의 최대허용하중 이하로 적용하여야 한다.	-
행가의 기준	교차배관 및 수평주행배관의 행가가 다음 모두 만족 시 횡방향 흔들림 방지 버팀대 면제 가능 1) 건축물 구조부재 고정점으로부터 배관 상단까지의 거리가 150mm 이내일 것 2) 배관에 설치된 모든 행가의 75% 이상이 가목의 기준을 만족할 것 3) 교차배관 및 수평주행배관에 연속하여 설치된 행가는 1)의 기준을 연속하여 초과하지 않을 것 4) 지진계수(Cp) 값이 0.5 이하일 것 5) 수평주행배관의 구경은 150mm 이하이고, 교차배관의 구경은 100mm 이하일 것 6) 행가는 「스프링클러설비의 화재안전기술기준」제8조제13항에 따라 설치할 것	-

4방향 흔들림방지버팀대

최상부 4방향 흔들림방지버팀대

제6조제3항제1호

[이격거리]
암기 이오백은 오십, 백은 백

고정장치 작용 하중

수평지진하중 ≦ 허용하중

[제11조] 수직직선배관 흔들림 방지 버팀대

수직직선배관 흔들림 방지 버팀대는 다음 각 호의 기준에 따라 설치하여야 한다.

1. **길이 1m를 초과하는 수직직선배관의 최상부에는 4방향 흔들림 방지 버팀대**를 설치하여야 한다. 다만 가지배관은 설치하지 아니할 수 있다.

2. 수직직선배관 최상부에 설치된 4방향 흔들림 방지 버팀대가 수평직선배관에 부착된 경우 그 흔들림 방지 버팀대는 수직직선배관의 중심선으로부터 0.6m 이내에 설치되어야 하고, 그 흔들림 방지 버팀대의 하중은 수직 및 수평방향의 배관을 모두 포함하여야 한다.

3. 수직직선배관 4방향 흔들림 방지 버팀대 사이의 거리는 8m를 초과하지 않아야 한다.

4. 소화전함에 아래 또는 위쪽으로 설치되는 65mm 이상의 수직직선배관은 다음 각 목의 기준에 따라 설치한다.
   가. 수직직선배관의 길이가 3.7m 이상인 경우, 4방향 흔들림 방지 버팀대를 1개 이상 설치하고, 말단에 U볼트 등의 고정장치를 설치한다.
   나. 수직직선배관의 길이가 3.7m 미만인 경우, 4방향 흔들림 방지 버팀대를 설치하지 아니할 수 있고, U볼트 등의 고정장치를 설치한다.

5. 수직직선배관에 **4방향 흔들림 방지 버팀대**를 설치하고 수평방향으로 분기된 수평직선배관의 길이가 1.2m 이하인 경우 수직직선배관에 수평직선배관의 지진하중을 포함하는 경우 수평직선배관의 흔들림 방지 버팀대를 설치하지 않을 수 있다.

6. 수직직선배관이 **다층건물의 중간층을 관통하며, 관통구 및 슬리브의 구경이 제6조제3항제1호에 따른 배관 구경별 관통구 및 슬리브 구경 미만인 경우에는 4방향 흔들림 방지 버팀대를 설치하지 아니할 수 있다.

[제12조] 흔들림 방지 버팀대 고정장치

흔들림 방지 버팀대 고정장치에 작용하는 **수평지진하중**은 허용하중을 초과하여서는 아니 된다.

[제13조] 가지배관 고정장치 및 헤드

1 가지배관의 고정장치의 설치기준

1. 가지배관에는 별표 3의 간격에 따라 고정장치를 설치한다.
2. **와이어타입** 고정장치는 행가로부터 600mm 이내에 설치하여야 한다. 와이어 고정점에 가장 가까운 행거는 가지배관의 **상방향 움직임**을 지지할 수 있는 유형이어야 한다.
3. **환봉타입** 고정장치는 행가로부터 150mm 이내에 설치한다.
4. **환봉타입** 고정장치의 세장비는 400을 초과하여서는 아니 된다. 단, 양쪽 방향으로 두 개의 고정장치를 설치하는 경우 세장비를 적용하지 아니한다.
5. 고정장치는 수직으로부터 45° **이상의 각도**로 설치하여야 하고, 설치각도에서 최소 1340N 이상의 **인장 및 압축하중**을 견딜 수 있어야 하며, 와이어를 사용하는 경우 와이어는 1960N 이상의 **인장하중**을 견디는 것으로 설치하여야 한다.
6. 가지배관 상의 **말단 헤드**는 수직 및 **수평**으로 **과도한 움직임이 없도록** 고정하여야 한다.
7. 가지배관에 설치되는 행가는 「스프링클러설비의 화재안전기술기준」 제8조제13항에 따라 설치한다.
8. 가지배관에 설치되는 **행가가 다음 각 목의 기준을 모두 만족하는 경우 고정장치를 설치하지 않을 수 있다.**
   - 가. 건축물 구조부재 고정점으로부터 배관 **상단**까지의 거리가 150mm 이내일 것
   - 나. 가지배관에 설치된 **모든** 행가의 75% **이상**이 가목의 기준을 만족할 것
   - 다. 가지배관에 **연속**하여 설치된 행가는 가목의 기준을 연속하여 **초과**하지 않을 것

2 이격거리

가지배관 고정에 사용되지 않는 건축부재와 헤드 사이의 이격거리는 75mm 이상을 확보하여야 한다.

🔹 **가지배관 고정장치**

암기
와이어에는 육류를 걸고
환봉에는 가물치를 건다.
(가지배관 고정장치 세장비)
새장옆 가지에는 사(4)과가 있다.

암기
고정장치는 그대로 (134)있어야 하고
와이어는 고질병(196)을 견뎌야 한다.

🔹 **가지배관 고정장치(와이어)**

🔹 **고정장치 제외 행가의 기준**

암기
고정점 ~ 배관 상단 사이에는
신문(75)지에 싼 가물치(150)를
걸어두었다.

🔹 **이격거리**

암기
건축부재와 헤드 사이에는
신문(75)을 두어야 함

- 제어반 등의 설치기준
  - 암기 지단 내기

- 건축물 구조부재
  - 암기 내바기

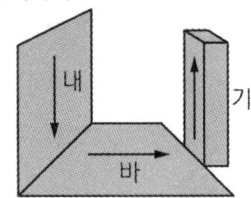

- 제어반 등, 소화전함의 고정 예외
  - 암기 450 내기 8고4
  - 제 함은 사오고(450)
  - 내기는 팔고사

- 유수검지장치
  - 암기 기상 연파

- 소화전함의 설치기준
  - 암기 파내 지단

- 비상전원의 설치기준
  - 암기 발지 비전
  - [밝지 비젼(vision)]

[제14조] 제어반 등의 설치기준

1. 제어반 등의 **지진하중**은 제3조의2제2항에 따라 계산하고, 앵커볼트는 제3조의2제3항에 따라 설치하여야 한다. **단, 제어반** 등의 **하중**이 **450**N 이하이고, **내력벽** 또는 **기둥**에 설치하는 경우 **직경 8**mm 이상의 **고정용 볼트 4**개 이상으로 고정할 수 있다.
2. 건축물의 구조부재인 **내력벽·바닥** 또는 기둥 등에 고정하여야 하며, **바닥**에 설치하는 경우 지진하중에 의해 전도가 발생하지 않도록 설치하여야 한다.
3. 제어반 등은 지진 발생 시 **기**능이 유지되어야 한다.

[제15조] 유수검지장치

유수검지장치는 지진 발생 시 **기**능을 **상**실하지 않아야 하며, **연결부위**는 **파**손되지 않아야 한다.

[제16조] 소화전함의 설치기준

1. 지진 시 **파손 및 변형**이 발생하지 않아야 하며, **개폐**에 **장애**가 발생하지 않아야 한다.
2. 건축물의 구조부재인 **내력벽·바닥** 또는 기둥 등에 고정하여야 하며, **바닥**에 설치하는 경우 지진하중에 의해 전도가 발생하지 않도록 설치하여야 한다.
3. **소화전함**의 **지진하중**은 제3조의2제2항에 따라 계산하고, 앵커볼트는 제3조의2제3항에 따라 설치하여야 한다. **단, 소화전함**의 **하중**이 **450**N 이하이고 **내력벽** 또는 **기둥**에 설치하는 경우 **직경 8**mm 이상의 **고정용 볼트 4**개 이상으로 고정할 수 있다.

[제17조] 비상전원의 설치기준

1. 자가**발**전설비의 **지진하중**은 제3조의2제2항에 따라 계산하고, 앵커볼트는 제3조의2제3항에 따라 설치하여야 한다.
2. **비**상전원은 지진 발생 시 **전**도되지 않도록 설치하여야 한다.

[제18조] 가스계 및 분말소화설비

1 저장용기

이산화탄소소화설비, 할론소화설비, 할로겐화합물 및 불활성기체소화설비, 분말소화설비의 저장용기는 지진하중에 의해 **전도**가 발생하지 않도록 설치하고, **지진하중**은 제3조의2제2항에 따라 계산하고 **앵커볼트**는 제3조의2제3항에 따라 설치하여야 한다.

2 제어반 등

이산화탄소소화설비, 할론소화설비, 할로겐화합물 및 불활성기체소화설비, 분말소화설비의 제어반 등은 **제14조**의 기준에 따라 설치하여야 한다.

3 기동장치 및 비상전원

이산화탄소소화설비, 할론소화설비, 할로겐화합물 및 불활성기체소화설비, 분말소화설비의 기동장치 및 비상전원은 지진으로 인한 **오동작**이 발생하지 않도록 설치하여야 한다.

제어반 등의 설치 예

※ [제14조~제18조] 비교정리

	제어반 등	소화전함	비상전원	가스계 및 분말소화설비
지진 하중 · 앵커 볼트	[제어반 등의 지진하중, 앵커볼트] '2. 공통적용사항'의 지진하중, 앵커볼트 기준에 따를 것 단, 제어반등의 하중이 450N 이하이고 **내력벽** 또는 **기둥**에 설치하는 경우는 직경 8mm 이상의 **고정용 볼트 4개 이상**으로 고정 가능	[소화전함의 지진하중, 앵커볼트] '2. 공통적용사항'의 지진하중, 앵커볼트 기준에 따를 것 단, 소화전함의 하중이 450N 이하이고 **내력벽** 또는 **기둥**에 설치하는 경우는 직경 8mm 이상의 **고정용 볼트 4개 이상**으로 고정 가능	[자가발전설비의 지진하중, 앵커볼트] '2. 공통적용사항'의 지진하중, 앵커볼트 기준에 따를 것	[저장용기의 지진하중, 앵커볼트] '2. 공통적용사항'의 지진하중, 앵커볼트 기준에 따를 것
기능 유지	제어반 등은 지진 발생 시 기능이 유지되어야 한다.	지진 시 **파손 및 변형**이 발생하지 않고, **개폐**에 장애가 발생하지 않을 것	-	기동장치 및 비상전원은 지진으로 인한 오동작이 발생하지 않도록 설치할 것
고정 · 전도	제어반 등은 건축물의 구조부재인 **내력벽·바닥** 또는 기둥 등에 고정하여야 하며, 바닥에 설치하는 경우 지진하중에 의해 **전도**가 발생하지 않도록 설치	소화전함은 건축물의 구조부재인 **내력벽·바닥** 또는 기둥 등에 고정하여야 하며, 바닥에 설치하는 경우 지진하중에 의해 **전도**가 발생하지 않도록 설치	비상전원은 지진 발생 시 **전도**되지 않도록 설치	저장용기는 지진하중에 의해 전도가 발생하지 않도록 설치
제어 반등	-	-	-	제어반 등의 기준에 따라 설치

[별표 1] 단주기 응답지수별 소화배관의 지진계수(제3조의2제2항제3호 관련)

단주기 응답지수(Ss)	지진계수(Cp)
0.33 이하	0.35
0.40	0.38
0.50	0.40
0.60	0.42
0.70	0.42
0.80	0.44
0.90	0.48
0.95	0.50
1.00	0.51

1. 표의 값을 기준으로 Ss의 사이값은 직선보간법 이용하여 적용할 수 있다.
2. Ss : 단주기 응답지수(Short period response parameter)로서 최대고려 지진의 유효지반가속도 S를 2.5배한 값

[별표 2] 소화배관의 종류별 흔들림 방지 버팀대의 간격에 따른 영향구역의 최대허용하중(N)(제10조제1항제8호 관련)

1. KSD3507 소화배관의 흔들림 방지 버팀대의 간격에 따른 영향구역의 최대허용하중(N)

재료의 항복강도 Fy: 200MPa

배관구경 (mm)	횡방향 흔들림 방지 버팀대의 간격(m)				
	6	8	9	11	12
25	450	338	295	245	212
32	729	547	478	397	343
40	969	727	635	528	456
50	1,770	1,328	1,160	964	832
65	2,836	2,128	1,859	1,545	1,334
80	4,452	3,341	2,918	2,425	2,094
100	8,168	6,130	5,354	4,449	3,842
125	13,424	10,074	8,798	7,311	6,315
150	19,054	14,299	12,488	10,378	8,963
200	39,897	29,943	26,150	21,731	18,769

2. KSD3562(#40) 소화배관의 흔들림 방지 버팀대의 간격에 따른 영향구역의 최대허용하중(N)

재료의 항복강도 Fy: 250MPa

배관구경(mm)	횡방향 흔들림 방지 버팀대의 간격(m)				
	6	8	9	11	12
25	597	448	391	325	281
32	1,027	771	673	559	483
40	1,407	1,055	922	766	661
50	2,413	1,811	1,581	1,314	1,135
65	5,022	3,769	3,291	2,735	2,362
80	7,506	5,663	4,920	4,088	3,531
100	13,606	10,211	8,918	7,411	6,400
125	22,829	17,133	14,962	12,434	10,739
150	34,778	26,100	22,794	18,943	16,360
200	70,402	52,836	46,143	38,346	33,119

3. KSD3576(#10) 소화배관의 흔들림 방지 버팀대의 간격에 따른 영향구역의 최대허용하중(N)

재료의 항복강도 Fy: 205MPa

배관구경(mm)	횡방향 흔들림 방지 버팀대의 간격(m)				
	6	8	9	11	12
25	415	311	272	226	195
32	687	515	450	374	323
40	909	682	596	495	428
50	1,462	1,097	958	796	688
65	2,488	1,867	1,630	1,355	1,170
80	3,599	2,701	2,359	1,960	1,693
100	6,052	4,542	3,966	3,296	2,847
125	9,884	7,418	6,478	5,383	4,650
150	13,958	10,475	9,148	7,602	6,566
200	29,625	22,233	19,417	16,136	13,936

4. KSD3576(#20) 소화배관의 흔들림 방지 버팀대의 간격에 따른 영향구역의 최대허용하중(N)

재료의 항복강도 Fy: 205MPa

배관구경(mm)	횡방향 흔들림 방지 버팀대의 간격(m)				
	6	8	9	11	12
25	443	332	290	241	208
32	736	552	482	401	346
40	943	708	618	514	443
50	1,738	1,304	1,139	946	817
65	2,862	2,148	1,876	1,559	1,346
80	4,635	3,479	3,038	2,525	2,180
100	7,635	5,730	5,004	4,158	3,592
125	14,305	10,736	9,376	7,792	6,729
150	20,313	15,245	13,314	11,064	9,556
200	46,462	34,870	30,453	25,307	21,857

5. KSD3595 소화배관의 흔들림 방지 버팀대의 간격에 따른 영향구역의 최대허용하중(N)

재료의 항복강도 Fy: 205MPa

배관구경(mm)	횡방향 흔들림 방지 버팀대의 간격(m)				
	6	8	9	11	12
25	123	92	81	67	58
32	216	162	141	117	101
40	316	237	207	172	148
50	850	638	557	463	399
65	1,264	948	828	688	594
80	2,483	1,864	1,627	1,352	1,168
100	4,144	3,110	2,716	2,257	1,949
125	5,877	4,410	3,852	3,201	2,764
150	12,433	9,331	8,149	6,772	5,849
200	22,535	16,912	14,770	12,274	10,601

6. CPVC 소화배관의 흔들림 방지 버팀대의 간격에 따른 영향구역의 최대허용하중(N)

재료의 항복강도 Fy: 55MPa

배관구경(mm)	횡방향 흔들림 방지 버팀대의 간격(m)				
	6	8	9	11	12
25	113	85	74	61	46
32	229	172	150	125	108
40	349	262	229	190	164
50	680	510	445	370	277
65	1,199	900	786	653	564
80	2,200	1,651	1,442	1,198	1,035

[별표 3] 가지배관 고정장치의 최대 설치간격(m)(제13조제1항제1호 관련)

1. 강관 및 스테인레스(KSD 3576)배관의 최대 설치간격(m)

호칭구경	지진계수(Cp)			
	Cp≤0.50	0.5<Cp≤0.71	0.71<Cp≤1.4	1.4<Cp
25A	13.1	11.0	7.9	6.7
32A	14.0	11.9	8.2	7.3
40A	14.9	12.5	8.8	7.6
50A	16.1	13.7	9.4	8.2

2. 동관, CPVC 및 스테인레스(KSD 3595)배관의 최대 설치간격(m)

호칭구경	지진계수(Cp)			
	Cp≤0.50	0.5<Cp≤0.71	0.71<Cp≤1.4	1.4<Cp
25A	10.3	8.5	6.1	5.2
32A	11.3	9.4	6.7	5.8
40A	12.2	10.3	7.3	6.1
50A	13.7	11.6	8.2	7.0

세부 목차

설치대상 암기법 (옥내소화전설비, 자동화재탐지설비, 시각경보기, 스프링클러소화설비)
주요 화재안전성능기준 (기술기준과 다른 내용 중 암기할 부분)

설치대상 및 암기법 (옥내소화전설비, 자동화재탐지설비, 시각경보기, 스프링클러소화설비)

1. 옥내소화전설비

옥내소화전설비 설치대상	암기
옥내소화전설비를 설치해야 하는 특정소방대상물은 다음의 어느 하나에 해당하는 것으로 한다. 다만 위험물 저장 및 처리 시설 중 가스시설, 지하구 및 업무시설 중 무인변전소(방재실 등에서 스프링클러설비 또는 물분무등소화설비를 원격으로 조정할 수 있는 무인변전소로 한정한다)는 제외한다. 1) 다음의 어느 하나에 해당하는 경우에는 모든 층 　가) 연면적 3천m² 이상인 것(터널은 제외한다) 　나) 지하층·무창층(축사는 제외한다)으로서 바닥면적이 600m² 이상인 층이 있는 것 　다) 4층 이상인 층 중에서 바닥면적이 600m² 이상인 층이 있는 것 2) 1)에 해당하지 않는 근린생활시설, 판매시설, 운수시설, 의료시설, 노유자시설, 업무시설, 숙박시설, 위락시설, 공장, 창고시설, 항공기 및 자동차 관련 시설, 교정 및 군사시설 중 국방·군사시설, 방송통신시설, 발전시설, 장례시설 또는 복합건축물로서 다음의 어느 하나에 해당하는 경우에는 모든 층 　가) 연면적 1천 5백m² 이상인 것 　나) 지하층·무창층으로서 바닥면적이 300m² 이상인 층이 있는 것 　다) 4층 이상인 층 중에서 바닥면적이 300m² 이상인 층이 있는 것 3) 건축물의 옥상에 설치된 차고·주차장으로서 사용되는 면적이 200m² 이상인 경우 해당 부분 4) 다음의 어느 하나에 해당하는 터널 　가) 길이가 1천 미터 이상인 터널 　나) 예상교통량, 경사도 등 터널의 특성을 고려하여 행정안전부령으로 정하는 터널 5) 1) 및 2)에 해당하지 않는 공장 또는 창고시설로서 「화재의 예방 및 안전관리에 관한 법률 시행령」 별표 2에서 정하는 수량의 750배 이상의 특수가연물을 저장·취급하는 것	[600만 불의 사나이가 옥이 이모를 사랑하게 된 이야기] 1) 연상(3)을 무지사(4)랑하는 600만 불의 사나이가 2) 반(1/2:연1500, 지무사300)한 사람은 3) 옥(옥상)이 이(2)모 5) 옥이 이모는 특수 치료(75)사 4) 두 사람의 데이트 코스는 터널을 천천(1000)히 걷는 것 2) 두 사람이 반하게 된 스토리 옥이 이모의 직업은 장례식장이 있는 의료시설에서 일하면서 항공기를 타고 방송도 하는 사람이었고, 600만 불의 사나이는 100세 할아버지의 큰아들로 건물을 물려받았고 (판매, 운수, 노유자, 업무, 근생) 군대에서 공장, 창고, 발전시설 감시업무를 했었는데 둘이 우연히 만나 놀다가(위락) 같이 숙박하게 되어 복잡한 관계가 되었다.

2. 자동화재탐지설비 `20점 응용, 24점 응용`

자동화재탐지설비 설치대상

1) 공동주택 중 아파트 등·기숙사 및 숙박시설의 경우에는 모든 층
2) 층수가 6층 이상인 건축물의 경우에는 모든 층
3) 근린생활시설(목욕장은 제외한다), 의료시설(정신의료기관 또는 요양병원은 제외한다), 위락시설, 장례시설 및 복합건축물로서 연면적 600m² 이상인 경우에는 모든 층
4) 근린생활시설 중 목욕장, 문화 및 집회시설, 종교시설, 판매시설, 운수시설, 운동시설, 업무시설, 공장, 창고시설, 위험물 저장 및 처리 시설, 항공기 및 자동차 관련 시설, 교정 및 군사시설 중 국방·군사시설, 방송통신시설, 발전시설, 관광 휴게시설, 지하상가로서 연면적 1천m² 이상인 경우에는 모든 층
5) 교육연구시설(교육시설 내에 있는 기숙사 및 합숙소를 포함한다), 수련시설(수련시설 내에 있는 기숙사 및 합숙소를 포함하며, 숙박시설이 있는 수련시설은 제외한다), 동물 및 식물 관련 시설(기둥과 지붕만으로 구성되어 외부와 기류가 통하는 장소는 제외한다), 자원순환 관련 시설, 교정 및 군사시설(국방·군사시설은 제외한다) 또는 묘지 관련 시설로서 연면적 2천m² 이상인 경우에는 모든 층
10) 터널로서 길이가 1천m 이상인 것
12) 3)에 해당하지 않는 근린생활시설 중 **조**산원 및 **산**후조리원
11) **지**하구
9) 판매시설 중 **전통**시장
6) 노유자 **생활**시설의 경우에는 모든 층
14) 4)에 해당하지 않는 발전시설 중 전기**저장**시설
7) 6)에 해당하지 않는 노유자시설로서 연면적 400m² 이상인 노유자시설 및 숙박시설이 있는 수련시설로서 수용인원 100명 이상인 경우에는 모든 층
13) 4)에 해당하지 않는 공장 및 창고시설로서 「화재의 예방 및 안전관리에 관한 법률 시행령」 별표 2에서 정하는 수량의 500배 이상의 특수가연물을 저장·취급하는 것
8) 의료시설 중 정신의료기관 또는 요양병원으로서 다음의 어느 하나에 해당하는 시설
  가) 요양병원(의료재활시설은 제외한다)
  나) 정신의료기관 또는 의료재활시설로 사용되는 바닥면적의 합계가 300m² 이상인 시설
  다) 정신의료기관 또는 의료재활시설로 사용되는 바닥면적의 합계가 300m² 미만이고, 창살(철재·플라스틱 또는 목재 등으로 사람의 탈출 등을 막기 위하여 설치한 것을 말하며, 화재 시 자동으로 열리는 구조로 되어 있는 창살은 제외)이 설치된 시설

자동화재탐지설비 암기

[600만 불의 사나이가 자녀(자탐설비)에게 엄마와의 러브스토리를 해주는 장면]

1) 내 아기 "공숙"아! 내 모든 것
2) 욕하면 모든 것이 잘못된다. 조심하여라
3) 엄마는 **장례식장**이 있는 **의료시설**에서 **근면성실(근생)**히 일하던 사람이었는데, 나랑(600만 불 사나이) **놀다가(위락)** 복잡한 관계가 되었단다.
10) **터널**을 **천천(1000)**히 걸으며 데이트를 했지.
4) 신혼집은 새로 지은 **건물**이었는데 큰 **천(1000)**으로 입주환영 현수막이 걸려 있었지. **목욕장, 운동시설, 휴게시설**이 건물 내에 있고, 중앙난방시스템이라 지하에 **위험물저장 및 처리시설**이 있었단다. 그 건물는 교회(종교)와 **지하상가**로 연결되어 있어서 주말이면 **교회(종교)**에서 **문화집회**하기 좋았어. 아빠는 **군대**에서 **공장, 창고, 발전시설**을 감시하는 **업무**를 보다가 결혼을 했고, 제대해서 **버스(운수)** 판매업을 시작했어. 엄마는 그때 완전 멋있었지 **항공기**를 타고 **방송**도 했으니까. 엄마는 나의 모든 것이었단다.

[자녀의 수련회]

5) 다음날 딸(또는 아들)은 **이천(2000)**으로 수련회를 떠났다. **폐교(교육연구시설)**의 수련시설(**기숙사, 합숙소**)에서 잠을 자고 **동식물**을 관찰하는 수련회였는데, 밤에 담력훈련으로 **묘지**에 갔다가 길을 잃어 한참 헤매다 이상한 **냄새(자원순환)**를 따라 갔더니 **교도소(교정 및 군사)**가 있었다.

6, 9, 11, 12, 14) 이튿날 **조산, 지구**를 방문해 **전통, 생활**상을 보고 사진을 찍어 **저장**했다.
(조산, 지구, 전통, 생활, 저장)

[엄마 병원]

7) **노(노유자)사(4)**간의 문제로 숙박하는 수련의들 **수(수용)백(100)**명이
13) 특수 **오(5)**해가 생겨 파업을 했고
8) **요양병원**은 운영을 하였지만 **정신상(3)**에 문제가 있어 **의료재활**하던 사람들은 병원을 **폐쇄(창살)**하여 의료시설을 나가야 했다.

3. 시각경보기

시각경보기 설치대상	암기
시각경보기를 설치하여야 하는 특정소방대상물은 라 목에 따라 <u>자동화재탐지설비를 설치하여야 하는 특정소방대상물 중</u> 다음의 어느 하나에 해당하는 것과 같다. 1) 근린생활시설, 문화 및 집회시설, 종교시설, 판매시설, 운수시설, 의료시설, 노유자시설 2) 운동시설, 업무시설, 숙박시설, 위락시설, 창고시설 중 물류터미널, 발전시설 및 장례시설 3) 교육연구시설 중 도서관, 방송통신시설 중 방송국 4) 지하상가	[근면성실한 문집사는 놀지 않아 !] 1) 교회(**종교**)에서는 "**문집사**(문화, 집회)"로서 근면성실하게 **노유자**들을 위한 **의료**봉사를 가는데 버스(**운수**)를 타고 가다가 잡상인이 **판매**하는 물건도 자주 산다. 2) 주중에는 **장례 발전**을 위해 **물류터미널**에서 숙박, 업무를 보면서도 놀지 않고(**위락**) 매일 **운동**을 빠짐없이 한다. 3) 주말에는 **도서관**에서 시각장애인(시각경보기)을 위하여 **방송**실(국)에서 도서읽기녹음을 하고, (※ 주의:시각경보기는청각장애인용) 4) **지하상가**에서는 더 싸게 파는 물건이다.

4. 스프링클러설비

스프링클러설비 설치대상 [15설, 17설, 19설, 20점 응용, 25점]

스프링클러설비를 설치하여야 하는 특정소방대상물(위험물 저장 및 처리 시설 중 가스시설 또는 지하구는 제외한다)은 다음의 어느 하나와 같다.
1) 층수가 6층 이상인 특정소방대상물의 경우에는 모든 층. 다만 다음의 어느 하나에 해당하는 경우에는 제외한다.
    가) 주택 관련 법령에 따라 기존의 아파트 등을 리모델링하는 경우로서 건축물의 연면적 및 층의 높이가 변경되지 않는 경우. 이 경우 해당 아파트 등의 사용검사 당시의 소방시설의 설치에 관한 대통령령 또는 화재안전기준을 적용한다.
    나) 스프링클러설비가 없는 기존의 특정소방대상물을 용도변경하는 경우. 다만 2)부터 6)까지 및 9)부터 12)까지의 규정에 해당하는 특정소방대상물로 용도변경하는 경우에는 해당 규정에 따라 스프링클러설비를 설치한다.
2) 기숙사(교육연구시설·수련시설 내에 있는 학생 수용을 위한 것을 말한다) 또는 복합건축물로서 연면적 5천m^2 이상인 경우에는 모든 층
3) 문화 및 집회시설(동·식물원은 제외한다), 종교시설(주요구조부가 목조인 것은 제외한다), 운동시설(물놀이형 시설 및 바닥이 불연재료이고 관람석이 없는 운동시설은 제외한다)로서 다음의 어느 하나에 해당하는 경우에는 모든 층
    가) 수용인원이 100명 이상인 것
    나) 영화상영관의 용도로 쓰이는 층의 바닥면적이 지하층 또는 무창층인 경우에는 500m^2 이상, 그 밖의 층의 경우에는 1천m^2 이상인 것
    다) 무대부가 지하층·무창층 또는 4층 이상의 층에 있는 경우에는 무대부의 면적이 300m^2 이상인 것
    라) 무대부가 다) 외의 층에 있는 경우에는 무대부의 면적이 500m^2 이상인 것
4) 판매시설, 운수시설 및 창고시설(물류터미널에 한정한다)로서 바닥면적의 합계가 5천m^2 이상이거나 수용인원이 500명 이상인 경우에는 모든 층
5) 다음의 어느 하나에 해당하는 용도로 사용되는 시설의 바닥면적의 합계가 600m^2 이상인 것은 모든 층
    가) 근린생활시설 중 조산원 및 산후조리원
    나) 의료시설 중 정신의료기관
    다) 의료시설 중 종합병원, 병원, 치과병원, 한방병원 및 요양병원
    라) 노유자 시설
    마) 숙박이 가능한 수련시설
    바) 숙박시설
6) 창고시설(물류터미널은 제외한다)로서 바닥면적의 합계가 5천m^2 이상인 경우에는 모든 층
7) 특정소방대상물의 지하층·무창층(축사는 제외한다) 또는 층수가 4층 이상인 층으로서 바닥면적이 1천m^2 이상인 층이 있는 경우에는 해당 층
8) 랙식 창고(Rack warehouse): 랙(물건을 수납할 수 있는 선반이나 이와 비슷한 것을 말한다. 이하 같다)을 갖춘 것으로서 천장 또는 반자(반자가 없는 경우에는 지붕의 옥내에 면하는 부분을 말한다)의 높이가 10m를 초과하고, 랙이 설치된 층의 바닥면적의 합계가 1천5백m^2 이상인 경우에는 모든 층
9) 공장 또는 창고시설로서 다음의 어느 하나에 해당하는 시설
    가) 「화재의 예방 및 안전관리에 관한 법률 시행령」 별표 2에서 정하는 수량의 1천 배 이상의 특수가연물을 저장·취급하는 시설
    나) 「원자력안전법 시행령」 제2조제1호에 따른 중·저준위방사성폐기물(이하 "중·저준위방사성폐기물"이라 한다)의 저장시설 중 소화수를 수집·처리하는 설비가 있는 저장시설

스프링클러설비 설치대상

10) 지붕 또는 외벽이 불연재료가 아니거나 내화구조가 아닌 공장 또는 창고시설로서 다음의 어느 하나에 해당하는 것
    가) 창고시설(물류터미널에 한정한다) 중 4)에 해당하지 않는 것으로서 바닥면적의 합계가 2천5백m² 이상이거나 수용인원이 250명 이상인 경우에는 모든 층
    나) 창고시설(물류터미널은 제외한다) 중 6)에 해당하지 않는 것으로서 바닥면적의 합계가 2천5백m² 이상인 경우에는 모든 층
    다) 공장 또는 창고시설 중 7)에 해당하지 않는 것으로서 지하층·무창층 또는 층수가 4층 이상인 것 중 바닥면적이 500m² 이상인 경우에는 모든 층
    라) 랙식 창고시설 중 8)에 해당하지 않는 것으로서 바닥면적의 합계가 750m² 이상인 경우에는 모든 층
    마) 공장 또는 창고시설 중 9)가)에 해당하지 않는 것으로서 「화재의 예방 및 안전관리에 관한 법률 시행령」 별표 2에서 정하는 수량의 500배 이상의 특수가연물을 저장·취급하는 시설
12) 지하상가로서 연면적 1천m² 이상인 것
11) 교정 및 군사시설 중 다음의 어느 하나에 해당하는 경우에는 해당 장소
    가) 보호감호소, 교도소, 구치소 및 그 지소, 보호관찰소, 갱생보호시설, 치료감호시설, 소년원 및 소년분류심사원의 수용거실
    나) 「출입국관리법」 제52조제2항에 따른 보호시설(외국인보호소의 경우에는 보호대상자의 생활공간으로 한정한다. 이하 같다)로 사용하는 부분. 다만 보호시설이 임차건물에 있는 경우는 제외한다.
    다) 「경찰관 직무집행법」 제9조에 따른 유치장
13) 발전시설 중 전기저장시설
14) 1)부터 13)까지의 특정소방대상물에 부속된 보일러실 또는 연결통로 등

스프링클러설비 암기 (1~14) (장소 : 대학캠퍼스)

[문집종운]

종교
시설

3) 문화집회로 종교운동을 한다고
　가) 수 백(100)명을 모아놓고
　나) 영화상영을 해서 무지 오(500)해 했는데, 그 밖에 나오니 천천(1000)히 오해가 풀렸다
　다) 그런데 다음날은 무대에서 무지하게 사(4)상(300)을 말해서
　라) 그 무대를 오(500)해할 수밖에 없었다.

1) 학생군사교육(ROTC)건물 = 육(6)군 건물 (기존 아파트를 리모델링하여 용도변경한 건물이다)	6 5 4 3 2 1	5) 의대 건물 = 숙수 정치 노조 (바합 600)	(숙박)수련의들의 숙소 정신의료기관 치한이 요양하는 병원 (노유자시설)어린이 병동 응급) 조산원, 산후조리원

2) 기숙사, 복합건축물 연 5천 모든 층 (복잡한 기숙사)			10) 지붕, 외벽이 불연/내화가 아닌 공장 창고
4) 판우(운)물(물류)에 스프를 넣으니 오(5)염 개천과 수질 오(5)염 모든		⇒ $\frac{1}{2}$	가) 창고(물류) 바합 2,500 　수용인원 250명
6) 창고(물류 제외) 바합 5천 모든			나) 창고(물류 제외) 바합 2,500
8) 10m 랙식 창고 바합 1,500			라) 10m 랙식 창고 바합 750
7) 지무4 바닥 천(1,000)층			다) 공장, 창고 : 지무4 바닥 500
9) 공장 창고 : 방사능을 차단하는 특수 천			마) 공장, 창고 : 특수 500배

12) 지하상가를 따라 연이어 천천(1,000)히 걸으면
14) 대학교 연결통로를 통해 부속된 보일러실로 들어갈 수 있는데 그리로 들어갔던 사람들은
13) 배터리를 훔쳐갔고(발전시설 중 전기저장시설)
11) 경찰에 잡혀 먼저 유치장에 보내졌고 거기에서 다시
　　외국인은 출입국관리법에 따른 보호시설로 보내졌고
　　학생은 소년원 및 소년분류심사원의 수용거실로 보내졌고
　　나머지는 교도소에 보내졌다(보교구지, 보(관)갱치)

주요 화재안전 성능기준(기술기준과 다른부분 중 암기할 부분)

소화기구 및 자동소화장치의 화재안전성능기준(NFPC 101) [시행2022.12.1.]

[제4조제1항제4호] 소화기의 설치기준
가. 특정소방대상물의 각 층마다 설치하되, 각 층이 둘 이상의 거실로 구획된 경우에는 각 층마다 설치하는 것 외에 바닥면적이 33제곱미터 이상으로 구획된 각 거실에도 배치할 것
나. 특정소방대상물의 각 부분으로부터 1개의 소화기까지의 보행거리가 소형소화기의 경우에는 20미터 이내, 대형소화기의 경우에는 30미터 이내가 되도록 배치할 것

[제4조제2항제1호] 주거용 주방자동소화장치의 설치기준
가. 소화약제 방출구는 환기구의 청소부분과 분리되어 있어야 하며, 형식승인 받은 유효설치 높이 및 방호면적에 따라 설치할 것
나. 감지부는 형식승인 받은 유효한 높이 및 위치에 설치할 것
다. 차단장치(전기 또는 가스)는 상시 확인 및 점검이 가능하도록 설치할 것
라. 가스용 주방자동소화장치를 사용하는 경우 탐지부는 수신부와 분리하여 설치하되, 공기와 비교한 가연성가스의 무거운 정도를 고려하여 적합한 위치에 설치할 것
마. 수신부는 주위의 열기류 또는 습기 등과 주위온도에 영향을 받지 않고 사용자가 상시 볼 수 있는 장소에 설치할 것

[제4조제2항제3호] 캐비닛형자동소화장치의 설치기준
가. 분사헤드(방출구)의 설치 높이는 방호구역의 바닥으로부터 형식승인을 받은 범위 내에서 유효하게 소화약제를 방출시킬 수 있는 높이에 설치할 것
나. 화재감지기는 방호구역 내의 천장 또는 옥내에 면하는 부분에 설치하되「자동화재탐지설비 및 시각경보장치의 화재안전성능기준(NFPC 203)」제7조에 적합하도록 설치할 것
다. 방호구역 내의 화재감지기의 감지에 따라 작동되도록 할 것
라. 화재감지기의 회로는 교차회로방식으로 설치할 것
마. 개구부 및 통기구(환기장치를 포함한다. 이하 같다)를 설치한 것에 있어서는 소화약제가 방출되기 전에 해당 개구부 및 통기구를 자동으로 폐쇄할 수 있도록 할 것
바. 작동에 지장이 없도록 견고하게 고정할 것
사. 구획된 장소의 방호체적 이상을 방호할 수 있는 소화성능이 있을 것

[제4조제2항제4호] 가스, 분말, 고체에어로졸 자동소화장치의 설치기준
가. 소화약제 방출구는 형식승인 받은 유효설치범위 내에 설치할 것
나. 자동소화장치는 방호구역 내에 형식승인 된 1개의 제품을 설치할 것. 이 경우 연동방식으로서 하나의 형식으로 형식승인을 받은 경우에는 1개의 제품으로 본다.

다. 감지부는 형식승인된 유효설치범위 내에 설치해야 하며 설치장소의 평상시 최고주위온도에 따라 적합한 표시온도의 것으로 설치할 것
라. 다목에도 불구하고 화재감지기를 감지부로 사용하는 경우에는 제3호 나목부터 라목까지의 설치방법에 따를 것

옥내소화전설비의 화재안전성능기준(NFPA 102) [시행 2022.12.1.]

[제4조제6항] 옥내소화전설비용 수조의 설치기준 (=옥외소화전, SP)
1. 점검에 편리한 곳에 설치할 것
2. 동결방지조치를 하거나 동결의 우려가 없는 장소에 설치할 것
3. 수조에는 수위계, 고정식 사다리, 청소용 배수밸브(또는 배수관), 표지 및 실내 조명 등 수조의 유지관리에 필요한 설비를 설치할 것

[제6조제12항] 옥내소화전설비의 송수구의 설치기준
1. 송수구는 송수 및 그 밖의 소화작업에 지장을 주지 않도록 설치할 것
2. 송수구로부터 주배관에 이르는 연결배관에는 개폐밸브를 설치하지 않을 것
3. 지면으로부터 높이가 0.5미터 이상 1미터 이하의 위치에 설치할 것
4. 구경 65밀리미터의 쌍구형 또는 단구형으로 할 것
5. 송수구의 가까운 부분에 자동배수밸브(또는 직경 5밀리미터의 배수공) 및 체크밸브를 설치할 것
6. 송수구에는 이물질을 막기 위한 마개를 씌울 것

[제7조제2항] 옥내소화전방수구의 설치기준
1. 특정소방대상물의 층마다 설치하되, 해당 특정소방대상물의 각 부분으로부터 하나의 옥내소화전방수구까지의 수평거리가 25미터 이하가 되도록 할 것
2. 바닥으로부터의 높이가 1.5미터 이하가 되도록 할 것
3. 호스는 구경 40밀리미터(호스릴옥내소화전설비의 경우에는 25밀리미터) 이상인 것으로서 특정소방대상물의 각 부분에 물이 유효하게 뿌려질 수 있는 길이로 설치할 것
4. 호스릴옥내소화전설비의 경우 그 노즐에는 노즐을 쉽게 개폐할 수 있는 장치를 부착할 것

[제8조제3항] 옥내소화전설비의 비상전원의 설치기준 (=화재조기진압용SP,포,CO2,할론,분말)
제2항에 따른 비상전원은 자가발전설비, 축전지설비 또는 전기저장장치로서 다음 각 호의 기준에 따라 설치해야 한다.
1. 점검에 편리하고 화재 또는 침수 등의 재해로 인한 피해를 받을 우려가 없는 곳에 설치할 것
2. 옥내소화전설비를 유효하게 20분 이상 작동할 수 있어야 할 것
3. 상용전원으로부터 전력의 공급이 중단된 때에는 자동으로 비상전원으로부터 전력을 공급받을 수 있도록 할 것

4. 비상전원(내연기관의 기동 및 제어용 축전기를 제외한다)의 설치장소는 다른 장소와 방화구획할 것
5. 비상전원을 실내에 설치하는 때에는 그 실내에 비상조명등을 설치할 것

[제9조제3항] 옥내소화전설비의 감시제어반의 설치기준 (=옥외소화전,물분무,포)
1. 화재 또는 침수 등의 재해로 인한 피해를 받을 우려가 없는 곳에 설치할 것
2. 감시제어반은 옥내소화전설비의 전용으로 할 것
3. 감시제어반은 다음 각 목의 기준에 따른 전용실 안에 설치하고, 전용실에는 특정소방대상물의 기계·기구 또는 시설 등의 제어 및 감시설비 외의 것을 두지 않을 것
   가. 다른 부분과 방화구획을 할 것
   나. 피난층 또는 지하 1층에 설치할 것
   다. 비상조명등 및 급·배기설비를 설치할 것
   라. 「무선통신보조설비의 화재안전성능기준(NFPC 505)」 제5조제3항에 따라 유효하게 통신이 가능할 것
   마. 바닥면적은 감시제어반의 설치에 필요한 면적 외에 화재 시 소방대원이 그 감시제어반의 조작에 필요한 최소면적 이상으로 할 것

[제10조] 옥내소화전설비의 배선 등의 설치기준 (=화재조기진압용스프링클러설비)
① 옥내소화전설비의 배선은 「전기사업법」 제67조에 따른 「전기설비기술기준」에서 정한 것 외에 다음 각 호의 기준에 따라 설치해야 한다.
   1. 비상전원으로부터 동력제어반 및 가압송수장치에 이르는 전원회로의 배선은 내화배선으로 할 것
   2. 상용전원으로부터 동력제어반에 이르는 배선, 그 밖의 옥내소화전설비의 감시·조작 또는 표시등회로의 배선은 내화배선 또는 내열배선으로 할 것
② 제1항에 따른 내화배선 및 내열배선에 사용되는 전선은 내화전선으로 하고, 설치방법은 적합한 케이블공사의 방법에 따른다.
③ 옥내소화전설비의 과전류차단기 및 개폐기에는 "옥내소화전설비용"이라고 표시한 표지를 해야 한다.
④ 옥내소화전설비용 전기배선의 양단 및 접속단자에는 식별이 용이하도록 표시 또는 표지를 해야 한다.

옥외소화전설비의 화재안전성능기준(NFPA109) [시행 2022.12.1.]

[제7조] 소화전함등
① 옥외소화전설비에는 옥외소화전마다 그로부터 5미터 이내의 장소에 소화전함을 설치해야 한다.
② 옥외소화전설비의 함은 소방청장이 정하여 고시한 「소화전함의 성능인증 및 제품검사의 기술기준」에 적합한 것으로 설치하되 밸브의 조작, 호스의 수납 등에 충분한 여유를 가질 수 있도록

해야 한다.
③ 옥외소화전설비의 함에는 그 표면에 "옥외소화전"이라는 표시를 해야 한다.
④ 옥외소화전설비의 함에는 옥외소화전설비의 위치를 표시하는 표시등과 가압송수장치의 기동을 표시하는 표시등을 설치해야 한다.

[제10조] 배선 등 (=SP, 미분무, 물분무, 포소화설비)

① 옥외소화전설비의 배선은 「전기사업법」 제67조에 따른 「전기설비기술기준」에서 정한 것 외에 다음 각 호의 기준에 따라 설치해야 한다.
    1. 비상전원을 설치한 경우에는 비상전원으로부터 동력제어반 및 가압송수장치에 이르는 전원회로배선은 내화배선으로 할 것
    2. 상용전원으로부터 동력제어반에 이르는 배선, 그 밖의 옥외소화전설비의 감시·조작 또는 표시등회로의 배선은 내화배선 또는 내열배선으로 할 것
② 제1항에 따른 내화배선 및 내열배선은 「옥내소화전설비의 화재안전성능기준(NFPC 102)」 제10조제2항에 따른다.
③ 옥외소화전설비의 과전류차단기 및 개폐기에는 "옥외소화전설비용"이라고 표시한 표지를 해야 한다.
④ 옥외소화전설비용 전기배선의 양단 및 접속단자에는 식별이 용이하도록 표시 또는 표지를 해야 한다.

스프링클러설비의 화재안전성능기준(NFPC 103) [시행 2024.7.1.]

[제6조] 폐쇄형스프링클러설비의 방호구역 및 유수검지장치

폐쇄형스프링클러헤드를 사용하는 설비의 방호구역(스프링클러설비의 소화범위에 포함된 영역을 말한다. 이하 같다) 및 유수검지장치는 다음 각 호의 기준에 적합해야 한다.

1. 하나의 방호구역의 바닥면적은 3,000제곱미터를 초과하지 않을 것
2. 하나의 방호구역에는 한 개 이상의 유수검지장치를 설치하되, 화재 시 접근이 쉽고 점검하기 편리한 장소에 설치할 것
3. 하나의 방호구역은 두 개 층에 미치지 않도록 할 것
4. 유수검지장치를 실내에 설치하거나 보호용 철망 등으로 구획하여 바닥으로부터 0.8미터 이상 1.5미터 이하의 위치에 설치하되, 그 실 등에는 개구부가 가로 0.5미터 이상 세로 1미터 이상의 출입문을 설치하고 그 출입문 상단에 "유수검지장치실"이라고 표시한 표지를 설치할 것
5. 스프링클러헤드에 공급되는 물은 유수검지장치를 지나도록 할 것
6. 자연낙차에 따른 압력수가 흐르는 배관 상에 설치된 유수검지장치는 화재 시 물의 흐름을 검지할 수 있는 최소한의 압력이 얻어질 수 있도록 수조의 하단으로부터 낙차를 두어 설치할 것
7. 조기반응형 스프링클러헤드를 설치하는 경우에는 습식유수검지장치를 설치할 것

[제8조제9항] 가지배관의 배열은 기준 (=간이스프링클러의 가지배관기준)

1. 토너먼트(tournament)방식이 아닐 것
2. 교차배관에서 분기되는 지점을 기점으로 한쪽 가지배관에 설치되는 간이헤드의 개수(반자 아래와 반자속의 헤드를 하나의 가지배관 상에 병설하는 경우에는 반자 아래에 설치하는 헤드의 개수)는 8개 이하로 할 것
3. 가지배관과 스프링클러헤드 사이의 배관을 신축배관으로 하는 경우에는 소방청장이 정하여 고시한 「스프링클러설비신축배관 성능인증 및 제품검사의 기술기준」에 적합한 것으로 설치할 것

[제8조제10항] 교차배관의 위치·청소구 및 가지배관의 헤드 설치기준 (=화재조기진압용SP)

1. 교차배관은 가지배관과 수평으로 설치하거나 가지배관 밑에 설치하고, 그 구경은 제3항에 따르되 최소구경이 40밀리미터 이상이 되도록 할 것
2. 청소구는 교차배관 끝에 개폐밸브를 설치하고, 호스접결이 가능한 나사식 또는 고정배수 배관식으로 할 것
3. 하향식헤드를 설치하는 경우에 가지배관으로부터 헤드에 이르는 헤드접속배관은 가지배관 상부에서 분기할 것

[제9조제3항] 준비작동식유수검지장치 또는 일제개방밸브의 작동기준

1. 담당구역 내의 화재감지기의 동작에 따라 개방 및 작동될 것
2. 화재감지회로는 교차회로방식으로 할 것
3. 준비작동식유수검지장치 또는 일제개방밸브의 인근에서 수동기동에 따라서도 개방 및 작동될 수 있게 할 것
4. 제1호 및 제2호에 따른 화재감지기의 설치기준에 관하여는 「자동화재탐지설비 및 시각경보장치의 화재안전성능기준(NFPC 203)」 제7조 및 제11조를 준용할 것
5. 화재감지기 회로에는 「자동화재탐지설비 및 시각경보장치의 화재안전성능기준(NFPC 203)」 제9조에 따른 발신기를 설치할 것

[제10조제7항] 스프링클러헤드는 설치방법

1. 스프링클러헤드는 살수 및 감열에 장애가 없도록 설치할 것
2. 연소할 우려가 있는 개구부에는 그 상하좌우에 2.5미터 간격으로(개구부의 폭이 2.5미터 이하인 경우에는 그 중앙에) 스프링클러헤드를 설치하되, 스프링클러헤드와 개구부의 내측 면으로부터 직선거리는 15센티미터 이하가 되도록 할 것
3. 습식스프링클러설비 및 부압식스프링클러설비 외의 설비에는 상향식스프링클러헤드를 설치할 것
4. 측벽형스프링클러헤드를 설치하는 경우 긴 변의 한쪽 벽에 일렬로 설치(폭이 4.5미터 이상 9미터 이하인 실에 있어서는 긴변의 양쪽에 각각 일렬로 설치하되 마주보는 스프링클러헤드가 나란히꼴이 되도록 설치)하고 3.6미터 이내마다 설치할 것

5. 상부에 설치된 헤드의 방출수에 따라 감열부가 영향을 받을 우려가 있는 헤드에는 방출수를 차단할 수 있는 유효한 차폐판을 설치할 것

[제11조] 스프링클러설비의 송수구 설치기준
1. 송수구는 송수 및 그 밖의 소화작업에 지장을 주지 않도록 설치할 것
2. 송수구로부터 주배관에 이르는 연결배관에는 개폐밸브를 설치하지 않을 것
3. 구경 65밀리미터의 쌍구형으로 할 것
4. 송수구에는 그 가까운 곳의 보기 쉬운 곳에 송수압력범위를 표시한 표지를 할 것
5. 폐쇄형스프링클러헤드를 사용하는 스프링클러설비의 송수구는 하나의 층의 바닥면적이 3,000제곱미터를 넘을 때마다 1개 이상(5개를 넘을 경우에는 5개로 한다)을 설치할 것
6. 지면으로부터 높이가 0.5미터 이상 1미터 이하의 위치에 설치할 것
7. 송수구의 가까운 부분에 자동배수밸브(또는 직경 5밀리미터의 배수공) 및 체크밸브를 설치할 것
8. 송수구에는 이물질을 막기 위한 마개를 씌울 것

[제12조제3항] 비상전원 중 자가발전설비, 축전기설비 또는 전기저장장치의 기준
1. 점검에 편리하고 화재 및 침수 등의 재해로 인한 피해를 받을 우려가 없는 곳에 설치할 것
2. 스프링클러설비를 유효하게 20분 이상 작동할 수 있어야 할 것
3. 상용전원으로부터 전력의 공급이 중단된 때에는 자동으로 비상전원으로부터 전력을 공급받을 수 있도록 할 것
4. 비상전원(내연기관의 기동 및 제어용 축전기를 제외한다)의 설치장소는 다른 장소와 방화구획할 것
5. 비상전원을 실내에 설치하는 때에는 그 실내에 비상조명등을 설치할 것
6. 옥내에 설치하는 비상전원실에는 옥외로 직접 통하는 충분한 용량의 급배기설비를 설치할 것
7. 비상전원의 출력용량은 다음 각 목의 기준을 충족할 것
    가. 비상전원 설비에 설치되어 동시에 운전될 수 있는 모든 부하의 합계 입력용량을 기준으로 정격출력을 선정할 것
    나. 기동전류가 가장 큰 부하가 기동될 때에도 부하의 허용 최저입력전압 이상의 출력전압을 유지할 것
    다. 단시간 과전류에 견디는 내력은 입력용량이 가장 큰 부하가 최종 기동할 경우에도 견딜 수 있을 것
8. 자가발전설비는 부하의 용도와 조건에 적합한 것으로 설치하고, 비상전원실의 출입구 외부에는 실의 위치와 비상전원의 종류를 알아볼 수 있도록 표지판을 부착할 것

[제13조제3항] 감시제어반 설치기준

1. 화재 및 침수 등의 재해로 인한 피해를 받을 우려가 없는 곳에 설치할 것
2. 감시제어반은 스프링클러설비의 전용으로 할 것
3. 감시제어반은 다음 각 목의 기준에 따른 전용실 안에 설치하고, 전용실에는 특정소방대상물의 기계·기구 또는 시설 등의 제어 및 감시설비 외의 것을 두지 않을 것
   가. 다른 부분과 방화구획을 할 것
   나. 피난층 또는 지하 1층에 설치할 것
   다. 비상조명등 및 급·배기설비를 설치할 것
   라. 「무선통신보조설비의 화재안전성능기준(NFPC 505)」 제5조제3항에 따라 유효하게 통신이 가능할 것
   마. 바닥면적은 감시제어반의 설치에 필요한 면적 외에 화재 시 소방대원이 그 감시제어반의 조작에 필요한 최소면적 이상으로 할 것
4. 각 유수검지장치 또는 일제개방밸브의 작동 여부를 확인할 수 있는 표시 및 경보기능이 있도록 할 것
5. 일제개방밸브를 사용하는 설비의 경우 화재감지는 각 경계회로별로 화재표시가 되도록 하고, 일제개방밸브를 개방시킬 수 있는 수동조작스위치를 설치할 것
6. 화재감지기, 압력스위치, 저수위, 개폐밸브 폐쇄상태 확인 등 확인회로마다 도통시험 및 작동시험을 할 수 있도록 할 것
7. 감시제어반과 자동화재탐지설비의 수신기를 별도의 장소에 설치하는 경우에는 이들 상호 간 연동하여 화재발생 및 제2항의 기능을 확인할 수 있도록 할 것

[제15조] 헤드의 설치제외

① 스프링클러설비를 설치해야 할 특정소방대상물에 있어서 스프링클러설비 작동 시 소화효과를 기대할 수 없는 장소이거나 2차 피해가 예상되는 장소 또는 화재 발생 위험이 적은 장소에는 스프링클러헤드를 설치하지 않을 수 있다.
② 제10조제7항제2호의 연소할 우려가 있는 개구부에 드렌처설비를 적합하게 설치한 경우에는 해당 개구부에 한하여 스프링클러헤드를 설치하지 않을 수 있다.

간이스프링클러설비의 화재안전성능기준(NFPC 103A) [시행 2024.12.1.]

[제6조] 간이스프링클러설비의 방호구역 및 유수검지장치

간이스프링클러설비의 방호구역(간이스프링클러설비의 소화범위에 포함된 영역을 말한다. 이하 같다) 및 유수검지장치는 다음 각 호의 기준에 적합해야 한다. 다만, 캐비닛형의 경우에는 제3호의 기준에 적합해야 한다.

1. 하나의 방호구역의 바닥면적은 1,000제곱미터를 초과하지 않을 것
2. 하나의 방호구역에는 1개 이상의 유수검지장치를 설치하되, 화재 시 접근이 쉽고 점검하기 편리한 장소에 설치할 것

3. 하나의 방호구역은 2개 층에 미치지 않도록 할 것
4. 유수검지장치는 실내에 설치하거나 보호용 철망 등으로 구획하여 바닥으로부터 0.8미터 이상 1.5미터 이하의 위치에 설치하되, 그 실 등에는 개구부가 가로 0.5미터 이상 세로 1미터 이상의 출입문을 설치하고 그 출입문 상단에 "유수검지장치실"이라고 표시한 표지를 설치할 것
5. 간이헤드에 공급되는 물은 유수검지장치를 지나도록 할 것
6. 자연낙차에 따른 압력수가 흐르는 배관 상에 설치된 유수검지장치는 화재 시 물의 흐름을 검지할 수 있는 최소한의 압력이 얻어질 수 있도록 수조의 하단으로부터 낙차를 두어 설치할 것
7. 간이스프링클러설비가 설치되는 특정소방대상물에 부설된 주차장부분(영 별표 4 제1호바목에 해당하지 않는 부분에 한한다)에는 습식 외의 방식으로 할 것

[제7조] 간이스프링클러설비의 제어반 설치기준

1. 상수도 직결형의 경우에는 급수배관에 설치되어 급수를 차단할 수 있는 개폐밸브 및 유수검지장치의 작동상태를 확인할 수 있어야 하며, 예비전원이 확보되고 예비전원의 적합여부를 시험할 수 있어야 할 것
2. 상수도 직결형을 제외한 방식의 것에 있어서는 「스프링클러설비의 화재안전성능기준(NFPC 103)」 제13조를 준용할 것

[제8조제9항] 가지배관의 배열 기준

1. 토너먼트(tournament)방식이 아닐 것
2. 교차배관에서 분기되는 지점을 기점으로 한쪽 가지배관에 설치되는 간이헤드의 개수(반자 아래와 반자속의 헤드를 하나의 가지배관 상에 병설하는 경우에는 반자 아래에 설치하는 헤드의 개수)는 8개 이하로 할 것
3. 가지배관과 스프링클러헤드 사이의 배관을 신축배관으로 하는 경우에는 소방청장이 정하여 고시한 「스프링클러설비신축배관 성능인증 및 제품검사의 기술기준」에 적합한 것으로 설치할 것

[제11조] 간이스프링클러설비의 송수구 설치기준

1. 송수구는 송수 및 그 밖의 소화작업에 지장을 주지 않도록 설치할 것
2. 송수구로부터 주배관에 이르는 연결배관에는 개폐밸브를 설치하지 않을 것
3. 구경 65밀리미터의 단구형 또는 쌍구형으로 해야 하며, 송수배관의 안지름은 40밀리미터 이상으로 할 것
4. 지면으로부터 높이가 0.5미터 이상 1미터 이하의 위치에 설치할 것
5. 송수구의 가까운 부분에 자동배수밸브(또는 직경 5밀리미터의 배수공) 및 체크밸브를 설치할 것
6. 송수구에는 이물질을 막기 위한 마개를 씌울 것

화재조기진압용 스프링클러설비의 화재안전성능기준(NFPC 103B) [시행 2024.7.1.]

[제7조] 방호구역 및 유수검지장치의 기준

1. 하나의 방호구역의 바닥면적은 3,000제곱미터를 초과하지 않을 것
2. 하나의 방호구역에는 한개 이상의 유수검지장치를 설치하되, 화재 시 접근이 쉽고 점검하기 편리한 장소에 설치할 것
3. 하나의 방호구역은 두개 층에 미치지 않도록 할 것
4. 유수검지장치를 실내에 설치하거나 보호용 철망 등으로 구획하여 바닥으로부터 0.8미터 이상 1.5미터 이하의 위치에 설치하되, 그 실 등에는 개구부가 가로 0.5미터 이상 세로 1미터 이상의 출입문을 설치하고 그 출입문 상단에 "유수검지장치실" 이라고 표시한 표지를 설치할 것
5. 화재조기진압용 스프링클러헤드에 공급되는 물은 유수검지장치를 지나도록 할 것
6. 자연낙차에 따른 압력수가 흐르는 배관 상에 설치된 유수검지장치는 소화수의 방수 시 물의 흐름을 검지할 수 있는 최소한의 압력이 얻어질 수 있도록 수조의 하단으로부터 낙차를 두어 설치할 것

[제13조] 화재조기진압용 스프링클러설비의 송수구 설치기준 (=물분무소화설비)

1. 송수구는 송수 및 그 밖의 소화작업에 지장을 주지 않도록 설치할 것
2. 송수구로부터 주배관에 이르는 연결배관에는 개폐밸브를 설치하지 않을 것
3. 구경 65밀리미터의 쌍구형으로 할 것
4. 송수구에는 그 가까운 곳의 보기 쉬운 곳에 송수압력범위를 표시한 표지를 할 것
5. 송수구는 하나의 층의 바닥면적이 3,000제곱미터를 넘을 때마다 1개(5개를 넘을 경우에는 5개로 한다) 이상을 설치할 것
6. 지면으로부터 높이가 0.5미터 이상 1미터 이하의 위치에 설치할 것
7. 송수구의 가까운 부분에 자동배수밸브(또는 직경 5밀리미터의 배수공) 및 체크밸브를 설치할 것
8. 송수구에는 이물질을 막기 위한 마개를 씌울 것

[제17조] 설치제외

제4류 위험물 또는 타이어, 두루마리 종이 및 섬유류, 섬유제품 등 연소 시 화염의 확산 속도가 빠르고 방사된 물이 하부까지에 도달하지 못하는 것에 해당하는 물품의 경우에는 화재조기진압용 스프링클러를 설치해서는 안 된다.

물분무소화설비의 화재안전성능기준(NFPC 104) [시행 2024.7.1.]

[제8조] 기동장치
① 물분무소화설비의 수동식기동장치는 직접 조작 또는 원격조작에 따라 각각의 가압송수장치 및 수동식 개방밸브 또는 가압송수장치 및 자동개방밸브를 개방할 수 있도록 설치해야 한다.
② 자동식 기동장치는 화재감지기의 작동 또는 폐쇄형스프링클러헤드의 개방과 연동하여 경보를 발하고, 가압송수장치 및 자동개방밸브를 기동할 수 있는 것으로 해야 한다.

[제9조] 제어밸브 등
① 물분무소화설비의 제어밸브 기타 밸브는 다음 각 호의 기준에 따라 설치해야 한다.
   1. 제어밸브는 바닥으로부터 0.8미터 이상 1.5미터 이하의 위치에 설치할 것
   2. 제어밸브의 가까운 곳의 보기 쉬운 곳에 "제어밸브"라고 표시한 표지를 할 것
② 자동 개방밸브 및 수동식 개방밸브는 화재 시 용이하게 접근할 수 있는 곳에 설치하고, 2차 측 배관 부분에는 해당 방수구역 외에 밸브의 작동을 시험할 수 있는 장치를 설치해야 한다.

[제10조] 물분무헤드
① 물분무헤드는 표준방사량으로 해당 방호대상물의 화재를 유효하게 소화하는데 필요한 수를 적정한 위치에 설치해야 한다.
② 고압의 전기기기가 있는 장소는 전기의 절연을 위하여 전기기기와 물분무헤드 사이에 전기기기의 전압(kV)에 따라 안전이격거리를 두어야 한다.

[제15조] 물분무헤드의 설치제외
물에 심하게 반응하는 물질, 고온의 물질 또는 직접 분무를 하는 경우 그 부분에 손상을 입힐 우려가 있는 기계장치 등이 있는 장소에는 물분무헤드를 설치하지 않을 수 있다.

미분무소화설비의 화재안전성능기준(NFPC 104A) [시행 2023.2.10.]

[제4조] 설계도서 작성
① 미분무소화설비의 성능을 확인하기 위하여 하나의 발화원을 가정한 설계도서는 화재 시 건축물에서 발생 가능한 상황을 고려하여 작성되어야 하며, 설계도서는 일반설계도서와 특별설계도서로 구분한다.
② 일반설계도서는 유사한 특정소방대상물의 화재사례 등을 이용하여 작성하고, 특별설계도서는 일반설계도서에서 발화 장소 등을 변경하여 위험도를 높게 만들어 작성해야 한다.
③ 제1항 및 제2항에도 불구하고 검증된 기준에서 정하고 있는 것을 사용할 경우에는 적합한 도서로 인정할 수 있다.

[제5조] 설계도서의 검증

① 소방관서에 허가동의를 받기 전에 법 제46조제1항에 따라 성능시험기관으로 지정받은 기관에서 그 성능을 검증받아야 한다.

② 설계도서의 변경이 필요한 경우 제1항에 따른 기관에서 재검증을 받아야 한다.

[제6조] 수원

① 미분무소화설비에 사용되는 소화용수는 「먹는물관리법」 제5조에 적합하고, 저수조 등에 충수할 경우 필터 또는 스트레이너를 통해야 하며, 사용되는 물에는 입자·용해고체 또는 염분이 없어야 한다.

② 배관의 연결부(용접부 제외) 또는 주배관의 유입측에는 필터 또는 스트레이너를 설치해야 하고, 사용되는 스트레이너에는 청소구가 있어야 하며, 검사·유지관리 및 보수 시에 배치 위치를 변경하지 않아야 한다.

③ 사용되는 필터 또는 스트레이너의 메쉬는 헤드 오리피스 지름의 80퍼센트 이하가 되어야 한다.

④ 수원의 양은 방호구역(방수구역) 내 헤드의 개수, 설계유량, 설계방수시간, 안전율 및 배관의 총체적을 고려하여 계산한 양 이상으로 해야 한다.

⑤ 첨가제의 양은 설계방수시간 내에 충분히 사용될 수 있는 양 이상으로 산정한다. 이 경우 첨가제가 소화약제인 경우 소방청장이 정하여 고시한 「소화약제의 형식승인 및 제품검사의 기술기준」에 적합한 것으로 사용해야 한다.

[제7조] 수조

① 수조의 재료는 냉간 압연 스테인리스 강판 및 강대(KS D 3698)의 STS304 또는 이와 동등 이상의 강도·내식성·내열성이 있는 것으로 해야 한다.

② 수조를 용접할 경우 용접찌꺼기 등이 남아 있지 아니해야 하며, 부식의 우려가 없는 용접방식으로 해야 한다.

③ 미분무소화설비용 수조는 다음 각 호의 기준에 따라 설치해야 한다.
  1. 전용으로 하며 점검에 편리한 곳에 설치할 것
  2. 동결방지조치를 하거나 동결의 우려가 없는 장소에 설치할 것
  3. 수조에는 수위계, 고정식 사다리, 청소용 배수밸브(또는 배수관), 표지 및 실내 조명 등 수조의 유지관리에 필요한 설비를 설치할 것

[제8조제1항] 전동기 또는 내연기관에 따른 펌프를 이용하는 가압송수장치 설치기준

1. 쉽게 접근할 수 있고 점검하기에 충분한 공간이 있는 장소로서 화재 및 침수 등의 재해로 인한 피해를 받을 우려가 없는 곳에 설치할 것
2. 동결방지조치를 하거나 동결의 우려가 없는 장소에 설치할 것
3. 펌프는 전용으로 할 것
4. 펌프의 토출 측에는 압력계를 설치할 것
5. 펌프의 성능은 체절운전 시 정격토출압력의 140퍼센트를 초과하지 않고, 정격토출량의 150퍼센트로 운전 시 정격토출압력의 65퍼센트 이상이 되어야 하며, 펌프의 성능을 시험할 수 있는

성능시험배관을 설치할 것
6. 가압송수장치의 송수량은 최저설계압력에서 설계유량(L/min) 이상의 방수성능을 가진 기준개수의 모든 헤드로부터의 방수량을 충족시킬 수 있는 양 이상의 것으로 할 것
7. 내연기관을 사용하는 경우에는 제어반에 따라 내연기관의 자동기동 및 수동기동이 가능하고, 상시 충전되어 있는 축전지설비와 운전에 필요한 충분한 연료량을 갖출 것
8. 가압송수장치가 기동되는 경우에는 자동으로 정지되지 아니하도록 할 것
9. 가압송수장치는 부식 등으로 인한 펌프의 고착을 방지할 수 있도록 청동 또는 스테인리스 등 부식에 강한 재질을 사용할 것

[제15조제3항] 감시제어반 설치기준
1. 화재 및 침수 등의 재해로 인한 피해를 받을 우려가 없는 곳에 설치할 것
2. 감시제어반은 미분무 소화설비의 전용으로 할 것
3. 감시제어반은 다음 각 목의 기준에 따른 전용실안에 설치하고, 전용실에는 특정소방대상물의 기계·기구 또는 시설 등의 제어 및 감시설비 외의 것을 두지 않을 것
   가. 다른 부분과 방화구획을 할 것
   나. 피난층 또는 지하 1층에 설치할 것
   다. 「무선통신보조설비의 화재안전성능기준(NFPC 505)」 제5조제3항에 따라 유효하게 통신이 가능할 것
   라. 바닥면적은 감시제어반의 설치에 필요한 면적 외에 화재시 소방대원이 그 감시제어반의 조작에 필요한 최소면적 이상으로 할 것
4. 화재감지기, 저수위, 개폐밸브 폐쇄상태 확인 등 확인회로마다 도통시험 및 작동시험을 할 수 있도록 할 것
5. 감시제어반과 자동화재탐지설비의 수신기를 별도의 장소에 설치하는 경우에는 이들 상호 간에 동시 통화가 가능하도록 할 것

포소화설비의 화재안전성능기준(NFPC 105) [시행 2024.7.1.]

[제7조제14항] 포소화설비의 송수구 설치기준
1. 송수구는 송수 및 그 밖의 소화작업에 지장을 주지 않도록 설치할 것
2. 송수구로부터 주배관에 이르는 연결배관에는 개폐밸브를 설치하지 않을 것
3. 구경 65밀리미터의 쌍구형으로 할 것
4. 송수구에는 그 가까운 곳의 보기 쉬운 곳에 송수압력범위를 표시한 표지를 할 것
5. 포소화설비의 송수구는 하나의 층의 바닥면적이 3,000제곱미터를 넘을 때마다 1개 이상을 설치할 것(5개를 넘을 경우에는 5개로 한다)
6. 지면으로부터 높이가 0.5미터 이상 1미터 이하의 위치에 설치할 것

7. 송수구의 가까운 부분에 자동배수밸브(또는 직경 5밀리미터의 배수공) 및 체크밸브를 설치할 것
8. 송수구에는 이물질을 막기 위한 마개를 씌울 것

[제8조제1항] 포 소화약제의 저장탱크 설치기준

① 포 소화약제의 저장탱크(용기를 포함한다. 이하 같다)는 다음 각 호의 기준에 따라 설치하고, 제9조에 따른 혼합장치와 배관 등으로 연결해야 한다.

1. 화재 등의 재해로 인한 피해를 받을 우려가 없는 장소에 설치할 것
2. 기온의 변동으로 포의 발생에 장애를 주지 않는 장소에 설치할 것
3. 포 소화약제가 변질될 우려가 없고 점검에 편리한 장소에 설치할 것
4. 가압송수장치 또는 포 소화약제 혼합장치의 기동에 따라 압력이 가해지는 것 또는 상시 가압된 상태로 사용되는 것은 압력계를 설치할 것
5. 포 소화약제 저장량의 확인이 쉽도록 액면계 또는 계량봉 등을 설치할 것
6. 저장탱크에는 압력계, 액면계(또는 계량봉) 또는 글라스게이지 등 점검 및 유지관리에 필요한 설비를 설치할 것

[제11조] 기동장치 기준

① 포소화설비의 수동식 기동장치는 직접조작 또는 원격조작에 따라 가압송수장치·수동식개방밸브 및 소화약제 혼합장치를 기동할 수 있는 것으로 하고, 방사구역 및 특정소방대상물에 따라 적합하게 설치해야 한다.

② 포소화설비의 자동식 기동장치는 자동화재탐지설비의 감지기의 작동 또는 폐쇄형스프링클러헤드의 개방과 연동하여 가압송수장치·일제개방밸브 및 포 소화약제 혼합장치를 기동시킬 수 있도록 하되, 동결의 우려가 있는 장소의 포소화설비의 자동식 기동장치는 자동화재탐지설비와 연동되도록 해야 한다.

③ 포소화설비의 기동장치에 설치하는 자동경보장치에는 방사구역마다 일제개방밸브와 그 일제개방밸브의 작동여부를 발신하는 발신부를 설치하고, 수신기는 상시 사람이 근무하고 있는 장소에 설치해야 한다.

이산화탄소소화설비의 화재안전성능기준(NFPC 106) [시행 2024.8.1.]

[제4조] 소화약제의 저장용기 등

① 이산화탄소 소화약제의 저장용기는 방호구역 외의 장소로서 방화구획된 실에 설치해야 한다.
② 이산화탄소 소화약제의 저장용기는 다음 각 호의 기준에 적합해야 한다.

1. 저장용기는 고압식은 25메가파스칼 이상, 저압식은 3.5메가파스칼 이상의 내압시험압력에 합격한 것으로 할 것
2. 저압식 저장용기에는 안전밸브, 봉판, 액면계, 압력계, 압력경보장치 및 자동냉동장치 등의 안전장치를 설치할 것
3. 저장용기의 충전비는 고압식은 1.5 이상 1.9 이하, 저압식은 1.1 이상 1.4 이하로 할 것

③ 이산화탄소 소화약제 저장용기의 개방밸브는 전기식·가스압력식 또는 기계식에 따라 자동으로 개방되고 수동으로도 개방되는 것으로서 안전장치가 부착된 것으로 해야 한다.

④ 이산화탄소 소화약제 저장용기와 집합관을 연결하는 연결배관에는 체크밸브를 설치하고, 선택밸브(또는 개폐밸브)와의 사이에는 과압방지를 위한 안전장치를 설치해야 한다. 이 경우 안전장치를 통하여 나온 소화가스는 전용의 배관 등을 통하여 건축물 외부로 배출될 수 있도록 해야 한다. 〈개정 2024.7.10.〉

[제6조] 기동장치

① 이산화탄소소화설비의 수동식 기동장치는 다음 각 호의 기준에 따라 설치해야 한다. 〈개정 2024.7.10.〉
  1. 수동식 기동장치는 오조작을 방지하기 위한 보호장치가 있는 것으로 설치할 것
  2. 수동식 기동장치는 전역방출방식은 방호구역마다, 국소방출방식은 방호대상물마다 조작, 피난 및 유지관리가 용이한 장소에 설치할 것
  3. 수동식 기동장치의 부근에는 소화약제의 방출을 지연시킬 수 있는 방출지연스위치를 설치할 것

② 이산화탄소소화설비의 자동식 기동장치는 자동화재탐지설비의 감지기의 작동과 연동하는 것으로서 수동으로도 기동할 수 있는 구조로 설치해야 한다.

③ 이산화탄소소화설비가 설치된 부분의 출입구 등의 보기 쉬운 곳에 소화약제의 방출을 표시하는 표시등을 설치해야 한다.

[제7조] 제어반 및 화재표시반의 설치기준 (=할론, 할로겐화합물 및 불활성기체, 분말소화설비)

1. 제어반은 수동기동장치 또는 화재감지기에서의 신호를 수신하여 음향경보장치의 작동, 소화약제의 방출 또는 지연 등 기타의 제어기능을 가진 것으로 하고, 제어반에는 전원표시등을 설치할 것
2. 화재표시반은 제어반에서의 신호를 수신하여 작동하는 기능을 가진 것으로 설치할 것
3. 제어반 및 화재표시반은 화재 및 침수 등의 재해로 인한 피해를 받을 우려가 없고 점검에 편리한 장소에 설치할 것

[제11조] 분사헤드 설치제외

이산화탄소소화설비의 분사헤드는 사람이 상시 근무하거나 다수인이 출입·통행하는 곳과 자기연소성물질 또는 활성금속물질 등을 저장하는 장소에는 설치해서는 안 된다.

[제14조] 자동폐쇄장치 (=할론, 분말소화설비)

전역방출방식의 이산화탄소소화설비를 설치한 특정소방대상물 또는 그 부분에 대하여 환기장치 등을 설치한 것은 소화약제가 방출되기 전에 해당 환기장치 등이 정지될 수 있도록 하고, 개구부 및 통기구가 있어 소화약제의 유출에 따라 소화효과를 감소시킬 우려가 있는 것은 소화약제가 방출되기 전에 당해 개구부 및 통기구를 폐쇄할 수 있도록 자동폐쇄장치를 설치해야 한다.

[제19조] 안전시설 등

① 이산화탄소소화설비가 설치된 장소에는 시각경보장치, 위험경고표지 등의 안전시설을 설치해야 한다. 〈개정 2024.7.10.〉

② 방호구역 내에 이산화탄소 소화약제가 방출되는 경우 후각을 통해 이를 인지할 수 있도록 부취발생기를 다음 각 호의 어느 하나에 해당하는 방식으로 설치해야 한다. 〈신설 2024.7.10.〉
   1. 부취발생기를 소화약제 저장용기실 내의 소화배관에 설치하여 소화약제의 방출에 따라 부취제가 혼합되도록 하는 방식
   2. 방호구역 내에 부취발생기를 설치하여 소화약제 방출 전에 부취제가 방출되도록 하는 방식

할론소화설비의 화재안전성능기준(NFPC 107) [시행 2023.2.10.]

[제4조제2항] 소화약제의 저장용기기준

1. 축압식 저장용기의 축압용 가스는 질소가스로 할 것
2. 저장용기의 충전비는 소화약제의 종류에 따를 것
3. 동일 집합관에 접속되는 저장용기의 소화약제 충전량은 동일 충전비의 것으로 할 것

[제8조] 할론소화설비의 배관 설치기준

1. 배관은 전용으로 할 것
2. 강관을 사용하는 경우의 배관은 압력 배관용 탄소 강관(KS D 3562) 중 스케줄 80(저압식은 스케줄 40) 이상의 것 또는 이와 동등 이상의 강도를 가진 것으로 아연도금 등으로 방식 처리된 것을 사용할 것
3. 동관을 사용하는 경우의 배관은 이음이 없는 구리 및 구리합금관(KS D 5301)으로서 고압식은 16.5메가파스칼 이상, 저압식은 3.75메가파스칼 이상의 압력에 견딜 수 있는 것을 사용할 것
4. 배관부속 및 밸브류는 강관 또는 동관과 동등 이상의 강도 및 내식성이 있는 것으로 할 것

할로겐화합물 및 불활성기체소화설비의 화재안전성능기준(NFPC 107A) [시행 2024.8.1.]

[제5조] 설치제외

할로겐화합물 및 불활성기체소화설비는 사람이 상주하는 곳으로 최대허용 설계농도를 초과하는 장소 또는 소화성능이 인정되지 않는 위험물을 저장·보관·사용하는 장소 등에는 설치할 수 없다.

[제6조] 저장용기

① 할로겐화합물 및 불활성기체소화약제의 저장용기는 방호구역 외의 장소로서 방화구획된 실에 설치해야 한다.

② 할로겐화합물 및 불활성기체소화약제의 저장용기는 다음 각 호의 기준에 적합해야 한다.
   1. 저장용기의 충전밀도 및 충전압력은 할로겐화합물 및 불활성기체소화약제의 종류에 따라 적용할 것

    2. 동일 집합관에 접속되는 저장용기는 동일한 내용적을 가진 것으로 충전량 및 충전압력이 같도록 할 것
    3. 저장용기의 약제량 손실이 5퍼센트를 초과하거나 압력손실이 10퍼센트를 초과할 경우에는 재충전하거나 저장용기를 교체할 것. 다만, 불활성기체 소화약제 저장용기의 경우에는 압력손실이 5퍼센트를 초과할 경우 재충전하거나 저장용기를 교체해야 한다.
③ 하나의 방호구역을 담당하는 저장용기의 소화약제의 체적 합계보다 소화약제의 방출 시 방출경로가 되는 배관(집합관을 포함한다)의 내용적의 비율이 할로겐화합물 및 불활성기체소화약제 제조업체(이하 "제조업체"라 한다)의 설계기준에서 정한 값 이상일 경우에는 해당 방호구역에 대한 설비는 별도 독립방식으로 해야 한다.
④ 할로겐화합물 및 불활성기체소화약제 저장용기와 선택밸브(또는 개폐밸브)와의 사이에는 과압방지를 위한 안전장치를 설치해야 한다. 이 경우 안전장치를 통하여 나온 소화가스는 전용의 배관 등을 통하여 건축물 외부로 배출될 수 있도록 해야 한다. 〈신설 2024.7.10.〉

[제8조] 기동장치

① 할로겐화합물 및 불활성기체소화설비의 수동식 기동장치는 다음 각 호의 기준에 따라 설치해야 한다. 〈개정 2024.7.10.〉
    1. 수동식 기동장치는 오조작을 방지하기 위한 보호장치가 있는 것으로 설치할 것
    2. 수동식 기동장치는 방호구역마다 조작, 피난 및 유지관리가 용이한 장소에 설치할 것
    3. 수동식 기동장치의 부근에는 소화약제의 방출을 지연시킬 수 있는 방출지연스위치를 설치할 것
② 할로겐화합물 및 불활성기체소화설비의 자동식 기동장치는 자동화재탐지설비의 감지기의 작동과 연동하는 것으로서 수동식 기동장치를 함께 설치해야 한다.
③ 할로겐화합물 및 불활성기체소화설비가 설치된 부분의 출입구 등의 보기 쉬운 곳에 소화약제의 방출을 표시하는 표시등을 설치해야 한다.

분말소화설비의 화재안전성능기준(NFPC 108) [시행 2023.2.10.]

[제4조] 저자용기

① 분말소화약제의 저장용기는 방호구역 외의 장소로서 방화구획된 실에 설치해야 한다.
② 분말소화약제의 저장용기는 다음 각 호의 기준에 적합해야 한다.
    1. 저장용기의 내용적은 소화약제 1킬로그램당 1리터(제1종 분말은 0.8리터, 제4종 분말은 1.25리터)로 한다.
    2. 저장용기에는 가압식은 최고사용압력의 1.8배 이하, 축압식은 용기의 내압시험압력의 0.8배 이하의 압력에서 작동하는 안전밸브를 설치할 것
    3. 가압식 저장용기에는 저장용기의 내부압력이 설정압력으로 되었을 때 주밸브를 개방하는 정압작동장치를 설치할 것

4. 저장용기의 충전비는 0.8 이상으로 할 것
5. 저장용기 및 배관에는 잔류 소화약제를 처리할 수 있는 청소장치를 설치할 것
6. 축압식 저장용기에는 사용압력 범위를 표시한 지시압력계를 설치할 것

고체에어로졸소화설비의 화재안전성능기준(NFPC 110) [시행 2022.12.1.]

[제4조] 일반조건

이 기준에 따라 설치되는 고체에어로졸소화설비는 다음 각 호의 기준을 충족해야 한다.
1. 고체에어로졸은 전기 전도성이 없을 것
2. 약제 방출 후 해당 화재의 재발화 방지를 위하여 최소 10분간 소화밀도를 유지할 것
3. 고체에어로졸소화설비에 사용되는 주요 구성품은 소방청장이 정하여 고시한 「고체에어로졸자동소화장치의 형식승인 및 제품검사의 기술기준」에 적합한 것일 것
4. 고체에어로졸소화설비는 비상주장소에 한하여 설치할 것
5. 고체에어로졸소화설비의 소화성능이 발휘될 수 있도록 방호구역 내부의 밀폐성을 확보할 것
6. 방호구역 출입구 인근에 고체에어로졸 방출 시 주의사항에 관한 내용의 표지를 설치하여야 한다.
7. 이 기준에서 규정하지 않은 사항은 형식승인 받은 제조업체의 설계 매뉴얼에 따를 것

[제5조] 설치제외

고체에어로졸소화설비는 산화성 물질, 자기반응성 금속, 금속 수소화물 또는 자동 열분해를 하는 화학물질 등을 포함한 화재와 폭발성 물질이 대기에 존재할 가능성이 있는 장소 등에는 사용할 수 없다.

[제6조] 고체에어로졸발생기 설치 기준

1. 밀폐성이 보장된 방호구역 내에 설치하거나, 밀폐성능을 인정할 수 있는 별도의 조치를 취할 것
2. 천장이나 벽면 상부에 설치하되 고체에어로졸 화합물이 균일하게 방출되도록 설치할 것
3. 직사광선 및 빗물이 침투할 우려가 없는 곳에 설치할 것
4. 고체에어로졸발생기는 인체 또는 가연물과의 최소 열 안전이격거리를 준수하여 설치할 것
5. 하나의 방호구역에는 동일 제품군 및 동일한 크기의 고체에어로졸발생기를 설치할 것
6. 방호구역의 높이는 형식승인 받은 고체에어로졸발생기의 최대 설치높이 이하로 할 것

[제8조] 기동

① 고체에어로졸소화설비는 화재감지기 및 수동식 기동장치의 작동과 연동하여 기계적 또는 전기적 방식으로 작동해야 한다.
② 고체에어로졸소화설비 기동 시에는 1분 이내에 고체에어로졸 설계밀도의 95퍼센트 이상을 방호구역에 균일하게 방출해야 한다.

③ 고체에어로졸소화설비에는 수동식 기동장치를 제어반마다 설치하되, 조작, 피난 및 유지관리가 용이한 장소에 설치해야 한다.

④ 고체에어로졸의 방출을 지연시키기 위해 방출지연스위치를 설치해야 한다.

[제9조] 제어반 등

① 고체에어로졸소화설비의 제어반은 수동기동장치 또는 화재감지기에서의 신호를 수신하여 음향경보장치의 작동, 소화약제의 방출 또는 기타의 제어기능을 가진 것으로 하고, 제어반에는 전원표시등을 설치해야 한다.

② 고체에어로졸소화설비의 화재표시반은 제어반에서 신호를 수신할 경우 방호구역별 경보장치, 수동식 기동장치 및 화재감지기의 작동 등을 표시등으로 명시하도록 설치해야 한다.

③ 고체에어로졸소화설비가 설치된 구역의 출입구에는 고체에어로졸의 방출을 명시하는 표시등을 설치해야 한다.

④ 고체에어로졸소화설비의 오작동을 제어하기 위해 제어반 인근에 설비정지스위치를 설치해야 한다.

[제14조] 배선 등

① 고체에어로졸소화설비의 배선은 「전기사업법」 제67조에 따른 「전기설비기술기준」에서 정한 것 외에 다음 각 호의 기준에 따라 설치해야 한다.

1. 비상전원으로부터 제어반에 이르는 전원회로 배선은 내화배선으로 할 것
2. 상용전원으로부터 제어반에 이르는 배선, 그 밖의 고체에어로졸소화설비의 감시·조작 또는 표시등 회로의 배선은 내화배선 또는 내열배선으로 할 것
3. 화재감지기의 배선은 「자동화재탐지설비 및 시각경보장치의 화재안전성능기준(NFPC 203)」 제11조의 기준에 따른다.

② 제1항에 따른 내화배선 및 내열배선은 「옥내소화전설비의 화재안전성능기준(NFPC 102)」 제10조제2항에 따른다.

③ 고체에어로졸소화설비의 과전류차단기 및 개폐기에는 "고체에어로졸소화설비용"이라고 표시한 표지를 해야 한다.

④ 고체에어로졸소화설비용 전기배선의 양단 및 접속단자에는 식별이 용이하도록 표지 또는 표시를 해야 한다.

비상경보설비 및 단독경보형감지기의 화재안전성능기준(NFPC 201) [시행 2022.12.1.]

[제4조제8항] 배선 설치기준

비상벨설비 또는 자동식사이렌설비의 배선은 「전기사업법」 제67조에 따른 기술기준에서 정한 것 외에 다음 각 호의 기준과 「옥내소화전설비의 화재안전성능기준(NFPC 102)」 제10조제2항에 따라 설치해야 한다.

1. 전원회로의 배선은 내화배선으로 하고, 그 밖의 배선은 내화배선 또는 내열배선으로 할 것
2. 전원회로의 전로와 대지 사이 및 배선상호 간의 절연저항은 「전기사업법」 제67조에 따른 기술기준이 정하는 바에 의하고, 부속회로의 전로와 대지 사이 및 배선 상호 간의 절연저항은 1경계구역마다 직류 250볼트의 절연저항측정기를 사용하여 측정한 절연저항이 0.1메가옴 이상이 되도록 할 것
3. 배선은 다른 전선과 별도의 관·덕트(절연효력이 있는 것으로 구획한 때에는 그 구획된 부분은 별개의 덕트로 본다)·몰드 또는 풀박스 등에 설치할 것. 다만, 60볼트 미만의 약전류회로에 사용하는 전선으로서 각각의 전압이 같을 때에는 그러하지 아니하다.

비상방송설비의 화재안전성능기준(NFPC202) [시행 2023.2.10.]

[제4조] 음향장치

비상방송설비는 다음 각 호의 기준에 따라 설치해야 한다.
1. 확성기의 음성입력은 3와트(실내에 설치하는 것에 있어서는 1와트) 이상일 것
2. 확성기는 각 층마다 설치하되, 해당 층의 각 부분으로부터 하나의 확성기까지의 수평거리는 해당 층의 각 부분에 유효하게 경보를 발할 수 있는 거리 이하가 되도록 설치할 것
3. 음량조정기를 설치하는 경우 음량조정기의 배선은 3선식으로 할 것
4. 조작부의 조작스위치는 바닥으로부터 0.8미터 이상 1.5미터 이하의 높이에 설치할 것
5. 층수가 11층(공동주택의 경우에는 16층) 이상의 특정소방대상물은 발화층에 따라 경보하는 층을 달리하여 경보를 발할 수 있도록 할 것
6. 다른 방송설비와 공용하는 것에 있어서는 화재 시 비상경보 외의 방송을 차단할 수 있는 구조로 할 것
7. 다른 전기회로에 따라 유도장애가 생기지 않도록 할 것
8. 하나의 특정소방대상물에 둘 이상의 조작부가 설치되어 있는 때에는 각각의 조작부가 있는 장소 상호 간에 동시 통화가 가능한 설비를 설치하고, 어느 조작부에서도 해당 특정소방대상물의 전 구역에 방송을 할 수 있도록 할 것
9. 기동장치에 따른 화재신호를 수신한 후 신속하게 필요한 음량으로 화재발생 상황 및 피난에 유효한 방송이 자동으로 개시될 때까지의 소요시간은 10초 이하로 할 것
10. 음향장치는 정격전압의 80퍼센트 전압에서 음향을 발할 수 있고, 자동화재탐지설비의 작동과 연동하여 작동할 수 있는 것으로 할 것

[제6조] 전원 (=자동화재탐지설비)

① 비상방송설비의 상용전원은 전기가 정상적으로 공급되는 축전지설비, 전기저장장치 또는 교류전압의 옥내 간선으로 하고, 전원까지의 배선은 전용으로 해야 한다.
② 비상방송설비에는 그 설비에 대한 감시상태를 60분간 지속한 후 유효하게 10분 이상 경보할 수 있는 비상전원으로서 축전지설비 또는 전기저장장치를 설치해야 한다.

자동화재탐지설비 및 시각경보장치의 화재안전성능기준(NFPC 203) [시행 2022.12.1.]

[제4조] 경계구역

① 자동화재탐지설비의 경계구역은 다음 각호의 기준에 따라 설정하여야 한다. 다만, 감지기의 형식승인 시 감지거리, 감지면적 등에 대한 성능을 별도로 인정받은 경우에는 그 성능인정범위를 경계구역으로 할 수 있다.

   1. 하나의 경계구역이 둘 이상의 건축물에 미치지 아니하도록 할 것
   2. 하나의 경계구역이 둘 이상의 층에 미치지 아니하도록 할 것
   3. 하나의 경계구역의 면적은 600제곱미터 이하로 하고 한변의 길이는 50미터 이하로 할 것

② 계단(직통계단외의 것에 있어서는 떨어져 있는 상하계단의 상호 간의 수평거리가 5미터 이하로서 서로 간에 구획되지 아니한 것에 한한다. 이하 같다)·경사로(에스컬레이터경사로 포함)·엘리베이터 승강로(권상기실이 있는 경우에는 권상기실)·린넨슈트·파이프 피트 및 덕트 기타 이와 유사한 부분에 대하여는 별도로 경계구역을 설정하되, 하나의 경계구역은 높이 45미터 이하(계단 및 경사로에 한한다)로 하고, 지하층의 계단 및 경사로(지하층의 층수가 1일 경우는 제외한다)는 별도로 하나의 경계구역으로 하여야 한다.

③ 외기에 면하여 상시 개방된 부분이 있는 차고·주차장·창고 등에 있어서는 외기에 면하는 각 부분으로부터 5미터 미만의 범위 안에 있는 부분은 경계구역의 면적에 산입하지 아니한다.

④ 스프링클러설비·물분무등소화설비 또는 제연설비의 화재감지장치로서 화재감지기를 설치한 경우의 경계구역은 해당 소화설비의 방호구역 또는 제연구역과 동일하게 설정할 수 있다.

[제5조제3항] 수신기 설치 기준

1. 수위실 등 상시 사람이 근무하는 장소에 설치할 것
2. 수신기가 설치된 장소에는 경계구역 일람도를 비치할 것
3. 수신기의 음향기구는 그 음량 및 음색이 다른 기기의 소음 등과 명확히 구별될 수 있는 것으로 할 것
4. 수신기는 감지기·중계기 또는 발신기가 작동하는 경계구역을 표시할 수 있는 것으로 할 것
5. 화재·가스 전기등에 대한 종합방재반을 설치한 경우에는 해당 조작반에 수신기의 작동과 연동하여 감지기·중계기 또는 발신기가 작동하는 경계구역을 표시할 수 있는 것으로 할 것
6. 하나의 경계구역은 하나의 표시등 또는 하나의 문자로 표시되도록 할 것
7. 수신기의 조작 스위치는 바닥으로부터의 높이가 0.8미터 이상 1.5미터 이하인 장소에 설치할 것
8. 하나의 특정소방대상물에 둘 이상의 수신기를 설치하는 경우에는 수신기를 상호 간 연동하여 화재발생 상황을 각 수신기마다 확인할 수 있도록 할 것
9. 화재로 인하여 하나의 층의 지구음향장치 배선이 단락되어도 다른 층의 화재통보에 지장이 없도록 각 층 배선 상에 유효한 조치를 할 것

[제11조] 배선

배선은 「전기사업법」 제67조에 따른 「전기설비기술기준」에서 정한 것 외에 다음 각 호의 기준과 「옥내소화전설비의 화재안전성능기준(NFPC 102)」 제10조제2항에 따라 설치해야 한다.

1. 전원회로의 배선은 내화배선으로 하고, 그 밖의 배선은 내화배선 또는 내열배선에 따를 것
2. 감지기 상호 간 또는 감지기로부터 수신기에 이르는 감지기회로의 배선의 경우에는 아날로그방식, R형수신기용 등으로 사용되는 것은 전자파의 방해를 받지 않는 것으로 배선하고, 그 외의 일반배선을 사용할 때에는 내화배선 또는 내열배선으로 할 것
3. 감지기회로에는 도통시험을 위한 종단저항을 설치할 것
4. 감지기 사이의 회로의 배선은 송배선식으로 할 것
5. 전원회로의 전로와 대지 사이 및 배선 상호 간의 절연저항은 「전기사업법」 제67조에 따른 기술기준이 정하는 바에 의하고, 감지기회로 및 부속회로의 전로와 대지 사이 및 배선 상호 간의 절연저항은 1경계구역마다 직류 250볼트의 절연저항측정기를 사용하여 측정한 절연저항이 0.1메가옴 이상이 되도록 할 것
6. 자동화재탐지설비의 배선은 다른 전선과 별도의 관·덕트(절연효력이 있는 것으로 구획한 때에는 그 구획된 부분은 별개의 덕트로 본다)·몰드 또는 풀박스 등에 설치할 것. 다만, 60볼트 미만의 약 전류회로에 사용하는 전선으로서 각각의 전압이 같을 때에는 그러하지 아니하다.
7. 피(P)형 수신기 및 지피(G.P.)형 수신기의 감지기 회로의 배선에 있어서 하나의 공통선에 접속할 수 있는 경계구역은 7개 이하로 할 것
8. 자동화재탐지설비의 감지기회로의 전로저항은 50옴 이하가 되도록 해야 하며, 수신기의 각 회로별 종단에 설치되는 감지기에 접속되는 배선의 전압은 감지기 정격전압의 80퍼센트 이상이어야 할 것

자동화재속보설비의 화재안전성능기준(NFPC 204) [시행 2022.12.1.]

[제4조] 설치기준

1. 자동화재탐지설비와 연동으로 작동하여 자동적으로 화재신호를 소방관서에 전달되는 것으로 할 것
2. 속보기는 소방관서에 통신망으로 통보하도록 하며, 데이터 또는 코드전송방식을 부가적으로 설치할 수 있다.
3. 문화재에 설치하는 자동화재속보설비는 제1호의 기준에도 불구하고 속보기에 감지기를 직접 연결하는 방식(자동화재탐지설비 한 개의 경계구역에 한한다)으로 할 수 있다.
4. 속보기는 소방청장이 정하여 고시한 「자동화재속보설비의 속보기의 성능인증 및 제품검사의 기술기준」에 적합한 것으로 설치할 것

누전경보기의 화재안전성능기준(NFPC 205) [시행 2022.12.1.]

[제4조] 누전경보기 설치방법 등
1. 경계전로의 정격전류가 60암페어를 초과하는 전로에 있어서는 1급 누전경보기를, 60암페어 이하의 전로에 있어서는 1급 또는 2급 누전경보기를 설치할 것
2. 변류기는 특정소방대상물의 형태, 인입선의 시설방법 등에 따라 옥외 인입선의 제1지점의 부하측 또는 제2종 접지선 측의 점검이 쉬운 위치에 설치할 것
3. 변류기를 옥외의 전로에 설치하는 경우에는 옥외형으로 설치할 것

[제5조] 수신부
① 누전경보기의 수신부는 옥내의 점검에 편리한 장소에 설치하되, 가연성의 증기·먼지 등이 체류할 우려가 있는 장소의 전기회로에는 해당 부분의 전기회로를 차단할 수 있는 차단기구를 가진 수신부를 설치해야 한다. 이 경우 차단기구의 부분은 해당 장소 외의 안전한 장소에 설치해야 한다.
② 누전경보기의 수신부는 화재, 부식, 폭발의 위험성이 없고, 습도, 온도, 대전류 또는 고주파 등에 의한 영향을 받지 않는 장소에 설치해야 한다.
③ 음향장치는 수위실 등 상시 사람이 근무하는 장소에 설치해야 하며, 그 음량 및 음색은 다른 기기의 소음 등과 명확히 구별할 수 있는 것으로 해야 한다.

가스누설경보기의 화재안전성능기준(NFPC 206) [시행 2022.12.1.]

[제5조] 일산화탄소 경보기
① 일산화탄소 경보기를 설치하는 경우에는 가스연소기 주변에 설치할 수 있다.
② 분리형 경보기의 수신부는 다음 각 호의 기준에 따라 설치해야 한다.
  1. 가스누설 음향의 음량과 음색이 다른 기기의 소음 등과 명확히 구별될 것
  2. 가스누설 음향은 수신부로부터 1미터 떨어진 위치에서 음압이 70데시벨 이상일 것
  3. 수신부의 조작 스위치는 바닥으로부터의 높이가 0.8미터 이상 1.5미터 이하인 장소에 설치할 것
  4. 수신부가 설치된 장소에는 관계자 등에게 신속히 연락할 수 있도록 비상연락 번호를 기재한 표를 비치할 것
③ 분리형 경보기의 탐지부는 천장으로부터 탐지부 하단까지의 거리를 고려하여 설치한다.
④ 단독형 경보기는 다음 각 호의 기준에 따라 설치해야 한다.
  1. 가스누설 음향의 음량과 음색이 다른 기기의 소음 등과 명확히 구별될 것
  2. 가스누설 음향장치는 수신부로부터 1미터 떨어진 위치에서 음압이 70데시벨 이상일 것
  3. 단독형 경보기는 천장으로부터 경보기 하단까지의 거리가 0.3미터 이하가 되도록 설치한다.

4. 경보기가 설치된 장소에는 관계자 등에게 신속히 연락할 수 있도록 비상연락 번호를 기재한 표를 비치할 것

⑤ 제2항 내지 제4항에도 불구하고 일산화탄소경보기의 성능을 확보할 수 있는 별도의 설치방법을 인정받은 경우에는 해당 설치방법을 반영한 제조사의 시방서에 따라 설치할 수 있다.

[제6조] 설치장소
분리형 경보기의 탐지부 및 단독형 경보기는 외부의 기류가 통하는 곳, 연소기의 폐가스에 접촉하기 쉬운 곳 등 누설가스를 유효하게 탐지하기 어려운 장소 이외의 장소에 설치해야 한다.

화재알림설비의 화재안전성능기준(NFPC 207) [시행 2023.12.7.]

제4조(신호전송방식)
화재정보값 및 화재신호, 상태신호 등(이하 "화재정보·신호 등"이라 한다)을 송·수신하는 방식은 다음 각 호와 같다.
1. "유선식"은 화재정보·신호 등을 배선으로 송·수신하는 방식
2. "무선식"은 화재정보·신호 등을 전파에 의해 송·수신하는 방식
3. "유·무선식"은 유선식과 무선식을 겸용으로 사용하는 방식

제5조(화재알림형 수신기)
① 화재알림형 수신기는 다음 각 호의 기준에 적합한 것으로 설치해야 한다.
  1. 화재알림형 감지기, 발신기 등의 작동 및 설치지점을 확인할 수 있는 것으로 설치할 것
  2. 해당 특정소방대상물에 가스누설탐지설비가 설치된 경우에는 가스누설탐지설비로부터 가스누설신호를 수신하여 가스누설경보를 할 수 있는 것으로 설치할 것
  3. 화재알림형 감지기, 발신기 등에서 발신되는 화재정보·신호 등을 자동으로 저장할 수 있는 용량의 것으로 설치할 것
  4. 화재알림형 수신기에 내장된 속보기능은 화재신호를 자동적으로 통신망을 통하여 소방관서에는 음성 등의 방법으로 통보하고, 관계인에게는 문자로 전달할 수 있는 것으로 설치할 것

② 화재알림형 수신기는 다음 각 호의 기준에 따라 설치해야 한다.
  1. 상시 사람이 근무하는 장소에 설치할 것
  2. 화재알림형 수신기가 설치된 장소에는 화재알림설비 일람도를 비치할 것
  3. 화재알림형 수신기의 내부 또는 그 직근에 주음향장치를 설치할 것
  4. 화재알림형 수신기의 음향기구는 그 음압 및 음색이 다른 기기의 소음 등과 명확히 구별될 수 있는 것으로 할 것
  5. 화재알림형 수신기의 조작 스위치는 바닥으로부터의 높이가 0.8미터 이상 1.5미터 이하인 장소에 설치할 것

6. 하나의 특정소방대상물에 둘 이상의 화재알림형 수신기를 설치하는 경우에는 화재알림형 수신기를 상호 간 연동하여 화재발생 상황을 각 화재알림형 수신기마다 확인할 수 있도록 할 것
7. 화재로 인하여 하나의 층의 화재알림형 비상경보장치 또는 배선이 단락되어도 다른 층의 화재통보에 지장이 없도록 각 층 배선 상에 유효한 조치를 할 것

제6조(화재알림형 중계기)
화재알림형 중계기를 설치할 경우 다음 각 호의 기준에 따라 설치해야 한다.
1. 화재알림형 수신기와 화재알림형 감지기 사이에 설치할 것
2. 조작 및 점검에 편리하고 화재 및 침수 등의 재해로 인한 피해를 받을 우려가 없는 장소에 설치할 것
3. 화재알림형 수신기에 따라 감시되지 않는 배선을 통하여 전력을 공급받는 것에 있어서는 전원 입력측의 배선에 과전류 차단기를 설치하고 해당 전원의 정전이 즉시 화재알림형 수신기에 표시되는 것으로 하며, 상용전원 및 예비전원의 시험을 할 수 있도록 할 것

제7조(화재알림형 감지기)
① 화재알림형 감지기는 열을 감지하는 경우 공칭감지온도범위, 연기를 감지하는 경우 공칭감지농도범위, 불꽃을 감지하는 경우 공칭감시거리 및 공칭시야각 등에 따라 적합한 장소에 설치해야 한다.
② 무선식의 경우 화재를 유효하게 검출하기 위해 해당 특정소방대상물에 음영구역이 없도록 설치해야 한다.
③ 동작된 감지기는 자체 내장된 음향장치에 의하여 경보를 발해야 하며, 음압은 부착된 화재알림형 감지기의 중심으로부터 1미터 떨어진 위치에서 85데시벨 이상으로 해야 한다.

제8조(비화재보방지)
화재알림형 수신기 또는 화재알림형 감지기는 자동보정기능이 있는 것으로 설치해야 한다.

제9조(화재알림형 비상경보장치)
① 화재알림형 비상경보장치는 다음 각 호의 기준에 따라 설치해야 한다. 다만 전통시장의 경우에는 공용부분에 한하여 설치할 수 있다.
1. 층수가 11층(공동주택의 경우에는 16층) 이상의 특정소방대상물은 발화층에 따라 경보하는 층을 달리하여 경보를 발할 수 있도록 할 것
2. 화재알림형 비상경보장치는 특정소방대상물의 층마다 설치하되, 해당 특정소방대상물의 각 부분으로부터 하나의 화재알림형 비상경보장치까지의 수평거리가 25미터 이하가 되도록 하고, 해당 층의 각 부분에 유효하게 경보를 발할 수 있도록 설치할 것
3. 제2호에도 불구하고 제2호의 기준을 초과하는 경우로서 기둥 또는 벽이 설치되지 아니한 대형공간의 경우 화재알림형 비상경보장치는 설치대상 장소 중 가장 가까운 장소의 벽 또는 기둥 등에 설치할 것

4. 화재알림형 비상경보장치는 조작이 쉬운 장소에 설치하고, 발신기의 스위치는 바닥으로부터 0.8미터 이상 1.5미터 이하의 높이에 설치할 것
5. 화재알림형 비상경보장치의 위치를 표시하는 표시등은 함의 상부에 설치하되, 그 불빛은 부착면으로부터 15도 이상의 범위 안에서 부착지점으로부터 10미터 이내의 어느 곳에서도 쉽게 식별할 수 있는 적색등으로 설치할 것

② 화재알림형 비상경보장치는 다음 각 목의 기준에 따른 구조 및 성능의 것으로 해야 한다.
1. 정격전압의 80퍼센트의 전압에서 음압을 발할 수 있는 것으로 할 것
2. 음압은 부착된 화재알림형 비상경보장치의 중심으로부터 1미터 떨어진 위치에서 90데시벨 이상이 되는 것으로 할 것
3. 화재알림형 감지기 및 발신기의 작동과 연동하여 작동할 수 있는 것으로 할 것

③ 하나의 특정소방대상물에 둘 이상의 화재알림형 수신기가 설치된 경우 어느 화재알림형 수신기에서도 화재알림형 비상경보장치를 작동할 수 있도록 해야 한다.

제10조(원격감시서버)

특정소방대상물의 관계인은 원격감시서버를 보유한 관리업자에게 화재알림설비의 감시업무를 위탁할 수 있다. 다만, 감시업무에서 원격제어는 제외한다.

피난기구의 화재안전성능기준(NFPC 301) [시행 2024.1.1.]

[제5조제2항] 피난기구의 설치개수 기준

1. 층마다 설치하되, 특정소방대상물의 종류에 따라 그 층의 용도 및 바닥면적을 고려하여 한 개 이상 설치할 것 〈개정 2023.10.13.〉
2. 제1호에 따라 설치한 피난기구 외에 숙박시설(휴양콘도미니엄을 제외한다)의 경우에는 추가로 객실마다 완강기 또는 둘 이상의 간이완강기를 설치할 것
3. 삭제 〈2023. 10. 13.〉
4. 제1호에 따라 설치한 피난기구 외에 4층 이상의 층에 설치된 노유자시설 중 장애인 관련 시설로서 주된 사용자 중 스스로 피난이 불가한 자가 있는 경우에는 층마다 구조대를 1개 이상 추가로 설치할 것

[제5조제3항제9호] 승강식 피난기 및 하향식 피난구용 내림식사다리 설치 기준

가. 승강식 피난기 및 하향식 피난구용 내림식사다리는 설치경로가 설치층에서 피난층까지 연계될 수 있는 구조로 설치할 것
나. 대피실의 면적은 2제곱미터(2세대 이상일 경우에는 3제곱미터) 이상으로 하고, 「건축법 시행령」 제46조제4항의 규정에 적합하여야 하며 하강구(개구부) 규격은 직경60센티미터 이상일 것
다. 하강구 내측에는 기구의 연결 금속구 등이 없어야 하며 전개된 피난기구는 하강구 수평투영면적 공간 내의 범위를 침범하지 않는 구조이어야 할 것

라. 대피실의 출입문은 60분+ 방화문 또는 60분 방화문으로 설치하고, 피난방향에서 식별할 수 있는 위치에 "대피실" 표지판을 부착할 것
마. 착지점과 하강구는 상호 수평거리 15센티미터 이상의 간격을 둘 것
바. 대피실 내에는 비상조명등을 설치 할 것
사. 대피실에는 층의 위치표시와 피난기구 사용설명서 및 주의사항 표지판을 부착 할 것
아. 대피실 출입문이 개방되거나, 피난기구 작동 시 해당층 및 직하층 거실에 설치된 표시등 및 경보장치가 작동되고, 감시 제어반에서는 피난기구의 작동을 확인 할 수 있어야 할 것
자. 사용 시 기울거나 흔들리지 않도록 설치할 것
차. 승강식 피난기는 한국소방산업기술원 또는 법 제46조제1항에 따라 성능시험기관으로 지정받은 기관에서 그 성능을 검증받은 것으로 설치할 것

[제7조] 피난기구설치의 감소

① 피난기구를 설치해야 할 특정소방대상물 중 주요구조부가 내화구조이고, 피난계단 또는 특별피난계단이 둘 이상 설치되어 있는 층에는 제5조제2항에 따른 피난기구의 일부를 감소할 수 있다.
② 피난기구를 설치해야 할 특정소방대상물 중 주요구조부가 내화구조이고 건널 복도가 설치되어 있는 층에는 제5조제2항에 따른 피난기구의 일부를 감소할 수 있다.
③ 피난기구를 설치해야 할 특정소방대상물 중 피난에 유효한 노대가 설치된 거실의 바닥면적은 제5조제2항에 따른 피난기구의 설치개수 산정을 위한 바닥면적에서 이를 제외한다.

인명구조기구의 화재안전성능기준(NFPC 302) [시행 2022.12.1.]

[제4조] 설치기준

① 인명구조기구는 특정소방대상물의 용도 및 장소별로 다음 각 호에 따라 설치해야 한다.
  1. 방열복 또는 방화복(안전모, 보호장갑 및 안전화를 포함한다)·공기호흡기 및 인공소생기를 각 2개 이상 비치해야 하는 특정소방대상물은 다음 각 목과 같다.
    가. 지하층을 포함하는 층수가 7층 이상인 관광호텔
    나. 지하층을 포함하는 층수가 5층 이상인 병원
  2. 공기호흡기를 층마다 2개 이상 비치해야 하는 특정소방대상물은 다음 각 목과 같다.
    가. 문화 및 집회시설 중 수용인원 100명 이상의 영화상영관
    나. 판매시설 중 대규모 점포
    다. 운수시설 중 지하역사
    라. 지하가 중 지하상가
  3. 물분무등소화설비 중 이산화탄소소화설비를 설치하는 특정소방대상물에는 이산화탄소소화설비가 설치된 장소의 출입구 외부 인근에 1개 이상의 공기호흡기를 비치할 것
② 인명구조기구는 화재 시 쉽게 반출 사용할 수 있는 장소에 비치할 것

③ 인명구조기구가 설치된 가까운 장소의 보기 쉬운 곳에 "인명구조기구"라는 축광식표지와 그 사용방법을 표시한 표지를 부착하되, 축광식표지는 소방청장이 정하여 고시한 「축광표지의 성능인증 및 제품검사의 기술기준」에 적합한 것으로 할 것

④ 방열복은 소방청장이 정하여 고시한 「소방용 방열복의 성능인증 및 제품검사의 기술기준」에 적합한 것으로 설치할 것

⑤ 방화복(안전모, 보호장갑 및 안전화를 포함한다)은 「소방장비관리법」 제10조제2항 및 「표준규격을 정해야 하는 소방장비의 종류고시」 제2조제1항제4호에 따른 표준규격에 적합한 것으로 설치할 것

유도등 및 유도표지의 화재안전성능기준(NFPC 303) [시행 2024.1.1.]

[제5조] 피난구유도등

① 피난구유도등은 다음 각 호의 장소에 설치하여야 한다.
  1. 옥내로부터 직접 지상으로 통하는 출입구 및 그 부속실의 출입구
  2. 직통계단·직통계단의 계단실 및 그 부속실의 출입구
  3. 제1호와 제2호에 따른 출입구에 이르는 복도 또는 통로로 통하는 출입구
  4. 안전구획된 거실로 통하는 출입구

② 피난구유도등은 피난구의 바닥으로부터 높이 1.5미터 이상으로서 출입구에 인접하도록 설치하여야 한다.

③ 피난층으로 향하는 피난구의 위치를 안내할 수 있도록 제1항의 출입구 인근 천장에 제1항에 따라 설치된 피난구유도등의 면과 수직이 되도록 피난구유도등을 추가로 설치해야 한다.

[제10조] 유도등의 전원

① 유도등의 상용전원은 전기가 정상적으로 공급되는 축전지설비, 전기저장장치 또는 교류전압의 옥내 간선으로 하고, 전원까지의 배선은 전용으로 해야 한다.

② 비상전원은 유도등을 20분 이상 유효하게 작동시킬 수 있는 용량의 축전지로 설치해야 한다. 다만, 지하층을 제외한 층수가 11층 이상의 층이나 특정소방대상물의 지하층 또는 무창층의 경우에는 그 부분에서 피난층에 이르는 부분의 유도등을 60분 이상 유효하게 작동시킬 수 있는 용량으로 해야 한다.

③ 배선은 「전기사업법」 제67조에 따른 「전기설비기술기준」에서 정한 것 외에 다음 각 호의 기준에 따라야 한다.
  1. 유도등의 인입선과 옥내배선은 직접 연결할 것
  2. 유도등은 전기회로에 점멸기를 설치하지 않고 항상 점등상태를 유지할 것
  3. 3선식 배선은 내화배선 또는 내열배선으로 사용할 것

④ 3선식 배선으로 상시 충전되는 유도등의 전기회로에 점멸기를 설치하는 경우에는 화재신호 및 수동조작, 정전 또는 단선, 자동소화설비의 작동 등에 의해 자동으로 점등되도록 해야 한다.

[제11조] 유도등 및 유도표지의 제외

① 바닥면적이 1,000제곱미터 미만인 층으로서 옥내로부터 직접 지상으로 통하는 출입구 또는 거실 각 부분으로부터 쉽게 도달할 수 있는 출입구 등의 경우에는 피난구유도등을 설치하지 않을 수 있다.

② 구부러지지 아니한 복도 또는 통로로서 그 길이가 30미터 미만인 복도 또는 통로 등의 경우에는 통로유도등을 설치하지 않을 수 있다.

③ 주간에만 사용하는 장소로서 채광이 충분한 객석 등의 경우에는 객석유도등을 설치하지 않을 수 있다.

④ 유도등이 제5조와 제6조에 따라 적합하게 설치된 출입구·복도·계단 및 통로 등의 경우에는 유도표지를 설치하지 않을 수 있다.

비상조명등의 화재안전성능기준(NFPC 304) [시행 2022.12.1.]

[제4조제1항] 비상조명등 설치기준

1. 특정소방대상물의 각 거실과 그로부터 지상에 이르는 복도·계단 및 그 밖의 통로에 설치할 것
2. 조도는 비상조명등이 설치된 장소의 각 부분의 바닥에서 1럭스 이상이 되도록 할 것
3. 예비전원을 내장하는 비상조명등에는 평상시 점등 여부를 확인할 수 있는 점검스위치를 설치하고 해당 조명등을 유효하게 작동시킬 수 있는 용량의 축전지와 예비전원 충전장치를 내장할 것
4. 예비전원을 내장하지 아니하는 비상조명등의 비상전원은 자가발전설비, 축전지설비 또는 전기저장장치(외부 전기에너지를 저장해 두었다가 필요한 때 전기를 공급하는 장치)를 다음 각 목의 기준에 따라 설치하여야 한다.
   가. 점검에 편리하고 화재 및 침수 등의 재해로 인한 피해를 받을 우려가 없는 곳에 설치할 것
   나. 상용전원으로부터 전력의 공급이 중단된 때에는 자동으로 비상전원으로부터 전력을 공급받을 수 있도록 할 것
   다. 비상전원의 설치장소는 다른 장소와 방화구획 할 것
   라. 비상전원을 실내에 설치하는 때에는 그 실내에 비상조명등을 설치할 것
5. 제3호와 제4호에 따른 예비전원과 비상전원은 비상조명등을 20분 이상 유효하게 작동시킬 수 있는 용량으로 할 것. 다만, 지하층을 제외한 층수가 11층 이상의 층 등의 특정소방대상물의 경우에는 그 부분에서 피난층에 이르는 부분의 비상조명등을 60분 이상 유효하게 작동시킬 수 있는 용량으로 해야 한다.
6. 영 별표 5 제15호 비상조명등의 설치면제 요건에서 "그 유도등의 유효범위"란 유도등의 조도가 바닥에서 1럭스 이상이 되는 부분을 말한다.

[제5조] 비상조명등의 제외

① 거실의 각 부분으로부터 하나의 출입구에 이르는 보행거리가 15미터 이내인 부분 또는 의원·경기장·공동주택·의료시설·학교의 거실 등의 경우에는 비상조명등을 설치하지 않을 수 있다.

② 지상 1층 또는 피난층으로서 복도나 통로 또는 창문 등의 개구부를 통하여 피난이 용이한 경우와 숙박시설로서 복도에 비상조명등을 설치한 경우에는 휴대용비상조명등을 설치하지 않을 수 있다.

상수도소화용수설비의 화재안전성능기준(NFPC 401) [시행 2022.12.1.]

[제4조] 설치기준

상수도소화용수설비는 「수도법」에 따른 기준 외에 다음 각 호의 기준에 따라 설치해야 하며 세부기준은 기술기준에 따른다.

1. 호칭지름 75밀리미터 이상의 수도배관에 호칭지름 100밀리미터 이상의 소화전을 접속할 것
2. 소화전은 소방자동차 등의 진입이 쉬운 도로변 또는 공지에 설치할 것
3. 소화전은 특정소방대상물의 수평투영면의 각 부분으로부터 140미터 이하가 되도록 설치할 것

소화수조 및 저수조의 화재안전성능기준(NFPC 402) [시행 2022.12.1.]

[제4조] 소화수조 등

① 소화수조 및 저수조의 채수구 또는 흡수관투입구는 소방차가 2미터 이내의 지점까지 접근할 수 있는 위치에 설치해야 한다.

② 소화수조 또는 저수조의 저수량은 특정소방대상물의 연면적을 12,500제곱미터(1층 및 2층의 바닥면적의 합계가 15,000제곱미터 이상인 특정소방대상물은 7,500제곱미터)으로 나누어 얻은 수(소수점이하의 수는 1로 본다)에 20세제곱미터를 곱한 양 이상이 되도록 해야 한다.

③ 소화수조 또는 저수조는 다음 각 호의 기준에 따라 흡수관투입구 또는 채수구를 설치해야 한다.

1. 지하에 설치하는 소화용수설비의 흡수관투입구는 그 한변이 0.6미터 이상이거나 직경이 0.6미터 이상인 것으로 하고, 소요수량이 80세제곱미터 미만인 것은 1개 이상, 80세제곱미터 이상인 것은 2개 이상을 설치해야 하며, "흡수관투입구"라고 표시한 표지를 할 것
2. 소화용수설비에 설치하는 채수구는 다음 각 목의 기준에 따라 설치할 것
    가. 채수구는 2개(소요수량이 40세제곱미터 미만인 것은 1개, 100세제곱미터 이상인 것은 3개)를 설치한다.
    나. 채수구는 소방용호스 또는 소방용흡수관에 사용하는 구경 65밀리미터 이상의 나사식 결합금속구를 설치할 것
    다. 채수구는 지면으로부터의 높이가 0.5미터 이상 1미터 이하의 위치에 설치하고 "채수구"라고 표시한 표지를 할 것

[제5조] 가압송수장치

① 소화수조 또는 저수조가 지표면으로부터의 깊이(수조 내부바닥까지의 길이를 말한다)가 4.5미터 이상인 지하에 있는 경우에는 소요수량을 고려하여 가압송수장치를 설치해야 한다.

② 가압송수장치의 1분당 양수량은 2,200리터(소요수량이 40세제곱미터 미만인 것은 1,100리터, 100세제곱미터 이상인 것은 3,300리터)로 한다.

③ 소화수조가 옥상 또는 옥탑의 부분에 설치된 경우에는 지상에 설치된 채수구에서의 압력이 0.15메가파스칼 이상이 되도록 해야 한다.

④ 전동기 또는 내연기관에 따른 펌프를 이용하는 가압송수장치는 다음 각 호의 기준에 따라 설치해야 한다.

1. 쉽게 접근할 수 있고 점검하기에 충분한 공간이 있는 장소로서 화재 및 침수 등의 재해로 인한 피해를 받을 우려가 없는 곳에 설치할 것
2. 동결방지조치를 하거나 동결의 우려가 없는 장소에 설치할 것
3. 펌프는 전용으로 할 것
4. 펌프의 토출측에는 압력계를 설치하고, 흡입측에는 연성계 또는 진공계를 설치할 것
5. 가압송수장치에는 정격부하운전 시 펌프의 성능을 시험하기 위한 배관과 체절운전 시 수온의 상승을 방지하기 위한 순환배관을 설치할 것
6. 기동장치로는 보호판을 부착한 기동스위치를 채수구 직근에 설치할 것
7. 수원의 수위가 펌프보다 낮은 위치에 있는 가압송수장치에는 물올림장치를 설치할 것
8. 내연기관을 사용하는 경우에는 다음 각 목의 기준에 적합한 것으로 할 것
   가. 내연기관의 기동은 채수구의 위치에서 원격조작으로 가능하고 기동을 명시하는 적색등을 설치할 것
   나. 제어반에 따라 내연기관의 기동이 가능하고 상시 충전되어 있는 축전지설비를 갖출 것
9. 가압송수장치는 부식 등으로 인한 펌프의 고착을 방지할 수 있도록 청동 또는 스테인리스 등 부식에 강한 재질을 사용할 것

제연설비의 화재안전성능기준(NFPC 501) [시행 2024.10.1.]

[제3조] 정의

1. "제연설비"란 화재가 발생한 거실의 연기를 배출함과 동시에 옥외의 신선한 공기를 공급하여 거주자들이 안전하게 피난하고, 소방대가 원활한 소화활동을 할 수 있도록 연기를 제어하는 설비를 말한다. 〈신설 2024.9.13.〉
11. "방화문"이란 「건축법 시행령」 제64조의 규정에 따른 60분+ 방화문, 60분 방화문 또는 30분 방화문으로써 언제나 닫힌 상태를 유지하거나 화재로 인한 연기의 발생 또는 온도의 상승에 따라 자동적으로 닫히는 구조를 말한다.
16. "댐퍼"란 풍도 내부의 연기 또는 공기의 흐름을 조절하기 위해 설치하는 장치를 말한다. 〈신설 2024.9.13.〉
17. "풍량조절댐퍼"란 송풍기(또는 공기조화기) 토출 측에 설치하여 유입풍도로 공급되는 공기의 유량을 조절하는 장치를 말한다. 〈신설 2024.9.13.〉

[제10조] 유입풍도등

① 유입풍도안의 풍속은 초속 20미터 이하로 하고 풍도의 강판두께는 제9조제2항제1호의 기준으로 설치해야 한다.

② 옥외에 면하는 배출구 및 공기유입구는 비 또는 눈 등이 들어가지 아니하도록 하고, 배출된 연기가 공기유입구로 순환유입 되지 않도록 해야 한다.

[제10조의2] 댐퍼

제연설비에 설치되는 댐퍼는 다음 각 호의 기준에 따라 설치해야 한다.〈신설 2024. 9. 13.〉

1. 제연설비의 풍도에 댐퍼를 설치하는 경우 댐퍼를 확인, 정비할 수 있는 점검구를 풍도에 설치할 것. 이 경우 댐퍼가 반자 내부에 설치되는 때에는 댐퍼 직근의 반자에도 점검구(지름 60센티미터 이상의 원이 내접할 수 있는 크기)를 설치하고 제연설비용 점검구임을 표시해야 한다.
2. 제연설비 댐퍼의 설정된 개방 및 폐쇄 상태를 제어반에서 상시 확인할 수 있도록 할 것
3. 제연설비가 영 별표 5 제17호가목1)에 따라 공기조화설비와 겸용으로 설치되는 경우 풍량조절 댐퍼는 각 설비별 기능에 따른 작동 시 각각의 풍량을 충족하는 개구율로 자동 조절될 수 있는 기능이 있어야 할 것

[제11조] 제연설비의 전원 및 기동

① 비상전원은 자가발전설비, 축전지설비 또는 전기저장장치로서 다음 각 호의 기준에 따라 설치해야 한다.
1. 점검에 편리하고 화재 및 침수 등의 재해로 인한 피해를 받을 우려가 없는 곳에 설치할 것
2. 제연설비를 유효하게 20분 이상 작동할 수 있도록 할 것
3. 상용전원으로부터 전력의 공급이 중단된 때에는 자동으로 비상전원으로부터 전력을 공급받을 수 있도록 할 것
4. 비상전원의 설치장소는 다른 장소와 방화구획할 것
5. 비상전원을 실내에 설치하는 때에는 그 실내에 비상조명등을 설치할 것

② 제연설비의 작동은 해당 제연구역에 설치된 화재감지기와 연동되어야 하며, 예상제연구역(또는 인접장소)마다 설치된 수동기동장치 및 제어반에서 수동으로 기동이 가능하도록 해야 한다. 〈개정 2024.9.13.〉

③ 제2항에 따른 제연설비의 작동에는 다음 각 호의 사항이 포함되어야 하며, 예상제연구역(또는 인접장소)마다 설치되는 수동기동장치는 바닥으로부터 0.8미터 이상 1.5미터 이하의 높이에 문 개방 등으로 인한 위치 확인에 장애가 없고 접근이 쉬운 위치에 설치해야 한다. 〈신설 2024.9.13.〉
1. 해당 제연구역의 구획을 위한 제연경계벽 및 벽의 작동
2. 해당 제연구역의 공기유입 및 연기배출 관련 댐퍼의 작동
3. 공기유입송풍기 및 배출송풍기의 작동

[제11조의2] 성능확인

① 제연설비는 설계목적에 적합한지 검토하고 제연설비의 성능과 관련된 건물의 모든 부분(건축설비를 포함한다)이 완성되는 시점에 맞추어 시험·측정 및 조정(이하 "시험등"이라 한다)을 해야 한다. 〈신설 2024.9.13.〉

② 제연설비의 시험 등은 다음 각 호의 기준에 따라 실시해야 한다.
　1. 송풍기 풍량 및 송풍기 모터의 전류, 전압을 측정할 것
　2. 제연설비 시험시에는 제연구역에 설치된 화재감지기(수동기동장치를 포함한다)를 동작시켜 해당 제연설비가 정상적으로 작동되는지 확인할 것
　3. 제연구역의 공기유입량 및 유입풍속, 배출량은 모든 유입구 및 배출구에서 측정할 것
　4. 제연구역의 출입문, 방화셔터, 공기조화설비 등이 제연설비와 연동된 상태에서 측정할 것

③ 제연설비 시험 등의 평가는 이 기준에서 정하는 성능 및 다음 각 호의 기준에 따른다.
　1. 배출구별 배출량은 배출구별 설계 배출량의 60퍼센트 이상이어야 하며, 제연구역별 배출구의 배출량 합계는 제6조에 따른 설계배출량 이상일 것
　2. 유입구별 공기유입량은 유입구별 설계 유입량의 60퍼센트 이상이어야 하며, 제연구역별 유입구의 공기유입량 합계는 제8조제7항에 따른 설계유입량을 충족할 것
　3. 제연구역의 구획이 설계조건과 동일한 조건에서 제1호에 따라 측정한 배출량이 설계배출량 이상인 경우에는 제2호에 따라 측정한 공기유입량이 설계유입량에 일부 미달되더라도 적합한 성능으로 볼 것

특별피난계단의 계단실 및 부속실 제연설비의 화재안전성능기준(NFPC 501A) [시행 2024.7.1.]

[제13조] 유입공기의 배출

① 유입공기는 화재 층의 제연구역과 면하는 옥내로부터 옥외로 배출되도록 해야 한다.

② 유입공기의 배출은 다음 각 호의 어느 하나의 기준에 따른 배출방식으로 해야 한다.
　1. 수직풍도에 따른 배출 : 옥상으로 직통하는 전용의 배출용 수직풍도를 설치하여 배출하는 것으로서 다음 각 목의 어느 하나에 해당하는 것
　　가. 자연배출식 : 굴뚝효과에 따라 배출하는 것
　　나. 기계배출식 : 수직풍도의 상부에 전용의 배출용 송풍기를 설치하여 강제로 배출하는 것
　2. 배출구에 따른 배출 : 건물의 옥내와 면하는 외벽마다 옥외와 통하는 배출구를 설치하여 배출하는 것
　3. 제연설비에 따른 배출 : 거실제연설비가 설치되어 있고 당해 옥내로부터 옥외로 배출해야 하는 유입공기의 양을 거실제연설비의 배출량에 합하여 배출하는 경우 유입공기의 배출은 당해 거실제연설비에 따른 배출로 갈음할 수 있다.

[제14조] 수직풍도에 따른 배출

수직풍도에 따른 배출은 다음 각 호의 기준에 적합해야 한다.

1. 수직풍도는 내화구조로 하되 「건축물의 피난·방화구조 등의 기준에 관한 규칙」 제3조제1호 또는 제2호의 기준 이상의 성능으로 할 것
2. 수직풍도의 내부면은 두께 0.5밀리미터 이상의 아연도금강판 또는 동등이상의 내식성·내열성이 있는 것으로 마감되는 접합부에 대하여는 통기성이 없도록 조치할 것
3. 각 층의 옥내와 면하는 수직풍도의 관통부에는 다음 각목의 기준에 적합한 댐퍼 (이하 "배출댐퍼"라 한다)를 설치해야 한다.
   가. 배출댐퍼는 두께 1.5밀리미터 이상의 강판 또는 이와 동등 이상의 성능이 있는 것으로 설치해야 하며 비 내식성 재료의 경우에는 부식방지 조치를 할 것
   나. 평상시 닫힌 구조로 기밀상태를 유지할 것
   다. 개폐여부를 당해 장치 및 제어반에서 확인할 수 있는 감지기능을 내장하고 있을 것
   라. 구동부의 작동상태와 닫혀 있을 때의 기밀상태를 수시로 점검할 수 있는 구조일 것
   마. 풍도의 내부마감상태에 대한 점검 및 댐퍼의 정비가 가능한 이·탈착구조로 할 것
   바. 화재층에 설치된 화재감지기의 동작에 따라 당해층의 댐퍼가 개방될 것 〈개정 2024.1.26.〉
   사. 개방 시의 실제개구부(개구율을 감안한 것을 말한다)의 크기는 제4호의 기준에 따른 수직풍도의 최소 내부단면적 이상으로 할 것 〈개정 2024.1.26.〉
   아. 댐퍼는 풍도내의 공기흐름에 지장을 주지 않도록 수직풍도의 내부로 돌출하지 않게 설치할 것
4. 수직풍도의 내부단면적은 다음 각 목의 기준에 적합할 것
   가. 자연배출식의 경우 다음 식에 따라 산출하는 수치 이상으로 할 것. 다만, 수직풍도의 길이가 100미터를 초과하는 경우에는 산출수치의 1.2배 이상의 수치를 기준으로 해야 한다.
   $AP = QN / 2$
   AP : 수직풍도의 내부단면적(m^2)
   QN : 수직풍도가 담당하는 1개 층의 제연구역의 출입문(옥내와 면하는 출입문을 말한다) 1개의 면적(m^2)과 방연풍속(m/s)을 곱한 값(m^3/s)
   나. 송풍기를 이용한 기계배출식의 경우 풍속은 초속 15미터 이하로 할 것
5. 기계배출식에 따라 배출하는 경우 배출용 송풍기는 다음 각 목의 기준에 적합할 것
   가. 열기류에 노출되는 송풍기 및 그 부품들은 섭씨 250도의 온도에서 1시간 이상 가동상태를 유지할 것
   나. 송풍기의 풍량은 제4호가목의 기준에 따른 QN에 여유량을 더한 양을 기준으로 할 것
   다. 송풍기는 화재감지기의 동작에 따라 연동하도록 할 것 〈개정 2024.1.26.〉
   라. 송풍기의 풍량을 실측할 수 있는 유효한 조치를 할 것 〈신설 2024.1.26.〉
   마. 송풍기는 다른 장소와 방화구획되고 접근과 점검이 용이한 장소에 설치할 것 〈신설 2024.1.26.〉
6. 수직풍도의 상부의 말단(기계배출식의 송풍기도 포함한다)은 빗물이 흘러들지 않는 구조로 하고, 옥외의 풍압에 따라 배출성능이 감소하지 않도록 유효한 조치를 할 것

[제15조] 배출구에 따른 배출

배출구에 따른 배출은 다음 각 호의 기준에 적합해야 한다.

1. 배출구에는 빗물과 이물질이 유입하지 않는 구조로서 유입공기의 배출에 적합한 장치(이하 "개폐기"라 한다)를 설치할 것
2. 개폐기의 개구면적은 다음 식에 따라 산출한 수치 이상으로 할 것

    AO = QN / 2.5

    AO : 개폐기의 개구면적(m^2)

    QN : 수직풍도가 담당하는 1개 층의 제연구역의 출입문(옥내와 면하는 출입문을 말한다) 1개의 면적(m^2)과 방연풍속(m/s)를 곱한 값(m^3/s)

[제16조] 급기

제연구역에 대한 급기는 다음 각 호의 기준에 따라야 한다.

1. 부속실만을 제연하는 경우 동일 수직선상의 모든 부속실은 하나의 전용수직풍도를 통해 동시에 급기할 것
2. 계단실 및 부속실을 동시에 제연하는 경우 계단실에 대하여는 그 부속실의 수직풍도를 통해 급기할 수 있다.
3. 계단실만을 제연하는 경우에는 전용수직풍도를 설치하거나 계단실에 급기풍도 또는 급기송풍기를 직접 연결하여 급기하는 방식으로 할 것
4. 하나의 수직풍도마다 전용의 송풍기로 급기할 것
5. 비상용승강기 또는 피난용승강기의 승강장을 제연하는 경우에는 해당 승강기의 승강로를 급기풍도로 사용할 수 있다. 〈개정 2024.3.18.〉

[제17조] 급기구

제연구역에 설치하는 급기구는 다음 각 호의 기준에 적합해야 한다.

1. 급기용 수직풍도와 직접 면하는 벽체 또는 천장(당해 수직풍도와 천장급기구 사이의 풍도를 포함한다)에 고정하되, 급기되는 기류 흐름이 출입문으로 인하여 차단되거나 방해받지 않도록 옥내와 면하는 출입문으로부터 가능한 먼 위치에 설치할 것
2. 계단실과 그 부속실을 동시에 제연하거나 또는 계단실만을 제연하는 경우 급기구는 계단실 매 3개 층 이하의 높이마다 설치할 것
3. 급기구의 댐퍼설치는 다음 각 목의 기준에 적합할 것

    가. 급기댐퍼의 재질은 「자동차압급기댐퍼의 성능인증 및 제품검사의 기술기준」에 적합한 것으로 할 것 〈개정 2024.1.26.〉

    나. 삭제 〈개정 2024.1.26.〉

    다. 삭제 〈개정 2024.1.26.〉

    라. 삭제 〈개정 2024.1.26.〉

    마. 자동차압급기댐퍼는 「자동차압급기댐퍼의 성능인증 및 제품검사의 기술기준」에 적합한

것으로 설치할 것

바. 자동차압급기댐퍼가 아닌 댐퍼는 개구율을 수동으로 조절할 수 있는 구조로 할 것 〈개정 2024.1.26.〉

사. 화재감지기에 따라 모든 제연구역의 댐퍼가 개방되도록 할 것. 다만, 둘 이상의 특정소방대상물이 지하에 설치된 주차장으로 연결되어 있는 경우에는 특정소방대상물의 화재감지기 및 주차장에서 하나의 특정소방대상물의 제연구역으로 들어가는 입구에 설치된 제연용 연기감지기의 작동에 따라 해당 특정소방대상물의 수직풍도에 연결된 모든 제연구역의 댐퍼가 개방되도록 하거나 해당 특정소방대상물을 포함한 둘 이상의 특정소방대상물의 모든 제연구역의 댐퍼가 개방되도록 할 것 〈개정 2024.1.26.〉

아. 댐퍼의 작동이 전기적 방식에 의하는 경우 제14조제3호의 나목 내지 마목의 기준을, 기계적 방식에 따른 경우 제14조제3호의 다목, 라목 및 마목 기준을 준용할 것

자. 그 밖의 설치기준은 제14조제3호 가목 및 아목의 기준을 준용할 것

[제18조] 급기풍도

급기풍도(이하 "풍도"라 한다)의 설치는 다음 각 호의 기준에 적합해야 한다.

1. 수직풍도는 제14조제1호 및 제2호의 기준을 준용할 것
2. 수직풍도 이외의 풍도로서 금속판으로 설치하는 풍도는 다음 각 목의 기준에 적합할 것

    가. 풍도는 아연도금강판 또는 이와 동등 이상의 내식성·내열성이 있는 것으로 하며, 「건축법 시행령」제2조에 따른 불연재료(석면재료를 제외한다)인 단열재로 풍도 외부에 유효한 단열처리를 하고, 강판의 두께는 풍도의 크기에 따라 다음 표에 따른 기준 이상으로 할 것 〈개정 2024.1.26.〉

풍도단면의 긴 변 또는 직경의 크기	450mm이하	450mm초과 750mm이하	750mm초과 1,500mm이하	1,500mm초과 2,250mm이하	2,250mm초과
강판두께	0.5mm	0.6mm	0.8mm	1.0mm	1.2mm

    나. 풍도에서의 누설량은 공기의 누설로 인한 압력 손실을 최소화하도록 할 것

3. 풍도는 정기적으로 풍도 내부를 청소할 수 있는 구조로 할 것
4. 풍도 내의 풍속은 초속 15 미터 이하로 할 것 〈신설 2024.1.26.〉

[제19조] 급기송풍기

급기송풍기의 송풍능력은 송풍기가 담당하는 제연구역에 대한 급기량의 1.15배 이상으로 하고, 송풍기는 다른 장소와 방화구획 되고 접근과 점검이 용이하도록 설치하며, 화재감지기의 동작에 따라 작동하도록 해야 한다.

[제20조] 외기취입구

외기취입구는 옥외의 연기 또는 공해물질 등으로 오염된 공기, 빗물과 이물질 등이 유입되지 않는 구조 및 위치에 설치해야 한다.

[제21조] 제연구역 및 옥내의 출입문

① 제연구역의 출입문(창문을 포함한다)은 언제나 닫힌 상태를 유지하거나 자동폐쇄장치에 의해 자동으로 닫히는 구조로 하고, 제연구역의 출입문 등에 자동폐쇄장치를 사용하는 경우에는 「자동폐쇄장치의 성능인증 및 제품검사의 기술기준」에 적합한 것으로 설치해야 한다.

② 옥내의 출입문(제10조의 기준에 따른 방화구조의 복도가 있는 경우로서 복도와 거실 사이의 출입문에 한한다)은 언제나 닫힌 상태를 유지하거나 자동폐쇄장치에 의해 자동으로 닫히는 구조로 해야 한다.

[제22조] 수동기동장치

① 배출댐퍼 및 개폐기의 직근 또는 제연구역에는 다음 각 호의 기준에 따른 장치의 작동을 위하여 수동기동장치를 설치하고 스위치는 바닥으로부터 0.8 미터 이상 1.5 미터 이하의 높이에 설치해야 한다. 〈개정 2024.1.26.〉
  1. 전 층의 제연구역에 설치된 급기댐퍼의 개방
  2. 당해 층의 배출댐퍼 또는 개폐기의 개방
  3. 급기송풍기 및 유입공기의 배출용 송풍기의 작동
  4. 개방·고정된 모든 출입문(제연구역과 옥내 사이의 출입문에 한한다)의 개폐장치의 작동

② 제1항 각 호의 기준에 따른 장치는 옥내에 설치된 수동발신기의 조작에 따라서도 작동할 수 있도록 해야 한다.

[제23조] 제어반

제연설비의 제어반은 다음 각 호의 기준에 적합하도록 설치해야 한다.
1. 제어반에는 제어반의 기능을 1시간 이상 유지할 수 있는 용량의 비상용 축전지를 내장할 것
2. 제어반은 제연설비와 그 부속설비(급기용 댐퍼, 배출댐퍼 및 개폐기, 급기 및 유입공기의 배출용 송풍기, 제연구역의 출입문, 수동기동장치, 급기구 개구율의 자동조절장치 및 예비전원을 말한다)를 감시·제어 및 시험할 수 있는 기능을 갖출 것

[제25조] 성능확인

① 제연설비는 설계목적에 적합한지 검토하고 제연설비의 성능과 관련된 건물의 모든 부분(건축설비를 포함한다)이 완성되는 시점에 맞추어 시험·측정 및 조정(이하 "시험 등"이라 한다)을 해야 한다. 〈개정 2024.3.18.〉

② 제연설비의 시험 등은 다음 각 호의 기준에 따라 실시해야 한다.
  1. 제연구역의 모든 출입문 등의 크기와 열리는 방향이 설계 시와 동일한지 여부를 확인할 것
  2. 삭제 〈개정 2024.1.26.〉
  3. 제연구역의 출입문 및 복도와 거실(옥내가 복도와 거실로 되어 있는 경우에 한한다) 사이의 출입문마다 제연설비가 작동하고 있지 아니한 상태에서 그 폐쇄력을 측정할 것
  4. 층별로 화재감지기(수동기동장치를 포함한다)를 동작시켜 제연설비가 작동하는지 여부를 확

인할 것. 다만, 둘 이상의 특정소방대상물이 지하에 설치된 주차장으로 연결되어 있는 경우에는 특정소방대상물의 화재감지기 및 주차장에서 하나의 특정소방대상물의 제연구역으로 들어가는 입구에 설치된 제연용 연기감지기의 작동에 따라 해당 특정소방대상물의 수직풍도에 연결된 모든 제연구역의 댐퍼가 개방되도록 하거나 해당 특정소방대상물을 포함한 둘 이상의 특정소방대상물의 모든 제연구역의 댐퍼가 개방되도록 하고 비상전원을 작동시켜 급기 및 배기용 송풍기의 성능이 정상인지 확인할 것 〈개정 2024.1.26.〉

5. 제4호의 기준에 따라 제연설비가 작동하는 경우 방연풍속, 차압, 및 출입문의 개방력과 자동 닫힘 등이 적합한지 여부를 확인하는 시험을 실시할 것

연결송수관설비의 화재안전성능기준(NFPC 502) [시행 2024.7.1.]

[제4조] 송수구 설치기준

1. 송수구는 송수 및 그 밖의 소화작업에 지장을 주지 않도록 설치할 것
2. 지면으로부터 높이가 0.5미터 이상 1미터 이하의 위치에 설치할 것
3. 송수구로부터 연결송수관설비의 주배관에 이르는 연결배관에 개폐밸브를 설치한 때에는 그 개폐상태를 쉽게 확인 및 조작할 수 있는 옥외 또는 기계실 등의 장소에 설치하고, 그 밸브의 개폐상태를 감시제어반에서 확인할 수 있도록 급수개폐밸브 작동표시 스위치를 설치할 것
4. 구경 65밀리미터의 쌍구형으로 할 것
5. 송수구에는 그 가까운 곳의 보기 쉬운 곳에 송수압력범위를 표시한 표지를 할 것
6. 송수구는 연결송수관의 수직배관마다 한 개 이상을 설치할 것
7. 송수구의 가까운 부분에 자동배수밸브 및 체크밸브를 설치할 것
8. 송수구에는 가까운 곳의 보기 쉬운 곳에 "연결송수관설비송수구"라고 표시한 표지를 설치할 것
9. 송수구에는 이물질을 막기 위한 마개를 씌울 것

[제5조] 배관 등

① 연결송수관설비의 배관은 다음 각 호의 기준에 따라 설치해야 한다.
  1. 주배관은 구경 100밀리미터 이상의 전용배관으로 할 것. 다만, 주배관의 구경이 100밀리미터 이상인 옥내소화전설비의 배관과는 겸용할 수 있다. 〈내용이동 24.5.10.〉
  2. 지면으로부터의 높이가 31미터 이상인 특정소방대상물 또는 지상 11층 이상인 특정소방대상물에 있어서는 습식설비로 할 것

② 배관과 배관이음쇠는 배관용 탄소 강관(KS D 3507) 또는 배관 내 사용압력이 1.2메가파스칼 이상일 경우에는 압력 배관용 탄소 강관(KS D 3562)이나 이와 동등 이상의 강도·내식성 및 내열성을 국내·외 공인기관으로부터 인정받은 것을 사용해야 한다.

③ 제2항에도 불구하고 화재 등 재해로 인하여 배관의 성능에 영향을 받을 우려가 적은 장소에는 소방청장이 정하여 고시한 「소방용합성수지배관의 성능인증 및 제품검사의 기술기준」에 적합한 소방용 합성수지배관으로 설치할 수 있다.

④ 성능시험배관은 펌프의 토출측에 설치된 개폐밸브 이전에서 분기하여 설치하고, 유량측정장치를 기준으로 전단에 개폐밸브를 후단에 유량조절밸브를 설치해야 한다. 〈신설 2024.5.10.〉
⑤ 성능시험배관에 설치하는 유량측정장치는 성능시험배관의 직관부에 설치하되, 펌프 정격토출량의 175퍼센트 이상을 측정할 수 있는 것으로 해야 한다. 〈신설 2024.5.10.〉
⑥ 연결송수관설비의 수직배관은 내화구조로 구획된 계단실(부속실을 포함한다) 또는 파이프덕트 등 화재의 우려가 없는 장소에 설치해야 한다.
⑦ 확관형 분기배관을 사용할 경우에는 소방청장이 정하여 고시한 「분기배관의 성능인증 및 제품검사의 기술기준」에 적합한 것으로 설치해야 한다.
⑧ 배관은 다른 설비의 배관과 쉽게 구분이 될 수 있는 위치에 설치하거나, 적색 등으로 식별이 가능하도록 소방용설비의 배관임을 표시해야 한다.

[제6조] 방수구 설치기준

1. 연결송수관설비의 방수구는 그 특정소방대상물의 층마다 설치할 것
2. 방수구는 계단(아파트 또는 바닥면적이 1,000제곱미터 미만인 층에 있어서는 한 개의 계단을 말하며, 바닥면적이 1,000제곱미터 이상인 층에 있어서는 두 개의 계단을 말한다)으로부터 5미터 이내에 설치하되, 그 방수구로부터 그 층의 각 부분까지의 거리가 다음 각 목의 기준을 초과하는 경우에는 그 기준 이하가 되도록 방수구를 추가하여 설치할 것
   가. 지하가(터널은 제외한다) 또는 지하층의 바닥면적의 합계가 3,000제곱미터 이상인 것은 수평거리 25미터
   나. 가목에 해당하지 않는 것은 수평거리 50미터
3. 11층 이상의 부분에 설치하는 방수구는 쌍구형으로 할 것
4. 방수구의 호스접결구는 바닥으로부터 높이 0.5미터 이상 1미터 이하의 위치에 설치할 것
5. 방수구는 연결송수관설비의 전용방수구 또는 옥내소화전방수구로서 구경 65밀리미터의 것으로 설치할 것
6. 방수구에는 방수구의 위치를 표시하는 표시등 또는 축광식표지를 설치할 것
7. 방수구는 개폐기능을 가진 것으로 설치해야 하며, 평상 시 닫힌 상태를 유지할 것

[제7조] 방수기구함 설치기준

1. 방수기구함은 피난층과 가장 가까운 층을 기준으로 3개 층마다 설치하되, 그 층의 방수구마다 보행거리 5미터 이내에 설치할 것
2. 방수기구함에는 방수구에 연결하였을 때 그 방수구가 담당하는 구역의 각 부분에 유효하게 물이 뿌려질 수 있는 개수 이상의 길이 15미터의 호스와 방사형 관창 2개 이상(단구형 방수구의 경우에는 1개)을 비치할 것
3. 방수기구함에는 "방수기구함"이라고 표시한 축광식 표지를 할 것

[제8조] 가압송수장치 등

지표면에서 최상층 방수구의 높이가 70미터 이상의 특정소방대상물에는 다음 각 호의 기준에 따

라 연결송수관설비의 가압송수장치를 설치해야 한다.

1. 쉽게 접근할 수 있고 점검하기에 충분한 공간이 있는 장소로서 화재 및 침수 등의 재해로 인한 피해를 받을 우려가 없는 곳에 설치할 것
2. 동결방지조치를 하거나 동결의 우려가 없는 장소에 설치할 것
3. 펌프는 전용으로 할 것
4. 펌프의 토출측에는 압력계를 설치하고, 흡입측에는 연성계 또는 진공계를 설치할 것
5. 펌프의 성능은 체절운전 시 정격토출압력의 140퍼센트를 초과하지 않고, 정격토출량의 150퍼센트로 운전 시 정격토출압력의 65퍼센트 이상이 되어야 하며, 펌프의 성능을 시험할 수 있는 성능시험배관을 설치할 것 〈개정 2024.5.10.〉
5의2. 펌프의 성능시험을 위한 전용의 수조를 설치할 것 〈신설 2024.5.10.〉
5의3. 수조의 유효수량은 펌프 정격토출량의 150퍼센트로 5분 이상 시험할 수 있는 양 이상이 되도록 할 것 〈신설 2024.5.10.〉
5의4. 펌프의 성능시험 시 방수되는 물로 침수피해가 발생하지 않도록 배수설비가 되어 있을 것 〈신설 2024.5.10.〉
6~16 개정 전과 동일

[제10조] 배선 등

① 연결송수관설비의 배선은 「전기사업법」 제67조에 따른 「전기설비기술기준」에서 정한 것 외에 다음 각 호의 기준에 따라 설치해야 한다.

1. 비상전원으로부터 동력제어반 및 가압송수장치에 이르는 전원회로배선은 내화배선으로 할 것
2. 상용전원으로부터 동력제어반에 이르는 배선, 그 밖의 연결송수관설비의 감시·조작 또는 표시등회로의 배선은 내화배선 또는 내열배선으로 할 것

② 연결송수관설비의 과전류차단기 및 개폐기에는 "연결송수관설비용"이라고 표시한 표지를 해야 한다.

③ 연결송수관설비용 전기배선의 양단 및 접속단자에는 식별이 용이하도록 표지 또는 표시를 해야 한다.

[제11조] 송수구의 겸용

연결송수관설비의 송수구를 옥내소화전설비와 겸용으로 설치하는 경우에는 연결송수관설비의 송수구 설치기준에 따르되 각각의 소화설비의 기능에 지장이 없도록 해야 한다. 〈개정 2024.5.10.〉

연결살수설비의 화재안전성능기준(NFPC 503) [시행 2024.7.1.]

[제4조] 송수구 등

① 연결살수설비의 송수구는 다음 각 호의 기준에 따라 설치해야 한다.

1. 송수구는 송수 및 그 밖의 소화작업에 지장을 주지 않도록 설치할 것

2. 구경 65밀리미터의 쌍구형으로 할 것
3. 개방형헤드를 사용하는 송수구의 호스접결구는 각 송수구역마다 설치할 것
4. 지면으로부터 높이가 0.5미터 이상 1미터 이하의 위치에 설치할 것
5. 송수구로부터 주배관에 이르는 연결배관에는 개폐밸브를 설치하지 않을 것
6. 송수구의 부근에는 "연결살수설비 송수구"라고 표시한 표지와 송수구역 일람표를 설치할 것
7. 송수구에는 이물질을 막기 위한 마개를 씌울 것

② 연결살수설비의 선택밸브는 다음 각 호의 기준에 따라 설치해야 한다.
1. 화재 시 연소의 우려가 없는 장소로서 조작 및 점검이 쉬운 위치에 설치할 것
2. 선택밸브의 부근에는 송수구역 일람표를 설치할 것

③ 연결살수설비에는 송수구의 가까운 부분에 자동배수밸브와 체크밸브를 설치해야 한다.

④ 개방형헤드를 사용하는 연결살수설비에 있어서 하나의 송수구역에 설치하는 살수헤드의 수는 10개 이하가 되도록 해야 한다.

[제5조제9항] 연결살수설비 교차배관의 위치·청소구 및 가지배관의 헤드 설치기준

1. 교차배관은 가지배관과 수평으로 설치하거나 가지배관 밑에 설치하고, 그 구경은 제3항에 따르되 최소구경이 40밀리미터 이상이 되도록 할 것
2. 폐쇄형헤드를 사용하는 연결살수설비의 청소구는 주배관 또는 교차배관 끝에 40밀리미터 이상 크기의 개폐밸브를 설치하고, 호스접결이 가능한 나사식 또는 고정배수 배관식으로 할 것
3. 폐쇄형스프링클러헤드를 사용하는 연결살수설비에 하향식헤드를 설치하는 경우에는 가지배관으로부터 헤드에 이르는 헤드접속배관은 가지배관 상부에서 분기할 것

[제6조제2항] 건축물에 설치하는 연결살수설비의 헤드 설치기준

1. 천장 또는 반자의 실내에 면하는 부분에 설치할 것
2. 천장 또는 반자의 각 부분으로부터 하나의 살수헤드까지의 수평거리가 연결살수설비 전용헤드의 경우에는 3.7미터 이하, 스프링클러헤드의 경우는 2.3미터 이하로 할 것

[제6조제3항] 폐쇄형스프링클러헤드를 설치하는 경우의 설치기준

1. 그 설치장소의 평상시 최고 주위온도에 따라 적합한 표시온도의 것으로 설치할 것
2. 스프링클러헤드는 살수 및 감열에 장애가 없도록 설치할 것
3. 연소할 우려가 있는 개구부에는 그 상하좌우에 2.5미터 간격으로(개구부의 폭이 2.5미터 이하인 경우에는 그 중앙에) 스프링클러헤드를 설치하되, 스프링클러헤드와 개구부의 내측 면으로부터 직선거리는 15센티미터 이하가 되도록 할 것
4. 습식 연결살수설비 외의 설비에는 상향식스프링클러헤드를 설치할 것
5. 측벽형스프링클러헤드를 설치하는 경우 긴 변의 한쪽 벽에 일렬로 설치(폭이 4.5미터 이상 9미터 이하인 실에 있어서는 긴변의 양쪽에 각각 일렬로 설치하되 마주보는 스프링클러헤드가 나란히 꼴이 되도록 설치)하고 3.6미터 이내마다 설치할 것

제7조(헤드의 설치제외)

연결살수설비를 설치해야 할 특정소방대상물 또는 그 부분으로서 연결살수설비 작동 시 소화효과를 기대할 수 없는 장소이거나 2차 피해가 예상되는 장소 또는 화재발생 위험이 적은 장소에는 연결살수설비의 헤드를 설치하지 않을 수 있다.

비상콘센트설비의 화재안전성능기준(NFPC 504) [시행 2024.1.1.]

[제4조제1항] 비상콘센트설비의 전원기준

1. 상용전원회로의 배선은 전용배선으로 하고, 상용전원의 상시공급에 지장이 없도록 할 것
2. 지하층을 제외한 층수가 7층 이상으로서 연면적이 2,000제곱미터 이상이거나 지하층의 바닥면적의 합계가 3,000제곱미터 이상인 특정소방대상물의 비상콘센트설비에는 자가발전설비, 비상전원수전설비, 축전지설비 또는 전기저장장치를 비상전원으로 설치할 것
3. 제2호에 따른 비상전원 중 자가발전설비, 축전지설비 또는 전기저장장치는 다음 각 목의 기준에 따라 설치하고, 비상전원수전설비는 「소방시설용 비상전원수전설비의 화재안전성능기준(NFPC 602)」에 따라 설치할 것
   가. 점검에 편리하고 화재 및 침수 등의 재해로 인한 피해를 받을 우려가 없는 곳에 설치할 것
   나. 비상콘센트설비를 유효하게 20분 이상 작동시킬 수 있는 용량으로 할 것
   다. 상용전원으로부터 전력의 공급이 중단된 때에는 자동으로 비상전원으로부터 전력을 공급받을 수 있도록 할 것
   라. 비상전원의 설치장소는 다른 장소와 방화구획 할 것
   마. 비상전원을 실내에 설치하는 때에는 그 실내에 비상조명등을 설치할 것

[제4조제2항] 비상콘센트설비의 전원회로의 설치기준

1. 비상콘센트설비의 전원회로는 단상교류 220볼트인 것으로서, 그 공급용량은 1.5킬로볼트암페어 이상인 것으로 할 것
2. 전원회로는 각 층에 둘 이상이 되도록 설치할 것
3. 전원회로는 주배전반에서 전용회로로 할 것
4. 전원으로부터 각 층의 비상콘센트에 분기되는 경우에는 분기배선용 차단기를 보호함안에 설치할 것
5. 콘센트마다 배선용 차단기(KS C 8321)를 설치해야 하며, 충전부가 노출되지 않도록 할 것
6. 개폐기에는 "비상콘센트"라고 표시한 표지를 할 것
7. 비상콘센트용의 풀박스 등은 방청도장을 한 것으로서, 두께 1.6밀리미터 이상의 철판으로 할 것
8. 하나의 전용회로에 설치하는 비상콘센트는 10개 이하로 할 것. 이 경우 전선의 용량은 각 비상콘센트(비상콘센트가 3개 이상인 경우에는 3개)의 공급용량을 합한 용량 이상의 것으로 해야 한다.

[제6조] 배선

비상콘센트설비의 배선은 「전기사업법」 제67조에 따른 「전기설비기술기준」에서 정하는 것 외에 전원회로의 배선은 내화배선으로, 그 밖의 배선은 내화배선 또는 내열배선으로 설치해야 한다. 이 경우 내화배선 및 내열배선은 「옥내소화전설비의 화재안전성능기준(NFPC 102)」 제10조제2항에 따른다.

무선통신보조설비의 화재안전성능기준(NFPC 505) [시행 2022.12.1.]

[제5조] 누설동축케이블 등

① 무선통신보조설비의 누설동축케이블 등은 다음 각 호의 기준에 따라 설치해야 한다.
  1. 소방전용주파수대에서 전파의 전송 또는 복사에 적합한 것으로서 소방전용의 것으로 할 것.
  2. 누설동축케이블과 이에 접속하는 안테나 또는 동축케이블과 이에 접속하는 안테나로 구성할 것
  3. 누설동축케이블 및 동축케이블은 불연 또는 난연성의 것으로서 습기 등의 환경조건에 따라 전기의 특성이 변질되지 않는 것으로 하고, 노출하여 설치한 경우에는 피난 및 통행에 장애가 없도록 할 것
  4. 누설동축케이블 및 동축케이블은 화재에 따라 해당 케이블의 피복이 소실된 경우에 케이블 본체가 떨어지지 않도록 4미터 이내마다 금속제 또는 자기제 등의 지지금구로 벽·천장·기둥 등에 견고하게 고정할 것
  5. 누설동축케이블 및 안테나는 금속판 또는 고압의 전로에 의해 그 기능에 장애가 발생되지 않는 위치에 설치할 것
  6. 누설동축케이블의 끝부분에는 무반사 종단저항을 견고하게 설치할 것
② 누설동축케이블 또는 동축케이블의 임피던스는 50옴으로 하고, 이에 접속하는 안테나·분배기 기타의 장치는 해당 임피던스에 적합한 것으로 해야 한다.
③ 무선통신보조설비는 누설동축케이블 또는 동축케이블과 이에 접속하는 안테나가 설치된 층은 모든 부분(계단실, 승강기, 별도 구획된 실 포함)에서 유효하게 통신이 가능하도록 설치해야 한다.

[제6조] 옥외안테나 설치기준
  1. 건축물, 지하가, 터널 또는 공동구의 출입구 및 출입구 인근에서 통신이 가능한 장소에 설치할 것
  2. 다른 용도로 사용되는 안테나로 인한 통신장애가 발생하지 않도록 설치할 것
  3. 옥외안테나는 견고하게 파손의 우려가 없는 곳에 설치하고 그 가까운 곳의 보기 쉬운 곳에 "무선통신보조설비 안테나"라는 표시와 함께 통신 가능거리를 표시한 표지를 설치할 것
  4. 수신기가 설치된 장소 등 사람이 상시 근무하는 장소에는 옥외 안테나의 위치가 모두 표시된 옥외안테나 위치표시도를 비치할 것

[제8조] 증폭기 및 무선중계기의 설치기준

1. 상용전원은 전기가 정상적으로 공급되는 축전지설비, 전기저장장치 또는 교류전압의 옥내 간선으로 하고, 전원까지의 배선은 전용으로 하며, 증폭기 전면에는 전원의 정상 여부를 표시할 수 있는 장치를 설치할 것
2. 증폭기에는 비상전원이 부착된 것으로 하고 해당 비상전원 용량은 무선통신보조설비를 유효하게 30분 이상 작동시킬 수 있는 것으로 할 것
3. 증폭기 및 무선중계기를 설치하는 경우에는 「전파법」 제58조의2에 따른 적합성평가를 받은 제품으로 설치하고 임의로 변경하지 않도록 할 것
4. 디지털 방식의 무전기를 사용하는데 지장이 없도록 설치할 것

소방시설용 비상전원수전설비의 화재안전성능기준(NFPC 602) [시행 2022.12.1.]

[제4조] 인입선 및 인입구 배선의 시설

① 인입선은 특정소방대상물에 화재가 발생할 경우에도 화재로 인한 손상을 받지 않도록 설치해야 한다.
② 인입구 배선은 내화배선으로 해야 한다.

[제5조제1항] 특별고압 또는 고압으로 수전하는 경우(방화구획형)

① 일반전기사업자로부터 특별고압 또는 고압으로 수전하는 비상전원 수전설비는 방화구획형, 옥외개방형 또는 큐비클(Cubicle)형으로서 다음 각 호에 적합하게 설치해야 한다.
1. 전용의 방화구획 내에 설치할 것
2. 소방회로배선은 일반회로배선과 불연성의 격벽으로 구획할 것
3. 일반회로에서 과부하, 지락사고 또는 단락사고가 발생한 경우에도 이에 영향을 받지 아니하고 계속하여 소방회로에 전원을 공급시켜 줄 수 있어야 할 것
4. 소방회로용 개폐기 및 과전류차단기에는 "소방시설용"이라 표시할 것
5. 전기회로는 별표 1 같이 결선할 것

도로터널의 화재안전성능기준(NFPC 603) [시행 2022.12.1.]

[제6조] 도로터널의 옥내소화전설비 설치기준

1. 소화전함과 방수구는 주행차로 우측 측벽을 따라 50미터 이내의 간격으로 설치하며, 편도 2차선 이상의 양방향 터널이나 4차로 이상의 일방향 터널의 경우에는 양쪽 측벽에 각각 50미터 이내의 간격으로 엇갈리게 설치할 것
2. 수원은 그 저수량이 옥내소화전의 설치개수 두 개(4차로 이상의 터널의 경우 세 개)를 동시에 40분 이상 사용할 수 있는 충분한 양 이상을 확보할 것
3. 가압송수장치는 옥내소화전 두 개(4차로 이상의 터널인 경우 세 개)를 동시에 사용할 경우 각 옥내소화전의 노즐선단에서의 방수압력은 0.35메가파스칼 이상이고 방수량은 분당 190리터

이상이 되는 성능의 것으로 할 것. 다만, 하나의 옥내소화전을 사용하는 노즐선단에서의 방수압력이 0.7메가파스칼을 초과할 경우에는 호스접결구의 인입측에 감압장치를 설치해야 한다.
4. 압력수조나 고가수조가 아닌 전동기 및 내연기관에 의한 펌프를 이용하는 가압송수장치는 주펌프와 동등 이상인 별도의 예비펌프를 설치할 것
5. 방수구는 40밀리미터 구경의 단구형을 옥내소화전이 설치된 벽면의 바닥면으로부터 1.5미터 이하의 높이에 설치할 것
6. 소화전함에는 옥내소화전 방수구 1개, 15미터 이상의 소방호스 3본 이상 및 방수노즐을 비치할 것
7. 옥내소화전설비의 비상전원은 40분 이상 작동할 수 있을 것

제9조(자동화재탐지설비)

① 터널에는 차동식분포형감지기, 정온식감지선형감지기(아날로그식에 한한다) 또는 중앙기술심의위원회의 심의를 거쳐 터널화재에 적응성이 있다고 인정된 감지기를 설치해야 한다.
② 하나의 경계구역의 길이는 100미터 이하로 해야 한다.
③ 제1항에 의한 감지기의 설치기준은 다음 각 호와 같다. 다만, 중앙기술심의위원회의 심의를 거쳐 제조사 시방서에 따른 설치방법이 터널화재에 적합하다고 인정되는 경우에는 다음 각 호의 기준에 의하지 않고 심의결과에 의한 제조사 시방서에 따라 설치할 수 있다.
  1. 감지기의 감열부(열을 감지하는 기능을 갖는 부분을 말한다. 이하 같다)와 감열부 사이의 이격거리는 10미터 이하로, 감지기와 터널 좌·우측 벽면과의 이격거리는 6.5미터 이하로 설치할 것
  2. 제1호에도 불구하고 터널 천장의 구조가 아치형의 터널에 감지기를 터널 진행방향으로 설치하고자 하는 경우에는 감열부와 감열부 사이의 이격거리를 10미터 이하로 하여 아치형 천장의 중앙 최상부에 1열로 감지기를 설치해야 하며, 감지기를 2열 이상으로 설치하고자 하는 경우에는 감열부와 감열부 사이의 이격거리는 10미터 이하로 감지기 간의 이격거리는 6.5미터 이하로 설치할 것
  3. 감지기를 천장면(터널 안 도로 등에 면한 부분 또는 상층의 바닥 하부면을 말한다. 이하 같다)에 설치하는 경우에는 감지기가 천장면에 밀착되지 않도록 고정금구 등을 사용하여 설치할 것
  4. 형식승인 내용에 설치방법이 규정된 경우에는 형식승인 내용에 따라 설치할 것
④ 제2항에도 불구하고 감지기의 작동에 의하여 다른 소방시설 등이 연동되는 경우로서 해당 소방시설 등의 작동을 위한 정확한 발화 위치를 확인할 필요가 있는 경우에는 경계구역의 길이가 해당 설비의 방호구역 등에 포함되도록 설치해야 한다.
⑤ 발신기 및 지구음향장치는 제7조를 준용하여 설치해야 한다.

[제10조] 비상조명등 설치기준

1. 상시 조명이 소등된 상태에서 비상조명등이 점등되는 경우 터널 안의 차도 및 보도의 바닥면의 조도는 10럭스 이상, 그 외 모든 지점의 조도는 1럭스 이상이 될 수 있도록 설치할 것

2. 비상조명등은 상용전원이 차단되는 경우 자동으로 비상전원으로 60분 이상 점등되도록 설치할 것
3. 비상조명등에 내장된 예비전원이나 축전지설비는 상용전원의 공급에 의하여 상시 충전상태를 유지할 수 있도록 설치할 것

[제11조] 제연설비

① 제연설비는 다음 각 호의 사양을 만족하도록 설계해야 한다.
1. 설계화재강도 20메가와트를 기준으로 하고, 이 때 연기발생률은 초당 80세제곱미터로 하며, 배출량은 발생된 연기와 혼합된 공기를 충분히 배출할 수 있는 용량 이상을 확보할 것
2. 제1호에도 불구하고 화재강도가 설계화재강도 보다 높을 것으로 예상될 경우 위험도분석을 통하여 설계화재강도를 설정하도록 할 것

② 제연설비는 다음 각 호의 기준에 따라 설치해야 한다.
1. 종류환기방식의 경우 제트팬의 소손을 고려하여 예비용 제트팬을 설치하도록 할 것
2. 횡류환기방식(또는 반횡류환기방식) 및 대배기구 방식의 배연용 팬은 덕트의 길이에 따라서 노출온도가 달라질 수 있으므로 수치해석 등을 통해서 내열온도 등을 검토한 후에 적용하도록 할 것
3. 대배기구의 개폐용 전동모터는 정전 등 전원이 차단되는 경우에도 조작상태를 유지할 수 있도록 할 것
4. 화재에 노출이 우려되는 제연설비와 전원공급선 및 제트팬 사이의 전원공급장치 등은 섭씨 250도의 온도에서 60분 이상 운전상태를 유지할 수 있도록 할 것

③ 제연설비는 화재감지기 또는 수동조작스위치의 동작 등에 의하여 자동 및 수동으로 기동될 수 있도록 해야 한다.
④ 비상전원은 60분 이상 작동할 수 있도록 해야 한다.

[제14조] 비상콘센트설비 설치기준

1. 비상콘센트설비의 전원회로는 단상교류 220볼트인 것으로서 그 공급용량은 1.5킬로볼트암페어 이상인 것으로 할 것
2. 전원회로는 주배전반에서 전용회로로 할 것
3. 콘센트마다 배선용 차단기(KS C 8321)를 설치해야 하며, 충전부가 노출되지 않도록 할 것
4. 주행차로의 우측 측벽에 50미터 이내의 간격으로 바닥으로부터 0.8미터 이상 1.5미터 이하의 높이에 설치할 것

고층건축물의 화재안전성능기준 (NFPC 604) [시행 2022.12.1.]

[제10조] 피난안전구역의 소방시설

「초고층 및 지하연계 복합건축물 재난관리에 관한 특별법 시행령」 제14조제2항에 따라 피난안전

구역에 설치하는 소방시설의 설치기준은 다음 각 호와 같으며, 이 기준에서 정하지 않은 것은 개별 화재안전성능기준에 따라 설치해야 한다.

1. 제연설비의 피난안전구역과 비 제연구역간의 차압은 50파스칼(옥내에 스프링클러설비가 설치된 경우에는 12.5파스칼) 이상으로 할 것
2. 피난유도선은 다음 각 목의 기준에 따라 설치할 것
   가. 피난안전구역이 설치된 층의 계단실 출입구에서 피난안전구역의 주 출입구 또는 비상구까지 설치할 것
   나. 계단실에 설치하는 경우 계단 및 계단참에 설치할 것
   다. 피난유도 표시부의 너비는 최소 25밀리미터 이상으로 설치할 것
   라. 광원점등방식(전류에 의하여 빛을 내는 방식)으로 설치하되, 60분 이상 유효하게 작동할 것
3. 비상조명등은 상시 조명이 소등된 상태에서 그 비상조명등이 점등되는 경우 각 부분의 바닥에서 조도는 10럭스 이상이 될 수 있도록 설치할 것
4. 휴대용비상조명등은 다음 각 목의 기준에 따라 설치할 것
   가. 초고층 건축물에 설치된 피난안전구역에 설치하는 휴대용비상조명등의 수량은 피난안전구역 위층의 재실자수(「건축물의 피난·방화구조 등의 기준에 관한 규칙」 별표 1의2에 따라 산정된 재실자 수를 말한다)의 10분의 1 이상에 해당하는 수량을 비치할 것
   나. 지하연계 복합건축물에 설치된 피난안전구역에 설치하는 휴대용비상조명등의 수량은 피난안전구역이 설치된 층의 수용인원(영 별표 7에 따라 산정된 수용인원을 말한다)의 10분의 1 이상으로 할 것
   다. 건전지 및 충전식 건전지의 용량은 40분(피난안전구역이 50층 이상에 설치되어 있을 경우 60분) 이상 유효하게 사용할 수 있는 것으로 할 것
5. 인명구조기구는 다음 각 목의 기준에 따라 설치할 것
   가. 방열복, 인공소생기를 각 두 개 이상 비치할 것
   나. 45분 이상 사용할 수 있는 성능의 공기호흡기(보조마스크를 포함한다)를 두 개 이상 비치할 것. 다만, 피난안전구역이 50층 이상에 설치되어 있을 경우에는 동일한 성능의 예비용기를 10개 이상 비치할 것
   다. 화재 시 쉽게 반출할 수 있는 곳에 비치할 것
   라. 인명구조기구가 설치된 장소의 보기 쉬운 곳에 "인명구조기구"라는 표지판 등을 설치할 것

지하구의 화재안전성능기준(NFPC 605) [시행 2022.12.1.]

[제10조] 방화벽 설치기준

1. 내화구조로서 홀로 설 수 있는 구조일 것
2. 방화벽의 출입문은 「건축법 시행령」 제64조에 따른 방화문으로서 60분+ 방화문 또는 60분 방화문으로 설치하고, 항상 닫힌 상태를 유지하거나 자동폐쇄장치에 의하여 화재 신호를 받으면 자동으로 닫히는 구조로 해야 한다.

3. 방화벽을 관통하는 케이블·전선 등에는 국토교통부 고시(내화구조의 인정 및 관리기준)에 따라 내화충전 구조로 마감할 것
4. 방화벽은 분기구 및 국사·변전소 등의 건축물과 지하구가 연결되는 부위(건축물로부터 20미터 이내)에 설치할 것
5. 자동폐쇄장치를 사용하는 경우에는 「자동폐쇄장치의 성능인증 및 제품검사의 기술기준」에 적합한 것으로 설치할 것

[제12조] 통합감시시설
통합감시시설은 소방관서와 지하구의 통제실 간에 화재 등 소화활동과 관련된 정보를 상시 교환할 수 있는 정보통신망을 구축해야 한다.

건설현장의 화재안전성능기준(NFPC 606) [시행 2023.7.1.]

건설현장의 화재안전성능기준의 내용이 기술기준의 내용보다 많기 때문에 487쪽 [건설현장의 화재안전기술(성능)기준(NFT(P)C 606)] 본문에 모든 성능인증의 내용이 수록되어 있습니다.

전기저장시설의 화재안전성능기준(NFPC 607) [시행 2024.5.17.]

[제6조] 스프링클러설비 설치기준
1. 스프링클러설비는 습식스프링클러설비 또는 준비작동식스프링클러설비(신속한 작동을 위해 '더블인터락' 방식은 제외한다)로 설치할 것
2. 전기저장장치가 설치된 실의 바닥면적(바닥면적이 230제곱미터 이상인 경우에는 230제곱미터) 1제곱미터에 분당 12.2리터 이상의 수량을 균일하게 30분 이상 방수할 수 있도록 할 것
3. 스프링클러헤드의 방수로 인해 인접 헤드에 미치는 영향을 최소화하기 위하여 스프링클러헤드 사이의 간격을 1.8미터 이상 유지할 것. 이 경우 헤드 사이의 최대 간격은 스프링클러설비의 소화성능에 영향을 미치지 않는 간격 이내로 해야 한다.
4. 준비작동식스프링클러설비를 설치할 경우 제8조제2항에 따른 감지기를 설치할 것
5. 스프링클러설비를 유효하게 일정 시간 이상 작동할 수 있는 비상전원을 갖출 것
6. 준비작동식스프링클러설비의 경우 전기저장장치의 출입구 부근에 수동식기동장치를 설치할 것
7. 소방자동차로부터 전기저장장치 설비에 송수할 수 있는 송수구를 「스프링클러설비의 화재안전성능기준(NFPC 103)」 제11조에 따라 설치할 것

기타

공동주택의 화재안전성능기준과 창고시설의 화재안전성능기준은 각각의 기술기준과 대부분 동일하여 따로 정리하지 않았습니다.

🚒 본 도서에 수록된 사진 중 일부는 『NCS소방시설공사 교안』, 『국가화재안전기술기준 해설서 1권』, 『국가화재안전기술기준 해설서 2권』, 『국가화재안전기술기준 해설서 4권』, 『국가화재안전기술기준 해설서 5권』, 『소방시설의 내진설계 기준 해설서』 등에서 인용하였습니다.

소방기술사, 소방시설관리사, 소방설비기사 시험 대비

뇌박힘 화재안전기술(성능)기준(NF*C) [개정3판]

발행일	2025년 9월 30일 개정3판
지은이	김정희
발행인	황모아
발행처	(주)모아교육그룹
주 소	서울특별시 영등포구 영신로 32길 29 세화빌딩 2층
전 화	02-2068-2393(출판, 주문)
등 록	제2015-000006호 (2015.1.16.)
이메일	moagbooks@naver.com
ISBN	979-11-6804-450-0 (13500)

이 책의 가격은 뒤표지에 있습니다.

Copyright ⓒ (주)모아교육그룹 Co., Ltd. All Rights Reserved.

이 책은 저작권법에 의해 보호를 받는 저작물이므로 저자와 출판사의 서면 허락 없이
내용의 전부 또는 일부를 이용하는 것을 금합니다.

"합격을 넘어 실무까지, 모아가 만듭니다!"

모아소방전기학원
모아직업기술교육원

소방기술사 강의

과정평가형

국가기간전략산업직종훈련

전기기능장 / 기능사 작업형

분야	내용
소방분야	소방기술사 / 소방시설관리사 / 소방설비기사(전기 / 기계) / 소방설비산업기사(전기 / 기계)
전기분야	전기안전기술사 / 전기응용기술사 / 발송배전기술사 / 건축전기설비기술사 / 전기기능장 / 전기기능사 / 전기기사·산업기사
안전분야	화공안전기술사 / 건축기사·산업기사 / 건축설비기사·산업기사 / 건설안전기술사 / 건설안전기사·산업기사 / 산업안전기사·산업기사 / 산업안전지도사 / 승강기기능사 / 공조냉동기계기사
통신분야	정보통신기술사
실무분야	소방감리실무 / 현장에서 통하는 소방설비 찐 실무
과정평가형	소방설비산업기사(전기 / 기계) / 산업안전산업기사 / 산업안전기사 / 건설안전기사 / 전기공사산업기사
국가기간전략훈련	[국기] 전기기능사 취득과정
위탁기관 위탁교육	서울시노동자복지관 / 제대군인지원센터 / 기아 AutoLand 조합원 단체 교육

모아소방전기학원

자격증 취득 & 과정상담

모아소방전기학원
02.2068.2851

모아직업기술교육원
02.2068.2854

평일 09:00~19:00 / 토·일 08:00~17:00 (공휴일 휴무)

모아소방전기학원 × 모아직업기술교육원

모아북스

"수험생의 불필요한 시간을 아끼는 것"
모아북스가 가장 중요하게 생각하는 가치입니다.

모아북스는 매년 달라지는 법령과 변화하는 출제 경향, 새롭게 제정되는 규정까지 수험생보다 먼저 학습하고, 핵심만을 빠르게 정리합니다. 합격을 위한 가장 빠르고 정확한 수험서를 만들기 위해 한 페이지 한 페이지에 진심을 담아 제작합니다.

▎모아 출판 프로세스

▎모아북스 블로그 소개

수험서를 구매하기 전 책을 훑어보러 서점까지 가기 힘드신가요? 모아북스 블로그에서는 수험생의 소중한 시간을 아껴드리기 위해 책의 구체적인 구성과 강점, 효과적인 학습법까지 직접 보는 것처럼 상세하게 소개해드립니다. 궁금한 교재가 있다면 모아북스 블로그에 '책 제목'을 검색해보세요!

모아북스 블로그

뇌박힘 소방시설관리사 점검실무행정 교재 리뷰

모아북스 블로그

▎고객의 소리

더 나은 교재 제작을 위해 여러분의 소중한 의견을 기다립니다. QR을 통해 남겨주신 피드백 중 우수 글에 선정되신 독자분께는 감사의 마음을 담아 소정의 선물을 드립니다.

고객의 소리